응용식물학

 월드사이언스
worldscience.co.kr

응용식물학

응용식물학

인쇄	2011년 8월 20일
발행	2011년 8월 30일

저 자	한태진
표 지	박지혜
발행인	박선진
발행처	(주)월드사이언스

주 소	서울특별시 서초구 방배4동 864-31 월드빌딩 1층
등록일자	1988년 2월 12일
등록번호	제 16-1601호
대표전화	(02) 581-5811~3
팩스	(02) 521-6418

E-mail	worldscience@hanmail.net
URL	http://www.worldscience.co.kr

정 가	18,000원
ISBN	978-89-5881-184-8

이 도서의 국립중앙도서관 출판사 도서목록(CIP)은 e-CIP 홈페이지(http://www.nl.go.kr/cip.php)
에서 이용할 수 있습니다. (CIP 제어번호 : CIP2011003563)

생명 과학이 획기적으로 발전하면서 이 분야 전공 학생들은 기초 학문과 함께 식품·의약·농학·환경 등에도 관심이 크다. 모든 학문 분야가 그렇듯 한 사람이 학문 기초와 응용 분야를 함께 하기란 그리 용이한 일이 아니다. 각 학문 분야가 더욱 세세하게 분화되면서 같은 범주의 학문도 상호 연계가 어려울 정도가 되었다. 그러나 이렇게 전공 분야가 세분되면 될수록 학제간의 연계는 더욱 절실하게 되었다.

식물학 분야의 기초를 가진 학생들과 응용분야를 전공한 학생들이 함께 연계하면 좋을 것이다. 그러나 기초과학 분야의 학생들은 해당 분야의 응용력이 부족하고, 응용과학 분야의 학생들은 기초 때문에 어려움을 느끼는 것 또한 어쩔 수 없는 일일 것이다. 그리고 무엇보다도 대학 4년의 나름대로의 전공이 각 분야의 접근 마인드를 다르게 만들어 졸업 후에도 연구에 크게 영향을 준다는 것이다. 특히 학부에서 기초분야를 공부한 학생들은 그들의 역량에도 불구하고 졸업 후 현장에서 당장은 어려움을 겪고, 응용분야를 전공한 학생들 역시 장기적으로 어려움을 겪으므로 상호 보완의 파트너로서 연계가 절실하다.

이러한 문제점에 조금이라도 도움이 되었으면 하는 취지로 이 「응용식물학」을 내놓게 되었다.

제1장에서는 응용의 기초를 이해하는 데 필요한 식물의 천연물 생합성 경로와 영양학적 기본이 되는 유기영양소의 종류와 특성 및 2차대사산물을 중심으로 한 기능성물질을 다루었다. 제2장에서는 광범위한 식용식물의 주요 영양소의 종류와 함량을 농촌진흥청 농촌자원개발연구소의 식품분석표를 토대로 건강상 중요한 주요 아미노산, 포화지방과 불포화지방, 수용성과 불수용성의 식이섬유 및 미네랄과 비타민을 표로 일괄 정리하여 영양생활적 측면에서도 실제로 도움이 될 수 있도록 하였다. 제3장은 적응증을 중심으로 본초의 분류학적 특징과 성분을 다루었으며, 제4장에서는 허브의 용도와 아로마테라피를 중심으로 한 허브의 응용분야와 본문에 언급한 허브 100종류의 용도와 유래를 소개하였다.

약식동원(藥食同源)이라는 말이 있다. 약과 식품은 그 근원이 같다는 의미이다. 사람의 삶은 먹거리와 약으로만 해결되지 않는다. 제5장에서는 식품이나 약 이외의 옷감·염료·생활용품 및 기타 용도의 식물들을 다루었으며, 또한 갖가지 공해 때문에 오염된 생활환경을 정화시킬 수 있는 환경 정화식물을 다루었다. 그리고 우리나라 자원식물의 현황을 통해 이용 가능성이 있는 식물들을 모색해 보았다.

제6장에서는 이러한 식물들의 품질평가와 이용 및 보관 방법에 대해 본초에 준하여 도움을

얻을 수 있도록 하였다. 그리고 제7장에서는 농업, 의약 등에 두루 이용되는 식물조직배양을 다루었다. 미세번식과 형질전환 식물체를 이용한 새로운 유용물질 생산과 식물분자농업의 현황과 문제점 그리고 그 가능성을 모색하였다.

이 『응용식물학』이 기초 생명과학을 전공하는 학생들에게 응용 분야의 징검다리가 될 수 있기를 바란다. 응용 생명과학을 전공하는 학생들에게는 응용의 시작 또는 정리에 도움이 되었으면 한다. 기초 학문적 식물 소재와 응용의 소재인 이들 식물을 통해 연구와 개발에 도움이 되었으면 한다. 그리고 비전공인들에게는 건강생활에 도움이 되고 식물의 좋은 이웃이 되는 계기가 되었으면 한다.

초창기에 혼자서 식물분류학 · 식물형태학 · 식물발생학 · 식물생리학 그리고 식물조직배양 등을 가르치다 보니 식물에 대해 모르는 것도 없고 아는 것도 없는 채, 남은 것이라곤 아쉬움 뿐이다. 그래도 전공이라고 남은 것이 있다면 오옥신에 의하여 형성되는 부정근 · 모용 · 캘러스 형성에 동시에 작용하는 특정 유전자의 관심이었다. 이제 이들 유전자를 찾아낼 즈음이 되어 이 『응용식물학』이 그 동안의 어정쩡한 했던 강의 내용들의 변영이 되기를 기대하고 있다.

생물은 문화이다. 식물의 서식지 · 식물의 분포 · 식물의 생태가 문화이다. 그 식물의 실용적 용도와 식품적 가치뿐만 아니라 그 식물의 이름이 그 나라의 문화이다. 이름의 유래, 유입 경로가 문화이다. 식용식물 159종류, 약용식물 91종류, 허브 100종류 그리고 천연염색이나 기타 소재 식물 99종류 등, 450여 종류의 식물 문화가 용도와 함께 소개되어 있다. 이들과 함께 식물 문화를 함께 즐기는 데 도움이 되었으면 한다.

대학교재 출판의 어려운 여건에도 불구하고 흔쾌히 출판을 결정해 주신 (주)월드사이언스의 박선진 사장님께 감사하며, 바쁜 실험 와중에도 교정을 도와준 김인현 선생에게 고마움을 표한다.

호만천변 우거에서

저자

차 례

Applied Plant Science

식물의 천연물

제 1 장

Applied Plant Science

제1절 천연물의 생합성 경로

식물은 이산화탄소와 물을 재료로 탄수화물을 합성하여 생활에 필요한 에너지원으로 사용할 뿐만 아니라 여러 가지 물질들을 재생산하는 원료로도 사용한다. 식물은 탄소동화작용이나 호흡작용을 대표로 하는 다양한 동화작용과 이화대사 과정을 통하여 1차대사산물과 함께 2차대사산물을 생합성하여 인류와 생태계에 제공하는 생태계 내의 진정한 생산자이다(그림 1-1).

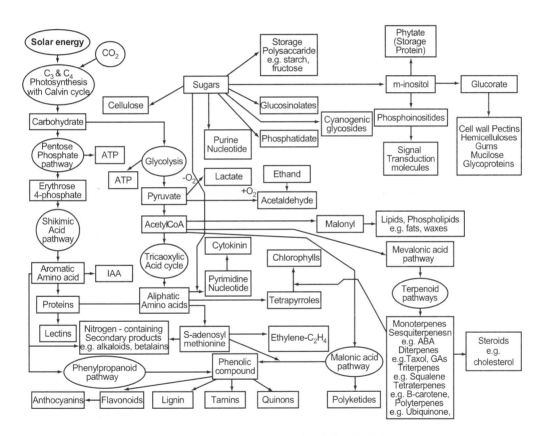

❖ 그림 1-1 광합성, 호흡 및 2차대사산물의 생성 경로

① 탄소동화 작용과 호흡작용

1) 탄소동화작용(Carbon Dioxide Assimilation)

식물이 빛을 이용하여 엽록체에서 이산화탄소와 물을 재료로 탄수화물을 합성하는 과정을 탄소동화작용이라고 한다. 탄소동화작용은 광합성이라고도 하며 명반응과 암반응으로 구분된다.

명반응(light reaction)은 1939년 힐(영, A. V. Hill)에 의하여 발견되어 힐 반응(Hill reaction)이라고도 한다. 명반응은 엽록체의 그라나에서 이루어지며 빛 에너지를 이용하여 ATP 생산, NADPH 생산 및 광분해 과정으로 부산물로 산소가 방출된다. 암반응(dark reaction)은 스트로마에서 이루어지며 PCR(photosynthetic carbon reduction)이라고 하는 칼빈 회로(Calvin cycle)를 통하여 최초의 이산화탄소 고정 산물인 PGA가 ATP에 의하여 인산화되고 NADPH에 의하여 환원되어 PGAL을 합성한다(그림 1-2). 이렇게 생성된 PGAL은 다양한 경로를 통하여 glucose phosphate를 형성하고 이 glucose phosphate가 축합되어 전분이 되거나 다양한 유기물 합성에 이용된다(그림 1-3).

이렇게 탄소동화작용에 의하여 합성된 탄수화물은 식물 자신은 물론 다른 생명체의 에너지 공급원과 생명 구조와 기능에 필요한 물질 합성에 필요한 탄소 골격을 제공하게 된다.

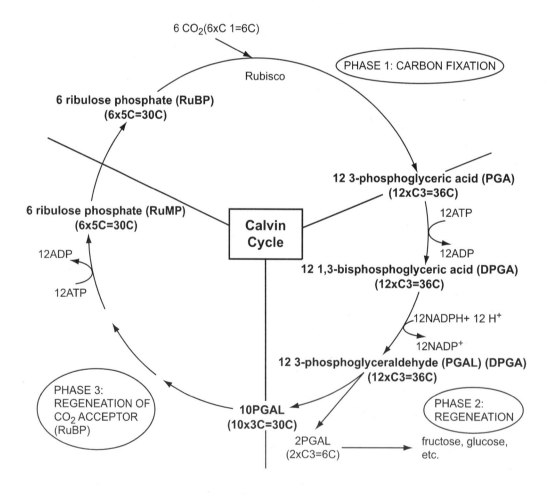

❖ 그림 1-2 Calvin cycle

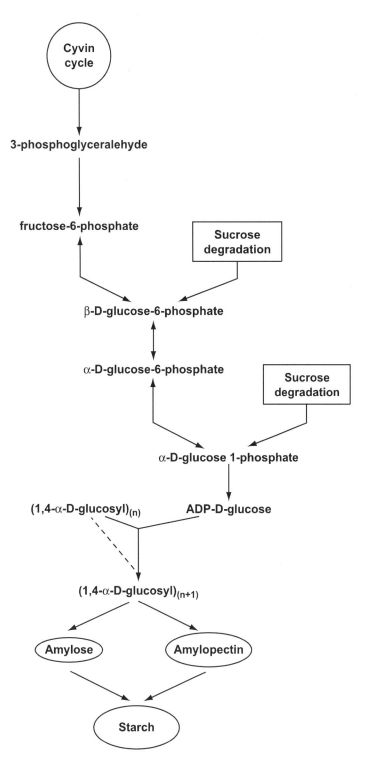

✣ 그림 1-3 전분 생성 과정

2) 해당작용(Glycolysis)

생명체 내의 전분이나 설탕이 실제 에너지원으로 이용되기 위하여 포도당으로 분해되는데, 이 포도당이 분해되어 피루브산이 되면서 ATP를 생산하는 과정을 해당작용이라고 한다. 일반적으로 해당작용은 무기대사 과정이지만 식물에서는 종자 발아의 초기 단계 외에는 유기 상태에서 이루어진다. 해당작용은 2단계로 구분되는데 첫번째 단계는 점화 과정으로 1분자의 포도당이 2분자의 PGAL로 분해되며, 이때 2분자의 ATP가 소모되나 두 번째 단계인 에너지 보존 과정에서 PGAL이 피루브산을 생성하는 과정에서 1PGAL 당 2ATP와 1NADH를 생성하므로 결과적으로 포도당 1분자 당 2분자의 ATP를 생산하게 된다(그림 1-4).

$$\text{Glucose} + 2\text{ADP} + 2\text{H}_3\text{PO}_4 + \text{NAD} \rightarrow 2\text{Pyruvic acid} + 2\text{ATP} + 2\text{NADH} + 2\text{H}_2\text{O}$$

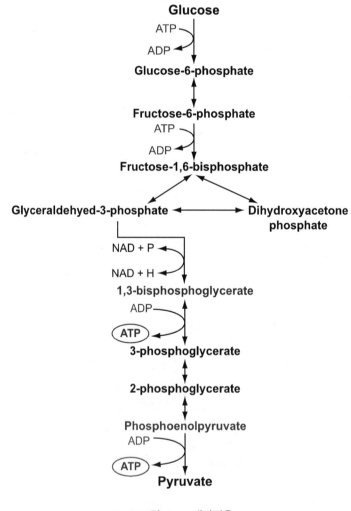

❖ 그림 1-4 해당작용

3) 크렙스 회로(Krebs cycle)

크렙스 회로는 TCA 회로(tricarboxylic acid cycle) 또는 구연산(citric acid) 회로라고도 하며 1937년 독일의 크렙스(H. A. Krebs)에 의하여 밝혀졌다. 해당과정(포도당), 아미노기전이(아미노산), β-산화(지방산) 등을 각각 거친 acetyl-CoA가 미토콘드리아의 효소계를 통해 유기 상태에서 완전히 산화되어 물과 이산화탄소로 분해되면서 ATP를 생산하는 과정이다. 포도당의 경우 해당작용에 의하여 생성된 피루브산(pyruvic acid)은 acetyl-CoA와 결합하여 citric acid가 되고 이어 isocitric acid, α-ketoglutaric acid, succinic acid, fumaric acid, L-malic acid 및 oxaloacetic acid를 생성한다. 이 과정에서 생성된 ATP는 에너지원으로 사용되며 생체물질의 인산화를 통하여 각종 대사작용과 조절작용에도 사용된다. 그리고 이 과정에서 생성되는 다양한 유기산은 아미노산의 골격과 각종 유기물질 생합성의 재료가 된다(그림 1-5).

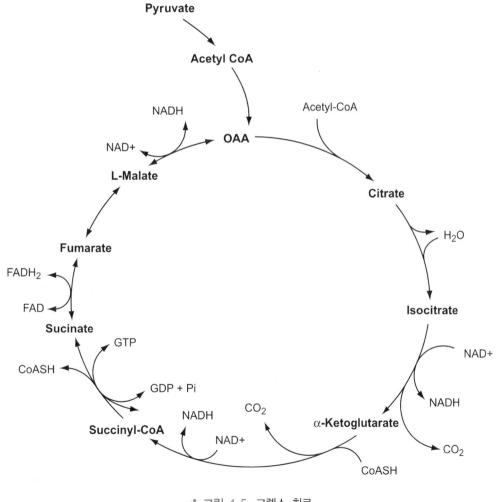

❖ 그림 1-5 크렙스 회로

4) 5탄당 인산 경로(Pentose phosphate pathway : PPP)

PPP는 당의 인산화를 통하여 5탄당인 ribose나 deoxyribose를 생성하여 핵산과 ATP의 구성 탄수화물을 제공하고 각종 유기물의 환상 구조를 만드는 과정이다. PPP는 크게 2단계로 구분된다.

PPP의 첫 단계는 glucose가 glucose-6-phosphate(G-6-P)로 된 다음 ribulose-5-phosphate (Ru-5-P)가 생합성되는 비가역적 단계로 이때 Ru-5-P는 DNA 구성에 사용되며, 비광합성 단계에서 생성된 NADPH는 지방산 등의 각종 물질 생합성에 환원제로 이용된다. 두 번째 단계는 Ru-5-P가 ribose-5-phosphate(R-5-P)가 되거나 xylulose-5-phosphate(Xu-5-P)가 되는 단계로 이때 R-5-P는 RNA의 구성에 사용된다. R-5-P와 Xu-5-P는 PGAL과 sedoheptulose-7-phosphate (Su-7-P)를 생성하고 이것들이 fructose-6-phosphate(F-6-P)와 erythrose-4-phosphate(E-4-P)를 만들어 shikimic acid 경로를 통해 aromatic ring(방향성 고리) 형성에 관여하여 방향성 아미노산이나 각종 페놀류의 환상 구조를 만드는 데 사용된다(그림 1-6).

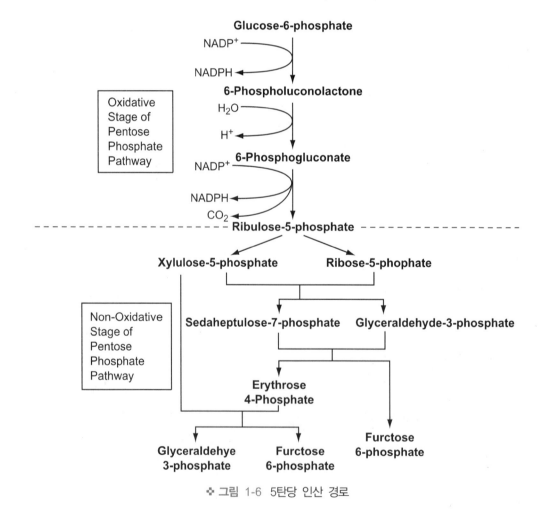

❖ 그림 1-6 5탄당 인산 경로

5) 당신생(Gluconeogenesis)

식물에서의 당신생은 지질이나 단백질에서 포도당을 만들어 각종 탄수화물을 재합성하는 과정이다. 주로 종자 발아시 종자에 저장되어 있던 지질이나 단백질을 이용하여 섬유소와 같은 발아에 필요한 탄수화물을 합성하게 된다. 특히 대두의 경우 발아 전의 자엽에는 전분이 거의 없지만 발아가 진행되면서 전분과 각종 당류 및 비타민이 생합성된다.

지방에서의 당신생은 먼저 지방이 spherosome에서 lipase에 의하여 지방산과 glycerol로 분해되면 glycerol은 세포질로 나와 dihydroxyacetone phosphate까지 된 다음 해당작용의 초기 단계를 역으로 거쳐 포도당으로 전환된다. 반면에 지방산은 spherosome에서 glyoxy some으로 이동되어 glyoxylate 회로를 통해 이루어지는데 β-oxydation에 의하여 acetyl CoA가 된 다음, succinic acid가 되어 TCA 회로로 들어 가 해당작용의 후기 단계의 역과정을 거쳐 포도당으로 전환된다.

단백질로부터의 당신생은 단백질이 단백질 가수분해효소에 의하여 아미노산으로 분해된 다음, 탈아미노 과정을 거쳐 각종 유기산으로 전환되며 이후 미토콘드리아 TCA 회로의 각 유기산 단계에 따라 역과정을 거쳐 포도당으로 전환된다(그림 1-7).

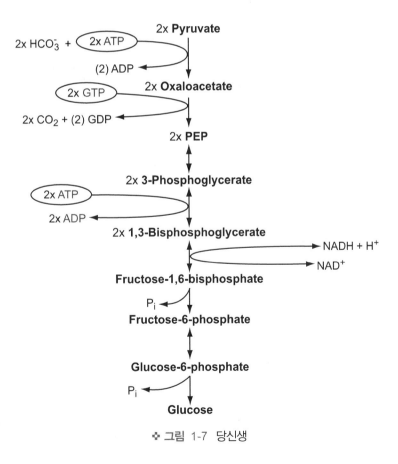

❖ 그림 1-7 당신생

② **2차대사산물 합성**

식물은 1차대사산물을 이용하여 생존을 위한 방어, 유인, 경쟁 등에 관련된 다양한 물질을 생성하는데, 이러한 종특이적 물질을 2차대사산물(secondary metabolite)이라고 하며 특정 시기에 특정 조직이나 기관에서 생성된다. 이러한 2차대사산물들에는 알칼로이드, 테르테노이드, 플라보노이드 등이 있는데, 특히 인간 생활에 유용한 물질들이 알려지면서 1960년대 후반부터 각광을 받고 있다(그림 1-8).

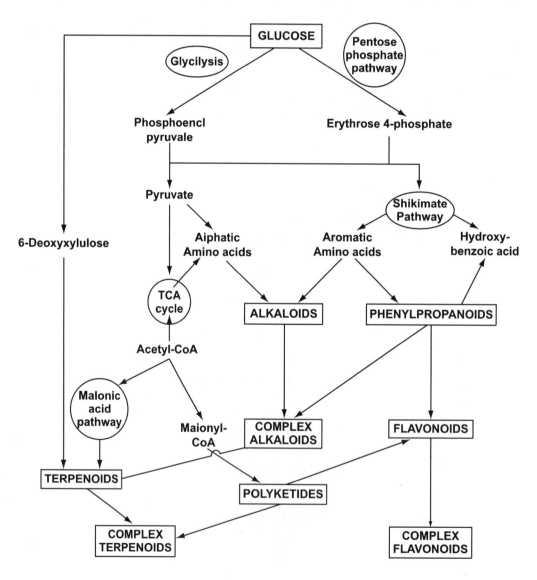

❖ 그림 1-8 2차대사산물의 다양한 합성 경로

1) 시킴산 경로(Shikimic acid pathway : SAP)

시킴산 경로는 2차대사산물 합성의 매우 중요한 대사과정으로 방향성 물질 또는 그 축합체들을 형성하는 과정이다(그림 1-9). 시킴산은 5탄당 인산 회로에서 만들어진 PEP와 해당작용에서 만들어진 D-erythrose-4phosphate(E-4-P)로부터 합성된다. PEP와 E-4-P는 DAHP를 만들고 이것으로부터 만들어진 시킴산이 chorismic acid를 경유하여 tryptophan, phenylalanine, tyrosine과 같은 방향성 아미노산을 합성한 다음, 이 아미노산들에서 indole, phenol 등의 기본 물질을 만들어 IAA는 물론 각종 페놀 화합물들과 플라보노이드 및 알칼로이드를 생합성하게 된다.

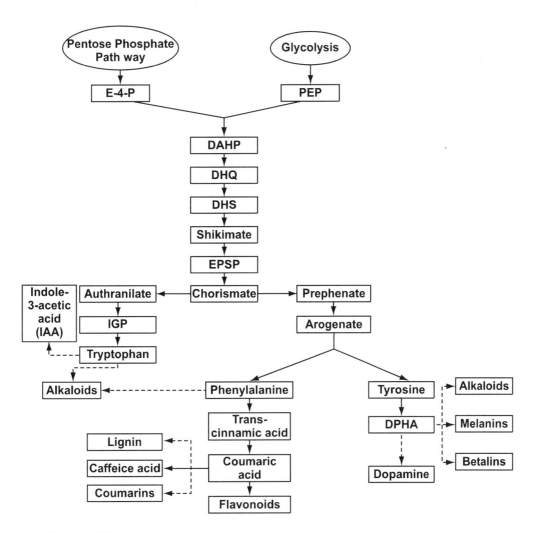

❖ 그림 1-9 시킴산 경로

E-4-P: Erythrose-4-phosphate; PEP: Phoshpoenolpyruvic acid; DAHP: 3-Deoxy-D-arabinoheptulosesonic acid-7-phosphate; DHQ: Dehydroquinic acid; DHS: Dehydroshikimic acid; EPSP: Enolpyruvyl shikimic acid phosphate; IGP: Indole-3-glycerinphosphate; DOPA: Dihydroxy phenylalanine

2) 메발산 경로(Mevalonic acid pathway : MAP)

MAP는 주로 식물의 생화학적 방어물질인 테르펜(terpene)을 생합성하는 과정으로 테르펜은 식물의 2차대사산물 중에서 가장 종류가 많은 물질로 알려져 있다. 테르펜은 탄수화물 등이 해당작용을 거쳐 C_2 단위인 acetyl CoA 3분자가 3-hydroxy-3-methylglutaryl CoA(HMG CoA)로 전환된 후 테르펜의 중요 공통 전구체이며, C_6 중간대사산물인 mevalonic acid(MVA)를 형성한 다음, mevalonate phyrophosphate를 경유하여 isopentenyl pyrophosphate(IPP)가 된다. 이후 IPP가 dimethylallyl pyrophosphate(DAPP)가 되거나 C_5 단위를 첨가하여 이들로부터 isoprene 를 기본 단위로 하는 다양한 테르펜이 생합성된다(그림 1-10).

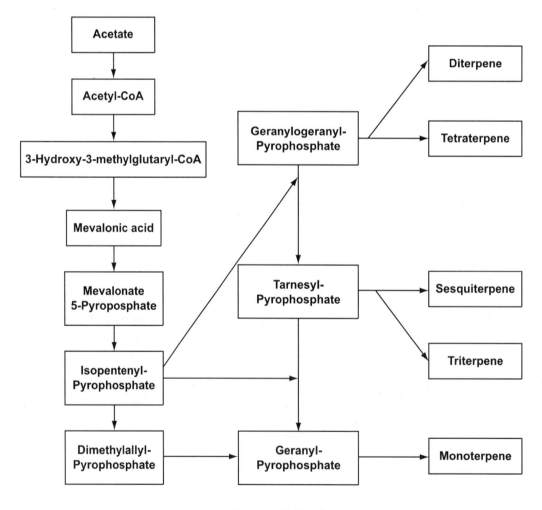

❖ 그림 1-10 메발산 경로

3) 초산-말론산 경로(Acetate-malonic acid pathway: AMAP)

식물의 지방산 합성 경로이다. 지방산과 polyketide 화합물은 acyl 단위가 malony 단위와 축합을 반복함으로써 C_{16} 또는 C_{18}의 직쇄상의 carboxylic acid인 palmitic acid, stearic acid 등의 지방산 사슬이 만들어진다. 이 과정은 지방산 합성효소에 의하여 수행되며 acetyl CoA와 malony CoA가 기질로 이용된다. 또한 β-polyketone 사슬의 중간체는 aldol 축합형의 반응을 받아서 polyketide라는 방향환을 지닌 endocrocin 같은 화합물을 생성한다(그림 1-11).

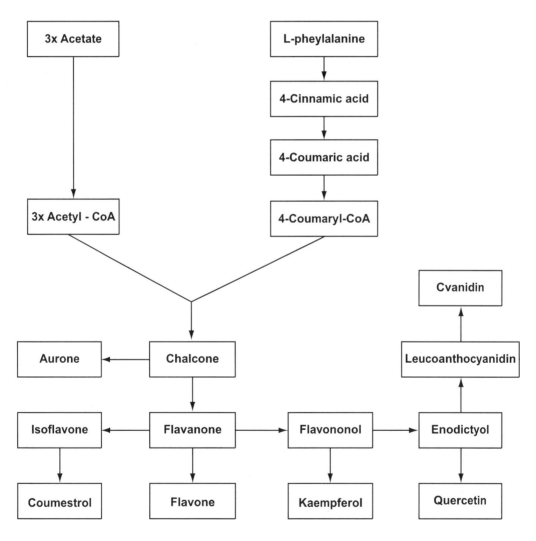

❖ 그림 1-11 초산-말론산 경로

4) Phenylpropanoid pathway

$C_6 \sim C_3$ 화합물이라고 불리우는 방향성 물질인 cinnamic acid 유도체, coumarin 유도체, lignan 및 lignin 등의 phenylpropanoid를 생합성하는 과정이다(그림 1-12). 이들 물질들은 시킴산 경로에서 생성된 방향성 아미노산인 phenylalanine과 tyrosine을 경유한 coumaric acid로부터 생합성되며 궁극적으로 리그닌을 합성한다.

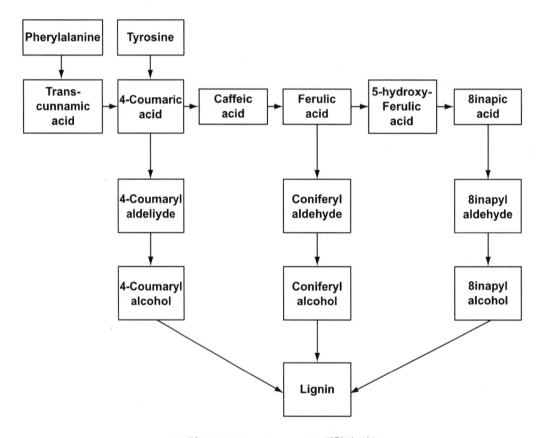

❖ 그림 1-12 Phenylpropanoid 생합성 경로

5) 플라보노이드(Flavonoid) 생합성

플라본을 기본 구조로 가지는 황색계열 색소인 플라보노이드는 근래에 들어 항산화작용으로 각광을 받는 물질로 페닐기 2개가 C_3 사슬을 매개로 결합하여 탄소 15개로 구성된 $C_6 \sim C_3 \sim C_6$ 형 탄소골격 구조로 되어 있다. 플라보노이드는 초산과 시킴산을 경유하여 생성된 방향성 아미노산인 L-phenylalnine으로부터 생성된 coumaryl-CoA와 초산으로부터 생성된 acetyl CoA를 경유한 chalcone으로부터 생합성된다(그림 1-13).

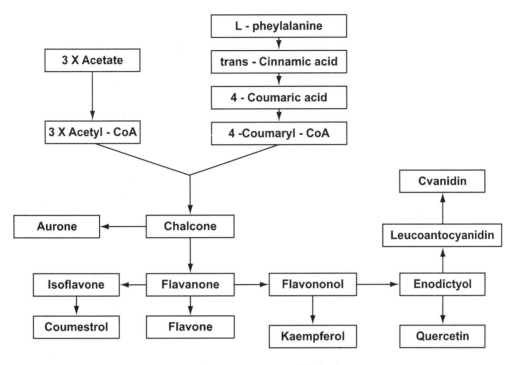

❖ 그림 1-13 Flavonoid 생합성 경로

6) 알칼로이드 생합성

알칼로이드는 질소를 함유하는 아미노산계의 대표적인 2차대사산물이다. 지방족 아미노산으로 부터 생산되는 알칼로이드는 tropane, nicotine 등, 소수에 지나지 않고 대부분의 알칼로이드들 은 방향족 아미노산으로부터 생성되는데, 시킴산(shikimic acid)을 경유한 tryptophan과 phenyl alanine 및 tyrosine 등에서 대부분 유도된다. 일반적으로 인돌 알칼로이드로 불리우는 tryptophan 유래의 알칼로이드는 tryptamine과 secologanin이 축합되어 생성된 strictosidine 배 당체를 경유하여 인돌 알칼로이드인 ajmalicine, vindoine 및 catharanthine 등이 생성된다. Phenylalnine과 tyrosine에서 유도되는 알칼로이드에는 adrenaline, mescaline 및 ephedrine 등 이 있으며, 특히 tyrosine으로부터 도파민(dopamine)을 경유하여 유도되는 morphine이 있다. 도 파민은 secologanin과 축합되어 토근 알칼로이드인 emetine을 생성한다.

제2절 탄수화물 (Carbohydrate)

탄수화물의 일반식은 $C_n(H_2O)_n$로 C·H·O로 이루어진 유기물이다. 탄수화물(炭水化物)은 carbohydrate의 번역으로 탄소(carbon)와 물(H_2O)이 포함되어 있다는 뜻의 수화물(hydrate)의 의미이나 반드시 수소와 산소의 비가 2 : 1이 아닌 경우도 있으며, 일반식에 (H_2O)로 되어 있는 탄소화합물일지라도 탄수화물이 아닌 경우도 있다. 탄수화물은 영양학적으로 당질(glucoside)이라고도 부르며 화학적으로는 분자 내에 aldehyde기나 ketone기를 가지는 polyhydroxy 화합물과 이들의 축합체 또는 그 유도체를 의미한다.

① 단당류

단당류는 화학적으로 더 이상 분해될 수 없는 탄수화물의 단위를 말하며 분자 중에 2개 이상의 수산기(-OH)와 1개의 알데하이드기(aldehy: -CHO)나 케톤기(ketone: =CO)를 가지고 있는 유기물로서 알데하이드기를 가지는 것을 aldose, 케톤기를 가지는 것을 ketose라고 한다. 또한 단당류는 그 구성 탄소 원자의 수에 따라 3탄당에서 7탄당까지로 나눈다.

1) 단순 단당류

(1) 단당류의 특징

자연계에 존재하는 여러 가지 유기물들은 그 구조가 유사한 광학이성체(optical isomer)의 관계에 있어서 비대칭탄소원자라고 부르는 부제탄소(asymmetric carbon)에 의하여 광학적 활성을 가지게 되는 입체이성체가 존재하게 되며 부제탄소가 n개 존재하면 가능한 입체 이성체의 수는 2n개가 된다. 천연으로 존재하는 단당류들은 1개 이상의 부제탄소를 가지고 있다. 이때 부제탄소에 결합되어 있는 -OH기의 위치가 우측인 것을 D-형, 좌측인 것을 L-형이라고 하며 이러한 이성체를 광학적 이성질체(optical antipode)라 한다. 한 쌍의 광학적 이성질체(광학적 대장체)는 물리·화학적 성질은 동일하나 편광면을 회전시키는 방향만 다르다. 편광면을 우측으로 회전시키는 것을 우선성(dextrorotatory)이라 하여 (+)로 표시하고 편광면을 좌측으로 회전시키는 것을 좌선성(levorotatory)이라 하여 (−)로 표시한다. 3탄당의 하나인 glyceraldehyde(CHO-CHOH-CH$_2$OH)는 한 개의 부제탄소를 가지므로 두 가지 입체이성체인 D-glyceraldehyde와 L-glyceraldehyde가 존재하며, 일반적으로는 D-형이 중요하다. 또한 단당류는 가역적으로 환상의 hemiacetal과 acetal을 이루게 되어 anomer 이성체인 α-이성체와 β-이성체를 이루게 된다.

(2) 단당류의 종류

3탄당(triose)은 glyceraldehyde(GAL), dihydroxyacetone(DHA) 등으로 식물의 대사과정에서 인산화된 중간 산물인 PGA나 DPGA로도 나타나며, 4탄당(tetrose)은 erythrose, erythrulose 등이 드물게 탄수화물 대사의 중간산물로 나타난다.

5탄당(pentose)은 furanose ring이라고 하는 5각형 고리 구조로 되어 있는데, 자연계에서 주로 핵산이나 다당류의 구성 성분으로 존재하며 ribose, deoxyribose와 ribulose 및 arabinos와 xyrose 등이 이에 속한다. Ribose는 RNA, deoxyribose는 DNA를 구성하는 당으로 특히 ribose

는 ATP 및 여러 가지 조인자(Coenzyme A, NAD, NADP, FAD)의 주성분이다. Arabinose는 천연으로 침엽수 속에 존재하나, 일반적으로는 아라비아 검(arabic gum)의 주요 다당류인 araban의 구성당으로 헤미셀룰로오스, 펙틴질의 성분으로 발견되며 일부의 세균에도 존재한다. 천연으로는 대부분 L형이지만, 드물게 나타나는 식물 배당체로서의 D형은 주로 화학 시약으로 사용된다. 한편, xyrose는 목당(木糖)이라고도 하며 천연으로는 배당체의 일부, 또는 xylan의 구성 단위로서 목재·짚 등에 함유되어 있으나 일반적으로는 유리된 단당으로 존재하지 않는다. 감미도는 60% 정도로 대부분의 동물은 소화시키지 못하지만 양은 장내 세균의 작용에 의해 소화시킨다. 이들 arabinose와 xylose는 효모에 의해서도 분해되지 않는다.

6탄당(hexose)은 포도당(glucose), 과당(fructose), galactose, mannose 등이 있는데 대체로 고리형 구조로 존재한다. 포도당과 galactose는 pyranose ring으로 되어 있지만 과당은 furanose ring으로 되어 있다. 포도당은 환원당으로서 포도에서 처음 발견되어 포도당(grape sugar)으로 불리며, 식물에서는 광합성의 최종 산물로 식물의 열매(과일, 곡류) 및 잎에 많이 분포하고, 동물의 혈액 중에서는 혈당으로 존재한다. Galactose는 천연물로 단독으로 존재하지 않으며, 2당류인 젖당(lactose)과 설탕(sucrose) 및 3당류인 raffinose와 다당류인 한천의 galactan 및 아라비아 검과 펙틴의 구성당으로 존재하며 또한 신경세포돌기의 수초(myelin)를 이루는 cerebroside의 구성 성분으로 존재한다. Galactose는 환원당으로 당도는 포도당보다 약하다. 과당은 단맛이 나는 과일이나 곡류 및 벌꿀 속에 많이 함유되어 있으며, 설탕, raffinose와 같은 2당류와 inulin의 구성당이다. 과당은 실제로 설탕보다 더 달지만 열량이 적기 때문에 다이어트용 감미료(sweetener)로 사용된다. 과당은 감미도가 120∼180%로 천연 당류 중에서 가장 감미도가 높으나 조해성이 강하여 실질적인 이용에는 문제가 있다. Mannose는 오렌지 껍질이나 발아 종자에서 소량 발견되며, 주로 곤약의 주성분인 다당류 mannan의 구성당이다. 동물 조직에서 당지질, 당단백질의 구성 성분으로 발견되며 특히 혈액형 물질로서 중요하다. 감미도는 galactose 정도이다.

7탄당(heptose)은 다수의 입체이성질체가 존재한다. 천연적으로도 6탄당 만큼 많지는 않지만 *Persea gratissima*에 manoheptulose가 존재하며 이것과 입체이성질체 관계에 있는 sedoheptulose가 꿩의비름속(*Sedum*)에서 발견되었는데, sedohe ptulose-7-phosphate는 생체 내에서의 당산화반응, 펜토오스 합성반응 및 광합성 반응의 중간물질로 중요한 위치를 차지하고 있다.

2) 단당류의 유도체

(1) 당알코올(Sugar alcohol)

당알코올은 단당류의 알데하이드기나 케톤기 같은 carbonyl기(C=O)가 환원되어 이중결합을 가진 탄소원자에 결합한 두 개 이상의 하이드록시기(-OH) 즉 알코올기를 지닌 알코올이나, 그와 같은 계열에 속하는 화합물로서 -itol 또는 -it로 어미를 바꾸어 italdit 또는 alditol이라고도 하며, inositol 이외에는 환상 구조를 갖지 않는다. 일반적으로 단맛은 있으나 체내에서 거의 이용되지 않으므로 저칼로리의 감미료로 이용된다. Sorbitol(sorbit)은 포도당이 환원된 것으로 사과, 배 등의 과일에 함유되어 있다. 주로 비타민 C의 합성 원료로 이용되며 흡습성이 있어 건조 방지제로 식품 첨가물로 이용된다. Mannintol(mannit)은 mannose의 환원으로 생성되며 흡습성은 없다. 식물에 널리 분포하여 다시마, 미역, 버섯, 양파 등에 특히 많이 함유되어 있으나 고등동물에서는 이용되지 않아 당뇨병 환자의 감미료로 사용된다. Inositol(inosit)은 환상 구조의 당 alcohol로서 9개의 이성체가 존재하며 이중에서 myo-inositol이라고 불리우는 광학 불활성체인 meso-inositol이 중요하다. Myo-inositol은 6가 알코올로서 동·식물계에 널리 분포하며 곡류와 과일 및 대두와 소맥 배아 등에 많이 포함되어 있다. 동물에서는 근육과 내장에 유리 상태로 존재하기 때문에 근육당(muscle sugar)이라 불리우며 그 유래로 meso-inositol을 myo-inositol이라고도 한다. Myo-inositol은 비타민 B 복합체의 한 종류로 분류되기도 하였으나 인체 내에서 포도당으로부터 합성되므로 필수영양소로는 아니다. 또한 효모나 쥐의 생장인자이며 식물조직배양시 배지의 성분으로도 중요하다. 기타 당알코올에는 dulcitol, erythritol 및 ribitol등이 있는데 ribitol은 비타민 B_2의 구성 성분으로 중요하다.

(2) 당산(Sugar acid)

당산은 단당류가 산화되어 탄소와 산소의 이중결합을 가진 carboxyl기(-COOH)가 된 것으로 aldonic acid와 saccharic acid는 환원성이 없다. 단당류의 알데하이드기(-CHO)가 산화되어 카르복실기가 된 것은 aldonic acid라고 하며, 단당류의 알데하이드기와 alcohol기 양쪽이 모두 산화되어 카르복실기가 된 것은 sugar acid 또는 saccharic acid라고 한다. Uronic acid는 단당류의 alcohol기(-OH)만 산화되어 카르복실기가 된 것으로 알데하이드기와 카르복실기를 동시에 가지고 있어서 환원성이 있다. 이 중 glucuronic acid는 식물에서 검(gum)의 구성분이며, 동물에서는 heparin, chondroitin sulfate 및 hyaluronic acid의 구성성분으로 유리 상태로 존재하며 간에서의 해독작용에 관여한다. Galaturonic acid는 펙틴의 구성성분이며 mannuronic acid는 갈조류의 다당류인 alginic acid의 구성 성분이다.

(3) 아미노당(Amino sugar)

단당류의 수산기(-OH)가 amino기로 치환된 것으로 자연계에서는 glucosamine과 galactosamine 두 종류가 주로 발견된다. Glucosamine(chitosamine)은 각질을 구성하는 다당류인 키틴과 당단백질인 mucoitin sulfate의 구성 성분이며, galactosamine은 연골이나 건(腱)의 당단백질인 chondroitin sulfate의 구성 성분이다.

(4) 배당체(Glycoside)

배당체는 단당류의 carboxyl기와 비당질의 수산기가 에스테르 결합한 화합물의 총칭이다. 당과 당이 축합한 것을 holoside라 하며, 당 이외의 성분으로 된 것은 heteroside라고 한다. 맥아당·

설탕·전분 등도 포도당과 결합하고 있기 때문에 넓은 의미로 배당체에 포함되나, 일반적으로는 이러한 당 이외의 물질이 결합된 heteroside만을 배당체라고 한다. 이러한 heteroside에서 당 이외의 부분을 아글리콘(aglycone)이라고 하는데, 아글리콘은 산 또는 글리코시다아제에 의해 가수분해되어 당에서 분리된다. 배당체의 당 성분으로서는 글루코스·갈락토스·만노스·프락토스 및 이당류·삼당류 등도 있으며, 아글리콘은 유기물질 전 분야에 다양하다.

글리코시드의 명칭은 아글리콘 다음에 당 이름을 붙이고 -oside라는 어미를 붙여서 나타낸다. 예를 들면, 포도당에 메틸기가 아글리콘인 경우는 메틸글루코시드(methylglucoside)라고 명명된다. 일반적으로 당의 결합 방법에는 α와 β형이 있는데, 천연으로 산출되는 배당체는 대부분 β형으로 식물계에 광범위하게 분포되어 있으며, 이들 β형이 중요한 약리작용을 하는 것이 많다.

② 올리고당류 (Oligosaccharide)

소당류(少糖類)라고도 한다. 2 ~ 10개 정도의 단당으로 이루어지며, 구성 당이 한 종류인 단순한 것과, 2종류 이상인 복합적인 것이 있다. 자연계에 유리 상태로 존재하는 것은 주로 2당류로 설탕, 맥아당, 젖당 등이 있다. 또한 당단백질과 당지질의 당 부분도 대부분 소당류에 속하며 다당류가 가수분해되어 생기기도 하는데, cellobios가 그 대표적 예이다.

1) 2당류(Disaccharide)

설탕(sucrose)은 사탕수수, 사탕무 등에 풍부히 들어 있으며 sucrase에 의해 포도당과 과당으로 분해된다. 맥아당(maltose)은 포도당 두 분자가 결합된 것으로, 체내에 흡수된 전분이 amylase에 의해 가수분해되어 생성된다. Maltase에 의해 최종적으로 두 분자의 포도당으로 분해되며, 영양제나 감미료로 이용된다. 젖당(lactose)은 유당이라고도 하며 젖과 우유 속에 많이 들어 있는데, lactase에 의해 포도당과 갈락토스(galactose)로 분해된다. 젖당은 유아의 성장에 필수적인 에너지원으로 사용될 뿐만 아니라 구성당에 갈락토스가 포함되어 있어 유아가 먹기에 용이하다. 포도당 자체는 끈적한 점액성을 가져 식도로 넘기는 데 어려움이 있는 반면, 갈락토스는 미끄러운 성질을 가지고 있어서 삼키기 수월하기 때문이다.

Cellobios는 cellulose의 구성 단위이며, 천연으로는 유리 상태로 산출되지 않는다. β-glucose 2분자가 1, 4-결합을 형성한 무색 결정으로서 감미는 없다. 효모에 의해 가수분해되지 않으나 산 등에 의해서는 가수분해되어 포도당 2분자를 생성한다. 3당류 이상의 올리고당류 중에는 2당류와 공통의 구조를 가지고 있는 것도 있다. 특히 젖 속에 함유되어 있는 대부분의 올리고당이나 신경세포에 많이 함유되어 있는 강글리오시드 등의 당지질은 젖당이나 N-아세틸락토사민이 기본구조로 되어 있는 경우가 많다. N-아세틸락토사민은 당단백질의 부분 가수분해물에서 얻어진다.

2) 올리고당

3당류는 6탄당이 세 개 결합되어 있는 당으로서 식물체 내 탄수화물 대사의 천연 산물이라고 할 수 있다. Raffinose는 약한 단맛을 지니는 3당류로 갈락토오스-포도당-과당으로 구성되어 있다. 식물의 종자나 뿌리 및 지하경에 광범위하게 분포하고 있으며, 특히 사탕무와 콩류의 종자에 많이 포함되어 있다. Gentianose는 단맛이 없으며 용담속의 뿌리에 포함되어 있으며, melezitose는 침엽수의 수액에, 그리고 panose는 청주 속에 포함되어 있는 3당류들이다. Stachyose는 대표적 4당류로서 대두에 비교적 많이 함유되어 있다.

올리고당은 근래에 다이어트 식품 이외에도 여러 가지 용도로 이용되고 있는데, 여러 가지 산업적 공정을 통하여 다양한 올리고당이 생산되고 있다

(1) Maltooligosaccharide

옥수수 전분을 amylase 등의 효소로 가수분해한 후 크로마토그래피하여 분리한다. 최근에는 일정한 크기의 올리고당으로 분해하는 효소가 미생물로부터 발견되어 산업적으로 이용되고 있다. 감미도가 낮고, 얼기 쉬우며, 잘 분해되지 않으면서 점도가 높고, 보습효과가 있어서 음료, 아이스크림, 빙과류, 카라멜, 분말 음료, 분말 스프 등의 제조에 사용된다.

(2) Galactooligosaccharide

젖당을 galactosidase로 전이하여 제조하며 올리고당 중 유일하게 동물성 소재를 이용한 것으로 모유에도 포함되어 있으며, 특히 열과 산에 강하다.

(3) Factooligosaccharide

양파, 마늘, 바나나 등에 많이 포함되어 있으며 설탕을 fractosidase로 전이시켜 만든다. 감미도는 30~60%이다. 난소화성이어서 충치 예방, 배변 개선, 지질대사 개선 등의 효과가 있다.

(4) Xylooligosaccharide

옥수수대 속(pith)에 함유되어 있는 hemicellulose를 xylosidase로 전이시켜 만들며 난소화성으로 감미도는 40% 정도이다.

(5) Lactooligosaccharide

유당과 설탕의 혼합물에서 효소전이로 제조하며 감미도는 50% 정도이다.

(6) Isomaltooligosaccharide

Amylopectin과 마찬가지로 α-1, 6 결합을 가진 oligosaccharide의 총칭으로 malto-oligosaccharide에 transglucosidase로 전이시켜 만든다. 감미도는 30~50%로 충치 예방, 대장 기능 개선 등의 작용이 있다.

(7) 대두 oligosaccharide

농축 대두단백질 제조시 대두 유청을 추출, 정제하여 제조하기 때문에 생산 단가가 높다. 감미도는 70% 정도이며, 청량감이 있고 열과 산에 강하여 가공상 장점이 많아 음료에 주로 이용된다. 특히 비피더스균에 대한 증식 효과는 다른 올리고당보다 수 배의 효과가 있다.

③ 다당류 (Polysaccharide)

일반적으로 n=10 이상의 단당류 또는 그 유도체들이 glycoside 결합에 의하여 연결된 중합체로서 자연계에 존재하는 탄수화물의 대부분을 차지한다. 전분, 섬유소, 글리코겐, 키틴 등과 같이 한 종류의 단당류로 이루어진 것을 단일다당류(homopolysaccharide)라 하고 펙틴, 헤미셀룰로오스, 한천 등과 같이 두 가지 이상의 단당류로 이루어진 것을 복합다당류(heteropolysaccharide)라고 한다.

1) 전분(Starch)

전분은 식물의 잎·씨·뿌리·줄기·알뿌리·열매 등에 함유된 중요한 저장 탄수화물로서, 인류의 식량 및 공업원료로서 매우 중요하다. 전분은 무미·무취의 백색 분말로 물에 녹지 않는다. 분자량은 50,000 ~ 200,000이고, 비중이 1.65 정도이어서 물 속에서 침전된다. 일반적으로 입자 형태로 존재하는데, 그 크기나 형태는 식물의 종류에 따라 다르다. 전분은 단일물질로 이루어진 것이 아니라 amylose와 amylopectin의 혼합물로서 포도당이 α-1, 4 결합에 의하여 긴 사슬을 이루고 있는 amylose에 포도당이 α-1, 6 결합에 의하여 amylopectin이 연결되어 그물 모양의 구조를 이루며, 그 비율이 전분의 종류에 따라 대체로 일정하다. 일반적으로는 amylose 20 ~ 25%, amylopectin 75 ~ 80%가 함유되어 있다. 그러나 찹쌀·찰옥수수 등은 유전적 요인에 의하여 amylose는 거의 없고 amylopectin만으로 이루어져 있다. 전분은 섬유소와는 달리 체내에서 비교적 용이하게 amylase나 maltase 등의 효소에 의하여 가수분해되어 소화 흡수된다. I_2-KI 용액에 의하여 청색(amylose) 또는 적갈색(amylopectin)으로 변색된다.

전분은 물과 함께 가열하면 dextrin으로 변하는데 이를 호화(糊化)라고 하며, 전분의 종류에 따라 대체로 일정한 온도 범위에서 볼 수 있다. 천연의 전분 입자에 있는 micelle이라 하는 미세결정은 호화되면 없어지는데, 이 micelle이 그대로 있는 천연의 전분을 β전분, 호화된 것을 α전분이라고 한다. α전분은 소화가 잘 되나, β전분은 소화가 잘 되지 않는다. 또, α전분을 습윤 상태의 저온 하에 두면 β전분으로 되는데, 이러한 현상을 전분의 노화라고 한다.

전분은 그 원료에 따라 쌀전분·고구마전분·감자전분·밀전분·옥수수전분 등이 있는데, 산 또는 효소로 가수분해하여 조청이나 포도당을 만들어 과자·잼·술 등의 원료로 사용된다. 또한 각기 그 특성에 따라 직물·풀·식품·의약 등에 사용된다.

2) 호정(Dextrin)

전분의 부분적인 호화 정도에 따라 가용성 전분인 amylodextrin 외에 erythroIdextrin, achromo-dextrin 및 maltodextrin으로 구분되며 I_2-KI 반응도 다르게 나타난다. 가수분해 정도에 따라 백색·담황색·황색으로 구분하기도 하는데, 백색 호정은 찬물에 40% 정도, 더운물에는 완전히 녹으며, 주로 견직물의 끝마무리풀 또는 약의 부형제(賦形劑)로 사용된다. 담황색 및 황색 호정은 찬물에 완전히 녹고 점성도는 낮으며, 사무용풀, 수성도료, 제과의 조합용이나 약품의 부형제, 연탄의 점결제 등으로 사용된다.

3) 섬유소(Cellulose)

섬유소는 D-glucose가 β-1, 4 결합으로 다수 중합된 곧은 사슬 구조로 되어 있다. 다당류 중에서 분자량이 가장 커서 천연 상태에서 수만에서 수십만에 이른다. 냄새가 없는 백색 고체이며 물에 녹지 않는다.

섬유소는 식물의 세포벽 성분으로 면화의 솜은 거의 순수한 섬유소이다. 고등식물 외에도 세균·해조류·멍게류의 외피에도 존재하며, 초산균의 균체외 분비물에도 함유되어 있다. 섬유소는 균류, 흰개미, 달팽이 및 반추동물의 위 내 세균 등의 cellulase나 산분해에 의하여 최종적으로 포도당으로 분해된다.

섬유소는 화학 약품에 대한 저항성도 강하고 미생물에도 침식 당하지 않는다. 종이·의류 및 각종 필터의 원료로 사용되며 에테르 유도체는 레이온, 니트로에스테르는 화약의 원료로 이용된다. 특히 근래에는 섬유소의 구조를 화학적으로 변경시켜 유도체를 만들어 산업적으로 이용하는데, methyl cellulose(MC)는 가공식품의 수분 유지에, carboxymethyl cellulose(CMC)는 점성을 높혀 주므로 아이스크림, 청량음료 및 과자류에, 그리고 hydroxypropyl celluloses(HPC)는 수분을 잘 흡수하지 않아 분말 건조식품의 흡습제로 사용된다.

4) 이눌린(Inulin)

이눌린은 D-fructofuranose가 β-1, 2 결합으로 이루어진 중합도가 약 30 정도의 작은 분자이며 대표적인 fructan으로 국화과의 근경, 특히 돼지감자(뚱단지)나 달리아의 괴근, 우엉 뿌리 등에 전분을 대신하는 저장성 다당류이다. 백색의 둥근 결정으로 비교적 물에 잘 녹으며, I_2-KI 용액에 발색하지 않는다. 식물체 내에서는 전분과 마찬가지로 에너지를 저장하는 구실을 하며, 알코올 발효를 통하여 순도 높은 ethanol을 얻을 수 있어서 biodizel 생산 원료로 이용되기도 한다.

5) 키틴(Chitin)

키틴은 N-acetylglucosamine이 β-1, 4 결합으로 중합된 것이다. 곤충이나 갑각류 등의 외골격이나, 조류, 효모, 균류 등의 세포벽을 형성한다. 백색 분말로 물에 녹지 않으며, 섬유소보다 안정하다. 키틴을 분해하는 효소인 chitinase는 곰팡이·박테리아·연체동물 등의 하등생물에는 있으나 사람에게는 없어서 식이섬유의 기능을 한다. 키틴을 가공한 키토산(chitosan)은 자연 치유력을 높이는 건강식품으로 이용되고 있다. 키토산은 키틴을 탈아세틸화하여 얻어낸 물질로 콜레스테롤을 배출하여 암 세포 증식 억제, 혈압 상승 억제, 혈당 조절과 간 기능 개선, 체내 중금속 및 오염 물질 배출 등에 효과가 있으며, 면역력을 강화해 주고 노화를 억제하여 생체의 자연 치유력을 향상시키며 생체 리듬 조절에 효과가 있다.

6) 글리코겐(Glycogen)

글리코겐은 동물의 저장성 다당류로 동물성 전분이라고도 한다. α-1, 4 glucose 결합으로 되어 포도당 잔기 수십 개가 결합한 직쇄가 α-1, 6 결합으로 복잡하게 이어진 것으로 아밀로펙틴과 유사하나 직쇄 부분이 아밀로펙틴에 비하여 짧으며, 분자량은 수백만에 이른다. 백색 분말로서 맛과 냄새가 없고 물에 잘 녹으나 에틸알코올이나 아세톤에는 녹지 않으며, I_2-KI 용액에 의하여 적갈색을 띤다. 사람의 간에는 건조중량의 약 6%, 근육에는 0.6 ~ 0.7% 정도가 함유되어 있으며, 운동시 소비된다.

7) 펙틴질(Pectic substance)

펙틴질은 다양한 물질로 구성되며, 그 기본은 D-galacturonic acid가 α-1, 4 결합에 의하여 사슬 모양으로 축합된 고분자물질이다. 펙틴질은 식물의 세포벽 사이의 세포간질에 주로 존재하는 다당류로 식물조직을 견고하게 유지시켜 준다. 열매가 익지 않았을 때에는 비수용성인 protopectin이 많이 함유되어 있으나, 열매가 익어 감에 따라 비수용성 protopectin이 분해되어 수용성 물질로 된다. Protopectin은 pectin과 pectinic acid로 분해되고 다시 pectic acid로 분해된 다음, 저분자인 polygalacturonic acid로 변화하여 과육이 부드럽게 된다. 펙틴질에는 protopectin·pectin·pectinic acid·pectic acid 등이 포함되어 있으며, 또한 이들은 상호 전환이 가능하다. 따라서 pectin질은 이러한 성질을 모두 지니고 있어서 식품의 유화제(emulsifier)나 건조 과자의 피막제·화장품·치마분·호료·정장제 등에 널리 사용된다. 특히 펙틴과 pectinic acid는 젤을 만드는 성질이 있어서 잼이나 젤리를 만드는 데 사용된다.

8) 검(Gum)

검은 적은 양으로 높은 점성을 나타내는 다당류 및 그 유도체를 말한다. Rhamnose, arabinose, xylose, galactose, glucuronic acid 및 galacturonic acid의 종합체로 그 점성이나 콜로이드와 같은 성질을 이용하여 유화제·점착제·성형제로서 식품·의약품·염료(잉크)·섬유공업 등에 다양하게 이용된다. 천연 검에는 식물 분비물 검(exudate gum), 종자 검(seed gum), 해조류 검(seaweed gum) 및 미생물 검 등이 있는데, 식물성 검은 각종 식품에 주로 이용하며, 해조류의 검 중 한천은 우뭇가사리에서 추출되는 다당류로서 agarose와 agaropectin으로 되어 있어서 식품의 안정제 및 조직배양의 고형배지 조성에 이용되고 있다. 특히 미생물이 생산하는 dextran은 점성이 매우 커서 대용혈청이나 혈액응고 저지제로 이용된다.

9) 헤미셀룰로오스(Hemicellulose)

헤미셀룰로오스는 세포벽을 이루는 성분 중에서 섬유소를 제외한 각종 다당류의 혼합물을 의미하며 hexose, pentose 및 uronic acid 등이 결합한 복잡한 다당류이다. 단자엽식물에는 xylan과 glucan이 많이 들어 있고, 쌍자엽식물에는 xyloglucan이 많이 들어 있는데 이러한 성분들은 섬유소와 수소결합으로 연결되어 있다.

10) 복합다당류

구성당이 두 종류 이상으로 이루어진 다당류로 뮤코다당류, 당단백질 및 당지질 등이 있으며, 한천의 갈락탄·알긴산이 포함된다.

(1) 뮤코다당류(Mucopolysaccharide)

구성당이 두 종류 이상으로 이루어진 복합다당류로 아미노당을 함유하며, 반복 구조를 갖는 것으로, 콘드로이틴황산 A(n-아세틸갈락토사민·글루쿠론산·황산에스테르), 히알루론산(n-아세틸글루코사민·글루쿠론산) 등이 포함된다.

알긴산(alginic acid)은 특히 갈조류에 풍부한 수용성 식이섬유로 대부분의 해조류와 일부 세균(*Azotobacter vinelandii* 등)에서도 생성된다. 갈조류의 세포벽을 구성하는 다당류로서 해초산이라고도 한다. 폴리우론산(polyuronic acid)의 일종인 D-mannuronic acid와 L-glucuronic acid로 이루어지는 복합다당류로 물에 녹지 않고 팽윤하며 분자량은 약 15,000이다. 포유류는 알긴산을 분해하는 효소가 없어서 알긴산을 영양으로 이용할 수 없으나 일부 미생물과 전복은 alginase라는 소화효소를 가지고 있어서 먹이로 이용한다. 알긴산은 분말로 만들어 아이스크림·잼·마요네즈 등의 점성도를 증가시키는 데 사용하며 직물풀, 수성도료, 유화제 등, 공업용으로도 이용한다.

(2) 당단백질(Glycoprotein)

단백질과 공유결합을 이루고 있는 복합다당류로서 뮤코다당류와는 달리 당 부분이 소당류이고 반복 구조를 갖고 있지 않다. 헥소사민(hexosamine)을 함유하는 당단백질과 키틴, 히알루론산, 콘드로이틴황산 등을 함유하는 고무단백질(mucoprotein)의 두 가지로 구분된다. 위액이나 호흡기관에서 분비하는 점액, 연골, 호르몬, 혈액형 물질 등에 있으며 미생물의 세포벽이나 효소류에도 존재한다.

(3) 당지질(Glycolipid)

지질과 공유 결합을 이루고 있는 복합다당류로서 글리코리피드라고 하며 뇌에서 처음 발견되었다. 당질 부분이 복잡한 다당류로 구성되는 당지질에 그램 음성균의 O-항원(갈락토오스·글루코오스·만노오스)이 있으나, 일반적으로는 올리고당으로 구성되어 있다. 동식물·미생물에 널리 분포하는데 결합되어 있는 지질의 화학구조는 고급 아미노알코올인 염기성 스핑고신(sphingosine)이나 글리세롤로 되어 있다. 그리고 당성분은 갈락토스와 시알산 등으로 되어 있다. 뇌의 갈락토세레브로시드나 강글리오시드 등이 대표적인 당지질이다.

식이섬유(食餌纖維; Dietary fiber)

사람의 소화효소에 의해서 가수분해 되지 않는 난소화성 성분으로 "고등동물이 소화·흡수할 수 없는 식품성분"으로 정의되는 물질이다. 주로 식물성인 협의의 식이섬유와 동물성을 포함하는 광의의 식이섬유를 말하는데, 일반적으로 식이섬유는 협의의 것을 의미한다.

수용성 식이섬유는 대부분 점성이 강한데 과일의 펙틴을 비롯하여 한천, 해조류의 알긴산, 곤약의 글루코만난, 난소화성 덱스트린(indigestible dextrin), 수지, 점액질 및 키틴(키토산) 등이 있으며, 육류나 생선류·우유제품에는 거의 없다. 수용성 식이섬유는 흡수성(吸水性)이 높고 배변을 촉진하며 유산균의 먹이가 되어 장내 균총 형성에 중요한 역할을 하여 대장 기능을 증진시킨다. 또한 콜레스테롤 흡수를 억제하고 식염과 결합하여 몸밖으로 배출시켜 혈압 상승을 막아 주는 등, 성인병 예방에 도움을 주며, 위장의 공복감을 덜 느끼게 하고, 배변량을 증가시켜 과식을 방지하여 다이어트에 도움을 준다. 그리고 대장의 운동을 촉진시켜 변이 내장을 통과하는 시간을 짧게 하여 장내에 남아 있는 담즙산을 감소시켜 담즙산의 독성을 줄이는 효과가 있으며, 발암 물질을 흡착하여 배출하기도 한다. 이러한 다양한 기능과 함께 장내의 pH를 변화시키기도 하는 등, 서로 복합적으로 연계하여 비만, 당뇨병, 담석증, 고지혈증, 고혈압, 변비, 게실증, 정맥류, 대장암 등을 억제하는 효과가 있는 것으로 알려져 있다.

반면, 불수용성 식이섬유는 고구마, 두부, 옥수수 등에 많으며 주로 세포벽의 성분인 cellulose, hemicellulose, lignin, xylan 등으로 흡수성이 낮아 위장벽을 자극하고 과하면 소화를 방해하여 변비의 원인이 되며, 과도하게 섭취하면 칼슘·철분·아연 등의 무기질 흡수를 방해하므로 좋지 않으나 적당량은 대장을 청소하는 데 도움을 준다. 우리 몸에 필요한 1일 식이섬유 양은 25 ~ 30g이다.

식품의 분류	식이섬유가 풍부한 식품
곡 류	현미, 율무, 보리, 옥수수, 귀리, 토란, 오트밀
콩 류	팥, 대두, 강낭콩, 완두콩, 된장, 녹두
버섯류	표고버섯, 느타리버섯, 송이버섯
과일류	사과, 딸기, 배, 대추, 건포도, 오얏, 무화과, 살구, 파인애플, 감
견과류	밤, 호두, 잣, 아몬드
해조류	다시마, 미역, 김, 파래, 톳, 한천
기 타	차전자피, 쑥갓, 미나리, 상치, 부추, 고사리, 우엉, 셀러리, 숙주, 파슬리, 근대, 쑥, 양상추, 연근, 양배추, 토란

제3절 지질(Lipid)

지질은 영양학적으로 단백질, 당질과 함께 생체를 구성하는 주요 유기물질이며, 가장 열량을 많이 내는 호흡기질로서 g당 약 9kcal의 에너지를 낸다. 상온에서 증발하지 않으며 극성 용매인 물에는 녹지 않으나 ether, benzene, acetone, 4염화탄소 등의 비극성 용매에는 잘 녹으며, 점성이 있어서 손으로 만지면 끈적끈적하다. 지질은 대부분 C·H·O로 이루어져 있으나 그 외에 P, N, S 등을 포함하기도 한다.

① 지질의 분류

지질은 지방산의 ester로 존재하거나, ester를 형성하는 화합물로서 일반적으로 성상에 따라 기름(油; oil)과 지방(脂肪: fat)으로 구분된다. Acylglycerol이 기본 형태이며 triacylglycerol, diacylglycero, monoacylglycerol, lipoid, cerebroside, sterol, terpene 및 지질 알코올, 지방산, 지용성 비타민 등이 있다.

1) 구조에 의한 분류

구조에 따라 단순지질, 복합지질 및 유도지질로 나눈다. 단순지질(simple lipid)은 단순한 지방산과 alcohol류의 ester 화합물로 유지, 지방산, wax 및 cholesterol ester가 이에 속한다. 복합지질(compound lipid)은 지방산과 alcohol의 ester 결합에 인산, 당 등의 원자단이 부가된 화합물로 인지질, 당지질, 단백지질 및 황지질 등이 있다. 그리고 유도지질(derived lipid)은 단순지질이나 복합지질의 가수분해 생성물로서 지방질을 구성하는 기본적 성분이어서 구성지질이라고도 한다. 지방산, 스테롤 등이 이에 속한다.

2) 물리적 성상에 의한 분류

물리적 성상에 따라 건성유, 반건성유 및 불건성유로 나눈다. 시료 1g에 함유된 유리 지방산을 중화시키는 데 필요한 KOH의 mg 수를 산가(酸價, acid value, AV)라고 하며 유지 중의 유리 지방산의 함량을 표시하는 척도로 산패(酸敗)의 기준이 된다, 산패되어 유리 지방산이 증가한 경우 산가도 증가한다. 또한 지방을 구성하는 지방산의 이중결합을 포화시키기 위해 지방 100g에 부가되는 요오드의 g 수를 요오드가(Iodine value, IV)라고 하는데 불포화지방산을 많이 포함하는 지방은 요오드가가 높으며, 요오드가는 지질의 건조되기 쉬운 정도를 나타낸다.
　　건성유(drying oil)는 요오드가가 130 이상인 지방으로 아마인유가 여기에 속한다. 건성유는 공기 중에 방치하면 쉽게 산화되어 피막을 형성하므로 페인트용으로 많이 사용한다. 반건성유(semi-drying oil)는 요오드가가 100 ~ 130으로 대두유, 면실유, 채종유, 미강유 등, 대부분 식물성 기름이다. 그리고 불건성유(non-drying oil)는 요오드가가 100 이하로 올리브유가 여기에 속한다. 공기 중에 방치해도 산화되거나 피막을 생성하지 않으며, 윤활유 등으로 사용한다.

3) 비누화(Saponification) 특성에 의한 분류

(1) 검화유(Saponifiable lipid)

수산화카륨(KOH)에 의하여 가수분해되며, 지방산이 검화(鹼化) 즉 비누화되어 분리되는 지질로서 대부분의 유지, wax류, 인지질, sphingo 지질, 당지질 등이 있다. 유지 1g을 완전히 비누화시키는 데 필요한 수산화칼륨의 mg 수를 검화가(saponification value: SV)라고 한다. 검화가는 지방산의 분자량에 반비례하므로 검화가가 큰 지방산은 사슬이 짧고 작은 것은 길다. 포화지방산의 함량이 높을수록 단단하여 비누 제조 시간이 짧고 거품은 적게 발생한다.

(2) 불검화유(Nonsaponificable lipid)

지방산이 없는 지질이어서 가성소다에 의하여 가수분해되지 않는 스테롤류, 탄화수소류, 지용성색소류 등이 있다.

4) 영양 가치에 의한 분류

지질에는 네 가지 종류, 즉 포화지방, 트랜스지방, 단일불포화지방, 다가불포화 지방 등이 있는데, 포화지방과 트랜스지방은 대체로 LDL(low density lipid)이 많이 포함되어 있어 각종 성인병의 원인이 된다. 영양적 측면에서는 다가불포화 지방산(P: polyunsaturated fatty acid)과 포화지방산(S: saturated fatty acid)의 비율이 1~1.5 정도가 적합하다.

(1) 포화지방(Saturated fat)

구성 지방산에 이중결합이 없는 지방으로서 붉은 살코기, 유제품, 야자유에 포함되어 있으며 당뇨병, 관상동맥 심장질환, 뇌졸중, 암, 비만 등의 위험을 증가시켜 건강에 나쁘다고 알려져 있다. 건강에 유익한 점이 거의 없으므로 1일 지방 섭취 칼로리의 7% 미만이어야 한다.

(2) 트랜스지방(Trans fat)

트랜스지방은 자연 상태에도 소량 존재하지만 오늘날에는 대부분 식물성 불포화지방에 수소를 첨가 하여 지방산을 포화시켜 경화시켜 만든다. 이렇게 만든 지방은 동물성 지방보다 산패가 잘 되지 않기 때문에 식품 보존 기간을 더 길고 고형이어서 운반과 저장이 용이하여 편리하게 이용하여 왔다. 그러나 불포화지방산을 트랜스화하면 필수지방산으로서의 기능을 상실하게 되고 열량은 그대로여서 포화지방산과 마찬가지로 체중이 증가하고, 혈중 LDL의 양을 증가시켜 심장병·동맥경화 등의 심혈관계 질환과 간암, 위암, 대장암, 유방암 및 당뇨병과 같은 대사증후군을 유발하는 것으로 알려지고 있다.

마가린, 쇼트닝, 마요네즈 등에 많이 들어 있다.

(3) 단일불포화지방(Simple unsaturated fat)

지방산에 이중결합이 하나인 불포화지방산으로 된 지방으로 oleic acid(C18:1)가 대표적이다. 단일 불포화지방은 심혈관계를 보호해 줄 뿐만 아니라 당뇨병이나 암을 일으킬 수 있는 인슐린 저항의 위험도 줄일 수 있다.

올리브기름, 땅콩기름, 카놀라유에 많이 포함되어 있다.

(4) 다가불포화지방(Polyunsaturated fat)

혈중 콜레스테롤 농도를 낮추는 효과가 있다. 이중결합이 둘 이상인 지방으로 이중결합의 수가 최고 6개까지 알려져 있지만 대부분은 3개 이하이다. Linoleic acid(18:2), linolenic acid(18:3), arachidonic acid(20:4), eicosapentaenoic acid(20:5), docosahexaenoic acid(22:6) 등이 있다. 영양적으로는 포화지방산 : 단일불포화지방산 : 다가불포화지방산의 비율이 중요하다. 특히 리놀산·리놀렌산·아라키돈산은 비타민 F라고 하여 필수지방산이라고 하는데 결핍되면 성장이 정지하고 특유한 피부염이 생긴다.

① 리놀레산(C18:2) : Ω-6-linoleic acid(LA지질)로서 달맞이꽃기름, 옥수수기름, 홍화기름, 면실유, 콩기름 등에 많이 포함되어 있다.

② 리놀렌산(C18:3) : Ω-3-α-linolenic acid(ALA지질)으로서 EPA, DHA 및 DPA가 여기에 속한다. 들깨기름, 콩기름 및 연어, 정어리, 청어, 송어, 굴, 대합 등에 많이 포함되어 있다. Ω-3 지방산의 결핍 상태가 장기화되면 치명적 건강 손실을 일으킬 수 있으므로 충분히 섭취하여야 한다.

  EPA(eicosapentaenoic acid)는 DHA 및 DPA와 같이, 안구 뒤쪽에 위치한 망막세포와 기억력을 관장하는 대뇌 해마세포의 주성분인 Ω-3 지방산이다. 인체 기능에 꼭 필요한 영양소일 뿐 아니라 혈중 콜레스테롤 저하와 뇌기능 촉진 작용과 함께 ARA 과잉증 완화, 류머티스성 관절염 및 심장질환·동맥경화증·폐질환 예방과 치료에 효과가 있다. DHA보다 혈액응고, cholesterol 감소 효과가 크다. 식물성 플랑크톤이나 해수산 클로렐라 등에 많이 함유되어 있으며, 이를 먹는 어류와 이 어류를 먹이로 하는 물범과 같은 해양 포유류의 몸에 축적된다. 정어리, 고등어, 꽁치, 참치 등의 등 푸른 생선에 많이 함유되어 있는데, 함유량이 가장 많은 것은 정어리이다. 어류 양식 시 사료에 첨가하지 않으면 부화·생장이 저해된다.

  DHA(docosahexaenoic acid)는 뇌세포의 기능을 활성화시키는 것으로 알려져 있다. 신경세포의 신경섬유 말단에 포함되는 지방산으로 부족시 학습 능력과 기억력 장애가 일어난다. 아마인유, 콩기름 및 동물성 체지방 등에 많이 포함되어 있다.

  또한 ϓ-linolenic acid(GLA)는 인체 내에서 합성이 불가능하기 때문에 반드시 식품으로 섭취해야 하는 필수지방산으로 특유한 피부염이나 순환기 장애를 예방한다.

③ 아라키돈산(ARA, C20:4) : Ω-6-arakidonic acid(AA)는 부족시 태아 발육 저해나 기형 유발

의 원인이 될 수 있다. 그러나 linoleic acid가 과잉되면 ARA도 과잉되어 동맥경화, 심장병, 만성염증, 자가면역증, 아토피성 알레르기가 유발될 수도 있다. 간, 계란, 소라, 전복 등에 많이 포함되어 있다.

② **지방산 (Fatty acid)**

지방질 구성 성분인 지방산의 성질에 따라 물리·화학적 성질이 달라진다. 지방산은 탄화수소와 비슷하나 카르복실기(-COOH)가 반드시 한쪽 말단에 붙어 있는 지방족 화합물이다. 지방산은 지질의 중요한 구성분으로 천연에 존재하는 지방산은 대부분 짝수 개(4~30)의 탄소원자로 이루어진 직쇄상 일염기산으로 RCOOH으로 표시한다. 일반적으로 C12 이하인 저급지방산은 휘발성을 지니며, C14 이상의 고급지방산은 비휘발성이다. 또한 지방산 내에 이중결합을 가지고 있지 않은 것을 포화지방산, 이중결합을 가지고 있는 것을 불포화지방산이라고 한다.

1) 포화지방산(Saturated fatty acid)

포화지방산은 분자 내에 이중결합을 가지고 있지 않는 지방산으로 일반식이 $C_nH_{2n}O_n$ 또는 $C_nH_{2n+1}COOH$로 표시되며, 탄소 수가 4인 butyric acid에서 30개인 melissic acid가 있다. 지방산 사슬의 탄소 수가 증가함에 따라 물에 녹기 어려우며, 융점이 상승하여 상온에서 고체 상태가 된다(표 1-1).

| 표 1-1 | 포화지방산의 종류와 특징

일반식	탄소 수	일반명	계통명	융점(°C)	소 재
$C_nH_{2n}O_2$ 또는 $C_nH_{2n+1}COOH$	C_4	Butyric	Buanoic	-7.9	버터
	C_6	Caproic	Hexanoic	-3.2	버터, 야자유
	C_8	Caprylic	Octanoic	16.3	버터, 야자유
	C_{10}	Capric	Decanoic	31.3	버터, 야자유
	C_{12}	Lauric	Dodecanoic	43.9	버터, 야자유
	C_{14}	Myristic	Tetradecanoic	54.4	버터, 야자유
	C_{16}	Palmitic	Hexadecanoic	62.9	일반 동·식물성유지
	C_{18}	Stearic	Octadecanoic	69.6	일반 동·식물성유지
	C_{20}	Arachidic	Eicosanoic	75.4	땅콩기름, 돼지기름
	C_{26}	Cerotic	Hexacosanoic	87.7	밀랍
	C_{28}	Montanic	Octacosanoic	90.9	Montan랍
	C_{30}	Melissic	Triacontanoic	93.6	밀랍

2) 불포화지방산(Unsaturated fatty acid)

불포화지방산은 분자 내에 이중결합을 갖는 지방산으로 탄소사슬의 길이나 다중결합의 위치 및 수에 따라 녹는점이 다르지만 대개 무색의 액체나 저융점의 고체로서 존재한다. 불포화지방산의 메틸기로부터 세 번째 탄소에 이중결합이 있으면 Ω-3, 여섯 번째이면 Ω-6 지방산이라고 한다. 인체에서 발견되는 가장 불포화도가 큰 지방산은 DHA이며 불포화도가 클수록 변질되기 쉽다(그림 1-14).

❖ 그림 1-14 불포화지방산의 불포화탄소

불포화지방산은 이중결합의 수에 따라 oleic acid 계열, linoleic acid 계열, linolenic acid 계열 및 polyenoic acid 계열로 구분한다. 일반적으로 불포화지방산은 상온에서 액체 상태이며 이중 결합을 많이 가지고 있는 것은 부가반응이 잘 일어난다(표 1-2). Ω-3가 Ω-6보다 많은 경우는 지능을 향상시키지만 Ω-6가 Ω-3보다 많은 경우는 지능을 감소시킨다.

| 표 1-2 | 불포화지방산의 종류와 특징　　　　　　　　　　　　　　　　(다음 페이지에 계속)

계 열	일반식	탄소 수	일반명	계통명	융점(℃)	소 재
Oleic acid 계열	$C_nH_{2n-2}O_2$	C_{10}	Caproleic	9-decenoic	–	버터
		C_{12}	Lauroleic	12-Dodecenoic	–	버터
		C_{14}	Myristoleic	9-Tetradecenoic	–	어유, 고래기름
		C_{16}	Palmitoleic	9-Hexadecenoic	0.5	어유, 고래기름
		C_{18}	Oleic	9-Octadeconic	16.3	동·식물성 유지
		C_{18}	Vaccienic	11-Octadecenic	39.5	버터, 쇠기름, 돼지기름
		C_{18}	Ricinoleic	12-hydroxy-9-octadecenoic	5.5	피마자기름
		C_{20}	Gadoleic	9-Eicosenic	23.5	어유, 고래기름
		C_{22}	Erucic	13-Docosenoic	33.5	채종유
		C_{24}	Nervonic	15-Tetracosenoic	42.5	어유

| 표 1-2 | 불포화지방산의 종류와 특징

계 열	일반식	탄소 수	일반명	계통명	융점(°C)	소 재
Lioleic acid 계열	$C_nH_{2n-4}O_2$	C_{10}	Stillingic	2, 4-Decadienoic	−	Stillingia유
		C_{18}	Linoleic	9, 12-Octadecadienoic	−5.0	동·식물성 유지
Liolenic acid 계열	$C_nH_{2n-6}O_2$	C_{16}	Hiragonic	6, 10, 14-Hexadecatrienoic	−	정어리기름
		C_{18}	Linolenic	9, 12, 15-Octadecatrienoic	−11.0	동·식물성 유지
polyethenoid 계열	$C_nH_{2n-8}O_2$	C_{18}	Moroctic	4, 8, 12, 15-Octadecatetraenoic	−	정어리 기름
		C_{20}	Arachidonic	5, 8, 11, 14-Eicosatetraenoic	−49.5	인지질, 간유
	$C_nH_{2n-10}O_2$	C_{22}	Claupano-donic	4, 8, 12, 15, Docosapentaenoic	−	정어리기름, 어유
		C_{24}	Nisinic	4, 8, 12, 15, 18, 21-Tetraosahexenoic	−	정어리 기름

3) 주요 유지의 지방산 조성

유지의 물리적 성질은 유지를 구성하고 있는 지방산의 조성에 의하며, 식물성 유지와 동물성 유지의 식품적 가치는 이들 지방산의 포화 정도와 관계가 있다. 대체로 식물성 유지는 불포화 지방산이 많이 포함되어 있으며, 동물성 유지는 포화지방산이 많이 포함되어 있다(표 1-3).

| 표 1-3 | 천연 유지의 지방산 조성 (다음 페이지에 계속)

유 지	야자유	올리브유	피마자유	채종유	대두유	아마인유	체지	버터기름	고래기름	정어리유
검화가	256-264	187-196	176-187	168-179	189-195	188-196	192-202	218-235	184-202	186-197
요오드가(Wijs 법)	7-10	79-90	81-91	97-107	117-141	170-204	57-71	25-38	90-146	154-196
지방산	전체지방산에 대한 각 성분 지방산의 중량(%)									
butyric acid	−	−	−	−	−	−	−	3.1	−	−
caproic acid	0.3	−	−	−	−	−	−	1.8	−	−
caprylic acid	9.2	−	−	−	−	−	−	1.2	−	−
capric acid	9.7	−	−	−	−	−	−	2.2	−	−
lauric acid	44.1	−	−	−	0.4	−	0.1	3.8	0.2	−
myristic acid	15.9	1.2	3.5	−	0.4	8.2	2.7	8.5	9.3	6

| 표 1-3 | 천연 유지의 지방산 조성

palmitic acid	9.6	15.6	3.5	1.9	10.6	6.8	24.0	24.3	15.6	10
stearic acid	3.2	2.0	3.5	3.5	2.4	–	8.4	11.9	2.8	2
arachidonic acid	0.2	–	–	0.7	2.4	–	–	0.1	–	–
behenic acid	–	–	–	0.7	2.4	–	–	0.1	–	–
lignoceric acid	–	–	–	0.8	–	–	–	–	–	–
decenoic acid	–	–	–	–	–	–	–	0.1	–	–
dodecenoic acid	–	–	–	–	–	–	–	0.2	–	–
tetradecenoic acid	–	–	–	–	–	–	0.2	1.1	2.5	–
hexadecenoic acid	–	1.6	–	1.5	1.0	–	5.0	5.8	14.4	13
oleic acid	6.3	64.6	5.5	12.3	23.5	13.9	46.9	31.3	35.2	24
linoleic acid	1.5	15.0	3.5	15.8	51.2	14.4	10.2	2.4	35.2	24
linolenic acid	–	–	–	8.7	8.5	56.2	–	1.1	–	24
C_{20-28} linolenic acid	–	–	–	54.1	–	–	2.5	1.4	19.7	45
dioxy stearic acid	–	–	2.0	–	–	–	–	–	–	–
ricinoleic acid	–	–	85.5	–	–	–	–	–	–	–

③ 단순지질 (Simple lipid)

1) 유지(油脂; Oil and fat)

유지는 기름(oil)과 지방(fat)을 의미하며 glyceride(acylglycerol), cholesterol 및 cholesteryl ester 등으로 분자 내 극성을 가지고 있지 않아 중성지질(neutral lipid)이라고 하며, 고급 지방산과 glycerol의 ester로서 상온에서의 물성에 의하여 유(油, oil)와 지(脂, fat)로 분류한다. 기름은 상온에서 액체 상태이며 불포화 지방산으로 구성되고, 지방은 상온에서 고체 상태로 구성 지방산의 길이와 포화도 증가에 따라 융점이 높아진다. 그러므로 식물성 유지는 상온에서 액상인 것이 많고 동물성 유지는 고체인 것이 많다. 유지는 천연 유지와 가공 유지로 대별되는데, 마가린과 쇼트닝은 가공 유지에 속하며 천연 유지는 식물성 유지와 동물성 유지이다.

(1) 중성지방(Neutral fat; TG: Triglyceride)

지방산과 glycerin만이 결합된 glyceride로서 물에 녹지 않는다. 포도당이 뇌와 혈구의 주에너지원으로 사용하는 데 비하여 중성지방은 일반 신체 기관의 주에너지원으로 쓰이며 과다한 것은 피하 지방으로 축적된다. 주로 육류, 생선, 동물성 기름, 식물성 기름 등에 들어 있으며 밥과 빵 등, 곡물의 탄수화물에 의하여 체내에서도 생성된다. 중성지방은 설탕과 알코올을 재료로 합성되며, 특히 탄수화물이 과다하면 중성지방 생성 효소인 phosphatidate phosphohydrolase가 증가되어 중성지방을 합성한다. 그리고 체내의 과다한 중성지방은 유익한 HDL를 감소시키고 해로운 LDL 생성을 증가시킨다.

(2) 식물성 유지

식물성 유지는 대체로 식물의 종자나 배유에 들어 있으나 올리브(과육)와 기름골(지하경)과 같은 예외적인 식물도 있다. 식물성 유지는 식물성 기름과 식물성 지방으로 나눌 수 있는데, 식물성 유는 상온에서 대체로 액상이나 식물성 기름인 올리브유와 코코아유는 상온에서 고형이다. 대부분의 식물성 유지의 지방산은 oleic acid와 linoleic acid가 60% 이상 차지한다. 유채유나 Crambe(*Crambe abyssinica*) oil은 erucic acid를 많이 함유하며 화장품, 윤활유, 고무제품 첨가제로 사용된다. 들기름, 아마인유 등은 linolenic acid가 주성분이어서 건조성이 좋아 페인트나 인쇄용 잉크의 원료로 사용된다. 특히 linolenic acid가 많이 포함되어 있는 콩기름, 들기름 등은 산패되기 쉽기 때문에 특별한 보관 방법이 필요하다. 콩기름의 경우 linolenic acid 제거나 산패 방지 기술이 개발되어 있으며, 아마인유의 경우는 linolenic acid가 없는 Linola 품종이 육종되었다. 또한 같은 이유로 erucic acid가 함유되어 있지 않은 Canola 품종이 개발되어 유채유를 식용으로 사용할 수 있게 되었다.

(3) 동물성 유지

동물성 유지도 동물성 기름과 동물성 지방으로 나누는데, 해산동물의 기름에는 어유, 간유 및 해수유가 있으며, 육상동물의 기름에는 번데기유가 있다. 또한 동물성 지방은 체지(體脂)와 유지(乳脂)로 나누는데 체지에는 쇠기름과 돼지기름이 있으며, 젖 속에 포함되어 있는 이 유지로 버터를 만든다.

2) 밀납(Wax)

납(蠟)이라고도 부르며 벌집을 만드는 납질 주성분이다. 보통은 물에 녹지 않는 고급 1가 또는 2가 alcohol의 지방산 ester로 천연 왁스는 고체왁스와 액체왁스로 대별된다. 고체왁스는 채취 원료에 따라 식물성 왁스와 동물성 왁스의 두 종류가 있지만 식물성 고체왁스는 거의 존재하지 않는다. 대부분 상온에서 결정성 고체이며, 지방보다 약간 안정하여 가수분해되기 힘들고, 공기 속에서 산소 또는 세균에 침식되지 않는다.

　동식물의 표면을 덮어 수분의 증발을 억제하고 단열작용도 한다. 양초, 광택제, 화장품, 방수제, 바셀린 등의 의약품의 재료이다. 특히 식물성 왁스는 과일의 광택제로 사용하나 호흡을 막아서 품질 저하나 장기적 보관을 어렵게 하는 문제점이 있다. 호호바(jojoba)유는 향유고래 왁스의 대용으로 사용되며, 식물의 정유를 희석하는 데도 사용된다.

④ 복합지질 (Compound lipid)

1) 인지질(Phospholipid)

인지질은 인(P)을 포함하는 지질로서 세포 막계 구조의 주성분으로 특히 대사작용이 왕성한 동물의 뇌, 심장, 콩팥, 노른자위에 많이 들어 있고 식품으로는 콩 속에 많이 들어 있다. 인지질에는 lecithin, cephaine, sphingomyelin 등이 있는데, 레시틴, cephaine은 glycerol, 지방산, 인산, 유기염기의 비가 1:2:1:1의 비율로 구성되어 있다. Lecithin, cephalin에서 지방산 1개가 떨어져 나간 것을 각각 lysolecithin, lysocephalin이라 하며 용혈작용이 강하다.

(1) 레시틴(Lecithin)

레시틴은 뇌조직(뇌세포의 20 ~ 30% 차지), 신경, 혈구에 다량 존재하며 우유, 난황, 콩 등에 많이 포함되어 있다. 레시틴 구성분인 지방산은 주로 palmitic acid, stearic acid, oleic acid, linoleic acid, linolenic acid, arachidonic acid 등으로 되어 있고 두 분자 중 적어도 하나는 포화지방산이며, 구성 알코올은 choline이다.

레시틴은 유화작용이 강하여 제과 및 기타의 식품가공에서 유화제로 많이 쓰이고 있다. 레시틴은 세포의 막계 구조를 이루는 중요한 성분이다. 레시틴은 뱀독이나 세균독소에 함유되어 있는 lecitinase에 의하여 가수분해되기 때문에 이러한 작용 때문에 lecitinase를 포함하는 독소가 혈중에 들어오면 세포를 파괴시키고 용혈작용을 일으키게 하여 죽음에 이르게 한다.

(2) 세팔린(Cephalin)

세팔린 구성 포화지방산은 stearic acid 뿐이고 불포화지방산은 oleic acid, linoleic acid, arachidonic acid 등으로 다양하다. 구성 알코올은 ethanolamine(cholamine)과 serin이다. 레시틴과 구조가 유사하나 소수성으로 유화력이 없다. 레시틴과 더불어 뇌와 혈장 속에 다량으로 함유되어 세포 속의 막상 구조의 형성과 기능에 중요한 작용을 한다. 난황과 콩 속에 많이 함유되어 있다.

(3) 스핑고미엘린(Sphingomyelin)

스핑고미엘린은 동물의 뇌, 신경, 간장 등에 존재하며, 가수분해하면 인산, 지방산, choline 및 sphingosine이 각각 한 분자씩 생긴다. 생체 내에서는 신경전달과 관련이 있다고 생각되지만 아직 불분명하다. 레시틴과 같이 현탁작용이 있어 물과 교질액을 형성한다.

2) 당지질(Glycolipid)

지질 분자 중에 당을 가지고 있어서 당지질이라고 하며 동물의 뇌, 신경조직에 많이 들어 있으므로 생리적으로 중요한 것이 많다. Cerebroside는 당으로서 galactose를 가지고 있으며, 대부분 이것과 sphingosine이 결합된 것에 지방산이 결합되어 있다. 당지질은 glycerol이 없는 것이 다른 지질과 다른 점이다. Sphingosine에 붙어 있는 지방산의 종류에 따라 다음과 같이 구별되는데, lignoceric acid를 함유한 것을 kerasin이라고 하고, cerebronic acid를 함유한 것은 phrenosin이라고 하며, nervonic acid를 함유한 것은 nervon이라고 한다. 근래에 와서 galactose

대신에 glucose, sucrose, lactose 등을 함유하는 cerebroside가 발견되고 있다. Cerebroside는 gangliosidesms, sphingosine, 지방산 및 탄수화물(주로 hexosamine)로 구성되어 있는 복잡한 화합물로서 신경세포에 들어 있다. 식물에 있어서는 주로 엽록체 내 지질의 80%를 차지하며 thylakoid막의 성분이다.

⑤ 유도지질 (Derived lipid)

유도지질은 지질을 구성하는 기본적 성분이어서 구성지질이라고도 한다. 지질이 가수분해되어 생성된 지용성물질로서 유리지방산, 고급알코올, 스테로이드계(스테롤, 콜레스테롤, 담즙산, steroid saponin, steroid), alkaloid, sphingosine 및 또한 지방족 탄화수소류(squalene, 지용성 비타민, 지용성 색소)가 있다. 대표적인 유도지질인 스테로이드로는 스테로이드 핵인 환상의 cyclopentanoperhy-drophenanthrene이라고 하는 sterol(sterane) 골격을 가진다.

1) 스테로이드(Steroid)

스테롤 핵을 가진 환상의 alcohol계 물질을 말하며 천연지질 중 불검화성 지질의 대표적인 물질이다(그림 1-15). 생체 조직에서는 유리산, 지방산의 ester 또는 배당체로 존재한다. 스테롤, 담즙산, 성호르몬, 부신피질호르몬, 변태호르몬, 지용성비타민 등이 있는데 스테롤(sterol)이 대표적으로 콜레스테롤(cholesterol), 에르고스테롤(ergosterol), 시스토스테롤(sitosterol), 스티그마스테롤(stigmasterol) 등이 있다. 식물성 스테롤을 pytosterol이라고 하며 campesterol, stigmasterol, sitosterol 및 fucosterol 등이 있다.

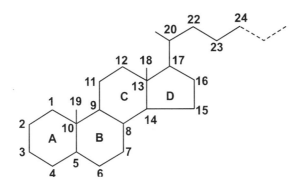

❖ 그림 1-15 스테로이드의 구조

콜레스테롤은 고등동물의 근 조직에 대부분 함유되어 있는데, 특히 뇌, 신경조직, 혈액 등에 많이 존재한다. 시스토스테롤은 밀과 옥수수에, 에르고스테롤은 효모, 버섯, chlorella 등에 함유되어 있으며 자외선 조사에 의하여 비타민 D로 전환되는 provitamin이다. 그리고 스티그마스테롤은 대두유 중에 시스토스테롤과 함께 있는데, 옥수수유, 야자유 등에도 함유되어 있다(표 1-4).

2) 지방족 고급탄화수소(Aliphatic higher hydrocarbons)

파라핀계 탄화수소라고도 하며, 탄소와 수소만으로 이루어지는 화합물 중에서 방향족 탄화수소 이외의 지방족화합물을 가리킨다. 쇄상 골격의 화합물에는 직쇄상 외에 가지가 있는 이성체가 다수 존재한다. 스쿠알렌, 파라핀, 지용성 색소 등이 있다.

스쿠알렌은 대구, 명태, 상어 등의 간유에 다량 포함되어 있는 무색·무취의 지질로 식물성 지질에도 일부 포함되어 있다. 과산화수소를 감소시키고 항산화효소는 증가시킨다. 스쿠알렌은 생체 내에서는 acetyl CoA로부터 발론산을 거쳐 합성되며, 카로테노이드나 스테로이드를 합성하는 중간 물질로 생각되고 있다.

파라핀은 파라핀계 탄화수소 또는 고급 포화탄화수소로 이루어진 파라핀납이나 유동 파라핀의 총칭이다. 친화력이 약하다는 라틴어(parum affinis)에서 paraffin으로 명명된 이들 물질은 반응성이 약하고 화학약품에 대하여 내성이 있다. 주성분은 곧은 사슬의 파라핀계 탄화수소로 되어 있다. 탄소원자수가 16∼40이며 특히 20∼30의 것이 많다.

중유유분(重油溜分)에 많이 함유되어 있으며 냉각되어 석출된 것에 압력을 가하여 여과해서 얻는다. 양초, 전기절연 재료, 크레용의 원료 등으로 사용된다. 연고, 좌약 등의 기제(基劑)로도 이용된다.

| 표 1-4 | 스테로이드의 분류   (다음 페이지에 계속)

분류		탄소수	구조의 특징	실례
성호르몬	발정호르몬	18	A고리(방향고리), 3(−OH) R'(−OH 또는 =O)	에스트론 · 에스트라디올 · 에스트리올
	남성호르몬	19	3(−OH 또는 =O) R'(−OH 또는 =O)	안드로스테론 · 테스토스테론
	황체호르몬	21	3(−OH 또는 =O) R'(−COCH₃)	프로게스테론
황체호르몬		21	4·5(2중결합), 3(=O) 11(−OH 또는 =O) R'(−COCH₂OH)	코르피코스테론 · 코르티손 · 코르티졸 · 알도스테론
빌산(담즙산)		24	3(−OH), 6 또는 7(−OH) CH₃ R'(−CHCH₂CH₂COOH)	콜산 · 데오시콜산
식물심장독, 두꺼비폭		21∼24	R(−CH₂OH, −CHO, −CH₃) R'(락톤고리 등)	스트로판티딘 · 부팔린
사포게닌		27	R'(C₃스피로케탈계)	디기토게닌 · 디오스게닌 · 사릇사포게닌

| 표 1-4 | 스테로이드의 분류

분 류	탄소수	구조의 특징	실 례
동물스테롤	27, 30	CH₃ | R′ [−CH(CH₂)₂CH(CH₃)₂] 3(-OH), 5·6이나 7·8(2중결합)	콜레스테롤·코프로스탄올·라노스테롤
식물스테롤	28, 29	CH₃　　CH₃ |　　　| R′ [−CH(CH₂)₂CHCH(CH₃)₂] 5·6이나 7·8(2중결합)	에르고스테롤·스티그마스테롤

제4절 **단백질(Protein)**

단백질은 모든 생명체의 구조를 이루는 기본 물질일 뿐만 아니라 생명을 발현하게 하는 효소의 본체이다. 이러한 단백질은 DNA 유전 정보의 발현에 따라 리보소옴에서 합성되며 아미노산이 그 구성 단위이다.

① 아미노산(Amino acid)

1) 아미노산의 특징

단백질의 구성 단위로서 식물의 TCA 회로의 keto-acid와 뿌리에서 흡수한 NO_3^-를 이용하여 최초의 아미노산인 glutamic acid가 합성되며, 이것을 기본으로 여러 가지 아미노산이 생성된다. 아미노산은 중심 원소인 탄소에 아미노기(-NH₂)와 카르복실기(-COOH)를 가지며 잔기(residue, R-)의 종류에 따라 달라진다.

　아미노산은 가열하면(150~300℃) 분해되며, 수용액 속에서 일정한 등전점(IP ; isoelectric point)을 가지는 양성물질(amphoteric compound)로 양성전해질(ampholyte)이다. 비극성 유기용매보다는 물에 잘 용해되며, 독특한 맛을 지닌 것들이 있어서 음식의 풍미를 낸다. 글루타민산 나트륨은 조미료로 쓰이며, 글라이신·라이신·발린·알라닌·세린은 단맛, 루신·이소루신·페닐알라닌·트립토판은 쓴맛, 그리고 아스파라긴산은 약한 신맛을 낸다.

2) 아미노산의 종류

자연계에는 약 200여 종의 아미노산이 알려져 있으나 일반적으로 단백질을 구성하는 아미노산은 20여 종이며, 약 10여 종이 더 알려져 있으나 대부분 식물체에 유리 형태로 존재한다. 아미노산은 proline과 hydroxy proline을 제외하고는 모두 α 위치의 탄소에 amino기를 갖는 carboxyl산이다. 또한 잔기가 수소인 글라이신을 제외하고는 모두 α 위치의 탄소가 부제탄소원자이어서 광학이성체가 존재한다.

(1) 단백질 구성 아미노산

① 지방족 아미노산 : 지방족 사슬을 가지고 있는 아미노산으로 등전점에 따라 중성, 산성 및 염기성 아미노산으로 나누는데, 중성 아미노산(neutral amino acid)은 serine, leucine, isoleucine 및 glycine 등이다. 산성 아미노산 및 그 amide(acidic amino acid)에는 숙취에효과가 있는 aspragine과 아미노산계 조미료의 원료가 되는 glutamine이 있으며, 염기성 아미노산(basic amino acid)에는 lysine과 arginine이 있다. 이밖에 황아미노산(sulfur amino acid)으로 cysteine과 methionine이 있다.

② 방향족 아미노산(aromatic amino acid) : 방향성 환상구조를 가지고 있는 아미노산이다. Phenylalanine은 benzene환을 가지는 비극성 필수아미노산이며 tyrosine은 phenol기를 가지고 자외선을 흡수한다.

③ 복소환 아미노산 : 복소환식 화합물(heterocyclic compounds)의 아미노산으로서 tryptophan은 필수아미노산이며, histidine은 염기성으로 유아에는 필수아미노산이다. 이밖에 collagen과 그 변성물인 gelatin에 많이 포함되어 있는 proline이 있다.

(2) 비단백질성 아미노산(nonprotein amino acid)

단백질 구성 요소가 아닌 아미노산으로 ornithine, citrulline, canavinine, phosphoserine 등이 있다.

(3) 필수아미노산(Essential amino acid)

아미노산은 동물의 체내에서 다른 아미노산으로부터 만들어지는 것과, 체내에서는 합성되지 않고 음식으로 섭취되어야만 하는 것이 있다. 체내에서 합성할 수 없는 아미노산을 필수아미노산이라고 한다. 필수아미노산의 종류는 동물의 종류나 성장 시기에 따라 다르지만, 성인의 경우에는 8가지이며 회복기 환자는 아르기닌이 포함되고 유아는 히스티딘이 더해진다.

① 이소류신(Isoleucine) : α-아미노산으로 류신의 이성질체로 단백질의 구성 성분이며, oxytosin 등의 펩티드호르몬과 bacitraucin 등의 펩티드항생물질에도 포함되어 있다. 수용성으로 알코올에는 녹지 않는다. 이소류신은 필수아미노산이나 식품단백질에 널리 분포하기 때문에 결핍되는 경우는 거의 없다. 4종의 광학이성질체가 있지만, L-이소류신만이 생체에 이용된다. 술 양조의 원료에 포함된 이소류신은 활성 amylalcohol로 변화하여 숙취의 원인이 되는 fusel oil의 주성분이 된다.

② 류신(Leucine) : 단백질을 구성하는 아미노산으로 광택이 있는 백색 꽃모양 결정으로 약한 쓴맛이 나며 비수용성이다. Keratin이나 casein을 묽은 황산과 가열하여 얻을 수 있다.

③ 리신(Lysine) : 염기성 α-아미노산으로 L-리신은 거의 모든 단백질에 포함되어 있으며 특히 히스톤·알부민·근육단백질에 많이 포함되어 있다. 바늘 모양의 결정으로 수용성이며, 알코올, 에테르에는 잘 녹지 않는다. 리신은 동물성 단백질에는 많지만 곡류 단백질에는 적어 부족하기 쉬운 아미노산이다. 이 때문에 리신이 첨가된 밀가루가 권장되고 있다. 리신의 아미노기는 당과 반응하기 쉬워 식품을 갈색으로 변화시키며, 다른 화합물과 결합한 리신은 영양상 효과가 없어지기 때문에 비유효성 리신이라 한다.

④ 페닐알라닌(Phenylalanine) : 방향족 α-아미노산으로 알에 5.4%, 탈지유에 5.1% 정도 함유되어 있다. 물에는 잘 녹으나 메탄올과 에탄올에는 거의 녹지 않는다. 단백질을 구성하는 아미노산의 하나로서 식품단백질 속에 널리 존재하므로 결핍되는 일은 없으며 생체 내에서 티로신이 된다. 페닐케톤 요증은 티로신으로의 대사가 이루어지지 않는 선천성 대사 이상으로 혈중에는 다량의 페닐알라닌이 함유되고, 오줌에는 다량의 페닐피루브산이 배설된다.

⑤ 메티오닌(Methionine) : 황을 함유한 α-아미노산으로 대부분의 단백질에 몇 % 정도 함유되어 있으나 카세인, 오브알부민, 근육의 액틴, 트로포닌 C 등은 비교적 함량이 높다. 류신과 성질이 비슷하며 혼성 결정을 만든다. 체내에서 시스테인으로 전이될 수 있는데, 시스타티오닌 합성 효소가 결손되면 호모시스틴 요증이 되고, 혈중의 메티오닌이나 오줌 속의 호모시스틴이 증가된다. 간장이나 치즈 등 발효식품의 향기는 메티오닌에서 유도된 알데히드나 알코올·에스테르 등에 의한 것이 많다. 또한 의약품으로서 간질환이나 여러 가지의 중독증에 사용된다.

⑥ 트레오닌(Threonine) : α-아미노산으로 수용성이나 알코올, 에테르에는 녹지 않는다. 혈액 내 피브린 섬유소 단백질의 5.3%, 우유 속 단백질의 4%를 차지하며, 카세인 등의 단백질 속에 인산에스테르의 형태로도 존재한다. 동물성 단백질에는 부족하지 않으나 식물성 단백질에는 적게 들어 있어 부족되기 쉬우며, 곡류 단백질 속의 트레오닌은 생리적 이용률이 낮은 것으로 알려져 있다.

⑦ 트립토판(Tryptophan) : 방향족 α-아미노산으로 단백질 속의 양은 그다지 많지 않다. 식품 속에 널리 분포하지만 함량이 적어서 결핍되기 쉬운 아미노산이다. 체내에서 단백질합성에 필요할 뿐만 아니라 비타민 B_3인 니코틴산의 생성재료로도 중요하다. 옥수수 속에 들어 있는 단백질에는 트립토판이 함유되어 있지 않기 때문에 옥수수를 주식으로 하는 곳에서는 트립토판과 니코틴산이 부족하여 pellagra(니코틴산 결핍증후군)가 발생하기 쉽다.

⑧ 발린(Valine) : α-아미노산으로 널빤지 모양의 결정으로 수용성이나 에탄올과 같은 유기용매에는 녹지 않는다. L-발린은 대부분의 단백질에 소량 함유되어 있으며, 식물에는 유리된 상태로 존재한다. 식품 속에 충분히 존재하므로 결핍되지 않는다. 천연 L-발린은 단맛 이외에 쓴맛도 있지만, 합성 D-발린은 단맛만 강하다. 발린은 류신·이소류신과 함께 화학구조에 따라 분지 아미노산이라 한다.

(4) 비필수아미노산(Nonessential amino acid)

① 알라닌(Alanine) : α-알라닌과 β-알라닌이 있으며 L-α-알라닌은 단백질의 구성 성분이며, 특히 견사(絹絲) 피브로인에는 전체 아미노산의 27%를 차지한다. 유리 상태로는 콩과식물인 자주개자리에 많이 존재하며, 수용성으로 알코올에는 잘 녹지 않는다. β-알라닌은 단백질에는 없고 판토텐산·카르노신·안세린의 구성 성분으로서 존재한다. 콩과식물의 근류나 개·돼지·소 등의 대뇌에 유리 상태로 존재하는 생물학상 중요한 아미노산이다.

② 아르기닌(Arginine) : 염기성 아미노산으로 수용성이며 알코올에는 잘 녹지 않는다. L-아르기닌은 단백질을 구성하는 아미노산으로 오르니틴 회로에서 오르니틴으로 분해된다. 성인에게는 비필수 아미노산이지만 유아에게는 필수아미노산으로 식욕이 감소하고 성장이 억제된다. 암모니아나 대량의 아미노산의 독성으로부터 보호 작용을 한다.

③ 아스파라긴(Asparagine) : 경엽채소인 *Asparagus*에서 발견된 α-아미노산으로 숙취에 효과가 있다. L-아스파라긴은 단백질 구성 아미노산이며 수용성으로 산·알칼리에 쉽게 용해되나 알코올에는 녹지 않는다.

④ 시스테인(Cysteine) : 공기 중의 산소에 의해 쉽게 산화되어 시스틴이 된다. 물, 에탄올에 녹으며, 중성 및 염기성 용액에서는 불안정하다. 대부분의 단백질과 환원형 글루타티온 중에 함유되어 있다. 동물조직에서 타우린이 되며 또한 단백질 분자 속에서 종종 곁사슬에 나타나는 -SH기는 구조나 생리기능의 발현에 기여하는데, 이 -SH기는 모두 시스테인의 -SH이다. 영양적으로 시스테인은 시스틴과 같이 취급된다.

⑤ 타우린(Taurine) : 1827년 독일의 Tiedemann과 Gmellin 박사에 의하여 소의 쓸개즙에서 처음 분리된 후 Demarcay에 의해 타우린이라 명명되었다. 타우린은 단백질 합성에 사용되지 않으며 담즙산과 결합하여 taurocholic acid 형태로 각종 동물의 쓸개즙에 포함되어 있으며 간과 근육에 들어 있다. 특히 새우, 오징어, 문어, 조개류 등, 갑각류와 연체동물에 많이 들어 있는데, 오징어의 신경섬유에는 타우린의 탈아미노 생성물인 이세티온산과 함께 다량 존재하며, 일반 동물에서는 시스테인의 중간 생성물인 히포타우린의 산화에 의하여 주로 생성된다. 주된 생리 작용은 담즙 생성, 콜레스테롤 농도 조절, 삼투압 조절, 항산화 작용, 면역체계 유지 및 과도한 신경 흥분 억제 기능 등이 있다. 그러나 너무 많이 섭취하면 설사나 위궤양을 포함한 독성을 나타낸다.

⑥ 글루타민(Glutamine) : 중성 α-아미노산으로 사탕무에서 발견되었으며 아미노산계 조미료인 글루타민산 나트륨의 원료이다. 글루타민은 생물체에 널리 분포되어 있으나, 사람에 대해 필수아미노산은 아니다. 글루타민은 생물체 내에서 질소대사의 반응물로 이용된다.

⑦ 프롤린(Proline) : 1차 아미노기(-NH$_2$) 대신 2차 아미노기(-NH)를 가지는 아미노산으로 대부분의 단백질에 함유되어 있으며, 특히 콜라겐과 그 변성물인 젤라틴에 많다. 에탄올에 녹으며 물에 대한 용해도가 아미노산 중 가장 높다. 체내에서 글루탐산으로부터 합성된다. 식물 중에서는 피롤린을 거쳐 알칼로이드인 아트로핀이나 니코틴이 된다. 프롤린은 그 자체에 맛

이 있는데 L형은 약한 단맛, D형은 좀 쓴맛이 있다. 프롤린과 당을 가열하면 아미노카르보닐 반응을 일으켜 좋은 향기를 내며 갈색이 되므로 프롤린은 빵을 만들 때 첨가하여 맛을 내는 데 이용한다.

⑧ 세린(Serine) : α-아미노산으로 단백질의 한 성분이지만 유리된 상태로도 존재한다. 단백질에서는 일부가 인산에스테르형으로 존재하는 것도 있다. 단백질의 가수분해 도중 라세미화(racemization)를 일으키며, 분리가 비교적 어렵기 때문에 합성으로 제조하는 것이 보통이다. 수용성으로 단맛이 나며 에탄올에는 거의 녹지 않는다. 필수아미노산은 아니지만 생체 내에서 인지질의 원료가 되거나 글리신이나 시스타티오닌으로 변화한다.

⑨ 티로신(Tyrosine) : 그리스어로 tyrose인 치즈 속에 함유되어 있는 아미노산이다. 방향족 α-아미노산으로 광택이 나는 작은 바늘 모양의 결정으로 물이나 유기용매에도 거의 녹지 않는다. 대부분의 단백질의 성분으로 단백질의 크산토프로테인반응(노란색)이나 밀론반응(적색) 등은 티로신에 의한 것이다. 티로신은 카세인, 명주실 피브로인 단백질이나 오래된 치즈 속에 많이 포함되어 있고 유리 상태로도 발견된다. 티로신은 페닐알라닌으로부터 생체 내에서 생성되지만 페닐케톤요증은 선천성 대사 이상으로 티로신 합성을 하지 못한다.

⑩ 글리신(Glycine) : 비대칭탄소를 갖지 않는 유일한 아미노산으로 가장 간단한 아미노산이다. 단맛을 지니는 수용성 아미노산으로 알코올에는 잘 녹지 않는다. 사람에게는 불필수아미노산으로 동물성 단백질, 특히 견사(絹絲) 피브로인이나 젤라틴에 다량으로 함유되어 있으며, 옥시토신, 바소프레신 등의 펩티드호르몬과 글루타티온의 구성 성분이다.

⑪ 히스티딘(Histidine) : 물에 녹는 염기성 아미노산으로 알코올에도 다소 용해된다. 단백질 구성 아미노산의 일종으로 성인에게는 비필수아미노산이지만 유아에게는 필수아미노산이다. 근육 속에 존재하는 펩티드와 카르노신의 성분으로 헤모글로빈, 어육, 이리 등에 많이 함유되어 있다. 부패나 자외선에 의하여 히스타민을 생성한다.

② 단백질 (Protein)

단백질은 세포의 생체막 구성 및 구조를 유지하며 효소, 수용체 및 운반체로 작용하는 물질로 아미노산으로 구성된다. 단백질 분자량 1,000에 대하여 10개 아미노산이 대응한다. 아미노산과 마찬가지로 일정한 등전점을 가져서 중성, 염기성 및 산성으로 분류되는 양성물질이며, 양성전해질로서 가열시(150～300℃) 변성된다. 같은 개체 내에서 같은 기능을 하는 단백질인 경우라도 구성 아미노산이 다른 것이 많다. 동물에서는 근육 구성의 기본 물질이며 식물에서는 잉여 단백질이 저장단백질로 종자 단백질, 잎 단백질 형태로 저장된다.

1) 단순단백질

아미노산으로만 구성된 단백질로 가용성 단백질과 불용성 단백질로 크게 구별되는데, 가용성 단

| 표 1-5 | 식물의 단순단백질 종류

단백질 종류	다량 함유 아미노산	소량 함유 아미노산
Albumin	glutamic acid, aspartic acid,leucice	amide-N
Globulin	glutamic acid, glycine, arginine	amide-N
Prolamin	amide-N, proline	lysin
Glutelin	amide-N, proline	

백질은 각종 용매에 대한 용해성의 차이에 따라 알부민·글로불린·프롤라민·글루텔린·albuminoid 및 염기성 단백질(히스톤·프로타민)로 세분된다(표 1-5).

(1) 알부민(Albumin)

글로불린과 함께 세포의 기초물질을 구성하며, 동·식물의 조직 속에 널리 존재한다. 일반적으로 수용성 단순단백질의 총칭이나 대부분의 경우 단순단백질은 아니다. 즉, 대표적인 알부민의 하나인 난백 알부민은 전에는 단순단백질이라고 생각되었으나, 아미노산 외에 당·인산을 포함한 복합단백질로 물, 묽은 산 또는 알칼리, 묽은 염용액에 잘 녹으나 알코올에는 녹지 않는다.

알부민은 동물성과 식물성이 있는데, 동물성 알부민에는 ovalbumin(난백), serumalbumin (혈청알부민), lactoalbumin(젖), myogen(근육) 등이 있으며, 식물성 알부민에는 leucosin (밀)·legumelin(완두콩)·ricin(피마자 씨) β-amylase 등이 있는데, 식물성 albumin은 대부분 동물에 독성을 나타낸다.

리신(ricin)은 많은 식물의 잎, 뿌리, 구근 및 콩과식물의 종자에 널리 분포하고 있는데, 특히 아주까리씨(castor bean) 속에 많이 포함되어 있다. 치사독인자와 혈구응집인자(phytohemagglutinin; PHA)를 가지는 독성 단백질로 치사량 LD_{50}가 5μg/kg이다.

(2) 글로불린(Globulin)

대체로 동식물의 조직 및 체액에 주로 존재한다. 일반적으로 비수용성을 글로불린이라 하며, 알부민과 같이 복합단백질로 약산성으로 물에 용해되지 않고 묽은 알칼리성이나 중성의 용액에 녹는다. 동물성 글로불린에는 ovoglobulin·livetin(난황), lactoglobulin(젖) 및 serumglobulin (혈청), fibrinogen(혈장), myosin, 식물 종자 속에 glycinin(콩), legumin(완두), arachin(땅콩), tuberin(감자), maysin(옥수수), parolin(팥) 등의 특정 글로불린이 있으며 α-amylase도 글로불린이다. 두부는 콩에 함유되어 있는 단백질이 칼슘염 또는 마그네슘염에 의하여 지방과 함께 응고된 것이다.

(3) 글루텔린(Glutelin)

글리아딘(gliadin)과 함께 곡류 단백질의 주성분을 이룬다. 글루텔린은 물·묽은 염용액·에틸

알코올 등에는 녹지 않고, 묽은 산과 알칼리 용액에 용해되는 단백질의 총칭이다. 비교적 불안정한 단백질로 보통 유사 단백질의 혼합물로서 얻는다. 밀에 함유되어 있는 glutenin이 대표적이며, 쌀의 oryzenin, 보리의 hordenin 등이 있다. 빵의 골격을 이루는 gluten은 밀가루에 존재하는 gliadin과 glutenin이 물과 함께 혼합될 때 형성되는 단백질로 50~70% 에틸알코올에서 녹는 비교적 저분자 성분이 gliadin이고, 비용해성 고분자 성분이 glutenin이다. 글루텐은 끈기가 있어서 빵이 부풀 때 이산화탄소를 가두는 힘이 있어서 빵을 부풀게 한다.

(4) 프롤라민(Prolamin)

찹쌀에 많이 포함되어 있으며 위궤양에 효과가 있는 것으로 알려져 있다. 물이나 중성염용액에는 녹지 않고 50~90%의 알코올에 녹으며, 묽은 산·묽은 알코올·글리세롤에도 녹는다. 글루탐산 또는 프롤린이나 류신을 많이 함유하고 염기성 아미노산이지만 트립토판은 적다. 트립신으로는 분해되지 않고 펩신이나 트립신키나아제에 의하여 분해된다. 대표적인 것으로는 gliadin(밀), zein(옥수수의), hordein(보리), cekalin(라이보리) 등이 있다.

(5) 알부미노이드(Albuminoid)

물, 염류, 묽은 산과 알칼리에 용해되지 않아 경단백질(scleroprotein)이라고도 하며, 트립신이나 펩신 등에도 가수분해되지 않는다. collagen(결체조직), keratin(피부, 모발, 결합조직), elastin(인대), fibroin(명주실) 등이 여기에 속한다. Collagen과 gelatin은 같은 성분으로 가역적 성질을 가지고 있다.

Gelatin은 collagen의 열 용해에 의하여 얻어지며 온수에 녹아서 sol 상태가 되고, 2~3% 이상의 농도에서는 실온에서 gel 상태가 되는데, gel 상태를 젤리라고 하며, collagen과는 달리 트립신이나 펩신 등의 효소작용을 받는다. 일반적으로 순도가 높아서 투명한 것을 gelatin이라 하고, 불순물을 함유하는 것을 아교라고 한다. 사진 감광막·접착제·지혈제·가공식품·약용 캡슐·미생물의 배양기 등에 사용된다.

3) 복합단백질(Conjugarted protein)

단순단백질에 다른 유기화합물 또는 원자단과 보결분자단이 결합된 단백질이다. 이 보결분자족의 종류에 따라 인단백질·핵단백질·당단백질·색소단백질·리포단백질 등이 있으며, 생리적으로 중요한 것이 많다. 조효소를 함유한 효소단백질도 복합단백질의 일종이며, 이 경우 조효소는 효소 활성에 필요할 뿐만 아니라 단백질분자를 안정화시키는 작용도 한다.

(1) 인단백질(Phosphoprotein)

카세인과 비텔린이 대표적으로 젖샘·간·혈청 속에서 발견되나, 일반 조직 속에는 거의 함유되어 있지 않다. 필수아미노산을 함유하고 있으며, 영양적으로 중요하고 용도도 다양하다. 카세인은 젖샘에서 만들어지며, 1%의 인을 함유한다. 우유에 산을 가하면 카세인이 침전한다. 비텔린도 1%의 인을 함유하며 주로 난자에 저장되어 발생시 인과 단백질의 공급원이 된다.

(2) 핵단백질(Nucleoprotein)

핵산과 결합되어 있는 단백질로 진핵세포의 DNA는 히스톤(nucleohiston) 또는 프로타민이라는 염기성 단백질과 견고하게 결합되어 있으며, rRNA도 단백질과 결합되어 있다. 핵산과 단백질 사이의 결합 양식에 대해서는 아직도 분명하지 않은 부분이 많으나, 핵산이 산성이고 단백질은 대체로 염기성인 것으로 보아 양자 간의 정전인력에 의하여 결정되는 것으로 생각되고 있으나 전형적인 이온결합은 아니다. 핵단백질에서 단백질의 역할에 대해서는 아직도 충분히 밝혀져 있지 않으나 핵산의 기능을 조절하는 것으로 추측된다.

(3) 당단백질(Glycoprotein)

당단백질은 탄수화물이 결합되어 있는 단백질로 세포막이나 세포 표층에 존재하거나 세포외 단백질로 존재한다. 세포 표층의 당단백질은 당지질과 더불어 세포의 특이성을 나타내는 것으로 생각되며 세포 외 단백질은 당의 분비에 관련이 있는 것으로 여겨진다. 이들 당단백질에는 mucin(타액), ovomucoin(난백) 등이 있는데, 구성 당은 푸코오스(fucose) · 시알산(sialic acid) · 갈락토오스 · 글루코오스 · 만노오스 · N-아세틸글루코사민 · N-아세틸갈락토사민 등이다.

뮤코 다당류도 단백질과 결합되어 있으며 당의 분자량이 큰 것과 작은 것으로 구분된다.

(4) 색소단백질(Chromoprotein)

특정 색소와 결합되어 있는 단백질로서 동 · 식물의 세포 및 체액에 존재한다. 색소를 함유하는 보결분자단에 의해서 색이나 생리적 기능이 다르다.

① 헴단백질 : 철-포르피린 착염과 단백질의 결합체이다. 단백질과 헴의 결합비는 1:1, 1:2, 1:4 등, 여러 가지이다. 자연계에 널리 존재하며, 중요한 생리적 기능을 가진다. 헤모글로빈 · 미오글로빈 · 시토크롬 · 카탈라아제 · 페르옥시다아제 등이 있다.
② 금속착화합물 : 금속 착이온과 단백질의 결합체이다. 구리단백질과 철단백질이 있는데, 구리단백질에는 헤모시아닌이 있고, 철단백질에는 ferritin(페리틴)이 있다. 페리틴은 지라 · 소장 점막 · 간 등에 존재하는데, 생체 내 철 흡수에 관여한다.
③ 피코색소단백질 : 피롤 유도체와 단백질의 결합체이다. 홍조식물의 홍색을 나타내는 피코에리트린, 남조식물의 남색을 나타내는 피코시아닌 등이 있다. 이들은 엽록체 속에 클로로필과 카로티노이드와 함께 함유되어 있으며 광합성의 보조색소로 작용한다.
④ 플라빈단백질 : 보결분자단으로서 플라빈 모노뉴클레오티드 또는 플라빈 아데닌디뉴클레오티드를 가진다. 모두 산화환원효소로 작용하며, 황색효소라고도 불린다. 아미노산옥시다아제 ·

크산틴옥시다아제 등이 있다.

⑤ 카로티노이드단백질 : 카로티노이드와 단백질의 결합체이다. 카로티노이드 단백질 및 비타민 A와 단백질의 결합체인 로돕신이 있다.

(5) 지단백질(Lipoprotein)

지방은 그 자체로는 우리 몸에 흡수가 되지 않기 때문에 단백질과 결합하여 흡수되는데, 이때 지단백질이 혈액 내에서 지방과 콜레스테롤을 운반하는 역할을 한다. 지단백질은 구형의 입자로 표면은 인지질과 유리 콜레스테롤 및 apo-lipoprotein으로 구성되어 있고 내부는 중성지방과 에스테르화 콜레스테롤로 구성되어 있다. 이 중 지단백질의 표면을 구성하고 있는 apo-lipoprotein 은 지단백질의 구조를 안정화시키는 역할과 함께 지질을 용해시키고, 지단백질을 해당 세포 수용체에 결합시키며, 지질대사에 관련되는 효소의 활성 조절에 관여한다. 이러한 지단백질은 밀도와 구성 성분 및 전기영동 양상에 따라 chylomicron(CM), 초저밀도지단백질(VLDL), 중간밀도지단백질(IDL), 저밀도지단백질(LDL), 고밀도지단백질(HDL) 등으로 나눈다.

① 저밀도지단백질(LDL) : LDL 입자는 심장병이나 동맥경화의 촉진 인자로 알려져 있는데 혈액 내 약 70%의 콜레스테롤이 LDL에 의하여 운반된다. 혈중 중성지방이 높으면 HDL이 낮아지고 LDL이 증가하게 되는데, 이는 동물성 지방과 과다한 칼로리 섭취로 인하여 발생을 한다. 혈중 LDL이 증가하면 운반된 중성지방과 콜레스테롤이 피하지방과 내장지방으로 체내에 축적되어 관상동맥성 심장병, 뇌혈관 질환, 말초혈관 폐쇄증 등이 발생하며 대사이상 증후군의 원인이 되기도 한다.

② 고밀도지단백질(HDL) : HDL 입자는 간에서 주로 생성되나 소장에서도 생성된다. 지단백질 중 가장 작고 30 ~ 50%가 단백질이어서 가장 밀도가 높다. HDL은 잉여의 콜레스테롤을 제거하며 혈관의 플라그 형성을 억제한다. 또한 혈관에 형성된 플라그를 안정화시키며 플라그 파열을 억제한다. 또한 HDL 입자 자체에는 paraoxonase와 PAFAH(platelet activating factor cetylhydrolase)가 결합되어 있는데, paraoxonase는 혈장과 동맥벽 내부의 LDL이 산화 LDL로 변화되는 것을 억제하며 PAFAH는 산화된 지단백 입자를 제거한다. 운동은 LDL를 HDL로 바꾸어 주므로 HDL을 적당히 섭취하고 적당한 운동을 하는 것이 심장의 관상동맥과 뇌혈관 폐색을 방지하고 노화 억제와 면역력 향상에 도움이 된다.

5) 유도단백질(Derived protein)

단백질이 열이나 그밖의 반응에 의하여 가수분해 도중에 생성된 분해산물로서 가수분해 등에 의하여 변성도가 적은 1차 유도단백질과 변성도가 큰 2차 유도단백질이 있다. 1차 유도단백질은 collagen이 열에 의하여 변성된 gelatin이 있으며, 2차 유도단백질에는 proteos, peptone, peptide 등이 있다.

제5절 비타민(Vitamin)

① 비타민의 특징

비타민은 라틴어의 vita(생명)와 amin(질소를 함유한 복합체)의 복합어로서 실제로는 질소가 함유되지 않은 것도 많다. 비타민은 유기물로 이루어진 5대 영양소의 하나로 미량으로 생체 내의 물질대사나 생리 기능을 조절하지만 에너지원이나 생체구성성분은 되지 않는다. 그리고 생체 내에서는 생합성되지 않거나 충분한 양이 합성되지 않기 때문에 식품을 통하여 공급하지 않으면 안된다. 비타민은 동물에 따라 대사계에 차이가 있는데, 비타민 C는 대부분의 동물에서는 포도당으로부터 체내에서 생합성되지만 사람이나 원숭이는 생합성되지 않아 중요한 비타민으로 취급된다.

1) 비타민의 명명

비타민은 발견된 순서에 따라 A · B · C 등, 알파벳 순으로 명명되었으나 현재는 이러한 전통적인 비타민명과 화합물명(물질명)이 병용되고 있다. 그러나 최근에 발견된 비타민은 그 기능에 따라서 명명되어 비타민 L처럼 유즙의 분비(lactation)에서 유래된 명칭도 있다.

2) 종류

비타민은 지용성 비타민과 수용성 비타민으로 크게 나눌 수 있는데, 지용성 비타민에는 비타민 A, D, E, K가 있고, 수용성 비타민은 비타민 B군(비타민 B 복합체)과 비타민 C, L, P가 있다. 현재까지 발견된 비타민은 20여 종에 이르지만 아직 비타민으로 공인되지 않은 것들도 있다.

② 주요 비타민

지용성 비타민은 그 구조가 지방 또는 그 유도체로 되어 있어 물에 녹지 않고, 소장에서 림프관을 통해 흡수되며 과잉 섭취하면 잘 배출되지 않고 체지방에 축적되어 지용성 비타민 과다증을 유발할 수 있다. 반면, 수용성 비타민은 소장에서 모세혈관을 통해 흡수되며, 쉽게 배출되므로 과다증은 나타나지 않는다. 1일 필요량에 대하여 지용성 비타민은 IU 단위를 쓰며 수용성 비타민은 mg 단위를 쓴다.

1) 지용성 비타민

(1) 비타민 A(Retinol)

비타민 A는 axerophthol이라고도 불리우며 천연에는 비타민 A_1(retinol)과 비타민 A_2(3-dehydroretinol) 및 이들의 유도체가 있으나 일반적으로는 retinol을 가리킨다. 산·공기·빛 등에 의해 쉽게 분해되지만, 염기성에서는 비교적 안정하다. 비타민 A가 결핍되면 로돕신의 생성과 재생이 저해되어 야맹증을 일으키며, 피부 건조증과 각질화 및 각막 건조증이나 각막 연화증이 나타난다. 비타민 A를 다량 섭취하면 과다증을 일으키는데, 영유아에서 흔히 볼 수 있는 급성 뇌압항진증과 만성적인 중독증으로 사지에 동통성 종창이 나타난다. 카로테노이드계 색소 중에서 구조상 β-ionone 핵을 가지는 α-, β-, Υ-carotene 및 cryptoxanthin은 provitamin A이나 중요한 것은 β-carotene으로 장점막에서 비타민 A가 되어 간 속에 에스테르로 저장된다.

(2) 비타민 D(Calciferol)

비타민 D는 석회화(calcification)와 관련이 있어 calciferol이라고 하며, 비타민 D$_2$(ergocalciferol)와 D$_3$(cholecalciferol)가 중요하다. 자외선에 의하여 전구물질로부터 생성되는데 식물에서는 에르고스테롤에서 비타민 D$_2$가 생기고, 동물에서는 7-디히드로콜레스테롤에서 비타민 D$_3$가 생긴다. 비타민 D는 부갑상선호르몬·혈중인산농도 및 비타민 D 그 자체의 농도에 의하여 칼슘의 흡수, 신장 및 뼈로부터의 재흡수를 촉진한다. 결핍되면 구루병이 나타나며 과다하면 신장장애를 중심으로 한 고칼슘혈증이 나타난다.

(3) 비타민 E(Tocopherol)

비타민 E는 출산(tocos)과 관계 있다고 하여 tocopherol이라고도 한다. 비타민 E는 tocol의 유도체로서 α-, β-, Υ-, δ-, η-tocopherol 등 5가지가 있으며 산소, 열, 빛 등에 비교적 안정하다. 생리활성은 α-토코페롤이 가장 강하며, 일반적으로 비타민 E는 α-tocopherol을 가리킨다. 비타민 E는 항산화작용을 하는 것으로 알려져 있는데, 소화관에서 흡수되어 체내의 여러 기관과 지방 속에 축적되며, 불포화지방산의 산화를 막는다. 비타민 E의 결핍은 생식세포 형성이 저해되어 불임증이 생긴다. 또한 생체막에서의 항산화작용이 저하되며, 미숙아나 유아(乳兒) 및 영유아(嬰乳兒)의 중증 영양실조증이 나타난다.

(4) 비타민 K

비타민 K는 혈액 응고(koagulation)과 관계가 있어 붙혀진 이름으로 나프토퀴논 유도체이다. 비타민 K$_1$(phylloquinone), K$_2$(menaquinone), K$_3$menadione)가 있는데 소장에서의 Ca^{2+}의 흡수를 촉진시킨다. 조류에서는 비교적 결핍되기 쉬우나 포유류에서는 장내 미생물에 의하여 합성되므로 흡수장애와 같은 특별한 경우 외에는 결핍증이 나타나지 않는다. 비타민 K는 혈액응고인자인 프로트롬빈 등의 생성을 촉진시켜서 혈액응고 기능을 하므로 항출혈성 비타민이라고 하는데, 결핍되면 피부에 출혈 증상이 나타나며 혈액 응고가 잘 일어나지 않는다. 성인에서는 결핍증이 나타나지 않으나 신생아의 출혈성 질환 중에 비타민 K의 결핍에 의한 과다증이 나타나는 반면 미숙아에서는 비타민 K 과다증으로 황달이 발생하기도 한다.

2) 수용성 비타민

(1) 비타민 B_1(Thiamine)

비타민 B_1의 발견은 결핍증인 각기병 원인 규명의 결과로 최초로 발견된 비타민이다. 유황 성분이 있는 amine이라는 의미로 thiamine으로 명명되었다. 조효소로서 주로 탄수화물대사에 관여한다. 굴이나 피조개를 제외한 패류(대합·바지락), 민물고기(잉어·붕어) 등에 많이 포함되어 있다. 식물 가운데 고사리나 고비 등에는 thiaminase라는 분해 효소가 있어서 비타민 B_1을 파괴하지만 생식하지 않으므로 섭취하는 데는 문제가 없다. 결핍되면 각기병이 생기며 과다증은 없는 것으로 알려져 있다.

(2) 비타민 B_2(Riboflavin)

비타민 B_2는 성장인자라는 뜻에서 비타민 G라고도 한다. 생체 내에서는 대부분 FMN과 FAD의 형태로 존재하여 플라빈효소의 조효소로서 생체 내의 산화·환원반응에 관여한다. 모든 식물과 대부분의 미생물에서는 생합성되지만 고등동물에서는 합성되지 않는다. 비타민 B_2가 결핍되면 설염을 비롯해서 구내염·지루성피부염·충혈 등이 점막·피부·눈 등에 나타난다.

(3) 비타민 B_6(Pyridoxin)

조효소인 피리독살인산의 전구체로서 단백질 대사에 중요한 역할을 한다. 비타민 B_6 결핍증에서는 특유한 증상이 없고 구역질·구토·식욕부진·구강염·결막염·지루성피부염·설염·다발성신경염 등의 비타민 B_2와 같은 증상이 나타나는데, 모두 비타민 B_6의 투여로 완화된다.

(4) 니코틴산(Nicotinic acid, vitamin B_3)

피리딘유도체로서 niacin이라고도 한다. 식물 및 대부분의 동물에서는 트립토판으로부터 합성되며 조효소인 NAD와 NADP의 구성분이다. 니코틴산의 결핍증으로는 펠라그라(pellagra)와 함께 설사·소화 장애·지능 저하 등이 나타나며, 피부 홍조·가려움증·위장장애 등의 과다증이 나타난다.

(5) 판토텐산(Pantothenic acid, vitamin B_5)

어느 곳에나 존재한다(pantothen)는 뜻을 가지고 있는 판토텐산은 동·식물계에 널리 존재하지만 개·닭·돼지·원숭이·마우스·여우 등에서는 합성되지 않는다. CoA 생성에 관여하여 에너지대사나 해독에도 중요한 역할을 한다. 사람의 경우에는 자연발생적인 결핍증은 없다.

(6) 비오틴(Biotin)

효모의 생육인자로서 난황으로부터 단리된 비타민 B 복합체의 하나로 사람의 경우 비오틴의 대부분은 장내 세균에 의해 공급되고 회장에서 흡수된다. 이 때문에 결핍증은 거의 찾아볼 수 없으나 간혹 생리적 결핍에 의하여 피부염, 신경염, 탈모, 식욕 감퇴 등이 나타난다.

(7) 엽산(Folic acid, Folacin, vitamin B_9)

잎에 들어 있어서 엽산이라고 하며 유산균 증식에 필요한 성분이다. 비타민 B 복합체의 하나로 세포 분열시 DNA의 분열이 정상적으로 일어나게 한다. 필요량은 매우 미량이며, 고등동물은 장내 세균이 생산하는 양으로 충분하다. 엽산이 결핍되면 세포질은 정상적으로 합성되지만 핵의 세포분열이 정지되거나 지연되어 세포가 거대해지는 거대적아구성 빈혈이 생기고, 설염과 이질 및 성장 장애가 일어나며 임산부에서는 빈혈이 나타난다.

(8) 비타민 B_{12}(Methylcobalamin)

미네랄을 포함하고 있는 유일한 비타민으로 그 중심에 Co_3^+이 있는 콜리노이드들을 총칭한다. 위의 점막벽세포에서 분비하는 내인자(당단백질)와 결합하여 회장 점막에서 수용체가 매개가 되어 흡수된다. 약제로 사용되는 형태는 cyanocobalamin이나 hydroxycobalamin이지만 식품에 포함되어 있는 자연적인 형태는 메틸코발라민(methylcobalamin)이다. 비타민 B_{12}는 적혈구 형성과 건강한 신경계를 유지가 주요한 작용이다. 또한 핵산이나 단백질의 합성을 비롯해서 지질이나 당질의 대사에도 관계한다. 비타민 B_{12}가 결핍되면 악성빈혈을 포함한 거대적아구성 빈혈이 생긴다. 미량을 필요로 하므로 식사에서 오는 결핍증은 일반적으로 드물고 대개는 흡수장애, 수송 및 대사 이상에 의하여 결핍증이 나타난다.

(9) 비타민 B 복합체(Vitamin B-complex)

비타민 B 복합체는 비타민 B군이 복합적으로 처방된 것으로 비타민 B_1, B_2, B_3(niacin, niacinamide), B_5, B_6, B_9, B_{12}, biotin, inositol 및 PABA(paraaminobenzoic acid), choline 등으로 구성된다. Choline이 결핍되면 지방간 및 빈혈이 생긴다. PABA는 모발 착색에 관여하며 장내 세균에 의하여 합성되므로 사람에게는 결핍증이 나타나지 않는다. Inositol은 미생물, 동ㆍ식물에 존재하는 광범위한 성장 조절인자이다.

(10) 비타민 C(Ascorbic acid)

항괴혈병 비타민이라는 뜻(antiascorbutic vitamin)으로 ascorbic acid라고도 한다. 구조가 6탄당과 비슷하지만 수용액은 산성이며, 수용성비타민 중에서는 가장 불안정하다. 비타민 C는 강력한 환원제로서 산소, 질산이온, 시토크롬 aㆍc, crotonyl-CoA, metohemoglobin을 환원시키며, 철분 흡수를 촉진한다. 동ㆍ식물계에 널리 존재하지만 영장류에서는 생합성되지 않기 때문에 결핍되면 괴혈병을 일으킨다.

(11) 비타민 L

젖 분비(lactation)에 관여한다는 뜻으로 비타민 L로 명명되어 lactation vitamin이라고도 하며 비타민 L_1(anthranilic acid), L_2(adenylthiomethylpentose)가 있다. 비타민 L은 뇌하수체 전엽을 자극하여 젖 분비 호르몬인 prolactin 생성을 촉진하는데, 다른 비타민과는 달리 비타민 L_1과 L_2 는 함께 있어야 효과를 나타낸다. 비타민 L은 장내 세균에 의하여 합성되므로 결핍증은 없으며 비타민 L_1은 간에, L_2는 효모에 많이 들어 있다.

(12) 비타민 P

투과성 비타민(Permeability vitamin)이라고 하며, 특정 물질이 아닌 플라본류 색소를 총칭하는 화합물로 pesperidin, eriodictin 및 rutin 등을 일컫는다. 결합조직인 콜라겐을 만드는 비타민 C 의 기능을 보강하여 모세혈관을 튼튼하게 하며 순환을 촉진하고 항균작용을 한다. 비타민 C와 같이 비교적 많은 양을 필요로 하며 일반적으로 엽채류와 감귤류에 많이 포함되어 있다.

제6절 2차대사산물(Secondary metabolite)

광합성이나 호흡 같이 식물의 생명 유지에 반드시 필요한 대사를 1차대사라고 하고 이때 관여하는 탄수화물, 지방, 단백질 같은 물질을 1차대사물이라고 하며, 그리고 이러한 물질들을 이용하여 식물이 생명 유지에 필수적이지는 않지만 살아가는 데 특정 기능이 있는 물질들을 생산하는데, 이 물질들을 2차대사산물이라고 한다. 2차대사산물들은 특정 시기에 특정 조직이나 기관에서 다양하게 생성되는데, 알칼로이드, 테르펜, 플라보노이드 등으로 약 10만여 종이 알려져 있다. 이들 물질들은 식물의 생존을 위한 방어, 유인, 경쟁 등의 필요한 기능이 차츰 밝혀지고 있으며, 특히 의약, 향료, 색소 등, 사람에게 유용한 물질들이 알려지면서 1960년대 후반부터 각광을 받고 있다.

① Phenol 화합물 (Phenolics)

벤젠의 수소원자 1개 대신에 hydroxyl기(-OH)가 치환된 히드록시 벤젠을 기본으로 하는 화합물을 페놀 화합물이라 하며, 1분자 안의 방향족 고리에 붙어 있는 hydroxyl기가 1개인 것을 1가 페놀(monophenol), 2개인 이상의 경우를 다가 페놀(polyphenol)이라고 한다. 페놀 화합물은 식물체에서 가장 많이 함유하고 있는 물질군으로 화학적 성질에 따라 몇 가지로 나누어지는데 구조 내에 carboxyl(-COOH)기나 배당체를 가지고 있는 수용성 페놀과, 비극성으로 유기용매에만 용해되는 거대 분자의 페놀이 있다. 페놀 화합물은 shikimate 경로와 mevalonate 경로를 통해 생성되지만 대부분 shikimate 경로를 통하여 생성된다.

1) 단순페놀과 복합페놀

(1) 단순페놀(Simple phenol)

수산기를 1개만 가지고 있는 것을 단순페놀이라고 한다. 단순페놀은 유관속 식물에 광범위하게 존재하며 각각 다양한 기능을 나타내고 있는데, 식물 상호간에 타감작용(allopathic effect)을 나타내며, 동물에게는 방어 기능을 하는 물질로 작용을 한다. Cinnamic acid, coumaric acid, caffeic acid, ferulic acid, chlorogenic acid, quinic acid 및 tannin 등이 이에 속한다. 특히, 벤젠환과 함께 퓨란 고리(furan ring)를 가지고 있는 furan cumarin은 DNA의 피리미딘계 염기와 결합하여 전사와 복구를 방해하여 세포를 점차 죽음으로 이르게 한다.

(2) 다가페놀(Polyphenol)

수산기를 2개 이상 갖고 있는 물질로 생체에서 항산화작용을 하며, 콜레스테롤 흡수 억제작용도 한다. 페닐프로파노이드, 퀴논, 프라보노이드, 피론 및 탄닌 등이 이에 속하는데, 많은 경우 인체에서 항산화작용을 한다. 녹차에 들어 있는 카테킨류(catechin), 커피에 포함되어 있는 chlorigenic acid가 있으며, 딸기나 가지, 포도, 검은 콩, 팥 등의 붉은 색이나 자색의 안토시아닌계 색소 등도 모두 복합페놀 화합물이다. 안토시아닌계 색소는 색깔이 있는 야채나 과일, 적포도주 등 여러 가지에 포함되어 있는데, 특히 블랙 쵸크베리라고 불리우는 아로니아(*Photinia melanocarpa*)의 열매에 대량 함유되어 있다.

2) 페닐프로파노이드(Phenylpropanoid)

C6 ~ C3 화합물이라고 불리우며 cinnamic acid 유도체, coumarin 유도체, lignin 및 lignan 등이 여기에 속하며 shikimic acid를 전구체로 생합성된다.

(1) 리그난(Lignan)

n-페닐프로판과 그 중합체인 리그닌의 중간체에 해당하는 것으로, 페닐프로파노이드 2분자가 산화적으로 축합되어 생성된 물질을 총칭한다. 배당체나 유리 상태로 현화식물의 뿌리·심재·잎·열매·수지 등, 거의 모든 부분에 존재한다. 대부분의 리그난은 무색의 고체이며 광학적 활성이 있다. 리그난은 식물 에스트로겐으로 아마유에 많이 함유되어 있으며 참기름과 오가피에 들어 있는 sesamin, 오미자 열매의 간 보호작용이 있는 schizandrin, 담즙 분비 작용이 있는 silybin, *Podophyllum peltatum*의 뿌리에 함유되어 있으며, 항암작용이 있는 podophyllotoxin 등, 50종 이상의 리그난이 알려져 있다. 특히 리그난은 유산균에 의하여 엔트로디올과 엔트로락톤이라는 성분으로 바뀌어 항암 및 암의 전이를 방지한다고 한다.

(2) 리그닌(Lignin)

페닐프로파노이드가 중합된 것으로 세포벽을 목질화(lignification)시키는 물질로 식물체 내에서 섬유소 다음으로 많이 함유되어 있는 물질이다. 화학 구조는 명확하지 않으나 페닐프로판 아데닌의 복합체이다. 전분이나 섬유소 및 고무처럼 단위 조직이 규칙적이지 않고 각각의 리그닌은 서로 다른 특이한 구조로 되어 있다. 하등식물과 수중식물에는 없으며, 나자식물과 피자식물의 경우에도 차이가 있다. 나자식물인 침엽수에 25 ~ 30%, 피자식물인 활엽수에 20 ~ 25% 정도 함유되어 있다. 리그닌 함량은 목재의 채취 부위가 상부로 갈수록 적어지며 심재부가 변재부보다 많고, 추재부가 춘재부보다 많다. 리그닌은 펄프 공업의 부산물로 대량 배출되어 심각한 공해 문제가 되고 있으므로 리그닌의 재활용 내지는 폐기에 대한 연구가 필요하다.

3) 퀴논(Quinone)

퀴논은 황색에서 자색까지 다양한 범위의 색깔을 띠는 천연 색소로 대단히 많은 종류가 동물, 식물 및 미생물에 광범위하게 분포되어 있다. 양적으로는 anthraquinone, naphthoquinone, benzoquinone 등이 많이 있으며 생체 내에서는 전자전달계에 관계하는 ubiquinone, 혈액응고에 관여하는 비타민 K, 사하작용을 하는 sennoside류 및 항암작용이 있는 mitomycin 등이 있다. 이밖에도 여러 가지 의약품이나 공업용 원료로 이용되는 물질이 많다. 크게는 benzoquinone, naphthoquinone 및 anthraquinone 등으로 대별된다.

(1) 벤조퀴논(Benzoquinone)

① 유비퀴논(Ubiquinone) : Coenzyme Q라고도 하며 미토콘드리아에 편재하는 전자전달계 조효소로 작용한다.

② 플라스토퀴논(Plstoquinone) : 광합성을 하는 녹색식물의 엽록체에 편재하며 광합성의 전자전달계에 관여한다.

③ 2, 6-Dimethoxy benzoquinone : 유럽산 복수초(*Adonis ver nalis*)에 함유되어 있는 물질로 심장약으로 쓰인다.

(2) 나프토퀴논(Naphthoquinone)

① 비타민 K : 고등식물에 존재하는 phylloquinone(비타민 K_1)과 미생물에 존재하는 mesaquinone(비타민 K_2)이 있으며 혈액 응고에 관여한다.

② 시코닌(Shikonin)과 알카닌(alkannin) : 시코닌은 지치에, 알카닌은 *Alkanna tinctoria*의 뿌리에 함유되어 있는 색소로 천연 자색 염료이다.

③ 스피노크롬(Spinochrome)류 : 섬게류의 적색 색소로서 섬게가 자신의 몸에 붙는 조류를 퇴치하는 작용을 하며 약 20여 종 이상이 알려져 있다.

(3) 안트라퀴논(Anthraquinone)

① 세노시드(Sennoside) : 대황 등에 함유되어 있는 물질로 사하작용이 있어서 약용으로 사용

된다.

② 스키린(Skyrin) : *Penicillium*속의 균이 생산하는 유독 물질로서 쌀을 황변화시키는 암등색 색소이다.

③ 알리자린(Alizarin) : 꼭두서니과 식물에 널리 존재하는 등적색 색소로서 홍화와 함께 적색 천연염색 성분으로 사용된다.

4) 플라보노이드(Flavonoid)

그리스어로 황색(flavus)이라는 의미를 지니는 천연화합물이다. 2,000가지 종류 이상의 식물에서 확인된 물질로 페놀류 중에서 가장 종류가 많다. 환상 구조의 페닐기(C_6)인 A, B 2개가 C_3 사슬을 매개하여 결합한 탄소 15개로 구성된 $C_6 \sim C_3 \sim C_6$형 탄소골격 구조로 되어 있으며, 이것이 여러 당류와 에스테르 결합하여 배당체를 이루고 있는 경우가 많다. C_3 단위의 형태에 따라 안토시아닌, 안토시아니딘, 플라본, 플라보놀, 플라보논, 플라보노놀, 칼콘 등으로 나눈다. 또 3개의 고리 중에서 B환이 결합되어 있는 위치에 따라 isoflavonoid, neoflavonoid 등으로도 분류한다. 동물에는 비교적 적고 식물의 잎·꽃·뿌리·열매·줄기 등에 함유되어 있다. 특히 건조된 녹차 잎의 경우 플라보노이드가 녹차 잎 무게의 30% 정도 함유되어 있는 것으로 알려져 있다. 플라보노이드는 염료 및 식용색소로 이용되어 왔으며, 가열하면 당이 분리되어 색깔이 더욱 진해지는데, 감자·고구마·옥수수 등에 열을 가하여 익힐 때 이러한 현상이 나타난다. 또한 플라보노이드는 항균·항암·항바이러스·항알레르기 및 항염증 활성을 지니며, 독성은 거의 나타나지 않는다. 이처럼 질병의 원인이 되는 생체 내 산화작용을 억제하는 항산화작용이 강하다는 사실이 알려지면서 이들 플라보노이드계 물질들의 개발과 활용이 기대되어지고 있다.

(1) 안토시아닌(Anthocyanin)

안토시안(anthocyn)이라고도 하며 안토시아니딘과 당류의 배당체이다. 꽃의 색을 나타내는 색소로 화청소(花靑素)라고도 한다. 그리스어로 꽃을 뜻하는 anthos와 청(靑)을 뜻하는 kyanos를 복합시킨 말로, 수레국화(*Centaurea cyanus*)의 푸른 꽃으로부터 찾아냈기 때문에 anthocyanin (antho-꽃, cyano-파랑)의 이름이 붙었다. Phenylpropanoid pathway를 통하여 생합성된다. 자외선을 흡수하여 자외선으로부터 식물체를 보호한다. 또한 온도, 영양 결핍 등의 생리적 조건에 따라 생성되어 꽃잎 이외의 부위에 안토시안 색소증(anthocyan pigmentation)을 일으키기도 한다.

식품에도 많이 포함되어 있는 다가페놀로 블루베리, 고구마 껍질 등에 많이 함유되어 있다. 액포의 세포액에 포함되어 있는 색소로 pH와 안토시안의 종류에 따라 색깔이 다르며, 함께 존재하는 flavon이나 flavonol과 결합하여 보다 짙은 색깔을 나타낸다. 유전자의 지배를 받아서 동일 종류의 식물에서도 생성되는 아그리콘인 안토시아니딘의 종류나 그것과 결합하는 당의 종류와 수가 변하며, 세포액의 pH가 중요하며, 플라본이나 타닌계 물질 등과 완만한 결합에 의하여 색이 발색되고 유지되는 것으로 알려져 있다. Cyanin(심홍색), peonin(적색), petunin(자색),

malvin(연자색), pelargonin(주홍색) 및 delphinin(청자색) 등이 있다.

안토시아닌은 눈의 피로 회복 및 근시 예방, 백내장 및 간 기능의 개선 효과가 있으며, 활성 산소의 발생을 억제하는 항산화물질로 특히 노화 방지 및 궤양이나 염증에 효과가 있다. 안토시 아닌이 없는 약 10여개 과의 식물에는 betalain류의 유사 색소들이 존재하는데, 사탕무우에 존 재하는 betacyanin이 그 한 종류이다.

(2) 안토시아니딘(Anthocyanidin)

색소 배당체인 안토시아닌을 가수분해하여 얻는 색소의 본체(aglycone)로서 aurantinidin, cyanidin, delphinidin, europinidin,, luteolinidin, pelargonidin, malvidin, peonidin, petunidin, rosinidin과 이들 유도체를 합하여 약 20종이 알려져 있다. 여기에 글루코오스, 갈락토오스, 크 실로스, 람노오스 등의 당이 다양한 형태로 결합하여 많은 종류의 안토시아닌이 만들어진다.

(3) 플라본(Flavone)

플라보놀과 같은 골격을 가진 황색, 상아색, 무색의 색소로 어린 식물의 잎에 주로 존재하며 장 파장의 UV를 흡수하여 식물체를 보호하며, 꽃에서는 곤충의 야간 길 안내를 도와 수분을 돕기 도 한다. 무색 결정으로 물에 녹지 않지만 에탄올이나 에테르 등의 유기용매에 잘 녹고 용액은 보라색 형광을 낸다. 식물에서 발견된 이들 배당체는 약 400여종 되는데, apigenin(파슬리), baicalein(황금), gentiana(당약), luteolin(*Digitalis*와 *Reseda*), tangeritin 등이 있다.

(4) 프라보놀(Flavonol)

플라본과 같은 골격을 가진 색소로서 거의 모든 식물에 함유되어 있는 물질로 UV를 흡수하여 플라본과 같은 역할을 한다. 양파 껍질의 고미 성분으로 비타민 P의 한 종류인 rutin은 내출혈 방지와 물질의 산화 방지 기능이 있으며, 비타민류의 광분해 방지 기능도 있다. 메밀에 특히 많 이 포함되어 있으며 토마토, 감자, 팥, 살구, 아스파라거스 등에도 포함되어 있다. Rutin의 aglycone인 quercetin은 가장 많은 식물에 존재하는 flavonoid로서 70여 종이 넘는 배당체들이 이뇨작용을 한다. 한편, kaempferol류에 속하는 multiforin은 호프, 오갈피 및 감나무 잎에 함유 되어 있으며 사하작용이 있다.

(5) 플라바논(Flavone)과 플라바노놀(Flavanonol)

프라바논에는 감귤나무에 있는 naringnin과 비타민 P의 일종인 hesperetin, 감초의 liquiritigenin, eriodictyol, homoeriodictyol 등이 있으며, dihydroflavonol이라고도 하는 플라바노놀에는 taxifolin (붉은 양파)과 aromadedri이 있다.

(6) 이소플라본(Isoflavone)

콩과식물에 널리 함유되어 있는 무색 또는 황색의 색소로 사람과 포유동물에서 에스트로겐 작용을 하여 phytoestrogen이라고 불리운다. 대두를 비롯한 팥, 칡 등의 콩과식물의 콩에 함유되어 있는 daidzein인 didzin은 진경작용이 있으며, 대두, 황기 등에 있는 formonoetin은 이뇨작용이 있다. 특히 genistein과 daidzein는 *in vitro*에서 유방암에 영향을 미치는 것으로 알려져 있으나 동양의 많은 콩류 발효식품은 항암식품으로 알려져 있다. 이밖에 irilone, orobol, pseudobaptigenin 등의 이소플라본이 있다.

(7) 칼콘(Chalcone)

플라보노이드 생합성 과정에서 생성되는 방향성 케톤으로 항균작용, 항종양, 항염증 효과가 있다. 칼콘은 식물에 배당체로 있으나 흔하지 않다. 전통적으로 이용하여 왔던 홍화(잇꽃) 꽃잎에 함유되어 있는 carthamin은 홍색의 천연 색소로 옷감 염색, 식품 및 화장품 첨가물 등에 이용된다.

5) 피론(Pyrone)

Pyranone이라고도 하며 pyrole 환을 가지고 있는데, 1개의 불포화된 6각 환상구조에 산소원자가 있으며, 작용기로 켄톤기를 갖는다. 2-Pyrone과 4-pyrone의 두 이성체가 있으며, 2-pyrone은 coumarin에서, 4-pyrone은 chromone, maltol 및 kojic acid에서 볼 수 있다.

(1) 쿠마린(Coumarin)

피롤환을 가지는 물질로 천연에서 얻어지는 쿠마린은 800여 종이 넘으며, 특히 고등식물에 많이 분포하고 있다. 독특한 향이 나는 미나리과, 운향과, 국화과와 콩과에 많이 함유되어 있다. 쿠마린은 벤조-α-피론이라고도 하며, o-옥시신남산의 락톤에 해당한다. 무색의 결정이며 찬물에는 녹기 어렵지만 뜨거운 물에는 녹는다. 약용이나 향료로 사용된다.

① Byakangelicin : 백지를 비롯한 미나리과 식물에 널리 분포한다. 아드레날린과 부신피질자극호르몬(ACTH)의 작용을 증대시킨다.
② Dicoumarin : 콩과의 자주개자리 등의 목초가 부패할 때 생성된다. 비타민 K의 작용을 억제하므로 혈전증의 예방과 치료에 사용된다.
③ Psoralen : 무화과나무, 보골지, 백선 등에 함유되어 있으며 특유의 방향이 있다. 백반병 치료에 사용한다.
④ Scoparon : 사철쑥의 꽃에서 얻어지며 담즙 분비 작용이 있다.

(2) 프탈리드(Phthalide)

피롤환과 유사한 lactone환을 가진 화합물로서 당귀, 천궁 등의 산방화서 식물에 다량 함유되어 있다. 특이한 방향성 물질로 대부분 다양한 약리 작용이 있다.

① Cnidilide : 당귀, 천궁 등에 함유되어 있는 특유의 방향성 물질이다.

② Ligustilide : 당귀, 천궁에 함유되어 있으며 진경작용이 있다.

③ Meconin : 아편에 함유되어 있는 물질이다.

6) 탄닌(Tannin)

일반적으로 탄닌은 다수의 페놀성 수산기를 가지는 방향족 화합물을 말하며, 구성 성분이 단일 물질로서 결정상으로 단리된 것도 있지만 대부분은 몇 종의 물질이 혼합된 백색 또는 담갈색의 부정형 분말로 그 화학적 성질에 따라 가수분해형과 축합형으로 나눈다. 탄닌은 가죽의 무두질에 사용하는 유피제로 가장 많이 사용되는데, 가죽에 처리하면 콜라겐과 결합하여 열, 수분, 세균에 대한 내성이 증가된다. 또한 탄닌은 어망용 염료나 청색 잉크 제조, 접착제의 원료 및 금속 방식제로 이용된다. 탄닌은 약품으로도 이용되어 수렴제 및 지혈제로 사용되며 난백에 타닌산을 결합시킨 타닌산 알부민은 정장제로 사용된다.

(1) 가수분해형 탄닌(Hydrolyzable tannin)

묽은 산과 함께 가열하면 가수분해되어 몰식자산(gallic acid)이나 eragic acid 등을 생성하는 탄닌을 가수분해성 타닌이라고 하며, 갈로탄닌과 엘라탄닌이 있다. 칼륨철백반 용액에서 청색을 띤 다음 검은색으로 변하고, 또 석회수에 의해서 청색을 띠며 브롬수에서는 침전물을 생성한다.

① 갈로탄닌(Gallotannin) : 가수분해에 의해 다가알코올과 gallic acid로만 분해되는 ester를 갈로탄닌이라 하며, 붉나무의 오배자 탄닌과 참나무의 몰식자 탄닌 및 밤나무, 참나무 목재의 발로니아 탄닌 등이 있는데, 일반적으로 수렴성이 강하다. 오배자와 몰식자의 탄닌은 서로 유사하지만 각종 갈로탄닌의 혼합물은 주로 오배자에서 얻는다.

② 엘라기탄닌(Ellagitannin) : 가수분해에 의해 다가알코올과 elagic acid로만 분해되는 ester를 엘라기탄닌이라 한다. 엘리기탄닌인 geranin은 지사 및 정장약으로 널리 이용되고 있는 이질풀의 주성분으로 황색 분말이다. *Geraium*속 식물의 주 탄닌으로 대극과를 포함한 비교적 다양한 식물에 포함되어 있는데, 점막을 자극하지 않고 거의 떫은 맛이 없는 가벼운 탄닌이다. Corilagin은 백색 분말로 수렴약이나 가죽 무두질에 사용한다.

③ 클로로제닉산(Chlorogenic acid) : 커피 속에 약 2% 함유되어 있으며, 사과에도 들어 있어 껍질을 벗긴 채로 방치하면 산화되어 갈변된다. 쑥과 같은 국화과 식물에 함유되어 있는 쑥 탄닌도 이와 유사하다.

(2) 축합형 탄닌(Condensed tannin)

대체로 카테킨(catechin), epcatechin 등의 favan을 기본 골격으로 하고 있다. 중합하여 적색 또는 갈색의 침전물인 프로바펜(phlobaphene)을 생성하는 탄닌을 말하며, 안토시아니딘이 카테킨에서 생성되기 때문에 축합형 탄닌을 proanthocyanidin이라고도 한다. 일반적으로 수렴성은 약

하다. 칼륨철백반 용액에서 녹색을 띤 다음 검은색으로 변하며, 브롬수에 의해서 침전하고 석회
수에 의해서는 발색 반응이 나타나지 않는다. 대황의 rhatannin, 녹차의 epigallocatechin과
epicatechin으로 차 탄닌의 주성분이며 떫은 맛이 강하다. 여러 가지 열매 특히 감이나 포도 열
매에는 많은 종류의 탄닌이 있는데, 축합 정도에 따라 monoflavan, biflavan, triflavan이라 한
다. 미숙 열매에는 축합되지 않은 monoflavan이 주로 함유되어 열매가 단단하고 떫은 맛이 나
나 열매의 숙성에 따라 축합된 biflavan과 triflavan이 증가함에 따라 수렴 작용은 감소되고 과
육이 부드러워지며 단맛이 증가한다.

7) 기타 방향족 화합물

Duarylheptanoid계 화합물인 curcumin, myricanone, acerogenin 및 arylphnalone 등은 C6 ~ C7
~ C6 구조를 가지는 화합물이다. 이 중에서 강황이나 을금에 들어 있는 황색색소인 curcumin류
는 커리의 주성분으로 식품의 착색료로 사용하며 담즙 분비를 촉진하는 작용이 있다.

Stilbene계 화합물인 resveratrol은 포도 뿌리에 함유되어 있는 성분으로 강한 항산화작용이
알려져 있으며, 호장근이나 하수오에 함유되어 있는 resveratrol과 piceid는 rat에서 과산화지질
의 간장 축적을 방지한다.

② 테르펜 (Terpene)

냄새를 내는 물질이라는 어원의 테르펜은 terpene의 탄화수소에 산소 원자가 결합된 것을
terpenoid이라고 하며 식물의 2차대사산물 중 가장 종류가 많다. 대부분 식물에 국한되어 있으
나 진균류, 곤충류에서도 확인되고 있으며, 해양생물에서도 몇 가지 특이한 테르펜이 발견되었
다. 테르펜은 그 구성 단위가 탄소가 다섯 개로 구성된 isoprene(C_5H_{18})으로 메발산 경로를 통
해 acetyl CoA로부터 생합성된다.

테르펜은 독특한 향과 쓴 맛을 내는 지용성 물질로 발암물질을 해독하거나 발암유전자의 작
용을 억제하기도 한다. 또한 aromatherapy에 사용되는 정유와 삼림욕의 효과적 화학 물질인 피
톤치드의 주종을 이루며, 카로테노이드 색소도 테르펜에 속한다.

1) Hemiterpene

가장 단순한 테르펜으로 isoprene 1단위로 구성되며 isoamyl alcohol, isovakeric acid,
senecioic acid, trigle acid, angelic acid, β-furoic acid 등이 있다.

2) Monoterpene

2단위의 isoprene으로 구성되며 monoterpene과 sesquiterpene 중에는 정유(essential oil)라고 부
르는 방향성 물질이 많다. 이들 물질들은 곤충류나 포유류의 살충 및 기피제로 작용하여 식물

자신을 방어하며 사람에게는 향료, 살충제, 기피제 및 의약품으로 이용된다.

(1) 방향성 향료

박하유의 menthol, 레몬유의 limonene, 장미유의 geraniol, citronellol 등이 있으며, linalool acetate는 lavender유의 주성분이다. 특히 limonene은 menthadien이라고도 하는데, D-limonene은 오렌지유의 주성분으로서 약 90%를 차지하며, 레몬·라임·베르가모트의 정유 속에도 함유되어 있다. L-limonene은 박하유를 비롯하여 스페어민트유, 테레핀유 등의 정유에 함유되어 있으며, 오렌지와 비슷한 향기가 나는 무색의 유상 액체로 향료의 원료로 사용된다.

(2) 살충제 및 기피제

소나무와 같은 침엽수에서 생성되는 pinene이나 myrcene 및 pyrethroid은 많은 곤충에서 살충효과를 나타낸다. 특히 pyrethroid는 제충국의 꽃에 포함되어 있는 pyrethrin, cinerin 및 jasmolin 등을 말하는데 낮은 농도에서 지속적인 살충효과를 내지만 사람은 물론 다른 포유류에도 특별한 독성이 없으며, 인공 합성물도 동일한 효과를 나타내므로 효용 가치가 높다.

(3) 의약제

장뇌(camphor)는 녹나무과나 국화과 식물에 포함되어 있다. 국소 자극효과가 있어서 신경통, 타박상 등에 이용되며, 박하유 성분인 menthol은 피부나 점막에 대한 약한 마취 작용과 냉감 작용이 있어서 진통 및 가려움증에 사용한다.

(4) 항균제

꿀풀과 식물 정유(精油)의 주성분인 thymol은 monoterpene phenol의 일종으로 무색 결정을 띠는데 강력한 살균 작용이 있다. 따라서 티몰은 멘톨의 합성 원료나 방부제 및 구충제 등으로 사용된다.

3) Sesquiterpene

3단위의 isoprene으로 되어 있으며 많은 정유가 여기에 속한다. Lactone환 구조로 된 것이 많은 germacranolide류는 식물의 쓴맛의 주성분으로 항종양 작용과 식물생장 억제 작용이 있다. 국화과 식물의 heliangine(돼지감자), vernolepin(*Vernonia amygdalina*)은 식물의 생장을 억제하며, 목화의 gossypol은 항균, 살충의 활성을 나타낸다. 특히 phytoalexin으로 작용하는 물질들이 많으며 항말라리아 작용이 있는 artemisinin(*Artemisisis annua*)이 sesquiterpenoid에 속한다.

4) Diterpene

4단위의 isoprene으로 구성되었다. 국화과, 꿀풀과, 대극과 및 소나무과 등에 널리 분포하고 있으며, 천연에서 물질이 약 2,000여종이 분리되었다. 식물호르몬인 gibberellin, 항암제로 유명한 paclitaxel, 천연 감미료로 알려진 stevioside 등이 이에 속한다. 식물의 생리작용과 사람들이 이용할 수 있는 여러 가지 물질들이 속해 있으며, acyclic diterpenoid, cyclic diterpenoid로 나눈다.

(1) Acycle diterpene

① Phytol : Acyclic diterpene alcohol로서 엽록소의 porphyrin 부분의 ester이다. vitamin E, vitamin K_1 및 chlorophyll의 구조로 일부 존재한다.

② 비타민 A : Rose ketone인 β-Ionone 핵을 가지며 damascone와 damascenone가 이에 속한다. α-, β-, ϒ-carotene, β-cryptoxanthin, xanthophyll 및 vitamin A가 모두 β-ionone을 포함한 구조이다.

(2) Cyclic diterpene

① Abietane diterpenoid : Ferruginol이 대표적인 abietane diterpenoid이며 침엽수에서 분비되는 방향성 점액인 balsam을 증류하면 정유인 terpentine oil과 잔사인 rosin으로 분리되는데, levopimaric acid는 terpentine oil의 주성분이며, abietic acid는 곤충에서 보호하는 작용과 함께 rosin의 주성분으로 chewing gum의 원료이다.

② Pimarane : 벼의 종자에서 발아 억제물질인 momilactone이 분리되었다.

③ Enmein과 oridonin : 잎의 쓴맛 성분으로 동물의 기피 성분이다.

④ GA 및 ABA : 식물 호르몬으로 식물의 색소체에서 생성되는데, 장일조건에서는 gibberellin (GA)이, 단일조건에서는 abscissic acid(ABA)가 생성된다.

⑤ Phorbol : 대부분 포유동물에서 보호 작용을 하며(가려움증, 체내독성), tetradeca noyphorbol acetate(TPA)이라는 강한 피부 자극성 발암물질이 있다.

⑥ Pacitaxel : 주목의 수피에서 분리되었으며 백혈병, 항종양 활성을 가지며 반합성하여 여성 암의 치료제로 사용된다.

⑦ Ginkgolide : 은행나무 잎에서 분리되었으며, 뇌혈과 순환 장애 및 노인성 치매에 사용된다.

⑧ Stevioside : 국화과의 허브인 *Stevia rebaudiana* 잎의 강한 감미 성분으로 aglycone인 steviol의 배당체이다.

5) Sesterterpene

5단위의 isoprene으로 구성되어 있는 물질로 ophiobolin A는 벼에 기생하는 병원균인 *Ophiobolus myabeanus*에서 분리된 최초의 천연 sesterterpenoid으로 백선균이나 *Trichomonas*에 항진균작용을 한다.

6) Triterpene

6단위의 isoprene으로 탄소 수가 30개인 squalene으로부터 생성되는 물질이다. 식물은 물론 균류, 지의류, 양치류 및 동물에서 발견된다. 동물에서는 lanosterol이 형성되어 각종 스테로이드 호르몬 등으로 변환되나 식물의 경우는 lanosterol 대신 cycloartenol가 된 다음 각종 triterpenoid와 스테로이드계 화합물들로 변환된다. 테르펜은 약 4,000여종 이상이 발견되었으며, 구조상으로 acyclic triterpenoid, tetracyclic triterpenoid, pentacyclic triterpenoid 등으로 나누며, 스테로이드 외에 limonoid, cardenolide 등이 있다.

(1) 구조상의 Triterpene

① Acyclic triterpenoid : 고리구조를 가지고 있지 않은 테르페노이드로 squalene이 대표적이며, 어류의 간유 및 올리브유의 주성분으로 triterpenoid와 스테로이드의 합성 전구체이다.

② Tetracyclic triterpenoid : 4환 고리구조로 된 테르페노이드로 인삼 saponin 성분인 ginsenoside aglycone의 일종으로 protopanaxadiol, panaxadiol이 있으며 택사의 alisol도 이에 속한다.

③ Pentacyclic triterpenoid : 5환 고리구조로 된 테르페노이드로 감초의 감미 성분인 glycyrrhetic acid, 목통의 hederagenin, 길경의 polygalacic acid 등이 있다.

(2) 스테로이드(Steroid)

스테로이드는 squalene을 전구 물질로 tetracyclic triterpenoid를 경유하여 합성된다. Sterane 골격을 가지는 isoprenoid의 일종으로 생물계에 널리 분포하며, sterol, saponin, phytoecdyson, steroid alkaloid, 강심배당체, 부신피질 호르몬 및 비타민 등의 생리 활성 물질들이 있다.

① 스테롤(Sterol) : 6개의 isoprene으로 만들어진 triterpenoid로서 자연계에 약 150여 가지가 존재한다. Sterane의 C-17 위치에 alkyl기를 가진 steroid alcohol로서 sterane의 3번 탄소에 alcohol기(-OH)가 있어서 알코올명인 sterol이라고 한다. 스테로이드의 기본 골격으로는 cholestane, ergostane 및 stigmastane 등이 있으며, 식물성 sterol을 phytosterol이라고 한다. Sterol은 세포의 막 안정성 유지에 필요하며, allochemic activity를 가지는 경우가 많다. Cholesterol은 provitamin D의 하나로 유리형이나 지방산의 ester 형태로 대부분 동물에서 발견되며, 식물 중에서는 담자균류, 자낭균류, 효모, 버섯, chlorella 등에 많이 함유되어 있다. 또한 β-sitosterol은 식물에서 발견되는 대표적인 sterol로서 동물의 cholesterol 흡수를 저해하며, 유채 화분에서 발견된 brassinosteroid는 식물 생장 물질(growth substance)로 세포의 생장과 분화에 관여한다.

② 사포닌(Saponin) : 사포닌은 비누를 뜻하는 희랍어의 sapona에서 유래되었는데, 수용액에서 비누처럼 미세한 거품을 내는 성질이 있다. 화학적으로는 triterpenoid나 스테로이드를 aglycone으로 하는 배당체로서 당이 aglycone에 1개만 결합한 것을 monodesmoside라 하고

2개 결합한 것을 bisdesmoside라고 한다. 당 부분은 주로 D-glucose, D-galactose, L-arabinose이다. Saponin은 식물의 뿌리·줄기·잎·껍질·씨 등에 포함되어 있으며, 어느 것이나 세포에서 표면 활성제로 작용하여, 세포막의 구조를 파괴하거나, 물질의 투과성을 높이기도 한다. Tetracyclic triterpenoid의 대표적인 saponin인 ginsenoside는 dammaran계 골격을 비당부로서 가지고 있는 Ra, Rb1, Rb2, Rc, Rd, Re, Rf, Rg1, Rg2, Rh 등이 알려져 있다. Soyasaponin은 콩에서 발견되었고 glycyrrhizin은 감초의 감미 성분으로 염증, 알레르기, 소화기 궤양 등의 치료에 사용한다. 또한, pentacyclic triterpenoid계 saponin은 ginsenoside 중 oleanane계 골격을 비당부로 가지고 있는 Ro가 알려져 있다.

③ 강심배당체(Cardiac glycoside) : 스테로이드 배당체 중에서 심근에 작용하여 울혈성 심부전에 효과가 큰 배당체를 말한다. 이들 강심 배당체는 혈압상승 및 이뇨작용이 있어 사용시 주의를 요한다. *Digitalis*속 식물의 강심배당체에는 digitoxin, lanatoside C, deslanoside 및 digoxin 등이 있으며, 협죽도과에는 G-strophanthin(ouabain), K-strophan thoside 및 bufadienolide가 있으며 G-strophanthin은 물에 잘 용해되어 정맥 주사제로만 이용되는 속효성 강심배당체이다.

④ Withnolide : 가지과 식물의 스테로이드 lactone으로 항종양성이 있어 암 치료에 이용된다.

⑤ Ecdysone(탈피호르몬) : 탈피 동물의 변태를 조절하는 호르몬이다. Ecdysone와 ecdyster 및 그 유사 화합물 30여 종이 고등식물에서도 발견되었는데, 물질들을 식물성탈피호르몬(phytoecdysone)이라고 하며, 동물의 탈피를 돕는다.

⑥ Steroid alkaloid : 스테로이드 골격 및 측쇄에 질소 관능기나 새로운 질소 함유 골격이 있는 알칼로이드로 veratramine, solanine가 있다.

(3) 식물성 에스트로겐(Phytoestrogen)

동물의 성적 내분비작용을 교란하는 식물 유래의 물질을 말한다. 콩류, 각종 견과류의 종실을 비롯하여 생약 및 식물 기원으로 150종 이상이 있다. 대표적인 식물성 에스트로겐은 이소플라본류와 쿠메스탄류이다. 이소플라본 중에서 식물성 에스트로겐은 formononetin, daidzein, genistein, biochanin A 등인데, 토끼풀은 페닐알라닌으로부터 이들 물질들을 생합성한다.

콩은 항암, 항동맥경화, 혈당 강하 등, 항산화작용에 의한 성인병 예방 효과가 알려져 있는데, 특히 대두에는 100g 당 50~300 mg의 enistein과 daidzein이 들어 있어 콩 관련 식품을 많이 섭취하는 경우 여성 호르몬과 관련된 암 발생율이 낮고, 여성호르몬과 연관이 깊은 골다공증과 폐경기 증상 등에 효과가 있는 것으로 알려져 있다. 그러나 식물성 에스트로겐을 과량으로 섭취하면 여성의 경우 여성암의 위험성이 증가하고, 수정 및 배아의 발생에 유해한 영향을 초래할 수 있다는 보고도 있다. 남성이 식물성 에스트로겐을 과량 섭취하면 수정 능력 저하와 함께 남성암 및 여성화가 촉진되며, 유아의 경우 운동 발달 및 인식 발달에 지장이 있는 것으로 알려져 있다.

(4) Limonoid

1개의 furan환을 가지는 triterpene이다. 감귤류의 운향과(Rutaceae), 멀구슬나무과(*Meliaceae*)의 껍질에 있는 쓴맛을 내는 물질로 limonin, azadirachitin, hydrolimonic acid 등을 일컫는다. 대표적인 azadirachitin은 강력한 곤충 방제 효과가 있는 limonoid의 복합체이다.

(5) Cardenolide

Triterpene의 강심배당체로서 쓴맛을 지니며 고등동물에게 매우 강한 독성을 나타낸다. 심장 근육의 운동을 조절하므로 치명적일 수 있다. Cardenolide는 triterpene의 대표적인 배당체로서 현삼과, 협죽도과, 박주가리과, 미나리아재비과, 대극과, 뽕나무과, 노박덩굴과, 유채과 등에서 발견된다.

6) Polyterpene

6개 이상의 isoprene으로 되어 있는 tetratropene을 일컫지만 보통은 그 이상의 isoprene으로 되어 있는 것을 통칭하며 카로테노이드, 수지, 천연고무 등이 이에 속한다.

(1) 카로테노이드(Carotenoid)

8단위 isoprene으로 되어 있는 tetraterpenoid이다. 식물, 미생물, 동물에 있는 천연 색소로서 당근의 색소를 의미하는 carotene에서 어원이 유래되었으며, 400여 종이 자연계에 존재한다. 일반적으로 탄화수소류(carotene)와 그 산화유도체(xanthophyll)로 구분한다. 보통 카로테노이드류는 400 ~ 600nm의 흡광대를 갖는다. 물, 석유 ether 및 ethanol에 녹지 않고 chloroform에 용해된다.

① Carotene : 황색 색소로서 α-carotene, β-carotene 및 ϒ-carotene이 있으며 α-carotene, ϒ-carotene도 provitamin A 활성을 가지고 있으나 식물에는 β-carotene이 가장 광범위하게 분포하며 당근, 난황 등에 다량 존재한다. β-carotene은 엽록소의 산화방지 및 곤충유인의 기능을 한다. Lycopene은 β-, ϒ-carotene과 함께 토마토에 함유되어 있는 적색 색소로서 암세포 억제의 기능이 알려져 있다.

② Xanthophyll : Lutein은 녹색 잎이나 난황에 다량 함유되어 있는 황색 색소로서 황반 변성을 억제하는 기능이 있으며, capsanthin은 고추 열매의 적색 색소로서 palmitic acid 및 stearic acid의 ester로 존재한다.

(2) 수지(Resin)

10 ~ 30개 탄소로 이루어진 테르펜의 복합체로서 천연으로 산출되는 일반적인 수지를 말한다. 비결정성 또는 비휘발성이며 알코올과 에테르에 녹으나, 물에는 녹지 않는다. 가열하면 연화되

어 융해된다. 용제에 녹였다가 용제를 증발시키면 막을 형성하여 도료로 사용된다. 단일 성분이 아니어서 화학 성분은 개개의 수지에 따라 다르고 다양하다. 각종 성분의 혼합물로 정유에 수반되어 생산되는 경우가 많은데, 발삼, 고무 수지 등이 있으며, 호박처럼 화석화 되어 있는 수지도 있다.

(3) 천연고무(Rubber)

상온에서 고무상 탄성을 나타내는 사슬 모양의 고분자물질이나 그 원료가 되는 고분자물질이다. 천연고무는 isopentenyl 부분을 가지고 있는 분자량 약 1,500 ~ 15,000의 고분자 화합물로서 3,000 ~ 6,000개의 isopropene으로 되어 있다. 많은 종류의 식물에서 발견되나 산업적으로 중요한 것은 latex를 생산하는 파라고무나무(*Hevea brasiliensis*)이다. 고무나무 안에 존재하는 이 latex를 채취, 가공하여 생고무, 탄성고무 및 bakelite를 만든다.

피톤치드(Phytoncide)

피톤치드는 '식물'과 '죽이다'라는 뜻의 러시아어 합성어인 fitontsid에서 유래되어 러시아의 Tokin(1942)에 의하여 처음 제창되었으며, 1943년 러시아 태생의 미국의 세균학자 왁스만(Waksman)이 처음 phyton와 '죽이다'라는 뜻의 cide의 합성어인 Phytoncide라는 영어로 국제학회에 소개하여 다시 공인된 용어로 '식물이 분비하는 살균물질'이라는 의미이다.

피톤치드는 식물이 생산하는 항균성 물질의 총칭으로서 테르펜을 비롯한 페놀 화합물, 알칼로이드 성분, 배당체 등이 포함된다. 모든 식물은 항균성 물질을 가지고 있고 따라서 어떤 형태로든 피톤치드를 함유하고 있다. 그러나 일반적으로 건강한 고등식물이 갖는 항균성 물질을 피톤치드라 하고, 건전한 조직에는 거의 들어 있지 않으나 상처를 입거나 병원체가 침입했을 때 그것의 발육을 저지하기 위해 식물이 분비하는 보다 강력한 항균성 물질은 피토알렉신(phytoalexin)으로 편의상 분류한다.

삼림욕으로 얻을 수 있는 물질 가운데 중요한 것으로 테르펜이 있는데, 이 방향성 물질은 α-피넨을 비롯한 수십 가지의 물질이다. 일반적인 피톤치드가 주로 식물이 미생물에 대항하기 위한 항균물질인 반면, 테르펜은 피톤치드의 역할도 하면서 식물 자신을 위한 활성물질인 동시에 곤충을 유인하거나 억제하고 다른 식물의 생장을 방해하는 등의 복합적인 작용을 한다. 이들 피톤치드들은 인체에 흡수되면 피부를 자극해서 몸의 활성을 높이고 혈액순환을 원활하게 하며 심리적, 정신적 안정에 도움을 줄 뿐만 아니라 살균작용도 겸할 수 있다.

③ 알칼로이드 (Alkaloid)

식물의 2차대사산물 중에서 가장 다양한 물질로서 일반적으로 수용성이다. 식물염기라고 하며 동물에게 매우 특정적이고 강한 생리작용을 나타낸다. 식물의 유기물 중에서 단순히 'alkali와 같은 물질'이라는 의미의 생리활성 물질로 질소를 포함하는 유기물이다.

알칼로이드의 질소 원자는 복소환식 고리 속에 있으며, 세포 내에서는 세포질(pH 약 7)과 액포(pH 약 5 ~ 6)에 포함되어 있다. 그러나 염기성도 함께 가지고 있는 아미노산은 관례상 아미노기를 가지는 산으로 취급되며, 같은 이유로 펩타이드도 알칼로이드로 취급하지 않는다. 그러나 예외적으로 맥각 알칼로이드의 일종인 ergostamine은 기본 구조가 아미노산이지만 lysergic acid 부분의 염기성을 중심으로 알칼로이드로서의 특징이 있어서 알칼로이드로 취급하고 있다.

대부분의 알칼로이드는 쓴맛을 지니며 유리 상태나 유기산과 결합된 염의 형태로 존재하는데, 유리형 알칼로이드는 결정 및 액상으로 유기용매에는 녹으나 대부분은 물에 녹지 않지만 알칼로이드염은 수용성으로 유기용매에는 녹지 않으므로 추출시 유의하여야 한다.

이처럼 알칼로이드는 단일 계열의 물질은 아니지만 cydkshgenic glycoside와 같이 초식동물에 방어작용을 하기도 하며 사람에게도 독특한 생리작용을 하는 광범위한 물질군이다. 자연계에는 약 3,000 여종 알려져 있는데, 조사한 250여 종의 식물 중 약 20 ~ 30%의 식물에서 발견되었다. 알칼로이드는 기본 염기를 중심으로 pyrrolidine alkaloid, piperidine alkaloid, pyridine alkaloid, phenethylamine alkaloid, isoquinoline alkaloid, amaryllidaceous alkaloid 및 indole alkaloid 등, 7가지로 나누기도 하며, 아미노산으로부터 생합성되는 알칼로이드의 모핵에 따라 ornithine, lysine, anthranilic acid, phenylalanine, tyrosine, tryoptphan, 및 histidine 유래 알칼로이드 등으로 나누기도 한다.

1) Pyrrolidine alkaloid

(1) Tropane alkaloid

① Hyoscyamine : *Hyoscyamine*속이나 *Atropa*속을 비롯한 가지과 식물에 함유되어 있으며, 강한 독성과 함께 최음작용과 환각작용이 있다. *Hyoscyamine*의 racemi체인 atropine 역시 강한 독성 물질로 땀과 타액의 생성을 억제하는 한편 내장 평활근의 이완 및 국소 진통작용이 강하여 진경 및 진통제로 사용되며, 동공확대작용이 있어 동산제(散瞳劑)로 사용되며, morphine 및 유기인제 농약의 해독제로도 사용된다.

② Scopolamine : 일명 hyoscine으로 불리우는 무색 결정으로 싸리풀·독말풀·흰독말풀 등의 종자나 잎에 hyoscyamine과 함께 함유되어 있다. Atropine에 비하여 산동작용이 강하여 안과에서 수술시 산동제로 쓴다. 또한 부교감신경 엑제제·진통제·진경제로도 사용되며 간질·아편중독·알코올 중독·천식·멀미 등에도 사용하나 연용하여 사용하지 않는다.

③ Cocaine : 남미 원산 코카(coca) 나무 잎에 함유되어 있으며, 국소마취용으로도 사용되지만 마약으로 취급된다.

(2) Pyrrolizidine alkaloid

국화과에 광범위하게 분포하는 알칼로이드로서 국화과의 *Senecio*속에 주로 함유되어 있어서 senecio alkaloid라고도 한다. 세포독성을 나타내 가축에 중독을 일으키고 사람에게는 간질환을 유발하는 것으로 알려져 있는데, *Senecio*속 외에도 콩과, 지치과, 난초과 및 협죽도과에도 함유되어 있다.

국화과에 속하는 머위의 fukinotoxin, 털머위의 senkirkine은 발암성 물질로 알려져 있으며, 같은 국화과의 우산나물에는 syneilesine이라는 세포독성 물질이 있다.

2) Piperidine alkaloid

(1) 석류피 알칼로이드

석류 근피와 수피를 말하며 촌충 구제약으로 사용되는 pelletierine이 있다.

(2) Lobelia alkaloid

북미 자생의 1년초인 초롱꽃과의 *Lobelia inflata*에 함유되어 있는 lobeline은 호흡중추를 흥분 시키는 작용이 있어 천식 치료에 사용한다.

(3) 독당근 알칼로이드

미나리과의 독당근(*Conium maculatum*)은 독미나리라고도 하는 독초로서 우리나라에는 없다. 소크라테스의 독배에 사용된 식물로 coniceine과 conhydrin 성분이 알려져 있다.

(4) Quinolizidine alkaloid

콩과의 *Lupinus*속에 함유되어 있는 sparteine은 부정맥 치료에 사용되나 lupinine과 lupanine은 독성 물질이다. 고삼에는 martine이 함유되어 있어 해열 이뇨제와 살충 살균제로 사용된다.

3) Pyridine alkaloid

(1) 니코틴(Nicotine)

가지과에 속하는 담배를 비롯한 같은 속 식물의 잎에 함유되어 있다. 중추흥분작용이 있어서 과 량은 호흡 마비를 일으키며, 황산염은 농업용 살충제로 사용된다. Nornicotine 역시 같은 식물 들에 함유되어 있으며, 활성도는 nicotine의 1/3 정도이다.

(2) Anabasine

명아주과의 *Anabasis aphylla*의 주 알칼로이드로서 nicotine과 유사한 생리활성을 나타내며, 황 산염은 농업용 살충제로 사용된다.

(3) 리시닌(Ricinin)

아주까리에 있는 유독성 알칼로이드로 단백질인 리신(ricin)보다 독성이 약하다. 종자와 유식물 에 많으며, 다 자란 식물의 분열조직에서 합성된다. 가수분해되면 독성이 없어지며 항균작용이 있다.

4) Phenethylamine alkaloid

(1) 마황 알칼로이드

마황과의 같은 속 근연식물의 지상경에 함유되어 있는 알칼로이드로서 주성분은 ephedrin이다. 교감신경 흥분작용이 있어 기관지 천식의 진해제로 사용된다. Methylephedrin은 알레르기 치료에도 사용하며 진해작용은 ephedrin과 동일하나 오히려 부작용은 적다.

(2) Mescaline

멕시코 원산의 환각 선인장(*Anhalonium williamsii*)에 함유되어 있으며 환각 작용이 있다.

5) Isoquinoline alkaloid

(1) Benzylisoquinoline alkaloid

① Papaverine : 양귀비과의 아편 속에 함유되어 있으며 아편 성분 중 최초로 구조가 결정된 물질로 합성 제조된다. 마취작용과 습관성이 없고 평활근의 경련 완화작용이 있기 때문에 진경제로 사용한다.
② Higenamine : 부자 및 같은 속 근연식물의 뿌리, 세신의 뿌리 및 오수유의 열매에 함유되어 있으며 강심작용이 있다.

(2) Bisbenzylisoquinoline alkaloid

① Tubocurarine : 방기과의 *Chondodendron tomentosum*의 수피에 함유되어 있으며 외과 수술의 근육이완제로 사용한다.
② Thalicarpine : 미니리아재비과의 *Thalictrum dasycarpum*에 함유되어 있으며 항종양작용이 있다.

(3) Protoberberine alkaloid

① Berberine : 운향과에 속하는 황벽나무나 같은 속 식물의 수피 및 황련의 근경의 주 알칼로이드이다. 강한 쓴맛으로 고미건위제 및 정장제로 이용하며 항균성이 강하다.
② Palmatine : 방기과의 *Jateorhiza columbia* 뿌리에 함유되어 있는 성분으로 고미건위제, 지사제로 사용된다. 황백, 황련에도 함유되어 있다.
③ Noscapine : Narcotine이라고도 하며 아편 속에 morphine 다음으로 많이 함유되어 있는 성분이다. 강한 지해작용이 있으며 습관성이 없다.
④ Hydrastine : 미나리아재비과의 *Hydrastis canadensis* 근경에 함유되어 있다. 자궁 및 혈관 수축작용이 강하여 자궁지혈제로 사용한다.

(4) Morphine alkaloid

① Morphine : 아편의 주 알칼로이드로 습관적 마약이며 독약이다. Morphine의 페놀성 수산기가 methyl화된 것을 codeine이라 하고 ethyl화된 것을 ethylmorphine이라 한다. Ethylmorphine은 독성이 약해 진통진해제로 사용한다.

② Codeine : 아편 속에 소량 함유되어 있으며, 환원시키면 dihydrocodeine이 되는데, 이들 모두 진통, 진해 작용이 있으나 마약으로 관리된다.

③ Sinomenine : 방기의 줄기 및 근경에 함유되어 있다. 진통작용이 있어 류마티스성 관절염과 좌골신경통에 사용한다.

(5) Aporphine alkaloid

① Domesticine : 매자나무과 남천의 수피에 함유되어 있으며 진해제 작용이 있다. 남천의 잎에는 nantenoside A,B. magnoflorine, biflavonoid인 amentoflavone 등이 함유되어 있는데, 이중 항알레르기 작용이 있는 물질이 발견되어 경구용 천식치료제로 개발되었다.

② Apomorphine : Morphine에 염산을 가해 가열하여 만들며 최토제로 사용한다.

(6) Benzophenanthridine alkaloid

Chelidone은 유독식물인 애기똥풀의 주성분으로 진통·진해 작용이 있으며, 운향과 식물 중에는 nitidine과 fagarinine을 함유하는 식물이 있다.

6) Amaryllidaceous alkaloid

Galanthamine와 lycorine이 있는데 galanthamine는 수선화과인 개상사화와 석산의 인경에 함유되어 있으며 알츠하이머 치료제로 쓰인다. Lycorine은 석산의 독성물질로부터 분리되었으며 최토작용이 있다.

7) Indole alkaloid

(1) 단순 알칼로이드

Tryptophan으로부터 유도되는 serotonin, psilocin, harmala 등이 있다. Serotonin은 생리활성아민의 일종으로 시상하부 중추에 존재하는 신경전달물질이다. Psilocin는 환각작용이 있으며, harmala는 천연염료이다.

(2) 맥각 알칼로이드(Ergot alkaloid)

호밀 이삭에 기생하는 맥각(ergota)에서 분리된 ergometrine은 자궁수축제, 지혈제 및 진통촉진제로 사용된다. LSD는 맥각 알칼로이드 연구 과정에서 합성된 물질로 마약으로 분류되어 있다.

(3) Rauwolfia alkaloid

협죽도과 식물 중에서 추출된다. Reserpine은 진정제 및 고혈압 치료제로 사용되며, *Rauwolfia* 속 식물에 함유되어 있는 ajmaline은 맥성 부정맥 치료제로 사용된다.

8) 기타 알칼로이드

일반적으로 7종류로 분류되는 식물 유래의 알칼로이드 외에 스테로이드계, 퓨린 염기 및 동물 기원의 것도 알칼로이드도 있다.

(1) 스테로이드 알칼로이드

감자 싹에 포함되어 있는 solanine은 천식에 이용되며 토마토의 tomatine은 항균 활성이 있다. 박새 근경의 jervine은 농업용 살충제로 이용되며 protoveratrine은 매우 강한 독성이 있다.

(2) Ditepene alkaloid

Aconitine은 미나리아재비과의 부자(*Aconitum japonicum*)의 괴근에 함유되어 있는 물질로서 미량은 신경통, 류마티스 및 진통제로 사용하나, 과용하면 중추신경 마비를 일으킨다.

(3) 토근 알칼로이드

브라질산 꼭두서니과 식물인 *Cephaelis ipecacuanha*의 뿌리(토근)에 함유되어 있는 대표적인 알칼로이드에 emetine와 cephaeline이 있다. Emetine은 아메바성 이질의 특효약으로 최토작용 및 거담작용이 있다. Cephaeline은 최토작용이 enetine보다 강하다.

(4) Phenethylisoquinoline alkaloid

Colchicine은 백합과의 *Colchicum autumnale*의 종자에 함유되어 있다. 류마티스, 통풍치료제로 이용되며, 세포분열시 방추사 형성을 억제하여 배수체 육종에 이용한다.

(5) Nupharidine

개연꽃과 같은 속 식물의 근경(천골)에 함유되어 있는 성분으로 어혈 해소, 지혈, 강장제로 이용된다.

(6) Tylophora

인도산 박주가리과의 *Tylophora asthmatica*의 주 알칼로이드로 항암작용이 알려져 있다.

(7) Rutaceous alkaloid

운향과에 주로 포함되어 있는 evodiamine은 위장약으로 이용되며, acronycine, camptothecine

은 항종양 물질로 알려져 있다.

(8) Purine

Purine은 산과 염기 모두와 반응하는 질소를 함유하는 양성물질로서 기호성 음료의 식물 성분으로 이용되는 것이 많다.

① Caffeine : 꼭두서니과 커피나무의 열매 및 각종 음료성 식물에 광범위하게 포함되어 있다. 중추신경 흥분작용, 강심이뇨작용, 골격근 흥분 및 혈관 확장 등의 작용이 있다.
② Theobromine : 카카오의 종자에 많이 포함되어 있다. 강심이뇨작용이 caffeine보다 강하며, 중추흥분작용은 약하다.
③ Theophylline : 차나무 잎에 소량 함유되어 있으며 강심이뇨작용은 caffeine보다 강하고 중추흥분작용은 caffeine보다 약하다. 기관지천식 및 울혈성 심부전에 사용한다.
④ Inosinic acid : 표고버섯, 송이버섯 등, 버섯류의 풍미성분 중의 하나로 조미료 성분으로 이용된다.

④ 파이토알렉신과 타감물질

식물에는 천연 항진균성 물질이나 살충 및 살초성 물질이 많이 발견되는데, 이러한 물질들이 파이토알렉신(phytoalexin)과 타감물질(allelochemical)이라고 한다. 이들 자기방어 물질들은 일반적으로 인체나 가축에는 영향이 없으므로 이들 물질들을 추출하거나 합성하여 이용하면 친환경적 농업이 가능하게 될 것이며, 일상생활에도 이용할 수 있을 것이다.

1) 파이토알렉신(Phytoalexin)

식물이 자신을 병원미생물로부터 보호하기 위하여 생합성하는 천연 항균물질을 파이토알렉신이라고 한다. 파이토알렉신은 병원미생물의 감염에 반응하여 기주식물의 조직에 생성, 축적되어 기생자의 발육을 저해하는 항균성 2차대사산물이다. 파이토알렉신은 병원미생물의 종류와는 관계없이 숙주식물에 의해서 정해진다. 또한 병원미생물 외에 살균제, 항생물질, 금속 이온 등에 의해서도 생성이 유도된다.

파이토알렉신은 쌍자엽식물과 단자엽식물에서 생성 양상과 그 종류가 다르다. 쌍자엽식물에서는 병원균의 종류에 관계 없이 과 단위의 특이성을 보인다. 콩과는 flavonoid계의 medicarpin, glyceolin, mackiain, casbene, desoxyhemigossypol, hemigossylpol, pterocarpan, 배추과는 indole 유도체인 brassinin, cyclobrassinin, spirobrassinin, camalexin, 가지과는 sesquiterpenoid인 rishintin, lumbimin, phytuberin, phytuberol, solavertivone, bebneyol, capsidiol, 산형과는 coumarin계인 psoralen, bergapten, xanthotoxin을 생합성하여 진균류로부터 자신을 방어한다. 이밖에 고구마에는 ipomeamerone과 4-ipomeanol, 감자에는 rhishitin, 완두 꼬투리에는 pisatin,

콩 꼬투리에는 phaseolin, red clover에는 trifolizhin이, 그리고 당근 뿌리에서는 isocumarin 등의 항균물질이 분비된다. 그리고 단자엽식물에서는 벼의 phtocassane, momilactone A, sakuranetin, 수수의 3-deoxyanthocyanidin, 백합과의 zygacine, 난과의 orchinol, hircinol 및 loroglossil이 있다.

한편, 해충 방제효과가 있는 물질들은 주로 살충제, 기피제, 및 거식제로 작용하는데, terpene과 탄화수소 복합체인 pyrethin은 중요한 살충제로 곤충은 신속히 마비시키지만 포유류나 정온 동물에 대해서는 미미한 독성을 나타낸다. 또한 azadirachin은 강력한 살충제로 합성살충제 대안으로 연구되고 있으며, fraxinellone과 dictamnine도 같은 작용이 있다. 거식제에는 limonin과 cedrelanoid, 성장저해제에는 toosendanin이 보고되어 있으며, 그밖에 해충에 대한 강력한 알칼로이드계 물질들이 알려지고 있다.

2) 타감물질(他感物質: Allelochemical)

식물이 다른 생물과의 경쟁에서 생존을 위하여 다른 생물의 생장, 생존 및 생식에 영향을 주는 2차대사산물을 생성하여 자신을 방어하는 것을 allelopathy(타감작용)라고 하는데, allelopathy는 그리스어로 'alle'는 '서로/상호(mutual)', 'pathy'는 '해로운(harm)'의 의미를 가지고 있다. 그리고 타감작용이 있는 물질을 타감물질(allochemichal)이라고 하며, 특히 식물에 대한 억제작용을 식물타감효과(phytoallophathic effect)라고 한다. 식물타감효과는 다른 식물(같은 종이나 다른 종 모두)의 생장이나 발생(발아) 및 번식을 억제하는 작용으로 특히 잡초 방제 효과가 있는 물질을 살초성물질이라고 한다. 이러한 물질에는 휘발성 momoterpene인 geraniol, ertpineol, cineole, citronellal과 정유가 잡초 발아 억제 작용을 하며, artemisine은 강력한 생장 저해제이고 parthenin은 제초 및 살충 기능을 동시에 한다.

벼에서 살초성 물질들이 많이 밝혀졌는데, 볏짚이 분해될 때 생성되는 ferulic acid acid, p-cou maric acid, vanillic acid, ρ-hydroxybenzoic acid, o-hydroxyphenylacetic acid는 벼의 뿌리 생장을 억제시키며 10^{-4}M 농도에서도 상추의 뿌리 생장을 억제시키는 것으로 알려지고 있다. 또한 resorcinol acid, salycil aldehyde, salicylic acid, vanillic acid, syringic acid, o-coumaric acid, ρ-coumaric acid, caffeic acid, ferulic acid, linoleic acid, oleic acid, stearic acid, 3, 4-dihydroxy hydrocinnamic acid, azelaic acid 등도 이러한 효과가 있는 것으로 밝혀지고 있다.

제 2 장 식용식물

Applied Plant Science

인간이 영양분을 얻기 위하여 재배하는 식용식물 중에는 무엇보다 에너지원이 되는 식물이 중
요한데, 전분식물로 밀·벼·옥수수 등의 곡류와 고구마, 감자와 같은 근경전분식물들은 탄수
화물원이 되며, 유자원식물과 콩류 및 견과류는 지방과 단백질원이다. 그리고 비타민과 무기물
및 광범위한 기능성 물질을 포함하는 채소나 과실, 기호식물 등, 식용을 목적으로 재배되는 원
예식물을 모두 포함시키면, 전세계적으로는 약 900종에 이른다. 그 중 90%는 곡류나 근래에
관심이 되고 있는 산채류와 그밖에 기능성이 있는 식물들을 포함하면 더 많은 식물들이 식용식
물에 포함될 것이다.

제1절 전분식물

① 곡류

곡류는 단자엽식물로 주탄수화물 공급원이다(표 2-1, 2-2, 2-3). 세계 3대 곡류는 벼, 밀, 옥수수
이며, 이외에 보리, 호밀, 귀리, 수수, 기장 등 다양한 곡물류들이 경작되고 있다. 그러나 실제
세계에서 생산량이 가장 많은 벼과식물은 사탕수수이다.

1) 벼

과 명 : 벼과(Poaceae)
학 명 : *Oryza. sativa* L.
영 명 : Rice, Paddy-field rice, Lowland rice, Swamp rice, Upland rice
한자명 : 도(稻), 미(米)

벼과의 초본식물로 초장은 1m 정도이고 잎은 가늘고 길며 성숙하면 줄기 끝에 이삭이 나와
꽃이 핀 후 열매를 맺는다.

전세계 인구의 40% 정도가 쌀을 주식으로 삼는 세계 1위 식량작물로 인류 열량의 약 21%
를 차지하며 120여 개국에서 재배한다.

벼는 우리나라에서 재배 기원이 가장 오래된 곡류로 벼의 어원은 고대 인도 산스크리트 '브
리히(vrihi)'에서 "벼"가, '사리(Sari)'에서 "쌀"이 유래되었을 것으로 보이며, 한자인 '미(米)'는
벼농사에 88번의 수고가 있다는 "八 + 十 + 八"의 의미가 있다. 벼 농사에 대한 가장 유력한
Oryza. sativa 기원설은 인도 기원설, 동남아시아 기원설, 앗삼 기원설(B.C 7,000년경), 중국 원
난성 기원설(B.C 6,500 ~ 10,000년) 등이 있는데, 이들 지역에서 발견된 B.C 11,000년 경의 볍
씨에 근거하여 벼는 전인 신석기 시대부터 이들 지역에서 벼농사가 시작되어 세계 여러 곳에
전파된 것으로 보고 있다. 이후 B.C 3,000년경에 황하 중류지역에서 재배된 것으로 추정되며,

주나라시대(기원전 2,700년)의 5곡설에 쌀이 포함되어 있었던 것으로 미루어 보아 벼는 오래된 작물이라고 할 수 있다.

우리나라의 경우는 중국의 산동반도를 통하는 바닷길 또는 라오둥 반도를 통하는 육지나 바닷길을 거쳐 한강이나 대동강 연안에 벼가 전파됐을 것으로 보고 있다. 이것은 우리나라와 중국에서 발견된 벼의 유적에 의한 것이다. 즉 경기도 여주군 흔암리의 탄화미는 약 3,000년~2,500년 전, 김포군은 약 4,000~3,000년 전, 평양의 대동강 가는 약 3,000~2,500년 전, 충청남도 부여는 약 2,600년 전, 전라북도 부안은 약 2,200년 전, 그리고 경상남도 김해의 탄화미가 약 1,900년 전의 것으로 추정돼 한강이나 대동강 유역에서 시작된 벼농사가 한반도의 남쪽으로 전파된 것으로 추정하여 왔으나 최근 세계에서 가장 오래된 벼의 화석이 우리나라 청원군 옥산면 소로리에서 볍씨가 출토되었는데, 1997년(고대 볍씨 3톨)과 2001년(고대 볍씨 6톨, 유사 볍씨 30톨)에 발견되어 미국 지오크로사 탄소동위원소 측정 결과 B.C 13,000년과 B.C 14,000년 전으로 판명되어 기왕의 벼 기원설을 재검토하기에 이르렀다.

벼속에 속하는 식물로는 20여 종 이상이 알려져 있으나 현재 우리가 재배하는 벼는 어떤 야생종에서 분화하여 야생벼에서 재배벼로 다양한 유전적인 변이를 거친 것으로 *O. sativa*가 대부분이다. 비록 서아프리카 일부 지역에서 *O. glaberrima*를 소규모로 재배하고 있으나 이는 원시적인 벼로서 최근에는 거의 *O. sativa*로 대체되고 있다. 현재 세계에서 재배하고 있는 *O. sativa* 계열의 벼는 *japonica* 계열과 *indica* 계열로 구분되는데, *japonica* 계열은 우리나라, 중국, 일본의 주 재배종으로 구성 전분의 아밀로펙틴 비율이 높아 찰진 반면, *indica* 계열은 인도를 비롯한 동남아 여러 나라의 주재배종으로 구성 전분에 아밀로펙틴이 거의 없어 점성이 없다.

전세계 인구의 40% 정도가 쌀을 주식으로 하는데, 도정 전의 쌀 성분은 탄수화물 70~85%, 단백질 6.5~8.0%, 지방 1.0~2.0% 및 티아민을 비롯한 비타민 B군이 함유되어 있으나 도정 과정에서 소실되어 도정된 백미는 거의 탄수화물만 함유하고 있다. 쌀 100g의 열량은 360Kcal 정도이다. 쌀 소비는 밥을 짓는 데 약 90% 이상이 사용되고, 부산물인 왕겨는 연료로 많이 쓰이며, 볏짚은 사료 및 가마니·새끼 등의 짚 세공용으로도 쓰인다. 쌀겨는 기름(미강유)을 짜거나 사료·비료·약용 등으로 이용된다.

2) 밀

과　명 : 벼과(Poaceae)
학　명 : *Triticum aestivum* L.
　　　　Triticum durum L.
영　명 : Wheat
한자명 : 소맥(小麥)

밀은 농업의 기원과 더불어 재배되기 시작한 가장 오래된 식량 작물이다. 세계 2대 식량작물로 다른 곡물과는 달리 글루텐 등의 단백질이 곡류 중에서 수수 다음으로 많이 함유하어 있다.

밀의 재배는 B.C 10,000 ~ 15,000년으로 보이며 밀의 원산지는 코카서스 남부인 아르메니아 지방으로 추정되고 있다. 밀은 B.C 2,000년경 인도에 전해진 후, 중국을 경유하여 우리나라에 전래된 것으로 보이는데, 경북 경주시 반월성지, 평남 미림리의 유적(기원전 1 ~ 2세기 경)과 충남 부여읍 부소산의 백제 군량고 유적 등에서 밀알이 출토된 것에 미루어 우리나라에도 삼국시대 이전에 들어 왔을 것으로 추정된다.

밀은 2년생 작물로 대부분 줄기가 비어 있고 이삭은 20개에서 많게는 100개의 꽃을 가지고 있다. 밀속의 소수는 4 ~ 5개의 소화로 구성되어 있는데, 1개의 소수 속 결실 입수를 보면 보통 1립계는 기부의 1소화, 2립계는 2소화, 보통계는 3 ~ 4 소화가 결실하며, 티모피비계(*Triticum timopheevi*)는 2 ~ 3 소화만 결실한다. 수량은 보통계가 가장 많지만 그 밖의 계통에도 입질과 내한성이 우수한 것이 있어 재배되기도 한다. 종피의 색에 따라 백소맥과 적소맥으로 나누는데, 백소맥은 백황색 계열의 곡립이고 적소맥은 황색·적황색·황금색·황적색·갈적색 등을 총칭한다. 종피 밑에 있는 내배유는 호분층과 전분세포층으로 되어 있는데, 배유는 영과의 전중량의 87 ~ 89%를 차지한다. 호분층에는 호분립이 있으며 그 내부에 있는 전분세포층에는 전분과 단백질이 함유되어 있다.

보통밀(*Triticum vulgare/T. aestivum*)은 빵이나 국수를 만드는 데 사용하고 콤팍툼 밀(*T. compactum*)은 케이크·크래커·쿠키 등에, *T. aestivum*은 빵이나 국수 등을 만드는 데 사용되며, 듀럼 밀(*T. durum*)은 스파게티나 마카로니를 만드는 데 주로 사용된다.

3) 옥수수

과 명 : 벼과(Poaceae)
학 명 : *Zea mays* L.
영 명 : Corn, Maize, Indian corn, Turkey corn
한자명 : 옥촉태(玉蜀泰), 포미(包米), 포각(苞穀), 진주미(珍珠米), 옥미(玉米)

옥수수는 벼, 밀과 함께 세계 3대 식량작물에 속한다. 옥수수의 재배는 약 7,000년 전으로 멕시코에서 시작되어 북으로는 캐나다, 남으로는 아르헨티나로 전파되었으며, 콜럼버스가 아메리카 대륙을 발견했을 때 이미 마치종·경립종·연립종·튀김옥수수·단옥수수 등이 분화되어 있었다.

우리나라에서 옥수수가 재배된 시기는 16세기 조선시대에 중국을 통하여 들어온 것으로 추정된다. 여건상 쌀이나 보리를 재배하지 못하는 산간지대에서 식량대용으로 많이 재배되어 왔으며 남부 평야지에서는 극히 일부가 산발적으로 간식용으로 재배되어 왔다.

옥수수는 C4 식물로서 광합성 효율이 높아 단위 면적당 생산량이 많고 재배도 단순하여 사료로 많이 사용하나 풋옥수수는 쪄서 간식용으로 주로 식용한다. 국내에서 재배되고 있는 옥수수에는 일반옥수수, 식용옥수수(단옥수수·초당옥수수·찰옥수수·튀김옥수수)로 크게 나누어진다. 경립종은 알이 굵고 알 껍질이 다소 얇아 식용, 사료용 또는 공업용으로 이용된다. 단옥수수(감미종)와 초당옥수수는 당분 함량이 많고 껍질에 섬유질이 적어 간식 및 통조림용으로 이용되며, 찰옥수수는 간식용으로 이용하거나 떡을 만들어 먹기도 한다. 튀김옥수수(폭렬종: popcorn)는 옥수수 알의 크기가 매우 작고 대부분이 경전분이며, 적은 양의 분말성 전문이 중앙 윗부분 쪽에 있어서 열을 가하면 잘 튀겨지기 때문에 팝콘으로 이용된다.

옥수수 수염은 민간에서 오줌소태나 신장병에 사용한다.

4) 보리

과　명 : 벼과(Poaceae)
학　명 : *Hordeum vulgare* L.
영　명 : Barley
한자명 : 대맥(大麥)

보리는 세계 4대 식량작물에 속하며 오랫동안 아시아권에서는 쌀 다음의 주곡 식량이었으며, 재배종 보리는 자식성(자가수분)의 2년생 작물이며, 기본 염색체 수를 7로 하는 2배체(2n=14)이다. 그러나 보리의 야생종에는 다년생도 있고 재배종과는 달리 2배체(2n=14), 4배체(2n=28), 6배체(2n=42) 등, 다양한 배수체로 분화되었다.

재배종 보리는 보리알이 배열된 열 수에 따라서 2조와 6조로 나누기도 하며, 낱알의 상태에 따라 겉보리와 쌀보리로 나누기도 한다. 겉보리는 자방 벽에서 배출되는 끈끈한 물질에 의하여 성숙 후에 껍질이 종실에 밀착하여 분리되지 않는 반면, 쌀보리는 성숙 후 껍질이 종실에서 쉽게 분리된다. 맥주보리는 이용 측면에서의 분류 방법으로 우리나라에서는 6조 보리보다 낱알 크기가 상대적으로 큰 2조 보리를 맥주 제조에 이용하고 있으나 외국에서는 조성에 관계 없이 품질이 우수한 보리를 맥주보리로 사용하고 있다.

보리는 현대인들의 건강식으로 고혈압, 당뇨 예방 및 심장 강화 등에 꼭 필요한 중요한 식품으로 인식되어 있다. 보리에는 식이섬유, 비타민 및 무기성분이 풍부하여 쌀에 편중된 식생활에서 부족되기 쉬운 영양분을 공급해 준다. 비타민 B_1·B_2·나이아신·엽산·칼슘·철분 등의 성분이 쌀에 비하여 많으므로 각기병·펠라그라병·빈혈 등을 예방할 수 있으며, 식이섬유 함량이 높아 장의 연동운동과 소화를 도와 변비를 해소해 주며, 장내 유익한 세균의 번식이 잘 되게 하여 피부 영양에 관여하는 비타민 B_6 및 판토텐산의 합성을 촉진시켜 준다. 또한 음식을 통해 섭취된 지방산·콜레스테롤·중금속·니트로스아민과 같은 발암성 물질을 흡착하여 배설시킴으로써 대장암의 발생을 억제하기도 한다. 특히 Υ-글루칸은 저분자 지방산으로 분해되어 간에서 콜레스테롤의 합성을 억제하며 혈당과 요당의 급격한 변동이 없고 비만을 방지하는 등의 기능성 물질이 있다는 것이 확인되고 있다. 더욱이 생육 시기가 병충해 방제나 제초로부터 비교적 자유로워 거의 무공해 상태인 자연식품이라고 할 수 있다.

5) 수수

과　명 : 벼과(Poaceae)

학 명 : *Sorghum bicolor* (L.) Moench

영 명 : Sorghum

한자명 : 촉서(蜀黍)

수수는 일년생 혹은 다년생 곡류이다. 밀·벼·보리·옥수수에 이어 세계 5대 곡류작물로서 아프리카·인디아·미국의 Great Plains의 남부 및 중부지역·호주·아르헨티나·멕시코·중앙아메리카, 남아메리카 등에서 널리 재배되고 있으며, 유전적으로 다양성이 아주 높은 작물이다. 염색체수는 2n=20으로 원산지는 열대 아프리카로 알려져 있는데 우리나라 및 일본은 중국을 통하여 유입되었을 것으로 추정되며, 상당히 오래 전부터 재배되었을 것으로 추정된다.

수수는 용도에 따라서 곡용수수(grain sorghum), 단수수(sorgo), 소경수수(장목수수; broom-corn)가 재배되고 있는데, 화곡류 작물 중에서는 특이하게 탄닌을 함유하고 있어 일반 곡류와는 다른 독특한 기능성 식품을 만드는 데 이용된다. 탄닌을 함유하지 않은 붉은 수수와 하얀 수수는 오곡밥과 죽을 만드는 데 적합하다. 고려 시대에 차수수 전병과 떡이 유명했고 정월 대보름의 약식에는 찰수수가 필수 곡물이었다. 중국의 고량주는 수수로 만들며 우리나라 문배주의 원료는 수수와 조로 만든다.

찰수수의 종실은 외부의 종피, 내부의 배유와 배로 구성되어 있다. 배유는 호분층과 외연을 구성하는 경질 부분, 그리고 내부 분질 부분의 세 부분으로 구성되어 있으며 양분 함량도 다르다. 호분세포들은 구형으로 크기가 다르며, 단백질·피틴·무기물·수용성 비타민·효소 및 고농도 지방으로 구성되어 있는데, 단백질이 100g당 10.3g이 들어 있어 여러 가지 곡류 중 단백질 함량이 가장 높다. 배유 조직이 찰수수의 품질을 결정하는 주역할을 하는데, 찰수수의 배유 전분은 거의 100% 아밀로펙틴으로 조성되어 있고 메수수는 22 ~ 24%의 아밀로오스가 포함된다.

수수의 탄닌은 화학적으로 고분자물질인 수용성 폴리페놀로 되어 있으나 단백질 소화를 억제하므로 탄닌 함량이 많은 품종은 식용이나 사료용으로 부적합하다. 일반적으로 내종피가 없는 백색과 적색 종피의 수수는 탄닌을 함유하지 않거나 적게 함유하고 있으나 갈색종피 품종과 내종피를 가지고 있는 백색 종피 품종들은 검정을 해 보아야 탄닌의 함유 여부를 알 수 있다. 찰수수 종실의 종피는 일반적으로 얇은 것이 선호되고 있으며 초자질이 많은 종실이 경질 수수이며 제분율이 높다. 찰수수는 단백질과 지질의 함량이 많아 팥과 섞어서 오곡밥이나 떡을 만들어 식용으로 이용하나 메수수는 식용으로 알맞지 않아 가축의 사료나 공업용 원료, 맥주나 음료수의 원료로도 이용되고 있다.

6) 귀리

과 명 : 벼과(Poaceae)

학 명 : *Avena sativa* L.

영 명 : Oat

한자명 : 연맥(燕麥), 작맥(雀麥)

초장 30 ~ 100cm 정도이며 잎은 밑 부분에서 총생한다. 줄기는 곧게 서며 털이 거의 없으나 마디에는 아래로 향한 털이 난다. 잎은 길이 15 ~ 30cm, 너비 6 ~ 12mm로 밀보다 너비가 좀 넓고 짙은 녹색이다. 엽초는 길고 엽설은 짧으며 잘게 갈라진다. 꽃은 5 ~ 6월에 길이 20 ~ 30cm의 원추화서에 달린다. 잔 이삭은 대가 있고 녹색이며 밑으로 처진다. 꽃의 구조는 다른 맥류와 비슷하나 까끄라기가 외영의 등에 나 있으며, 배유는 외영과 내영 두 부분의 겨 껍질로 덮여 있다. 기본염색체는 7개로서 2배체, 4배체 및 6배체 3종류가 있다.

원산지는 중앙아시아 아르메니아 지방으로 그리스에서는 기원전 250년부터 서기 200년 사이에 재배된 것으로 보이며, 로마에서는 기원전 50년부터 서기 50년 사이에 avena라 하여 재배하였다. 중국에서는 서기 500년경에 재배되었고 우리나라에는 고려시대에 원나라 군대의 말 먹이로 가져온 것이 시초이다. 북부 산간지대의 화전에서 약간 재배하였으나 최근에는 전혀 볼 수 없다. 맥류 중 내한성이 가장 약하여 우리나라에서는 남부 지방에서만 추파가 가능하다. 귀리는 모양이 보리와 비슷하나 약간 갸름하며, 보리처럼 겉귀리와 쌀귀리가 있다. 귀리는 영의 색에 따라 백색·황색·회색·흑색 등 4종류가 있는데, 주로 적연맥(*Avena byzantina*)과 백연맥(*Avena sativa*)을 재배한다. 일반적으로 적연맥은 백색종에 비하여 단백질이 적고 지방질이 많다. 껍질을 까서 곱게 빻은 것을 오트밀이라 하는데, 식용하며 알코올·과자의 원료 또는 가축의 사료로 쓴다.

종실에는 전분·지방·단백질·무기질·스테롤·스테로이드·사포닌·유기산·쿠마린·스코폴레틴·바닐린 등이 있으며, 그 외에 벤조알데하이드·β-카로틴·β-요논·β-시토스테롤·캄페스테롤·카리오필렌·엽록소·페룰릭산·리그닌·리모넨·케르세틴·시나프산·스티그마스테롤·바닐린산·칼슘·엽산·철·마그네슘·망간·인·칼륨·셀레늄·아연 및 비타민 A·B$_1$·B$_2$·B$_6$·E 등이 다양하게 포함되어 있다.

이처럼 귀리는 다양한 물질을 함유하고 있어 동맥경화증의 예방, 심장과 간질병에 효과가 있으며 민간에서는 폐결핵, 심장기능부전에 의한 비뇨장애 등에 사용한다. 또한 이뇨제, 해열제로 심장병, 당뇨병, 간질병에 쓰며 위장병에도 쓰며, 짙은 발한제와 이뇨제로 사용한다.

7) 조

과 명 : 벼과(Poaceae)
학 명 : *Setaria italica* Beauvos
영 명 : Barn grass, Chinese corn, Foxtail millet, Italian millet
한자명 : 속(粟)

속명의 *setara*는 라틴어의 seta(강한 털)에서 유래하며, 종명의 italica는 '이탈리아산의'를 뜻한다. 자식성 일년생 작물로 염색체 수는 2n=18이다. 재배종의 식물학적 원형은 강아지풀이라고 추정되고 있으며, 원산지는 중국 남부라는 설이 유력하다. 동양에서의 재배 역사는 오래 되었으며 중국에서는 기원전 2,700년경 이미 신농시대의 오곡 중의 하나로 널리 재배되고 있었을 것으로 추정된다. 유럽에서 중국에서 유럽으로 전파되었을 것으로 추정되고 있다. 우리나라에서는 예로부터 가장 중요한 곡물의 하나로 여겨 왔으며, 재배 역사가 오래된 것으로 생각되고 있지만 전래된 경위는 분명하지 않다. 우리나라 삼국시대에 조는 중요한 작물로 재배된 것으로 보인다.

조는 토양이 척박하고 강수량이 적은 지역에서 대체 작물로 많이 재배되고 있다. 또한 우리나라 기후에 알맞은 여름 작물로 오곡밥에서 빼놓을 수 없는 귀중한 잡곡이고 쌀에서 부족한 영양분을 고루 가지고 있으므로 건강 별미식으로 좋을 뿐 아니라 병충해가 적어 농약을 적게 사용하므로 거의 무공해 작물이라 할 수 있다.

조의 주성분은 탄수화물이지만 단백질과 지방도 다량 함유되어 있으며 무기물과 비타민도 풍부하게 함유되어 있다.

잡곡 중의 대표작물인 조, 기장 및 피는 건강에 좋은 식품인 것으로 밝혀지고 있다. 조, 기장 및 피의 단백질에는 양질의 콜레스테롤이 있는 고밀도 리포단백질(HDL)이 많이 포함되어 있어서 혈중 콜레스테롤을 낮춰 준다. 조의 종실은 소립으로 지방, 무기물, 섬유 등을 밀, 쌀, 호밀보다 많이 함유하며 비타민, 특히 티아민 함량도 쌀보다 월등히 높고, 배와 배유를 동시에 섭취하기 때문에 더욱 효과적이다. 차조는 오곡밥의 주 구성 잡곡으로 구성 전분은 아밀로오스 함량이 0 ~ 5%로 대부분 아밀로펙틴으로 조성되어 있다. 꿀·떡·엿·술 등을 만들고 가축사료로도 이용되고 있다.

8) 기장

과 명 : 벼과(Poaceae)
학 명 : *Panicum miliaceum* L.
영 명 : Hog millet, Proso millet
한자명 : 서(黍)

기장은 내재해성의 일년생 작물로 염색체수는 2n=18 혹은 2n=20이다. 원산지는 동부 아시아 및 중앙아시아에 가까운 지역까지 포함한 중국 대륙성기후의 온대지역에서 재배되었을 것이라는 견해가 유력하다. 유럽에서도 신석기시대와 청동기시대의 기장이 발견되므로 조보다 먼저 유럽에 전파된 것으로 추정하고 있다. 우리나라는 원삼국시대에 부여에서 식용으로 이용되었다는 기록이 있으며, 함북 회령 오동에서 삼국시대 기장이 출토되기도 하였다.

우리나라에서 기장은 종실이 작아 소립 잡곡류에 속하는데, 소출이 낮고 주식으로 이용하기에도 우수하지 못하여 널리 재배하지 않고 있으나 건조한 척박지에도 잘 견디고 조보다 생육 기간이 짧은 이점이 있으며, 이삭으로는 빗자루를 맬 수 있어 산간 지방에서 다소 재배되고 있다. 그러나 근래에는 식량으로서의 1차적인 기능보다는 건강식품으로 이용되고 있다.

9) 율무

과 명 : 벼과(Poaceae)

학 명 : *Coix lachryma-jobi* var. *mayuen* Stapf.

영 명 : Adlay

한자명 : 의미(薏米)

　속명 *Coix*는 그리스어의 coix(종려)에서 유래하며, *lachryma-jobi*은 '요부의 눈물'을 뜻한다. *mayuen*은 중국어로 말에 의한 경작이라는 의미를 가지고 있다. 원산지는 동남아시아 또는 중국으로 알려져 있으나 남아메리카설도 있다. 우리나라에는 고려 때(1078년) 송나라에서 들어 왔다는 기록이 있다.

　1년생 초본으로 높이는 1 ~ 1.5m이다. 줄기는 곧게 자라고 윗부분에서 가지가 갈라진다. 잎은 호생이며 밑 부분이 엽초를 이루어 줄기를 감싼다. 밑부분의 암꽃 이삭은 엽초에 싸여 있고 수꽃 이삭은 암꽃 이삭을 뚫고 위로 나와 3cm 정도 자라며 1마디에 1 ~ 3개의 작은 이삭이 달린다. 꽃은 7 ~ 8월에 피는데 잎겨드랑이에서 길고 짧은 몇 개의 꽃이삭이 나오며, 염주와 비슷하나 화서가 밑으로 처지고 열매가 길고 둥글며 열매 껍질이 딱딱하지 않다. 열매는 견과로서 10월에 익는다. 현재 재배되고 있는 율무는 단일 품종이다.

　율무의 성분은 수분 13%, 단백질 14%, 지방 5.9%, 탄수화물 65%, 회분 1.3%이다. 식용하며 맛은 쌀과 비슷하여 옛날에는 곡물로 이용되었으며, 율무차는 껍질이 붙은 열매를 달인 것으로 허약 체질에 보양식품으로 이용된다. 한방에서는 율무 열매를 의주자·인미·이의인이라 하여 소염, 이뇨, 배농, 진통, 부종에 이용되고 자양·강장제로도 쓰인다. 또한 피부가 거칠어지거나 물사마귀 제거에 차로 끓여 복용한다. 열을 내려주고 습을 제거하는 성질이 있어서 변비가 있거나 마른 사람, 그리고 임신부는 과용을 자제하여야 한다.

10) 메밀

과 명 : 마디풀과(Polygonaceae)

학 명 : *Fagopylum esculentum* Moench

영 명 : Buckwheat

　메밀은 동북아시아 바이칼호수 근처가 원산지인 일년생 초본식물로 벼과가 아닌 마디풀과 곡물이다. 자가불화합성, 타가수정작물로 생육 기간이 60 ~ 80일로 짧다. 서늘한 기후에 알맞으며 흡비력이 강하고 병충해도 적어서 많은 양의 화학 비료와 농약을 사용할 필요가 없는 무공해 작물이라고 할 수 있다.

　현재 우리나라의 메밀은 주로 산간에서 대량 생산되고 있다. 평야지대에서도 이모작의 전후 작물이나 대파작물로 재배되고 있다. 잡곡류 중에서는 옥수수 다음으로 재배면적이 많으며, 전국적으로 비교적 고르게 재배되고 있다. 메밀은 보통메밀과 달단메밀로 나누어진다. 우리나라에서는 보통메밀이 재배되고 있는데, 서늘하고 높은 지대에서 자란 것이 맛과 질이 좋아 예로부터 우리나라에선 함경도와 강원도 산이 유명하다. 한편, 달단메밀은 중국, 네팔을 비롯한 히말라야 고산지대에서 재배되고 있는데, 보통메밀은 주로 메밀 국수·빵·묵·수제비·부침·전병·떡 등을 만드는 데도 사용되는데 비하여 달단메밀은 메밀죽, 빵을 만드는 데 주로 사용되며 루틴 함량이 보통 메밀보다 매우 풍부하다.

근래에 메밀은 건강식품으로 각광을 받고 있는데, 메밀의 무공해성과 함께 메밀의 영양적 가치 때문이다. 메밀에는 단백질이 12%나 되어 쌀보다 많고 쌀이나 밀가루보다 필수 아미노산인 트립토판, 드레오닌, 라이신 등도 많이 함유하고 있으며 특히 글로불린이 많다. 따라서 단백가가 다른 곡류보다 높아 74%나 된다. 또한, 비타민 D, 인산 등이 많이 함유되어 있으며 비타민 B_1· B_2는 쌀의 3배나 된다. 특히 메밀에는 모세혈관을 튼튼하게 하는 비타민 P의 한 종류인 루틴이 100g당 6mg 이상이나 들어 있는데, 루틴은 고혈압, 동맥경화증, 폐출혈, 궤양성 질환, 동상, 치질, 감기 치료 등에 효과가 인정되어 임상에 이용되고 있다.

메밀 가루에는 배아가 뒤섞여 있어 전분 분해 효소, 지방 분해 효소, 단백질 분해 효소, 산화 효소 등의 효소들이 많아 소화가 잘 되며, 단백질은 많은 반면 지방은 적어 메밀가루로 만드는 음식은 성인병 예방에도 좋다. 국수를 삶은 물 속에 루틴이 많이 들어 있어서 음용하거나 육수에 이용하는 것이 좋다. 메밀은 나물을 길러서도 식용하는데, 파종 후 15~30일 쯤에 수확한 메밀 나물은 부드럽고 루틴 함량이 많아서 성인병 예방에 매우 좋은 녹채소로 이용되고 있으며, 종실을 수확하고 남은 메밀 껍질은 베갯속이나 가축 사료로 사용한다. 근래에는 메밀밭을 조성하여 밀원과 관광자원으로 이용한다.

| 표 2-1 | 곡류의 3대영양소와 섬유소 함량

식품명	가식부(g/100g)						비고
	에너지 (Cal)	단백질 (g)	지질 (g)	탄수화물 (g)	섬유소(g)		
					수용성	불용성	
벼	350	7.6	2.1	77.6	5.8	0.9	
밀	372	13.2	1.5	74.6	4.0	14.6	
찰옥수수	355	11.5	4.6	74.7	–	–	
보리	322	10.6	1.8	71.1	6.9	4.3	
찰수수	335	9.7	1.2	79.2	0.4	4.0	
귀리	335	11.4	3.7	73.5	**	**	
차조	363	9.3	3.0	74.0	–	–	
기장	363	11.2	1.9	74.6	0.9	8.8	
율무	374	15.4	3.2	70.5	0	0.6	
메밀	374	11.5	2.3	74.7	1.0	1.7	루틴함유

** 비검사

| 표 2-2 | 곡류의 비타민 함량

식품명	가식부(100g)													
	비타민													
	A			B₁ (mg)	B₂ (mg)	B₃ (mg)	C (mg)	B₆ (mg)	B₅ (mg)	B₁₂ (μg)	B₉ (μg)	D (μg)	E (mg)	K (μg)
	RE	Rt (μg)	βC (μg)											
벼(현미)	0	0	0	0.23	0.08	3.6	0	0.45	1.36	0	27.0	0	1.3	0
밀	10	0	57	0.52	0.23	2.6	0	0.35	1.03	0	38.0	0	1.4	0
찰옥수수	34	0	203	0.13	0.15	1.9	4	0.39	0.57	0	28.0	0	1.5	0
보리	0	0	0	0.51	0.10	5.5	0	0.56	0.68	0	50.0	–	–	–
수수	9	0	55	0.53	0.13	1.2	0	0.31	1.42	0	54.0	0	0.7	0
귀리	0	0	0	0.13	0.21	2.3	0	0.12	1.35	0	56.6	–	–	–
차조	0	0	0	0.24	0.11	4.3	0	0.18	1.84	0	29.0	0	0.8	–
기장	0	0	0	0.42	0.09	2.9	0	0.20	0.94	0	13.0	0	0.1	–
율무	0	0	0	0.49	0.13	2.7	0	0.07	0.16	0	16.0	0	0	–
메밀	17	0	104	0.46	026	1.2	0	0.21	1.23	0	30.0	–	–	–

* RE: Retinol Equivalent; Rt: Retinol; βC: β–Carotne

| 표 2-3 | 곡류의 무기질 함량

식품명	가식부(100g)									
	무기질									
	Ca (mg)	P (mg)	Fe (mg)	K (mg)	Mg (mg)	Mn (mg)	Zn (mg)	Co (μg)	Cu (μg)	Se (μg)
벼(현미)	6	279	0.7	326	110	–	1.8	–	0.27	–
밀	24	290	5.2	780	80	2.0	2.6	11	0.35	28.0
옥수수	8	127	1.8	180	37	–	1.0	–	0.10	–
쌀보리	43	360	5.4	480	42	1.4	2.1	–	0.37	–
수수	11	204	2.4	394	110	–	1.3	0.21	–	–
귀리(오트밀)	16	175	6.6	574	100	–	2.1	–	0.28	–
조	17	301	3.0	329	110	–	2.7	–	0.45	–
기장	15	226	2.8	233	85	1.7	2.7	22.6	0.38	–
율무	10	290	3.7	324	12	–	0.4	–	0.11	–
메밀(가루)	18	308	14	477	190	–	2.4	–	0.54	–

② 근경 전분식물

전분식물에는 곡류 외에 감자, 고구마, 카사바, 얌, 타로 등의 전분식물이 있다. 이들 작물들은 뿌리나 줄기에 저장되는 전분을 이용하는 식물로 대체식량자원으로 이용되며, 카사바는 아프리카 등지에서 주식으로 이용되어 왔다(표 2-6, 2-7. 2-8).

1) 감자

과　명 : 가지과(Solanaceae)
학　명 : *Solanum tuberlosum* L.
영　명 : Potato
한자명 : 마령서(馬鈴薯), 양서(洋薯)

감자의 속명인 *Solanum*은 라틴어의 진정이라는 뜻을 가지고 있는 solamen으로부터 유래되었는데, *Solanum* 식물 중에 진정약으로 사용된 것이 많았다는 것에 기원한다. *tuberrosum*은 괴경이라는 의미를 지닌다.

감자의 원산지는 남미 안데스의 페루와 북부 볼리비아로 알려져 있다. 1570년대 스페인에 의해 유럽에 도입되었다. 현재 재배되는 감자는 4배체가 대부분인데 이는 *S. andigena*라는 이배체에서 유래되었다. 안데스의 장일 조건에서 괴경이 굵어지는 데 비하여, *S. andigena*는 장일 조건에서 괴경이 굵어지지 않아 이를 토대로 단일 조건에서도 굵어지는 것을 선발한 것이 *S. tuberosum*이다. 우리나라에는 조선조(1824 ~ 1825)에 만주 간도지방에 미국 종을 일본이 도입한 것을 심었다.

감자는 18% 정도의 전분을 함유하며 칼륨, 인산 및 비타민 B_1와 C 및 E가 많은 반면 칼슘과 비타민 A는 다소 부족하다. 대표적인 알칼리성 식품으로 꾸준히 섭취하면 참을성 많은 성격을 만들어 집중력이 좋아진다고 한다. 또한 화장품 알레르기로 습진이 생겼을 때 감자 팩을 해주면 서서히 습진이 가라앉으며, 부작용이 거의 없어서 민감한 피부를 가진 사람에게 좋다고 한다.

2) 고구마

과　명 : 메꽃과(Convolvulaceae)
학　명 : *Impmea batas* Lam.
영　명 : Sweet potato
한자명 : 감서(甘薯), 저우(藷芋).

고구마는 중남미 원산으로 임진왜란시 우리나라에 도입되었다. 고구마의 괴근은 에너지 공급원인 탄수화물이 많고 단백질·지방·식이섬유·칼륨·인·철·회분 등이 골고루 들어 있으며, 찐 고구마와 군고구마는 열량이나 기타 영양분이 생고구마보다 높아진다. 고구마의 단백질에는 필수아미노산이 균형 있게 함유되어 있으며, 비타민 A가 풍부하다. 고구마는 알칼리성 식품이며 각종 비타민과 무기질 및 섬유소가 함유되어 있으며, 특히 항산화작용을 하는 폴리페놀이 풍부한 건강식품으로 알려져 있다. 이들 성분들에 의한 고구마의 항암, 항산화작용 및 혈중 콜레스테롤의 강하작용 등, 약리적 효과가 인정되어 성인병 예방 건강식품으로 각광을 받아 고구마 수요가 증가하고 있다.

또한 고구마 잎자루는 영양가가 풍부하고 채소로서 이용 가치가 높아 오래 전부터 우리나라에서는 요리에 이용하고 있는데, 특히 고구마 잎은 단백질과 칼슘, 철 아연 등이 풍부하고 필수 아미노산도 골고루 분포되어 있어 새로운 식재료로서 연구되고 있다(표 2-4, 2-5).

| 표 2-4 | 고구마의 부위별 영양성분 함량(mg/100g당)

부위별	수분(%)	단백질(%)	지질(%)	탄수화물(%)		칼슘	철	비타민 C
				당질	섬유질			
괴 근	64.6	1.1	0.3	31.7	0.6	28	0.8	20
엽 병	91.1	0.6	0.2	10.5	1.5	54	1.8	10
끝 순	84.1	3.0	0.4	9.0	1.4	88	2.3	30
잎	84.7	3.9	0.6	8.1	1.3	78	2.1	15

일반적으로 고구마는 괴근을 식용이나 가공식품의 재료로 이용되어 왔지만 각종 영양 성분이 많이 함유되어 있는 지상부가 의외의 훌륭한 식재료이다. 지상부를 채소로 이용하는 방법으로는 대부분의 나라에서는 줄기와 엽병, 그리고 부드러운 잎몸이 함께 포함된 끝순 10~15cm 부위를 식용으로 하고 있으나, 한국이나 일본은 엽병을, 타이완에서는 엽신과 잎자루를 주로 이용하고 있다. 고구마에는 항산화물질인 chlorogenic acid, isochlorogenic acid, caffeic acid 등의 폴리페놀들이 괴근보다 잎과 끝순에 많이 함유되어 있어서 고구마는 노화 방지에 도움을 주는 식물이라고 할 수 있다. 그러나 옛날부터 우리나라는 고구마의 엽병만을 나물로 이용하여 왔는데 다른 부위에 비하여 영양 가치가 가장 낮다. 그러므로 고구마 엽병 외에 잎몸과 끝순을 국거리용이나 녹즙으로 이용할 필요가 있다. 특히 고구마는 병충해 방제용 농약이나 제초제를 거의 쓰지 않으므로 무공해 상태인 자연식품이라고 할 수 있다.

| 표 2-5 | 고구마 부위별 항산화성분 함량(mg/100g당)

부위별	chlorogenic acid	caffeic acid	isochlorogenic acid	Total
괴 근	11.2	0.3	7.1	18.6
엽 병	3.4	0.0	1.7	5.1
끝 순	30.6	0.0	25.5	56.1
잎	56.0	1.5	35.5	93.0

3) 토란

과　명 : 천남성과(Araceae)
학　명 : *Colocasia antquorm* Schott var. *esculenta* Engl.
영　명 : Aro, Dasheen, Eddoe, Cocoyam, Kalo
한자명 : 토란(土卵)

　토란의 속명인 *Calocasia*는 그리스어의 연꽃이라는 뜻으로 그 잎이 연꽃과 같다는 데서 유래되었으며, *esculenta*는 식용의 의미이다. 우리나라에서 토란이라는 명칭은 땅에서 계란 모양의 괴경이 형성된다는 데 연유한 것이다.

　토란의 원산지는 인도 동부로부터 버마, 말레이반도, 중국 남부 등, 동남아시아의 열대 및 아열대 지역으로 추정하고 있다. 우리나라에 도입된 내력은 분명하지 않으나 고려 시대에 흔히 식용 또는 약재로 이용되어 왔고 중국이나 일본에서 오랫동안 재배해 온 것으로 미루어 삼국시대 쯤으로 짐작된다.

　토란의 지상부인 엽신과 잎자루는 길이는 1 ~ 1.5m 가량으로 차이가 있다. 엽신의 색깔은 적자색인 것으로부터 녹색까지 변이가 있고 엽신과 잎자루가 붙어 있는 곳의 색깔도 암적자색으로부터 적갈색인 것, 녹색인 것, 등 여러 가지이다. 이러한 엽신과 잎자루의 착생 각도가 품종 구별상 색깔과 함께 커다란 특징이 된다. 괴경은 어미 토란과 아들 토란의 모양이 매우 다르다.

　토란의 잎자루 가식부 100g당 함유하고 있는 성분은 무기질, 비타민 A가 많은 편인데, 토란의 아린 맛은 수산화칼슘이 주성분으로 열과 산에 의해 분해되므로 끓이거나 건조시키면 없어진다. 또 미끈거리는 점액물질이 피부에 닿으면 가려움증을 유발하지만 비누나 암모니아수로 씻으면 없어진다.

4) 돼지감자(뚱딴지)

과　명 : 국화과(Compositae)
학　명 : *Helianthus tuberosus* L.
영　명 : Jerusalem artichoke
한자명 : 국서(菊薯)

　해바라기속 다년생 초본으로 잎과 줄기는 해바라기와 비슷하나 땅 속에 괴경이 달리고 두상화가 작은 점이 다르다. 줄기는 곧게 서고 잎과 더불어 거친 털이 있다. 키는 1.5 ~ 3m 정도이며 전체에 짧은 강모가 산재하고 줄기 윗부분에서 가지가 많이 갈라진다. 잎은 어긋나며 긴 타원형으로서 끝이 뾰족하고 가장자리에 톱니가 있고 기부에서 3맥이 발달하며 잎자루에 날개가 있다. 밑 부분의 잎은 대생이며 윗부분의 잎은 호생이다. 꽃은 9 ~ 10월 원줄기 또는 가지 끝에 황색의 두상화서가 달리고 두상화 가장 자리에 10개 이상의 설상화가 달린다.

　돼지감자는 북아메리카 원산으로 아메리칸 인디언들이 오랫동안 식용했으며, 17세기 초 유럽으로 전파된 이후 북반구와 남반구 온대지방에 도입되어 자생하게 되었다. 국내에 도입된 경로는 확실치 않으나 우리나라 전역에 야생하고 있다. 종자로는 거의 번식되지 않고 괴경으로 번식하는데, 괴경의 번식력이 강하고 환경에 대한 적응력이 뛰어나 경작지 주변에 생기면 방제가 어려워 문제의 잡초가 되기도 한다. 뚱딴지는 총건물 생산량 기준으로 볼 때 생산성이 높고, 특히 탄수화물 함량이 많으므로 최근에는 알코올 생산 원료로 관심을 모으고 있다.

괴경은 수분이 80% 정도이고, 탄수화물 76%·단백질 10%·지방 1%·섬유질 6%·회분 5%이며, 그 외 인 0.099%·칼슘 0.023%·철 3.4mg/100g, 등이 있다. 또한 비타민 B와 C 및 아르기닌·히스티딘·콜린·헤마글루티딘이 소량 존재한다.

돼지감자의 저장 양분인 전분은 대부분 이눌린이므로 감자 대용이나 당뇨환자의 다이어트를 위한 전분으로 이용할 수 있으며, 알코올 생성량이 괴경 1Mt(Tg: 10^6t)당 60 ~ 100L이다. 줄기와 잎은 사료용으로 이용되며, 주성분인 이눌린은 쉽게 가수분해되는 탄수화물이어서 바이오디젤 생산에도 유용하다.

5) 야콘

과 명 : 국화과(Compositae)
학 명 : *Smallanthus sonchifolius* (Poepp &Endl) H. Robinson
영 명 : Yacon, Leafcup, Yacon strawberry

야콘은 남미 안데스산맥이 원산지로서 지하부는 달리아나 고구마와 비슷하고 지상부는 뚱단지와 흡사하며, 키는 1.5 ~ 3m 정도이다. 줄기는 녹색 ~ 자색을 띠며 털이 많고, 원통이거나 다소 각이 지고 성숙기에는 속이 빈다. 마디는 15 ~ 20이며 원줄기에서 가지가 발생하는데 많을 때는 합생한다. 야콘은 땅 속 근경의 눈에서 많은 부정근이 생긴다. 꽃이 필 무렵 괴근이 발달하기 시작하며 4 ~ 20개 형성되며, 괴근은 방추형으로 길이 25cm, 직경 10cm 정도이다. 잎은 대생하며 아래 잎은 넓은 계란형으로 예첨이거나 첨형에 가깝고 기저는 귀모양으로 합생하며 가장자리가 톱니 모양이다. 윗잎은 계란형으로 간엽이 없고 끝과 기저가 피침형이다. 화서는 두상화로 1 ~ 5개의 화경이 생기며, 각 화경은 3개의 두상화가 피고, 화경은 털이 많다. 포엽은 5개가 합생하며 계란형이다. 꽃은 노란색부터 옅은 등황색이 있다. 설상화는 꽃잎이 2 또는 3 갈래지며 종류에 따라서 길이 12mm×폭 7mm에 달하는 암꽃과 길이 7mm 정도의 수꽃이 있다. 화색은 초지에는 자색이나 성숙하면서 암갈색이나 검게 변한다.

야콘 괴근은 고구마처럼 단맛이 나고 배맛처럼 시원하며 수분이 많다. 주된 성분은 프락토올리고당·이눌린·폴리페놀 등이며 알칼리성 식이섬유 등도 많이 들어 있다. 특히 플락토올리고당은 체내에서 소화 흡수가 적어서 장내에서 부패균이나 식중독균이 이용하지 못하지만 유용한 젖산균의 먹이가 되어 정장작용과 장운동을 활성화시켜 변비를 예방하는 효과가 있다. 또한 야콘은 폴리페놀이 혈청 콜레스테롤을 저하시켜 동맥경화를 예방하며, 풍부한 포도당, 과당 때문에 당도가 높고 장내 흡수 속도가 느리며 충치를 유발하는 *Steptococcus mutans*가 이용하기 어려우므로 설탕보다 충치 발생을 효과적으로 억제 할 수 있다. 이밖에 신부전이나 피부를 젊게 하는 효과가 있으며, 야콘 잎이 당뇨병을 예방하며 혈당을 내리게 하는 효과가 있다고 한다.

우리나라는 괴산·상주·강화 등에서 재배되고 있으며, 생식보다는 야콘 냉면·야콘 국수 등으로 이용한다.

6) 카사바

과　명 : 대극과(Euphorbiaceae)
학　명 : *Manihot esculenta*
영　명 : Casaba

남아메리카열대와 아열대 지역에서 재배하는 작물로 아프리카, 중남미, 동남아에서 재배한다. 높이 1.5～3m, 지름 2～3cm로 가지가 비교적 많이 갈라지지 않는 낙엽관목으로 만디오카(mandioca)라고도 한다. 잎은 호생으로 잎자루가 길며 길이가 10～20cm인 장상복엽이다. 갈라진 조각은 3～7개이고 끝이 뾰족하고 가장자리가 밋밋하다. 잎이 떨어질 때 잎자루의 밑 부분이 남아 돌기가 된다. 꽃은 단성화이고 가지 끝에 총상화서를 이루며 달린다. 화피는 노란빛이 도는 흰색이고 5개로 갈라진다.

고구마처럼 생긴 괴근은 길이가 30～50cm, 지름이 20cm 정도이고, 바깥 껍질은 갈색이며 내부는 노란빛이 도는 흰색이다. 괴근은 20～25%의 전분과 함께 칼슘과 비타민 C가 풍부하다. 괴근은 맛이 쓴 것과 쓰지 않은 것 두 종류가 있다. 쓴 계통에는 시안산이라는 독성이 있으나 열을 가하면 없어지므로 감자처럼 쪄서 식용하며, 여기에서 채취한 전분을 타피오카(tapioca)라고 하여 과자·알코올·풀·요리의 원료 등으로 사용한다.

재배 방법이 단순하여 줄기를 30～40cm 길이로 잘라서 1m 간격으로 심으면 뿌리가 내리고 6～12개월 이내에 고구마 같은 덩이뿌리가 달린다. 토질과 기후의 영향을 거의 받지 않지만 다량의 양분을 흡수해 땅의 기운을 소모시키므로 윤작하여야 한다.

7) 구약감자

과　명 : 천남성과(Araceae)
학　명 : *Amorphophalus konjac*

베트남 원산의 다년생 초본으로 구약나물이라고도 하나 보통은 곤약이라고도 한다. 알 모양의 지하경은 편평한 원형이고 그 가운데에서 잎이 나와 1m 정도까지 자란다. 잎은 3개로 완전히 갈라졌다가 다시 2～3개로 갈라지며, 그 조각은 다시 우상으로 갈라진다. 잎자루는 원주형이고 연한 녹색인데 자줏빛 반점이 있다. 소엽은 난형의 피침형으로 끝이 꼬리처럼 뾰족하고 털이 없다. 봄에 1m 정도의 꽃대가 나오고 밑 부분에 2～3개의 비늘 모양 잎이 나오며 30～50cm의

화서가 달린다. 열매는 장과로 옥수수처럼 붙어 있으며 노란빛을 띤 붉은색이다.

구약감자는 그 자체로는 구워 먹지도 삶아 먹을 수도 없으며 땅 속 줄기에 해당하는 구약감자를 가루를 내어 거기에 수산화칼슘을 섞어 끓여서 한천처럼 만든 것을 곤약이라고도 한다. 탄수화물인 글루코만난이 10% 정도 포함되어 있으나 사람에게는 소화 효소가 없어서 소화, 흡수되지 않는다. 가래를 삭이며 종기를 완화하는 작용이 있으며 타박상이나 화상에도 유효하다. 달인 액은 말초혈관 확장 작용이 있어 atropine과 길항작용을 한다. 줄기는 종양 및 항암작용 효과가 알려져 있다.

8) 마

과　명 : 마과(Dioscoreaceae)
학　명 : *Dioscorea batatas* Decne.
영　명 : Yam
한자명 : 산약(山藥), 산우(山芋), 서여(薯蕷)

중국 원산으로 우리나라 및 일본, 타이완, 중국 각지에 분포한다. 덩굴성 다년생 초본으로 식물체는 자줏빛이 돌고 뿌리는 육질이며 땅 속 깊이 들어 간다. 품종에 따라 긴 것, 손바닥처럼 생긴 것, 덩어리 같은 것 등 여러 가지이다. 잎은 삼각형에 가깝고 잎 밑은 심장형이며, 잎자루는 엽맥과 더불어 자줏빛이 돌고 잎겨드랑이에 주아가 생긴다.

꽃은 단성화로 6～7월에 피고 잎겨드랑이에서 1～3개씩 수상화서를 이룬다. 열매는 삭과로 10월에 익으며 3개의 날개가 있고 둥근 날개가 달린 종자가 들어 있다. 괴근을 한방에서는 산약(山藥)이라고 하며, 덩이뿌리는 식용·약용(강장·강정·지사)으로 이용한다.

| 표 2-6 | 근·경 전분식물의 3대영양소와 섬유소

식품명	가식부(g/100g)						비 고
	에너지 (Cal)	단백질 (g)	지질 (g)	탄수화물 (g)	섬유소(g)		
					수용성	불용성	
감자	66	2.8	–	14.6	0.1	1.3	
고구마	128	1.4	0.2	31.2	1.4	2.4	
토란	58	2.5	0.2	13.1	0.8	1.5	
마	81	2.3	0.2	18.7	0.6	1.4	
돼지감자	35	1.9	0.2	15.1	**	**	
구약감자	23	0.3	0	5.7	**	**	

** 비검사

| 표 2-7 | 근·경 전분식물의 비타민 함량

식품명	가식부(100g)														
	비타민														
	A			B₁ (mg)	B₂ (mg)	B₃ (mg)	C (mg)	B₆ (mg)	B₅ (mg)	B₁₂ (μg)	B₉ (μg)	D (μg)	E (mg)	K (μg)	
	RE	Rt (μg)	βC (μg)												
감자	0	0	0	0.11	0.06	1.0	36	0.13	0.47	0	27.4	–	–	–	
고구마	19	0	113	0.06	0.05	0.7	25	0.15	0.96	0	13.0	–	0.4	0	
토란	0	0	0	0.08	0.03	0.8	7	0.15	0.45	0.48	0	30	0	0.6	
마	0	0	0	0.12	0,01	0.2	6	0.28	0.45	0	24.0	0	0.4	0	
돼지감자	0	0	0	0.07	0.05	1.7	12	0.05	0.41	0	7.0	0	0.1	0	
구약감자	0	0	0	0	0	0	0	0.02	0	0	2.0	0	0	0	

* RE: Retinol Equivalent; Rt: Retinol; βC: βC: β–Carotne

| 표 2-8 | 근·경 전분식물의 무기질 함량

식품명	가식부(100g)										
	무기질										
	Ca(mg)	P(mg)	Fe(mg)	K(mg)	Mg(mg)	Mn(mg)	Zn(mg)	Co(μg)	Cu(μg)	Se(μg)	
감자	4	63	0.6	485	34	0.2	0.5	6.0	0.07	0.5	
고구마	24	54	0.5	429	19	2.0	0.3	21.5	0.13	7.1	
토란	27	45	0.5	365	33	0.4	0.2	–	0.17	0.7	
마	18	34	0.3	500	17	–	0.3	–	0.10	–	
돼지감자	13	56	0.2	630	13	–	0.3	–	0.16	–	
구약감자	126	8	0.3	42	5	–	0.2	–	0.04	–	

제2절 유자원식물과 콩류

① 유자원식물

유지를 함유하는 식물로 고에너지원 작물로서, 유지는 음식에 풍미와 맛을 내기도 한다. 그러나 땅콩과 같이 사람에 따라서는 심한 알레르기를 유발하기도 하며, 아주까리 종실의 리신과 같이 극독성의 물질이 포함되어 있는 경우도 있다. 그러나 대부분의 유자원식물들은 불포화지방산을 포함하고 있어서 심질환과 뇌혈관 질환에 도움을 준다(표 2-10).

1) 참깨

과　명 : 호마과(Pedaliaceae)
학　명 : *Sesamum indicum* L.
영　명 : Sesame
한자명 : 지마(芝麻), 호마(胡麻)

　유자원식물 중에서 재배 역사가 가장 오래 된 참깨는 아프리카 사바나지대를 원산지로 보고 있다. 인류가 참깨를 이용한 것은 기원전 3,000년경이라 하며, 우리나라에는 삼국시대 이전에 재배했을 것으로 생각된다. 세계 최고의 의학서라 불려지는 'Thebes Medical Papyrus'(B.C 1552)에 이미 참깨의 효용이 적혀 있으며, 히포크라테스(B.C 420~320경)도 참깨가 활력을 증진시키는 훌륭한 식품이라 언급하기도 하였다.

　참깨에는 흰참깨, 검은참깨 및 금참깨 등 3종류가 있다. 참깨는 1년생 초본으로 재배종의 염색체는 2n=26이다. 잎은 대생 또는 호생이며 생육 상태와 부위에 따라 잎 모양과 크기가 다르게 착생하는데 일찍 나온 하위부의 잎은 크고 톱니 모양이 크게 발달하여 세 쪽으로 갈라지며 중간부위의 잎은 타원형이고, 상부의 잎은 피침형으로 폭이 좁고 작다. 뿌리의 신장은 초형이나 조만성이다. 재배 지역에 따라 다르며 건조한 지역에서의 만생종은 특히 땅속 깊이 뻗는다. 꽃은 종 모양으로 아래를 향하고 있으며 꽃 색깔은 회백색에서 담홍색까지 다양하다. 일반적으로 자가수정을 하며 재배기간이 짧다.

　참깨는 세사민 · 세사몰린 · 세사몰 · 피노레지놀 등의 리그난 성분을 함유하고 있는데, 참깨의 리그난은 장내 콜레스테롤 흡수를 억제하여 혈청콜레스테롤의 농도를 낮추며, α-토코페롤을 활성화시키고 혈압을 낮추어 동맥경화를 예방한다. 알코올 분해를 촉진하여 간을 보호하는 기능도 한다. 또한 항산화작용이 있어서 동물세포 내에서 암세포 증식을 억제하는 효과가 있으며, 과산화지질 생성을 억제하여 노화를 지연한다. 또한 면역 기능을 높여 주며 당뇨 개선 작용이 있다.

　참깨에는 약 50%의 기름과 약 22%의 단백질과 함께 탄수화물, 비타민, 칼슘과 인 등의 중요한 영양분을 많이 지니고 있으며 세사민, 세사몰린 등의 강력한 항산화물질을 함유하고 있어 산패에 대한 안정성이 높다(2-14). 참깨는 지질 뿐만 아니라 단백질 식품으로도 중요하다. 참깨 단백질은 특히 필수아미노산 함량이 높은데, 라이신 · 메치오닌 · 히스티딘 · 로이신 등이 높다. 또한 참기름에는 세사민 0.36과 세사몰린 0.25%가 함유되어 있으며, 야생 참깨에는 세산골린이 0.42% 함유되어 있다. 다른 식용유보다 참기름의 저장 안정성이 특별히 높은 것은 이들 항산화물질을 함유하고 있기 때문이다. 참깨의 항산화 성분은 인체 내에서 계속되고 있는 자동산화로부터 생성되는 노화촉진성의 과산화물을 억제하는 기능을 가지고 있어 주목되고 있다. 중국의 신농본초경에 의하면 참깨의 맛은 좋고, 기는 고르며, 주로 내장의 기능이 손상되거나 쇠약한 질병을 고칠 수 있다고 하였다. 또한 오장의 기능을 보해 주고 기력을 증진시키며, 살갗의 근육을 기르고, 골수액과 뇌를 충만케 하여 이것을 오래 복용하면 점점 몸이 가벼워지고 나이를 먹어도 늙지 않게 된다고 한다. 특히 검은 깨는 간과 신장을 보하고 오장을 튼튼히 하여 많이 먹으면 늙어도 머리가 희어지지 않고 숱도 많아진다고 한다.

2) 들깨

과　명 : 꿀풀과(Laviatae)
학　명 : *Perilla frutescens* (L.) Britt.
영　명 : Perilla
한자명 : 백소(白蘇), 임(荏)

들깨는 1년생 초본으로 초장은 60 ~ 150cm 정도이다. 줄기는 4각형으로 잘 분지한다. 계란형 잎이 마주나며 잎가가 톱니 모양으로 잎 뒷면에 자색이 나타나기도 한다. 개화는 단일성으로 종자의 모양은 둥글고 종피가 흑색 내지 다갈색이거나 회백색이다. 종자 수명이 짧아 1년 정도이다.

동부아시아 지역이 원산지로 주로 중국과 우리나라에서 재배되며, 독특한 향취가 있다. 들깨는 주로 기름을 얻는 작물로 재배되어 왔으나 근래에는 잎 채소로도 많이 이용되고 있다.

들깨는 기름 44.4%, 단백질 17.4%, 탄수화물 29.9% 정도로 기름이 많고 식이섬유가 풍부하다. 기름은 리놀렌산 63%, 리놀레산 14.8%, 올레산 14.3%로 필수 지방산인 리놀렌산이 주성분으로 다른 식물에 비하여 포화지방산의 함량이 매우 낮다. 들기름의 주성분인 리놀렌산은 리놀레산과 함께 인체에 꼭 필요한 지방산으로 부족하면 성장 저해·불임·피부질환 등이 나타날 수 있다. 리놀렌산은 EPA나 DHA와 같이 오메가 3지방산으로 암세포 증식을 억제하는 항암효과가 있는데, 특히 유방암과 대장암의 발생을 억제하는 효과가 있으며, 신경계의 필수지방산으로 시신경에도 영향을 주며 학습 능력을 증진시킨다. 또한 리놀렌산은 비만의 원인인 지방세포의 분화를 억제하여 비만을 막아 주는 작용이 있다고 알려져 있다. 그러나 들기름은 고도의 불포화지방산이기 때문에 산화작용으로 인해 쉽게 산패되기 쉬워 냉장고에 보관하면 한 달 정도는 안전하며, 종자로는 실온에 상당 기간 저장할 수 있다.

들깻잎은 100g당 비타민 A 20,000 IU·비타민 B$_1$ 0.16mg·비타민 B$_2$ 0.34mg·나이아신 1.3mg·비타민 C 46mg·칼슘 215mg·철분 2.0mg을 함유하고 있어, 비타민과 칼슘 및 철의 좋은 공급원이다. 또한 육류에 많은 포화지방산과 콜레스테롤을 제거하는 효과가 있어서 순환기계 질환을 예방해 주는 효과가 뛰어나다. 들깻잎에는 또한 안토시아닌 등의 플라보노이드 색소가 많이 들어 있고, 리모넨, 페릴라알데하이드(penillaaldehyde), 페릴라케톤(penillaketone) 등의 정유 성분이 0.3% ~ 0.8% 들어 있어 들깨만의 독특한 향미를 지닌다. 이러한 향미가 육류나 생선의 특수한 냄새를 제거하므로 부향을 위한 부재료로 사용한다. 포화지방산의 함량은 매우 낮다.

들깨는 용도가 다양하여 종실은 강정·차·건강식·제과용 등으로 기름은 조미유로 주로 많이 이용되며, 공업적으로는 기름종이·페인트·인쇄용 잉크·칠감·가루비누·방수용구 등에 활용된다. 또한 잎은 신선 채소와 염장으로 이용되며, 기름을 짜고 난 깻묵은 단백질이 풍부하여 가축 사료와 유기질 비료로 쓰인다.

한편, 들깨는 여러 가지 약리작용이 있는데, 동의보감에 의하면 들깨는 몸을 덥게 하고 맛이 매우며, 독이 없고 기를 내리게 하며, 기침과 갈증을 그치게 하고 간을 윤택하게 해 속을 보하고 정수 즉, 골수를 메워 준다고 하였다. 또 들깻잎은 속을 고르게 하고 취기를 없애 상기, 해수를 치료하고 벌레 물린 데, 또는 종기에도 찧어서 붙인다 하였다. 또한 민간에서는 감기, 피부병, 버짐, 화상 등의 치료에 쓰이기도 한다.

3) 유채

과　명 : 십자화과(Brassicaceae)
학　명 : *Brasica. napus* L.(흑종),
　　　　　B. campestris(적종)
영　명 : Rape
한자명 : 유채(油菜)

2년생 초본으로 1m 정도이다. 원줄기에서는 15개 안팎의 1차 곁가지가 나오고, 여기에서 다시 2 ~ 4개의 2차 곁가지가 나온다. 줄기에 달린 잎은 잎자루가 있으며 윗부분에 달린 잎은 밑부분이 귀처럼 원줄기를 감싼다. 줄기에는 보통 30 ~ 50개의 잎이 붙는다. 노란색 꽃이 4월경에 총상꽃차례로 피며 열매는 끝에 긴 부리가 있는 원주형이며 중앙에는 봉합선이 있다. 익으면 봉합선이 갈라지며 20개 암갈색의 종자가 나온다. 번식은 종자로 한다.

유채는 씨의 색깔에 따라 적종과 흑종이 있는데, 적종(A 게놈)의 꽃은 노란색이고 종자는 붉은 갈색이며 원산지는 스칸디나비아반도, 핀란드, 시베리아에 걸친 지역이다. 흑종(AC 게놈)의 꽃은 녹색을 띤 붉은색이며 종자는 검은빛을 띤 갈색으로 적종이 영국 원산인 양배추(C게놈)와 자연 교잡되어 만들어졌다는 설이 가장 유력한데, 이 자연교잡설을 배추와 양배추를 인공교배시켜 증명한 것이 우장춘의 유명한 '유채에 있어서의 종의 합성(1936)' 이론이다. 우리나라에는 명나라에서 전래 되었다고 하는데, 흑종이 재배되었을 것으로 생각되며, 1643년에 발간된 산림경제에 '운대'라는 이름으로 기록되어 있다. 1960년대에 전라·경남·제주지역에서 유채재배가 일반화된 것은 일본에서 환국한 우장춘이 동래원예시험장에서 일본의 적종 유채 품종을 도입하여 종자를 생산 보급한 것이 계기가 되었다.

유채 종실의 주성분은 기름(35 ~ 47%)과 단백질(15 ~ 32%)이며, 기타 탄수화물·섬유·회분·비타민 등을 함유하고 있다. 최근 육성 품종인 유채기름은 올레산이 60% 이상이며 그 외 리놀레산과 리놀렌산을 함유하고 있어 식용유의 안정성이 높고 품질이 좋다. 과거의 재래종 품종은 쓴맛이 있는 글루코시놀레이트(glucosinolate)와 불량 지방산인 에르크산이 50% 정도 함유되어 있는데, 에르크산 함량이 높으면 소화 흡수가 불량하고 성장 불량이나 심장, 부신, 간장 질환의 원인이 되어 국제 허용기준이 5% 이하로 엄격히 규제되고 있다. 현 장려 품종은 성분 개량 육종의 성과에 따라 에르크산을 전혀 함유하고 있지 않다. 캐나다에서는 에르크산과 글루코지노레이트가 없는 유채를 카놀라(Canola)라는 새로운 이름으로 부르고 있다.

유채의 주 용도는 기름이다. 부산물인 유채박은 가축사료와 유기질 비료로 이용된다. 유채기름은 튀김용, 샐러드유 등으로 많이 쓰이며, 마가린 · 버터 · 마요네즈 · 제과용 등 가공용으로도 이용된다. 식용 이외에도 윤활유, 디젤 엔진 연료 · 인쇄용 잉크 · 페인트 · 화장품 · 플라스틱 가소제 등, 공업용으로도 이용된다. 유독 성분이 개량된 품종의 유채 박은 가축의 양질 사료로 이용된다.

한편, 유채 잎은 봄철 신선 채소로 김치나 나물로 식용하므로 채소로 재배되기도 하며, 꽃이 많이 피고 화려하며 꿀샘이 잘 발달하여 밀원식물로 이용되며, 관상자원으로도 유용하게 활용되고 있다. 유채는 다즙질의 잎 생산량이 많아 축산에서는 신선한 목초가 없는 이른 봄에 청예(靑刈) 사료나 사일레지용으로 재배하고 있다. 또한 밀원이나 관광 자원으로 이용되고 있다.

4) 올리브

과　명 : 물푸레나무과(Oleaceae)
학　명 : *Olea europaea*
영　명 : Olive

높이 5 ~ 10m의 상록 교목으로 수 많은 가지가 달린다. 잎은 긴 타원형으로 가장자리가 밋밋하고 뒷면에 비늘 같은 흰 털이 밀생한다. 꽃은 황백색이며 늦은 봄에 피고 향기가 있다. 열매는 핵과로 타원형이며 흑자색으로 익으며 식용한다. 터키가 원산지로 B.C 3,000년부터 재배해왔고 지중해 연안에 일찍 전파되었다. 주요 생산국은 이탈리아 · 에스파냐 · 그리스 · 프랑스 · 미국 등이다. 열매 자체를 식용하며 과육에서 짠 기름이 올리브유이다.

올리브유는 성인병의 주범으로 여겨지는 콜레스테롤 함유량이 전무하며. 몸에 좋은 단일불포화지방산은 77%나 된다. 올리브유는 콜레스테롤 생성을 억제하고 성인병 예방에도 효과가 있으며, 다른 기름보다 소화율이 높아 위에 부담을 주지 않다. 올리브유의 지질 성분은 모유 성분과 유사해서 인체에서 100% 흡수, 분해되므로 날 것으로 먹을 수 있으며, 상온에서 추출할 뿐아니라 가열시 산패되는 온도가 일반 식용유는 약 160℃ ~ 180℃인데 비하여 올리브유는 약 220 ~ 230℃이어서 건강에 좋고 튀김시 재사용이 용이하다.

올리브 수확은 11월 경에 시작된다. 대략 3 ~ 4cm 크기인 올리브 열매는 11월 중순 경에는 노르스름한 초록색, 즉 올리브색을 띠다가 자주색을 거쳐 12월 말에는 검은색으로 변한다. 푸른 올리브를 짜면 초록색, 검은 올리브에서는 노란색 기름이 추출되는데, 색이 품질에 영향을 미치지 않는다. 올리브유는 수확 시기, 올리브 종류, 생산지에 따라 맛과 향이 다르며 공기와 접촉해

산화하면 맛과 향을 잃으므로 올리브유는 1~2년 이상 보관하는 것은 좋지 않다.

5) 해바라기

과　명 : 국화과(Compositae)
학　명 : *Helianthus annuus* L.
영　명 : Sunflower
한자명 : 향일규(向日葵)

　속명 *Helianthus*는 라틴어 'helios'(태양)와 'anthos'(꽃)의 합성어이다.

　해바라기는 1년생 초본 또는 다년생 초본으로 키가 12m 되는 관목형도 있다. 다년생은 숙근성인 것도 있으나 대부분이 근경으로 번식하며 괴경이나 유아로 번식하는 겨우도 드물게 있다. 북미 온대가 원산지이며 B.C 3,000년경에 Arizona와 New Mexco 등의 지역에서 인디언들에 의해 처음 재배되었을 것으로 추정되며, 스페인 사람들에 의해서 유럽으로(1510년) 전파되었고 유럽을 거쳐 러시아로 들어가 식용유 작물로 1769년부터 재배되었다. 우리나라에 전래된 기록은 근세 농서에 보이지 않는 것을 보아 비교적 근래에 중국이나 일본을 통하여 도입되었을 것으로 추정된다.

　해바라기는 품종에 따라 종실의 크기가 다르며, 대립종은 길이 15~17mm, 너비 7~8mm이고, 발육 초기에는 과피가 백색이지만 익으면 흰색, 회색~검은색을 띠며, 검은색, 회색, 백색의 줄무늬가 생긴다. 과피가 두꺼운 편으로서 종실의 45% 내외를 차지하고 있는데, 지방 고함유 품종일수록 과피가 얇다. 해바라기 종자는 45~65%의 많은 기름을 가지고 있으며 수유량이 많은 작물이다. 양질의 지방산인 리놀레산을 많이 함유하며 포화지방산이 거의 없는 우수한 지방산 조성을 가지고 있다(2-18). 종자는 단백질이 많으므로 가공하여 식용으로 하거나 농후사료로서 이용 가치가 높다. 해바라기박에는 단백질이 50% 정도로 콩이나 땅콩 깻묵과 비슷하며, 아마·유채·면실의 깻묵보다는 높다.

　해바라기 종자는 라이신이 적은 것을 제외하고는 필수 아미노산 함량이 균형을 이루어 필수 아미노산 지수가 68로 콩(79)이나 계란(100)보다는 낮으나 인체에서 부족하기 쉬운 아미노산에 근거하여 FAO가 작성한 단백질지수(protein score)는 63으로 콩(79)과 거의 같다. 스테롤은 기름 추출이나 정제 과정에서 문제가 되는 성분인데 정제하지 않은 기름 중에는 스테롤이 0.32% 밖에 들어 있지 않아 콩(0.55%)이나 옥수수(0.8%)보다 낮다. Υ-토코페롤이 많은 콩기름은 튀김 기름으로 알맞으며, α-토코페롤이 많은 해바라기 기름은 비타민 E의 역가가 높다(2-19). 해바라기박에는 비타민 B군 중에 니코틴산이 풍부하여(318.7mg/kg) 땅콩이나 유채의 2배, 콩깻묵보다는 거의 10배나 많으며, 비타민 B_1인 티아민은 37.8mg/kg으로 어떤 깻묵보다 많고, 판토텐산은 44.8mg/kg으로 땅콩(56.7mg/kg) 다음으로 많이 들어 있다.

　해바라기 기름은 샐러드·쇼트닝·마가린으로 식용하거나, 건성유이기 때문에 페인트의 원료나 화장품, 비누제품에 이용하며, 종실은 볶아서 간식으로 또는 과자나 제빵에 이용한다. 해바라기 씨는 고름과 이질을 치료하며, 뿌리는 장을 부드럽게 하여 변을 잘 보게 하고, 타박상을 치료한다. 수액은 임질과 요로결석, 배뇨곤란에 효과가 있고, 꽃은 눈을 밝게 하며, 거풍한다. 화탁은 눈이 침침한 데나 두통·치통·복통·월경통을 치료하며, 깍지는 귀울림에 사용한다.

6) 아주까리

과　명 : 대극과(Euphorbiaceae)
학　명 : *Ricinus communis* L.
영　명 : Castor bean
한자명 : 피마자(皮麻子)

　아주까리는 1년생 초본식물이지만 열대, 아열대 지방에서는 다년생으로 자랄 경우 키가 9～12m까지도 자란다. 재배종은 조건에 따라 다르지만 대체로 1.8～3.7m이고 단경종은 0.9～1.5m로 품종에 따라 큰 차이가 있다.

　아주까리는 야생종의 변이 분포로 볼 때 이디오피아를 중심으로 한 중동부 아프리카가 원산지라는 주장이 가장 유력하며, 중동 사막, 아라비아 반도, 그리고 인도와 중국은 지역 분화종의 중심으로 보고 있다. 아주까리의 기원식물은 목본으로 색소가 없고 납질의 꽃과 크고 엉성한 화서로 가시가 있고 탈립성이며 씨껍질이 단단하다. 재배 역사는 매우 오래 전으로 추정되는데, 이라크에서는 6～7천 년 전으로 추정되는 씨앗이 출토되었으며, 이집트의 피라미드에서 발견된 것은 3～4천 년 전 것이었다.

　종실의 기름 함량은 45～54%이고 단백질은 12～30%이다. 종실의 껍질 비율은 25～35%로 고함유 품종은 탈피된 건조 종자 기준으로 함유율이 65～71%에 달하는 최고의 기름작물이다. 기름은 아주까리만의 특수 불포화지방산인 리시놀레산(ricinoleic acid)이 85% 이상으로 점도가 높고, 윤활성이 큰 불건성유에 속한다. 19세기 기계가 발달되면서 아주까리 기름은 훌륭한 윤활유로 각광 받게 되었으며, 우리나라는 중국이나 서방의 선교사에 의해서 도입되었을 것으로 추정되며 2차대전 중에는 일본이 군사 목적으로 생산을 장려하기도 하였다.

　아주까리에는 유독성 물질인 리신(ricin)과 리시닌(ricinin)이 들어 있다. 유독성 단백질인 리신은 먹었을 때 위에서 소화되므로 독성이 덜하나(0.035mg/kg) 주사할 때는 치명적이어서 사람의 치사량은 0.001mg/kg이며, 동물은 사람보다 훨씬 많은 150～200mg/kg이 치사량이다. 리시닌은 알칼로이드로 유식물에 많고 다 자란 식물에서는 분열조직에서 합성되며 함유량은 적다. 리신과 리시닌 같은 유독성 단백질은 기름에 용해되지 않고 기름을 짜고 남은 깻묵에 남아 있어(리시닌 1.5%), 고단백질인 깻묵을 그대로 사료로 이용할 수 없으나 가수분해하면 독성이 없어지므로 최근에는 제독하여 사료로 이용한다. 또한 allegin(CB-1A)은 저분자 단백질로 활성이 강한 알레르기를 유발하는 물질이다. 지방 분해효소인 리파제가 있고, 아밀라제와 그 밖에 여러 효소가 들어 있다.

　아주까리는 동서고금을 통하여 의약, 공업용으로 어느 작물보다 우수한 특용작물이며, 19세기 기계문명의 발달을 가져온 산업혁명 이후, 공업용으로 보다 다양한 제품이 개발되었다. 기름은 점도가 안정적으로 높고 저온에서 윤활성이 우수하며 석유나 기타 유기 용매에 잘 용해되지 않는 불건성유로 비행기·트럭 등, 대형 동력의 유압 브레이크, 켄베어 장치 등의 윤활유로 이용되며, 특히 저온에서 얼지 않으므로 극한 조건에서 사용되는 고성능 기계에 널리 이용된다. 탈수작용을 거쳐 건성유로 변화시키면 극한 조건에서 일반 기름보다 8배 이상 도포성이 길어지므로 고품질의 페인트·인쇄 잉크·바니스·락카·케이블 도포제·양초·크레용 등을 생산한다. 그 밖에 섬유·플라스틱·피혁·염색·향수·반도체 산업에 이용되는데, 나일론의 일종인 rilson은 건조·다습에 견디며, 고융점에서 탄성이 강하여 자동차 유리 와이퍼·스키화 등에 이용되고, 폭약·비누 제조 원료가 된다.

의약 분야에서는 설사제로 이용되고 한방에서는 기름을 피부병·피부염·화상·종기의 연화제로 이용하며, 뿌리는 진정·거풍, 잎은 각기병·해소천식 치료에 이용한다. 아주까리 잎은 묵나물로 식용하거나 피마잠(아주까리 누에)의 사료로 이용하기도 한다.

7) 홍화(잇꽃)

과 명 : 국화과(Composicae)
학 명 : *Carthamus tinctorius* L.
영 명 : Safflower
한자명 : 홍화(紅花)

1년생 초본으로 길이는 60 ~ 90cm이며 줄기는 담록색이고 잎은 농록색이다. 잎은 호생하고 잎자루가 없으며 난형 또는 난상 피침형이다. 꽃은 두상화서로 약10 ~ 100의 양성 관상화이며, 꽃봉오리의 포엽은 외측일수록 잘 발달되어 가시처럼 되어 있다. 종자의 크기는 녹두 알만하고 빛은 희며 윤기가 나고 한쪽이 약간 납작하다.

홍화의 원산지는 이집트, 남아시아로 추정되며 중국, 인디아, 페르시아, 이집트 등에서 선사시대부터 재배된 것으로 보인다. 중세기에는 이태리, 프랑스, 스페인 등에서 재배되었으며, 아메리카 발견 이후 스페인 이주민들이 멕시코로 전파하였고 베네수엘라, 콜롬비아 등에서 유료 및 염료작물로 재배되었다. 우리나라에는 중국을 통하여 들어 왔으며 평양 근방의 고조선 시대의 고분에서 홍화로 물들인 천이 발굴된 것으로 미루어 3국시대 이전에 전래된 것으로 추측된다. 신라 시대에는 홍화 재배를 장려하였고 조선시대까지 염료작물로 흔하게 재배되었다는 기록이 있다. 그러나 1900년대 초반부터는 산업화의 물결로 거의 재배되지 않았으나 1980년대 후반부터 홍화씨가 골격계에 약용으로 널리 이용되면서 다시 재배되기 시작하였다.

종실에는 탄수화물 40 ~ 50%·지방 32 ~ 40%·단백질 11 ~ 17% 정도 함유되어 있으며, 무기염류는 Ca·P가 많이 들어 있다. 기름은 필수지방산인 리놀레산이 60% 이상, 올레산이 30% 이상 함유되어 있는 양질유이며 지방산 조성은 재배지역이나 기후 조건에 따라 다소 차이를 보인다. 또한 노란색 색소인 카르타미딘(carthamidin)과 붉은 색소인 카르타민(carthamin)이 함유되어 있다. 종실의 기름은 건성유에 속하며 공업적으로 양초·페인트·건유·리놀륨·니스· 직물의 광택 등에 쓰인다. 기름은 셀러드·요리·마아가린·술 제조에 이용되며 종자는 볶거나 튀겨서 식용으로 이용하고 양념 재료로도 이용한다. 기름을 짜고 남는 깻묵은 가축 사료 및 새 모이로 이용한다.

꽃은 수확하여 그늘에 말려 홍화차로 이용하기도 하며, 노란색과 붉은 색의 물감 재료로 이용한다. 홍화는 의약용으로도 널리 이용되고 있는데 기름은 피의 순환 원활과 해독작용이 있으며, 혈당 및 콜레스테롤 함량을 낮추는 기능이 있다. 꽃은 무월경·어혈에 의한 통증·종기·타박상 치료에 효과가 있고, 꽃을 술에 담가서 숙성시킨 후 마시면 혈압을 안정시키며, 동맥 경화·만성 두통·요통 등에 효과가 있다고 한다.

8) 기름골

과　명 : 사초과(Cyperuceae)
학　명 : *Cyperus esculentus* L. var. *sativus* Boeck
영　명 : Chufa, Yellow nutsedge
이　명 : Tiger nut, Ground almond, Edible rush

다년생 초본성 단자엽식물로 방동사니와 비슷하며 지하부의 근경 끝에 괴경이 달려 번식한다. 원산지에서는 다년생이나 우리나라 기후에서는 월동하지 못한다. 남부 유럽과 지중해 원산으로 우리나라에는 없던 식물이다. 북한에서는 유럽에서 도입하여 기름골이라는 이름으로 재배하고 있으며, 우리나라에는 1999년에 처음 도입되어 재배 연구가 진행되고 있다.

잎은 총생하고 선형이며 엽맥이 평행하고, 밑은 엽초를 이룬다. 잎 가운데 홈이 있고 세모난 모양을 하며 잔털이 있어 까칠까칠하고 앞면은 광택이 난다. 뿌리는 가는 수염뿌리가 많다. 괴경은 평균 0.4g 정도에 길이 10~25mm, 폭 8~10mm로 둥글거나 길쭉하며 약간 굽은 듯하고 바퀴 모양의 마디가 있고 비늘 쪽이 있다. 처음에는 겉이 흰색이나 성숙하면 연한 갈색이고 수확이 늦어지면 암갈색이 된다. 과육은 건조해지면 황색을 띠며 장시간 물에 담그게 되면 우유 빛이 된다. 건조되면 녹말이 당화되어 독특한 단맛이 난다.

기름골의 괴경은 전분이 60%나 되나 다량의 기름(25.6%)을 함유하며, 단백질 6.1%, 조섬유 13.3%을 함유한다. 지방산은 올리브와 흡사한 오레산형으로 올레산 72.5%·리놀레산 10.9%· 팔미트산 13.8%·스테아르산 2.8%으로 조성되며, 고소한 맛이 강하게 풍긴다(표 2-9). 기타 무기 성분은 괴경 100g중 칼슘 35.8mg·철 5.7mg·칼륨 59.5mg·마그네슘 103.9mg·나트륨 44.3mg·인 314.6mg·망간 0.28mg·아연 0.13mg을 함유하며 철과 칼슘이 많다.

스페인 발렌시아 지방에서는 견과라는 뜻의 chufa 음료(horchata)를 만들어 먹는데, 독특한 향과 달콤한 맛을 가진 크림색의 우유 같은 음료이다. Horchata는 스페인어로 emulsion이란 뜻이며, 여름철의 대중적인 청량음료이다. 나이제리아에서는 커피 대용으로 이용하기도 한다.

| 표 2-9 | 기름골의 지방산 조성비(%)

구 분	pal	ste	ole	lin
*기름골	13.8	2.8	72.5	10.9
기름골	13.2	3.0	64.2	19.8
*올리브	10.8	2.6	70.5	15.1

* Omode 등, 1995

| 표 2-10 | 유자원식물의 콜레스테롤과 지방산 함량

식품명	콜레스테롤 및 지방산(g)					불포화지방산(g)			
	*콜레스테롤	총지방산	포화지방산	총불포화지방산 *** MUFA	**** PUFA	올레산	리노레산	리놀렌산	아라키돈산
참기름	–	93.8	14.2	37.0	42.6	40.1	43.7	0.3	–
들기름	–	–	–	–	–	16.2	15.0	59.7	–
땅콩기름	0	97.4	21.7	41.5	34.2	41.5	34.9	0.2	–
올리브유	0	94.0	12.3	71.2	10.5	76.5	7.8	0.6	–
해바라기유	0	94.2	9.8	17.9	66.8	19.0	69.9	0.7	–
피마자유	**	**	**	**	**	**	**	**	**
유채유	2	94.2	6.1	57.4	30.7	58.6	21.8	10.8	–
면실유	0	94.1	22.0	18.0	54.1	17.0	54.8	0.3	–
미강유	0	90.9	17.6	38.8	34.5	42.5	36.9	1.1	–
옥수수유	0	93.7	12.5	32.5	48.7	34.7	50.5	1.5	–
콩기름	1	94.6	14.0	23.2	57.4	21.6	54.2	8.1	–

* : mg; ** 비검사
*** MUFA: Monounsaturated fatty acid; **** PUFA: Polyunsaturated fatty acid

② 콩류

콩은 종자의 자엽이 크게 발달되어 있는데 이 자엽에 탄수화물을 비롯하여 단백질, 지방 등이 포함되어 있으며, 특히 대두의 경우에는 다량의 단백질을 함유하고 있어서 밭에서 나는 고기라고도 불린다(표 2-11, 2-12, 2-13, 2-14, 1-15).

1) 대두

과 명 : 콩과(Leguminosae)
학 명 : *Glycine max* (L.) Merrill
영 명 : Soya, Soybean

한자명 : 대두(大豆), 황두(黃豆), 백두(白豆)

대두 속명인 *Glycine*는 그리스어의 glykys(단맛)에서 유래되었다. 대두는 동아시아에 널리 자생하는 덩굴콩(*G. max* ssp. *soja*)이 재배화된 것으로 원산지는 중국 동북부, 시베리아 아무르강 유역으로 추정되며, 우리나라를 비롯하여 중국 남부, 일본 및 동남아시아의 여러 지역으로 전파된 것은 B.C 3 ~ 7세기경으로 보고 있다.

우리나라는 재배콩과 밀접한 관계가 있는데 덩굴콩이 자생하고 있으며, 또 재배콩의 원산지로 추정하고 있는 중국 동북지방이 옛 조상들이 살았던 지역이고, 또 그곳에서 남하하였으므로 재배콩의 육성에 관여하였을 것으로 추정된다. 대두가 구미 지역에 알려진 것은 의외로 늦다. 유럽에는 네델란드인 켐훼르(E. Kampfer)에 의하여 1712년에 소개되었으나 관심을 끌지 못하였고, 미국에서도 처음엔 관심을 끌지 못하여 목축용으로 취급되다가 1942년 이후 급속히 증가되어 현재는 미국이 세계 제 1의 대두 생산국이 되었다.

콩류의 꽃은 전형적인 콩과식물 형태로서 1개의 기판, 2개의 익판, 2개의 용골판으로 모두 5개의 화판으로 구성되어 나비와 비슷한 모양이다. 재배콩이 조생종인 야생 덩굴콩과 달라진 것은 재배종이 종자의 대립화, 유지 성분 증가, 단백질 함량이 감소된 반면, 직립화되고 대형화되었으며 꼬투리가 성숙하여도 잘 벌어지지 않는다는 것이다.

대두에는 단백질이 40%, 그리고 지질이 20%나 들어 있다. 또한 섬유소가 20%이고 가용성 당이 10%이며, 전분이 없는 것이 특징이다. 그러므로 대두는 그 화학적 성분으로 볼 때 곡류라기보다는 육류에 더 가깝다. 콩 속의 지질은 대부분 불포화지방산으로 구성되어 있으며 혈중 콜레스테롤 함량을 감소시킨다. 이 외에 칼슘, 인, 비타민 B_1·B_2 등이 함유되어 있어서 인체에 필요한 영양을 골고루 충족 시켜줄 뿐 아니라 항산화작용을 하는 daidzein·daidzin·formononetin·genistein 등의 isoflavone들이 다량 함유되어 있어서 노화를 억제시켜 주고, 뇌 세포의 회복을 도와 주는 레시틴과, 뇌의 노화를 촉진시키는 과산화 지질의 생성을 억제하는 사포닌 성분도 함유되어 있다. 그 반면 대두에는 비타민 C가 결여되어 있는데 콩나물이 그 대안이 되었다. 새싹채소의 효시라고 할 수 있는 콩나물은 고려 고종 시대(1214 ~ 1260)에 저술된 향약구급방(1236)에 대두황이란 이름으로 기록되어 있는데, 콩 자체에는 비타민 C가 없으나 이것을 발아시켜 콩나물이 되면 비타민 C가 생성될 뿐만 아니라 콩을 발효시키면 뇌 발달에 필요한 글루타민산과 다양한 발효 산물이 생성되어 콩의 영양적 가치를 증가시킨다.

2) 강낭콩

과　명 : 콩과(Leguminosae)
학　명 : *Phaseolus vulgaris* L.
영　명 : Common bean, Kidney bean
한자명 : 채두(菜豆), 사계두(四季豆)

강낭콩 속명인 *Phaseolus*는 그리이스어의 작은 배라는 의미의 phaseolos로부터 유래된 것이며, *vulgaris*는 보통이라는 뜻이다.

강낭콩은 강남콩이라고도 불리우는 1년생 초본으로 덩굴성과 왜성 및 중간형이 있다. 덩굴성은 덩굴의 길이가 2 ~ 3m에 달하고 나팔꽃과 같이 왼쪽으로 감긴다. 왜성은 초장이 50cm 정도로 절간이 짧고 각각의 마디로부터 분지한다. 자엽은 지상에서 전개되고 소엽은 3매로 형성되는 복엽인데 자루가 있고 잎은 넓은 계란형으로 끝이 뾰족하다. 꽃대의 끝에 2 ~ 수 개의 꽃이 착생되는데, 꽃 색깔은 백색·황색·담자색 등이 있고 왜성은 꼭대기 및 곁가지의 밑쪽에서 개화하고 덩굴성에서는 밑쪽의 마디로부터 개화한다. 꼬투리의 절단면은 둥근형 또는 타원형으로 길이 10 ~ 25cm이다. 표피에는 부드러운 털이 있고 어린 꼬투리의 색깔은 일반적으로 녹색이나 성숙하면 황색 내지 황갈색으로 된다. 종자의 색깔은 다양하여 전체적으로 얼룩 무늬가 있는 것, 일부 얼룩 무늬가 있고 단일 색깔인 것 등이 있다. 모양은 둥근 것, 장원형, 편평형, 계란형 등 다양하다.

강낭콩은 아메리카의 열대 또는 아열대(멕시코남부와 중앙아메리카) 원산으로 추정되고 있는데, 그 후 스페인, 포르투칼 사람들에 의해서 유럽에 전해졌으며 미국에서 경제 재배가 시작된 것은 1836년 뉴욕주였다고 한다. 아시아에는 16세기에 포르투칼, 스페인 사람들에 의해 중국에 옥수수와 함께 전파되었으며, 우리나라에 도입된 시기는 분명치 않지만 19세기 초의 문헌에 처음으로 기록되어 있다.

강낭콩에는 단백질, 당질, 무기질, 비타민 A · B_1 · B_2가 다량으로 함유되어 있어서 영양가가 높다. 강낭콩의 채소용은 미숙 꼬투리와 미숙 콩인 청실이다. 미숙 꼬투리는 개화 후 콩이 굵어지기 전 녹색 상태일 때 수확해서 이용하는데 통조림, 냉동품으로도 가공된다. 청실용은 꼬투리의 색깔이 녹색에서 황색으로 변하는 시기에 주기적으로 수확해서 이용한다. 푸른 꼬투리에는 단백질과 비타민 A · B_1 · B_2 · C가 풍부하며, 씨에는 파세올리신 · 키에비논 등이 있어 항바이러스 작용을 한다.

경엽에는 조단백질 6 ~ 10%, 당질 30 ~ 40%, 조섬유 33 ~ 44%를 함유하고 있어 좋은 사료가 된다. 또한 강낭콩은 민간 의약용으로도 활용되어 좌창·당뇨병·심장병·화상·수종·이질·옴·신장병·습진·딸꾹질·류마티즘·좌골신경통에 민간요법으로 이용되고 있으며 이뇨제로도 이용된다.

3) 잠두

과　명 : 콩과(Leguminosae)
학　명 : *Vicia faba* L.
영　명 : Broad bean, English bean, European bean, Field bean,
　　　　　Horse bean, tick bean, Windsor bean
한자명 : 잠두(蠶豆), 공두(空豆)

잠두 속명인 *Vicia*는 라틴어의 감는다는 의미인 vincio에서 유래된 것으로 *Vicia*속 콩과식물에는 덩굴성인 것이 많은 데서 기인한 것이다. *faba*는 라틴어의 콩이라는 뜻을 가지고 있다. 잠두는 꼬투리가 작을 때는 누에의 모양을 하고 있으며 또 누에가 고치를 지을 무렵에 익어서 잠두라 불렸다. 공두는 꼬투리가 공중을 향하고 있는 데서 나온 명칭이다. 1년생 초본으로 초장은 90~130cm인데 밑쪽의 마디로부터 5~15개의 곁가지가 발생한다. 줄기는 네모지고 표면에 털이 없다.

원산지는 중앙아시아 및 지중해 지방이라고 한다. 재배 기원은 매우 오래 되어 신석기시대 후기로 추정된다. 고대 이집트와 고대 그리스에서 재배된 것으로 보이며, 이후 그리이스, 로마로 전파되었고 철기시대까지는 영국을 포함한 전 유럽에서 재배된 것으로 보인다.

우리나라의 도입과 재배 내력은 분명하지 않으나 제주도에서는 추파하여 재배하여 왔으며 1930년에 청과용과 자실용 등, 3개 품종이 도입되었다. 잠두는 두류 중 내한성이 강하여 고온 건조 지대보다는 냉량한 기상에 적합하나 한발에는 매우 약한 작물이다. 또한 다른 콩류가 생산되지 않는 시기에 생산되는 작물로서 남부 지방에서는 답리작 재배로 5~6월 출하할 수 있고, 또 재배 지역이 내한성 지역에 국한 되어 이러한 지역의 소득 작물로 개발할 여지가 있다.

잠두는 당질이 많아 감미롭고 단백질, 지방, 탄수화물과 회분 그리고 비타민 $A \cdot B_1 \cdot B_2 \cdot C$가 골고루 함유되어 영양도 많은 식품의 하나이다. 종실은 제과·제분·통조림·안주로 이용하며, 미숙 상태 또는 녹색의 콩은 채소로 이용한다. 또, 약용으로도 이용하며, 종자와 잎은 지혈제, 이뇨제, 해독제 등으로 쓰인다.

4) 완두

과　명 : 콩과(Leguminosae)
학　명 : *Pisum sativum* L.
영　명 : Pea, Garden pea, Common pea
한자명 : 완두(豌豆)

완두는 멘델의 유전법칙 연구 식물로 유명하다. 완두의 원산지에 대하여는 정설이 없지만 남부 유럽을 중심으로 한 지중해 연안일 것으로 추정하고 있다. 완두는 근동지역 및 스위스, 오스트리아, 유고슬라비아 등, 유럽 각지의 신석기시대 유물에서 완두 종자가 출토된 것으로 미루어 (기원전 7,000년경 추정) 재배 역사는 밀, 보리와 거의 같다고 볼 수 있으며, 로마 시대에도 완두 재배의 기록이 있다. 미국에는 17세기경 유럽으로부터 전파되어 19세기경부터 재배되기 시작하였다. 인도에서는 고대로부터 재배되었으며 중국의 경우도 6~8세기의 수나라 시대에 이미 재배되었다는 기록이 있으나 우리나라와 일본에서의 재배 역사는 그리 오래 되지 않았다.

완두는 일년생 또는 2년생 덩굴성 식물로 키는 2m 가량이고, 잎은 깃 모양의 복엽이며, 잎 끝은 덩굴손으로 되어 있다. 늦은 봄에 흰색, 붉은색, 자주색 나비 모양의 꽃이 핀다.

완두를 비롯한 *Pisum*속의 식물들은 모두 자식성 2배체로 염색체가 2n=14인데 종간교잡이 가능하다. 다만 *P. sativum*과 *P. fulvum* 간의 교잡시에는 *P. sativum*을 모본으로 써야 쉽게 교잡시킬 수 있다. 만약 재배종을 부본으로 사용하면 F1 종자가 쭈그러들며 설사 정상종자를 얻었더라도 어린 싹이 비정상적으로 자란다. 이들 간 교잡으로 얻은 F1 식물체의 제1감수분열 중기를 관찰해 보면 다양한 염색체 대합 (1가, 2가, 3가, 4가 염색체) 현상을 관찰할 수가 있다.

완두의 주성분은 전분으로 단백질은 풍부한 편이나 지질은 적다. 어린 꼬투리에는 단백질과 비타민 A·B·C가 많이 함유되어 있다. 미숙협은 채소로, 종실은 고급 요리 및 제과용으로, 그리고 경엽은 사료로서 이용 가치가 높다.

5) 팥

과 명 : 콩과(Leguminosae)
학 명 : *Phaseolus angularis* (Willd.) Ohwi & H.Ohashi
영 명 : Red bean
한자명 : 소두(小豆), 적소두(赤小豆)

팥의 식물학적 기원에 대해서는 분명히 밝혀져 있지 않으나 중국을 원산지로 보는 견해가 유력하다. 팥은 동북아시아를 통하여 하와이를 거쳐 미국 대륙에 전파되었으며, 호주와 뉴질랜드 및 아프리카로 전파되었다.

팥은 요리 후 독특한 붉은색으로 인하여 제사 떡이나 동지 팥죽 같이 나쁜 귀신을 물리치는 상서로운 곡식으로 여기는 등, 한국인의 의식 속에 나름대로 중요한 작물이었다. 농업적으로는 생육 기간이 짧아 흉작기의 구황작물, 대파작물로서 중요한 단백질원 작물이었다.

팥의 주성분은 탄수화물인데, 탄수화물 중에서도 전분 함량이 가장 많아 팥 성분의 34%를 차지한다. 또한, 단백질 함량도 많은 편으로(약 20%) 영양가가 높으나 이들 성분만으로는 콩에 비하여 현저히 떨어진다. 그러나 팥에는 formononetin·genistein·daidzein 등의 isoflavone들과 coumestrol와 같은 flavan 항산화 물질이 다량 함유되어 있어서 노화를 억제시켜 주며, 각종 질병 예방에도 도움을 준다. 또 독특한 색깔과 풍미로 인하여 잡곡밥·떡·과자·빵 등과 같은 우리 음식 문화의 중요한 작물이 되고 있다.

팥은 소장을 통하게 하고 종양에 효과가 있으며, 고름 배출, 해독 작용에 탁월한 효과가 있으나 오랫동안 먹으면 몸을 마르게 한다고 한다.

6) 동부

과 명 : 콩과(Leguminosae)
학 명 : *Vigna unguiculata* (L.) Walp.
영 명 : Cavalance, Cowpea, Black-eye pea, Catiang, Asparagus bean, Yard-long bean
한자명 : 강두(豇豆)

재배종 동부의 기원식물에 대해서는 아직 명확하지는 않으나 현재 아프리카 지역의 주 재배종인 ssp. *unguiculata*의 야생형이 있는 아프리카 지역을 원산지로 보고 있다. 동부는 기원전

2,300년경 서아시아로, 기원전 1,500년 경에는 인도로 전파되어 인도를 중심으로 catjang과 asparagus bean의 새로운 2차 원산지가 형성 되었거나 동남아시아에서 다시 asparagus bean의 2차 원산지가 형성 되었을 것으로 추정하고 있다.

인도 또는 중앙아프리카에서 이집트를 경유하여 직접 전파되었을 것으로 추정되며 유럽에는 그리스에 기원전 300년 경의 기록이 있다. 미국에는 유럽을 거쳐 16세기 경에 전파되었는데 1,800년대에 처음으로 버어지니아주에서 재배되었다. 원래 동부의 영명은 cavalance였으나 미국으로 전래된 이후 cowpea라는 이름이 새로 만들어졌다. 중국으로의 전파 경로와 시기는 분명하지 않은데 13~14세기의 농서에 처음으로 동부에 대한 기록이 나오나 실제 재배는 9세기 이전일 것으로 추정되며 이후 우리나라에 전래된 것으로 보인다.

동부는 팥과 비슷하나 종자가 약간 길고 종자의 눈도 길어서 구별된다. 열매는 긴 꼬투리이고 밑에서부터 올라가면서 익으며, 신장형이고 빛깔은 여러 가지이다. 동부는 고온을 요하므로 따뜻한 지방에 알맞은 작물이며 서리에는 약하다. 그러나 한국에서는 여름의 고온 시기를 이용하여 재배가 가능하며, 음지에서도 잘 자라고 건조에도 강한 편이고, 토양은 별로 가리지 않는다. 동부는 밥에 놓아 먹거나 채소로 이용되고 있어 많은 양은 아니지만 전국적으로 각 농가에서 재배하고 있다. 동부의 주성분은 당질이고 단백질 함량도 많은 편이며 비타민 B도 풍부하다. 완숙한 종실은 혼반용 외에 떡고물, 조미료의 원료, 죽, 커피 대용원료 등으로 이용하고, 녹협 꼬투리는 채소로 이용된다.

7) 녹두

과　명 : 콩과(Leguminosae)
학　명 : *Vigna radiata* (L.) Wilczek
영　명 : Mung bean. Green gram. Mung. Golden guam
한자명 : 녹두(錄豆)

흑녹두(*Vigna mungo* (L.) Hepper)와 여러 가지 특성에서 유사성이 많아 녹두를 *V. radiata* var. *aureus*, 흑녹두를 *V. radiata* var. *mungo*로 분류한 경우도 있다. 교잡친화성 등의 면에서 이들 두 종은 비교적 근연 관계에 있으며 몇 가지 유사성이 있으나 흑녹두는 잎, 줄기, 꼬투리에 암갈색의 다소 거친 털이 많이 있어 구별되며, 대부분의 성숙된 꼬투리는 위쪽으로 곧추서고 또한 종실의 흰 배꼽부위(제)가 돌출되어 있는 등 녹두와 차이가 있다.

녹두의 원산지는 인도 또는 버마 지역으로 인도의 Vadhya Pradesh주에서 발굴된 탄화 종자가 B.C 1,660~1,440년경으로 추정되어 재배 역사가 인도에서는 3,000년 이상이 되는 것으로 추정되며, 이후 중국 남부와 인도차이나 반도로 전파되었다. 유럽의 경우 그리스나 로마 시대에는 녹두가 없었고 1,567년에 처음으로 녹두에 대한 기록이 나타나 전파된 시기가 그리 오래 되지 않음을 나타낸다.

우리나라에는 중국을 통하여 전래된 것으로 보이며 부여 부소산의 백제 군창지에서 녹두와 팥의 유물이 함께 출토된 것으로 보아 재배 역사가 비교적 오래 되었을 것으로 추정되고 있다.

녹두는 생산성이 매우 낮고 수확하는 데 많은 노력이 들고 용도 면에서도 제한이 있어서 많이 재배하지는 않지만, 팥보다 늦심기가 가능하고 메마른 땅에서도 잘 자라며 비료를 탐하지 않고 지력의 소모가 적으며 생육 기간이 짧은 등, 유리한 재배적 특성을 지니고 있어서 소량이지만 전국적으로 고르게 재배되고 있다.

녹두의 주성분은 탄수화물이지만 단백질도 많아 영양가가 높고 특별한 맛이 있어서 귀한 식품으로 여기고 있다. 청포묵・숙주나물・떡고물・녹두죽・빈대떡 등을 만들며 공업적으로는 당면의 원료가 되는데, 값이 비싸기 때문에 감자 전분과 혼용한다. 또한 천연 화장품 재료로도 쓰이는데 푸른 껍질에 유효 성분이 있어서 껍질을 벗기지 않고 쓴다. 녹두는 찬 성질이 있어 열독과 해갈을 풀어 준다. 또 피부를 윤택하게 하고 여드름에 좋고 소변을 이롭게 하지만 위가 찬 사람이 먹으면 좋지 않다. 인도에서는 신경계통의 약으로 사용하기도 한다.

8) 작두콩

과　명 : 콩과(Leguminosae)
학　명 : *Canavalia gladiata* (Jacq.) DC.
영　명 : Sword bean
한자명 : 도두(刀豆), 협검두(挾劍豆)

열대 아시아 원산으로 덩굴성 1년생 식물로서 추위에 약하며 콩꼬투리 모양이 작두와 같다 하여 작두콩(도두)이라고 한다. 줄기에는 털이 없으며, 8~12cm의 긴 잎자루를 가지고 있는 3출엽의 복엽으로 되어 있다. 잎의 길이가 8~20cm, 너비 5~16cm나 되는 크고 길쭉한 타원형이다. 꽃은 잎겨드랑이에서 긴 꽃줄기가 자라서 총상화서로 달리며 6~8월에 연한 붉은색, 또는 보라색 꽃이 나비 모양으로 펴서 8~10월에 열매를 맺어 10~11월이면 완전히 익는다.

콩꼬투리는 한 쪽으로 굽어있거나 갈고리 모양으로 길이는 약 30cm쯤 되며 속에는 어른의 엄지손가락 마디보다 큰 씨가 10~14개가 들어 있는데, 한 개의 크기가 길이 2~3.5cm. 넓이 1~2cm, 두께 0.5~1.2cm, 무게 1.5~3g 정도이며, 씨앗의 배꼽(제; 臍) 길이가 씨 길이의 3/4이나 된다. 콩알은 품종에 따라 다양한 색깔을 띠는데, 붉은색・분홍색・흰색・진한 흑색을 띠며 흰색이 약효가 높은 것으로 알려져 있다. 붉은색 계통은 주로 꼬투리를 이용한다.

작두콩에는 전분, 단백질, 유지 등의 성분과 함께 비타민 A・B_1・B_2・C 등이 풍부히 들어 있는데, 특히 비타민은 보통 콩보다 훨씬 많이 들어 있어서 비타민 B_1은 보통 대두의 3배, B_2는 5배, 나이아신은 4배나 들어 있으며, 대두에 없는 비타민 A와 C도 풍부하게 들어 있다. 또한 우레아제, 혈구응집소 및 글루코시다제와 카날린, 나바린 등의 아미노산도 함유되어 있다. 특히 혈구응집소는 콘카나발린 A 등의 여러 가지의 글로블린으로 되어 있는데 이 성분은 암세포를 억제하는 작용이 있어 관심의 대상이 되고 있다.

작두콩은 우리나라 한의서에는 간과되어 있으나 중국의 본초강목이나 본초비요 같은 의서에는 그 다양한 효능이 언급되어 있으며, 특히 허혈성 각종 염증(구강염·축농증·비염·중이염·소화기 염증·관절염), 치루·치질·천식·구취·요통 및 항암에 효과가 있는 것으로 알려져 있는데, 작두콩의 모든 부위(종자·깍지·잎·줄기·뿌리 등)가 기능성 식품소재로 활용될 수 있다.

9) 땅콩

과　명 : 콩과(Leguminosae)
학　명 : *Arachis hypogeae* L.
영　명 : Peanut
한자명 : 낙화생(落花生)

　땅콩은 남미 중앙부의 열대 원산으로 잉카인들이 재배했던 기록이 있는 것으로 보아 재배 역사가 오래된 작물이며 신대륙 발견 이후 유럽인들에 의해 구대륙과 세계 각지로 전파된 것으로 추정된다. 땅콩은 1년생 초본으로 4개의 계란형 소엽이 긴 잎자루에 2개씩 마주 나 있는 우상복엽이며, 줄기는 녹색이지만 적자색을 띠기도 한다.

　땅콩에는 당분이 적은 대신 필수지방산과 비타민 B군·E가 풍부하게 함유되어 있으며, 섬유질은 혈압 조절에도 도움을 준다. 또한 인슐린을 안정시키고 심장병을 예방해 주는 폴리페놀이 다량 함유되어 있는데, 땅콩을 볶으면 이러한 항산화물질이 22% 가량 더 증가한다고 한다. 땅콩 속에 포함되어 있는 불포화지방산인 리놀렌산은 LDL와 콜레스테롤을 낮추어 준다. 땅콩은 지질 함량이 44~56%이며 단백질은 22~30%인 양질의 지질과 단백질원으로, 볶음 땅콩은 고소한 향이 특유하여 전세계적으로 선호되고 있는 기호식품이다. 땅콩 버터는 땅콩 고유의 식품이며 기름은 고급식용유로 평가되고 있다. 그밖에 가공식품, 공업용, 의약용 등, 용도가 다양하다. 줄기와 잎은 영양 면에서 콩과의 다른 사료작물에 비해 손색이 없는 양질의 사료가 된다.

콩의 기능성 성분

콩에는 영양성분 외에도 여러 가지 생리활성물질이 다양하게 들어 있는데 이들은 일반적으로 반영양성분(anti-nutrient)으로 분류되어 오던 것들로 saponin, phytic acid, lectin, protease inhibitor, oligosaccharide, isoflavone 등이다.

① 사포닌(Saponin)

콩의 사포닌 함량은 무게로 환산해서 약 5% 정도이며, 다른 작물의 사포닌에 비해서 상대적으로 반영양적 특성이 약한 편이다. 콩에 함유되어 있는 사포닌을 aglycone 구조로 분류하면 A, B, C의 세 그룹으로 나눌 수 있다. 일부 학자들은 사포닌은 담즙산과 응고되어 콜레스테롤을 저하시키고, 간 손상에 대한 방어적 역할을 하며, 항암작용, 특히 결장암 세포증식을 억제하는 효과가 있다고 한다.

② 피틴산(Phytic acid)

피틴산은 콩에 많은 양이 존재하고 있으며, 콩 식품 중에는 1~1.5% 들어 있다. 사람의 경우 총 피틴산의 1~

3%가 소변으로 배출된다고 하며, 피틴산은 칼슘, 마그네슘, 철, 아연, 망간과 같은 무기질의 체내 흡수를 방해한다고 한다. 피틴산은 소장에서 발암원으로 작용하는 유리기(free radical)를 생성하는 철과 함께 불용성 복합체를 형성함으로서 항산화제 역할을 하는 것으로 알려지고 있다.

③ 트립신 억제 물질(Trypsin inhibitor)

콩에는 Kunitz와 Bowman-Birk inhibitor라는 두 종류의 protease inhibitor가 존재하는데, Kunitz inhibitor는 trypsin 효소의 활성을 억제하고, Bowman-Birk inhibitor는 trypsin과 chymotrypsin의 활성을 저해한다. Trypsin inhibitor는 콩 단백질의 2S 부분에 존재하며, 분자량이 약 20,000 정도의 비교적 작은 단백질로서 동물이 섭취할 경우 장내에 분비되는 단백질 가수분해효소인 trypsin과 결합하여 효소의 작용을 방해한다. 이때 발생하는 단백질 가수분해 효소의 부족을 보충하기 위하여 췌장이 비대해진다.

④ 이소플라본(Isoflavone)

이소플라본은 항암 등의 기능성 물질로서 가식부 100g당 100～300mg% 함유되어 있다. 식물 페놀 화합물의 하나인 플라보노이드로 식물계에 가장 널리 분포하고 있는 물질이며, 이소플라본은 플라보노이드 배당체 중의 하나이다. 현재 밝혀져 있는 이소플라본의 종류는 12종이나 되며, 이중 대표적인 것으로는 daidezin, genistein, glycitein 등이다. 이소플라본은 콩 제품의 씁쓸하고 비린내처럼 좋지 않은 맛을 내는 성분인데, 항산화, 항암, 골다공증, 심혈관 질환을 예방한다고 알려져 있다.

Genistein은 전립선 암 발생을 억제하고 estrogen receptor와 약하게 결합하여 estrogen 활성을 필요로 하는 유방암 세포의 발생을 억제하며, daidezin은 뼈의 재흡수를 억제하고 genistein은 약한 estrogen의 활성이 있어서 노인과 여성의 골다공증 방지에도 효과적이라고 한다. 또한, 이소플라본은 콩 뿌리의 질소고정을 촉진하고 phytoalexin의 전구물질로 작용하여 작물의 내병성을 증가시킨다.

| 표 2-11 | 콩류의 3대영양소와 섬유소

식품명	가식부(g/100g)						비 고
	에너지 (Cal)	단백질 (g)	지질 (g)	탄수화물 (g)	섬유소(g)		
					수용성	불용성	
대두(흰콩)	400	36.2	17.8	30.7	2.2	14.5	
서리태	378	34.3	18.1	31.1	*4.0		
쥐눈이콩	358	38.9	6.9	41.2	*5.8		
강남콩	338	21.2	1.1	63.9	6.4	22.9	
잠두	348	26.0	2.0	55.9	*5.8		
완두	343	20.7	1.3	67.1	*5.9		
팥	337	19.3	0.1	68.4	*4.7		
동부	333	22.2	2.1	60.3	1.3	17.1	
녹두	335	22.3	1.5	62.0	*4.6		
작두콩	311	26.3	1.0	57.4	*8.9		
땅콩	559	20.3	43.0	29.1	*6.4		

* 총량

| 표 2-12 | 콩류의 비타민 함량

식품명	가식부(g/100g)													
	비타민													
	A			B₁ (mg)	B₂ (mg)	B₃ (mg)	C (mg)	B₆ (mg)	B₅ (mg)	B₁₂ (μg)	B₉ (μg)	D (μg)	E (mg)	K (μg)
	RE	Rt (μg)	βC (μg)											
대두(흰콩)	0	0	0	0.53	0.24	2.2	0	0.53	1.52	0	230	0	3.6	18
서리태	0	0	0	0.34	0.22	1.9	0	**	**	**	**	**	**	**
쥐눈이콩	0	0	0	0.18	0.59	1.2	0	**	**	**	**	**	**	**
강남콩	0	0	0	0.41	0.31	1.9	0	0.36	0.63	0	85.0	0	0.3	8
잠두	15	0	90	0.50	0.20	2.5	0	0.07	0.16	0	104	–	0	3
완두	87	0	522	0.49	0.25	1.7	0	0.29	1.74	0	24.0	0	0.8	16
팥	0	0	0	0.54	0.14	3.3	0	0.36	1.00	0	130	0	0.6	8
동부	0	0	0	0.68	0.15	2.4	0	0.24	1.30	0	300	0	0.7	14
녹두	0	0	0	0.40	0.14	2.0	0	0.52	1.66	0	460	0	0.9	16
작두콩	0	0	0	0.54	0.25	2.0	0	**	**	**	**	**	**	**
땅콩	0	0	0	2.04	0.07	16.5	0	0.46	2.56	0	76	0	10.9	0

* RE: Retinol Equivalent; Rt: Retinol; βC: β–Carotne
** 비검사

| 표 2-13 | 콩류의 무기질 함량

식품명	가식부(100g)									
	무기질									
	Ca (mg)	P (mg)	Fe (mg)	K (mg)	Mg (mg)	Mn (mg)	Zn (mg)	Co (μg)	Cu (μg)	Se (μg)
대두(흰콩)	245	620	6.5	1340	220	–	3.2	–	0.98	7.3
서리태	224	629	7.8	1539	**	**	**	**	**	**
쥐눈이콩	161	631	7.4	1611	**	**	**	**	**	**
강남콩	99	338	8.9	732	150	1.0	2.5	–	0.75	v
잠두	100	440	5.7	1100	120	1.6	4.6	–	1.20	2.6
완두	85	248	5.8	926	120	–	4.1	–	0.49	1.9
팥	82	424	5.6	1180	**	**	**	**	**	**
동부	121	381	4.8	1573	170	1.5	4.9	18.8	0.71	1.5
녹두	100	335	5.5	1324	150	1.0	4.0	–	0.91	–
작두콩	84	353	3.7	1296	**	**	**	**	**	**
땅콩	24	344	2.8	808	170	1.9	2.3	37.5	0.59	**

** 비검사

| 표 2-14 | 콩류의 필수 아미노산 함류

식품명	가식부(mg/100g)									
	필수아미노산								히스티딘 His	아르기닌 Arg
	이소류신 Ile	류신 Leu	라이신 Lys	메티오닌 Met	페닐알라닌 Phe	트레오닌 Thr	트립토판 Trp	발린 Val		
대두(흰콩)	1364	2285	1499	351	1464	1017	454	1362	1034	2356
서리태	1210	2299	1889	277	1441	1225	365	1123	542	1971
쥐눈이콩	1345	2746	2157	386	1729	1273	389	1353	712	2205
강남콩	19.6	918	1422	254	1136	816	214	1031	611	1425
잠두	1100	1800	1600	200	1000	860	210	1200	670	2400
완두	933	1615	1532	223	1054	823	208	1034	624	1915
팥	1266	1835	907	435	984	740	117	1855	903	1941
동부	1000	1800	1600	370	1300	880	280	1200	780	1500
녹두	23,2	923	1741	192	1314	844	262	1132	651	1762
작두콩	2017	3712	2391	351	2095	1791	523	2276	1108	2239
땅콩	943	1689	958	336	1256	742	314	1059	602	3188

| 표 2-15 | 콩류의 콜레스테롤과 지방산 함량

식품명	콜레스테롤 및 지방산(g)					불포화지방산(g)			
	*콜레스테롤	총지방산	포화지방산	총불포화지방산		올레산	리노레산	리놀렌산	아라키돈산
				*** MUFA	**** PUFA				
대두(흰콩)	0	16.67	2.57	3.61	10.49	20.2	56.7	8.7	**
흑태	–	–	–	–	–	20.4	55.8	8.4	**
쥐눈이콩	**	**	**	**	**	**	**	**	**
강남콩	0	1.22	0.25	0.18	0.79	8.4	27.9	44.7	**
잠두	0	2.0	0.24	0.33	0.65	26.5	50.3	3.2	**
완두	0	1.39	0.27	0.44	0.68	31.2	43.3	6.4	**
팥	0	0.89	0.27	0.07	0.55	7.6	43.3	21.0	**
동부	0	1.28	0.43	0.12	0.73	8.7	35.9	21.0	–
녹두	0	–	–	–	–	4.3	35.5	21.0	0.1
작두콩	**	**	**	**	**	**	**	**	**
땅콩	0	–	–	–	–	46.8	39.2	–	**

* mg; ** 비검사
*** MUFA: Monounsaturated fatty acid; **** PUFA: Polyunsaturated fatty acid

제3절 채소류 및 조류

① 엽채류

줄기와 잎을 식용하는 채소를 경엽채류라고 한다. 경엽채류는 비타민과 무기염류 및 다양한 유용 이차대사산물을 함유할 뿐만 아니라 유효한 식이섬유도 다량 함유하고 있다(표 2-16, 2-17).

1) 배추

과　명 : 십자화과(Brassicaceae)
학　명 : *Brassica campestris* L. ssp. *pekinensis* (Lour.) Rupr.
영　명 : Chinese cabbage, Celery cabbage
한자명 : 소채(蔬菜), 숭채(菘菜)

　배추의 속명인 *Brassica*는 그리스어의 삶는다(brasso) 또는 요리한다(braxein)라는 말에서 유래되었으며, *campestris*는 들에서 자생한다는 뜻으로 *pekinensis*는 중국 북경산이라는 의미이다. 아마도 *Brassica*속의 채소는 예로부터 익혀서 사용되었던 것으로 보인다.
　반결구배추나 결구배추의 원산지는 중국북부지방이나 그 기원은 지중해 연안이고 유럽(북부, 동부, 터키의 고원 분포)의 보리밭 등지에서 자라는 잡초성의 유채라고 전해지고 있다. 이 식물이 지중해, 중앙아시아 지역을 거쳐서 2,000년 전에 중국에 전파되었고, 우리나라에는 13세기에 처음으로 문헌에 나타나는데, 당시에는 채소가 아닌 약초로 이용되었다고 한다.
　현재 우리가 김장을 담그는 배추 종류는 일본 재래종 채소와 양배추를 교배하여 한국인 입맛에 맞는 결구배추인 원예 1호 배추를 기초로 육종한 것들이다. 배추는 김치의 주원료로서 우리나라에서 가장 많이 이용되는 채소로 수분 함량이 매우 높고 칼슘과 비타민 C가 상당량 함유되어 있는 섬유질 공급 채소이다. 특히 배추에 들어 있는 비타민류는 국을 끓이거나 김치를 담갔을 때 다른 채소에 비해 손실량이 적어 비타민 공급에도 커다란 역할을 한다.

2) 시금치

과　명 : 명아주과(Chnopodiaceae)
학　명 : *Spinacia oleracea* L.
영　명 : Spinach
한자명 : 홍근채(紅根菜)

　명아주과에 속하는 1년생 작물로서 뿌리가 붉어 홍근채(紅根菜)라고 하며, 포기 전체에 털이 없다. 자웅이주이고 성비는 1:1이다. 잎은 긴 잎자루가 있고 장삼각형부터 계란형까지 모양이

다양하다. 숫포기는 잎이 적고 수상화서 또는 원추형화서이다. 암포기는 잎겨드랑이에 3 ~ 5개의 꽃이 착생된다. 종자는 품종에 따라 차이가 있으나 둥근 것과 모난 것이 있고, 잎 가장자리가 깊이 패어 들어간 모양의 결각이 있는 것과 없는 것이 있다.

원산지는 아프카니스탄 주변의 중앙아시아이고, 이란 지방에서 오래 전부터 재배되어 왔다. 회교도에 의해 동서양으로 전파되었는데, 유럽에는 11 ~ 16세기에 걸쳐 여러 나라로 전파되었으며, 동양에는 7세기경 한나라 시대에 중국에 전파되었다. 재배지는 북부 온대지방으로 넓게 분포되어 있고, 아열대 및 열대 지역에서도 재배되고 있다. 내한성이 강하여 시베리아와 같이 추운 지역에서도 이른 봄 신선 채소로서 중요하다. 우리나라에는 조선시대 초기에 전래된 것으로 보인다.

시금치는 각종 비타민·철·칼슘 등이 다른 채소보다 많이 함유되어 있는 알칼리성 채소이다. 변비·빈혈·통풍·류마티스·신장병과 어린이들의 골반 발육에 효과가 있으며 미용에도 좋다. 특히 비타민 A가 풍부해서 빈혈로 인해 생기는 기미에 효과가 있으며, 칼슘·인·철분과 식이섬유가 많이 함유되어 있어서 변비도 완화시켜 준다. 그러나 시금치를 장기 복용하면 수산의 작용으로 인해 신장이나 방광 등에 결석이 생길 가능성이 높으므로 주의해야 한다.

3) 상추

과　명 : 국화과(Compositeae)
학　명 : *Lactuca sativa* L.
영　명 : Lettuce
한자명 : 천금채(千金菜)

상추의 속명 *Lactuca*는 젖을 의미하는 라틴어의 lactuca으로부터 유래된 것이며, sativa는 재배종이라는 뜻이다. 영명인 lettuce 역시 라틴어 lactuca에서 유래된 것으로 상추 속에 흰 젖 모양의 즙액이 함유되어 있는 데서 비롯된 것이다. 대표적인 광발아종자이다.

상추의 원산지는 유럽, 아프리카 북부 및 아시아 서부 지역으로서 우리나라에는 오래 전부터 중국에서 줄기상추가 도입되어 재배되었으나 1890년경에 서구 문물이 들어오면서 잎 상추가 일본으로부터 들어와서 널리 재배되었다.

상추는 1년생 작물로 반결구형과 결구형이 있는데, 다른 엽채류에 비해 무기질과 비타민의 함량이 높다. 특히 철분이 많아 혈액을 증가시키고 맑게 해 주는 건강식품으로 가치가 높다. 상추의 우유빛 즙액(later)에는 특정한 알카로이드계 성분들이 들어 있는데, 주성분은 락투세린(lactucerin)·락투신(lactucin)·락투신산(lactucic acid) 등이다. 이들은 아편과 같이 최면, 진통의 효과가 있어 상추를 많이 먹게 되면 졸리게 된다. 상추의 쓴맛은 재배 환경의 영향을 받는데, 햇빛이 강한 여름이나 관수가 불충분할 때, 그리고 추대하기 전에 증가한다. 또한 질소 비료 과다와 같이 각종 비료 성분이 불균형할 때도 쓴맛이 증가한다.

상추는 신선하고 상쾌한 맛을 지닐 뿐 아니라 씹는 느낌이 좋아 생식에 적합하다. 특히 우리나라에서는 상추쌈이 많이 이용되고 있으며, 세계적으로도 가장 중요한 샐러드용 채소이다. 상추 잎은 한방에서 와거(萵苣)라 하며 옛날부터 이것을 태워서 입병에 쓰여 왔으며, 씨는 와거자(萵苣子)라 하여 이뇨·치루·하혈·젖분비 등에 처방한다.

4) 양상추

과 명 : 국화과(Compositeae)
학 명 : *Lactuca sativa* var. *capitata*

1년생 작물로 결구상추 또는 통상추라고도 하는데 초장 30 ~ 100cm 정도이고, 줄기가 매우 짧으며, 잎은 뿌리에 가깝게 붙는다. 줄기에 달린 잎은 잎자루와 잎이 매우 짧게 붙고 줄기 위로 올라갈수록 작아지며 흰색의 가루가 많이 붙는다. 꽃은 노란 색의 두상화가 원추화서를 이루며 달린다. 열매는 수과이고, 종자는 길이가 3 ~ 4mm, 폭이 0.8 ~ 1mm이다. 광발아 종자이고 발아에 알맞은 온도는 18 ~ 21℃이며, 26℃ 이상이면 발아되지 않는다.

유럽 남부와 서아시아가 원산지이며, 유럽과 미국에서 오래 전부터 샐러드용으로 재배하였다. 프랑스에서는 1,800년경에 40개 품종이 있었고, 미국에는 유럽에서 도입돼 재배되기 시작했다. 한국에서는 해방 이후 미군들이 들어온 후에 군납용으로 재배하면서 널리 퍼졌다.

품종은 크게 크리습 헤드(crisp head)류와 버터 헤드(butter head)류로 나뉜다. 크리습 헤드는 현재 가장 많이 재배되는 종류로 잎 가장자리가 깊이 패어 들어간 모양이고 물결 모양을 이룬다. 버터 헤드는 반결구이고 유럽에서 주로 재배하며 잎 가장자리가 물결 모양이 아니다. 양상추는 샐러드로 많이 이용된다. 양상추에는 수분이 전체의 94 ~ 95%를 차지하며, 그 밖에 탄수화물·조단백질·조섬유·비타민 C 등이 들어 있다. 양상추의 쓴맛은 상추와 마찬가지로 락투세린(lactucerin)·락투신(lactucin)·락투신산(lactucic acid) 등이 있기 때문이며 이것은 최면·진통 효과가 있어 양상추를 많이 먹으면 졸음이 온다.

5) 쑥갓

과 명 : 국화과(Compositeae)
학 명 : *Chrysanthemum coronarium* L.
영 명 : Garland chrysanthemum
한자명 : 고(蒿), 봉고(蓬蒿), 구고(歐蒿)

속명 *Chrysanthemum*은 그리스어의 chrysos(금)과 anthemon(꽃)의 합성어에서 유래하며 *coronarium*은 왕관 모양의 뜻으로 쑥갓 꽃의 모양을 나타내고 있다.

1년생 작물로 잎은 잎자루 없이 호생하고 2회 우상복엽이지만 일부에는 결각이 얕은 것도 있다. 두상화서는 3 ~ 5cm로 꽃 속의 두상화는 통상이며 겉에 있는 설상화는 한 줄로 착생한다. 꽃 색은 황색, 황색과 백색 등이 있다. 과실은 3 ~ 4각 기둥 모양의 수과로 색깔은 담갈색 또는 흑갈색이다.

　　원산지는 지중해 연안설이 유력하나 중국 원산설도 있다. 유럽에는 관상용으로 재배되기도 하나 식용하지는 않는다. 채소로 이용되고 있는 지역은 한국, 일본, 중국 및 인도의 동쪽 및 동남아시아 전지역이다. 우리나라에는 최세진의 훈몽자회(1527년)에 쑥갓이 등장하고 있는 것으로 보아 이조 초기 또는 그 이전부터 재배된 것으로 추정된다.

　　주로 생야채나 탕 재료로 이용한다. 정유에 의한 특유의 향이 있으며, 노화된 혈관을 강화시키는 비타민 A · C의 함량이 풍부하며 혈압을 내려 주는 칼륨도 풍부하다. 베타카로틴과 칼슘, 철분과 엽록소가 풍부하며 특히 비타민A가 많아 쑥갓나물 한 접시만 먹어도 하루 필요한 비타민 A를 거의 섭취할 수 있다. 또한 모세혈관을 넓히고 혈압을 내려 주는 마그네슘 성분이 풍부하다. 쑥갓은 소화가 잘 되는 알칼리성 식품으로 한방에서는 옛날부터 위를 따뜻하게 하고 장을 튼튼하게 하는 채소로 소화기, 신경계통에 사용하여 왔으며, 쑥갓의 쓴맛에 심장의 활동을 돕는 작용이 있다고 하나 심장병에는 많이 먹지 않는 것이 좋다고 한다.

6) 미나리

과　명 : 미나리과(Umbelliferae)
학　명 : *Oenanthe javanica* (Blume) DC.
영　명 : Water dropwort, Water celery
한자명 : 근(芹), 수근(水芹), 수영(水英)

　　속명인 *Oenanthe*는 그리스어 oinos(술)와 anthos(꽃)에서 유래하는 것으로 꽃의 독특한 냄새에서 연유된 것이다.

　　우리나라 원산으로 향긋한 맛이 있는 계절 채소로서 우리나라 전역에 자생하고 있으며, 아한대, 온대로부터 열대까지 널리 분포하고 있다. 그 중 오세아니아를 제외한 지역에서는 미나리를 채집해서 식용하거나 재배되고 있다.

　　미나리는 습기가 있는 땅에서 자라는 다년생 초본이다. 가을부터 겨울의 저온과 단일조건에서는 높이 5 ~ 10cm로 자란다. 봄부터 초여름까지의 장일조건에서는 뿌리에서 포복지가 생겨서 번식한다. 초형에는 수면에 잎을 밀착시키는 포복형으로부터 직립형까지 있다. 재배종은 직립성이며 돌미나리(야생종)는 포복성 또는 중간형이 많다.

　　미나리에는 무기질, 비타민 A · C 그리고 섬유질이 많은데, 특히 겨울에 수확되는 미나리는 비타민 A(720 IU), C(19mg)의 보급원이다. 미나리는 청혈, 해독에 효과가 있을 뿐 아니라 신경통, 류머티스, 혈압 강하에 효과가 있는 것으로 알려져 있으며, 최근에는 미나리가 암 예방(면역세포 증가)에도 효과가 있는 것으로 알려져 있다.

7) 양배추

과　명 : 십자화과(Brassicaceae)
학　명 : *Brassica oleracea* var. *capitata* L.

영　명 : Cabbage, Common cabbage, White cabbage,
　　　　 Heading cabbage
한자명 : 권심채(卷心菜), 단백채(丹白菜), 연백채(蓮白菜), 포채(包菜), 감람(甘藍)

속명인 *Brassica*는 켈트어의 익힌다(brasso)에서 유래된 것으로 *oleracea*는 채소라는 의미이며, 변종명인 *capitata*는 두상이라는 뜻으로 영명인 cabbage 역시 머리 모양이라는 뜻으로 라틴어 caput에서 유래되었다.

양배추는 고대 그리스·로마인도 식용한 가장 오래된 채소의 하나로 세계에서 가장 보편적인 채소라고 할 수 있으며, 브로콜리나 콜리플라워도 이 계통에 포함된다. 원산지는 유럽이지만 원래 야생종은 결구형이 아니었으나 현재와 같은 결구형의 둥근 모양을 갖추게 되었다. 16세기에는 유럽에서 캐나다로, 그리고 17세기에는 미국으로 전파되었고, 같은 시기에 육로를 통하여 중국에 전해졌으며, 우리나라에는 중국으로부터 근년에 도입된 것으로 추정된다.

양배추에는 단백질·당질·무기질·비타민 A·B_1·B_2·C 등이 많이 함유되어 있고 필수 아미노산의 일종인 라이신이 있어 영양 가치가 높다. 또한 비타민 중에는 항궤양성의 비타민 U를 함유하여 생즙을 먹으면 위궤양에 효과가 있는 것으로 알려져 있으며, 비타민 A는 바깥 잎의 녹색 부분에 많이 포함되어 있다.

양배추는 주로 생채로 많이 이용되며, 각종 요리에도 쓰인다. 봄에 나오는 양배추는 녹색이 엷고 엽육도 얇으며, 수분이 많고 잎이 부드러워 생으로도 먹기 좋다. 주로 샐러드용으로 이용된다. 겨울부터 봄에 걸쳐 출하되는 양배추는 엽육이 두껍고 단단하며 단맛도 강하며, 삶아도 부스러지지 않아 오래 삶는 요리에 적당하며 저장성과 수송성도 좋다.

8) 근대

과　명 : 명아주과(Chenopodiaceae)
학　명 : *Beta vulgaris* var. *cicla* L.
영　명 : Swiss chard, Leaf beet, Chard, White beet, Spinach beet
한자명 : 후피채(厚皮菜), 우피채(牛皮菜), 교모채(交模菜), 부단초(不斷草)

속명인 *Beta*는 라틴어의 옛말로서 켈트어의 붉은 색(bette)의 의미이고, *vulgaris*는 보통이라는 뜻이며, *cicla*는 이탈리아의 시칠리아섬 특산이라는 뜻이다. 근대의 원산지는 남부 유럽으로 추정되며, 지중해 연안에서는 재배 역사가 오래고, 터키와 이란 등, 근동지역에서도 많이 재배되었다고 한다.

근대는 더위에 견디는 힘이 강하여 여름에 시금치 대용으로 재배한다. 성분상으로 보아 시금치와 비슷하며 무기질과 비타민 A 공급원으로 우수한 식품이다. 근대에는 각종 알칼로이드가 함유되어 있으며 독성이 없다. 뿌리에 주로 함유되어 있는 베타인(betaine)은 이뇨작용을 한다. 종자는 발한제로서 열을 내리는 데 쓰이며, 신선한 잎은 화상이나 타박상에 쓰인다.

9) 아욱

과　명 : 아욱과(Malvaceae)
학　명 : *Malva verticillata* L.
영　명 : Mallow tea, Whorled mallow
한자명 : 동규(冬葵), 파루초(破樓草), 동한채(冬寒茱)

　속명인 *Malva*는 부드럽다는 뜻의 라틴어 malache에서 유래된 것으로 아욱의 잎이 유연하고 아욱을 먹으면 장의 운동을 부드럽게 하는 효능이 있다는 의미도 가지고 있다.

　아욱은 아욱과에 속하는 일년생 작물로 높이가 60~90cm에 달하며 포기 전체에 거친 털이 있다. 잎은 호생하고 둥글며, 꽃은 백색 또는 담홍백색인데 꽃잎은 5판화이고 취산화서로 엽액에 군생하며 삭과는 모여 있다.

　원산지는 중국을 중심으로 북부온대부터 아열대로 추정되며 아시아 및 유럽 남부에서 오래 전부터 약초로 재배되어 왔다. 우리나라에서는 고려시대 이전에 전파된 것으로 추정된다. 아욱은 햇빛이 많은 습한 땅을 좋아하며 토양에 대한 적응성이 좋다. 적지에서는 한번 심은 곳에서 종자가 떨어져서 저절로 번식된다. 채소용은 한 해에 여러 번 파종해서 어린 잎과 줄기를 수확한다.

　아욱은 영양분이 고루 포함되어 있다. 특히 칼슘이 많아 발육기의 어린이들에게는 좋은 식품이며 여름철에 훌륭한 알칼리성 식품이다. 아욱은 연한 줄기와 잎을 식용하는데, 아욱은 장의 운동을 부드럽게 하므로 변비에 효과가 있다. 아욱은 서늘하고 찬 성질을 갖고 있어서 갈증을 많이 느끼는 사람에게 좋으며, 또 가슴에 번열이 나고 땀을 많이 흘리는 사람도 아욱을 상용하면 여름 더위를 이기는 데 도움이 된다.

　약용으로는 아욱꽃을 말린 것을 동규화라 하고 종자를 말린 것을 동규자라고 한다. 아욱은 이뇨작용이 있으며, 비만에도 효과가 있는 것으로 알려져 있다. 동규자는 산모가 젖이 잘 안 나올 때 달여 먹으면 효과가 있다. 변비에도 효과가 있는데, 오래 전부터 중국 황실에서 배변 완화용으로 쓰여 왔다. 또한 임질, 임산부의 젖이 잘 나오지 않을 때나 젖몸살에 효과가 있는 것으로 알려져 있다.

10) 아스파라거스

과　명 : 백합과(Liliaceae)
학　명 : *Asparagus officinalis* L.
영　명 : Asparagus
한자명 : 노순(蘆荀), 석도백(石刀柏), 천문동(天門冬), 천동(天冬)

　속명 *Asparagus*는 그리스어의 aspharagos로부터 유래된 것으로 sprout 또는 shoot의 의미로 '싹이 나다'라는 뜻을 가지고 있다. 아스파라거스는 유럽과 영국이 원산으로 재배의 기원은 오래 전부터이고 분명하지 않으나 그리스, 로마 시대에 이미 채소로서 높이 평가되었다.

아스파라거스는 초본성 다년생 식물로 자웅이주이며 자웅의 비는 대체로 1 : 1이다. 지표면에서 15cm 정도의 깊이에 있는 지하경으로부터 매년 다수의 어린 줄기가 발생하고 높이가 1 ~ 2cm로 생육되며 가을에는 지상부가 말라 버린다. 잎은 줄기의 마디마다 착생되는 삼각형의 인편이 식물학상의 잎이다. 보통 잎이라고 호칭되는 침 모양인 것은 형태상으로는 가지에 해당하는 것으로 의엽이라 부른다. 지하부는 근경, 다육근 및 섬유근으로 구성되는데, 다육근은 양분 흡수와 양분 저장 기능이 있으며, 섬유근은 양분을 흡수한다. 다육근에 저장된 양분(건물중의 약 70%가 당분)에서 매년 굵고 연한 줄기가 다수 발생하는데, 이것을 식용한다. 아스파라거스는 포기의 변이가 큰 작물인데 웅주가 자주보다 20 ~ 30% 다수확되고 줄기의 굵기도 균일하며 맹아도 빨리 발아하여 재배에서는 웅주를 주로 심는다. 간혹 간성주가 있어 양성화가 착생된다. 과실은 직경 7 ~ 8mm의 둥근 모양을 나타내고 처음에는 농녹색인데 성숙하면 붉은 색으로 된다. 내부에 3실이 있고 각각 2개의 흑색 종자가 있어 1과당 종자 수는 6개이다. 발아 수명은 3 ~ 5년이다. 번식은 분주법과 종자 번식법이 있는데 보통 종자 번식한다.

아스파라거스는 로마군에 의해서 유럽에 전파되었으며, 중국에는 청나라 말기에 전파되었고 우리나라에는 해방 전에 도입된 것으로 보인다. 아스파라거스는 연백화시킨 아스파라거스와 녹색 아스파라거스가 있는데, 최근에는 녹색 아스파라거스가 주로 식용으로 쓰인다. 아미노산의 일종인 아스파라긴은 아스파라거스에 많이 포함되어 있어서 명명되었으며, 숙취에 좋다. 아스파라거스는 샐러드나 각종 요리에 사용되고 통조림이나 냉동가공해서도 이용되며, 약용으로 이뇨제로 쓰이고 관상용으로도 이용된다.

11) 셀러리(celery)

과 명 : 미나리과(Umbelliferae)
학 명 : *Apium graveolens* L.
영 명 : Celery
한자명 : 당호(唐蒿), 한근(旱芹) 근채(芹菜), 양근채(洋芹菜)

지중해 지역과 중동이 원산지로 고대 그리스인과 로마인들은 음식의 맛을 내는 데 이용하였고, 고대 중국에서는 약초로 사용하였다. 기온이 15 ~ 16℃ 정도 되는 서늘한 곳에서 잘 자란다. 유럽에서는 중세까지는 약용으로 이용하여 채소로서 식용하게 된 것은 17세기에 들어와서 이탈리아와 프랑스가 처음이라고 한다. 우리나라에는 최근에 미국에서 들어 와 신선 채소로 식용한다.

셀러리는 주로 여름 재배를 하는데, 발아 적온은 광 조건에 따라 다르다. 암 상태에서는 낮은 온도(15℃)에서 발아되며, 광 조건에서는 22 ~ 25℃에서 발아한다.

셀러리의 잎자루에는 무기질과 비타민 A · B_1 · B_2가 상당히 많이 함유되어 있으나 다른 영양분은 많지 않다. 셀러리의 향은 휘발성 정유의 일종인 플라보노이드계의 apiin이라는 배당체가 있어 입맛을 돋운다. 셀러리는 생식용으로 잎자루가, 그 밖의 다른 요리에는 잎자루와 잎이 함께 쓰인다. 약리 효과가 있어서 뇌신경을 강화하며, 혈액을 깨끗이 하여 순환계에 효능이 있다고 한다. 씨에는 정유가 2~3% 정도 들어 있는데, 주성분은 limonene과 selinene이다.

12) 브로콜리

과 명 : 십자화과(Brassicaceae)
학 명 : *Brassica oleracea* var. *italica* L.
영 명 : Broccoli

　브로콜리는 녹색꽃양배추라고도 부르며, 지중해 지방 또는 소아시아가 원산지이다. 양배추의 변종인 1~2년생 엽채류로서 높이는 50~80cm이다. 잎은 타원형이고 잎자루가 있다. 엽연은 물결 모양의 주름으로 되어 있다. 앞면은 녹색이고 뒷면은 백록색을 띤다. 꽃은 봄부터 여름까지 무리져 노랗게 피며 꽃줄기를 식용한다. 내서성이 강하고 초세가 왕성하다. 날것으로 먹거나 요리해서 먹으며, 짙은 녹색으로 영양가가 높고 맛이 좋다. 온화한 기후에서 서늘한 기후까지 잘 자라며 종자로 번식한다. 포기 중앙에 크고 둥근 화서를 주로 식용한다.

　브로콜리에는 각종 비타민과 무기질, 식이섬유가 풍부하며, 비타민 C가 레몬의 2배나 될 정도로 풍부하다. 브로콜리는 꽃봉오리와 잎, 줄기로 구분되는데 꽃봉오리 못지 않게 브로콜리 잎에는 비타민 C와 E, 줄기에는 식이섬유와 비타민 A가 풍부하다. 브로콜리는 100g당 비타민 C 114mg · 카로틴 1.9mg · 칼륨 164mg · 칼슘 150mg 등이 들어 있으며, 철분은 1.9mg으로 야채 중에서 으뜸이다. 이처럼 브로콜리의 비타민 C 함유량은 레몬의 2배, 감자의 7배로 야채 중에서도 두드러지게 많다. 또한 고춧잎, 쑥갓 다음으로 비타민 E가 풍부하며, 브로콜리 줄기에도 당근에 많다고 알려진 비타민 A가 상당량 들어 있다.

　브로콜리에는 꽃양배추, 양배추, 케일과 함께 글루코시놀레이트 성분인 설포라펜(sulforphane)이 함유되어 있어 간 해독 작용과 함께 항산화 작용, 면역 기능 및 항암 작용을 하며, 식물성 섬유질은 장 속의 유해물질을 흡착시켜 배출하는 기능이 탁월하다. 특히 브로콜리 새싹에는 설포라펜이 40배나 함유되어 있다고 한다.

13) 콜리플라워

과 명 : 십자화과(Brassicaceae)
학 명 : *Brassica oleracea* var. *botrytis* L.
영 명 : Cauliflower
한글명 : 꽃양배추

　변종명 *botrytis*는 '포도 열매'를 의미하며, 영명 cauliflower는 라틴어의 caulis(양배추 줄기)와 flos(꽃)의 합성어이다. 꽃양배추의 원종은 지중해 연안에 야생하는 크레티카 양배추(*Brassica cretica*)로부터 변이돼 나타난 형이라고 한다. 꽃양배추는 그리스 · 로마인들의 기록에도 나타나며, 당시에는 cyma라고 불렀는데 이는 cyme(취산화서)와 같은 뜻이다. 당시에는 브로콜리를 의미했으나, 연속적인 변이에 의하여 꽃양배추가 생긴 것으로 추측된다.

꽃양배추는 19세기 이후 영국에서 개량되어 각각 꽃양배추와 브로콜리로 불리는 품종의 형태로 분화되었다. 중국에는 1680년대에 도입돼 상해 부근에서 재배되었고, 우리나라에는 1926년에서 1930년 사이에 도입됐으나 본격적인 재배는 1970년대 말부터이다.

꽃양배추의 회록색 잎은 양배추 잎보다 길며 더 오글거리고 타원형이다. 꽃은 4월에 보랏빛이나 흰빛에서 노랗게 변하며 꽃대는 기형적으로 비대한다. 종자는 크기가 직경 1 ~ 2mm이며 갈색을 띤다. 꽃양배추는 유럽에서 다양하게 품종이 분화돼 재배의 중축을 이루고 있으며, 지중해 연안에는 만생종, 동남아시아 지방에는 왜성종이 재배되고 있다. 중부 유럽의 재배종은 크게 온실재배용, 노지재배용, 여름재배용, 만생종 등으로 분류되며, 일본에서는 유럽종을 수입해 개발 육성해 극조생・조생・중생・만생으로 나눈다.

꽃양배추는 비타민류가 풍부한데 특히 비타민 C가 많이 함유되어 있다. 또한 식이 섬유가 풍부해 피부미용・변비 등에 좋으며, 스트레스에 대한 저항력을 길러 준다.

14) 케일

배　추 : 십자화과(Brassicaceae)
학　명 : *Brassica oleracea* (L). var. *acephala* Alef. (D.C.)
영　명 : Kale, Curly greens, Collard

원산지는 지중해 동부로 양배추・브로콜리・콜리플라워 등은 모두 케일을 품종 개량하여 육성한 것이다. 케일의 원종인 *B. oleracea* L.는 관상용이다. 변종명인 *acephala*는 결구가 없다는 뜻이다. 케일은 잎채소로 생식용 변이종이 있다. 엽연이 평활한 collard와 엽연이 오글거리는 kale이 있는데, 둘 다 이듬 해 생장 기간 중 아주 작은 구를 형성하기는 하지만 불결구형으로 취급한다. 이들은 다른 십자화과 작물과 비교하여 덜 진화한 것으로 여겨진다. 우리나라에서 흔히 먹는 케일은 콜라드라고도 부르는 쌈케일이며, 일반적으로 잎이 큰 케일은 녹즙용으로 이용된다. 큰 잎의 케일에는 티오시안네이트(thiocyanate)라는 쓴맛 성분이 있어서 빈속에 녹즙을 다량으로 마시면 위가 쓰린 원인이 된다. 부드럽고 신선한 어린잎은 쌈이나 샐러드로 많이 이용한다.

케일은 양배추에 비하여 단백질, Ca, 비타민 A・B・C가 수배 ~ 10배 정도 함유되어 있으며, 항 궤양성 비타민인 '비타민 U'성분이 들어 있어서 위궤양・십이지궤양에 좋으며, 신진대사를 촉진하는 비타민이 풍부하여 피부회복 및 미용효과 작용이 있다. 특히 엽산이 풍부하여 산성화된 피부를 알카리성으로 중화시켜 피부 노화를 방지해준다. 또한 풍부한 섬유질과 효소 성분이 노폐물을 제거해주고 배변을 촉진하여 비만을 방지해 준다. 또한 간기능을 보호하고 숙취로 인한 간장해독에 좋다. 풍부한 칼슘, 철분 등이 빈혈을 예방 및 치료하고 혈액순환을 원활하게 하며 철분이 풍부하여 소간의 절반이나 된다. 또한 케일에 함유되어 있는 베타카로틴・섬유질・칼슘・비타민 E 등은 발암물질의 생성을 억제할 뿐만 아니라 암세포 발육 및 증식을 저지하며,

암 유발 물질을 해독하는 인돌화합물도 포함되어 있어서 암에 효과적인 것으로 알려져 있다. 이 밖에 피로 회복·요산 제거·혈압 조절·혈당 조절 등, 성인병 예방에 매우 유용한 식품이다.

15) 치커리

과　명 : 국화과(Compositeae)
학　명 : *Cichorium intybus* L.
영　명 : Chicory

　유럽 원산의 다년초이며 고대 그리스에서는 치커리를 seris라 불렀고, 고대 로마인들은 intubun이라는 야생종을, 고대 아라비아인들은 chicourey라고 불렀다고 한다. 치커리에는 청경채를 닮은 구루모, 레드 치커리, 커피 대용차로 잘 알려진 뿌리치커리, 당 성분이 있는 슈가로프, 붉은 잎 치커리(=이탈리아나), 트레비소, 푼타렐리 등 많은 종류가 있다.

　서양에서는 고대 그리스와 로마제국 시대부터 샐러드로 이용되었는데, 영국은 1548년, 독일은 1616년, 미국은 18세기 이후에 도입되었다는 기록이 있다. 아시아에는 1800년대 말에 도입되었으며, 우리나라에서는 1970년대 인제에서 처음 재배되었으며, 처음에는 커피 대용음료로 시험 재배되었고, 1980년대 이후 샐러드용으로 재배하기 시작하였다.

　치커리 뿌리에는 진정·진통작용이 있는 sesquiterpene lactone인 인티빈(intybin), 이눌린(inulin) 같은 특정 성분을 함유하며, 가식부 100g당 칼슘 23mg, 인 25mg, 철 0.7mg, 비타민 C 10mg 등이 풍부하게 함유되어 있다. 치커리는 뿌리를 말렸다가 끓여서 커피 대용 음료로 이용하거나 농축액을 건강 음료로 음용한다. 치커리 차, 티백, 농축액, 환, 청, 겔, 볶음 등으로 가공된 제품이 생산되고 있다. 잎은 채소로 이용하며, 잎과 뿌리 가공 부산물은 사료로 이용한다. 민간에서는 강장·소화촉진·당뇨병 등에 사용하기도 한다.

16) 비트

과　명 : 십자화과(Brassicaceae)
학　명 : *Beta vulgaris* var. *conditiva* Alef.
영　명 : Garden beet, Red beet, Beetroot, Table beet
한자명 : 근공채(根恭菜), 홍채두(紅菜頭), 화염채(火焰菜)

　속명의 *Beta*는 켈트어의 bette(적색)에서 유래 되었으며, *vulgaris*는 보통이라는 뜻이다. 비트는 유럽 남부 지중해연안에 야생 상태로 분포하는 갯근대(*Beta maritima* L.)가 다른 *Beta*속 작물과 함께 순화된 것이라고 추정되고 있다. 원산지는 유럽과 아프리카 북부이며 재배 기원은 이탈리아의 시칠리아섬으로 알려져 있다. 동양에 전파된 것은 인도 북부 지방에 처음 도입되었으며, 중국에서는 아라비아인들에 의해서 전파되었다. 이 종류에는 뿌리·잎·줄기를 이용하는 비트와 잎만을 이용하는 근대가 있고 그 외 사료용의 사료 비트·제당용의 사탕무가 있다.

　비트는 2년생으로 파종해서 수확기까지는 조생종은 3개월 반에서 4개월이 필요하다. 그러나 만생종은 5~6개월이 걸리며, 개화해서 종자를 얻는 데는 14~16개월 반이 걸린다. 보통 월동하여 초여름에 추대가 일어나는데 꽃대 길이는 1m에 달하여, 꽃은 황록색으로 여러 개가 집단으로 달려 원추화서를 형성한다. 열매는 시금치 종자처럼 생긴 울퉁불퉁한 위과로서 그 속에 보통 1~5개의 종자가 들어 있다.

비트는 비교적 재배가 쉽고 식물체 전체를 식용할 수 있어서 집에서 손쉽게 재배할 수 있다. 비트의 지상부가 뿌리보다 더 영양분이 많다. 어릴 땐 잎을 샐러드로 이용하고, 자라면 조리해서 먹는다. 뿌리는 환상비대형으로 발육된 것으로 독특한 색깔을 나타내는데, 당분 함량이 많고 비타민 A와 칼륨도 상당량 들어 있다. 비트 뿌리를 절단하면 베타시아닌(β-cyanin)에 의한 아름다운 홍색 둥근 무늬가 나타나므로 샐러드 등의 장식용으로 쓰인다. 외국에서는 베타시아닌을 추출하여 천연 착색료인 비트 레드를 만들어 식용색소로 이용한다.

약용으로는 토사, 구충에 쓰이고 있으며 뿌리에 betaine이라는 알카로이드가 있어 이뇨제로 쓰인다.

17) 파슬리

과 명 : 미나리과(Umbelliferae)
학 명 : *Petroselinum crispum* (Mill) Nym.
영 명 : Parsley

유럽 남동부와 아프리카 북부 원산의 2년생 작물로 향미나리라고도 한다. 높이 20~50cm 정도이며 세로줄이 있고 털이 없으며 가지가 갈라진다. 잎은 3장의 소엽으로 된 복엽이고 짙은 녹색으로 윤기가 나며, 여러 갈래로 다시 깊게 갈라진다. 원예품종은 매우 우굴쭈굴하다. 2년 만에 꽃줄기가 나와 노란빛을 띤 녹색의 작은 꽃이 산형화서로 달린다.

기원전 3~4세기의 그리스 기록에 의하면, 이미 그 당시 축엽계와 평엽계가 분화되어 있었다. 고대 그리스와 로마인들은 향미료로 사용하였으며, 식중독 예방에 좋다고 하였다. 또한 화환에도 사용하였으며, 올림픽 경기의 우승자에게 파슬리 잎으로 만든 우승관을 주었다고 한다.

동양에는 근세에 유럽에서 전래되었으며, 우리나라에는 도입 내력이 분명하지 않으나 1929년에 품종 미상의 1품종이 들어온 기록이 있는 것으로 미루어 해방 이후에 도입된 것으로 보인다.

파슬리에는 단백질·당질과 칼슘·인·철, 비타민 A·B₁·B₂·C 등은 물론 레시틴도 많이 함유되어 있다. 파슬리는 서양 요리에서는 뺄 수 없는 채소로서 가지를 그대로 쓰거나 기름에 튀겨서 쓰며, 잘게 썰어서 요리에 뿌리기도 한다.

우리나라에서는 파슬리를 요리의 장식용으로 쓰지만 향료로서의 가치와 혈액순환을 좋게 하고, 위장에도 좋으므로 생식하는 것이 좋다. 포기 전체에 키니네의 대용으로 사용하는 정유 성분인 apiol이 들어 있어 독특한 향기가 있는데, 수프·소스·샐러드·튀김 등에 쓴다. 뿌리가 당근처럼 자라는 뿌리 파슬리도 있다. 잎은 이뇨·혈액정화·건위·해독작용에 쓰이며, 입 냄새와 마늘 냄새를 없애는 효과가 있다.

파슬리는 닭을 비롯 조류에는 유독한 것으로 알려져 있으나, 일반 가축은 잘 먹으며 병이 났을 때 치료약으로도 사용된다.

18) 함초

과 명 : 명아주과(Chnopodiaceae)
학 명 : *Suaeda japonica* Makino
한자명 : 함초(鹹草), 칠면초(七面草), 염초(鹽草)

우리나라 공식 식물명은 칠면초이나 일반적으로는 함초라고 하며 퉁퉁마디라고도 한다. 개펄에서 자라는 염생식물로서 초고 10 ~ 30cm, 지름 1.5cm의 일년생 초본으로 전체 모양이 산호를 닮았다 하여 산호초(珊瑚草)라고도 한다. 바닷가에서 소금을 흡수하며 자라서 몹시 짜다. 함초는 바닷물과 가까운 개펄이나 염전 주변에 무리 지어 자라는데, 줄기에 마디가 많고 가지가 1 ~ 2회 갈라지며 잎과 가지의 구별이 없다. 잎은 다육질로 살이 찌고 진한 녹색인데 가을철이면 빨갛게 변한다. 꽃은 8 ~ 9월에 연한 녹색으로 피고 납작하고 둥근 열매가 10월에 익는다.

함초에는 염분을 비롯, 바닷물에 녹아 있는 모든 미량 원소가 농축되어 있어서 맛이 짜고 무게가 많이 나가서 지구상에서 가장 무게가 많이 나가는 식물일 것이다. 함초에 들어 있는 소금은 바닷물 속에 들어 있는 독소를 걸러 낸 것이어서 품질이 좋은 짠맛 조미료로 이용된다.

함초는 갯벌에서 살면서 바닷물 속에 들어 있는 갖가지 무기물을 농축하고 있는 영양의 보고라고 할 수 있다. 함초 가식부 100g에는 칼슘 670mg, 요드 70mg, 그리고 나트륨이 6.5%, 소금기가 16%, 식물성 섬유질이 50%쯤 들어 있다. 칼슘은 우유보다 7배가 많고 철은 김이나 다시마보다 40배가 많으며 칼륨은 굴보다 3배가 많다. 이밖에 90여 가지의 미네랄이 골고루 들어 있을 뿐만 아니라 콜린을 함유하는데, 콜린은 신경세포막을 구성하는 물질인 스핑고미에린을 합성하는 물질로 뇌의 기능을 향상시킨다. 그리고 면역력을 높이는 배당체들이 함유되어 있으며, 60%가 넘는 식이섬유가 포함되어 있어 배변을 촉진하고 콜레스테롤과 당의 흡수를 억제한다. 민간에서는 몸 안에 쌓인 독소와 숙변 제거와 암·자궁근종·축농증·고혈압·저혈압·요통·당뇨병·기관지천식·갑상선 기능저하·갑상선 기능항진·피부병·관절염 등에 이용한다.

| 표 2-16 | 경엽채류의 비타민 함량 (다음 페이지에 계속)

식품명	가식부(100g)													
	비타민													
	A			B₁ (mg)	B₂ (mg)	B₃ (mg)	C (mg)	B₆ (mg)	B₅ (mg)	B₁₂ (μg)	B₉ (μg)	D (μg)	E (mg)	K (μg)
	RE	Rt (μg)	βC (μg)											
배추	0	–	1	0.06	0.03	0.5	17	0.09	0.25	0	37.7	0	59	59
시금치	607	0	3640	0.12	0.34	0.5	60	0.09	0.20	0	196	0	0.6	270

| 표 2-16 | 경엽채류의 비타민 함량

식품명	가식부(100g)													
	비타민													
	A			B₁ (mg)	B₂ (mg)	B₃ (mg)	C (mg)	B₆ (mg)	B₅ (mg)	B₁₂ (μg)	B₉ (μg)	D (μg)	E (mg)	K (μg)
	RE	Rt (μg)	βC (μg)											
상추	50	0	298	0.10	0.08	0.4	10	0.10	0.24	0	110	0	1.4	160
양상추	16	0	96	0.04	0.05	0.2	7·	0.05	0.20	0	73	0	0.3	29
쑥갓	626	0	3755	0.07	0.14	0.3	18	0.13	0.23	0	190	0	1.7	250
미나리	250	0	1499	0.06	0.12	1.5	10	0.11	0.42	0	110	0	0.8	160
양배추	1	0	6	0.04	0.03	0.3	36	0.27	0.76	0	240	0	0.6	150
근대	477	0	2682	0.06	0.14	0.6	18	0.10	0.17	0	14	–	1.9	830
아욱	1143	0	6859	0.11	0.19	0.9	48	**	**	**	**	**	**	**
아스파라거스	54	0	321	0.12	0.13	0.8	5	0.12	0.59	0	190	0	1.5	43
샐러리	108	–	648	0.16	0.38	0.8	47	0.08	0.26	0	29	0	0.2	10
브로콜리	128	0	766	0.12	0.26	1.1	98	0.27	1.12	0	210	0	2.5	160
꽃양배추	2	0	12	0.07	0.09	0.3	99	0.23	1.30	0	94	0	0.2	17
케일	302	–	1812	0.12	0.23	1.1	80	0.16	0.51	0	120	0	2.4	210
잎치커리	893	0	5356	0.03	0.11	0.4	10	**	**	**	**	**	**	**
비트(잎)	397	–	2379	0.01	0.52	0.2	14	0.07	0.16	0	109	–	–	–
파슬리	490	0	2941	0.17	0.24	1.4	139	0.27	0.48	0	220	0	1.4	850
함초	575	0	3150	0.10	0.35	1.1	36	**	**	**	**	**	**	**
깻잎	1524	0	9145	0.09	0.45	0.9	12	–	–	–	92.3	–	3.5	–

* RE: Retinol Equivalent; Rt: Retinol; βC: β–Carotne
** 비검사

| 표 2-17 | 경엽채류의 무기질 함량 (다음 페이지에 계속)

식품명	가식부(100g)											
	섬유소(g)		무기질									
	수용성	불용성	Ca (mg)	P (mg)	Fe (mg)	K (mg)	Mg (mg)	Mn (mg)	Zn (mg)	Co (μg)	Cu (μg)	Se (μg)
배추	0.2	1.3	37	25	0.5	239	11	0.2	0.4	–	0.08	–
시금치	0.9	2.3	40	29	2.6	502	87	0.7	0.6	2.6	0.15	–
상추	0.2	1.6	26	18	1.1	306	19	0.3	0.4	–	0.16	64

| 표 2-17 | 경엽채류의 무기질 함량

식품명	섬유소(g)		가식부(100g)									
			무기질									
	수용성	불용성	Ca (mg)	P (mg)	Fe (mg)	K (mg)	Mg (mg)	Mn (mg)	Zn (mg)	Co (μg)	Cu (μg)	Se (μg)
양상추	*0.5		32	27	0.6	167	8	0.8	0.2	14.0	0.04	0.8
쑥갓	*1.4		38	47	2.0	260	26	–	0.2	–	0.10	–
미나리	*1.0		24	45	2.0	412	**	**	**	**	**	**
양배추	0.2	2.0	29	25	0.5	205	13	0.4	0.4	–	0.06	2.2
건근대	10.0	25.0	82	45	2.1	370	**	**	**	**	**	**
생근대	*3.0											
아욱	*0.9		94	66	2.0	546	**	**	**	**	**	**
아스파라거스	*0.9		22	61	0.5	220	9	0.3	0.5	–	0.10	–
샐러리	*1.4		177	53	1.4	150	9	0.2	0.2	–	0.03	–
브로콜리	*2.9		64	195	1.5	307	18	0.6	1.4	–	0.06	0.6
꽃양배추	*0.1		12	40	0.6	304	18	0.2	0.6	–	0.05	0.6
케일	0.5	3.2	281	45	1.1	318	44	0.8	0.5	–	0.05	–
치커리	0.2	0.9	79	39	1.2	387	9	–	0.2	–	0.05	–
비트	*0.8		57	54	4.9	494	**	**	**	**	**	**
파슬리	*1.4		206	60	1.5	680	42	–	1.0	–	0.16	–
함초	*0.5		51	26	3.1	197	**	**	**	**	**	**
콜라비	*0.8		17	187	0.1	340	15	0.1	0.1	–	0.02	0.7
깻잎	*1.7		211	72	2.2	389	63	1.8	0.9	–	0.25	–
돌나물	*0.6		212	26	2.3	154	**	**	**	**	**	**
당귀	*2.1		209	117	7.0	677	**	**	**	**	**	**

* 총량; ** 비검사

19) 기타 경엽채류

(1) 청경채

십자화과이며 원산지는 중국 화중지방이다. 청경채는 중국의 광동어로 pak choi(백채-배추)라고 불리우는데, 줄기 배추라는 뜻이다. 모양은 위로 자라고 중앙의 맥은 넓고 두껍다. 잎은 둥그스름하고 연록색이며 아랫부분이 비대하고 단단하며 잎의 위는 열려 있다. 가열하면 녹색이 한층 선명해지고 조리해도 분량이 거의 변하지 않는다.

단백질·탄수화물·섬유질·칼슘·인·철·나트륨·칼륨·비타민(A·B$_1$·B$_2$·C·나이아신)이 풍부하여 샐러드로 생식하거나 양배추처럼 조리해서 먹거나 겨울철 김장 김치로도 이용된다. 칼슘, 인이 많아서 자주 먹으면 치아, 골격 발육을 도와 주며, 또한 비타민 C도 많아서 잇몸이 붓고 치아 사이에 피가 날 때 좋다.

(2) 오크 리프(Oak leaf)

국화과로 샐러드에 이용되는 참나무 잎을 닮은 특이한 모양의 것으로 맛도 아삭거리고 단맛이나 인기가 높다. 서양요리에는 필수적으로 이용되며, 주로 요리 보조제·샐러드·녹즙으로 이용된다. 생식이나 녹즙으로 섭취할 경우 비장 기능을 좋게 하며, 양질의 식이섬유가 많아 혈중 콜레스테롤을 감소시키고 혈관을 튼튼하게 한다. 약차로 복용할 경우 담낭의 열을 내려 담석증에 도움이 되며, 백내장에나 폐 기능을 개선시키는 효과도 있다고 한다.

(3) 적근대(Red rhubarb chard)

잎이 넓고 줄기가 붉은색을 띤 근대로 보기에도 무척 아름답다. 언뜻 보면 비트 잎과 구별이 어려운데, 적근대는 잎이 넓고 광택이 있으며 선이 매끄러우나 비트 잎은 갸름하고 굴곡이 있으며 광택이 없다. 성질이 평하고 기를 내리게 하며 비위를 보한다. 또한 두풍을 치료하고 오장을 편안하게 하나 많이 먹으면 좋지 않다. 적근대는 쌈채, 샐러드채로 쓰이며 두부와 함께 국으로 만들어 먹어도 좋다. 카로틴·칼슘·철이 풍부하게 함유되어 있으며, 소화기능을 촉진하고 혈액순환을 도와 여성 피부미용·다이어트 채소로도 좋다. 매일 꾸준히 우유를 마시면서 보조적으로 말린 잎을 차로 마시면 뼈를 튼튼하게 하고 신허, 요통에도 도움을 준다.

(4) 붉은 잎 치커리(Leaf chicory, Italiana)

일반적으로 알려져 있는 치커리는 엔다이브가 잘못 통용되어진 것이다. 붉은 잎 치커리는 민들레 잎과 모양이 비슷한데 줄기는 짙은 적자색을 띠고 잎자루에 녹색의 잎이 넓은 톱니 모양을 하고 있다. 부드러운 어린 잎을 샐러드·쌈·국거리·나물로 쓴다. 모양이 아름다워 쌈거리 채소로 인기가 있다. 생채나 녹즙으로 섭취하면 식이섬유에 의한 작용으로 담석생성 방지에 도움을 주며, 말린 잎을 약차로 복용하면 이뇨·자궁출혈·생리불순 등의 여성 질환에 유효하다.

(5) 뿌리 치커리(Root chicory)

우리나라에서는 처음에는 커피 대용음료로 시험 재배되었다. 뿌리 치커리는 위와 장의 운동을 촉진시켜 소화기능을 개선하고, 간담의 기능을 촉진시키며, 당뇨병 치료에도 도움을 주는 것으로 알려져 있다. 뿌리 치커리 잎은 엽차나 샐러드, 쌈채로 이용되며, 뿌리는 말려서 커피 대용으로 쓴다. 소아과 환자·임산부·온열 요법을 필요로 하는 암환자 등에 특히 좋아서 냉한 성질의 보리차를 대신한다.

(6) 컴프리(Comfrey)

컴프리는 장수마을로 유명한 코카서스 지방의 목초로서 영국에서 개량된 작물이다. 병을 다스린다는 의미를 가지고 있는 컴프리는 영국 사람들이 기적의 풀이라고 부르며, 천식이나 위산과다·위궤양 치료에 사용했다. 굴곡이 있고 갸름한 형태의 청록색 잎은 가는 솜털로 덮여 있다. 어린 잎을 쌈채로 이용하며, 끈적끈적하고 즙이 거의 나오지 않기 때문에 녹즙으로는 부적당하다. 컴프리에 함유된 알란토인(allantoin) 성분은 항암작용과 세포 노화방지 효과가 있으며, 다른 채소에는 거의 함유되어 있지 않은 비타민 B_{12}는 악성빈혈의 예방과 치료에 효과가 있고, 손상된 뼈의 접골 효과가 있다고 알려져 있다. 말린 잎을 차로 마신다.

(7) 토스카노(Toscano, New green)

십자화과의 브로콜리류로서 일반에서는 '뉴그린'이라고도 불린다. 잎은 짙은 녹색으로 요철이 많다.

쌈채나 샐러드, 국거리 등으로 사용된다. 녹색 채소 가운데서도 영양가가 높은 채소로 인정받고 있으며 비타민 C·카로틴·칼륨·칼슘·인 등이 풍부하다. 생채로 섭취할 경우 소장을 튼튼하게 하여 영양분 흡수를 개선해 준다. 국거리로 쓰거나 말려서 차로 마시면 육식과 스트레스에 의한 간의 피로를 풀어 준다. 또한 감기로 인한 인후염에 유효하다.

(8) 신선초(神仙草)

아열대지방 원산인 숙근초로서 높이 약 1m에 달하며 일명 명일엽(明日葉)·신립초라고도 한다. 근생엽은 줄기 밑동에서 모여 나며 잎자루가 굵고 윗부분에서 가지가 갈라진다. 잎은 두껍고 연하며 짙은 녹색으로 윤기가 나는데, 맨 위의 잎은 퇴화하여 부푼 엽초만 남아 있다. 줄기나 잎을 자르면 연한 노란색의 즙이 나온다. 어린잎을 즙을 내어 먹거나 나물로 먹으며, 조려서 반찬으로 이용한다.

암·당뇨병·위장병·간장병·숙취·혈압·피로·천식·변비·불면증 등에 효과가 있다고 한다.

(9) 로메인(Romane lettuce)

로마인들이 즐겨 먹었던 서양상추 또는 시저스샐러드라고도 하며, 원산지명을 따서 코스상추라고도 한다. 녹색계(시저스 그린)와 적색계(시저스 레드) 및 미니 로메인으로 구분된다. 상추의 한 종류이지만 배추처럼 잎이 직립하여 자란다. 일반 상추에 비해 잎이 길쭉하고 빳빳하며 광택이 있나 잎줄기는 두텁고 넓다. 포기로 수확하기도 하고, 잎을 하나씩 뜯어 수확하기도 한다. 씹는 맛이 아삭아삭하며, 일반 상추와 달리 쓴맛이 거의 없고 감칠맛이 난다. 무기질 중에 특히 Fe를 비롯하여 Mn, Cr, Mo 등의 무기질이 풍부하며, 각종 비타민이 풍부하게 함유되어 있다. 피부가 건조해지는 것을 막아주고, 잇몸을 튼튼하게 하며, 젖 분비를 촉진한다.

(10) 엔다이브(Endive)

청치커리하고도 하며 붉은색 엔다이브도 있다. 지중해 동부가 원산지로 높이는 60~130cm이다. 가장자리에 잔 톱니가 촘촘히 나 있고 잎면에 주름이 있다. 연한 잎을 봄철에 식용한다. 이눌린이 함유되어 있어서 상추보다 쓴맛이 강하며 독특한 풍미를 가지고 있다. 주로 샐러드로 이용되지만 약간 익혀 먹어도 맛이 좋다. 비타민 A와 비타민 C를 많이 포함하고 있어 감기에 효과가 있다고 한다. 잎이 좁아서 보통 쌈을 먹을 때 곁들여 놓아 먹으며, 겉절이를 해서 먹기도 하고 버터에 볶아 먹기도 한다. 고기를 구워먹을 때 함께 먹으면 쌉쌀한 맛이 미각을 돋구며 생선회에도 좋다.

(11) 롤로로사(Lollo rossa)

적색계를 롤로로사라 하고, 녹색계는 로사라고만 부르기도 한다. 잎의 중심부는 녹색이고, 끝은 밝은 적갈색을 띠며 매우 곱슬곱슬한 모양을 하고 있다. 유럽에서는 샐러드용으로 쓰인다. 우리나라에서는 주로 쌈채소로 먹고, 샐러드 외에 겉절이나 무침 등에도 이용된다. 색깔이 고와 회나 여러 가지 요리에 장식용으로도 많이 쓰인다. 철 마그네슘, 칼륨, 칼슘, 인, 비타민 A 비타민 C, 비타민 E, 엽산 등이 함유되어 있다. 또한 겉잎에는 카로틴이 많이 함유되어 있다. 혈액 흐름에 도움을 주며, 신진대사를 촉진한다. 감기에 효과가 있으며, 해열 및 기관지에도 좋다.

② 근채류

뿌리를 식용하는 채소를 근채류라고 한다. 비타민은 물론 무기염류와 이차대사산물들을 포함하며 식이섬유는 물론 대부분의 경우 잎이나 줄기를 식용하기도 한다(표 2-18, 2-19).

1) 무

과 명 : 십자화과(Brassicaceae)
학 명 : *Raphanus sativus* L.
영 명 : Radish
한자명 : 래복(萊卜), 라복(蘿卜), 라포(蘿蔔)

속명인 *Raphanus*는 무를 의미하는 고대 그리스어인 raphanis에서 유래하는데 뿌리가 매우 빠르게 생장함에 따라 붙여진 명칭으로 그리스어의 ra(빠르다) 또는 rha(쉽다, 빠르다)와 phainomai(생기다)의 합성어이다. *sativus*는 재배되고 있다는 뜻이다.

원산지는 지중해의 동쪽 연안으로부터 중앙아시아에 이르는 지역이다. 우리나라에 도입된 시기는 분명하지 않으나 기원전에 도입되었을 것으로 추정된다. 우리나라 재래종 무는 김치용으로 장기 저장이 가능하며, 각종 용도에 적응하여 전국의 각 지방별로 다소 형질이 다른 재래종이 많았다. 일본무는 육질이 무르기 때문에 수량은 많아도 재래종에 대체하여 김치재료로는 쓰이지 않는다.

무에는 비타민 C·철·식이섬유 등이 함유되어 있으며, 디아스타제(diastase) 같은 전분 소화효소는 물론 단백질 분해효소도 가지고 있어서 소화작용을 돕는다. 무즙은 지해(止咳)·지혈·소독·해열 작용이 있으며, 삶아 먹으면 담석에 효과가 있다. 또한 거담작용이 있으며, 니코틴 해독과 함께 노폐물 제거·소염·이뇨 및 혈압 강하 작용이 있다.

2) 당근

과 명 : 산형과(Umbelliferae)
학 명 : *Daucus carota* L. var. *sativa* DC.
영 명 : Carrot
한자명 : 당근(唐根), 당라포(唐蘿葡)

원산지는 아프가니스탄이라는 설이 유력하다. 유럽에는 12 ~ 13세기에 아랍으로부터 도입되었으며, 동양에는 원나라 초기에 중앙아시아로부터 중국 화남을 거쳐서 화북지방에 도입되었다. 우리나라에서는 재배 역사가 짧은 채소로서 도입시대와 경로가 분명하지 않으나 16세기부터 비타민 A의 급원으로서 재배하였다.

인류가 야생 당근을 이용한 것은 로마 시대부터 비롯되었다고 한다. 그러나 그때에는 잎과 줄기를 약용으로 사용하였을 뿐, 뿌리는 식용하지 않았던 것으로 보인다. 야생 당근의 뿌리를 식용하게 되면서부터 재배가 시작되어 농자색으로부터 홍자색, 황색 또는 등황색 등의 다양한 색의 당근이 장근종으로부터 단근종에 이르는 여러 가지 변이형이 생겨났다.

당근은 일반적으로 카로틴 함량이 가식부 100g당 600mg 이상으로 녹황색채소 중에서 가장 많아서 카로틴 일일 표준 섭취량인 5 ~ 6mg은 중간 크기의 당근 1개면 충분하다. 특히 지용성인 카로틴은 껍질 부분에 많이 들어 있으므로 껍질째 기름에 볶아 먹으면 소화, 흡수가 증가된다. 카로틴은 피부를 아름답게 유지 시키거나 노화방지·암에 효과적인 것으로 알려져 있으며 피로와 불면으로 거칠어진 피부 회복에도 효과적이다.

3) 우엉

과 명 : 국화과(Compositae)
학 명 : *Arctium lappa* L.
영 명 : Edible burdock, Great burdock, Harlock
중국명 : 우방(牛蒡), 월년초(越年草)

우엉의 속명 *Arctium*의 의미는 그리이스어의 곰을 뜻하는 arktos이다. 원산지는 지중해 연안으로부터 서부아시아에 이르는 지대이다. 유럽에서는 식용하지 않는다. 일본에서 주로 식용하는데, 일본에 도입된 내력은 분명하지 않지만 중국으로부터 약초와 함께 전파된 것으로 추정된다. 우리나라에 도입된 경로 역시 불명확하며 오래된 것 같지 않으나 전국적으로 상당히 재배되고 있다.

2년생 초본으로 높이 1.5m 정도이고 줄기는 자주색을 띠며 곧게 자란다. 뿌리잎은 뭉쳐나며 잎자루가 길고 줄기잎은 어긋나며 심장 모양이다. 꽃은 7월에 피며 짙은 자주색의 두화가 줄기의 끝부분과 가지의 끝부분에 산방화서로 달리며 관상화이다.

우리나라와 일본 외에는 유럽은 물론 중국에서도 재배하지 않고 야생의 것을 일부 이용하는 정도다. 우엉은 삶거나 말려서 이용하는데, 우엉 뿌리의 당질은 대부분은 이눌린이어서 소화 흡수가 잘 되지 않으며, 식이섬유가 가장 많고 칼슘과 인이 많아서 다이어트 식품으로 알맞다. 또한 각종 아미노산과 아르기닌이 있어서 보기 · 정력 증진 · 면역 증강에 효과가 있고, 콜레스테롤을 저하시키며 보간 · 숙취 · 혈압 및 종기 등의 피부 질환에도 효과가 있다고 한다.

4) 연

과　명 : 수련과(Nymphaeaceae)
학　명 : *Nelumbo nucifera* Gaertn
영　명 : East Indian lotus
한자명 : 연(蓮)

수련과에 속하는 수생의 숙근 초본식물로 아시아 남부와 오스트레일리아 북부가 원산지이다. 연 뿌리에는 8개의 구멍이 나 있는 것과 9개 구멍이 있는 것이 있는데, 8개 짜리를 보통 암연이라고 한다. 연은 그 꽃의 크기에 따라 대륜 · 중륜 · 소륜으로 나눈다. 연근에는 정아, 측아 및 엽아를 함께 가지고 있으며, 심은 후 정아가 신장하여 차례로 마디를 증가시킨다. 엽아에서 발생하는 연잎의 1 ~ 3번째 잎까지는 수면에 뜨는 부생엽으로 나중에 소멸하고 4번째 잎부터는 수상엽으로 끝까지 남는다. 연근은 요리에 쓰이고, 생식도 하며 전분과 분말 제조에 쓰인다.

연은 잎 · 꽃 · 괴경 · 씨를 식용 또는 약용하며, 넬룸빈 · 누페린 · 아스파라긴 · 누시페린 등과 함께 비타민 B_1 · C와 양질의 섬유질을 함유하고 있다. 또한 소화와 혈류를 원활히 해 주는 약효가 있다. 연근을 자르면 단면이 공기에 닿아 검게 되는데, 철과 탄닌이 함유되어 있어 궤양을 치료하고 지혈작용을 하며, 빈혈에도 뛰어난 효능을 보인다. 연근은 비타민 C가 많아 1일 필요량을 충족시켜 과음이나 피로 시에 연근은 간장의 부담을 적게 하며, 미용, 변비에도 좋다. 연근에는 뮤신(mucin)이 다량 함유되어 있어 강정작용과 단백질 소화 촉진과 콜레스테롤 저하 작용도 있다. 한방에서는 기관지 천식, 토혈, 위궤양 및 신경통과 류마티스에 효험이 있다고 한다. 열매는 견과로 연실 또는 연자라고 하며 심장 기능 강화, 신장과 비장에 영양 공급할 뿐만 아니라 대장의 수렴작용을 강화하고, 노화를 억제한다.

5) 순무

과　명 : 십자화과(Brassicaceae)
학　명 : *Brassica rapa* var. *rapa* L.

한자명 : 가자(茄子)

원산지는 유럽으로 속명인 ‘*Brassica*’는 그리스어의 ‘brasso(삶는다)’ 또는 켈트어의 ‘bresic (양배추)’으로부터 유래되었으며, ‘rapa’는 그리스의 ‘rapus’으로 켈트어의 ‘rab’이 어원인데, 히 브리어로 ‘치료하는 여호와’라는 뜻도 있다고 한다.

1 ~ 2년생 초본 작물로 잎은 보통 긴 타원형인데, 무잎 모양으로 깃꼴로 갈라진 것도 있다. 꽃은 봄에 노란색의 십자화가 달리며, 뿌리는 대개 팽이 모양의 둥근형이다. 빛깔은 대부분 흰 색이지만 겉에만 자줏빛을 띤 것과 속까지 자줏빛을 띤 것이 있다. 맛은 달고 고소하며 겨자향 의 배추 뿌리 맛이 난다.

우리나라에는 중국에서 도입되었으며, 대형 품종은 가축 사료가 된다. 뿌리가 자줏빛을 띤 붉은색인 것을 붉은순무라고 한다. 순무는 무를 재배하는 방법으로 재배하면 되지만 늦여름에 파종하고 늦가을에서 초겨울에 수확하는 것이 많다.

6) 콜라비

과　명 : 십자화과(Brassicaceae)
학　명 : *Brassica oleracea* var. *gongylodes* L
영　명 : Kohlrabi
한자명 : 구경감람(球莖甘藍), 벽람(擘藍), 결두채(結頭彩), 무감람(蕪甘藍), 개두채(芥頭菜)

순무양배추 또는 구경(球莖)양배추라고도 한다. ‘Kohlrabi’의 ‘kohl’은 양배추를 뜻하는 독일 어에서 유래하였고, ‘rabi’는 순무를 뜻하는 말의 합성어이다. 순무와 비슷하게 생겼으며, 표면 의 색이 녹색인 것과 자주색인 것 2종류가 있는데, 깎으면 속은 무처럼 하얗다.

원산지는 북유럽의 해안지방이다. 품종은 아시아군과 서유럽군이 있는데, 아시아군은 잎의 색깔이 회색을 띤 녹색이고, 구경은 녹색이고 거칠다. 주요 품종인 서유럽군은 구경이 녹색 또 는 자주색이고 표면이 매끄러우며 흰 납질로 덮여 있다. 우리나라에서는 19세기 초에 시험재배 가 이루어진 것으로 추정된다.

저온성 2년생 초본작물로 크기 잎몸 14 ~ 20cm, 잎자루 6.5 ~ 20cm, 구경 지름 8 ~ 10cm로 지상 2 ~ 5cm의 부분에서부터 줄기가 비대하여 순무처럼 된다. 구경 5cm 이상 자라면 수확하지 만 늦으면 알의 모양이 기형적이 되고 육질도 단단해지고 거칠어져 상품성이 떨어진다.

수분 91%, 섬유 0.9%, 당분 6.1%, 단백질 1.6%를 함유하고 있으며, 가식부 100g 속에 칼슘 이 40mg으로 많이 있으며, 비타민 C는 60mg로 상추나 치커리 등의 엽채류에 비하여 4 ~ 5배나 높다. 식용으로 하는 비대한 줄기 부분은 주로 샐러드로 이용하며, 맛은 배추뿌리와 비슷하지만 매운맛은 덜하다. 잎은 케일 비슷하며 쌈채소나 녹즙으로 이용한다.

7) 래디시

과　명 : 십자화과(Brassicaceae)

학 명 : *Raphanus sativus* var. *radicula* Pers.

영 명 : Radish

유럽 원산으로 식물학상으로는 보통 재배하는 무와 같이 취급한다. 뿌리는 무 같으나 훨씬 작고 잎도 작다. 2,000년 이상 재배하여 왔으며 현재도 원형 그대로이다. 무더운 계절을 제외하고 연중 심을 수 있다.

1～2년생 초본 작물로 줄기 길이 20～70cm로 뿌리는 무 같으나 훨씬 작고 잎도 작다. 뿌리 모양은 품종에 따라 다르나 지름은 2～2.5cm이며, 적색·백색·황색 및 자주색 등이 있다. 샐러드 등의 요리에 사용하며 껍질에 안토시아닌이 많이 함유되어 있어서 항산화작용을 한다.

8) 비트

과 명 : *Chenopodiaceae*

학 명 : *Beta vulgaris* var. *conditiva* Alef. (B. vulgaris var. *rubra* D.C. non L.)

영 명 : Beet, Garden beet, Red beet, Beetroot, Table beet

한자명 : 근공채(根恭菜), 홍채두(紅菜頭), 화염채(火焰菜)

속명 '*Beta*'는 켈트어의 붉다는 의미인 bette에서 유래된 라틴어이고 *vulgaris*는 보통이라는 뜻이다. 원산지는 유럽과 아프리카의 지중해연안으로 야생의 갯근대(Sea beet, *Beta maritima* L.)가 순화(馴化)된 것이라고 추정되고 있다. B.C. 1～3세기 그리스, 로마시대 시대부터 야생인 것을 약용으로 이용한 것으로 기록되어 있으며, 재배는 이탈리아의 시칠리아섬에서 시작된 것으로 보인다. 영국에는 14세기, 독일에는 16세기에 보급되었으며 유럽에서 보편적으로 재배된 것은 17～18세기로 추정된다. 미국은 1806년 이용된 기록이 있으며, 이후 육종이 진행되어 오늘날에는 garden beet로서 알려지게 되었다. 동양에 전파된 것은 고대 인도 북부지방을 경유하여 중국으로 전파되었으며, 일본에는 19세기 후반에 미국과 프랑스로부터 전파되었다. 우리나라에는 1930년에 품종 미상의 1개 품종이 도입된 기록이 있으며, 그후 1953～1955년에 몇 종의 품종이 도입되었다.

2년생 초본작물로 보통 월동하며 초여름에 추대하는데 꽃대 길이가 1m에 달하며, 황록색의 꽃이 여러 개 집단의 원추화서를 형성한다. 뿌리는 나무의 나이테 모양으로 동심원상의 자홍색의 둥근 무늬가 나타나며, 식용 부위는 무와는 달리 땅 위에서 비대되는데, 구형 또는 긴 원추형으로 비대된 뿌리와 잎이다. 근출엽은 둔두(鈍頭)의 계란형 또는 장타원형으로 긴 잎자루가 있으며 잎자루와 엽맥이 선홍색이다. 잎의 색은 식용 비트는 연한 녹색이나 다소 붉은 색이 섞인 녹색으로 표면이 매우 번들거린다. 뿌리는 껍질을 벗겨 채로 썰어 샐러드에 넣거나 오븐에 구워 레드와인 식초에 버무려 먹는다. 잎은 쌈 용으로 사용하고 줄기는 피클을 만든다.

적혈구 생성 및 간과 혈액정화 효과가 있으며, 빈혈, 월경불순, 갱년기 장애에 효과가 있다. 비트 생즙만 마시는 경우 메스껍고 현기증이 나기도 하는데, 일종의 명현현상으로 이상 현상은 아니며 당근과 함께 마시면 완화된다.

| 표 2-18 | 근채류의 비타민 함량

식품명	가식부(100g)													
	비타민													
	A			B₁	B₂	B₃	C	B₆	B₅	B₁₂	B₉	D	E	K
	RE	Rt	βC											
무	8	0	0	0.05	0.02	0.4	15	0.01	0.18	0	9.7	0	0	–
무청	368	0	2210	0.05	0.10	0.6	75	**	**	**	**	**	**	**
당근	1270	0	7620	0.06	0.05	0.8	8	0.07	0.40	0	28.8	0	0.3	3
우엉	0	0	0	0.04	0.06	0.5	3	0.24	0.32	0	23.0	–	0.4	2
연	0	0	0	0.11	0.01	0.3	57	0.09	0.89	0	14.0	0	0.6	0
순무	0	0	0	0.06	0.09	0.8	17	0.16	0.36	0	110	0	3.2	340
콜라비	39	0	232	0.03	0.01	0.3	57	0.09	0.20	0	73.0	0	0	7
비트	0	–	0	0.02	0.04	0.1	23	0.07	0.16	0	109	0	0	0
비트(잎)	397	–	2379	0.01	0.54	0.2	14	**	**	**	**	**	**	**

* RE: Retinol Equivalent; Rt: Retinol; βC: β–Carotne
** 비검사

| 표 2-19 | 근채류의 무기질 함량

식품명	섬유소(g)		가식부(100g)									
			무기질									
	수용성	불용성	Ca (mg)	P (mg)	Fe (mg)	K (mg)	Mg (mg)	Mn (mg)	Zn (mg)	Co (μg)	Cu (μg)	Se (μg)
무(뿌리)	0.2	1.0	26	23	07	213	7	0.3	0.3	0	0.08	–
무(잎)	*1.0		249	35	3.0	273	18	1.5	0.9	–	0.05	–
당근	0.4	2.5	40	38	0.7	395	12	0.3	0.4	2.0	0.06	(2.2)
우엉	*4.1		56	72	0.9	370	54	34.0	0.8	–	0.21	–
연	*2.3		22	67	0.9	377	16	0.3	0.3	–	0.09	(0.7)
순무	*0.8		50	39	1.4	350	8	–	0.1	–	0.03	(0.7)
콜라비	*0.8		17	187	0.1	340	15	0.1	0.1	–	0.02	(0.7)
비트	*0.7		7	21	2.2	406	**	**	**	**	**	**
비트(잎)	*0.8		54	34	4.0	254	**	**	**	**	**	**

* 총량; ** 비검사

새싹 채소의 종류와 효능

식물의 씨는 전분, 지방, 단백질 등의 비수용성 물질을 저장하고 있다가 발아가 시작되면 이들 저장물질들을 분해하여 유식물 생장에 필요한 수용성 물질로 재구성한다. 이러한 과정에서 각 식물 특유의 비타민, 아미노산, 효소 등의 물질이 생합성되며, 2차대사산물도 생겨나게 된다. 콩은 발아 전에는 전분과 지방 및 단백질만 함유되어 있으나 발아가 시작되면 각종 비타민과 숙취에 좋은 아스파라긴산과 같은 새로운 영양 성분이 생성된다. 브로콜리도 새싹 속에 암 예방물질인 설포라팬이 다 자란 식물체보다 20배 이상 많이 들어 있으며, 카로틴과 비타민 C도 더 많이 함유되어 있다. 그러므로 이러한 새싹 채소를 이용하면 종자나 성숙한 식물체와는 다른 유용한 성분을 많이 섭취할 수 있다.

식물명	효 능	식물명	효 능
배추	건위, 변비	무	해열, 부기 완하
불로콜리	암 예방	순무	간염, 황달
양배추	노화, 암 예방	래디쉬(적색무)	소화
콜리플라워	빈혈, 스트레스	밀	혈액 정화
알팔파	변비, 피부 미용	쌀보리	혈압, 빈혈, 당뇨
들깨	발육, 산후 조리	옥수수	피부 미용
홍화	근골, 혈압	부추	혈행, 감기
완두	당뇨병, 체력 회복	메밀	동맥경화, 비만

③ **과채류**

초본성 식물 중에서 열매를 주로 식용하는 채소를 과채류라고 한다. 과채류의 열매는 비타민은 물론 당분과 유기산은 물론 플라보노이드계의 항산화물질들이 다량 함유되어 있다(표 2-20, 2-21).

1) 고추

과　명 : 가지과(Solanaceae)

학　명 : *Capsicum annuum* L.

영　명 : Pepper, Red pepper, Chilly, Chili, Chile, Hot pepper,
　　　　Bell pepper, Pimento, Pimiento, Piment

한자명 : 당초(唐椒), 번초(蕃椒), 번강(蕃姜)

고추는 열대 아메리카가 원산으로 재배 고추의 원생종은 미국 남부로부터 아르헨티나 사이에 분포되어 있고, 종류에 따라서는 콜럼버스 시대 이전에 이미 상당히 광범위하게 재배되어서 재배고추의 원산지는 명확하지 않다.

고추는 멕시코에서 기원전 6,500년경의 유적으로부터 *C. annuum*으로 추정되는 종류가 출토된 것으로 미루어 기원전 850년경에는 이들 종류들이 재배되었던 것으로 보인다. 옛날에 야생 동물을 수렵하고 야생 식용식물을 채집하여 양식으로 하면서 신대륙의 남쪽으로 내려간 사람들에게는 고추는 생으로도 먹을 수 있고 건조시켜서도 먹을 수 있어서 획기적인 식용식물이 되었다.

삼국시대 이전에도 고추(고초)가 있었다는 기록이 있으나 지금의 고초와 동일한 것인 지는 불분명하다. 일반적으로 우리나라에는 임진왜란 이후에 담배, 호박과 함께 도입되었으며, 남만초 또는 왜개자라고도 불리었다. 고추는 매운 신미종과 맵지 않은 감미종으로 구분된다. 우리나라에서는 주로 신미종을 풋고추나 건고추 상태로 이용하며, 최근 피망의 수요도 서서히 증가하고 있다.

고추에는 특히 비타민 A와 그 전구물질인 카로틴 함량이 높고 비타민 C는 귤의 2~3배나 함유되어 있다. 고추의 붉은 색소는 주로 캡산틴(capsanthin)이며, 카로틴(β-carotene)·루테인(lutein)·크리프토산틴(cryptoxanthin) 등도 있다. 또한 아데닌(adenine)·베타인(betaine)·콜린(choline) 등의 염기도 함유하고 있다. 고추의 매운 맛의 성분은 알칼로이드의 일종인 캡사이신(capsaicin)으로 과실의 태좌와 격벽에서 만들어지며, 개화 2주일 후부터 생기기 시작하여 3주일 후에 최고에 달한다.

고추의 매운 맛은 입 안과 위를 자극하여 체액의 분비를 촉진하며, 식욕을 증진하고 혈액 순환을 촉진한다. 외용약으로서는 육모제 및 동상 예방약으로 쓰이고 신경통 치료에도 효과가 있다고 한다.

2) 파프리카

과 명 : 가지과(Solanaceae)
학 명 : *Capsicum annuum* var. *angulosum* L.
영 명 : Paprika

1년생 초본으로 중앙아메리카 원산이다. 높이 60cm 정도로 가지가 적게 갈라지며, 잎은 7~12cm이다. 꽃대는 길이 2.5cm이고 화관은 지름 2~5cm, 길이 2cm 정도이다. 열매는 짧은 타원형으로 꼭대기가 납작하고 크며, 바닥은 오목하며 세로로 골이져 있다. 고추의 변종으로 옛날부터 중요한 채소로 재배되고 있으며, 유럽에서는 모든 고추를 파프리카라고 부르기도 하는데 피망도 같은 종류에 속한다.

일본에서는 파프리카를 프랑스어인 'piment'를 발음대로 읽어 피망이라고 부른다. 우리나라에는 피망을 개량한 다양한 색과 당도가 높은 작물이 파프리카(paprika)라는 독일명으로 새롭게 들어 왔기 때문에 피망과 파프리카가 다른 것으로 인식하는 경향이 있다. 일반적으로 우리나라에서는 녹색의 매운맛이 나고 육질이 질기면서 붉게 익는 것을 피망이라 하며, 색이 다양하고 단맛이 나면서 아삭아삭한 것을 파프리카라고 부른다.

파프리카(paprik)는 주황색·노랑색·자주색·흰색 등, 색깔이 다양하며 훨씬 색깔이 곱고 선명하다. 단고추(sweet pepper) 혹은 종고추(bell pepper)라고도 불리는데, 크기가 크고(1개 180 ~ 260g) 과육이 두터워(6 ~ 10mm) 피망보다 2.5배 무겁다. 파프리카는 그 특유의 색깔과 싱그러운 향과 맛으로 다양하게 요리에 이용된다.

파프리카에는 비타민 A · C · 철분 등의 영양성분이 다른 야채에 비해 월등히 많이 함유되어 있다. 특히 비타민 C는 같은 분량 피망의 2배, 딸기의 4배, 토마토의 5배, 레몬의 2배나 들어 있어서 100g 정도의 파프리카 1개에는 비타민 C가 성인 1일 필요량의 6.8배나 된다. 파프리카는 생으로 먹어도 좋지만 지용성인 비타민 A의 영양 흡수를 위해 기름에 볶아 먹는 것이 더 효과적이다.

파프리카 재배에는 고온이 필요하므로 겨울철 재배는 남부지방이나 가온 장치가 되어 있는 온실에서 재배한다. 파프리카는 꼭지가 싱싱하고 표피가 두껍고 광택이 나며 표면이 단단하여야 신선한 것이다. 과실이 단단하지 못하면 숙기를 놓쳐서 수확한 것이거나 저장이 오래된 것이다. 또한 착색이 완전하지 못하고 얼룩덜룩한 것도 좋지 않다. 이는 너무 과숙하였거나 생리 장해 또는 병해충해를 입은 것일 가능성이 높다.

3) 토마토

과　명 : 가지과(Solanaceae)
학　명 : *Lycopersicon esculentum* Mill.
영　명 : Tomato
한자명 : 번가(蕃茄)

토마토의 기원과 보급은 비교적 늦어서 1,000년 경으로 추정된다. 원산지는 멕시코 고원지대로 알려져 있는데, 이 지역은 아즈텍 문화권으로 꽈리를 식용하였고, 토마토와 비슷한 꽈리를 육성, 재배한 것이 그 기원으로 보인다. 아즈텍인이 재배한 품종 중 나와틀어(nāhuatl)로 토마틀(tomatl)로 부르던 것이 1523년 유럽에 들어와 토마토의 기원이 되었다. 처음에 유럽에서의 토마토는 관상용이었으며, 식용으로 된 것은 18세기 이후이다. 아시아는 필리핀에 이어 1650년 이후 말레이시아 동부에서 재배되었다. 우리나라에서는 이수광의 지봉유설에 '남만시'로 기록되어 있는 것으로 보아 1614년보다 앞서 중국을 통해 전래된 것으로 추측된다.

토마토는 열대에서는 다년생이지만 온대지역에서는 1년생 작물로 취급된다. 높이 1 ~ 2m로 가지가 많이 갈라지고, 줄기의 아랫부분에는 흰 뿌리가 나며 줄기가 땅에 닿으면 어디서나 뿌리를 내린다. 꽃 피는 시기는 일반적으로 여름이다. 열매의 형태는 편구형, 구형 또는 타원형의 장과로서, 품종에 따라 크기가 다르고 빛깔도 적색 · 분홍색 · 노란색 등 다양하다. 종자는 매우 작고 가볍다. 최근에는 지름 2 ~ 3cm의 붉은색이나 노란색의 열매가 송이로 열리는 품종과 달걀꼴 및 서양배 모양의 소형 열매 품종도 보급되고 있다.

올리브유와 함께 토마토를 많이 섭취하는 이탈리아 사람들이 장수하는 것으로 알려져 있는데, 올리브유의 유익성과 함께 토마토에 함유되어 있는 성분들이 노화 방지에 효과가 탁월한 것으로 밝혀지고 있다. 토마토 가식부 100g당 카로틴 390μg·비타민 C 20mg·비타민 B₁ 0.05mg·비타민 B₂ 0.03mg 외에 비타민 B₆·칼륨·인·망간·루틴·나이아신 등도 함유하고 있다. 단맛 성분은 과당과 포도당, 신맛의 주성분은 시트르산과 말산이다. 토마토에는 이러한 성분 외에 토마토의 붉은 색을 내는 리코펜(lycopen)이 다량 함유되어 있는데, 리코펜은 카로테노이드계 적색 색소로 대사과정에서 생기는 활성산소를 제거한다. 카로틴은 눈의 이상 건조나 야맹증 등에 효과가 있고, 골격을 강화시킨다. 루틴은 혈압조절 효과가 있어 혈압을 낮추며, 시트릭산과 말릭산은 소화촉진과 이뇨작용을, 비타민 B는 피로를 감소시키고 두뇌 발육을 도와줄 뿐만 아니라 쿠마릭산과 플로로겐산은 우리가 먹는 식품 속의 질산과 결합해서 암을 유발하는 니트로사민을 형성하기 전에 몸 밖으로 배출한다.

토마토는 붉게 잘 익은 것이 좋으며 날 토마토만 따로 먹는 것보다는 불포화지방산이 많은 식물성 기름과 함께 섭취하는 것이 좋다. 토마토의 리코펜이나 카로틴은 지용성으로 열에 강하고 기름에 잘 녹아서 기름으로 조리한 토마토를 먹으면 곧 바로 혈중 라이코펜 농도가 2~3배로 상승한다. 또한 토마토는 섭취시 설탕은 자제하는 것이 좋은데, 설탕은 대사과정에서 비타민 B₁의 체내 함량을 감소시키기 때문이다. 한편, 서구에서는 토마토를 음식 조리에 소스 등으로 사용하고 있는데, 이는 토마토에 아미노산계 조미료 성분인 글루타민산이 많이 함유되어 있기 때문이다. 또한 토마토에는 비타민 A·C가 풍부하고 피지 조절 효과가 있어 여드름 피부와 지성 피부에 좋으며, 특히 토마토의 과일산은 각질과 콧등의 블랙헤드 제거에 효과가 있다.

4) 가지

과 명 : 가지과(Solanaceae)
학 명 : *Solanum melongena* L.
영 명 : Egg plant
한자명 : 가자(茄子)

속명인 *Solanum*은 라틴어의 진정이라는 의미를 가지고 있으며, *melongena*는 오이와 같다는 의미로서 과실 채소라는 뜻을 가지고 있다. 가지과 식물에는 토마토, 고추, 감자, 담배 등이 있는데, 조직배양시 재분화가 용이하여 미세번식 및 형질전환 재료로 각광을 받고 있다.

가지의 원산지는 인도로 추정되는데 야생종 상태의 가지는 발견되지 않았지만 인도 동부에 존재하고 있는 *Solanum insanus* L.가 원종이라고 추정되고 있다. 중국에서의 재배 역사는 아주 오래 되었으며, 우리나라도 신라시대에 이미 가지의 재배와 성상(性狀)에 관한 기록이 남아 있다.

가지는 토마토나 오이에 비하면 비타민 등이 부족하며 탄수화물 중에서는 환원당이 많고 그 밖에 설탕이 다소 포함되어 있으나 약간 떫은 맛이 난다. 최근 들어서 건강식품으로 각광을 받고 있는데 혈관을 강하게 하고 열을 낮추고 잇몸이나 구강 내 염증에 좋고 고혈압, 동맥경화 예방에 좋다고 한다. 또한 발암성을 억제하는 물질인 폴리페놀이 많아서 암을 억제하는 작용이 탁월하다. 주로 나물용으로 이용하고 일부를 튀김용, 불고기용, 생채용, 김치용으로 이용된다.

5) 오이

과　명 : 박과(Cucurbitaceae)
학　명 : *Cucumis sativus* L.
영　명 : Common cucumber
한자명 : 호과(胡瓜)

　속명 *Cucumis*는 라틴어의 식기라는 뜻의 cucuma 유래되었으며, *sativus*는 재배종이라는 뜻이다. 원산지는 인도 서북부 히말리아 산록이라고 알려져 있다. 유럽에서는 두 가지 생태형으로 분화되었는데, 하나는 유럽대륙에 널리 분포한 노지 재배형으로서 슬라이스용과 피클용이고, 다른 하나는 영국에서 온실 재배형으로 발달한 온실형 오이이다.

　한편, 중국 북부에서 순화된 재배 품종군은 인도 원산지를 거쳐 실크로드를 통해 중국 북부에 전파된 다음, 산악 지역을 거쳐 중국 남부에 전파된 것으로 추정된다. 우리나라에 오이가 도입된 시기는 1,500년 전으로 추정되며, 우리나라 재배 오이는 물외로 불려 왔다.

　오이는 열량, 단백질·당질·비타민 등은 많지 않다. 오이의 식품 가치는 여름 동안 수분 공급과 씹는 감촉, 독특한 향기와 비타민 공급 그리고 알칼리성 식품이라는 데 있다. 오이는 칼륨의 함량이 높아 체내 노폐물을 밖으로 내보내는 작용을 한다. 오이에는 비타민 C를 파괴하는 아스코르비나아제라는 효소가 들어 있으므로 식초나 식염으로 조리하는 것이 좋다. 오이를 생채로 먹는 중에 다른 채소가 섞이면 비타민 C가 분해되므로 피하는 것이 좋다. 오이의 쓴맛 성분은 대부분 항암작용이 있는 쿠커비타신(cucurbitacin)이다.

　오이는 미숙과 상태로 대부분 이용되는데 과실은 개화 후 6일경에 가장 맛이 좋다. 오이는 이뇨작용이 있고 장과 위를 이롭게 하고 소갈을 그치게 하는데, 부종이 있을 때는 오이 덩굴을 달여 먹으면 잘 낫는다고 한다. 그 외 한방에서는 오이가 성질이 차고 맛이 달고 독이 없으나 너무 많이 먹으면 한열을 일으키기 쉽다고 한다.

6) 딸기

과　명 : 장미과(Rosaceae)
학　명 : *Fragaria ananassa* Duchesne
영　명 : Strawberry
한자명 : 매(苺), 초매(草苺), 지양매(地楊梅)

　재배종 딸기는 보통 양딸기를 의미하며 북미 동부 원산의 *Fragaria virginiana*와 남미 칠레 원산의 *Fragaria chiloensis*가 18세기 무렵 유럽에서 교잡되면서 비롯되었다.

　딸기는 전세계적으로 기본 염색체수가 7개(2n=14)인 야생종이 17종이 있으며, 이것을 기본으로 한 다양한 배수체가 있다. 현재 재배되고 있는 *Fragaria*×*Ananassa*는 8배체에 속한다. 이

제까지는 미국이나 일본 등에서 정부 주도하에 개량 속도가 가속화되어 왔으나 현재의 재배종 딸기는 소수의 유전형에서 비롯되었기 때문에 핵형 및 세포질이 다양하지 못하여 최근에는 야생 유전형질의 도입에 의한 딸기의 재창출이 시도되고 있다. 딸기가 국내로 들어온 것은 20세기 초인 것으로 추정되는데 1960년대에 수원 근교에서 대학 1호를 재배한 것이 그 시초이다.

딸기는 대부분 생식덩굴에 의하여 번식하는 다년생 초본 작물로 근래에는 조직배양에 의하여 무병주가 다량 보급되고 있다. 딸기의 과실은 화탁이 자라서 된 위과(僞果)이며, 과실 표면에 종자(수과: 瘦果; achene)가 부착되어 있다. 과실 내부는 중심주를 경계로 피층(皮層)과 수(髓)로 구별된다.

딸기는 외관이 아름답고, 향기가 뛰어나며, 적당한 산미와 감미가 조화되어 있어 사람의 입맛을 상쾌하게 해준다. 산미는 주로 능금산(malic acid), 구연산(citric acid), 주석산(tartaric acid)에 의한 것이다. 딸기에는 신경통이나 류머티즘에 효과가 있다고 알려진 메틸살리실산염(methyl salicylate)이 함유되어 있으며, 딸기의 붉은 색은 안토시안계로 물에 잘 녹는다. 감미는 설탕이나 환원당의 비율에 의해 결정되며, 품종과 숙기에 따라 그 구성이나 비율이 달라진다. 딸기의 영양소로서 가장 주목되는 것은 비타민 C이며, 100g 중 약 80mg이 함유되어 있다. 어른이 하루에 필요로 하는 비타민 C의 양은 대개 50mg 정도로 딸기 과실 5~6개 정도로 충분하다.

2009년 우리나라가 UPOV(국제 식물 신품종 보호 동맹) 가입하여 일본에 의존하고 있던 품종의 로열티 유출이 심하여 국내품종의 육성과 보급이 더욱 절실하다. 최근 우리나라에서는 농촌진흥청을 중심으로 품종 육성과 보급 등을 적극 추진하여 '매향' 등이 보급되고 있다.

7) 수박

과 명 : 박과(Cucurbitaceae)
학 명 : *Citrullus vulgaris* Schrad.
영 명 : Watermelon
한자명 : 수과(水瓜), 서과(西瓜), 한과(寒瓜), 시과(時瓜)

수박의 원산지는 남아프리카 지방으로 알려져 있으며, 이 지역에는 현재까지도 많은 야생종이 발견되고 있다. 수박의 재배 역사는 4,000년 전 고대 이집트의 벽화에서 발견되며 우리나라에서는 대략 1500년대부터 재배된 것으로 추정된다.

수박은 여름철 대표적인 과실로 잘 알려져 있다. 지역에 따라서는 일부 야생종을 음료·사료·약용 등으로 다양하게 이용하고 있으나, 재배종은 대부분 여름철에 생식으로 많이 이용된다. 아프리카에서는 수박씨에서 짠 기름을 식용유로 이용하기도 한다.

수박은 수분이 91%이고 당질이 많이 함유되어 있다. 당질은 과당과 포도당이 대부분이어서 무더운 계절에 갈증을 풀어 주고 피로 회복에 도움을 준다. 또한 당질 외에도 각종 무기질과 비타민 A·C가 많이 함유되어 있어서 영양적 가치도 크다. 특히 수박씨는 당질을 비롯하여 단백질·지방·비타민 B군이 다량 들어 있어 연구할 가치가 있다. 한편 수박에는 요소 합성을 돕는 시트룰린이라는 아미노산이 들어 있어서 이뇨 효과가 커 신장 기능이 좋지 않은 사람들에게 도움이 된다. 또한 여름철 더위를 먹어 열이 몹시 나고 진땀이 나면서 가슴이 답답하고 갈증이 심하게 날 때 신선한 수박 속 껍질을 즙으로 내어 먹으면 효험이 있다. 이밖에 신장염·인후염·편도선염·방광염·고혈압·부종·구강염 등에도 효과가 있는 것으로 알려져 있으며, 동맥 속에 이물질이 쌓이는 것도 방지한다.

8) 참외

과 명 : 박과(Cucurbitaceae)
학 명 : *Cucumis melo* var. *makuwa* L.
영 명 : Oriental melon
한자명 : 첨과(甛瓜), 진과(眞瓜)

1년생 식물로서 원산지는 아프리카, 인도, 중국 등으로 추정되고 있다. 원산지로부터 유럽 방향으로 전파되어 재배종으로 개량된 것이 멜론이다. 참외는 멜론의 한 변종으로 동양으로 전래되어 한국, 중국, 일본 등지에서 개량 발전되었다. 우리나라에서의 재배 역사는 삼국시대 또는 그 이전부터 재배되었을 것으로 추정된다.

참외는 여름 과일답게 비타민 C의 함량이 많은 것이 특징이고, 다른 과일에 비해서 한 번에 먹는 양이 많기 때문에 영양분의 섭취가 많은 것이 장점이다. 참외 과실 성분 중 쓴맛이 나는 쿠커비타신은 암세포가 확산되는 것을 방지할 수 있고 암을 억제할 수 있다고 한다.

한방에서는 진해·거담·변비 완화·풍담·황달·수종·이뇨 등에도 사용한다. 참외 꼭지 말린 것은 해독, 식체, 설사유도, 전간, 황달에 등에 달여서 마시면 효과가 있다고 한다.

9) 호박

과 명 : 박과(Cucurbitaceae)
학 명 : *Cucurbita* spp.
영 명 : Gourd, Pumpkin, Squash
한자명 : 남과(南瓜)

호박의 원산지는 중남미인데 멕시코에서는 기원전 5,000년, 페루에서는 기원전 3,000년의 유적에서 종자가 발견되었고, 멕시코 남부로부터 중미에 걸쳐 분포되어 있는 것으로 미루어 유전적 변이의 폭이 넓다고 할 수 있다.

우리가 호박이라고 부르고 있는 것 중에 식용으로 주로 이용되고 있는 것은 대체로 3종류이다. 동양계(*Cucurbita moschata*), 서양계(*C. maxima*) 및 페포계(*C. pepo*) 등이다. 호박의 속명 *Cucurbita*는 라틴어의 오이(*Cucumis*)와 둥근형(orbis)이라는 말에서 유래되어 둥근 모양의 과일 같다는 뜻의 어원에서 나왔다. *moschata*는 성숙된 과일이 사향과 같은 향기가 있다는 뜻이고,

*maxima*는 가장 크다는 뜻이다. 페포(*pepo*)는 라틴어의 박과식물을 의미한다.

호박은 중앙·남아메리카에 현재 30여 종 분포하고 있는 것으로 알려져 있으나 크게 1년생과 다년생이 있으며, 이들은 같은 속이면서도 서로 교배해도 종자가 잘 형성되지 않는다. 그러나 채소로서의 성질이라든지 재배법 및 이용법은 비슷한 점이 많으므로 오래 전부터 같은 종류인 것 같이 취급되어 왔다. 동양계 호박은 종자의 색깔과 지리적 분포에 따라 두 가지 형이 있는데, 백색의 종자는 멕시코와 과테말라에 많이 분포되어 있으며, 갈색 또는 암갈색의 종자로서 파나마와 남미의 북부에 분포되어 있다.

호박이 유럽에 전파된 것은 16세기이며, 중국에도 16세기에 다른 종과 함께 전파되었다. 호박이 우리나라에 도입된 것은 임진왜란 후에 고추 등과 함께 일본을 통하여 들어온 것으로 보인다. 우리나라 재래 호박인 동양계 호박은 여름 동안 척박한 땅에서도 잘 자라고 암꽃은 개화 후 급속히 자라서 익기 전부터 맛이 좋아 애호박, 풋호박으로 이용되어 왔다. 1920년대 이후 도입된 서양계 호박인 밤 호박은 비교적 서늘한 건조 기후 조건에서 잘 자라는 방추형, 평원형의 호박인데, 색깔은 흑록색, 회색 등 황색을 나타내고 육질은 분질이 많으며, 완숙된 것은 쪄서 먹는다. 1955년에 도입된 주키니(*zucchini*)는 입목성으로 하우스 재배에 적합하여 단기 생산에 기여한 품종이다.

호박은 종류, 품종 및 성숙도에 따라 영양 성분이 다르며, 늙은 호박(*C. moschata*)과 밤 호박(*C. maxima*)도 함유 성분이 다르다. 호박은 주로 소화 흡수가 잘 되는 당질과 비타민 A의 함량이 높은데, 그 중에서도 늙은 호박보다 밤 호박이 월등히 높다. 호박은 어린잎과 줄기, 꽃, 미숙과, 성숙과를 식용하며 사료용으로도 많이 이용된다. 호박의 성숙과는 잘 익을수록 카로틴과 당분이 증가한다. 호박이 가진 당분은 소화 흡수가 잘 되기 때문에 위장이 약한 사람이나 회복기의 환자 또는 산모에게 유용하며, 당뇨병 환자나 뚱뚱한 사람에게도 좋다. 호박씨 역시 단백질과 지방이 많이 들어 있는 우수한 식품이다. 호박씨는 참깨와 마찬가지로 볶으면 독특한 향기가 나서 더욱 맛이 좋아진다. 특히 지방의 질이 좋은 불포화지방으로 되어 있으며, 머리를 좋아지게 하는 레시틴과 필수아미노산이 많이 들어 있다. 또한 비타민 B군이 풍부하여 아미노산은 비타민 B_1·B_2와 합해지면 추진력이 생기고, 비타민 B_6·판토텐산에 의하여 억제력이 더욱 강해져서 학습에 능률이 오른다고 한다.

민간에서 호박씨는 혈압, 촌충 구제 및 천식 치료에도 쓰여 왔으며, 기침이 심할 때 구워서 설탕이나 꿀과 섞어 먹으면 효과가 있고 최유작용이 있어서 젖이 부족한 산모에게 좋다고 한다.

10) 동아

과 명 : 박과(Cucurbitaceae)
학 명 : *Benincasa hispida* Cong.
영 명 : Wax gourd, White gourd
한자명 : 동아(冬瓜)

속명 *Benincasa*는 이탈리아의 식물학자 베닌카사(G. Benincasa, ?~1596)의 이름에서 유래되었고, *hispida*는 거친 털이 있다는 뜻으로 과실 표면의 모양을 나타낸 것이다. 중국과 우리나라의 동아는 겨울 가까이에 수확하기 때문에 붙혀진 이름이다.

동아의 원산지는 열대 아시아, 인도 또는 중국 남부지역으로 추정되고 있다. 중국에는 3세기경 들어 온 것으로 알려져 있는데, 내서성이 강하여 습기가 많은 중국 남방 지역에서 주로 많이 재배되며, 북방 지역에서는 고온 다습한 여름철에 재배된다. 유럽에는 16세기 경에 전파되었으나 보급되지 않은 동양적인 과채이다. 우리나라에는 고려시대에 약재를 기록한 향약구급방(1236)에 기록이 있으며, 도입 내력은 명확하지 않으나 옛날부터 재배된 것으로 추정된다. 최근에는 거의 재배가 없으며 전남 순창 지방에서 특산물로 약간 재배되고 있다.

동아는 덩굴성 1년생 작물로 뿌리가 잘 발달하고 줄기는 만성으로 덩굴이 뻗으며, 줄기 형태는 오각형에 녹색을 띠며 털이 나 있다. 잎은 호박잎과 비슷한데, 잎 뒷면에 털이 밀생한다. 과실은 대형 장타원형이고 어린 과실에는 털이 있으나 성숙하면 없어진다. 과피 색깔은 녹색이나 성숙되면서 백색의 가루(납질, wax)가 덮이며, 과육부는 흰색이다, 종자는 황백색이며 편평하다.

동아의 영양 성분은 당질이 약간 높고, 미네랄 중 칼슘과 인, 칼륨의 함유량이 다소 많은 편으로 호박과 비슷하다.

동아는 과실이 클 뿐만 아니라 과육이 두껍고 특별한 맛이 없기 때문에 요리하는 방법에 따라 여러 가지 맛을 낼 수 있는 것이 특징으로 설탕에 재어서 먹거나 탕을 끓여 먹으며, 동아 정과와 동아 장아찌 등으로도 이용된다. 최근에는 저칼로리와 섬유소 때문에 다이어트 식품으로 인기가 있다.

| 표 2-20 | **과채류의 비타민 함량** (다음 페이지에 계속)

식품명	가식부(100g)													
	비타민													
	A			B₁ (mg)	B₂ (mg)	B₃ (mg)	C (mg)	B₆ (mg)	B₅ (mg)	B₁₂ (μg)	B₉ (μg)	D (μg)	E (mg)	K (μg)
	RE	Rt (μg)	βC (μg)											
고추(꽈리)	129	0	772	0.08	0.04	1.3	67	**	**	**	**	**	**	**
홍고추	1078	0	6466	0.13	0,21	2.3	116	1.00	0.95	0	41.0	0	9.1	27
풋고추	24	–	144	0.05	0.03	0.7	47	0.18	0.29	0	21.8	–	0.6	–
고춧잎	764	0	4581	0.18	0.32	2.3	81	**	**	**	**	**	**	**
파프리카(홍색)	509	–	3052	0.05	0.12	1.2	119	**	**	**	**	**	**	**
파프리카(황색)	59	–	356	0.04	0.04	1.0	108	**	**	**	**	**	**	**
피망	64	0	383	0.03	0.07	0.7	53	0.19	0.30	0	26.0	0	0.8	20
토마토	90	0	542	0.04	0.01	0.6	11	0.07	0.17	0	47.2	–	0.6	4
가지	5	0	32	0.04	0.03	0.4	0	0.05	0.33	0	32.0	0	0.3	10

| 표 2-20 | 과채류의 비타민 함량

식품명	가식부(100g)													
	비타민													
	A			B₁ (mg)	B₂ (mg)	B₃ (mg)	C (mg)	B₆ (mg)	B₅ (mg)	B₁₂ (μg)	B₉ (μg)	D (μg)	E (mg)	K (μg)
	RE	Rt (μg)	βC (μg)											
오이	10	0	56	0.04	0.02	0.3	9	0.04	0.33	0	35.7	–	0.4	34
딸기	–	0	–	0.03	0.17	0.5	71	0.03	0.03	0	114.4	–	0.1	0
수박	143	–	856	–	0.02	0.2	14	0.09	1.65	0	18.7	–	0.1	0
참외	6	–	36	0.07	0.03	0.6	21	0.06	0.16	0	11.2	0	0.1	0
멜론	3	0	18	0.08	0.03	0.8	22	0.10	0.19	0	32.0	0	0.2	0
애호박	26	0	156	0.02	0.06	0.6	5	0.08	0.31	0	21.2	0	0	0.7
늙은호박	119	0	712	0.07	0.08	1.2	15	0.04	0.20	0	9.0	–	0.8	0.8
호박잎	387	0	2322	0.21	0.18	1.0	50	0.21	0.04	0	36.0	–	1.0	108
동아	0	0	0	0.07	0.01	0.2	9	0.03	0.21	0	26.0	0	0.1	1
고구마잎	351	0	2107	0.12	0.23	2.3	30	**	**	**	**	**	**	
고구마줄기	10	0	61	0.04	0.16	0.9	15	**	**	**	**	**	**	

* RE: Retinol Equivalent; Rt: Retinol; βC: β–Carotne
** 비검사

| 표 2-21 | 과채류의 무기질 함량 (다음 페이지에 계속)

식품명	가식부(100g)											
	섬유소(g)		무기질									
	수용성	불수용성	Ca (mg)	P (mg)	Fe (mg)	K (mg)	Mg (mg)	Mn (mg)	Zn (mg)	Co (μg)	Cu (μg)	Se (μg)
고추(꽈리)	*2.1		15	43	0.4	163	**	**	**	**	**	**
홍고추	1.4	8.9	16	56	0.9	284	42	–	0.5	–	0.23	–
풋고추	0.1	4.6	4	23	0.5	199	18	0.2	0.5	–	0.10	–
고춧잎	*1.5		214	55	3.3	804	**	**	**	**	**	**
파프리카(홍색)	**	**	3	29	1.0	157	**	**	**	**	**	**
파프리카(황색)	**	**	3	35	1.0	166	**	**	**	**	**	**
피망	*2.4		10	22	0.3	210	11	–	0.2	–	0.06	–
토마토	0.5	0.8	9	19	0.3	178	9	0.1	0.8	9.0	0.05	0.5
가지	*1.9		16	33	0.3	210	17	0.2	0.2	0.5	0.06	6.7
오이	0.1	1.1	28	77	0.6	312	10	0.1	0.3	–	0.09	0.3

| 표 2-21 | 과채류의 무기질 함량

식품명	가식부(100g)											
	섬유소(g)		무기질									
	수용성	불수용성	Ca (mg)	P (mg)	Fe (mg)	K (mg)	Mg (mg)	Mn (mg)	Zn (mg)	Co (μg)	Cu (μg)	Se (μg)
딸기	0.3	1.5	7	30	0.4	167	12	0.1	0.2	–	0.05	–
수박	*0.2		1	12	0.2	133	14	0.1	0.4	0.1	0.07	
참외	**	**	6	79	3.2	663	13	0.1	0.4	–	0.14	–
애호박	0.4	1.0	13	44	0.4	293	15	0.1	0.3	–	0.05	–
늙은호박	1.0	2.4	28	30	0.8	334	**	**	**	**	**	**
호박잎	0.3	3.0	180	89	1.9	273	**	**	**	**	**	**
동아	**	**	11	44	1.4	286	7	0.1	0.1	–	0.02	0.2
고구마잎	**	**	72	38	58	206	**	**	**	**	**	**
고구마줄기	**	**	52	17	2.3	190	**	**	**	**	**	**
호박잎	0.3	3.0	180	89	1.9	273	**	**	**	**	**	**

* 총량; ** 비검사

④ 산채류

채소가 검증된 식용식물로 지속적으로 재배하여 온 작물이라면, 산채는 산야초 중에서 식용 및 약용으로 채취하여 이용하는 식용식물이다. 산채는 채소에 부족한 다양한 생리활성물질들을 함유하고 있어서 새로운 식용식물로 각광을 받고 있다. 그러나 산채류 중에는 건강에 영향을 미칠 수 있는 성분들도 함유되어 있을 수 있으므로 조리상 주의를 필요로 한다(표 2-22, 2-23).

1) 냉이

과　명 : 십자화과(Brassicaceae)
학　명 : *Capsella bursa-pastoris* (L). Medicus
영　명 : Sheperd's purse
한자명 : 청명초(淸明草), 향선채(香善採), 제채(薺菜), 학심채(鶴心菜)

　십자화과에 속하는 월년초로서 위도와 고도의 제한 없이 자생지가 광범위하게 분포되어 있다. 다닥냉이, 말냉이, 싸리냉이, 황새냉이, 큰황새냉이, 논냉이, 미나리냉이, 나도냉이, 개갓냉이 등 유사종이 많이 있으며, 키는 10 ~ 50cm 정도로 전체에 털이 나 있고 가지를 많이 친다. 뿌리는 흰색으로 10 ~ 50cm 정도로 곧게 뻗어 내려간다. 잎은 16 ~ 28개 정도의 깃털 모양으로 땅 표면에 퍼져 로제트형을 이루고, 줄기에서 나오는 잎은 호생하며 윗쪽으로 올라갈수록 작아지고 잎자루가 없다. 꽃대는 5~6월 사이에 나오며 꽃대 끝에서 흰색 십자화가 총상화서를 이룬다. 꽃받침은 4개로 긴 타원형이고 길이는 1mm 정도 되며 꽃은 4개의 수술과 1개의 암술로 되어 있다. 열매는 평평한 삼각형이다. 열매 꼬투리 속에는 20~40개의 종자가 들어 있다.

냉이는 비타민 A와 C 그리고 식이섬유가 많이 함유되어 있는 우수한 식품일 뿐만 아니라 아세틸콜린, 콜린, 티라민(tyramine) 등, 많은 특수 성분이 있어서 약리효과도 높다. 요리법은 다양하나 주로 무침, 냉이국 등으로 이용하며 녹즙 재료로도 이용한다. 생약명으로는 제채라고 하여 전초를 달여 위궤양·치질·폐결핵에 사용하며, 혈압 강하·지사제·건위 소화제·지혈제·자궁출혈·월경과다 치료제로도 이용한다. 이외에도 눈을 밝게 하고 시력을 보호하는 효과도 있어 말린 냉이를 가루를 내어 먹거나 눈이 붓고 침침할 때 냉이 뿌리를 찧어 만든 즙을 안약 대용으로도 이용한다.

2) 씀바귀

과　명 : 국화과(Compositeae)
학　명 : *Lxeris dentata* Nakai
한자명 : 고채(苦菜), 황과채(黃瓜菜), 소과채(小瓜菜)

민들레와 더불어 한약명이 고채인 국화과 식물로 1년생 초본 혹은 월년초로서 자르면 흰 유액이 나오며 쓴 맛이 강하다. 종류에 따라 약간의 차이는 있으나 잎이 양측으로 갈라지고 길며, 5월 경에 40~50cm의 꽃대가 나와서 6월중 황백색의 작은 꽃이 복총상화서에 핀다. 근생엽은 엽병이 없고 긴 타원형이며 둔두로 길이 2.5~5cm, 너비 14~17mm이다. 양면에 털이 없으며 표면은 녹색, 뒷면은 회청색이고 가장자리가 빗살처럼 갈라진다. 경생엽은 진한 녹색으로 호생하고 난형 또는 난상의 긴 타원형이며 길이 2.3~6cm로서 예두이고 밑부분이 넓어져서 원줄기를 크게 감싸는 것이 고둘빼기와 다르다. 불규칙한 결각상의 톱니가 있고 위로 올라갈수록 작아진다. 잎은 땅 표면에 붙어서 10~13매 정도가 둘러 나며, 흰 털이 생기는 것과 전혀 생기지 않는 두 종류가 있다. 장일성식물로 내한성이 강하며 토양 조건이 나쁜 곳에서도 비교적 잘 자란다.

늦은 가을철부터 봄철까지 입맛을 돋우는 데 꼭 필요한 나물로 옛날부터 유명하다. 때로는 쓰고 독한 종류가 있으나 어느 것이나 끓는 물에 데쳐서 물에 담갔다가 나물로 이용하면 무독해진다. 칼슘과 칼륨이 풍부한 알카리성 식품으로 비타민 A의 함량도 높다. 다양한 약리 작용도 있어서 보통 한방에서는 기침약으로 널리 쓰고 있으며, 해열·건위·폐렴·간염·종기의 치료제로 쓰고 있다. 또한 오장의 독소와 한기를 제거하고 심신을 편히 할 뿐 아니라 춘곤증을 풀어주는 등, 노곤한 봄철에 정신을 맑게 해주며 부스럼과 같은 피부병에 좋다고 한다. 민간에서 항암 약초로 사용한다.

3) 고들빼기

과　명 : 국화과(Compositae)

학　명 : *Youngia sonchifolia* Max.
한자명 : 고채(苦菜), 황과채(黃瓜菜), 활혈한(活血旱), 유동엽(遊冬葉)

　민들레와 더불어 한약명이 고채로도 불리는 국화과 식물로 1년생 혹은 월년초로서 자르면 흰 유액이 나오며 쓴 맛이 강하다. 줄기는 높이 15～80cm로 곧게 자라나 가지가 많이 갈라지며 자주빛이 돌고 털이 없다. 뿌리는 굵기 1～2cm, 길이 10～20cm로 곧게 뻗으며 대부분 갈라지는데, 뿌리에서 나오는 잎은 잎자루가 없는 긴 타원형으로 끝이 뭉툭한데 색깔이 연한 연두색인 것이 씀바귀와 다르다. 잎은 길이 2.5～5cm, 너비 1.4～1.7cm이며 표면은 녹색, 뒷면은 화청색이고 가장자리가 빗살처럼 갈라진다. 줄기에서 나오는 잎은 난형 또는 난상의 긴 타원형으로 길이는 2.3～6cm이다. 끝은 뾰족하고 밑 부분이 넓어져 원줄기를 크게 감싸며, 불규칙한 톱니가 있고 위로 올라갈수록 작아진다. 꽃은 5～6월경에 황색으로 피는데 가지 끝에 산방화서로 달린다. 고들빼기는 유사종이 많아 왕고들빼기·애기고들빼기·까치고들빼기·지리고들빼기·두메고들빼기 등이 있다.

　고들빼기는 탄수화물이 7.5%, 조지방이 3.5%, 칼슘과 칼륨이 각각 101, 250mg 함유하고 있으며, chlorogenic acid, genrmanicum, hyocyamine, inulin 등도 함유하고 있다. 약리작용도 있어서 종창·진정·건위·해열·조혈 등의 작용도 있으며, 민간에서는 항암 약초로 사용한다.

4) 돌나물

과　명 : 돌나물과(Cracculaceae)
학　명 : *Sedum sarmentosum* Bunge.
영　명 : Sedum, Stonecrop
한자명 : 석채(石菜), 수분초(垂盆草)

　들이나 산기슭에서 자라는 다년생 CAM 식물로 돌더미에서 살면서 번진다 하여 돌나물이란 이름이 붙었다. 줄기는 지상 15～50cm 정도이고 땅 표면을 따라 옆으로 뻗어 나가며 각 마디에서 뿌리를 내려서 번식하는 반포복성 식물이다. 건조에 견디는 힘이 대단히 강하여 뽑아 버려두어도 말라 죽지 않고 마디에서 곧 뿌리가 나와서 활착할 정도로 튼튼하고 번식력이 강하다. 돌나물은 변종이 없으며 다만 생육지의 환경 조건에 따라 잎의 넓이, 길이, 두께, 줄기의 마디 길이 등에 변화가 있다.

　우리나라에서는 옛날부터 새싹을 따서 김치를 만드는 데 쓰여 온 산나물로 돌나물은 1년 내내 새순을 따서 이용할 수 있다. 비타민 C와 인산이 풍부하고 새콤한 신맛도 있어 식욕을 촉진하는 건강 식품으로 각광을 받고 있다. 돌나물의 영양 성분으로는 가식부 100g당 칼슘이 258mg이고 비타민, 인산 등 각종 영양소가 풍부하게 함유되어 있으나 섬유질은 매우 적은 편이다. 특히 식물성 에스트로겐이 포함되어 있어 갱년기 극복에 효과가 있는 것으로 알려져 있다. 돌나물은 약리 효과도 있어서 피를 맑게 하며 담석증, 고혈압, 대하증에 효과가 있다. 요즈음에는 강장 보호, 간염, 간경화증과 같은 간질환에 특별히 효력이 있다고 하여 생즙을 내어 마시기도 하며 잎의 즙은 해독 및 화상 등에 사용한다.

5) 참나물

과 명 : 미나리과(Umbelliferae)
학 명 : *Pimpinella brachycarpa* (Kom.) Nakai

미나리과의 숙근초로 해발 300 ~ 1400m의 높은 산지의 숲 속에 자생하며 한국, 중국, 일본 등, 동북아시아 지방에 분포한다.

높이는 80 ~ 120cm로 전체에 털이 없으며 잎자루는 근생엽의 경우 길며 경생엽은 위로 올라가면서 점차 짧아지고 밑 부분이 넓어져서 원줄기를 얼싸 안는다. 잎은 3개씩 갈라지는데 난형이고 끝이 뾰족하며 가장자리에 톱니가 있다. 6 ~ 7월에 흰색의 작은 꽃들이 원줄기와 가지 끝에 복산형화서로 뭉쳐 피며 꽃잎과 수술은 각각 5개이고 암술은 2개로 9월 하순에 종자가 결실되어 채종을 하며 종자는 편평하고 넓은 타원형으로 털이 없으며 자생지에서는 강우와 강풍으로 인하여 종자의 탈립이 잘 된다.

일반적으로 마트에서 판매하고 있는 참나물은 파드득나물(*Cryptotaenia japonica* Hassk.)을 일본에서 개량한 것으로 삼엽체(Japanese honewort)라고도 한다.

어린 순을 식용하여 왔는데 독특한 맛과 향취를 지니며 무기염류·비타민 등, 각종 영양소가 풍부하다. 민간에서는 지혈·양정·대하·해열·고혈압·중풍·폐담·정혈·신경통에 사용한다.

6) 잔대

과 명 : 초롱꽃과(Campanulaeae)
학 명 : *Adenophora triphylla* var. *japonica* Hara
한자명 : 사삼(沙蔘), 백사삼(百沙蔘), 남사삼(南沙蔘)

우리나라 원산으로 숙근 다년생 초본식물로 전국 산야에 분포한다. 근생엽은 엽병이 길고 원심형으로 꽃이 필 때쯤 소멸하며, 경생엽은 윤생, 대생 또는 호생으로 긴 타원형, 난상 타원형, 피침형 또는 넓은 선형이다. 길이 4 ~ 8cm, 너비 5 ~ 40mm로서 양끝이 좁으며 톱니가 있다. 줄기는 높이 40 ~ 120cm이고 곧게 선다. 전체에 잔털이 있다. 꽃은 7 ~ 9월에 피고 원줄기 끝에 엉성한 원추화서를 형성하며 꽃받침은 5개로 갈라지고 하위자방 위에 열편이 달리며 꽃은 종모양이다. 길이 13 ~ 22mm로 하늘색이고 끝이 좁아지지 않는다. 암술대는 약간 밖으로 나오며 3개로 갈라지고 수술은 5개로서 화통으로부터 떨어지며 수술대는 밑부분이 넓고 털이 있다. 열매는 삭과로 끝에 꽃받침이 달린 채로 익는다. 뿌리는 도라지 같이 굵으며 약용으로 사용한다.

뿌리를 껍질채로 말린 것을 창출, 껍질을 벗긴 것을 백출이라 하여 서로 용도가 다르게 쓰인다. 백출은 땀을 억제하는 반면, 창출은 발한을 촉진한다. 백출은 보비익기(補脾益氣), 안태(安

胎) 작용이 있고, 창출은 거풍(袪風), 명목(明目) 작용으로 약효가 서로 다르다. 일반적으로 한방에서는 청혈, 거담, 강장 등에 사용되며, 민간에서는 산후통의 특효약으로 이용한다.

잎을 식용 쌈채로 사용한다. 비타민 A와 비타민 C와 더불어 칼슘, 인 등이 많이 함유되어 있다. 이밖에 saponin과 inulin이 다량 들어 있다.

7) 참취

과 명 : 국화과(Compositae)
학 명 : *Aster scaber* Thunb.
한자명 : 동풍채근(東風菜根), 산백채(山白菜), 백지초(白之草)

참취로 대표되는 취나물은 100여종이나 되며, 우리나라 자생종은 60여종이고 식용이 가능한 것은 24종이다. 우리나라에서 재배되고 있는 취나물은 참취·개미취·각시취·곰취·미역취·수리취 등이 있는데, 그 중에서 참취는 향기가 독특하고 수확량이 많기 때문에 농가에서 많이 재배하고 있다.

근생엽은 꽃이 필 때 쯤되면 없어지고 엽병이 길며 심장형이고 경생엽은 호생하며 밑부분은 날개가 있는 긴 엽병이 있고 심장형이다. 길이 9 ~ 24cm, 너비 6 ~ 18cm로서 거칠고 양면에 털이 있으며, 가장자리에 치아상의 톱니 또는 복거치가 있다. 중앙부의 잎은 날개가 있는 짧은 엽병과 더불어 난상 삼각형이고 끝이 뾰족하며 밑부분이 심장저 또는 예저로서 점차 작아지고 화서의 잎은 길이 3 ~ 5cm이다. 꽃은 8 ~ 10월에 피며 지름 18 ~ 24mm로서 백색이고 가지 끝과 원줄기 끝의 산방화서에 달리며 화경은 길이 9 ~ 30mm이다. 열매는 수과이다.

참취는 맛과 향기가 뛰어나고 탄수화물, 비타민 A 등 다양한 영양분이 함유되어 있으며, 감기·두통·진통·해독·항암 등에 효과가 있어 한약재로도 이용된다.

8) 두릅

과 명 : 두릅나무과(Araliaceae)
학 명 : *Aralia elata* Seem
영 명 : Japanese angelica tree
한자명 : 총목(蔥木), 총근(蔥根)

원산지는 우리나라로 나무 전체에 예리한 경침이 많고 높이가 3 ~ 4m 정도이며, 원줄기는 그리 갈라지지 않는다. 잎은 호생하지만 가지 끝에 모여 달리고 사방으로 퍼져 있고 길이 40 ~ 100cm의 기수 2회 또는 3회우상복엽이다. 잎 표면은 짙은 녹색이며 맥줄에 강모가 산생하거나 없고 뒷면은 회색으로서 맥줄에 짧은 털이 복생하며 가장자리에 크고 작은 톱니가 있다.

어린 순은 식용으로 주로 사용하며, 나무껍질과 뿌리는 약제로 쓰여 건위·이뇨·진통·거풍·강정·신장염·각기·수종·당뇨·신경쇠약·발기력 부족·관절염 등의 치료약으로 쓰인다. 반면 목재는 붉은 색을 띠며 가볍고 부드러워 낚시의 부표로도 사용되며 성냥개비, 나무자루 같은 것을 만드는 데도 사용한다.

두릅에는 탄수화물이 2.3%, 칼륨이 446mg이 함유되어 있고, 이밖에도 stigmasterol, α-terline, β-sitosterol, limolcnic acid, palmitic acid, peterpse lidinic acid, petroselinic, 3-saponins, oleanolic acid, protocatechuic acid 등과 비타민 A가 풍부하게 함유되어 있다. 잎에는 hederagenin, 종자에는 petroselinic acid, 뿌리에는 stigmasterol, 그리고 어린 싹에는 아스파리긴산과 글루탐산 등의 아미노산이 많이 포함되어 있다.

9) 땅두릅

과 명 : 두릅나무과(Araliaceae)
학 명 : *Aralia Continentalis* Kitagawa
영 명 : Udo
한자명 : 독활(獨活)

땅두릅은 다년생 초본으로 낙엽 관목인 나무두릅과는 다르다. 다년생으로 비교적 메마른 땅에서도 잘 자란다. 줄기는 높이 1.5～3m에 이르며 가지가 많이 난다. 이른 봄, 땅 속에서 움이 돋아나 7～8월부터 연한 녹색 꽃이 피고 8～10월에 열매를 맺는다. 잎은 우상엽으로 소엽은 넓은 난형 또는 원형으로 잎 밑은 둥글거나 심장형이고 잎가에는 거치가 있다. 열매는 검고 그 속에 씨앗이 5～6개 들어 있다.

땅두릅은 독활이라고도 하는데, 그 순은 독특한 향기와 담백한 맛을 내며 영양가가 풍부 하여 고급 요리에 이용되고 있다. 땅두릅은 다른 산채와 달리 생채로도 먹을 수 있고 삶아서 무침, 부침, 튀김, 저림 등으로 이용하며 염장하면 장기 저장도 가능하다. 땅두릅에 들어 있는 주요 성분은 aralin, areloside A · B, oloanalic, saponin, coumarin 및 소량의 정유와 phytosterol 등이 들어 있으며, 뿌리는 진통 · 부종 · 두통 · 치통 · 수족불수 · 혈관확장 · 혈압강하 등의 효과가 있어 한약재로 이용된다.

10) 산마늘

과 명 : 백합과(Lilliaceae)
학 명 : *Allium vitorialis* var. *platphyllum* Makino
한자명 : 각총(珏蔥), 산총(山蔥), 소산(小蒜)

산마늘은 시베리아, 중국, 한국, 일본 등에 자생하는 백합과의 다년생 고산성 초본식물로 식물체 전체에서 강한 마늘 냄새가 난다. 우리나라에는 설악산, 오대산, 지리산의 고산지대 및 울릉도의 숲속에서 자란다. 울릉도에서는 맹이나물(명나물)이라고 한다. 이른 봄 엄지 크기 정도로 자랄 무렵이나 손바닥만큼 잎이 신장할 무렵에 채취한다. 성숙한 식물체는 맹아에서 개화까지 1개월 반 정도로 여름에서 가을에 걸쳐 결실하고 경엽이 황변하여 고사하고 인경은 휴면 상태가 된다.

잎이 2~3장으로 줄기 밑동에서 붙으며 넓고 크다. 잎자루가 길고 엽신은 타원형 또는 난형으로 밑이 좁고 끝이 뭉뚝하며 가장자리는 밋밋하고 약간 흰빛을 띤 녹색이다. 인경은 피침형으로 약간 굽었고 겉면은 그물눈과 같은 섬유로 덮여 있으며 갈색을 띤다. 꽃은 보통 흰색으로 5~7월에 산형화서를 이룬다. 수술은 6개로 화피에서 길게 나오고 꽃밥은 황록색이다. 열매는 삭과로서 종자는 검게 익는다.

산마늘은 인경·잎·꽃 등, 식물 전체를 이용할 수 있는데, 이른 봄 3~6월까지는 어린 싹에서 부터 잎이 굳어지기 직전까지 잎 줄기 등을 이용하고, 뿌리와 인경은 일년 내내 이용할 수 있으며, 꽃과 꽃봉오리는 6~7월에 따서 이용한다.

산마늘에는 사포닌·당분·비타민 A·비타민 C(신선한 잎)·전분(마른 잎)·알라닌·캠프페롤·퀘르세틴·스코로디닌이 함유되어 있어서 여러 가지 약리작용을 하는 것으로 알려져 있다.

비타민 A가 많아 시력을 강화시키며, 알라닌이 있어 비타민 B_1을 활성화하고 또 스코로디닌은 강장작용과 항균작용을 한다. 캠프페롤과 퀘르세틴이 있어서 콜레스테롤 생성에 관여하는 효소의 유전자 작용을 억제하여 혈전에 의한 고혈압, 동맥경화증 및 심장병에 효과가 있다. 또한 섬유질이 많아 위와 장의 운동을 자극해서 변비를 없애주며, 장 안에 있는 독성을 배출하여 대장암 발생률을 낮춘다고 한다. 이밖에 남성의 스테미너 부족과 어혈이 뭉쳐진 여성병에 효과가 있다고 알려져 있다. 민간에서는 전통적으로 산마늘을 이뇨·강장·소화·해독·건위 등의 약재로 사용하여 왔는데, 이러한 산마늘의 약리작용이 밝혀짐에 따라 최근에는 기능성 식품 및 의약 원료로서 주목받고 있다.

11) 고사리

과　명 : 고사리과(Polypodiaceae)
학　명 : *Pteridium aquilinum* var. *latiusculum* Underw
영　명 : fern, brake fern, common bracken
한자명 : 여의채(如意菜), 궐채(蕨菜), 과묘(過猫)

생존력이 강한 다년생 양치식물로 온대~아한대지역에 널리 분포하고 있다. 고사리는 땅 속에 육질이 검은 지하경이 있어서 부정아를 형성하여 영양번식하며, 포자가 전엽체를 형성하여 유성생식으로도 번식한다. 잎은 굵고 긴 잎자루를 가지고 있으며 잎줄기는 높이 60~100cm까지 자란다. 어릴 때 잎은 아기 주먹과 같이 둥글게 감겨 있고 흰 솜털로 덮여 있다가 계란형에 가까운 삼각형 모양의 우상복엽을 이룬다. 갈라진 잎 조각의 가장자리는 톱니가 없고 밋밋하다.

고사리는 봄철에 연한 새싹을 수확하여 먹기도 하지만 보통 묵나물로 먹는다. 고사리는 단백질이 풍부하며 무기물과 비타민 B_1·B_2·C를 다량 함유하고 있다. 또한 아미노산류인 아스파라긴 및 글루타민산과 함께 플라보노이드의 일종인 아스트라갈린(astragaline)이 다량 함유되어 있다. 그리고 발암성 물질인 ptaquiloside란 bracken toxins이 함유되어 있지만 삶아서 우려 먹으면 별 문제가 없으며, 또 비타민 B_1을 파괴하는 thiaminase(aneurinase)라는 효소도 열에 약해 쉽게 파괴되므로 크게 염려할 필요는 없다.

뿌리는 한방에서 궐근(蕨根), 궐기근(蕨其根) 또는 고사리근이라 하여 해열·이뇨·설사·황달·대하증 치료에 쓰이기도 한다.

12) 고비

과　명 : 고비과(Osmundaceae)
학　명 : *Osmunda japonica* Thunb.
영　명 : Royal fern
한자명 : 자기(紫箕), 구척(拘脊)

다년생 숙근초로 전국 야산의 습한 산록에 자생하고 있으며, 동아시아의 온대지역인 평지에서부터 해발 1,000m이상의 고산지대인 히말라야에까지 널리 분포하고 있다. 특히 생존력이 강하며 잎은 우리가 흔히 고비라고 하여 먹는 영양엽과 포자를 만드는 생식엽 두 가지가 있다. 영양엽의 어린잎은 용수철처럼 꼬여 있다가 자라면서 풀리는데 적색 바탕에 백색 면모로 덮여 있다. 잎줄기는 주맥과 더불어 윤채가 있으며, 처음에는 적갈색 털로 덮혀 있지만 곧 없어진다. 잎은 우상엽으로 50~100cm까지 자란다. 생식엽은 영양엽보다 일찍 나왔다가 일찍 소멸되며 소엽편은 매우 좁아 선형으로 되며 포자낭이 밀착한다. 여름철에 영양엽의 일부가 생식엽으로 변하는 것이 있으나 일정치 않다. 근경은 단단한 목질 괴상으로 되어 있고 흑색인 수염뿌리는 매우 단단하다.

고비는 고사리와 함께 대표적인 식용 산채로서 봄철 어린 순을 수확하여 삶아서 말렸다가 나물로 식용하며 고기찜, 튀김 등의 요리에 사용된다. 양질의 단백질과 함께 비타민 A·B$_2$·C·펜토산·카로틴·니코틴산을 함유하는 등, 영양가가 높을 뿐만 아니라 민간요법에서는 신경통, 수종, 복통의 치료제에 사용한다.

13) 쑥

과　명 : 국화과(Compositae)
학　명 : *Artemisia princeps* Pamp.
한자명 : 애엽(艾葉)
영　명 : Mugwort, Wormwood

우리나라 원산으로 양지바른 길가, 풀밭, 산과 들에서 자라는 다년생 초본이다. 근경이 옆으로 길게 뻗으면서 군데군데에서 새순이 나와 번식된다. 높이 60~120cm에 달하고 곧게 자라며 줄기 윗쪽에 가서 가지를 친다. 근생엽과 밑부분의 잎은 후에 쓰러지며, 경생엽은 가탁엽이 있고 타원형이다. 길이 6~12cm, 나비 4~8cm로서 뒷부분에 회백색 밀모(密毛)가 있으며 우상으로 깊게 또는 중앙까지 갈라진다. 줄기에서 나온 잎은 호생으로 잎은 우상으로 깊게 4~8갈래로 갈라져 있으며 특유의 냄새가 난다. 연분홍색의 꽃은 7~9월 무렵 줄기 끝에 두상화서로 무리져 피는데, 하나의 화서가 하나의 꽃처럼 무리 져 달린다.

흔히 쑥 이외에 산쑥(*A. montana*) · 참쑥(*A. lavandulaefolia*) · 덤불쑥(*A. rubripes*) 등도 쑥이라고 일컫는다. 이른 봄에 나오는 어린순을 식용하는데, 약으로 쓰기도 하여 약쑥이라고도 부른다.

줄기와 잎을 단오 전후에 캐서 그늘에 말린 것을 약애(藥艾)라고 하여 복통 · 구토 · 지혈에 쓰며, 잎의 흰 털을 모아 뜸을 뜨는 데 쓰기도 한다. 잎만 말린 것은 애엽(艾葉)이라고 하여 약한 상처에 잎의 즙을 바르기도 한다. 옛날에는 말린 쑥을 화롯불에 태워 여름철에 날아드는 여러 가지 벌레, 특히 모기를 쫓기도 했고, 집에 귀신이 들어오지 못하도록 단오에 말린 쑥을 집에 걸어두기도 했다.

14) 더덕

과 명 : 초롱꽃과(Campanulaceae)
학 명 : *Codonopsis lanceolata* (Siebold & Zucc.) Trautv.
영 명 : Lance asiabell, Deodeok
한문명 : 양유(羊乳), 사삼(沙蔘)

더덕의 뿌리를 한약명으로 양유근(羊乳根)이라고 하며 민간에서는 잔대의 한약명인 사삼이라고도 부른다. 다년생 덩굴성 초본으로 뿌리는 살이 쪄서 두툼해지고 옆으로 나란히 나 있는 줄무늬가 있으며, 덩굴은 2m까지 뻗는다. 잎은 호생이지만 줄기 끝에서는 4장씩 모여 난다. 잎 가장자리는 밋밋하며 잎자루는 거의 없다. 꽃은 연한 초록색이고 넓은 종 모양이며 8~9월에 밑을 향해 피고 꽃부리 끝만 5갈래로 조금 갈라져 뒤로 말린다. 꽃부리의 겉은 연한 초록색이나 안쪽에는 갈색빛이 도는 보라색 점들이 있다. 봄에 어린 잎을 따서 나물로 먹기도 하며, 가을에 뿌리를 캐서 날 것으로 먹거나 구워서 먹기도 한다. 뿌리의 겉 부분은 굳고 거치나 속은 치밀하지 못하고 푸석푸석하여 틈이 많다. 뿌리의 냄새는 특이하며 처음에는 단맛이 나지만 나중에는 쓴맛이 돈다.

뿌리를 7~8월에 캐서 햇볕에 말린 것으로 한방에서는 해열 · 거담 · 진해 등에 쓰고 있다. 뿌리 전체에 혹이 많아 마치 두꺼비 잔등처럼 더덕더덕하다고 해서 '더덕'이라고 부르게 되었다고 한다. 소경불알(*C. ussuriensis*)은 더덕과 비슷한 식물이지만 뿌리가 더덕처럼 길지 않고 둥글며, 잎 뒷면에 하얀색 털이 많은 점이 다르다.

15) 도라지

과 명 : 초롱꽃과(Campanulaceae)
학 명 : *Platycodon grandiflorum* (Jacq.) A. DC.
영 명 : Chinese bellflower
한자명 : 길경(桔梗)

도라지속에 속하는 단 하나의 종으로 동아시아산 다년생 초본이다. 나팔꽃처럼 벌어지는 꽃은 5갈래로 갈라지고, 두껍고 질기다. 열매는 다 익으면 5조각으로 갈라지는 씨꼬투리로 맺히며 끝이 터진다. 잎은 계란 모양으로 끝이 뾰족하며 잎자루는 없다. 길이 30~70cm 정도 자라는 줄기는 끝으로 갈수록 잎의 너비가 점점 좁아진다. 꽃은 연보랏빛이 도는 파란색 또는 흰색을 띠며, 갈라진 끝은 뾰족하고 지름 5~7cm 정도이다. 뿌리는 봄과 가을에 캐서 날것으로 먹거나 나물로 만들어 먹는다. 뿌리는 불규칙하게 가늘고 긴 방추형이나 원추형이며 때때로 분지되어 있다. 윗부분을 제외한 뿌리의 대부분이 거친 세로주름이 있고 피목 모양의 가로줄이 있다. 질은 단단하나 꺾어지기 쉽다.

뿌리를 나물이나 약재로 사용하는데 당질·철분·칼슘이 많고 또한 사포닌이 함유되어 있어 약재로도 쓰인다. 한방에서는 뿌리를 캐서 껍질을 벗기거나 그대로 햇볕에 말린 것을 길경(桔梗)이라고 하는데, 인후통·치통·설사·편도선염·거담·진해·기관지염 등에 쓰며 특히 백도라지는 각혈에 사용한다.

| 표 2-22 | 산채류의 비타민 함량 (다음 페이지에 계속)

식품명	가식부(100g)													
	비타민													
	A			B_1 (mg)	B_2 (mg)	B_3 (mg)	C (mg)	B_6 (mg)	B_5 (mg)	B_{12} (μg)	B_9 (μg)	D (μg)	E (mg)	K (μg)
	RE	Rt (μg)	βC (μg)											
냉이	21	0	126	0.06	0.11	1.0	17	0.32	1.10	0	180.	0	2.5	330
씀바귀	305	0	1832	0.16	0.31	1.6	7	**	**	**	**	**	**	**
고들빼기	112	0	670	0.09	0.12	0.7	19	**	**	**	**	**	**	**
돌나물	120	0	717	0.05	0.06	0.3	26	**	**	**	**	**	**	**
야생참나물	963	0	5778	0.09	0.32	0.8	15	**	**	**	**	**	**	**
재배참나물	234	0	1404	0.04	0.03	0.2	6	**	**	**	**	**	**	**
잔대	752	0	4511	0.08	0.13	1.0	54	**	**	**	**	**	**	**
참취	594	0	3564	0.04	0.10	0.7	14	**	**	**	**	**	**	**
두릅	67	0	403	0.12	0.25	2.0	15	**	**	**	**	**	**	**
땅두릅	10	0	60	0.25	0.46	1.2	47	0.04	0.12	0	19.0	0	0.2	2
산마늘	2	0	12	0.13	1.3	1.5	62	**	**	**	**	**	**	**
고사리	41	0	243	0.01	0.14	0.6	18	**	**	**	**	**	**	**
고비	125	0	746	0	0.12	0.6	40	**	**	**	**	**	**	**
쑥	563	0	3375	0.12	0.32	0.8	33	0.08	0.55	0	190.	10	3.2	340

| 표 2-22 | 산채류의 비타민 함량

식품명	가식부(100g)													
	비타민													
	A			B₁ (mg)	B₂ (mg)	B₃ (mg)	C (mg)	B₆ (mg)	B₅ (mg)	B₁₂ (μg)	B₉ (μg)	D (μg)	E (mg)	K (μg)
	RE	Rt (μg)	βC (μg)											
더덕	0	0	0	0.10	0.14	0.7	27	**	**	**	**	**	**	**
도라지	0	0	0	0.10	0.14	0.7	27	**	**	**	**	**	**	**
당귀	712	0	4269	0.13	0.18	1.2	252	**	**	**	**	**	**	**
머위	754	0	4522	0.05	0.17	1.5	24	0.01	0.07	0	12.0	0	0.2	6
비름	129	0	2571	0.05	0.09	0.6	36	0.19	0.06	0	85.0	–	–	1140
삽주싹	357	0	2250	0.18	0.14	0.8	11	**	**	**	**	**	**	
달래	304	0	1823	0.09	0.14	1.0	33	**	**	**	**	**	**	

* RE: Retinol Equivalent; Rt: Retinol; βC: β–Carotne
** 비검사

| 표 2-23 | 산채류의 무기질 함량 (다음 페이지에 계속)

식품명	가식부(100g)											
	섬유소(g)		무기질									
	수용성	불용성	Ca (mg)	P (mg)	Fe (mg)	K (mg)	Mg (mg)	Mn (mg)	Zn (mg)	Co (μg)	Cu (μg)	Se (μg)
냉이	*5.7		145	88	5.2	288	34	–	0.7	–	0.16	–
씀바귀	*6.6		74	45	1.1	440	**	**	**	**	**	**
고들빼기	*1.5		101	69	6.6	250	**	**	**	**	**	**
돌나물	*1.1		212	26	2.3	154	**	**	**	**	**	**
야생참나물	0.7	2.6	102	71	2.0	955	**	**	**	**	**	**
재배참나물	*1.8		46	14	0.9	579	**	**	**	**	**	**
잔대	*2.5		151	72	7.1	392	**	**	**	**	**	**
참취	0.9	4.9	124	61	2.3	469	**	**	**	**	**	**
두릅	0.3	1.1	15	103	2.4	446	**	**	**	**	**	**
땅두릅	*1.5		140	66	1.9	172	9	–	0.1	–	0.05	–
산마늘	*1.9		41	59	4.2	212	**	**	**	**	**	**
고사리	0.3	4.8	8	34	2.3	442	22	2.3	1.4	–	0.34	–
고비	*4.8		12	136	1.7	385	17	–	0.5	–	0.15	–
쑥	*8.6		230	65	4.3	1103	29	–	0.6	–	0.29	–

| 표 2-23 | 산채류의 무기질 함량

식품명	섬유소(g)		가식부(100g)									
			무기질									
	수용성	불용성	Ca (mg)	P (mg)	Fe (mg)	K (mg)	Mg (mg)	Mn (mg)	Zn (mg)	Co (μg)	Cu (μg)	Se (μg)
더덕	*5.1		24	102	2.0	203	**	**	**	**	**	**
도라지	*4.0		35	95	4.1	453	**	**	**	**	**	**
당귀	*2.1		209	117	7.9	677	**	**	**	**	**	**
머위	0.1	1.2	88	68	2.6	550	6	–	0.2	–	0.05	20.0
비름	0.3	3.4	169	57	5.7	524	55	0.9	0.9	–	0.16	0.9
달래	*1.3		124	66	1.8	379	21	–	1.0	–	0.06	

* 총량; ** 비검사

⑤ 조류

바다 속에 서식하는 해조류는 요오드를 비롯하여 비타민과 무기염류 및 식이섬유를 다량 함유하고 있다(표 2-25, 2-26). 특히 알긴산은 대부분의 해조류에 함류되어 있는 수용성 식이섬유이다. 또한 다시마나 미역 같이 ^{127}I인 요오드를 포함하는 해조류가 많아 방사성 동위체인 ^{131}I, ^{132}I, ^{133}I, ^{134}I 등의 체내 흡수를 막아 주기도 한다.

1) 김

과 명 : 보라털과(Bangiaceae)
학 명 : *Porphyra tenera*
영 명 : Laver seaweed
한자명 : 해태(海苔)

우리나라 및 일본과 중국의 바다에 분포한다. 해조류 중 가장 바다 깊은 곳에서 서식하는 일년생 홍조류로서 포자체와 자성 및 웅성배우체의 구별이 거의 없다. 길이 14 ~ 25cm, 너비 5 ~ 12cm로 몸은 긴 타원형 또는 줄처럼 생긴 난형이며 가장자리에 주름이 있다. 몸 윗부분은 붉은 갈색이고 아랫부분은 파란빛을 띤 녹색이다. 단층의 세포로 이루어져 있는데, 세포는 불규칙한 3각이나 4각 또는 다각형이며 불규칙하게 늘어선다. 단면은 4각형이고 높이는 폭보다 크거나 거의 같다. 밑 부분 세포는 난형이거나 타원형이며 크고 무색인 가근을 낸다.

아미노산과 무기질 및 비타민이 풍부하여 겨울철 식품으로 애용된다. 또한 한방적으로는 맛이 달면서 짜고 성질은 차다. 토하고 설사하며 속이 답답한 것에 효과가 있다고 한다.

2) 미역

과　명 : 곤포과
학　명 : *Undaria pinnatifida*
영　명 : Brown seaweed

　우리나라와 일본 근해에 분포한다. 해조류 중 바다 깊은 곳에서 서식하는 갈조류로서 몸길이 1~2m, 폭 50cm 정도이다. 외형적으로는 잎·뿌리·줄기의 구분이 뚜렷한 엽상체 식물이다. 우리 식생활과 깊은 연관을 맺고 있으며, 고려시대부터 이미 중국에 수출했다는 기록이 있다.
　미역에는 칼슘, 요오드와 칼륨 등의 무기질이 골고루 들어 있을 뿐만 아니라, 탄수화물인 라미나린(laminarin)이 있어 혈압을 낮춘다. 미역은 칼슘이 풍부한 알칼리성 식품의 하나로 자궁수축과 지혈작용을 하며, 신경을 안정시켜 지구력을 갖게 하기도 한다. 미역은 요오드가 풍부한 식품으로 요오드가 부족하면 갑상선 호르몬인 티록신이 제대로 만들어지지 않는데, 티록신은 지방대사에 필수적인 호르몬으로 근육 운동을 민첩하게 하는 작용도 한다. 특히 미역의 알긴산이나 섬유질은 장의 점막을 자극해서 장의 소화운동을 높여 주고 변비 예방의 효과가 크다. 또한 성인병의 원인이 되는 콜레스테롤의 흡수를 억제하고 농약과 중금속을 흡착하여 배설하는 효과가 매우 크다.
　한방에서 미역은 성질이 차고 맛이 짜며 독이 없어 열이 나면서 답답한 것을 없애고 배뇨나 각혈에 좋다고 한다. 또한 혹 치료에 사용하며 기가 뭉친 것을 풀어준다. 근래에는 미역귀에서 추출한 물질이 암 세포 억제 효과와 성인 T-림프구 백혈병으로 흔히 혈액암인 ATL바이러스 증식 억제효과가 있다고 한다.

3) 다시마

과　명 : 다시마과(Laminariaceae)
학　명 : *Laminaria* spp.
영　명 : Tangle weed

　한대 및 아한대 연안에 분포하는 한해성 갈조류로서 우리나라 동해안에서 자라며, 일본 및 태평양 연안에도 분포한다. 지구상 최초의 풀'이라고 하여 '초초(初草)'라고도 부르며, 참다시마, 긴다시마, 오호츠크다시마, 애기다시마 등이 있다.
　길이 1.5~3.5m, 너비 25~40cm이며 2~4년생인 엽체(葉體)는 포자세대(胞子世代)로서 겉보기에는 줄기·잎·뿌리의 구분이 뚜렷하다. 잎은 띠 모양으로 길고 가운데 부분보다 약간 아래쪽이 넓다. 다시마는 2년생 엽체부터 채취하는데 11월 무렵이 최성기이다. 엽체에 큰 구멍이 있는 것을 공피(孔皮) 또는 공피 다시마라고 한다.
　다시마에는 칼슘·인·철 등의 무기염류와 다양한 비타민류가 많이 포함되어 있으며, 알긴산과 라미나린이 들어 있다. 특히 다시마에는 각종 아미노산이 많이 함유되어 있는데, 조미성분인 글루탐산이 2,501mg(100g당)이나 포함되어 있어서 양념이나 국물을 내는 재료로 사용한다.

다시마는 약리효과도 많아 배뇨와 함께 수종, 영류(혹), 누창을 다스리며 풍부한 라미라닌은 섬유소 및 아르기닌과 함께 고혈압, 동맥경화에 효과가 있으며, 담즙산과 콜레스테롤을 흡착하여 배출함으로서 동맥경화 및 담석증 예방에도 효과가 있다. 한방에서는 다시마는 성질이 차고 맛이 짜며 독이 없다고 한다. 또한 다시마는 근래에 방사성 요오드의 흡수 방지르 위하여 관심이 큰데, 건다시마 1g의 요오드 함량은 1일 소요량 150μg의 10배인 1590μg이나 된다.

4) 파래

과 명 : 갈파래과(Ulvaceae)
학 명 : *Enteromorpha* spp.
영 명 : Green laver, Sea lettuce

바닷가 조간대 상부의 민물이 유입되는 곳에서 잘 자라는 녹조류로서 조용한 조수 웅덩이에서 큰 군락을 이루는 경우가 많다. 종류에 따라서 생육 시기가 다르지만 보통 늦가을부터 초여름까지 번성하며, 양식용 김발에도 잘 착생하여 시중에서 팔리는 파래김의 주종을 이룬다. 파래는 향기가 많고 맛이 독특하여 한국과 일본 등지에서 즐겨 먹는 해조류로서 단백질 20 ~ 30 %, 무기염류 10 ~ 15%, 100g당 비타민 500 ~ 1,000IU를 포함하고 있는데, 특히 알칼리성 무기염류가 많다. 단백질이 다시마보다 2배나 많이 포함되어 있으며, 아미노산 중에 메티오닌·리신 등이 들어 있지 않으나 글루탐산은 다시마보다 많이 함유되어 있다.

5) 매생이

과 명 : 갈파래과(Ulvaceae)
학 명 : *Capsosiphon fulvescens*

해산 녹조류로 전세계에 분포하며 우리나라에는 주로 남해안에 서식한다. 대롱 모양으로 어릴 때는 짙은 녹색을 띠나 자라면서 색이 옅어진다. 굵기는 머리카락보다 가늘며 미끈거린다. 현미경으로 보면 사각형의 세포가 2 ~ 4개씩 짝을 지어 이루는 것이 특이하다. 파래와 유사하나 파래보다 가늘고 부드럽다. 조간대 상부 바위에서 자라며 크기는 15cm 정도이고, 굵기는 2 ~ 5mm이다. 몸은 짙은 녹색을 띠고 관상 또는 편압된 관상이다. 가지는 없고 사각형의 세포가 2 ~ 4개씩 짝을 지어 이루는 것이 특이하다. 12월 ~ 2월까지 3개월 동안 생산되는데, 11월 중순에 어린 개체가 나타나서 12월 경에는 엽체에 생식세포가 형성되어 유주자를 방출하는데, 이들은 발아하여 약 1개월 후에는 1 ~ 1.5cm의 큰 개체를 이루어 다시 생식세포를 만들게 된다. 이러한 생식작용이 반복되어 개체수가 크게 늘어나는데, 2월경에 가장 무성하게 번식하여 암석 표면에 머리카락 모양으로 밀생하다가 4 ~ 5월경에는 소실되며, 이들의 유주자가 접합하여 두꺼운 껍질에 싸인 낭상체를 이루어 여름과 가을을 지나게 된다.

매생이는 특히 철분·칼륨·요오드 등의 각종 무기염류와 비타민 A·C 등을 다량 함유하고 있어, 어린이 성장 발육 촉진과 골다공증에 효과가 있다고 한다. 또한 위궤양이나 십이지장궤양을 예방하고 진정시키는 효과가 좋아 술 마실 때 안주로도 좋고, 숙취 해소와 간 질환에 효과가 있다고 한다. 그리고 콜레스테롤과 혈압을 내리며 변비에도 효과가 있다고 한다.

6) 톳

과 명 : 모자반과(Sargassaceae)
학 명 : *Hizikia fusiforme*

　해산 갈조류로서 조간대 하부에 큰 군락을 이룬다. 식물체는 섬유상의 허근을 가지고 직립하며 줄기는 원주상이고 1회 우상으로 가지가 갈라진다. 보통 10~60cm로 크지만 제주에서 나는 것은 1m 이상 자란다. 잎은 하부에서만 볼 수 있고 다육질이며, 작고 가장자리에 톱니가 있다. 잎은 곧 떨어지는데, 가지 중 작은 것은 곤봉 모양이다. 늦여름부터 초가을에 발아하여 가을에는 육안으로 볼 수 있는 크기에 이르고 12월 말까지는 20cm 내외로 자라지만 이듬해 3~4월에는 급격히 생장하며 기포도 생긴다. 4~5월에는 생식기관이 형성되고 기부만 남긴 후 몸체는 유실된다.

　톳은 알카리성 식품으로 가식부 100g당 칼륨(4,400mg)·칼슘(1,400mg)·철(1,400mg)을 많이 함유하고 있으며, 비타민 A·비타민 B_1·니아신 등이 상당량 들어 있다. 또한 비타민 C는 0.20mg이나 함유되어 있으며, 특히 육상식물류 중에는 거의 없는 비타민 B_{12}가 0.15~0.20mg이나 함유하고 있다. 톳은 혈관 경화를 막아 주고, 특히 칼슘이 많이 함유되어 우유의 13배이고 철분은 우유의 550배나 함유되어 있다. 또한 톳은 골다공증과 대장암을 예방하며 다이옥신 독소를 체외로 배출하는 역할을 한다. 근래에는 자연산을 채취하여 양식을 시도하고 있다.

7) 우뭇가사리

과 명 : 우뭇가사리과(Gelidiaceae)
학 명 : *Gelidium amansii*
영 명 : Agar
한자명 : 한천(寒天)

　해산 홍조류로서 가사리라고도 하며 동남아에 분포한다. 조간대의 중부 및 하부의 바위에 착생하며, 몸 길이 10~30cm, 주축 너비 약 1mm이다. 식물체는 뭉쳐나고 선상이며, 식물체 전체가 부채 모양으로 퍼진다.

　우리나라에는 우뭇가사리 외에 애기우뭇가사리·실우뭇가사리·막우뭇가사리와 인접 속인 개우무 등이 있는데, 특히 우뭇가사리와 개우무가 한천 원료로 많이 이용된다. 한천은 우뭇가사리를 주원료로 하여 개우무·석묵·단박 등의 홍조류를 10~20% 가량 섞어서 만든다.

　우뭇가사리는 다년생식물로서 유성세대와 무성세대가 규칙적으로 반복된다. 지방에 따라서 생육 시기에 약간의 차이가 있지만 대체로 5~11월 사이에 생육한다. 이 시기가 지나면 모체는 점차 녹아 없어지며 기부의 가는 줄기만 남았다가 봄이 되면 다시 남아 있던 기부에서 새로운 직립부를 형성하여 성장하며 포자에서 발아한 개체도 함께 자란다.

8) 클로렐라

과 명 : 클로렐라과(Chlorellaceae)
학 명 : *Chlorella* spp.
영 명 : Chlorella

　클로렐라는 1890년 네덜란드의 미생물학자 바이엘링(Beijerinck)이 발견한 식물성 단세포 담수조류로 현재 약 10여 종이 알려져 있다. 엽록소가 일반 채소류보다 10배나 많을 뿐 아니라 광합성 능력도 수십 배에 이른다. 클로렐라는 민물·습지 등에서 흔히 볼 수 있는 지름 $10\mu m$ 이하의 구형 또는 타원형의 단세포로 1개의 핵과 1개의 엽록체를 가지며, 편모가 없어 운동성이 없고 각 개체가 따로 떨어져 물속에 부유하여 생육한다. 클로렐라는 광합성 암반응의 메커니즘을 밝히는 데 연구재료로 쓰였다.

　클로렐라의 광합성 속도는 고등식물의 수십 배로서, 일반 식물의 태양에너지 이용 효율이 0.5~2%인 데 비해 3~10%의 에너지 이용효율을 갖는다. 세포분열을 하지 않고 내생포자를 형성하여 번식하므로 증식 속도가 매우 빠르고, 배양 조건을 달리 하면 단백질 90%, 탄수화물 37%, 지방 80%까지 함량을 증가시킬 수 있어서 미래 식품으로 주목 받고 있으며, 산소와 식량이 동시에 해결 가능하므로 우주식으로 검토되기도 하였다. 건조시킨 클로렐라는 100g당 단백질 40~50g, 탄수화물 10~25g, 지질 10~30g을 함유하며 필수아미노산인 리신·메티오닌이 풍부하여 좋은 단백질원으로 생각되며, 비타민 B군·나이아신·판토텐산·엽산, 비타민 C·E·K 등과 칼슘·칼륨·마그네슘·철·동·크롬 등의 미네날에 이르기까지 다양한 성분을 함유하여 무공해 천연 완전식품으로 각광을 받고 있으며, 클로렐라에만 함유되어 있는 생리활성물질인 클로렐라 성장촉진인자(C.G.F)가 특징적인 알칼리도가 가장 높은 식품이다(표 2-24).

| 표 2-24 | 식품의 알칼리도

식 품	클로렐라	다시마	오이	감	대두	당근	시금치	사과	우유
알칼리도	156	40	31.5	10.3	10	9.1	5.1	3.4	0.2

9) 스피루리나

과 명 : 흔들말과
학 명 : *Spirulina* spp.
영 명 : Spirulina

　해산의 호기성 청록색 남조류로서 나선형이다. 길이 300~500μm, 너비 8μm로 약 30종이 알려져 있으며, 원산지는 에티오피아 열대 지방의 해수 염호에 자생한다.

스피루리나는 비타민, 미네랄, 효소, 미량원소, 단백질 및 필수 아미노산을 포함하는 100여 가지의 공인된 유기 영양분을 골고루 함유하고 있다. 단백질 함량은 60% 이상이며 비타민 B군, 비타민 E, 엽산, 철과 셀레니움을 포함한 무기염류 및 카로테노이드가 풍부하게 함유되어 있다. 스피루리나가 함유하는 단백질에는 8가지의 필수아미노산이 모두 함유되어 있고, 지방 중에 불포화지방산인 ɤ-리놀레닉산이 풍부한 저칼로리 식품으로 인체 흡수율(약 95%)이 높아서 이상적인 영양 식품으로 간주되고 있다.

스피루리나의 알칼리도는 40 ~ 50으로 일반 야채보다 3 ~ 4배가 높아 체액의 산성화를 방지한다. 또한 남색조류에서만 발견되는 색소인 피코시아닌은 체내 면역력을 증강시켜 질병에 대한 저항력과 항암 효과가 있는 것으로 알려지고 있다. 그러나 사람에 따라서는 알레르기를 일으키게도 한다.

| 표 2-25 | 조류의 비타민 함량

식품명	가식부(100g)													
	비타민													
	A			B_1 (mg)	B_2 (mg)	B_3 (mg)	C (mg)	B_6 (mg)	B_5 (mg)	B_{12} (μg)	B_9 (μg)	D (μg)	E (mg)	K (μg)
	RE	Rt (μg)	βC (μg)											
마른김	3750	0	22500	1.20	2.95	10.4	93	0.90	0.93	77.6	1530.2	0	2.8	2600
마른미역	555	0	3330	0.26	1.00	4.5	18	0.05	0.46	0.2	123.1	0	0.6	660
마른다시마	96	0	576	0.22	0.45	4.5	18	0.03	0.27	0.1	190.0	0	0.7	110
마른곰피	3	0	18	0.18	0.14	1.4	0	**	**	**	**	**	**	**
생파래	105	–	–	0.02	0.11	0.6	15	**	**	**	**	**	**	**
매생이	**	**	**	**	**	**	**	**	**	**	**	**	**	**
생톳	63	0	378	0.01	0.07	1.9	4	**	**	**	**	**	**	**
마른모자반	735	0	4410	0.21	0.61	2.5	2	**	**	**	**	**	**	**
우뭇가사리	360	0	2160	0.04	0.43	1.1	15	0	0	0	0	0	0	0
클로렐라	–	–	–	–	–	–	–	0.25	0.85	–	4700	–	–	–
스피루리나	**	**	**	**	**	**	**	**	**	**	**	**	**	**
생청각	2860	–	–	0.06	0.30	8.0	1	**	**	**	**	**	**	**
마른청태	–	–	–	0.06	0.30	8.0	1	0.49	0.55	31.8	260.0	0	2.4	3

* RE: Retinol Equivalent; Rt: Retinol; βC: β–Carotne; ** 비검사

| 표 2-26 | 조류의 무기질 함량

식품명	가식부(100g)											
	섬유소(g)		무기질									
	수용성	불용성	Ca (mg)	P (mg)	Fe (mg)	K (mg)	Mg (mg)	Mn (mg)	Zn (mg)	Co (μg)	Cu (μg)	Se (μg)
마른김	0.3	33.3	325	762	17.6	1294	298	2.7	4.5	−	0.65	−
마른미역	6.8	36.6	959	307	9.1	5500	781	0.4	3.6	−	0.19	−
마른다시마	2.4	25.2	708	186	6.3	7500	50	0.3	1.0	−	0.12	−
마른곰피	**	**	921	93	20.6	−	**	**	**	**	**	**
생파래	1.8	2.8	22	31	13.7	424	3200	−	1.2	−	0.80	−
매생이	**	**	574	270	43.1	−	**	**	**	**	**	**
생톳	*43.3		157	32	3.9	1778	460	0.6	1.3	−	1.40	−
마른모자반	*6.3		935	233	67.3	−	**	**	**	**	**	**
우뭇가사리	*47.3		183	47	3.9	980	**	**	**	**	**	**
클로렐라	**	**	117	1536	73.4	−	**	**	**	**	**	**
스피루리나	**	**	**	**	**	**	**	**	**	**	**	**
생청각	*9.9		40	18	4.6	152	**	**	**	**	**	**
마른청태	**	**	535	144	320	3200	1300	−	2.6	−	0.80	−

* 진한 글씨: 마른것; ** 비검사

제4절 과일류 및 견과류

① 과일류

과일은 목본류의 열매로서 비타민과 식이섬유를 비롯하여 무기질과 당류 및 유기산을 다량 함유하고 있다(표 2-27, 2-28). 또한 특정 과일에는 특정한 항산화물질들이 다량 함유되어 있다.

1) 사과나무

과 명 : 장미과(Rosaceae)
학 명 : *Malus domestica* Borkh
영 명 : Apple
한자명 : 과(果)

사과나무의 원산지는 발칸 반도로 알려져 있으며, 그 원생종은 두 방향으로 진화되었는데, 동쪽으로 중국 서부와 시베리아를 거쳐 우리나라까지 분포된 *M. asiatica*계와 서쪽으로 유럽 남동부인 코카사스와 터키에서 2차 중심지를 형성한 *M. sieversii*계가 되었는데, 이 계통이 오늘날의 서양 사과인 *M. domestica*로 발전되었다. 19세기 초까지는 영국이 세계 최대 사과 생산국이었으나 19세기말에 들어서는 미국의 육종에 의하여 최대의 생산국이 되었으며, 20세기에 칠레 등, 남미 각국에 전파되었다. 우리나라에는 고려 때 처음 *M. asiatica*가 도입되었으나 서양사과인 *M. domestica*는 1901년 원산에서 성공적으로 재배된 후 지금은 낙엽 과수 중 가장 널리 재배되고 있다.

사과나무는 3년차 가지가 결과지가 된다. 처음 새 가지가 나오면 그 가지의 선단부 및 그 부근에서 2~3개의 발육지가 나오고 그 밑 부분에서는 단과지가 형성되며, 단과지 끝에 형성된 화아가 그 다음해에 개화, 결실한다.

사과는 섬유소, 유기산, 비타민 C 및 무기질의 함량이 매우 많다. 사과는 칼륨·칼슘·나트륨·아연 등의 무기질 함량이 높은 알카리성 식품이다. 칼륨 성분은 펙틴과 결합하여 나트륨을 체외로 신속히 배출하여 고혈압과 같은 순환계 질환에 효과가 크며, 아연은 기억력 증진에 효과가 있다. 또한 풍부한 유기산은 피로 회복에 좋으며 혈당 조절에도 좋다.

이밖에 건위·식체·설사·불면증·빈혈·두통에도 효과가 있으며, 특히 비타민 C가 풍부하여 피부 미용에는 물론 암 예방, 감기 바이러스 퇴치 등에 효과가 있다. 사과껍질에는 퀘르세틴과 캠페롤이 많이 들어 있는데, 이들 물질들은 암에 효과가 있어서 사과는 껍질 채 먹는 것이 좋다.

2) 배나무

과　명 : 장미과(Rosaceae)
학　명 : 일본배 *Pyrus pyrifolia* var. *culta* (Makino) Nakai
　　　　　중국배 *Pyrus ussuriensis* Maxim. var. *sinensis* Kikuchi
　　　　　　　　(*P. sinensis* Lindley)
　　　　　서양배 *Pyrus communis* L. var. *sativa*. DC.
영　명 : Pear
한자명 : 이(梨)

현재 재배되고 있는 배속 식물은 동양계 중 남방형인 일본배(*Pyrus pyrifolia* N.)와 북방형인 중국배(*Pyrus ussuriensis* M.) 및 유럽계인 서양배(*Pyrus communis* L.) 등의 3종류가 있다. 중국의 서부와 남서부가 원산지로 알려져 있는 배나무는 낙엽교목 또는 관목성 식물로서 3년차 가지가 결과지가 된다.

우리나라 배는 돌배(*Pyrus pyrifolia* Burn.)를 기본종으로 하여 개량한 일본계 품종군이다. 일본배는 주로 우리나라와 일본에서 재배하고 있으며, 다른 나라에서는 거의 재배하지 않는다. 우리나라의 배 재배는 삼한 시대부터인 것으로 추정되는데, 특히 재래종이었던 묵동의 청실배가 먹골배로 불리웠으나, 현재는 신고 품종이 전국 배나무의 주종을 이루고 있다.

배는 칼륨·칼슘·나트륨·마그네슘 등의 알칼리성 무기염이 74%, 인이나 유산 등의 산성 물질이 25%인 강한 알칼리성 식품이어서 혈액을 중성으로 유지시켜 건강을 유지하는 데 큰 효과가 있다.

배에는 퀘르세틴과 같은 폴리페놀과 함께 여러 가지 약리 성분이 포함되어 있는데, 기침과 소화에 효과가 있다. 또한 수분 함량이 85~88%로 다이어트식품으로 좋으며, 식이섬유가 많아 육류섭취 증가 등 서양식 식생활로 인한 대장암, 유방암 등의 비만 관련 암 발생을 줄이는 데도 도움을 준다. 배나무 잎에는 알푸진과 단령질(單寧質) 성분이 있어서 마른 잎을 토사광란이나 배탈이 났을 때 달여서 마시면 효과가 있으며, 요도를 소통시켜 소변을 잘 나오게 하는 효과도 있다. 배나무 껍질은 부스럼이 생기거나 옴이 올랐을 때 달여서 마시면 효과가 있다. 배 열매는 가래가 심한 천식이나 백일해에 효과적이고, 소화와 변통에 효과가 있으며 몸에 열을 내리게 한다. 갈증이 심하거나 심한 숙취에는 간의 활동을 촉진시켜 체내의 알코올 성분을 빨리 해독시키므로 주독이 풀어지고 갈증도 없애 준다. 또한 배를 많이 먹으면 지라가 냉해져서 설사가 나는데, 껍질과 같이 먹으면 껍질에 배를 소화시키는 효소와 탄닌 성분이 많기 때문에 설사를 방지할 수 있다.

한편, 배는 고기를 부드럽게 하는 연육 효소가 있어 고기를 잴 때 이용되며, 종기에는 생배를 썰어서 환부에 붙이면 효과가 있다.

3) 복숭아나무

과　명 : 장미과(Rosaceae)
학　명 : *Prunus persica* (L.) Batsch
영　명 : Prunus
한자명 : 도(桃)

높이 3m의 낙엽 소교목으로 중국 황하유역의 고원지대와 동북부가 원산지이다. 나무줄기나 가지에 수지가 들어 있어 상처가 나면 분비된다. 잎은 호생으로 피침형 또는 거꾸로 선 피침형으로 넓으며 길이 8~15cm로 톱니가 있고 잎자루에는 밀선이 있다. 꽃은 4~5월에 잎보다 먼저 흰색 또는 옅은 홍색으로 피며 꽃잎은 5장이다. 열매는 핵과로 7~8월에 익으며 씨앗은 약재로도 사용한다.

중국 농업의 기원과 동시에 재배된 가장 오래된 역사를 가진 과수로 우리나라에는 약 2,000년 전에 들어온 것으로 추정되나 주로 약용, 화목용으로 이용되어 현재와 같은 개량 품종들은 1900년대 초, 소사(현 부천시) 부근에서 시작되었다.

복숭아는 불로불사의 선인들이 즐겨 먹는 과일이라 하여 선과라고도 불렸다. 복숭아에는 비타민 B군과 비타민 E가 상대적으로 많이 포함되어 있다. 또한 주석산·능금산·구연산 과 같이 복숭아 맛을 나게 하는 여러 가지 유기산이 많이 함유되어 있어서 혈액 순환을 돕고 피로 회복·해독작용·면역작용·피부미용 등에 효과가 있다. 또한 아스파라긴산이 숙취에 좋으며, 아미그달린(amygdalin)은 기침에, 캠페롤은 이뇨작용, 그리고 폴리페놀류는 항산화작용이 있으며, 소르비톨은 변비 예방, 장내 유해균 억제 및 비타민과 미네랄 흡수를 촉진한다. 그러나 덜 익은 과실에는 매실처럼 소량의 시안이 들어 풋 봉숭아는 많이 먹지 않도록 한다. 이밖에 민간에서는 꽃을 차로 마시면 변비와 결석에 효과가 있다고 하며, 씨는 도인이라 하여 여성의 생리 불순·견비통·두통 등에 사용한다. 복숭아 잎에는 벌레 독을 해독하는 작용이 있다고 한다.

4) 포도나무

과 명 : 포도과(Vitaceae)
학 명 : 유럽종 포도 *Vitis vinifera*
            미국종 포도 *Vitis labrusca*
            머루 *Vitis coignetiae*
            왕머루 *Vitis amurensis*
영 명 : Grape
한자명 : 포도(葡萄)

유럽종은 카스피해 연안의 중동 지역이 원산지로서 기원전에 아프리카 북부 및 유럽을 거쳐 아시아로도 전파되었다. 현재 전세계에서 재배되는 포도의 대부분이 이에 속한다. 생식용, 양조용, 건포도용 등으로 이용되는데, 유럽종은 잎은 얇고, 마디 사이가 길며, 덩굴손은 간절성이다. 과육과 껍질의 분리가 어려우며, 당이 높고 산은 적다. 마스캣향(muscat)을 함유하고 있는 품종이 많으며, 과립과 과방이 큰 종류로 주로 생식한다.

미국종은 과립과 과방이 작고, 당도가 낮으며, 산미가 높으나 노균병 등, 포도 병해에 강하고 내한성이 강하여, 우리나라와 같이 생육기에 고온다습하고 겨울철 온도가 아주 낮은 지역에 알맞다. 실제 우리나라에서 주로 재배되고 있는 포도 품종은 대부분이 미국종이거나 미국종과 유럽종의 교잡종이 대부분이다. 미국종은 잎이 두꺼우며, 절간이 짧고, 덩굴손이 연속성이다. 미국종 포도의 특유의 향인 호취향(fox향, 여우향)이 나며, 종자와 과피가 과육과 잘 분리된다. 착립성이 아주 좋다. 과립은 원형이거나 원형에 가깝다. 서양에서는 미국종 및 그 교잡종 품종을 주로 주스용으로 사용하나 우리나라와 일본에서는 대부분 생식용으로 사용한다.

동아시아종은 우리나라 및 중국·일본 등지에서 자생하는 포도종을 지칭하는 것으로, 약 10여종이 이에 속한다. 보통 과실의 품질은 떨어지나 내한성이 강하고, 내병충성이 강하여 육종 소재로 이용 가치가 높으며, 몇몇 종은 가공용 및 건강용으로 상업적으로 재배되고 있다. 머루는 한국, 일본에 분포하며 자웅이주로 수세는 강하나 목질은 연하다. 내한성과 내병성이 강하며 주로 양조용이나 내한성 포도 육종의 소재로 쓰인다.

포도는 가식부 100g당 수분 86.4%, 탄수화물 11.5g, 칼슘 12mg, 인 20mg, 비타민 B_1

0.40mg, B$_2$ 0.25mg, 주석산과 사과산 0.5 ~ 1.5%, 펙틴 0.3 ~ 1% 및 고무질·이노시톨·타닌 등이 들어 있어 장의 활동을 촉진시켜 주고 해독작용도 한다. 포도의 폴리페놀은 심장병 예방에 효과가 있으며, 노화·암·동맥경화 방지에도 효과적이고 항산화력은 비타민 E의 두 배에 달한다고 한다.

자주색 포도즙은 혈관을 확장시키고 혈소판의 응집을 30% 정도 감소시켜 심장의 기능을 좋게 한다고 한다. 포도는 이뇨작용과 함께 콜레스테롤을 낮춰 주며, 빈혈로 인한 기미에 철분을 많이 공급하여 기미를 제거하는 효과가 있다. 씨앗 또한 암 예방 효과가 있으며, 뿌리에서 추출된 heyneanal A는 폐암과 백혈병에 탁월한 효과가 있는 것으로 확인되고 있다.

5) 대추나무

과 명 : 갈매나무과(Rhamnaceae)
학 명 : *Zizyphus jujuba* var. *inermis* (Bunge) Rehder
영 명 : Jujube, Chinese date
한자명 : 조(棗), 목밀(木蜜)

유럽 동남부와 아시아 동남부가 원산지이다. 나무에 가시가 있는데, 마디 위에 작은 가시가 다발로 난다. 잎은 호생으로 달걀 모양 또는 긴 달걀 모양이며 3개의 잎맥이 뚜렷이 보인다. 잎의 윗면은 연한 초록색으로 약간 광택이 나며 잎 가장자리에 잔 톱니들이 있다.

6월에 연한 황록색 꽃이 피며 엽액에 짧은 취산화서가 달린다. 열매는 핵과로 타원형이고 표면은 적갈색이며 윤이 난다. 외과피는 얇은 가죽질이고 점착성이 있으며 갯솜과 같다. 내과피는 딱딱하고 속에 종자가 들어 있으며, 9월에 빨갛게 익는다. 재목은 단단하여 판목이나 떡메, 달구지 재료로 쓴다. 보통의 대추나무는 물에 뜨는데 반하여 벼락 맞은 대추나무는 물에 갈아 앉는다고 한다.

대추 열매를 장복하면 장수를 한다고 하는데, 대추에는 건강에 필요한 많은 유효 성분이 함유되어 있다. 대추씨에는 betulin이 함유되어 있으며, 생대추에는 비타민 C가 60mg 이상이나 들어 있는데, 대추의 비타민류 및 플라보노이드와 미네랄 등은 노화 방지 효과가 있다. 특히 대추에는 발암 물질을 흡착 배출하는 좋은 식이성 섬유를 가지고 있어서 장내에 남아 있는 담즙산을 줄여 독성을 줄이는 효과가 있어 암을 예방하며, β-카로틴은 체내 유해 활성산소를 제독하며 신진대사를 조절해 주어 면역기능을 높이고 피로와 정서 불안·노이로제 등에 효과가 있다.

한방에서 대추는 위장을 튼튼히 하며 경맥을 도와서 그 부족을 보하고 비장을 보하고 진액과 기운 부족을 낫게 하며 온갖 약의 성질을 조화시킨다고 한다.

6) 감나무

과 명 : 감나무과(Embenaceae)
학 명 : *Diospyros kaki* Thunb.(단감)

Diospyros kaki Thunb. var. *domestica* Mak.(땡감)

영 명 : Non-astringent Persimmon, Sweet Persimmon

한자명 : 시(柿)

중국 원산의 감나무는 동북아시아 특유의 온대 낙엽과수로서 야생종은 우리나라, 중국 및 일본에 분포되어 있다. 감은 추위에 약하여 우리나라의 감나무 분포는 서해안은 평안남도의 진남포, 용강의 해안까지이고, 내륙지방은 경기도 가평, 충청북도 제천, 경상북도 봉화 북쪽, 동해안은 함경남도의 원산을 기점으로 북청 해안지역을 잇는 이남 지역이다. 위도 상으로는 서해안은 39°선, 내륙지방은 37 ~ 38°선, 동해안은 40°선까지인데, 기온 상으로는 연평균 기온 10 ~ 8℃의 등온선에서 제한되며, 떫은 감은 대부분 남부 내륙 지방과 중부 이남 지역에 분포되어 있으며, 단감은 특히 내한성이 약하나 근래에는 기온의 상승으로 강원 영서지방에도 월동이 가능해지고 있다.

감은 자방이 비대한 진과에 속한다. 과실의 모양은 세장인 것으로부터 편평한 것까지 여러 가지 모양이 있다. 또 비대한 과실의 횡단면은 외과피, 중과피, 종자 주위의 투명한 내과피 부분으로 되어 있다. 외과피는 과실의 제일 바깥쪽으로 큐티큘라층으로 덮여 있는 한 층의 표피세포층으로 되어 있다. 어린 열매는 큐티큘라층이 발달되어 있지 않아 나무에서 따면 표면 증산으로 시들기 쉽다. 그러나 성과가 되면 큐티큘라층이 발달되어 증산을 억제하여 잘 시들지 않는다. 중과피는 대부분 먹을 수 있는 부분으로 부드러운 유조직 세포로 되어 있다. 이 유조직 속에는 대형의 탄닌 세포가 있다. 탄닌 세포의 크기, 모양, 분포와 밀도는 품종에 따라 다르다. 성숙과에서 볼 수 있는 호마반은 탄닌 세포가 갈변화된 것이다. 내과피는 종자가 들어가 있는 자실을 둘러싼 여러 개의 유조직 세포층으로 되어 있으며, 탄닌 세포가 없다. 반투명하기 때문에 중과피와 쉽게 구분된다. 또한 감 씨는 쌍자엽식물 중에서는 드물게 배유를 가지고 있다.

감은 열매 모양에 따라 단감·도감·참감·납작감·땡감이 있는데, 단감은 주로 생식하며, 곶감은 주로 참감으로 만든다. 우리나라와 중국에서는 주로 떫은 땡감을 재배하여 건시나 숙시 등으로 가공하거나 감식초를 만들었지만 일본에서는 생식할 수 있는 단감을 개발하여 오늘날 많은 품종을 보유하게 되었다. 땡감은 과수 가운데 가장 오랜 역사를 가진 과수이지만 가공이 용이하지 않다. 땡감은 연시 또는 곶감을 만들어 수정과와 약밥에 이용된다. 근래에는 연시를 이용한 감 퓨레, 전채 요리에 이용하기도 하며, 숙시는 감 장아찌, 감식초 등을 만들기도 한다. 단감의 경우 우리나라 고유종이 지리산 남부에 산재되어 있었다는 기록이 있으나 현재 재배되고 있는 단감은 1910년경 일본에서 도입된 것으로 본격적인 단감의 재배 역사는 그리 오래지 않다.

감은 유기산 함량은 적지만 당 함량이 많아 감미가 풍부하며, 펙틴·카로테노이드·탄닌·비타민 A · C, 무기질로는 칼륨과 마그네슘도 많이 포함되어 있다. 어린 감잎에는 비타민 C가 많이 함유되어 가식부 100g중 500mg이나 된다. 어린 감잎을 이용한 감잎차는 임신과 신장염의 부종 예방에 효과가 있으며, 순환기질환·위궤양·십이지장궤양·당뇨병에도 효과가 있다. 탄닌은 지사작용이 있으며 그물 손질이나 무두질에 사용되었는데, 감의 떫은 맛은 탄닌의 일종인 shibuol이다.

7) 자두나무

과 명 : 장미과(Rosaceae)
학 명 : 일본계 자두나무 *Prunus salicina* L.
　　　　유럽계 자두나무 *Prunus domestica* L.
　　　　미국계 자두나무 *Prunus americana* M.
영 명 : Plum, Prune
한자명 : 이(李)

　　중국 원산으로 전세계에 약 30종이 분포하고 있으나 그 중 약 18종이 생식용 또는 육종 재료로 이용된다. 낙엽 교목성 과수로 분포 지역은 주로 아시아 서부 및 유럽, 동아시아, 북미의 3대륙이며, 동아시아종 및 북미종은 잎, 과실 특성이 유사하나, 유럽종은 다른 생장 특성을 갖고 있다. 유럽종은 과즙이 적고 과실이 잘 연화되지 않아 건과용으로 주로 쓰인다. 자두는 미네랄 중 칼륨 성분과 비타민 A가 풍부한데, 건과에 훨씬 많으며 특히 폴리페놀 함량이 많아 항산화 작용이 크다.
　　자두는 약성이 온화하고 맛은 쓰고 떫으며 독이 없어 장복하면 훌륭한 간장약이 된다. 씨는 소장을 통하게 하여 수종을 내리고 얼굴에 기미 낀 것을 없앤다. 또한 골절이 쑤시는 데 효과가 있으며 변비에도 좋다.

8) 살구나무

과 명 : 장미과(Rosaceae)
학 명 : *Prunus armeniaca* var. ansu Maxim
영 명 : Apricot
한 명 : 행(杏)

　　살구나무는 동북아시아가 원산지인 낙엽 교목성 과수로 중국에서 페르시아, 아르메니아 지방의 하건대를 거쳐 1세기경에 유럽에 전파되어 적응 개량된 것으로서 우리나라를 비롯하여 중국·일본·유럽 등지에 널리 분포되어 있다. 이들 품종군은 생태형에 따라 우리나라·중국·일본에 주로 재배되는 동아시아계와 남유럽과 미국 서남부에 주로 재배되는 구주계로 분류된다.
　　살구는 풍부한 비타민을 함유하고 있어서 어린이 발육을 도우며, 야맹증 및 피로 회복에 좋다. 종자는 행인이라고 하여 폐나 기관지, 노약자의 해수병 등에 유용한 한약제로 쓰인다. 또한 분말을 만들어 살구전을 만들어 먹기도 하고 화장품의 미백 재료로 사용한다.

9) 매화나무

과 명 : 장미과(Rosaceae)

학 명 : *Prunus mume* Sieb. et Zucc.

영 명 : Japanese apricot

한자명 : 매(梅)

매실나무라고도 하는 매화나무의 원산지는 중국의 사천성과 화북성의 산간지로 알려져 있으며, 우리나라, 일본 및 대만에 야생종이 분포하고 있다.

꽃눈은 홑눈과 겹눈의 형태로 새 가지의 잎겨드랑이에 착생하며, 일반적으로 단과지와 중과지에는 단화아와 복화아가 착생한다. 다른 나무에 비해 불완전화의 발생이 많으며 불완전화는 암술이 없는 것, 암술이 있어도 짧거나 구부러진 것, 씨방의 발달이 불량한 것 등의 형태로 나타난다. 불완전화의 발생은 유전적인 특성 외에도 재배 조건·나무의 영양 상태·기상 조건에 따라 다르게 나타나며, 특히 개화 시기가 빠르기 때문에 저온이나 서리의 피해를 받아 불완전화의 발생이 많으며, 개화가 빠르면 빠를수록 이러한 경향은 높아져 결실율이 낮아지고 수량성이 떨어진다. 결과지에 따라서는 중과지가 단과지보다 불완전화가 많으며 영양 상태가 불량하거나 일찍 발아한 가지, 일찍 개화한 꽃일수록 불완전화의 발생이 많다.

매실은 생식을 하지 않고 청과를 이용하여 가공하므로 완숙되기 전에 수확하는 것을 원칙으로 한다. 일반적으로 용도에 따라 약간의 차이는 있으나 만개기로부터 65 ~ 70일 사이에 수확한다. 용도에 따른 수확 시기는 엑기스용은 씨가 막 굳어진 6월 상순경에 푸른 과실을 수확하는 것이 유기산 함량이 가장 높다. 반면에 매실주로 이용하고자 할 때는 당 함량이 높은 것이 좋으므로 6월 상순부터 중순경에 수확하는 것이 좋다.

매실에 함유된 구연산은 위와 장에 자극을 주어 장의 연동운동을 높여 줌으로써 만성변비로 인한 기미 해소에 좋으며 간의 해독 능력을 도와 준다. Catechinic acid, picronic acid 등의 유기산이 많아 parotin 대사를 촉진하여 노화를 방지한다고 한다. 특히 매실의 청과나 씨에는 진해와 항암 작용이 있다고 알려진 아미그달린(amygdalin)이라고 하는 시안 배당체가 함유되어 있는데, 이 물질은 비타민 B_{17} 또는 레트릴(laetrile)이라고도 하며, 복숭아·살구·사과·포도·앵두의 청과와 씨에도 많이 포함되어 있다.

10) 모과나무

과 명 : 장미과(Rosaceae)

학 명 : *Chaenomelis sinensis* (Thouin.) Koehne

영 명 : Chinese quince, Common floweringquince

한자명 : 목과(木瓜), 향과(香瓜), 철각리(鐵脚梨), 목이(木李)

중국 원산의 낙엽 관목 또는 소교목이다. 모과는 줄기에 무늬가 있고 껍질이 매년 벗겨져 매끄러워 분재용으로 많이 이용되며, 정원수로 가치가 높다. 내한성이 강하여 사과나 배가 재배되는 곳이면 어느 곳에서나 재배가 가능하나 건조한 토양에서 잘 자라지 않고 적습한 사질 토양에서 잘 자란다.

　　모과의 함유 성분은 수분이 78 ~ 82%이며, 환원당·지방·섬유질·비타민 C·알칼로이드 등이 풍부하게 함유되어 있고 특히 과실 100g당 비타민 C는 39.5 ~ 61mg으로 다량 함유되어 있다.

　　모과는 과실의 모양이 아름답지 않고 생것을 식용하지는 않지만 독특한 향기 때문에 방 안이나 자동차 안에 두어 향기를 맡는 데 이용하며 약용으로도 많이 쓰인다. 모과 술은 강간·이뇨·여성 빈혈에 좋으며, 과실은 기침과 천식에 좋아 기침이 날 때마다 모과 데친 물 또는 모과차를 마시면 좋다. 또한 유기산이 많아 신진대사를 도와 소화효소의 분비를 촉진시키며 위를 편안하게 하고, 풍부한 비타민 C와 탄닌 성분은 피로 회복에도 효과가 좋다.

11) 앵두나무

과　명 : 장미과(Rosaceae)
학　명 : *Prunus tomentosa* Thunb.
영　명 : Nanking Cherry, Hansen's Bush Cherry, Chinese Bus
한문명 : 앵도(櫻桃)

　　우리나라 및 중국 원산의 낙엽활엽 관목으로 키는 2 ~ 3m 가량으로 가지가 잘 분지한다. 잎은 도란형 또는 타원형이고 거치가 있으며, 잎 뒤에는 밀모가 나 있다. 4월에 흰꽃 또는 분홍색 꽃이 피고 6월에 열매가 익는다.

　　앵두는 보리앵두, 물앵두, 옥앵두, 꽃앵두 등으로 나누기도 하는데, 보리앵두는 알이 보리처럼 작고 열매자루가 길다. 물앵두는 가장 흔한 것으로 시골집 담장 안에 많다. 열매가 가지에 다닥다닥 달린다. 살이 두껍고 물이 많으며, 단맛과 함께 새큼한 맛이 강하다. 옥앵두는 물앵두와 크기와 모양이 같으나 익어도 색깔이 붉게 변하지 않고 옥 색깔처럼 푸르스름한 연록빛을 띤다. 꽃앵두는 알이 작고 익으면 꽃처럼 새빨갛고 화사한 색깔이 보기 좋다. 식용보다는 관상용으로 좋다.

　　한방에서는 열매와 가지를 약재로 쓰는데, 열매는 이질과 설사에 효과가 있고 기운을 증강시키며, 불에 탄 가지의 재를 술에 타서 마시면 복통과 전신통에 효과가 있다고 한다.

12) 감귤나무

과　명 : 운향과(Rutaceae)
학　명 : *Citrus sinensis* (L.) Osbeck
영　명 : Orange
한자명 : 감귤(柑橘)

　　감귤류는 감귤속, 금감속, 탱자나무속이 있으며, 감귤속에는 온주 밀감, 하귤, 이예감, 병귤, 당유자, 문단, 네이블오렌지, 레몬, 라임 등의 속이 있는데, 과수로는 감귤속에 따른 귤 종류만 재배된다. 감귤류는 모두 상록관목 또는 소교목으로 가지에 가시가 있다. 감귤은 5m 가량의 상록 소교목으로 잎은 피침형이고, 호생한다. 가지에는 탱자나무와 달리 가시가 없으며, 5～6월에 꽃이 피는데, 꽃에는 향기가 있고, 꽃받침과 꽃잎은 각각 다섯장이고 수술은 스무개 정도 있고 암술은 하나이다.

감귤나무는 당귤나무라고도 하는데, 상록 소교목으로 원산지는 중국으로 다른 귤 종류와 함께 먼 옛날부터 재배되어 왔다. 잎은 호생하며 타원형이고 넓은 예저 또는 원저로 길이 5～7cm로서 가장자리가 밋밋하거나 파상의 잔톱니가 있고 엽병의 날개가 없거나 좁다.

귤나무(*Citrus unshiu* S. Marcov.)는 일본 원산으로 잎은 호생하며 피침형 또는 넓은 피침형이고 둔두 예저로 길이 5～7cm, 너비 5cm로서 가장자리가 밋밋하거나 파상의 잔 톱니가 있고 엽병의 날개가 있거나 없다.

일반적으로 오렌지로 알려진 배꼽 모양 구조가 붙어 있는 'navel orange'는 *Citrus sinensis*의 돌연변이 종으로 신맛이 없고 단맛과 독특한 향취를 지닌다. 잎이 일반 감귤류와는 달리 연한 연두색 계열의 녹색이며, 큐티클층이 발달되지 않아 번들거리지 않는다.

감귤나무는 중국을 거쳐 우리나라에 전해졌다. 제주도의 감귤 역사만 따로 떼어 기록한 자료는 없지만 대체로 3한시대 이전인 것으로 보이며, 우리나라에 현재 남아 있는 재래종 감귤은 10여 종에 불과한데, 일반적으로 온주 밀감을 제주도에서 널리 심고 있다. 연평균 기온이 15～20℃ 지역에 분포되어 있으며, 겨울철 최저 기온이 재배 지역을 제한하여 북쪽 한계선이 있다.

감귤에는 비타민 C가 풍부하고 약간의 비타민 A가 함유되어 있으며, 특히 플라보노이드가 많이 함유되어 혈관을 튼튼하게 해주는 동시에 면역 체계를 강화시켜 피부 건강에 좋아 천연 화장품 재료로 이용한다.

운향과 열매의 과피를 진피(陳皮) 또는 홍피(紅皮)라고 하는데, 기가 뭉친 것을 풀어주고 비장의 기능을 강화하여 복부 팽만·트림·구토·소화불량에 사용한다. 정유 성분은 항균작용을 비롯하여 소화기 자극·소화촉진·담즙분비 촉진·항궤양·거담·강심·혈압상승·항알레르기 등의 효과가 있는 것으로 보고되어 있다.

13) 유자나무

과　명 : 운향과(Rutaceae)
학　명 : *Citrus junos* Siebold ex Tanaka.
영　명 : Orange
한자명 : 유자(柚子)

상록관목으로 원산지는 중국 양쯔강 상류이다. 열매는 4～7cm 크기로 한쪽으로 치우친 공 모양이다. 열매 색깔은 밝은 노랑색이고 껍질이 울퉁불퉁하다. 향기가 좋으며 과육이 부드러우나 신맛이 강하다. 우리나라에는 장보고가 당나라 상인을 통해 전파시켰다고 한다. 청유자·황유자·실유자가 있으며, 우리나라 및 중국·일본에서 생산하는데, 한국산이 가장 향이 진하고 껍질도 두텁다.

다른 과일에 비하여 칼슘이 많이 함유되어 있는데, 그 함량은 레몬과 비슷한 49mg/100g으로서 사과, 바나나 등보다 10배 이상 많다. 또한 다양한 유기산과 함께 구연산을 많이 함유하고 있으며, 다른 감귤류에 비하여 능금산, 호박산도 많이 포함하고 있다. 과피보다 과육에 구연산과 능금산 함량비율이 높다. 비타민류는 비타민 B_1, B_2 및 C가 많이 함유되어 있는데, 비타민 C는 유자가 바나나의 10배, 참다래의 3배, 단감의 2배이며 오렌지나 온주밀감보다도 많이 들어 있어서 피로회복, 식욕촉진, 감기예방 등에 매우 중요하다. 비타민 B_1도 사과, 복숭아의 10배, 단감이나 바나나의 3배 정도 들어 있으며, 비타민 B_2도 사과, 복숭아, 포도 등에 비해 많은 편이다.

유자 과피에는 리모넨과 플라보노이드계의 비타민 P인 헤스페리딘(hesperidin)이 70% 이상 포함되어 있는데, 뇌혈관 장애와 풍을 막아 주며, 배농 및 배설작용을 해서 몸 안에 쌓여 있는 노폐물을 밖으로 배출한다. 또한 항암, 항알레르기, 항염증, 항균작용, 고혈압 예방, 간의 해독작용을 한다고 한다.

일반적으로 유자는 과육과 과피를 함께 얇게 저며 차를 만들거나 소금이나 설탕에 절임을 하여 먹는다. 과육은 잼·젤리·양갱 등을 만들고 즙으로는 식초나 드링크를 만들며, 껍질은 얼려 진공건조한 뒤 즉석식품으로 이용하거나 가루를 내어 향신료로 쓴다. 종자는 기름을 짜서 식용유나 화장품용 향료로 쓰거나 신경통·관절염 약으로 쓴다. 술을 담그기도 하는데, 기관지 천식과 기침·가래를 없애는 데 효과가 있다. 칼슘이 많이 함유되어 있어서 어린이의 골격 형성과 성인의 골다공증 예방에 매우 유익하다.

14) 레몬나무

과　명 : 운향과(Rutaceae)
학　명 : *Citrus limonia* Osbeck
영　명 : Lemon

히말라야 원산으로 비교적 시원하고 기후의 변화가 없는 곳에서 잘 자란다. 이탈리아·스페인·미국의 캘리포니아 및 오스트레일리아 등에서 많이 재배하는데, 지중해 연안에서 재배하는 것이 가장 품질이 좋다.

높이 3~6m의 상록소교목으로 잎은 호생이며 어릴 때는 붉은 색을 띠지만 점점 녹색으로 변한다. 꽃은 5~10월에 피고 잎겨드랑이에 하나씩 또는 몇 개씩 무리지어 달린다. 꽃봉오리는 붉은 색이고, 꽃의 안쪽은 흰색, 바깥쪽은 붉은빛이 강한 자주색을 띤다.

비타민 C와 구연산이 많기 때문에 신맛이 강하다. 과피에서 레몬유를 짜서 음료·향수 및 레모네이드의 원료로 사용하고, 과즙은 음료·식초·화장품의 원료로 사용하며 과자를 만들 때 향료로도 사용한다. 과피를 설탕에 절여서 캔디를 만들고 또 이것을 잘게 잘라서 케이크를 장식할 때 사용한다. 과즙에 설탕을 넣어 조려서 젤리를 만들며 여기에 과육을 섞어서 마멀레이드(marmalade)를 만든다. 열매를 얇게 썰어서 튀김 요리·홍차·칵테일 등에도 쓴다.

15) 바나나

과　명 : 파초과(Musaceae)

학　명 : *Musa paradisiaca* L.

영　명 : Banana

　바나나는 산스크리트어의 바라나 부샤(varana busha)에서 이름이 유래하였으며, 고대 아라비아어로 손가락이라는 뜻을 지니고 있다. 바나나는 기원전 4,000년부터 인도를 중심으로 한 남동아시아 지역에서 재배되다가 다시 동남아시아로부터 서인도와 아프리카로, 그리고 동쪽으로 태평양 제도를 거쳐 중남미로 전파되었다고 한다. 그후 중앙아메리카와 카리브 동해에서 주로 재배되다가 미국과 유럽으로 전해졌다.

　바나나는 단위결실하는 3배체의 씨 없는 과일이다. 바나나는 모든 과일 중에서 가장 생산량이 많으며, 그대로 껍질을 벗겨 먹거나 삶거나 구워서 먹기도 하고 술도 담그며, 그밖의 다양한 방법으로 이용하고 있다.

　미숙과 바나나에 많이 들어 있는 팩틴은 박테리아를 증식시켜 대변의 형성을 촉진시켜 설사예방 효과를 갖고 있으며, 숙성과의 헤미셀룰로오스는 장의 운동을 촉진시키고 양배추만큼이나 풍부한 식이섬유가 들어 있어서 변비를 방지한다. 바나나는 80%가 탄수화물이어서 열량으로 빠르게 전환되기 때문에 운동 전후 짧은 시간 내에 원기를 회복하는 데 도움이 된다.

　바나나에는 칼륨이 사과의 3배나 더 들어 있어서 나트륨 배출을 통한 고혈압 예방 효과가 있다. 또한, 비타민 C・비타민 B_6・마그네슘에 의한 피부 미용 효과가 크며, 백혈구 증식을 촉진시켜 면역기능을 강화시킨다.

16) 파인애플

과　명 : 파인애플과(Bromeliaceae)

학　명 : *Ananas comosus* Merr.

영　명 : Pineapple

　원산지는 브라질 남부에서 아르헨티나 북부 및 파라과이 지역이다. 파인애플은 1493년 서인도제도의 과델루프 섬에서 콜럼부스의 제2차 탐험대에 의해 발견되었는데, 발견 당시 이미 열대아메리카에서 널리 재배되고 있었으며 품종의 계통도 성립되어 있었다고 한다.

　세계의 주요 재배 품종인 스무스 카이엔 종이 식물 탐험대 페로테에 의해 유럽에 전해진 뒤 영국과 하와이를 거쳐서 세계 각지로 전파되었다. 우리나라에는 20세기 후반에 제주도에서 본격적인 재배가 시작되었다.

　파인애플은 열대성 영년생의 일임성 초본으로 바나나처럼 각 줄기는 단 한번 개화하고 결실을 한 후에 죽은 후 측지가 우세하게 자란다. 잎의 내부에는 물을 저장하는 조직이 있고 공기가 흐르는 관이 있어서 가뭄에 견딜 수 있도록 해 준다.

　과실의 정단부에는 과실이 성숙할 때까지 계속 자라는 근두엽이 있는데, 이것도 번식에 이용될 수도 있으며, 과실 밑에 있는 예아들도 번식에 이용될 수 있다. 파인애플의 품종은 100여 종이 있는데, 가시가 없는 것과 있는 것으로 대별된다. 가시가 없는 품종에는 스무스 카이엔, 가시가 있는 품종에는 레드 스패니시가 있다.

과실은 80~85%가 수분이며, 12~15%의 당분, 0.6%의 산, 0.4%의 단백질, 0.5%의 회분, 0.1%의 지방과 약간의 섬유질 및 여러 가지 비타민이 함유되어 있는데, 주로 비타민 C가 많이 함유되어 있으며 그 함량은 가식부 100g당 8mg에서부터 30mg까지로 다양하다. 일반적으로 열매를 수확한 뒤 2~3일 후숙하면 단맛이 강해진다.

과실에는 브로멜린(bromelin)이라고 하는 단백질 효소가 들어 있어서 염증을 완화하고 치유를 촉진하며, 육류의 소화를 돕는다. 또한 브로멜린은 묵은 각질을 제거하는 효과가 뛰어나며, 보습 효과도 있어 천연 화장품재료로 이용된다.

파인애플의 잎에서는 질긴 흰색의 섬유가 생산되는데, 필리핀과 대만에서는 이것으로 명주와 같은 파인애플 옷을 만든다.

17) 참다래나무

과　명: 다래과(Actinidiaceae)
학　명 : *Actinidia deliciosa*
영　명 : Kiwi fruit, Chinensis planch

동남아시아 원산의 덩굴성 낙엽 과수로 열매가 키위새(kiwi)와 비슷하다고 해서 붙여진 이름이다. 전세계적으로 다래나무속 식물은 모두 50여종이 있는데 대부분 아시아 원산이며, 현재 재배되고 있는 참다래는 원래 중국 다래로서 양자강 유역 산림에서 야생하던 것을 20세기 초에 뉴질랜드가 종자를 도입하여 개량한 것이다.

키위는 가공적성이 뛰어나 다양한 가공 제품 개발이 가능해서 와인·청량음료·통조림·과자·화장품 등을 만든다. 과육은 녹색으로 건강을 상징하며 각종 요리에 장식용으로 적합하다. 단백질의 분해 효소인 악티니딘(actinidin)을 함유하고 있어서 소화를 도우며, 육류나 생선의 연화제로 사용된다. 특유한 맛과 비타민C가 풍부하며 변비에도 좋다.

18) 망고나무

과　명 : 옻나무과(Anacardiaceae)
학　명 : *Mangifera indica*
영　명 : Mango

원산지가 인도나 미얀마 또는 말레이반도로 추정되고 있으며, 인도에서 4,000년 이상 재배되어 왔다. 망고나무는 직립 분지형의 상록수로서 수관이 넓은 거대한 교목이다. 잎은 붉은 색을 띤 싹으로 나와서 녹색으로 변하며 나무에 1년 이상 달려 있게 된다. 화서는 수 천 개의 꽃들로 이루어져 있으며, 대부분 수꽃이나 일부는 완전화이다. 과실은 크고 과육이 많은 핵과로서 식용 가능한 과육을 가지고 있으며, 종자 주위에는 핵층이 있다.

익은 망고는 황색의 과육과 좋은 향기가 좋아 후식용으로 이용된다. 쥬스와 모든 종류의 설탕 절임 제품은 익은 과실로 만들며, 피클과 처트니(chutney)는 익지 않은 과실로 제조한다. 식용 부분은 과실 무게의 60 ~ 70%를 차지한다. 익은 망고의 과육에는 설탕이 대부분인 약 15%의 당분과 다량의 비타민 A, 그리고 역시 상당량 양의 비타민 B · C가 함유되어 있다.

19) 아보카도나무

과　명 : 녹나무과(Lauraceae)
학　명 : *Persea americana* Mill
영　명 : Avocardo

원산지는 열대 아메리카이며 현재 멕시코 남부 오리자바 화산 산록에 멕시코종이 자생한다. 아보카도는 울퉁불퉁하게 생겨 악어배라고도 하는데 품종에 따라 변이가 심하다. 높이 7 ~ 20m 정도의 상록활엽수로 수피는 회색, 줄기는 녹색을 띠며, 잎은 전연의 형태가 난형 또는 도란형으로 길이는 20cm, 폭은 6cm 정도로 비교적 크다. 과실은 30 ~ 40g의 작은 것에서부터 1,400 ~ 1,800g의 큰 것에 이르기까지 품종에 따라 크기가 다양하다. 열매 모양은 서양배형 · 난형 · 구형 · 편구형 등으로 다양하며, 과피의 색도 황록 · 황 · 암홍갈 · 갈색 · 자색 · 흑색 등, 변화가 많다.

아즈텍에서는 아보카도 나무를 '고환나무'라고 하는데, 아보카도는 남성뿐 아니라 여성의 성욕을 증진시키는 데도 효과가 있다. 남성 호르몬 생산에 필요한 비타민 B$_6$가 풍부할 뿐만 아니라 많은 엽산을 함유하고 있어서 단백질 합성을 돕는다.

아보카도는 과실에 영양이 많고 올리브기름 같이 콜레스테롤과 포화지방산이 적고 불포화도가 높은 3 ~ 31%의 기름을 함유하고 있어서 고혈압, 심장병 예방 효과가 있으며, 루테인 함량이 높아 백내장과 황반변성 같은 안과질환에 대해 예방효과가 있다. 또한 비타민 B · C도 많은 반면 당분은 약 1%로 낮아서 당뇨병 환자를 위한 고칼로리 에너지원으로 이용된다. 아보카도는 빵과 옥수수떡에 얹어 먹거나 또는 레몬 쥬스, 소금, 고추와 같이 넣어 샐러드로 먹는다. 기름은 화장품 제조용으로 많이 쓰이는데, 피부 세포의 콜라겐 합성량을 늘려 주고 노화를 예방하며, 특히 과일 중에서 유일하게 적당한 유분기가 함유되어 피부 보습작용이 높다. 그러나 과실이나 잎에는 사람에게는 무해하나 개에게는 치명적인 펄신(persin)이라는 지방산이 독물질로 작용하므로 주의하여야 한다.

| 표 2-27 | 과일류의 비타민 함량　　　　　　　　　　　　　　　　(다음 페이지에 계속)

식품명	가식부(100g)													
	비타민													
	A			B$_1$	B$_2$	B$_3$	C	B$_6$	B$_5$	B$_{12}$	B$_9$	D	E	K
	RE	Rt	βC											
사과	3	0	19	0.01	0.01	0.1	4	0.06	−	0	1.0	0	1.0	−

| 표 2-27 | 과일류의 비타민 함량

식품명	가식부(100g)													
	비타민													
	A			B_1	B_2	B_3	C	B_6	B_5	B_{12}	B_9	D	E	K
	RE	Rt	βC											
배	0	0	0	0.02	0.01	0.1	4	0.05	0.14	0	5.1	–	0.2	0
복숭아	0	–	0	0.08	0.23	1.2	9	0.03	0.13	0	12.3	–	0.6	0
포도(거봉)	3	0	15	0.03	0.01	0.2	2	0.05	0.10	0	1.9	–	0.5	0
대추	2	0	13	0.04	0.05	0.6	62	0.09	–	0	–	–	–	–
감	16	0	97	0.03	0.02	0.2	20	0.06	0.28	0	16.7	0	0.2	0
자두	0	–	–	0.04	0.03	0.3	5	0.04	0.14	0	37.0	0	0.6	0
살구	297	0	1784	0.03	0.02	0.3	5	0.05	0.30	0	2.0	0	1.7	0
매실	21	0	123	0.03	0.02	0.4	6	0.06	0.35	0	8.0	0	3.5	0
모과	1	0	6	0.02	0.01	0.3	81	0.04	0.31	0	12.0	0	0.6	0
앵두	1	0	6	0.02	0.02	0.5	13	**	**	**	**	**	**	**
감귤	1	0	5	0.13	0.04	0.4	44	0.06	0.23	0	24.0	0	0.4	0
유자	0	0	0	0.10	0.04	0.2	105	**	**	**	**	**	**	**
레몬	0	0	0	0.05	0.02	0.7	70	0.08	0.39	0	31.0	0	1.6	0
바나나	2	0	9	0.03	0.06	1.0	10	0.30	0.44	0	34.6	–	0.2	0
파인애플	0	0	0	0.11	0.01	0.2	15	0.08	0.28	0	11.0	0	0	0
참다래	8	0	46	0	0.02	0.3	27	0.12	0.26	0	36.0	0	1.3	0
망고	100	0	610	0.04	0.06	0.7	20	0.13	0.22	0	84.0	0	1.8	0
아보카도	13	0	75	0.10	0.21	2.0	15	0.32	1.65	0	84.0	0	3.4	0
다래	0	–	0	0.09	0.04	0.6	57	**	**	**	**	**	**	**
구아바	100	0	600	0.03	0.04	0.8	220	0.06	0.32	0	41.0	0	0.3	0
머루	0	0	0	0.05	0.03	0.5	8	**	**	**	**	**	**	**
무화과	3	0	18	0.03	0.03	0.2	2	0.07	0.23	0	22.0	0	0.4	0
비파	67	0	400	0.09	0.06	0.2	15	0.06	0.22	0	9.0	0	0.2	0
불루베리	10	0	60	0.05	0.05	0.4	3	0.05	0.12	0	12.0	0	1.7	0
산딸기	17	0	101	0.02	0.03	0.4	28	0.07	0.43	0	38.0	0	1.0	0
오디	8	0	50	1.47	0.07	0.6	5	**	**	**	**	**	**	**
오렌지	15	0	90	0.11	0.02	0.3	43	0.06	0.36	0	65.4	–	0.3	0
올리브	55	0	330	0.02	0.11	0.4	20	0.02	0	0	2.0	0	4.7	0
으름	7	0	39	0.06	0.04	5.7	31	0.08	0.29	0	30.0	0	0.2	0
파파야	9	0	55	0.03	0.03	0.4	16	0.01	0.42	0	44.0	0	0.3	0

* RE: Retinol Equivalent; Rt: Retinol; βC: β–Carotne; ** 비검사

| 표 2-28 | 과일류의 무기질 함량

| 식품명 | 가식부(100g) | | | | | | | | | | | |
| | 섬유소(g) | | 무기질 | | | | | | | | | |
	수용성	불수용성	Ca (mg)	P (mg)	Fe (mg)	K (mg)	Mg (mg)	Mn (mg)	Zn (mg)	Co (μg)	Cu (μg)	Se (μg)
사과	0.1	1.3	3	8	0.3	95	5	0.1	0.1	–	0.06	**
배	0.6	1.2	2	11	0.2	3	5	0.6	0.1	–	0.07	**
복숭아	0.5	0.9	3	17	0.5	133	7	–	0.1	–	0.05	–
포도	*1.9		6	17	0.4	173	7	0.1	0.1	–	0.06	–
대추	*12.8		28	45	1.2	357	39	0.3	0.8	–	0.24	–
감	0.8	1.7	6	34	3.9	379	7	0.4	0.1	–	0.02	–
자두	*2.2		3	12	0.2	164	5	–	0.1	–	0.09	**
살구	*0.6		5	14	0.5	160	8	–	0.1	–	0.04	–
매실	*1.1		7	19	0.6	230	8	–	0.1	–	0.05	–
모과	0.9	8.0	21	18	0.5	247	12	–	0.2	–	0.09	**
앵두	*0.4		6	17	1.1	268	**	**	**	**	**	**
감귤	0.1	1.0	13	11	0	173	12	0.1	0.2	–	0.10	–
유자	1	5.0	49	15	0.4	194	257	2.2	5.3	–	1.40	–
레몬	2.0	2.9	33	18	0.6	102	11	0	0.1	–	0.08	**
바나나	*1.9		4	18	0.7	380	24	0.4	0.3	0.6	0.11	–
파인애플	0.1	1.4	10	9	0.4	107	14	0.1	0.1	0.2	0.11	–
참다래	0.7	1.8	30	26	0.3	271	13	–	0.1	–	0.11	–
망고	0.7	1.0	15	12	0.2	170	12	0	0.1	0.3	0.08	**
아보카도	2.0	3.5	9	55	0.7	720	33	0.1	0.7	–	0.42	**
다래	**	**	22	34	02	401	**	**	**	**	**	**
구아바	1.5	11.8	8	16	0.1	240	8	–	0.1	0.2	0.06	–
머루	*3.5		73	10	1.7	–	**	**	**	**	**	**
무화과	*4.0		26	16	0.3	170	14	–	0.2	–	0.06	–
비파	*0.5		4	18	1.4	119	**	**	**	**	**	**
불루베리	*1.3		6	10	0.2	89	5	–	0.1	–	0.04	–
산딸기	*6.1		21	31	0.6	130	21	–	0.4	–	0.12	–
오디	*0.9		61	31	2.0	203	**	**	**	**	**	**
오렌지	0.4	1.6	33	20	0.2	126	11	–	0.1	–	0.06	–
올리브	*3.4		18	29	2.1	416	11	–	0.2	–	0.17	–
으름	*5.1		6	269	3.4	–	14	–	0.1	–	0.09	–
파파야	*0.3		21	12	0.3	215	26	–	0.1	0.4	0.05	–

* 총량; ** 비검사

② 견과류

단단한 후각조직으로 된 껍질로 된 씨앗을 가지고 있는 열매를 견과라고 한다. 견과 속 물질들은 식물 종에 따라 탄수화물, 지방, 단백질이 다량 함유되어 있으며, 함유 지방산은 대부분 불포화 지방산이다(표 2-30, 2-31. 2-32).

1) 밤나무

과　명 : 참나무과(Fagaceae)
학　명 : *Castanea crenata* S. et Z.
영　명 : Chestnut
한자명 : 율(栗)

그리스의 밤 산지인 'Kastana' 지명에서 castanea라는 밤나무 속명이 유래되었다.

우리나라 원산의 교목성 낙엽 활엽수로 수고 25m, 흉고 직경이 3m까지 자라는데, 산야에 자생하고 있는 밤나무는 대개 실생으로 자란 것이어서 나무가 곧고 원추형으로 자라지만 과실 생산을 재배 목적으로 하는 밤나무는 품종 유지를 위한 접목 묘이기 때문에 품종 및 식재 밀도에 따라 수형이 달라진다. 자웅동주로서 암꽃은 수상화서와 별개로 착생된다.

우리나라 낙랑 무덤에서 밤이 발견된 것으로 보아 2,000년 이상으로 추정된다. 재래종 밤이 전국적으로 분포하며 경기 이남 지역에 주로 자생하여 왔는데, 약 2,000년 전에 중국밤이 국내에 들어와 토착화된 약밤나무 계통은 평안도와 황해도 및 강원도 지방에 널리 퍼져서 생산되었다. 재래종 한국 밤은 이전에 조선밤 또는 조선재래종밤이라 불렸는데, 일본밤과 비교하여 외관상으로는 떨어지지만 감미가 좋고 속껍질(내피)이 얇아 껍질이 잘 벗겨진다. 과육의 색도 황색으로 진하고 밤알도 상당히 큰 편이며 저장력도 강하다.

우리나라에서는 밤을 구황 식량과 관혼상제에 빼놓을 수 없는 필수품으로 예로부터 지역의 특산물로 이름이 호칭되었을 뿐 뚜렷한 품종이 많지 않았으나 평양밤(함종밤), 양주밤(불밤) 등이 유명하였다. 현재 재배되는 품종의 대부분은 일본에서 도입된 것으로 냉해에 약하기 때문에 주산지가 대부분 남부지방에 편재되어 있다.

탄수화물 · 단백질 · 지방 · 칼슘 및 비타민(A · B · C) 등이 풍부하여 신체 발육과 성장에 좋다. 특히 가식부 100g 당 비타민 C가 12mg 들어 있어서 피부미용 · 피로회복 · 감기예방 · 술안주로 좋다. 당분에는 위장 기능을 강화하는 효소가 들어 있으며, 저칼로리에 섬유소가 풍부하여 성인병 예방과 신장 보호에도 효과가 있다.

2) 호두나무

과　명 : 호두과(Juglandaceae)
학　명 : *Juglans regia* L.

영 명 : Walnut

한자명 : 호도(胡桃)

　호두의 속명 *Juglans*은 쥬피터신의 '열매(Jupiter's Nuts)'라는 뜻의 로마어 'glans Jovis'가 어원이다. 원산지는 페르시아지방이라고 추정되는데, 유럽을 거쳐 미국으로 전파되었으며, 우리나라에는 중국을 경유하여 전파되었다. 우리나라에서 재배되고 있는 품종은 페르시아 호두의 변종이 대부분이다.

　호두나무는 낙엽활엽교목으로 높이 20m 내외인 핵과류이다. 잎은 우상복엽이고 잎자루는 길이 25cm로서 털이 거의 없거나 선모가 있다. 소엽은 5~7개이며 타원형으로 길이 7~20cm, 너비 5~10cm 정도이다. 열매는 9~10월에 익는데 둥글고 털이 없고 핵은 도란형으로서 연한 갈색이고 봉선을 따라 주름이 있다. 껍질 안에 공간이 연속되어 있고 핵 내부는 네 부분으로 나누어져 있다.

　호두는 알칼리성 식품으로 가식부 100g당 530kcal의 높은 열량을 가지고 있는데, 지방이 전체의 60%를 차지하지만 대부분 불포화 지방산인 리놀레산과 리놀렌산이다. 또한 호두는 양질의 단백질과 비타민 B군 및 칼슘·인·철분이 풍부하여 태아와 어린이들의 뇌 발달과 노인들의 치매 방지에도 효과가 있으며 두발을 검게 해준다고 하며, 심장과 정신을 편하게 하는 효과가 있다. 심한 불면증과 심장이 허약하여 자주 놀라거나 정신이 산란한 것을 안정시키는 데에는 매일 3~5개씩 오랜 기간 동안 먹으면 탁월한 효과가 있으며, 피부가 윤택해지고 노화방지와 강장에도 효과가 있다. 특히 남자의 생식기능을 강화하는 식품으로 알려져 있으며, 다양한 방광증에 효과가 탁월다고 한다. 그러나 체질이 냉한 사람은 다소 많이 먹어도 좋지만 열이 많은 사람은 많이 먹지 않도록 한다. 생식하는 것이 익혀서 먹는 것보다 효과가 더욱 좋은데 사람에 따라서는 알레르기가 나타나기도 한다.

　한방에서는 전 부위가 약용으로 쓰이는데, 열매인 호두인(胡桃仁)은 맛이 달고 성질이 따뜻하며, 폐와 신경에 작용하고, 머리칼을 검게 한다고 한다. 또한 동맥경화 예방·자양강장·정력증강·소화기의 강화 등에 이용된다. 민간에서는 돼지고기 먹고 체한 데, 감기·백일해·치질·충치·기생충 등에 쓰였다.

　호두는 제과·요리·화장품·약용·고급 그림물감 제조용 등으로 사용된다. 또한 열매 껍질과 뿌리 껍질에는 황색 색소인 유크론과 탄닌이 들어 있는데, 직접 또는 명반을 첨가해서 양모 염색에 이용된다. 목재는 일반적으로 재질과 색조가 좋고, 치밀하고 뒤틀리지 않으며 나무의 단단한 정도를 알려주는 기건비중(氣乾比重)이 0.5~0.7로 가공성도 우수하여 고급 공예품 제작 및 비행기용 재료로 용도가 다양하다. 자단목(紫檀木)은 기건비중 0.8~0.85, 소나무는 0.43이다.

3) 잣나무

과 명 : 소나무과(Pinaceae)

학 명 : *Pinus koraiensis* S. et Z.
한자명 : 해송자(海松子)·실백(實柏)·백자(柏子)·송자(松子)

상록 침엽 교목으로 수고 30m 정도 자라며 직경은 1m 정도까지 자란다. 보통 10~15년생 부터 열매를 맺으며 수령은 300~500년 정도이다. 잎은 5개씩 모여 나며 길이 7~12cm 정도로 소나무보다 진한 녹색이다. 꽃은 일가화로 암꽃은 녹황색, 수꽃은 붉은 색이며 5월에 피고, 구과는 길이 12~15cm, 직경 6~8cm로 이듬해 9월에 익는다.

표고 100m~1,900m 사이에 분포하는 한대 수종으로 다양한 물질로 구성된 피톤치드를 내며, 어려서는 생장 속도가 느린 음수이나 1~2m 정도 커지면 생장 속도가 빨라지며 햇빛 요구량도 많아진다. 추위를 좋아하여 산악지대의 고산지대에 분포되어 있다.

우리나라를 비롯해서 만주, 시베리아, 중국 북부 지방의 산골짜기나 중턱에서 잘 자란다. 세계에서 잣나무가 가장 많이 자라고 있는 곳은 압록강 유역으로 옛날부터 해동 송자라 하여 고려 인삼과 함께 우리나라의 특산품으로 중국을 비롯해서 서역 나라에까지 수출되었다. 흔히 해송자·백자·송자·실백이라고 하는 잣나무 종자는 솔방울처럼 생긴 구과 속에 들어 있으며 커다란 배유를 지니고 있고 맛과 향은 물론 여러 가지 약리 작용이 있어 식용하거나 약용한다.

잣의 성분은 가식부 100g당 수분 5.5g, 지방 64.2g, 단백질 18.6g, 당질 4.3g, 회분 1.5g, 섬유질 0.9g, 인 165mg, 칼슘 13mg, 철분 4.7mg, 비타민 A 53mg, 나이아신 7mg, 비타민 B_2 0.1mg 등을 함유하며, 인이 칼슘보다 많은 산성식품이다. 함유 지질은 올레산과 리놀산, 리놀레인산 등의 불포화 지방산으로 구성되어 있어서 피부를 윤택하게 하고 혈압을 내리게 하며, 스테미너에 도움을 준다. 또한 비타민 B군이 풍부하고 철이 많이 함유되어서 빈혈에 좋다. 또한 정력을 강화하고 심기를 보양하며 장복하면 피부를 윤택하게 하고 눈과 귀가 밝아지는 등, 심신 강화와 비만 방지 및 미용 효과가 뛰어나 특히 여자에게 좋은 것으로 알려져 있다. 또한, 풍습을 제거하며, 요통에도 효과가 있다고 한다.

한방에서 잣의 성질은 평온하고 맛은 달며 독이 없고, 기와 혈을 보하며, 특히 폐기를 도와 기침을 멈추게 하고 속을 덥게 하여 내장을 편하게 해주기 때문에 각종 허증으로 인해 여윈 사람을 살찌게 한다 하여 쇠약한 환자에게 보신용으로 죽을 끓여 보양하기도 하며 각종 요리에 고명으로 사용한다.

4) 은행나무

과 명 : 은행나무과(Ginkgoaceae)
학 명 : *Ginkgo biloba* L.
영 명 : Ginkgo
한자명 : 은행(銀杏), 공손수(公孫樹), 행자목(杏子木), 압각수(鴨脚樹)

중국이 원산지인 나자식물의 활엽 교목이다. 잎은 부채꼴이며 보통 잎맥이 잎 중앙에서 2개로 갈라지지만 갈라지지 않는 것과 2개 이상 갈라지는 것도 있다. 잎맥은 2개씩 갈라진다. 긴 가지에 달리는 잎은 뭉쳐나고 짧은 가지에서 총생한다.

자웅이주로 꽃은 4월에 잎과 함께 피는 이가화이다. 수꽃은 미상화서로 달리고 연한 황록색이며 꽃잎이 없고 2 ~ 6개의 수술이 있다. 암꽃은 녹색이고 끝에 2개의 배주가 있으며 그 중 1개가 종자로 발육한다. 화분실에 들어간 화분은 발육하여 가을에 열매가 성숙하기 전에 정자를 생산하여 장란기에 들어가서 수정한다.

열매는 공 모양의 핵과로 10월에 황색으로 익는다. 외종피의 모양과 색이 살구 비슷하게 생겼다 하여 살구 행(杏)자와 중종피가 희다하여 은빛의 은(銀)자를 합하여 은행이라고 하며 이 종자를 백자(白子)라고 한다. 우리나라에는 불교와 유교를 따라 들어 왔다.

은행잎에는 징코라이드 A・B・C, 진놀, 플라보놀 등의 성분이 함유되어 있어서 말초혈관장애, 노인성치매 등을 치료하고 예방하는 데 획기적인 효과가 있는 것으로 알려져 있다. 특히 우리나라 은행잎의 유효 성분 함량이 다른 나라의 것보다 20 ~ 100배에 달한다.

은행 열매는 외종피・중종피・내종피로 구성되어 있는데, 외종피는 연질로 되어 있고 나쁜 냄새가 나고 피부병을 일으킨다. 식용으로 쓰이는 연질 부분을 덮고 있는 갈색의 얇은 막인 내종피는 독성이 있어서 벗겨서 먹어야 한다. 은행의 주요 성분은 수분 55%, 단백질 5%, 탄수화물 35%, 지방 1.5% 등으로 구성되어 있으며 비타민 C가 함유되어 있다. 은행은 호흡 기능을 활발하게 하여 폐결핵이나 기침에 좋고 가래를 삭이는 역할을 한다. 또한 숙취, 전신피로회복・성욕감퇴・여성대하증・어린이 야뇨증에 탁월한 효과가 있는 것으로 알려져 있으며, 은행 과즙은 심장 기능과 혈액 순환을 좋게 하고 폐를 튼튼하게 한다고 한다. 수피는 갈색 천연염색 재료로 사용한다. 청산배당체(靑酸配糖體)를 함유하고 있어서 많이 먹으면 중독을 일으키는 수가 있다. 익혀 먹으면 이뇨작용이 있으나 생것은 소변을 억제한다.

5) 야자나무

과 명 : 야자나무과(Arecaceae)
학 명 : *Cocos nucifera* L.
영 명 : Coconut palm

야자류는 야자나무과(*Arecaceae*)와 팜야자나무과(*Palmae*)로 대별되는데, 열매가 큰 야자가 보통 코코넛 야자라고 불리는 *Arecaceae* 야자이다.

코코넛 야자는 세계적으로 약 220속 2,500종이 있으며, 주로 열대와 아열대에 분포하고, 몇몇 종은 온대 지방에서도 자란다. 목본 단자엽식물로 교목・관목・덩굴성 등 다양하며, 대부분 줄기가 갈라지지 않고 대형의 잎이 줄기 끝에 무리지어 달린다. 줄기의 높이는 10 ~ 20cm에서 60m에 달하는 것까지 다양하다. 잎은 우상 복엽 또는 장상 복엽으로 길이가 수 cm에서 9m에 달하는 것까지 다양하다. 잎자루에 단단한 엽초와 가시가 달리기도 한다.

꽃은 단성화 또는 양성화이고 화서는 원추 또는 수상으로 작은 꽃이 무리를 이룬다. 열매는 장과 또는 핵과이고 대개 1개의 종자가 들어 있으며, 종자의 크기는 매우 다양하여 쌀알 크기에서 큰 멜론만한 것도 있다.

코코넛 야자나무(*Cocos* spp.)는 코코스야자라고도 한다. 코코넛 열매는 엄밀한 의미에서 밤이나 은행 같은 견과가 아니라 복숭아와 같은 핵과이다. 코코넛은 매우 유용한 열대과일인데 연한 녹색의 열대 과일로서 액상 배유인 즙이 많아 음료로 마신다. 열매 안쪽의 젤리처럼 생긴 과육은 단맛과 고소한 맛이 있어 그대로 먹거나 기름을 짠다. 다 익으면 갈색이 되고 과육도 단단해진다. 코코넛 열매의 맨 바깥은 섬세하고 얇은 섬유층이고 안쪽은 두께 2～5cm의 촘촘한 섬유층을 이룬다. 1년에 4회 정도 수확하는데, 나무 1그루당 50～60개의 열매가 달린다.

과즙에는 가식부 100g당 지방 1.7%, 단백질 5.4g, 인 206mg, 철 3.3mg이 들어 있다. 과육을 짜낸 즙을 코코넛 밀크(coconut milk, CM)라고 하는데, 코코넛의 지방은 식물성이면서도 90% 정도가 포화지방산이므로 동물성 지방과 마찬가지로 섭취에 유의해야 한다. 한편, 코코넛 밀크 속에는 다양한 영양소와 함께 식물호르몬인 사이토키닌(cytokonin)이 들어 있어서 양란의 조직 배양시 분화배지의 첨가물로 사용한다.

단단해진 과육을 깎아서 말린 코프라(copra)는 과자 재료나 술 안주로 이용하며, 코코넛 크림은 아이스크림과 디저트 요리의 재료로 쓴다. 기름은 각종 요리의 소스 재료와 식용유로 쓰고 비누·화장품 등을 만드는 데 쓴다. 열매를 감싸고 있는 섬유층은 카펫이나 산업용 로프, 차량 시트 등을 만드는 데 쓰며, 단단한 껍데기는 생활용품이나 공예품 재료가 된다.

팜 오일 야자(*Elaeis* spp.)는 코코넛 야자와는 달리 팜야자과(*Palmae*)에 속하나 식물체 모양이 비슷하여 화서가 나타나기 전에는 코코넛 야자와 구분하기 어렵다. 팜 오일 야자 역시 일반적으로 자웅이주로서 높이 8.3～20m 정도로 한 화서에 200～300개의 열매가 달리고 그 무게는 8kg 정도에 이르는데 열매 하나하나는 약 3.5g 정도로 까맣게 익는다. 작은 열매 하나는 길이 3.5cm, 폭 2cm 정도로 속에 작은 공간이 있다. 섬유분에서 팜유가 얻어지며, 핵부분(palm kernel)에서 팜핵유가 얻어진다. 팜핵유는 단쇄의 지방산을 많이 함유하기 때문에 다른 식물유에 비하여 검화가가 높다. 팜핵 원유는 정제하고 크림용 유지, 초콜렛용 유지, 마가린 원료, 튀김용 기름, 분무용 유지 등 주로 식용으로 이용된다.

야자류의 지방의 지방산은 포화도가 높아 거의 동물성 유지와 비슷하다. 식품에 사용하는 팜유의 요오드가는 44～0인 반면 야자유는 7～11로 야자유가 지방산의 포유도가 더 높다.

| 표 2-29 | 견과류의 일반성분 함량 (다음 페이지에 계속)

식품명	가식부(g/100g)			
밤	에너지(Cal)	단백질(g)	지질(g)	탄수화물(g)
호두	162	3.2	0.3	37.1
잣	652	15.4	66.7	12.6
은행	665	14.7	68.2	11.6
코코넛	183	5.4	1.7	37.4

| 표 2-29 | 견과류의 일반성분 함량

식품명	가식부(g/100g)			
밤	에너지(Cal)	단백질(g)	지질(g)	탄수화물(g)
아몬드	20	0.2	0.1	0.4
연씨	598	13.6	54.2	19.7
해바라기씨	85	5.7	0.5	14.9
호박씨	157	22.8	49.6	18.8

| 표 2-30 | 견과류의 비타민 함량

식품명	가식부(100g)													
	비타민													
	A			B₁ (mg)	B₂ (mg)	B₃ (mg)	C (mg)	B₆ (mg)	B₅ (mg)	B₁₂ (μg)	B₉ (μg)	D (μg)	E (mg)	K (μg)
	RE	Rt (μg)	βC (μg)											
밤	8	0	45	0.25	0.08	1.0	12	0.27	1.04	0	74.0	0	0.3	1
호두	4	0	22	0.24	0.09	1.1	0	0.58	1.66	0	31.0	–	1.8	3
잣	0	0	0	0.56	0.18	3.6	0	0.17	0.59	0	79.0	0	11.5	1
은행	15	0	92	0.40	0.04	1.6	14	0.08	1.38	0	49.0	0	2.8	3
코코넛	–	0	–	0.06	0.10	0.6	2	0.03	0.04	0	3.0	–	0	0
아몬드	1	0	8	0.24	0.92	3.5	0	0.10	0.66	0	63.0	0	31.2	–
연씨	1	0	5	0.18	0.09	1.4	27	0.54	3.41	0	180.	0	1.3	–
해바라기씨	–	0	–	2.29	0.25	4.5	1	0.77	6.75	0	227.	–	34.5	3
호박씨	5	0	32	0.32	0.13	4.9	0	0.22	0.34	0	58.0	–	0	51

* RE: Retinol Equivalent; Rt: Retinol; βC: β–Carotne

| 표 2-31 | 견과류의 무기질 함량 (다음 페이지에 계속)

식품명	가식부(100g)									
	무기질									
	Ca (mg)	P (mg)	Fe (mg)	K (mg)	Mg (mg)	Mn (mg)	Zn (mg)	Co (μg)	Cu (μg)	Se (μg)
밤	28	68	1.6	2	40	–	0.5	–	0.32	–
호두	92	332	2.2	368	158	3.4	3.1	–	1.50	–
잣	18	560	5.8	590	290	–	6.9	–	1.44	–
은행	5	156	1.1	578	53	–	0.4	–	0.27	–

| 표 2-31 | 견과류의 무기질 함량

식품명	가식부(100g)									
	무기질									
	Ca (mg)	P (mg)	Fe (mg)	K (mg)	Mg (mg)	Mn (mg)	Zn (mg)	Co (μg)	Cu (μg)	Se (μg)
코코넛	26	206	3.3	543	160	1.3	5.0	3.9	0.05	–
아몬드	230	500	4.7	770	310	–	4.0	–	1.35	
연씨	53	190	0.6	410	200	2.4	2.6	–	1.24	–
해바라기씨	116	705	6.8	689	354	2.0	5.0	–	1.75	–
호박씨	54	1148	9.6	730	530	–	7.7	–	1.26	–

| 표 2-32 | 견과류의 콜레스테롤 및 지방산 함량

식품명	콜레스테롤 및 지방산(g)					불포화지방산(g)			
				총불포화지방산					
	*콜레스테롤	총지방산	포화지방산	*** MUFA	**** PUFA	올레산	리노레산	리놀렌산	아라키돈산
밤	0	0.15	0.07	0.04	0.04	17.3	41.5	12.6	0.1
호두	0	67.33	6.94	10.24	50.15	20.4	59.7	9.8	–
잣	0	56.61	4.99	16.90	34.72	29.7	60.0	1.6	–
은행	0	0.85	0.14	0.34	0.37	38.4	44.4	2.5	–
코코넛	**	**	**	**	**	**	**	**	**
아몬드	0	51.98	4.23	35.07	12.68	64.9	25.8	0.2	–
연씨	**	**	**	**	**	**	**	**	**
해바라기	0	53.14	5.53	10.10	37.51	24.2	66.8	0.1	–
호박씨	**	**	**	**	**	**	**	**	**

* mg; ** 비검사
*** MUFA: Monounsaturated fatty acid; **** PUFA: Polyunsaturated fatty acid

| 표 2-33 | 견과류의 필수 아미노산 함류   (다음 페이지에 계속)

식품명	가식부(mg/100g)									
	필수아미노산								히스티딘 His	아르기닌 Arg
	이소류신 Ile	류신 Leu	라이신 Lys	메티오닌 Met	페닐알라닌 Phe	트레오닌 Thr	트립토판 Trp	발린 Val		
밤	192	132	41	37	64	44	18	96	89	65
호두	755	1304	457	104	785	623	257	845	436	3047

| 표 2-33 | 견과류의 필수 아미노산 함류

식품명	가식부(mg/100g)									
	필수아미노산								히스티딘 His	아르기닌 Arg
	이소류신 Ile	류신 Leu	라이신 Lys	메티오닌 Met	페닐알라닌 Phe	트레오닌 Thr	트립토판 Trp	발린 Val		
잣	550	1142	528	196	593	499	234	758	356	3190
은행	243	391	215	55	192	272	79	326	111	684
코코넛	500	850	550	230	670	550	220	780	270	890
아몬드	842	1387	633	192	1011	613	187	896	554	2212
연씨	**	**	**	**	**	**	**	**	**	**
해바라기씨	970	1400	760	520	1000	770	310	1200	580	2000
호박씨	1718	2373	1526	751	1543	1287	571	1714	762	4687
홍화씨	417	1172	417	312	688	317	243	743	220	1450

** 비검사

제5절 향신료 및 기호식물

① 향신료

식품이나 조리 과정에서 첨가하여 식품의 저장성을 높이거나 잡내를 없애며, 또한 식품의 풍미를 좋게 하고 식중독 등을 방지하여 주는 식물 재료를 향신료라고 한다. 향신료는 다른 식물과 마찬가지로 다양한 성분이 함유되어 있지만 그 양은 비교적 적으며, 대신 각 식물마다 특정의 기능성 물질들을 가지고 있다(표 2-35, 2-26).

1) 마늘

과　명 : 백합과(Liliaceae)
학　명 : *Allium sativum* L.
영　명 : Garlic
한자명 : 산(蒜), 대산(大蒜), 호(葫), 호산(胡蒜)

　속명 *Allium*은 강한 냄새가 난다는 라틴어 halium에서 연유되었으며, *sativum*은 재배의 의미이다. 파속 식물은 황아미노산인 알린(alliin) 성분이 있어 산성식품에 속한다.
　마늘은 아주 오랫동안 재배되어 왔던 식물로 중앙아시아 지역이 원산지로 추정되고 있다. 기원전 고대 이집트, 그리스 및 로마시대부터 재배되었으며, 피라미드의 벽화, 성서 등을 통해 볼 때 당시에는 주로 노동자나 병사들이 힘을 북돋우기 위해 이용하였던 것으로 보인다.

중국에는 마늘이 기원전 2세기경에 이란 지방으로부터 인도, 열대 아시아를 거쳐 도입되었으며, 우리나라에는 삼국유사 웅녀 설화에 마늘이 등장하는 것으로 미루어 오랜 재배 역사가 있는 것으로 보인다. 삼국사기에도 마늘 재배 기록이 있는 것으로 미루어 이미 통일신라 이전에 널리 재배되고 있었던 것을 수 있다.

마늘은 파나 양파에 비하여 열량이 높으며 단백질·지방·탄수화물이 많고 이 밖에 철분·비타민 B_1·B_2도 많이 함유하고 있다. 마늘 특유의 독특한 냄새를 내는 알린과 냄새가 없는 아미노산의 일종인 스코로디닌(scorodinin)은 대사작용 촉진, 항균 작용 및 강장 작용을 하는 것으로 알려져 있어 특히 현대인들에게 건강 식품으로서 그 가치를 인정 받고 있다. 또한 마늘의 자극성 물질인 이황화알릴(diallylsulfide)과 황화알릴프로필(allylpropyllsulfide)은 강한 살균 작용과 함께 강장 작용 뿐만 아니라 위와 장의 점막을 자극해 소화액 분비를 촉진하여 건위 작용을 하는 것으로 알려져 있다. 마늘의 특유한 냄새는 아미노산의 일종인 알린이 allinase 효소에 의해 분해되어 생기는 알리신(allicin)의 냄새이다. 마늘을 삶거나 구우면 그 냄새가 없어지는데 이것은 allinase가 열에 의해 파괴되기 때문이다. 이 알리신은 비타민 B_1과 결합하여 지속성 활성비타민인 알리티아민(allithiamine)을 생성하므로 비타민 B_1의 이용율을 높이며, 단백질과도 결합하여 단백질의 이용율도 증가시킨다. 또한 세포막을 구성하는 인지질의 산화를 억제하여 노화를 방지하는 작용도 한다. 이러한 작용으로 옛날부터 마늘을 건위·이뇨·정장·동맥경화·고혈압·각기·백일해·폐결핵·강장·해독에 효과가 있어 약용으로 이용해 왔다. 마늘의 식용 부위는 주로 지하부의 경구이지만 어린잎과 줄기도 풋마늘과 함께 식용한다. 마늘을 착유한 마늘유는 비타민 B를 주제로 한 약제의 원료로도 쓰여지고 있다.

2) 파

과 명 : 백합과(Liliaceae)
학 명 : *Allium fistulosum* L.
영 명 : Welsh onion
한자명 : 총(蔥), 대총(大蔥)

중국의 서부가 원산지이다. 내한성·내서성이 강하며, 북쪽은 시베리아로부터 남쪽의 난대지역까지 분포되어 있다. 중국에서는 고대로부터 재배되어 왔으며, 우리나라는 중국을 거쳐 고려 이전에 들어온 것으로 보인다.

파의 식품적 가치는 다른 일반 채소류와 비교해 볼 때 큰 차이는 없으나, 비타민 A와 C는 녹색이 많은 잎 쪽에 많이 함유되어 있고, 줄기에는 함량이 적으며, 비타민 B는 매우 적은 편이다. 파는 마늘과 마찬가지로 특유한 냄새가 있는 알리신이 비타민 B_1을 활성화하여 특정 병원균에 대해 강한 살균력 작용이 있으며, 건위·이뇨·발한·정장·구충·거담 등에도 효과가 있다.

3) 양파

과 명 : 백합과(Liliaceae)
학 명 : *Allium cepa* L.
영 명 : Onion
한자명 : 옥총(玉蔥), 총두(蔥頭), 양총(洋蔥)

　서아시아 또는 지중해 연안이 원산지라고 추측되고 있으나 아직 야생종이 발견되지 않아 확실하지 않다. 재배 역사는 매우 오래되어 기원전 3,000년경의 고대 이집트 분묘의 벽화에는 피라미드를 쌓는 노동자에게 마늘과 마찬가지로 양파를 먹였다는 기록이 있는데, 기원전 7 ~ 8세기에 그리스에서 재배하였으며, 로마를 거치면서 품종이 분화되었다고 한다. 그 이후 남부 유럽에서 많이 재배하면서 단맛이 나는 단 양파(mild onion)로 발달하여 점차 유럽 전체로 퍼졌으며, 중동 유럽에서는 매운 양파(strong onion)로 분화되었다. 우리나라에는 조선 말기에 미국과 일본으로부터 도입된 것으로 추정되며, 독자적 육종으로 신품종이 육성되어 재배 면적이 늘어나고 있다.

　양파는 연작이 가능한 저온성 작물로 유묘는 영하 8℃까지도 동해를 받지 않고 잘 견디며 일조 시간이 길어지면서 경구가 급속히 비대해지고, 생육 초기에는 습기를 좋아하나, 생육 후기에는 고온과 건조를 좋아한다. 양파의 경구는 품종에 따라 다소 차이가 있으나 납작한 둥근 모양이거나 구형이며, 겉에 자줏빛이 도는 얇은 갈색 껍질이 있고 그 안쪽에 두꺼운 비늘 층층이 겹쳐 있다. 잎은 속이 빈 원주 모양으로 짙은 녹색이며 꽃이 필 때 마르면서 밑 부분이 두꺼운 비늘 조각으로 덮힌다. 꽃은 9월에 흰색으로 피고 잎 사이에서 나온 꽃줄기 끝에 산형화서를 이루어 공처럼 둥근 모양이 된다.

　6 ~ 7월 경 잎이 스러지면서 약간 녹색을 지닐 때 수확하는데, 인경이 크기 전에 뽑아서 잎을 식용하는 것도 있다. 인경은 샐러드나 수프, 그리고 고기 요리에 사용된다. 양파에는 칼슘과 철분이 많고 마늘과 마찬가지로 알리신과 황화알린이 풍부하나 마늘과는 달리 냄새가 적어서 서구인들도 많이 소비한다. 강정 및 소화 작용에 매우 좋으며, 양파 겉껍질에는 마늘에는 없는 색소 퀘르세틴(quercetin)이라는 성분이 있어 지질에 의한 혈전을 방지하고 콜레스테롤을 억제하는 등, 혈관의 확장과 수축을 원활하게 하여 고혈압과 동맥경화에 유용하다. 또한 인슐린 분비를 촉진시켜 혈장을 내리는 효과가 있어 당뇨병의 예방, 치료에 도움을 준다고 한다.

　한방에서는 항알레르기 작용이 있어 기관지천식·두드러기·피부 발진에 효과가 있으며 대머리 방지 및 불면증에도 효과가 있다고 한다.

4) 부추

과 명 : 백합과(Liliaceae)

학　명 : *Allium tuberosum* Rottler ex Spreng.
영　명 : Leek, Scallion
한자명 : 기양초(起陽草), 구자(韭子)

　　동남아가 원산지인 다년생 구근식물로 인경의 검은 겉 껍질에 노란색의 섬유가 있다. 잎은
녹색으로 길고 좁으며 연약하다. 잎 사이에서 길이 30 ~ 40cm 되는 꽃대가 자라서 끝에 큰 산
형화서를 이룬다. 흰색 꽃이 7 ~ 8월에 피며 열매는 거꾸로 된 심장 모양의 삭과로 6개의 검은
색 종자가 나온다.

　　부추는 정구지(精久持, 正九持) 또는 게으름뱅이풀이라고도 한다. 다른 백합과 향신료와 마
찬가지로 역시 알린 성분이 있어 소화를 돕고 장을 튼튼하게 하며 강정효과가 있다. 건위 · 정
장 · 화상에 사용하고 연한 식물체는 식용한다. 종자는 한방에서 구자라 하여 비뇨기계 약재로
사용한다.

　　부추는 성질이 약간 따뜻하고 맛은 시고 맵고 떫으며 독이 없다. 날 것으로 먹으면 아픔을
멎게 하고 독을 풀어준다. 익혀 먹으면 위장을 튼튼하게 해 주고 설정을 막아 주며, 한방에서는
기양초라 하여 온신고정(溫腎固精)의 효과가 있다고 한다.

5) 달래

과　명 : 백합과(Liliaceae)
학　명 : *Allium monanthum* Maxim.
영　명 : Wild rocambole
한자명 : 소산(小蒜), 야산(野蒜), 산산(山蒜)

　　우리나라 원산으로 함경남도 및 강원 이하의 야산 및 들에 나며, 일본 · 중국 동북부 · 우수
리강 유역에도 분호한다. 초장은 5 ~ 12cm 정도이고 잎은 1 ~ 2개이며, 길이가 10 ~ 20cm, 폭이
3 ~ 8mm이다. 줄 모양 또는 넓은 줄 모양이며 9 ~ 13개의 맥이 있고 밑 부분이 엽초를 이룬다.
인경은 넓은 계란형이고 길이가 6 ~ 10mm이며 겉 비늘이 두껍고 밑에는 수염뿌리가 있다. 꽃은
4월에 흰색 또는 붉은빛이 도는 흰색으로 잎 사이에서 나온 1개의 꽃대 끝에 1 ~ 2개가 달린다.
잎과 알뿌리 날것을 무침으로 먹거나 부침 재료로도 이용하는데, 노화방지에도 효과가 있는 건
강식품이다. 달래에는 비타민 A, 비타민 C 등이 있으며, 마늘과 마찬가지로 알린, 메틸알린, 퀘
르세틴이 함유되어 있어 강장, 항균 작용이 있다. 한방에서 달래의 인경을 해백, 잎을 해엽이라
하여 약재로 쓰는데, 여름철 토사곽란과 복통을 치료하고, 협심통에 식초를 넣고 끓여 사용하며,
종기나 벌레에 물렸을 때 환부에 짓이겨 바르면 효과가 있다.

6) 생강

과　명 : 생강과(Zingiberaceae)
학　명 : *Zingiber officinale* Rosc.

영 명 : Ginger

한자명 : 생강(生薑)

생강은 고대부터 중국을 비롯 아시아의 따뜻한 지역에서 재배되어 왔지만 야생종이 발견되지 않아 원산지는 불명확하다. 주로 열대와 온대지역의 고온지대에서 재배되며, 온대 북부지역은 종묘의 저장이 곤란하여 재배가 제한적이다. 우리나라에는 고려사(1018년)에 기록이 있는 것으로 보아 그 이전에 중국으로부터 도입된 것으로 추정된다. 생강속은 근경을 향신료로 이용하는 생강과 어린순이나 꽃대의 화수(花穗)를 식용하는 양하 등, 2종이 재배되고 있다.

생강은 매우 중요한 향신료로 세계적으로 식용과 의약 및 공업용으로 널리 이용되고 있다. 생식용으로는 근생강과 잎생강이 이용되고, 절임용은 소금과 식초를 이용한 절임 소재로 이용되며, 말린 생강인 건강(乾薑)도 식용·약용·공업용으로 널리 이용된다.

생강의 독특한 향기와 매운 맛은 식욕 증진과 독성 중화 효능이 있다. 이 매운 맛은 주로 진저론(gingerone)·진저롤(gingerol)·쇼가올(shogaol)·디하이드로진저롤(dihydrogingerol) 등의 바닐릴 케톤류(vanillyl ketones)에 의한다. 또한 생강에는 보르네올(borneol)·시네올(cineole)·시트랄(citral)·진저디올(gingerdiols)·테르펜(terpene)·페놀(phenol) 등의 약리 성분이 있는데, 특히 진저롤·진저론·시네올·테르펜·페놀 등은 항암 효과도 있는 것으로 알려져 있다.

생강은 발한해열, 혈행장해, 감기풍한 등에 효과가 있으며, 이러한 약용 외에 디아스타제와 단백질 분해효소가 들어 있어서 소화를 돕고 살균작용 및 항구토작용도 한다.

7) 겨자

과 명 : 십자화과(Brassicaceae)

학 명 : *Brassica juncea* var. *crispifolia* L.H .Bailey

영 명 : Mustard

한자명 : 개자(芥子)

일년생 또는 연령초인 초장 1~2m의 초본으로서 원산지는 중앙아시아로 추측되며 주로 밭에서 재배한다. 근엽은 깃털 모양으로 갈라졌고 톱니가 있으나 경엽은 거의 톱니가 없다. 봄에 십자 모양의 노란 꽃이 총상화서로 핀다. 열매는 원주형의 꼬투리로 짧은 자루가 있고 안에 갈색을 띤 노란색의 씨가 들어 있다.

겨자와 갓의 씨를 개자라고 하는데, 가루로 만들어 향신료로 쓰기도 하고 물에 개어 샐러드의 조미료로도 쓴다. 씨에는 지방유 37% 정도와 가수분해효소인 미로신(myrosine)과 배당체인 시니그린(sinigrin)이 함유되어 있는데, 시니그린은 십자화과 식물인 갓의 씨나 고추냉이 근경에 함유되어 있는 배당체로서 미론산칼륨이라고도 한다. 수용성 백색 주상 결정 미로신은 티오글루코오스(thioglucose)의 유도체로 티오글루코시다아제(thioglucosidase)에 의하여 가수분해되어 겨자 특유의 자극성 물질인 이소티오시안산 알릴(allyl isothiocyanate)과 황산수소칼륨이 된다.

겨자의 종자를 가루로 만들어서 물에 개어 찌면 효소 미로신에 의해 가수분해되어 1% 정도의 휘발성 겨자 기름이 분리되면서, 특유한 향기와 매운맛이 생긴다. 이것을 향신료인 겨자라고 한다. 겨자가루를 개어서 류머티즘·신경통·폐렴 등에 사용하기도 한다.

8) 고추냉이

과　명 : 십자화과(Brassicaceae)
학　명 : *Wasabia koreana* Nakai
영　명 : Wasabi
한자명 : 산규(山葵)

　산골짜기 물이 흐르는 곳에서 자라는 다년생 상록숙근초이다. 전초를 산유채, 근경을 산규근이라고 한다. 굵은 원주 모양의 지하경에 엽흔이 켜로 많이 남아 있다. 잎은 심장형이며 길이와 너비가 각각 8~10cm로 가장자리에 불규칙하게 거치가 있다. 잎자루는 길이 30cm 정도이며 밑 부분이 넓어져서 서로 감싼다. 경생엽은 광난형이거나 심장 모양이며 길이 2~4cm이다. 고추냉이는 5~6월 경 20~40cm의 화경에 흰 꽃이 총상화서를 이루며 핀다. 열매는 견과로 길이 17mm 정도이며 7~8월에 익는다. 울릉도에 자생하며 경사지고 일조 시간이 비교적 짧은 곳에서 자란다. 깨끗한 계곡수가 많고 겨울에는 따뜻하고 여름에는 서늘한 표고 400~500m의 최적지이다. 봄에 포기 채 김치를 담가 먹거나 지하경을 향신료로 쓴다.

　고추냉이에는 sinigrin·allylisothicyanate·butylisothiocyanate 및 소화효소(amylase, invertase, lipase) 등이 함유되어 있는데, 시니그린은 겨자 배당체로서 티오글루코시다아제의 작용으로 분해되어 매운맛을 낸다. 또한 이소티오시아네이트(isothiocyanates)라는 물질은 치아 부식의 원인균의 성장을 억제하며 위암 세포 성장 억제, 혈액 응고 방지 등의 작용이 있다고 한다. 또한 고추냉이에는 비타민 C의 산화 억제, β-아밀라제 활성 촉진, 비타민 B₁ 합성 증강 및 식욕 증진 등의 효과가 있어서 건강식품으로 각광 받고 있다. 한방에서는 산규라 하여 약재로 쓰며, 뿌리는 류머티즘, 신경통 등에 외용하기도 한다.

9) 후추

과　명 : 후추과(Piperaceae)
학　명 : *Piper nigrum* L.
영　명 : Pepper, Black pepper
한자명 : 호초(胡椒)

　인도 남부 원산으로 우리나라 남부에도 식재한다. 기원전 6세기에 인도로부터 페르시아로 전파된 후, 인도지나와 중국으로 전파되었다. 인도에서 실크로드를 따라 유럽으로 전해진 후추는 그리스, 로마시대부터 귀하게 여겼는데 순은제 항아리에 넣어 소중하게 취급하였다. 14~15C의 북방 게르만 사회에서는 세금·관세·급료 및 토지 매매나 임대, 결혼 지참금 등에도 후추가 쓰였다.

후추나무는 수세가 왕성한 8m 내외의 열대성 덩굴 관목으로 부풀어진 마디에서 부정근이 발생하여 부착한다. 잎은 20cm×10cm 정도로 털이 없는 가죽질이다. 꽃은 단성 또는 양성으로 이삭 모양으로 아래로 드리워진다. 열매는 장과로 처음에는 녹색이다가 성숙하면 황색이 된다. 열매에는 한 개의 종자가 들어 있는데 종피는 흑색이다. 대개 구형으로 자루가 없고 지름 3.5～6mm 정도이다. 겉은 외과피가 얇고 흑갈색이며 거친 그물 같은 주름이 있고 속에는 과벽에 붙은 1개의 씨를 가지고 있다. 주로 외배유로 되어 있는 씨는 속이 비어 있고 회백색의 각질 모양으로 내부는 희고 분말성이다. 특이한 냄새가 있고 맛은 강렬하며 혀끝이 타는 것같이 맵다. 껍질이 그대로 있는 씨를 '흑후추'라고 하는데 조미료 및 향신료, 구풍제, 건위제 등으로 널리 사용된다. 외피를 제거한 '백후추'는 흑후추보다 맛이 온화하다.

후추의 주성분은 당질이며 그 외에 약 10%의 단백질, 약 6%의 지방질을 포함한다. 흑후추에는 철 20.0mg, 매운맛 성분인 차비신(chavicine)이 1～3% 포함되어 있다. 후추는 향신료 뿐아니라 방부 효과도 있어서 육류의 고기 독과 냄새를 없애고 기생충 제거에도 효과가 있어서 고기나 생선에 알맞게 사용하면 좋다. 햄과 소시지 등의 가공품에 0.2～0.5% 첨가한다. 후추의 향미 성분은 겉껍질에 많이 있기 때문에 후추 알을 그때그때 갈아서 쓰는 것이 향미가 좋다.

후추는 향신료로서 향기나 맛을 띠게 하는 이외에 드레싱에 사용하면 기름과 비타민 C의 산화를 방지하는 작용이 있어서 샐러드에도 유용하다. 또한 후추기름은 리놀렌산이 많이 들어 있어서 동맥경화 등, 순환기계통의 질병치료에 효과적이다.

후추는 약용으로도 사용하는데 뇌의 발달을 촉진하고 위에 작용하여 소화액의 분비를 촉진하는 효과가 있으며, 가스제거 및 정장작용을 한다. 후추의 성질은 따뜻하고 맛은 매우 매우나 독이 없다. 한약명은 호분(胡粉)으로 혈액순환을 촉진시켜 피부에 혈색을 돌게 하고 윤기와 탄력을 만들어 주며, 추위를 없애고 풍을 제거하고 진통작용이 있다. 또한 비위를 튼튼하게 해 주고 식욕을 촉진하며, 오장을 편안하게 하고 신장과 혈기를 보강시켜 준다. 신경을 흥분시키며 약간의 환각작용이 있으나 중독 증세는 없다.

10) 산초나무

과　명 : 운향과(Rutaceae)
학　명 : *Zanthoxylum schinifolium* Siebold & Zucc.
영　명 : Chinese pepper tree
한자명 : 산초(山椒), 야초(野椒)

우리나라 원산인 높이 3m 정도의 낙엽관목으로 우리나라, 일본, 및 중국의 산지에서 자란다. 잔가지에는 가시가 있으며 잎은 호생으로 13～21개의 소엽으로 구성된 우상복엽이다. 소엽은 길이 1～5cm의 넓은 피침형이며 양끝이 좁고 가장자리에 물결 모양의 톱니와 더불어 투명한 유점이 있다.

자웅이주로서 꽃은 8～9월에 흰색으로 피며 가지 끝에 산방화서를 이루며 달린다. 작은 꽃대에 마디가 있고, 꽃받침은 5개로 갈라지며 갈라진 조각은 달걀 모양의 원형이다. 꽃잎은 5개이고 길이 2mm의 피침형이며 안으로 꼬부라진다. 초피나무와 비슷하지만 잎자루 밑 부분에 탁엽이 변한 가시가 1개 달리고 열매가 녹색을 띤 갈색이며 꽃잎이 있는 것이 다르다. 가시가 없는 것을 민산초(var. *inermis*), 가시의 길이가 짧고 잎이 난형 또는 난형의 타원형인 것을 전주산초(var. *subinermis*)라고 하며, 잎이 좁고 작은 것을 좀산초(var. *microphyllum*)라고 한다.

열매는 삭과이고 둥글며 길이가 4mm로 녹색을 띤 갈색이며, 다 익으면 3개로 갈라져서 검은 색의 종자가 나온다. 열매는 익기 전에 따서 향신료로 사용하고, 종자는 산초기름을 짠다. 한방에서는 열매 껍질을 야초(野椒)라 하여 복부냉증을 제거하고 구토와 설사에 사용한다. 동의보감에 산초의 약성은 따뜻하며(溫), 맛은 맵고(辛), 독이 있으며, 치아를 든든하게 하고 머리털이 빠지지 않게 한다고 하였다. 또한 눈을 밝게 하고 냉으로 오는 복통과 이질을 낫게 한다고 하였다.

11) 초피나무

과 명 : 운향과(Rutaceae)

학 명 : *Zanthoxylum piperitum* (L.) DC.

한자명 : 초피목(椒皮木)

우리나라 원산인 높이 3~5m의 낙엽관목으로 우리나라, 일본 및 중국의 산지에서 자란다. 잎은 호생으로 우상복엽이며 꽃은 5~6월에 핀다. 탁엽이 변한 가시가 잎자루 밑에 1쌍씩 달리며 가시는 밑으로 약간 굽는다. 소엽은 강한 향기가 있다. 난형으로 길며 4~7개의 둔한 톱니가 있으며 톱니 밑에 선점이 있고 중앙부에 황록색의 무늬가 있다. 꽃은 단성화로 5~6월에 엽액에 산방화서로 달리며 황록색이다. 꽃받침 조각은 5개이고 수꽃에는 5개의 수술이 있으며, 암꽃에는 떨어진 씨방과 2개의 암술대가 있다. 열매는 2분과로 9월에 붉게 익으며 검은 종자가 나온다. 초피나무와 닮은 것으로 산초나무가 있는데, 산초나무는 가시가 어긋나며 소엽에 잔 톱니의 거치가 있고 투명한 유점이 있는 것이 다르다. 잎에 털이 많은 것을 털초피(var. *pubescens*)라고 하며 제주에서 자란다.

어린 잎을 식용, 열매를 약용 또는 향신료로 사용한다. 한방에서는 수피를 천피 또는 초피라고 하며 물고기를 잡는 데 쓰인다. 동의보감에 약성은 맵고, 독이 있으며, 속을 따뜻하게 하며 한습에 의한 통증을 낫게 한다. 또한 한냉한 기운을 없애고 벌레독이나 생선독을 없애며 치통을 다스린다. 또한 성기능을 향상시키고 음낭의 발한을 감소시키며, 기를 내려 허리와 무릎을 덥게 하고 오줌 횟수를 줄인다고 하였다.

12) 계피나무

과 명 : 녹나무과(Lauraceae)

학 명 : *Cinnamommum cassia* Blume

C. verum Presl

영　명 : Cinnamon, Ceylon cinnamon

한자명 : 계피(桂皮), 육계(肉桂)

인도지나 원산으로 중국 중남부지대와 인도 · 세일론 · 대만 · 일본 등지의 열대 및 아열대지방에 분포하는 열대성 교목활엽수이다. 이집트에서는 미라의 방부제로 사용하였다고 한다. 높이 15m 정도이며 가지는 다분지로 수세를 형성한다. 잎은 호생 · 가죽질 · 장타원형이며 길이 10 ~ 15cm, 넓이 3 ~ 5cm로 뚜렷한 세 개의 엽맥이 있다. 꽃은 잎겨드랑이에서 나와 6월 상순에 담황 녹색 꽃이 취산화서로 달린다.

계피의 주생산국은 인도네시아 · 중국 · 스리랑카 · 베트남 등 동남아 열대지역이다. 우리나라에는 민간인이 1921년에 제주도에 식재한 것이 처음이며, 이를 토대로 새에 의한 종자 산포로 자생 계피나무가 생겨났다.

계피에는 다량의 정유가 함유되어 있는데 정유의 함량은 약 1 ~ 3%로 정유 성분은 cinna-maldehyde · cinnamyl acetate · phenypropyl acid · salicyaldehyde 등이며, 방향족 배당체인 cinnzeylanine · cinnzeylanol · cinncassiol 및 탄닌과 탄수화물 등을 함유한다. 수피(桂皮) · 가지(桂枝) · 꽃 · 어린 열매 등에서 뽑은 계피유를 방향제로 사용하는데, 과자의 향미료와 드링크제 및 계피떡과 계피차로 널리 쓰이며 방향성 건위제와 교미 교취제로도 쓰인다.

한방에서는 해표약으로 쓰여 발한 · 해열 · 진통 · 흥분 · 행혈 · 소화 · 산한과 보양 및 비위를 따뜻하게 하는 데 사용한다.

13) 바닐라

과　명 : 난초과(Orchidaceae)

학　명 : *Vanilla planifolia* Jacks. ex Andrews

영　명 : Vanilla

아메리카가 원산지이며 아메리카의 원주민들이 초콜릿의 향료로 사용하는 것을 본 콜럼버스가 유럽에 전했다고 한다.

열대 덩굴성 착생란으로 기근이 잎과 마주나면서 다른 물체에 부착하여 감고 올라간다. 완전히 자라면 땅 속의 뿌리는 사라지고 기근이 수분을 흡수하는 역할을 한다. 잎은 호생으로 육질이며 윤기 있는 녹색이다. 꽃은 길이가 4cm 정도의 황색을 띤 녹색으로 총상화서를 이루며 핀다. 열매는 원주형이고 3개의 모가 난 줄이 있다. 길이 20 ~ 30cm, 너비 1cm 정도로 녹색에서 짙은 갈색으로 익으며 그 속에 작은 종자가 짙은 갈색 점액에 싸여 있다.

성숙한 열매를 따서 발효시키면 바닐린(vanillin)이라는 독특한 향기가 나는 무색 결정체를 얻을 수 있는데, 바닐린이 내는 향을 바닐라향이라 하여 초콜릿 · 아이스크림 · 캔디 · 푸딩 · 케이크 및 음료의 향료로 널리 사용한다. 현재는 향료를 채취하기 위하여 다량으로 재배한다.

14) 샤프란

과　명 : 붓꽃과(Iridaceae)
학　명 : *Crocus sativus* L.
영　명 : Saffron

　Saffron의 어원은 아랍어의 sahafaran으로서 노란색을 의미하며, 원래는 사프란의 암술을 나타내는 아자프란(azafran) 또는 자파란(zafaran)에서 비롯한 것이라 한다. 사프란은 유럽 남부(지중해 연안)와 서아시아가 원산지로 남유럽, 그리스, 소아시아에서 주로 재배되는데, 온난하고 비가 적은 곳에서 잘 자란다. 원예상으로 봄에 꽃이 피는 종과 가을에 피는 종으로 크게 나누는데, 봄에 피는 종을 크로커스, 가을에 피는 종을 사프란이라고 한다. 높이 약 15cm 정도의 구근초화로 구근은 지름 3cm 정도의 마늘 비슷한 인경으로 납작한 공 모양이다. 잎은 구근 끝 위에 모여 나며 가느다란 선형이다. 꽃은 깔때기 모양으로 10 ~ 11월에 자주색으로 핀다. 새 잎 사이에서 나온 꽃줄기 끝에 1개가 달린다. 꽃대는 짧고 밑동이 엽초로 싸여 있다. 화피와 수술은 6개씩이고 암술은 1개이다. 암술대는 3개로 갈라지고 붉은빛이 도는 황색으로 암술머리는 육질이다.

　세계에서 가장 값비싼 향신료가 사프란이다. 최근까지도 사프란의 무게는 금의 무게와 대등한 값으로 매겨졌다 하는데, 한 개의 구근에서 2 ~ 3 송이 피는 샤프란 꽃 속에 3 갈래로 갈라진 1개의 빨간 암술을 말리면 실같이 가늘어지는데, 이것을 보통 샤프란이라고 한다. 1g의 사프란을 얻으려면 500개의 암술을 말려야 하며 이것은 대개 160개의 구근에서 꽃이 핀 것을 따서 말린 무게라고 한다. 고가인 사프란은 황금색 염료로서 로얄 칼라라 하여 고대 그리스나 로마시대에는 왕실의 영예와 고귀함의 상징으로 삼아 왕실의 의상을 염색하는 데 쓰였다. 약이나 다른 용도로 사용하기 시작한 것은 8세기부터로서 스페인을 정복한 아랍인이었으며, 16세기 이후에는 요리와 약용 및 머리 염색제로도 썼다. 과자·술·음료수 외에 여러 가지 요리의 착색 향미료로 유럽 음식 문화에 없어서는 안 될 식물이기도 하며 화장품의 향료로도 귀하게 쓰인다.

　사프란의 주색소 성분은 치자와 같은 크로신으로 적색을 띤 황색 염료인데, 염색약, 향료 및 약용으로 사용하였다. 사프란은 옛날부터 귀중한 약초이기도 했는데 이란에서 인도로 건너간 값비싼 교역품으로 카레의 착색제였으며, 인도나 그리스에서는 최음제나 우울증의 치료제로 사용하였고, 중국에서는 부인병과 소염제로 사용하였다. 사프란은 약용차로도 이용하는데, 감기나 부인병과 타박상에 효과가 있지만 통경 작용이 강하므로 임산부는 피하는 것이 좋다. 한방에서는 피부미용 및 건강보전 탕제인 중장탕(中將湯)의 주재료로 사용하는데, 편두통·현기증·우울증 등, 여성 특유의 병에 매우 효과적이다.

　사프란의 대용품으로 강황, 금잔화, 잇꽃 등을 사용하기도 하지만 향미는 사프란에 못 미친다. 또한 화학 염료로 아닐린이 만들어졌으나, 여전히 향미 식물의 초고가의 식용 색소이며 향신료이다.

15) 월계수

과　명 : 녹나무과(Lauraceae)
학　명 : *Laurus nobilis* L.
영　명 : Bay laurel
한자명 : 월계수(月桂樹)

　월계수의 속명 *Laurus*는 라틴어의 칭송한다는 뜻인 laudis이며 종명의 nobilis도 고귀한이란 뜻이다. 영명인 로럴(laurel)은 속명에서 나온 말로서 계수나무와 같은 다른 식물을 가리키기도 하므로, 이들과 구별하기 위해서 노블 로럴(noble laurel) · 스위트 로럴(sweet laurel) · 스위트 베이(sweet bay) 등으로도 부른다. 월계수는 감람나무라고도 하는데 지중해 연안과 남부 유럽이 원산인 상록 소교목으로 우리나라에서는 남부지방에서 약간 재배하고 있다.

　월계수는 자웅이주의 소교목으로 암나무가 드물다. 수피는 회갈색으로 매끄러우며 새 가지는 암자홍색이다. 잎은 윤기 나는 짙은 녹색으로 두터우며 장타원형~피침형으로 길이 5~12cm 폭 2~5cm의 거치가 없고 뒷면은 연록색으로 잎을 문지르면 특유의 향기가 난다. 꽃은 5월에 연노랑의 잔꽃이 피며 열매는 10월에 익는데, 윤기 있는 흑자색의 장과로서 씨가 1개씩 들어 있고 독특한 향기가 있다.

　월계수는 옛날부터 생약으로서 뿌리, 잎, 열매에서 증류한 정유가 사용되어 왔다. 특히 월계수 잎은 주성분인 cineol이 50% 함유되어 있고 그밖에 수종의 정유를 함유하고 있어 방향성 건위약이나 도포제로 쓰인다. 열매에도 지방유와 정유가 함유되어 있어서 건위약, 류마티스, 타박상의 도포제 및 향수나 향신료로 쓰이며, 뿌리도 간장병, 폐결핵, 기침 등의 약으로 쓰인다.

　잎이나 열매는 자극성이 있으므로 지금은 내복약으로는 삼가하고 있지만 옛날에는 히스테리, 흥분 등의 약으로 썼으며, 특히 열매는 유산을 유도하기 위해 쓰이기도 하였다. 현재는 목욕재나 불면증을 위한 허브나 포푸리(potpourri: 실내향)로 이용된다.

16) 정향나무

과　명 : 도금양과(Myrtaceae)
학　명 : *Eugenia aromaticum* (L.) Merrill & Perry
영　명 : Clove
한자명 : 정향(丁香)

　인도네시아 몰루카제도가 원산의 상록 소교목으로 높이 4~7m이다. 잎은 대생이고 향기가 있으며 피침형이다. 꽃은 흰색으로 가지 끝에 모여 달리고 꽃잎은 4개이다. 수술은 많으며 암술은 1개이다. 열매는 핵과이고 검은 홍색이다.

　꽃봉오리의 형태가 못처럼 생기고 향기가 있어서 정향이라고 하며 영어의 클로브(clove)도 불어의 clou(못)에서 유래한다. B.C. 3세기경 이미 중국에 전해졌으며 로마와 유럽에는 중세 때 전해졌다. 16세기 포르투갈인들이 몰루카제도에서 이 식물을 발견하기 전까지는 유럽인들은 이

식물을 몰랐었고 처음에는 포르투칼의 전유물이었으나 후에 네델란드에 전해졌다.

정향은 맛이 달면서도 맵기 때문에 식욕 증진에 좋은 매우 향기로운 향료이다. 꽃이 피기 전의 꽃봉오리를 모아 말린 것을 정향 또는 정자(丁字)라고 하는데 그대로 또는 분말로 사용하거나 물이나 증기로 빼낸 정유를 활용한다. 식품·약품·방부제 등에 쓰거나, 발작증을 비롯하여 치과에서 진통제 등으로 쓴다. 정향은 그 산출량이 적기 때문에 꽃봉오리뿐만 아니라 꽃대와 열매까지도 모두 이용한다.

17) 소엽(蘇葉)

과 명 : 꿀풀과(Laviatae)
학 명 : *Perilla frutescens* var. *acuta* Kudo
한자명 : 자소(紫蘇)

차즈기라고 불리어 왔다. 중국 원산의 1년생 초본으로 줄기는 네모지고 성긴 털이 나 있다. 잎은 꼭지가 길며 엽연은 들깻잎과 비슷하게 톱니형 거치로 되어 있으며, 짙은 향이 있다. 중국, 일본, 동남아 등지에서 인기 있는 향신채인데, 봄철에 씨를 뿌려 심어 약용이나 식용으로 사용한다. 일반적으로 잎이 자줏빛인 것을 말하며 녹색인 것은 청소엽(var. *viridis* Mak.)이라고 한다. 청소엽은 꽃이 흰색이고 향기가 소엽보다 강하며 주로 약재로 사용한다.

소엽에는 tomatidenol·soladulecidine·solasodine·solamarine·yamognie 등이 함유되어 있다. 소엽의 잎이나 씨에는 특유의 향이 있는데, 이는 페닐 알데히드라는 성분에 의한 것으로 강한 단맛이 있으며, 항산화작용과 방부작용도 한다. 생선 독을 중화시키는 효과가 있어 생선 횟거리 밑받침으로 이용하며, 씨로는 기름을 짠다. 소엽은 어린 잎을 쌈으로 먹거나, 생으로 일식요리에 쓰고, 국은 어육의 독을 풀어 준다고 한다. 단, 예로부터 잉어와는 궁합이 맞지 않다고 전해 온다.

본초강목에는 소엽이 풍한을 없애고 속을 편하게 하며, 담을 없애고 폐를 이롭게 한다 하였다. 또한 속을 덥게 하고 진통작용이 있으며, 태(胎)를 평안케 한다고 한다. 특히 해독작용이 강하여 생선 독을 풀고 뱀, 개에 물린 것을 다스린다고 하며, 씨(蘇子)는 풍을 다스리고 기를 순하게 한다고 하였다. 한방에서는 소엽의 잎, 씨를 진통·진정·해소·이뇨제로 쓴다. 응달에서 말린 잎을 분말로 하여 차로 마시면 혈액순환에 도움이 되며 몸을 따뜻하게 한다고 한다.

18) 방아풀(배초향)

과 명 : 꿀풀과(Laviatae)
학 명 : *Agastache rugosa* (Fisch. et Meyer) O. Kuntze
영 명 : Wrinkled gianthyssop
한자명 : 곽향(藿香), 연명초(延命草)

우리나라가 원산지이며 중국·대만·일본 등에 분포한다. 다년생 초본으로 높이가 40~

100cm이다. 윗부분에서 가지가 갈라지며 네모지다. 잎은 대생하고 길이가 5 ~ 10cm, 너비 3 ~ 7cm로 난상 심장형이며, 끝이 뾰족하고 밑 부분이 둥굴거나 심장형으로 잎자루는 길이 1 ~ 4cm이다. 7 ~ 9월에 자주색 꽃이 가지 끝과 원줄기 끝에 윤산화서(輪傘花序)로 핀다.

정원 주변의 햇빛이 잘 드는 곳에 심으며 절화용 소재로 이용하여도 좋다. 강한 향기가 있어서 말려서 차로 음용하며, 생잎은 생선 비린내를 제거하거나 육류 요리시에 냄새를 없애는 데 사용한다. 5 ~ 8월경 채취한 어린 싹과 잎은 날 것으로, 또는 데쳐서 식용한다.

Nodosin · isodocarpin · isodotricin · isodonin(trichodonin) I ~ V · enmein과 epinodosin · sodoponin · epinodosinol VI ~ VIII 등을 함유하는데, 주된 맛과 향은 plectoranthin에 의한 것으로 plectoranthin은 황색 결정로 40만배 희석해도 쓴맛이 있을 정도로 강한 쓴맛을 갖고 있다. 전초는 생약으로 사용하는데, 살균 · 복통 · 소화불량 · 식욕촉진 · 건위 · 강심 · 해독 등의 효과가 있다. 또한 천연염료로도 사용하는데, 잘게 썬 줄기와 잎을 20분간 끓여서 염액을 추출한다. 매염제에 대한 반응이 좋아서 짙고 깊은 색을 얻을 수 있었다.

19) 울금

과 명 : 생강과(Zingiberaceae)
학 명 : *Curcuma longa* L.
영 명 : Turmeric, Curcumae Longae Rhizoma
한자명 : 울금(鬱金), 심황(沈黃), 을금(乙金), 걸금(乞金), 옥금(玉金), 왕금(王金)

열대 아시아가 원산지인 다년생 숙근초로 인도 · 중국 · 동남아시아에서 재배한다. 대체로 파초와 유사하게 생겼는데, 초장이 약 1.5m 정도이다. 잎은 강황과 유사하여 타원형으로 4 ~ 5개가 모여 난다. 잎의 길이는 30 ~ 90cm, 폭은 10 ~ 20cm로 잎 끝은 뾰족하고 기부는 삼각형이며, 윗면은 푸른색이다. 잎 뒷면에 섬모가 없는 것이 강황과 다르다. 울금은 강황과 달리 꽃이 8 ~ 11월 경에 피기 때문에 가을 울금(추울금)이라고도 한다. 꽃은 수상화서로 길이 약 30cm이며, 포편은 엷은 녹색의 난형으로 길이 4 ~ 5cm이다. 꽃잎은 깔대기 모양의 흰색이며 길이 2.5cm 정도이다.

울금은 심황 또는 터메릭(turmeric)이라고도 하는데 카레가루의 원료로 사용되며, 터메릭이 특유의 맛과 향을 내는 향신료의 주성분이다. 울금은 이 외에 각종 식품의 황색 착색제로 사용한다. 근경은 겉은 담황색, 속은 진한 등적색인 강황과는 달리 근경 겉과 속이 같이 연한 오렌지색이어서 중세에는 인도 사프란(Indian saffron)이라고도 불렸다. 독특한 흙냄새가 나기 때문에 향신료보다는 착색용으로 주로 쓰인다. 카레 · 피클 · 단무지 · 생선 요리 · 달걀 요리 등의 착색에 사용하며, 닭고기 · 쌀밥 · 돼지고기에도 넣어 조리한다. 일부 아시아 국가에서는 심황수로 피부를 황금색으로 빛나는 것처럼 보이게 하는 화장품으로 쓰기도 한다. 근경은 후추와 비슷한 향이 있으며 약간 쓰면서도 화끈거리는 맛이 나는데, 서양겨자의 색과 향을 내는 데 사용한다.

근경에는 황색의 결정 성분인 디케톤 화합물 커쿠민(curcumin)과 그 유도체로 된 황색 색소를 0.3% 정도 함유하며, 그 밖에 정유 1 ~ 5%, 불휘발성유 약 2.4%, 전분 50%, 조섬유 5%, 회분 4% 및 수분을 16% 정도를 함유하고 있다. 정유의 주성분은 터메론(turmerone)과 아르터메론(arturmerone)이며, 노란색은 커쿠민 때문이다. 커쿠민은 항산화작용이 크며, 이뇨, 이담효과 및 간 해독 작용도 있다고 알려져 있다.

이시진의 본초강목에 울금은 피를 멈추게 하고 나쁜 피를 제거하며, 요혈, 금창을 치료한다 하였으며, 한방에서는 위와 간의 활동을 돕고, 혈류정체를 개선하는 효능을 가진 생약으로 사용되며 건위·통경·코피·토혈·혈뇨 등에 사용한다.

20) 강황

과 명 : 생강과(Zingiberaceae)
학 명 : *Curcuma aromatica* Samsbury
한자명 : 강황(薑黃), 황강(黃薑), 모강황(毛薑黃)

열대 아시아가 원산지인 다년생 숙근초로 인도·중국·동남아시아에서 재배한다. 대체로 파초와 유사하게 생겼는데, 초장이 약 1.5m 정도이다. 잎은 울금과 유사하여 타원형으로 4 ~ 5개가 모여 난다. 잎의 길이는 30 ~ 90cm, 폭은 10 ~ 20cm로 잎 끝은 뾰족하고 기부는 삼각형이며, 윗면은 푸른색을 띠고 잎 뒷면에 섬모가 밀생하고 있는 것이 울금과 다르다. 강황은 4 ~ 6월 경 봄에 피기 때문에 봄울금(춘울금)이라고도 하는데, 울금 대신 쓰기도 한다. 꽃은 잎 사이에서 약 30cm 길이의 총상화서로 피며 많은 포엽에 싸여 있다. 포엽은 녹백색이지만 윗부분은 홍색이고 꽃잎은 분홍색을 띤다. 근경은 큰 생강과 같은 둥근 원주형의 덩어리로 속이 노란 오렌지색으로 장뇌와 같은 향내가 있으나, 쓴맛은 없다. 겉은 담황색, 속은 등적색으로 울금보다 진하다. 장뇌와 같은 향내가 나며 약간 매운맛과 쓴맛이 난다.

강황은 식품으로 이용할 수 있지만 '건강기능성식품'으로 인정되지 않는다. 강황은 울금과 같이 사용하지만 약성이 울금보다 강하며, 경우에 따라서는 강황과 울금은 서로 다른 약으로 쓰기도 한다. 중국에서는 예로부터 염료로 이용하였고, 인도에서는 근경을 말려 타박상·염좌·지혈약 등으로 사용하였다. 중국에서는 울금과 강황 구분 없이 강황으로 취급하며, 일본에서는 울금으로 취급한다.

뛰어난 약효를 발휘하는 생약으로 이용되는 것은 춘울금인 강황이다. 이시진의 본초강목에 강황은 "기를 낮추고, 피를 제거하며, 풍열을 제거, 피뭉침을 치료하며, 효력은 울금보다 강하다" 하였다. 한방에서는 강황의 성질은 맛은 맵고 쓰며 몹시 따뜻하여 비장과 간에 작용하여 담즙산의 합성을 촉진하고, 담낭을 수축시켜 담즙 분비를 빠르게 하며, 간의 해독기능을 높이고 진통작용, 자궁수축작용, 억균 작용을 한다고 한다.

근래에 강황은 건위, 간 해독, 이뇨, 생리원활, 염증, 암(대장암·폐암·피부암), 혈행개선, 치매에 사용하며, 변비와 다이어트에 효과적으로 사용하는데 주로 커큐민의 생리활성이다.

21) 호프

과 명 : 뽕나무과(Moraceae)
학 명 : *Humulus lupulus* L.
영 명 : Hop
한자명 : 홀포(忽布)

호프의 원산지는 지중해 연안으로 바빌로니아(기원전 6세기경)나 이집트에서 양조에 야생 호프를 사용했다고 하나 확실하지 않으며, 유럽에서는 8세기에 수도원에서 호프를 재배했다는 기록이 있다. 우리나라의 호프 재배는 1938년 함경남도 혜산진에서 재배한 것이 처음이라고 알려져 있으며, 남한에서는 1956년부터 시험 재배가 시작되어 근래에는 강원도와 경북의 한냉한 산간지에서 재배되고 있다.

호프는 숙근성의 덩굴식물로서 근경으로 번식하며, 자웅이주이다. 늦은 가을에 지상의 줄기는 말라 죽고, 땅 속에 근주·지상경을 남기고 월동한다. 줄기가 5m 이상까지 자라 덩굴가지가 많이 나와 지주를 왼쪽으로 감으면서 올라간다. 줄기 속은 비어 있으며, 표피에는 끝이 날카로운 털이 많이 있고, 줄기의 색은 품종에 따라 담녹색에서 농적색까지 다양하다. 잎은 대생이고, 잎 모양은 변이가 많지만 보통 3~5쪽으로 갈라진 장상복엽이다. 수꽃은 숫그루의 원줄기나 또는 가지의 잎겨드랑이에 대생한다. 꽃은 원추형화서를 형성하는데, 5개의 꽃잎과 5개의 수술로 되어 있다. 수꽃은 양조의 원료로서는 전혀 가치가 없으며, 암그루와 혼식하여 수정시키면 암꽃의 호프분 함량이 감소되어 품질이 떨어지기 때문에 수그루는 재배하지 않는다. 암꽃은 암그루의 가지 선단에 착생하며 총상화서를 이룬다. 1개의 화서를 구화(毬花)라고 하는데, 꽃이 핀 후 주두가 퇴화하면 내포, 외포 및 중축이 발달하기 시작하여 30~40일이 지나면 솔방울과 같은 구과(毬果)가 형성된다. 1개의 구화에서는 40~60개의 꽃이 핀다. 종실은 타원형으로 긴 쪽 지름이 3~4mm이다.

다년생 작물인 호프가 매년 왕성한 생육과 정상적인 구화 생산을 위해서는 지하부 저장물질의 소비와 지하부로의 탄수화물 축적이 균형을 이루어야 한다. 호프의 구화가 성숙하면서 꽃잎의 내포와 외포에서 수지와 정유의 혼합물인 호프분(lupulin)을 생성하는데, 이 호프분이 함유된 탄닌과 수지(樹脂) 성분의 조성과 함량 차이가 맥주의 품질을 결정하는 주요 요인이 된다. 맥주향의 주성분은 humulene과 myrcene이고 쓴맛의 주성분은 humulon과 lupulon이다. 수지는 유산균 발효 및 그 밖의 유해한 발효균의 번식을 억제하며 방부 효과도 있다. 탄닌은 발효액의 단백질과 결합하여 침전되기 때문에 양조액을 맑게 한다(표 2-34).

| 표 2-34 | 호프 구화의 영양성분 함량(단위: %)

구 분	수 분	수 지	정 유	탄 닌	환원당	펙 틴	아미노산	단백질	지 방	화 분	섬유소
조성	10.0	15.0	0.5	4.0	2.0	2.0	0.1	15.0	3.0	8.0	40.4

호프는 예로부터 약용으로 쓰여 왔으나 맥주용으로 재배된 것은 8세기 이후로 유럽에서는 768년에 재배했다는 기록이 있다. 맥주에 호프를 본격적으로 사용된 것은 11세기 독일에서 시작되었으며, 영국에는 15세기에 도입되었다. 그 이후 1629년 미국에서 재배되기 시작하여 지금은 미국이 세계 제 1의 생산국이 되었다.

호프는 약용으로 먼저 이용되었으며 한방에서는 홀포라 하여 항균작용 · 진정작용이 있고 건위 · 소화 · 이뇨효과가 있어 소화불량 · 복창 · 종기 · 방광염 · 불면 치료에 처방한다.

| 표 2-35 | 향신료의 비타민 함량

식품명	가식부(100g)														
	비타민														
	A			B_1 (mg)	B_2 (mg)	B_3 (mg)	C (mg)	B_6 (mg)	B_5 (mg)	B_{12} (μg)	B_9 (μg)	D (μg)	E (mg)	K (μg)
	RE	Rt (μg)	βC (μg)											
겨자	7	0	42	0.52	0.22	10.3	10	**	**	**	**	**	**	**
계피	0	0	0	0.15	0.15	2.1	55	**	**	**	**	**	**	**
고추냉이	1	0	8	0.12	0.03	0.5	0	**	**	**	**	**	**	**
후추	20	0	132	0.11	0.22	1.1	0	**	**	**	**	**	**	**
산초	33	0	200	0.10	0.45	2.8	0	**	**	**	**	**	**	**
카레	31	0	187	0.12	0.10	1.2	0	0.59	2.06	0.1	60.0	0	4.9	86
머스타드	3	0	16	0.22	0.07	1.5	0	**	**	**	**	**	**	**
정향	21	0	120	0.04	0.27	0.9	0	**	**	**	**	**	**	**
생강	1	0	7	0.02	0.03	0.8	120	**	**	**	**	**	**	**
마늘	1	0	3	0.11	0.04	0.2	0	**	**	**	**	**	**	**
파	129	0	775	0.06	0.09	0.6	21	**	**	**	**	**	**	**
양파	0	0	0	0.04	0.01	0.1	8	**	**	**	**	**	**	**
부추	516	0	3094	0.11	0.18	0.8	37	**	**	**	**	**	**	**
달래	304	0	1823	0.09	0.14	1.0	33	**	**	**	**	**	**	**

* RE: Retinol Equivalent; Rt: Retinol; βC: β–Carotne
** 비검사

| 표 2-36 | 향신료의 무기질 함량 (다음 페이지에 계속)

식품명	가식부(100g)											
	섬유소(g)		무기질									
	수용성	불수용성	Ca (mg)	P (mg)	Fe (mg)	K (mg)	Mg (mg)	Mn (mg)	Zn (mg)	Co (μg)	Cu (μg)	Se (μg)
겨자	*5.7		60	120	2.1	190	83	–	1.0	–	0.15	–
계피	*18.5		453	62	70.5	530	87	16.7	0.9	–	0.49	1.1

| 표 2-36 | 향신료의 무기질 함량

| 식품명 | 섬유소(g) | | 가식부(100g) | | | | | | | | | |
| | | | 무기질 | | | | | | | | | |
	수용성	불수용성	Ca (mg)	P (mg)	Fe (mg)	K (mg)	Mg (mg)	Mn (mg)	Zn (mg)	Co (μg)	Cu (μg)	Se (μg)
고추냉이	*2.1		58	85	0.5	248	39	–	0.8	–	0.11	–
후추	*10.3		281	167	19.5	1103	150	5.6	0.9	–	1.00	3.1
산초	*19.9		750	210	10.1	1700	100	–	0.9	–	0.33	–
카레	*1.5		65	132	5.1	531	220	4.3	2.9	–	0.80	17.1
머스타드	*		60	120	2.1	190	**	**	**	**	**	**
월계수잎	*		836	85	29.6	597	92	7.6	2.8	–	0.70	–
정향	*		640	95	9.9	1400	250	30.0	1.1	–	1.00	8.6
생강	6.1		16	14	0.3	140	17	–	0.1	–	0.04	–
마늘	*		22	100	0.7	440	22	–	0.5	–	0.09	–
파	1.0		81	35	1.0	186	1	0	0	–	0	–
양파	0.4		16	30	0.4	144	10	0.4	0.4	0	0.04	1.5
부추	1.1		47	34	2.1	446	18	–	0.3	–	0.07	–
달래	1.3		124	66	1.8	379	21	–	1.0	–	0.06	–

* 총량; ** 비검사

② 기호식물

음료나 차와 같이 개인의 기호와 요구에 따라 음용하는 재료 식물을 기호식물이라고 한다. 다양한 성분이 함유되어 있지만 그 양은 비교적 적으며 각 식물마다 특정한 기능성 물질들을 많이 함유하고 있어서 건강은 물론 생활의 윤활 역할을 하는 식물이다(표 2-37, 2-38).

1) 차나무

과 명 : 차나무과(Theaceae)
학 명 : *Thea sinensis* L.
영 명 : Tea tree
한자명 : 다(茶)

원산지는 미얀마의 이라와디강 원류지대로 추정되며 그 지역으로부터 중국의 남동부, 인도차이나, 아삼 지역으로 전파되었다. 차는 잎이 작은 중국계(*T. sinensis* var. *sinensis*)와 잎이 크고 넓은 아삼계(*T. sinensis* var. *assamica*)로 나뉜다. 중국계는 우리나라, 중국, 일본 등의 온대 지방에, 아삼계는 인도 및 동남아 열대 지방에서 재배된다. 우리나라 차나무는 문헌상으로 신라 선덕여왕 때인 7세기이다. 현재의 보성과 하동의 차나무는 도입종으로 보인다. 봉림산 야생 차나무는 중국산보다 잎이 큰 토종 차나무로 간주된다.

차나무는 열대 및 아열대에서 자라는 상록관목으로서 높이 1 ~ 2m까지 자란다. 가지가 밑에서부터 많이 갈라지고 1년생 가지인 소지에는 복모가 있으나 2년지는 갈색이며 복모가 없다. 잎은 호생하고 장타원상 피침형으로 엽연엔 부드러운 거치가 있다. 길이 5 ~ 7cm로서 양면에 털이 없고 표면은 짙은 녹색으로 엽맥이 오목하며 뒷면은 회녹색으로 맥이 튀어 나온다. 잎자루는 길이 3mm 내외로 털이 있다. 꽃은 2 ~ 2.5cm 크기로 10 ~ 11월에 흰색 또는 연분홍색으로 피고, 엽액 또는 가지 끝에 1 ~ 3개가 달린다. 꽃대는 길이가 7 ~ 12mm이며, 꽃받침은 원형으로 5 ~ 6개이고, 꽃잎은 5 ~ 7 갈래로 밑에서 합쳐지며, 열매는 2 ~ 3실이고 편구형으로 지름이 2cm 정도인데 이듬해 가을에 다갈색으로 익는다.

차잎에는 엽록소와 비타민 C가 많이 들어 있다. 또한 칼륨·칼슘·망간·불소 같은 무기질과 정유·납질·수지·유기산·효소 등도 매우 다양하게 함유되어 있다. 차잎의 성분은 차의 품종, 찻잎 채취 시기 및 재배법에 따라 다르나 대체로 카페인 외에 퓨린 염기·탄닌산·단백질·아미노산·아미드를 함유하며, 탄수화물로서 당·덱스트린·녹말·셀룰로오스·펙틴을 함유하고 있다. 식물 색소로서 엽록소·카로티노이드·플라보놀 유도체·안토시안을 다량 포함하고 있는데, 이들 색소 성분들은 항산화작용이 있어서 노화 억제와 탈취작용을 한다.

정유는 향기를 좌우하는데 생잎에 있는 것과 제조 과정에서 생성되는 것이 있다. 차의 주향미는 아미노산인 테아닌(theanine)에 의한 것으로 차의 단맛과 상쾌한 맛을 낸다. 이밖에 헥세놀은 상쾌함을 주며, 황화수소와 디메틸술파이드는 물을 부으면 솟아나는 향기이다. 차잎을 볶아서 달인 차는 불에 덖는 과정에서 알코올류가 줄고, 피라진(pyrazine)류·피롤류 등이 늘어 차의 풍미를 더해 준다. 또한 차 잎을 발효시키면 카테킨류가 축합하여 결정성 홍색 색소인 theaflavan이나 축합형 thearubigin이 되어 풍미가 달라지는데 녹차는 전혀 발효가 되지 않은 차이며, 홍차는 발효가 많이 된 것이고 우롱차는 중간 쯤 발효된 것이다.

카페인은 평균 2 ~ 4% 함유되어 있으나 재배 조건에 따라 크게 달라지는데, 신경을 흥분시키고 혈액순환을 도우며 피로회복 효과가 있다. 차의 약한 쓴맛은 상쾌함을 주기도 하는데, 이 쓴맛은 탄닌산에 의한 것이다. 수렴작용과 지혈작용을 하는 탄닌의 함량은 찻잎 따는 시기, 잎의 여린 정도, 품종에 따라 달라진다. 녹차에는 평균 12% 정도 함유되어 있으나 잎이 여릴수록 적으며 경화되면 대개 80% 정도 된다.

차는 커피 원두보다 많은 양의 카페인을 함유하고 있으나 차 잎에서는 약 60% 정도밖에 우러나지 않아 섭취량이 커피의 절반 수준 이하다. 또한 차는 카테킨(catechin)과 테아닌 등이 알칼로이드인 카페인과 쉽게 결합하여 침전시키므로 소량만 흡수되며, 특히 테아닌은 카페인의 생리작용을 억제하여 카페인에 의한 수면 저해 작용을 완화한다. 또한 방사선 물질은 녹차 중의 탄닌 성분과 결합되어 흡수가 억제되며, 비타민 C·E와 시스틴에 의하여 방사능 작용이 억제된다. 이처럼 차는 카텐킨과 탄닌에 의하여 혈관을 튼튼하게 하고 항균작용이 있으며, 이밖에 중

금속 제거·항산화·노화억제·면역력 증강·항방사능 작용이 있어서 건강 음료로 각광 받고
있다.

2) 커피나무

과 명 : 꼭두서니과(Rubiaceae)
학 명 : *Coffea arabica* L.(*Coffea* spp.)
영 명 : Coffee tree

아프리카 원산인 커피속 식물은 아프리카와 아시아 열대 지역에 약 40종이 자라지만 현재
커피 생산용으로 재배되는 약 90%가 *Coffea arabica* 종으로 아라비아 커피나무라고 불린다.

커피나무는 상록 소교목으로 높이 6～8m, 지름 10cm 내외이며, 가지는 옆으로 퍼지고 끝이
처진다. 잎은 대생으로 긴 타원 모양이며 두껍고 가장자리가 밋밋하다. 잎 표면은 짙은 녹색이
고 광택이 있다. 꽃은 흰색이고 향기가 있으며 엽액에 3～7개씩 모여 달린다. 화관은 지름이
1cm이고 통 모양이며 끝이 5개로 갈라진다. 열매는 긴 타원 모양이고 길이가 15～18mm이며
붉은 색으로 익고 다육질의 과육과 평평한 면에 나란히 붙어 있는 2개의 종자가 있다. 종자는
잿빛을 띤 흰색이고 타원체를 길이로 자른 모양으로 평평한 면에 1개의 홈이 있다. 이것을 커피
콩이라 하며 볶아서 가루로 만들어 음용 커피에 사용한다. 커피 종자에는 2% 내외의 카페인이
들어 있어 이것을 추출하여 의약품으로 사용한다.

아라비아 커피나무에는 변종인 모카(*C. arabica* var. *mokka*)를 비롯하여 많은 품종이 있으며,
커피콩을 생산하는 커피나무는 아라비아 커피나무 계통 외에 로부스타 커피나무(*C. robusta*)·리
베리아 커피나무(*C. liberica*) 등이 있다. 로부스타 커피나무는 아프리카 콩고 지방이 원산지이
고 병충해에 강하며 인도네시아에서 생산되는 커피의 85%를 차지한다. 리베리아 커피나무는
모카와 로부스타 커피나무보다 훨씬 크고 튼튼하지만, 커피콩의 향기가 떨어져 다른 종류와 섞
어서 사용한다.

아라비아 커피나무는 B.C. 800년경 에티오피아 남서쪽 카파주에서 발견되었다고 한다. 처음
에는 열매로 술을 만들어 마셨지만, 술 마시는 것을 엄격하게 금지했던 이슬람교도들은 알코올
성분이 없는 이 음료를 애용하기 시작하여 13세기경부터는 현재와 같은 커피 음료가 되었다.

커피 원두에는 수분·회분·지방·조섬유·조당분·조단백·카페인 등이 들어 있다. 각 성
분의 비율은 품종과 재배하는 곳의 환경에 따라 다르지만 조당분이 가장 많아 30%를 차지한다.
조당분은 열을 가하면 캐러멜로 변해 커피색이 된다. 지방은 커피의 향과 가장 깊은 관계가 있
는 성분으로 12～16%가 들어 있다. 카페인과 카페린은 약 1.3%가 들어 있는데, 이것은 커피
맛을 좌우하며 흥분 작용을 일으킨다. 커피의 독특한 쓴맛은 카페탄닌산 때문이며 3～5%가 들
어 있다. 종자에 들어 있는 카페인을 추출하여 의약품으로 사용한다. 지나치게 커피를 많이 마
시는 것은 문제가 있으나 적당한 경우 건강에 유효한 영향을 미치는 결과들이 밝혀지고 있다.

3) 코코아나무

과 명 : 벽오동나무과(Sterculiaceae)
학 명 : *Theobroma cacao* L.
영 명 : Cocao

열대 아메리카 원산으로 속명 *Theobroma*는 그리스어로 신의 음식[thoes(God) + broma (food)]이라는 의미이다. 높이 12m 정도의 상록 교목으로 호생하는 잎은 타원 모양으로 가죽질이고 끝이 뾰족하며 가장자리가 밋밋하다. 꽃은 지름 약 1.5cm의 흰색으로 꽃받침은 붉은빛이 노는 자주색이고 5개로 깊게 갈라진다. 꽃잎은 5개로 갈라지고, 꽃은 4~5년생부터 달리며 잎이 떨어진 자리 바로 위에 꽃눈이 형성된다. 12~50년생은 많은 꽃이 달리지만 200~400개의 꽃에서 1개 비율로 열매가 달린다. 열매는 긴 타원 모양이고 길이가 10cm 정도로 5개로 갈라지고 그 속에 40~60개의 종자가 들어 있다. 멕시코 사람들은 카카오의 나무를 cacavaqualhitl, 카카오의 열매를 cacovacentli라고 불렀으나 유럽에는 cacap가 cocoa로 되어 전해졌다.

종자를 발효시킨 것을 카카오콩이라 하며, 볶아서 분말로 만든 것을 카카오 페이스트(cacao paste)라고 한다. 여기에 설탕·우유·향료를 첨가하여 굳힌 것이 초콜릿이며, 카카오 페이스트를 압축시켜 지방을 제거한 것이 코코아 분말이고, 지방이 카카오 버터(cacao butter)이다. 카카오 버터는 투명한 황색이고 독특한 향기와 풍미가 있어 마가린이나 포마드에 이용한다.

코코아는 가식부 100당 단백질 18.6g, 지질 2.9g, 탄수화물 71.3g, 칼슘 589mg, 인 545mg, 철 108mg, 비타민 C 3mg를 함유하는 알칼리성 식품으로 어린이나 노약자는 물론 등산이나 심한 운동을 한 후 피로가 심할 때 유용하게 이용된다. 한편, 종자에는 약간의 카페인과 함께 알칼로이드의 일종인 테오브로민(theobromine)이 약 2% 함유되어 있는데, 신장에 강력한 작용을 하여 이뇨제로 사용한다.

| 표 2-37 | 기호식물의 비타민 함량 (다음 페이지에 계속)

식품명	가식부(100g)													
	비타민													
	A			B$_1$ (mg)	B$_2$ (mg)	B$_3$ (mg)	C (mg)	B$_6$ (mg)	B$_5$ (mg)	B$_{12}$ (μg)	B$_9$ (μg)	D (μg)	E (mg)	K (μg)
	RE	Rt (μg)	βC (μg)											
감잎차	–	–	–	0.45	0.60	0	0	**	**	**	**	**	**	**
결명자차	–	–	–	–	0.57	1.1	–	**	**	**	**	**	**	**
계피차	3	–	–	1.49	0.37	3.5	0	**	**	**	**	**	**	**
구기자차	4880	–	–	0.87	0.34	6.7	11	**	**	**	**	**	**	**
녹차	0	0	0	0.02	–	0.5	3	0.02	0.24	0	3.2	–	–	0
두충차	–	–	–	0.17	0.59	2.8	12	**	**	**	**	**	**	**

| 표 2-37 | 기호식물의 비타민 함량

식품명	가식부(100g)													
	비타민													
	A			B₁ (mg)	B₂ (mg)	B₃ (mg)	C (mg)	B₆ (mg)	B₅ (mg)	B₁₂ (μg)	B₉ (μg)	D (μg)	E (mg)	K (μg)
	RE	Rt (μg)	βC (μg)											
보리차	0	0	0	0	0	0	0	0	0	0	0	0	0	0
생강차	0	0	0	0.01	0.01	0.2	0	**	**	**	**	**	**	**
오미자차	–	–	–	0.30	0	15.5	0	**	**	**	**	**	**	**
우롱차	0	0	0	0	0.03	0.1	0	0	0	0	2.0	0	0	0
율무차	0	0	0	0.09	0.10	1.2	0	**	**	**	**	**	**	**
커피	0	0	0	0.02	0.20	31.0	0	0.01	0	0.1	8.0	0	0.2	
코코아	0	0	0	0.07	0.21	0.4	0	0.11	0.89	0.4	0	–	0.2	1
현미녹차	0	0	0	0.02	–	0.4	3	0.01	0	0	3.0	0	0	0
홍차	150	0	900	0.10	0.80	10.0	0	0.01	0	0	3.0	0	0	6

* RE: Retinol Equivalent; Rt: Retinol; βC: β–Carotne
** 비검사

| 표 2-38 | 기호식품의 무기질 함량(II)

식품명	가식부(100g)											
	섬유소(g)		무기질									
	수용성	불수용성	Ca (mg)	P (mg)	Fe (mg)	K (mg)	Mg (mg)	Mn (mg)	Zn (mg)	Co (μg)	Cu (μg)	Se (μg)
감잎차	*21.1		740	115	22.6	–	**	**	**	**	**	**
결명자차	–		372	507	4.8	1210	**	**	**	**	**	**
계피차	–		0	14	2.3	745	**	**	**	**	**	**
구기자차	*10.2		49	259	14.7	2161	**	**	**	**	**	**
녹차	*0		3	0	0.3	27	2	0.2	2	–	0	**
두충차	*15.7		407	195	13.8	1313	**	**	**	**	**	**
보리차	*0		1	6	0.1	1	0	–	0.1	–	0	–
생강차	*0		4	27	0.6	70	**	**	**	**	**	**
오미자차	*12.1		766	204	10.5	104	**	**	**	**	**	**
우롱차	–		2	1	0	13	1	–	0	–	0	–
율무차	*0.6		29	190	1.0	301	**	**	**	**	**	**
커피	*0		160	357	4.8	3600	**	**	**	**	**	**
코코아	*0.5		30	131	1.5	119	440	0.3	7.0	–	3.8	–
현미녹차	*0		3	0	0.3	14	1	–	0	–	0.01	–
홍차	*0		2	1	0.4	33	1	–	0	–	0.01	**

* 총량; ** 비검사

제 3 장 약용식물

약용식물

Applied Plant Science

약용식물의 일반적 특징

약용식물이란 질병 치료에 이용하는 식물로서 흔히 약초라고도 하는데, 초본은 물론 목본식물과 버섯 등의 균류까지도 포함되며, 분비물 및 함유하는 화학 성분이 합성 화학적으로 변화되어 약 용으로 이용되는 경우를 포함한다. 또한 식용식물이나 유독식물일지라도 특정 질환이나 증상에 효과가 있는 경우도 약용식물로 분류된다.

① 약용식물의 분류

한의학에서 약재로 사용하는 식물은 이시진의 본초강목(本草綱目)에 약 1,892종, 중국의 중약 대사전(中藥大事典)에 5,767종이 수록되어 있다. 우리나라의 총 8천 2백 여종의 식물 중 약 13.9%인 약 1,140여 종류가 약용으로 이용되고 있다. 특히 이들 식물 중 약 400～500종이 우 리나라에만 있는 것을 감안할 때(양치식물 10여 종류・나자식물 15여 종류・피자식물 380여 종류), 우리나라에 분포하는 약용식물은 본초강목의 1,892종을 넘어 설 것으로 보이며, 민간요 법으로 전승되어지고 있는 약용식물까지 고려하면 이보다 훨씬 많을 것으로 추정된다.

② 약용식물의 성분

식물의 약리작용이 있는 성분의 대부분은 2차대사 산물이며, 이러한 성분들은 식물의 종류, 부 위 및 채취 시기에 따라 달라진다. 약용식물의 성분은 목적에 따라 일반성분, 유효성분, 지표성 분 및 약용성분으로 구분하는데, 이러한 성분의 분류는 약의 관리나 효용 및 약효 등의 기준이 된다.

1) 일반성분(general constituent)

약용식물의 성분 중에서 특별한 약리작용이 알려져 있지 않은 전분・단백질・지방・비타민・ 무기물 등의 영양 성분을 일반성분이라고 한다.

2) 유효성분(available constituent)

약용식물의 성분 중에서 배당체・알칼로이드와 같이 특유의 생리활성작용이 화학적으로 규명된 성분을 유효성분이라고 한다.

3) 지표성분(indicator compound)

화학적으로 규명된 약용식물의 성분 중에서 약재의 품질을 관리하는 목적으로만 설정한 고유성분으로 특별히 유효성분이 아니어도 된다.

4) 약효성분(active compound)

화학적으로 규명된 약용식물의 성분 중에서 특별한 약리작용이 확인된 유효성분을 약효성분이라고 한다.

③ 약재의 수요적 용도

1) 의약용

한약, 가정약, 민간약 및 건강식품 등에서 유래된 약재로서 학술적 연구를 통하여 특정 목적으로 직접 의료에 이용하거나 의약품의 제조에 이용하는 약재이다.

2) 생약용

한약·가정약·민간약·건강식품 등으로 예로부터 경험을 통해 약효가 알려진 것을 말하며, 그 후 학술적 연구를 바탕으로 의약용으로 이용하게 된 것이다.

제2절 본초의 종류

동서고금을 막론하고 많은 식물들이 약용으로 이용되어 왔다. 이러한 식물들 중에는 산야초, 허브 및 본초가 있다. 산야초는 민간에 전승된 경험에 의하여 사용되며, 대부분 단방(單方)으로 사용된다. 허브는 대부분 대증요법적으로 사용되며 약용은 물론 생활용품으로도 개발되어 활용된다. 본초는 장기간의 교육과 숙련을 거친 한의사에 의하여 복합적으로 처방되는 전문약재로 대부분 군약(君藥), 신약(臣藥), 좌약(佐藥) 및 사약(使藥)으로 처방된다.

① 복합작용제

보양, 보음, 강장, 강정, 강심 등, 인체의 생리 활성을 복합적으로 강화, 조절해 주는 약제로 주로 식물성 약재로는 인삼이 주제로 사용된다.

1) 인삼

과 명 : 두릅나무과(Araliaceae)

학 명 : *Panax ginseng* C. A. Meyer
생약명 : 인삼(人蔘)

　인삼은 한국과 중국이 원산지로 추정되며, 뿌리의 형태가 사람을 닮아 인삼이라고 부른다. 키 50～60cm 정도로 짧고 두툼한 뿌리줄기(뇌부: 腦部) 위쪽에서 줄기가 곧게 나오며, 아래쪽에는 두툼한 원뿌리(주근: 主根)와 몇 갈래로 갈라진 곁뿌리(지근: 支根)로 되어 있다. 잎은 뿌리줄기에서 나온 줄기에 달리는데, 1년생은 1장이나 해마다 1장씩 늘어 수확기가 되는 5～6년이 지나면 5～6장이 달린다. 잎 가장자리에는 가는 톱니의 거치가 있고 잎 앞면의 엽맥에 털이 나 있다. 싹이 나온 지 3년이 지나 연한 녹색의 꽃이 4～5월 쯤 줄기 맨 위쪽에 만들어진 산형화서로 무리지어 핀다.

　장뇌삼과 산삼은 인삼과 같은 *Panax ginseng*이지만 미국인삼(*Panax quinquefolium*), 일본의 죽절인삼(*P. japonica*), 중국의 삼칠인삼(*P. notoginseng*) 등은 인삼과 유사하나 무엇보다 종이 다르며 약성이나 약효도 인삼에 미치지 못한다.

　인삼씨 파종은 채취 후 약 90일 동안 후숙시킨 다음, 가을에 흐르는 물 등의 방법으로 껍질을 벗겨 파종하며 해갈이를 만들어 준다. 6년생이 되면 모양이 충실해지고 균형이 잡히며 약성이 최상이 된다. 인삼의 나이는 뇌부에 남아 있는 줄기의 흔적으로 알 수 있는데, 한국 인삼은 이 부위가 매우 두툼하다.

　약리학적으로 인삼은 생리적 장애가 아주 적은 무해한 약재로 원기 회복 효과가 있는데, 조혈・항암・면역계를 보강시켜 주며, 정신장애・학습・기억・감각 기능의 개선 효과도 있다. 단 열성체질에는 사용을 자제하도록 하고 있다.

2) 황기

과 명 : 콩과(Leguminosae)
학 명 : *Astragalus membranaceus* var. membranaceus Bunge
생약명 : 黃芪, 黃耆

　원산지가 우리나라로 우리나라와 일본・중국 북동부・시베리아 동부에 분포하며, 산지의 바위틈에서 서식한다. 다년생 숙근초로 높이 4～70cm이고 줄기 전체에 털이 조금 있고 곧게 자란다. 잎은 어긋나며 우상복엽이다. 꽃은 7～8월에 피고 옅은 노란색의 총상화서로 잎겨드랑이에 긴 꽃이삭이 5～10개가 달린다. 열매는 협과로 11월에 익으며 거꾸로 된 계란 모양이다.

　'단너삼'이라고도 불리며 노란색 빛깔로 약의 으뜸이라고 불린다. 기를 보하는 데 사용하는데, 특히 땀을 관리하는 '지한(止汗)의 성약(聖藥)'이라고 불린다. 가을에 채취하여 노두(蘆頭)와 잔뿌리를 제거하고 햇빛에 말린 것을 황기라고 하는데, 강장・지한(止汗)・이뇨(利尿)・소종(消腫) 등의 효능이 있으며 신체허약・피로권태・기혈허탈(氣血虛脫)・탈항(脫肛)・내장하수・식은땀・신경쇠약 등에 처방한다. 성질은 따뜻하고 독이 없으며, 맛은 달다. 몸이 허해서 땀을 많이 흘리는 사람들에게 기를 보해 주지만, 선천적으로 땀을 많이 흘리는 사람에게는 좋지 않다고 한다.

인, 알카로이드, 플라보노이드가 함유되어 있어서 신진대사를 촉진하고 배뇨를 촉진하며 노폐물 배출을 도와 부종에 효과가 있다. 면역강화 작용이 탁월하고 감기·빈혈·어지럼증에 효과가 있으며 비장과 위장의 기능을 좋게 하고 피로 회복에 좋다. 여성의 경우 월경과다, 자궁 이상 출혈에도 효과가 있다. 그러나 고혈압·고열·두통·안면홍조·치통에 사용하지 않는 것이 좋으며, 땀이 없는 사람, 고혈압 환자, 심장에 열이 있는 사람은 피하는 것이 좋다. 그리고 고기와 술을 좋아하고 배가 나온 사람이 황기를 많이 먹으면 숨이 더 가빠지고 얼굴이 붓고 두통이 있을 수도 있으며, 빨갛게 붓고 열이 나는 염증은 더욱 악화시킬 수 있다고 한다.

3) 지황

과 명 : 현삼과(Scrophulariaceae)
학 명 : *Rehmannia glutinosa* (Gaertn.) Libosch. ex Steud.
색약명 : 지황(地黃)

중국 원산의 다년생 숙근초로 줄기는 곧게 서고 높이가 20~30cm이며 선모가 있다. 근생엽은 긴 타원형으로 끝이 둔하고 밑 부분이 뾰족하며 가장자리에 물결 모양의 톱니가 있다. 잎 표면은 주름이 있으며, 뒷면은 엽맥이 튀어나와 그물처럼 된다. 꽃은 6~7월에 붉은빛이 강한 연한 자주색으로 피고 줄기 끝에 총상꽃차례를 이루며 달린다. 열매는 삭과이고 10월에 익는다. 뿌리는 굵고 육질이며 옆으로 뻗고 붉은빛이 도는 갈색이다. 생김새는 원주형 또는 방추형이고, 때로는 꺾이었거나 변형되어 있다. 지황의 날 것을 물에 담가서 물에 뜨는 것은 천황(天黃), 반쯤 뜨고 반쯤 가라앉는 것은 인황(人黃), 완전히 가라앉는 것은 지황(地黃)이라고 한다. 한방에서는 뿌리의 생것을 생지황, 건조시킨 것을 건지황, 지황을 구증구포한 것을 숙지황이라고 한다.

이용 부위는 뿌리줄기로서 주요 성분은 sterol, campesterol, catalpol, rehmannin, mannitol·maninotriose·catalpol·verbascose·vitamin A 및 약간의 알칼로이드이다. 숙지황은 인삼을 쓸 수 없는 열성 체질의 보혈제로 보혈·강장·강심·당뇨·혈압강하·체액증진·허약 체질·발육 부진·치매·조루증·발기부전 및 생리불순에 사용한다. 생지황은 허약 체질·변비·토혈·코피에 사용하며, 자궁 출혈·생리불순 등에도 사용한다. 그리고 건지황은 열병 후에 생기는 갈증과 장기 내부의 열로 인한 소갈증에 효과가 있으며 토혈과 코피의 지혈에도 효과가 있다.

② 강심제

강심제는 심장 박동을 감소시키거나 심장의 수축력을 강화시켜 쇠약해진 심장 기능을 회복시키는 약제이다. 다양한 약제가 있으나 주로 인삼이 사용되어 왔다.

1) 협죽도

과 명 : 협죽도과(Apocynaceae)
학 명 : *Neuium indicum* Mill
생약명 : 협죽도(夾竹挑)

상록관목으로 햇볕이 잘 들고 습기가 많은 사질토에서 특히 잘 자라며 공해에도 매우 강하다. 높이 2m 이상 자라며 홍색·백색·자홍색·황백색 및 겹꽃이 7~8월에 피기 시작하여 가을까지 계속 핀다.

건조된 잎·수피·뿌리·꽃·씨까지 사용하는데, 주성분 배당체인 oleandrin이 가수분해되어 oleandrigenin이 된다. 디기탈리스와 유사하게 oleandrin은 심근의 수축력을 증가시키고 심박수를 줄이며 심장 출량을 증가시킨다. 주로 울혈성심부전의 치료에 사용되고 있다. Oleandrin의 가장 흔한 부작용은 오심, 구초 및 설사이다. 가끔 졸음, 부정맥을 일으키기도 한다.

2) 만년청

과 명 : 백합과(Liliaceae)
학 명 : *Rohdea japonica* (Thunb.) Roth
생약명 : 만년청(萬年靑)

일본 원산으로 우리나라 및 일본 난대, 중국에 분포하는 상록 단자엽식물로 30~50cm 정도 자란다. 진한 녹색의 잎은 길고 넓은 피침형으로 육질이며 윤기가 있다. 꽃은 5~7월에 연한 노란색이나 흰색이 피고 잎 사이에서 자란 길이 2~4cm의 수상화서에 빽빽이 달린다.

뿌리와 잎을 사용하는데 rhodexin A·B·C·D의 4가지 심장 배당체가 함유되어 있다. 만년청에 함유된 배당체는 심근에 대하여 디기탈리스와 유사한 작용을 나타내며 주로 심장 피로나 부정맥 등의 심장 질환 치료에 사용한다.

독성은 디기탈리스와 비슷하여 오심·구토·설사·식욕감퇴·현훈·발한 등이 주로 나타나며, 심한 경우는 부정맥과 심차단을 일으키기도 한다.

3) 복수초

과 명 : 미나리아재비과(Ranunculaceae)
학 명 : *Adonis amurensis* Regel & Radde
생약명 : 빙냉화(氷冷花)

우리나라 및 일본·중국에 분포하며 원일초·설련화·얼음새꽃이라고도 한다. 산지 숲 속 그늘에서 자라며 높이는 10~30cm이다. 근경이 짧고 굵으며 흑갈색의 잔뿌리가 많이 나온다. 줄기는 윗부분에서 갈라지며 털이 없거나 밑 부분의 잎은 막질로서 원줄기를 둘러싼다. 잎은 양면에 털이 없거나 뒷면에 작은 털이 있으며, 잎은 위로 올라가면서 어긋나기로 나며 우상복엽이다. 꽃은 4월 초순에 피고 노란색이며 지름 3~4cm로 원줄기와 가지 끝에 1개씩 달린다.

식물체 모든 부위를 건조하여 사용하는데, cymarol, corchoroside A, convalla toxin 등의 몇 가지 심장 배당체가 함유되어 있다. 복수초는 심근에 대하여 디기탈리스와 유사한 작용을 하며 심장 질환과 중추신경 기능 저하 치료에 사용된다. 또한 세뇨관에서의 Na, K, Cl의 재흡수를 억제하기 때문에 이뇨제로도 사용된다. 독성은 strophanthin과 유사하다.

4) 부자

과 명 : 미나리아재비과(Ranunculaceae)
학 명 : *Aconitum triphyllum* N.(세잎돌쩌귀 외)
생약명 : 부자(附子)

미나리아재비과의 바꽃류에 속하는 돌쩌귀류, 투구꽃류의 괴근을 총칭하나 괴근을 세분하여 오두(烏頭), 오훼(烏喙), 천웅(天雄), 부자(附子), 측자(側子)의 다섯가지로 나누는데, 모근경의 주위에 토란처럼 생긴 것들을 부자라고 한다. 세잎돌쩌귀의 경우 잎은 호생하며 잎자루가 길고 3갈래로 길게 갈라진다. 열매는 돌과로 3개이며 약간 원통상 타원형이고 긴 털이 다소 있다. 꽃은 9월에 청자색으로 줄기 끝에 2~3개씩 총상화서로 핀다.

뿌리를 약재로 사용하며 오두(烏頭)라고도 한다. 강한 독성이 있어서 단독으로 사용하지 않으며 적절히 포제(炮制)하여 사용한다. 그대로 말린 것을 생부자(生附子), 소금물에 담갔다가 석회가루를 뿌려서 말린 것을 백하부자(白河附子), 약 120℃로 가열하여 다소 유효성분이 변질된 것을 포부자(炮附子)라고 하며, 모두 약용으로 쓰이는데, aconitine 등을 함유한다.

부자는 심근에 독성을 나타내며 강심제로도 사용되는데, 심 허탈이나 심장성 쇼크의 치료에 사용한다. 또한 혈관 콜레스테롤치를 저하시키며 소염작용도 한다.

부자는 사약으로 사용할 만큼 맹독성이다. 독성 증상으로는 서맥과 부정맥이 나타나며, 오심 및 구토나 사지경련과 부정맥을 일으키기도 한다.

5) 은방울꽃

과 명 : 백합과(Liliaceae)
학 명 : *Convallria keiskei* Miq.
생약명 : 영란(鈴蘭)

우리나라, 일본, 중국, 동시베리아에 분포하는 숙근성 다년초로 관상용으로도 심는다. 잎은 긴 타원형 또는 난상 타원형이다. 가장자리가 밋밋하고 길이 12~18cm, 폭 3~7cm로서 끝이 뾰족하며 표면은 짙은 녹색이고 뒷면은 연한 흰빛이 돈다. 4~5월에 개화하며 하얀 종 모양의 꽃이 높이 20~35cm의 꽃대에 5~10개 핀다.

Conballatoxin, convalloside, convallamarin, convallatoxol 등의 배당체를 함유하며 심장질환의 치료에 사용된다. 디기탈리스와 유사한 심장 독성 작용을 가지고 있으며, strophanthin의

1.22배 정도이다. 속효성이나 작용 지속 시간은 짧으며 주로 간에서 해독된다. 부작용으로는 오심·구토·현훈 등이 있고 간혹 부정맥을 일으키기도 한다.

③ 항고혈압제

항고혈압제는 혈압강압제라고도 하며 혈압을 낮추는 약제이다. 진정작용을 하는 약재도 함께 포함된다.

1) 누리장나무

과 명 : 마편초과(Verbenaceae)
학 명 : *Clerodendrum trichotomum* Thunb.
생약명 : 취오동(臭梧桐)

우리나라 및 일본·타이완·중국 등지에 분포한다. 개나무·노나무·깨타리라고도 하며, 냄새가 심해 구릿대나무라고도 한다. 산기슭이나 골짜기의 기름진 땅에서 자란다. 높이 약 2m로 나무껍질은 잿빛이다. 잎은 대생으로 계란형이며 끝이 뾰족하다. 꽃은 양성화로 8 ~ 9월에 엷은 붉은색으로 핀다. 취산화서로 새 가지 끝에 달리며 강한 냄새가 난다. 꽃받침은 붉은빛을 띠고 5개로 깊게 갈라지며 그 조각은 달걀 모양 또는 긴 달걀 모양이다. 열매는 핵과로 둥글며 10월에 짙은 파란색으로 익는다. 어린잎은 나물로 먹고 꽃과 열매가 아름다워 관상용으로 심는다.

건조된 잎, 줄기 및 뿌리 등을 사용하는데 거풍제습(祛風除濕)하고 혈압을 강하시키는 약으로 사용되어 주로 고혈압의 치료에 사용된다. 독성은 적으며 구건, 식욕감퇴, 오심, 구토 및 설사 등의 일반적인 부작용이 따르나 투여를 중단하면 이러한 증상은 곧 없어진다.

2) 두충나무

과 명 : 두충나무과(Eucommiaceae)
학 명 : *Eucommnia ulmoides* Oliv.
생약명 : 두충(杜沖)

중국 원산으로 높이는 10m 정도이다. 잎은 대생이고 대개 타원형으로 끝이 뾰족하며, 밑은 둥글고 고르지 못한 톱니가 있다. 잎 길이는 5 ~ 16cm, 너비 2 ~ 7cm로 양면에 털이 거의 없으나 맥 위에는 잔 털이 있고, 잎 가장자리에 예리한 톱니가 있다. 꽃은 단성화로 4월에 엽액에서 피고 꽃잎이 없다. 수꽃은 붉은빛을 띤 갈색이고 6 ~ 10개의 짧은 수술이 있으며 암꽃은 짧은 자루가 있고 1개씩 붙는다. 열매는 10월에 익는데, 긴 타원형이고 날개가 있으며 자르면 고무 같은 점질의 흰 실이 길게 늘어난다.

건조된 수피를 이용하는데 주성분은 pinoresidol-di-β-D-glucoside이다. 항고혈압 효과는 경미하지만 작용 지속 시간은 길다. 소량은 말초혈관을 확장시키지만 과량은 혈관을 수축시킨다.

민간요법에서는 간과 신장을 돕는 강정약으로 사용된다. 또한 근골을 튼튼하게 하고 혈압을 강하시키며 태반을 안정시키는 데 사용한다.

3) 감국

과　명 : 국화과(Compositae)
학　명 : *Chrysanthemum indicum* L.
생약명 : 황국(黃菊), 야국(野菊)

　약성이 달아 감국(甘菊)이라고 한다. 우리나라 및 타이완·중국·일본 등지에 분포한다. 꽃색이 황색이어서 황국(黃菊)이라고 하며, 들에 핀 국화라고 하여 야국(野菊)이라고도 한다. 식물체 전체에 짧은 털이 나 있고 줄기의 높이는 60~90cm이며 검은색으로 가늘고 길다. 잎은 짙은 녹색이고 호생이며 잎자루가 있고 보통 우상으로 갈라지며 끝이 뾰족하다. 갈라진 조각은 긴 타원형이고 가장자리가 패어 들어간 모양의 톱니가 있다. 9~10월에 줄기 윗부분에 두화가 핀다. 꽃은 지름 2.5cm 정도이며, 설상화는 노란색이나 흰색도 있다.

　건조시킨 꽃을 이용하는데 감국에는 α-pinene, limonene, carvone, cineol, camphore 및 bomeol 등의 정유와 chrysanthin, chrysanthemaxanthin 및 yejuhualactone의 3가지 배당체가 함유되어 있다. 꽃의 알코올 추출액은 항고혈압 효과가 있으며, 작용 개시 시간은 느리나 지속 시간은 길다.

　항고혈압 작용은 중추작용에 의한 것이 아니라 말초혈관에 대한 항아드레날린성 혈관 확장 작용에 의한다. 전통적으로 두통이나 불면 및 현훈 등의 고혈압 증상을 경감시키는 데 사용된다. 또한 항균 효과도 가지고 있으며 감기나 독감 및 뇌막염의 치료에도 광범위하게 사용된다.

4) 뽕나무

과　명 : 뽕나무과(Moraceae)
학　명 : *Morus alba* L.
생약명 : 상지(桑枝)

　온대·아열대 지방이 원산지로 세계에 30여 종이 있다. 잎은 달걀 모양의 원형 또는 긴 타원형이며 3~5개로 갈라지고 길이 10cm로서, 가장자리에 둔한 톱니가 있고 끝이 뾰족하다. 자웅이주로 6월에 피는데, 수꽃은 새 가지 밑 부분 잎겨드랑이에 달리고 암꽃은 길이 5~10mm이다.

　우리나라에는 산상(山桑: *M. bombycis*)·백상(白桑: *M. alba*)·노상(魯桑: *M. lhou*)의 3종이 재배되며, 그 중에서 백상이 가장 많이 재배된다. 잎은 누에를 기르는 데 이용되며, 열매를 오디라고 하는데 술을 담그거나 날 것으로 먹는다.

　건조된 작은 가지(桑枝)를 약재로 쓴다. 아트로핀에 의하여 차단되는 혈압 강하 효과를 보이며 심장 억제, 혈관 확장 및 진정효과도 나타낸다. 대체로 풍습을 없애고 혈압을 낮추며 소변

소통 작용과 함께 통경 작용도 있다.

5) 골담초

과 명 : 콩과(Leguminosae)
학 명 : *Caragana koreana* N.
생약명 : 금계아(金鷄兒)

우리나라 및 중국 원산의 낙엽활엽관목으로 높이 약 2m이다. 꽃은 5월에 1개씩 총상화서로 피며 길이 2.5~3cm이고 나비 모양이다. 열매는 협과로 원기둥 모양이고 털이 없으며, 9월에 익는다. 길이 3~3.5cm이다. 관상용으로 정원에 흔히 심는다.

뿌리를 사용하며 소량의 알칼로이드와 배당체를 함유하고 있다. 항고혈압 효과와 항염효과가 있다. 민간에서는 고혈압이나 만성 기관지염의 치료에 사용되어 왔다. 부작용은 적으나 간혹 구건, 오심, 구토 및 두드러기나 소양감 같은 과민반응이 나타난다.

6) 셀러리

과 명 : 미나리과(Umbelliferae)
학 명 : *Apium graveolens* L.
생약명 : 양근채(洋芹菜)

셀러리의 원산지는 광범위한데 그 범위는 북으로 스웨덴, 남으로 이집트, 동으로는 인도 서북부의 산악지대까지 분포되어 있다. 그 외에 중미대륙의 과테말라, 북미의 캘리포니아, 남태평양의 뉴질랜드에서도 발견되었다. 우리나라에는 임진왜란 이전에 주로 약용으로 이용되었던 것으로 보인다.

혈압을 낮추며 혈당과 혈중 콜레스테롤 농도를 저하시킨다. 중추신경계 억제효과가 있어 항경련제로 작용한다.

④ 항협심증제

심장의 흉통을 동반하는 증후군 증상이 있는데 협심증은 관상동맥이 심근에 필요한 영양과 산소를 충분히 공급하지 못하여 발생하며 급사의 원인이 된다. 그러므로 항협심증제로서의 한약제재는 응급의 경우보다 예방 및 조기 치료에 이용된다.

1) 천궁

과 명 : 미나리과(Umbelliferae)
학 명 : *Lingusticum chuanziang* Hort.

생약명 : 천궁(川芎)

　중국 원산의 다년생 초본으로 약용 식물로 재배한다. 높이 30 ~ 60cm이며 속이 비어 있고 가지가 다소 갈라진다. 잎은 우상복엽이며 꽃은 꽃잎이 5개로 8월에 흰색의 꽃이 복산형화서를 이룬다. 땅 속에 있는 줄기는 마디 사이 길이 5 ~ 10cm, 지름 3 ~ 5cm의 덩어리처럼 생겼으며 강한 향기가 있다. 방향성 식물로 민간에서는 좀을 예방하기 위해 옷장에 넣어 두며, 죽어 가는 소나무 뿌리에 천궁 삶은 물을 주면 나무가 회생한다고 한다.

　뿌리를 사용하며 tetramethylpyrazine(TMP), leucylphenylamine anhydride 및 periolyrine 등의 3종의 알칼로이드와 수종의 정유도 함유한다. 심근 수축력을 증가시키고 심박수를 감소시킨다. 또한 관상동맥 혈류량을 개선시키고 심근에서의 산소 소비량을 감소시킨다. 간혹 생리가 빨라지기도 하므로 월경불순이나 다른 출혈 질환을 가진 여성에는 투여하지 않는 것이 좋다. 대체로 무독하다.

2) 삼지구엽초

과　명 : 매자나무과(Berbedaceae)
학　명 : *Epimedium koreanum* N.
생약명 : 음양곽(淫羊藿)

　우리나라 및 중국 동북부 등지에 분포하는 다년생 초본으로 산지의 나무 그늘에서 자란다. 근경은 옆으로 뻗고 잔뿌리가 많으며 줄기는 뭉쳐나고 높이 30cm 정도로 가늘고 털이 없으며 밑 부분은 비늘 모양의 잎으로 둘러 싸여 있다. 줄기 윗부분은 3개의 가지가 갈라지고 가지 끝마다 3개의 잎이 달리기 때문에 삼지구엽초라고 한다. 꽃은 5월에 피고 줄기 끝에 총상화서를 이루며 밑을 향해 달린다. 꽃은 지름이 10 ~ 12mm이고 노란 색을 띤 흰색이다. 열매는 골돌이고 길이 10 ~ 13mm의 양끝이 뾰족한 원기둥 모양이다.

　한방에서는 식물체 전체를 음양곽(淫羊藿)이라 하여 최음·강장·강정·거풍에 사용한다. 민간에서는 음위(陰痿)·신경쇠약·건망증·히스테리·발기력 부족 등에 사용한다. 식물체 모든 부위를 이용하며 주성분은 글리코사이드인 icarin과 noricarin이다. 또한 ceryl alcohol과 일부 정유 및 지방산을 함유하고 있다. 음양곽은 주로 심혈관계에 작용한다. 음양곽은 관상동맥을 확장시키고 혈관 저항을 감소시켜 관상동맥 혈류량을 증가시키며, 혈액순환을 촉진하여 최음작용도 한다. 또한 지속적인 혈압강하 작용이 있는데 이 효과는 장시간 지속된다. 그러나 계속적으로 연용하면 내성이 나타난다. 음양곽은 남성에게 성자극 효과가 있는 것으로 알려져 있으며 진해제 및 거담제로 작용도 있다. 비교적 독성은 없다.

3) 맥문동

과　명 : 백합과(Liliaceae)
학　명 : *Ophiopogon Jaonicus* (Thunb.) K.er.

생약명 : 맥문동(麥門冬)

우리나라 및 일본・중국・타이완 등지에 분포하며 그늘진 곳에서 자란다. 짧고 굵은 뿌리줄기에서 잎이 모여 나와서 포기를 형성하고, 흔히 뿌리 끝이 커져서 땅콩 같이 된다. 줄기는 곧게 서며 높이 20 ~ 50cm이다. 잎은 짙은 녹색을 띠고 선형이며 길이 30 ~ 50cm, 너비 8 ~ 12mm이고 밑 부분이 엽초처럼 된다. 자주색 꽃이 5 ~ 6월에 피고 수상화서의 마디에 3 ~ 5개씩 달린다. 꽃이삭은 길이 8 ~ 12cm이며 작은 꽃가지에 마디가 있다. 열매는 삭과로 둥글고 일찍 과피가 벗겨져 흑자색 종자가 노출된다.

건조시킨 뿌리를 이용하며 주성분은 β-sitosterol, stigmasterol 및 ophiopogenin B이다. 맥문동은 관상동맥 혈류를 증가시키고 심근 수축력을 증가시킨다. 부작용으로 가스에 의한 위 팽만감 및 장운동 저하 등이 나타난다.

4) 화살나무

과 명 : 노박덩굴과(Celastraceae)
학 명 : *Euonymus alatus* (Thunb.) Sieb.
생약명 : 위여(衛子), 귀전우(鬼箭羽)

우리나라 및 일본・사할린・중국에 분포하는 낙엽관목으로 높이 3m에 달하고 잔가지에 2 ~ 4개의 날개가 있다. 잎은 대생으로 짧은 잎자루가 있으며, 타원형 또는 도란형이며, 잎 가장자리에 잔 톱니가 있다. 어린잎은 홋나물이라 하여 식용한다.

꽃은 5월에 피고 황록색이며 취산화서로 달린다. 꽃이삭은 잎겨드랑이에서 나온다. 열매는 적색 삭과로 종자는 황적색 종의로 싸이며 백색이다.

가지의 날개를 귀전우(鬼剪羽)라고 하며 귀전우가 있는 가지를 주로 사용한다. 잎과 열매도 사용하는데, quercetin, sulcite(1.1%), epifriedelinol(0.3%), fridelin 및 약간의 수지를 함유하고 있다. 씨에는 포화지방산과 일부 유기산을 포함하고 있다.

심박동수를 낮추며 심근 허혈 방지작용이 있다. 중추신경 억제제로 작용하며, 진정과 수면작용이 있는 barbiturate 감소에 의한 수면 시간을 연장시킨다. 대사에 미치는 영향으로는 췌장 β세포의 자극에 의한 혈당 강하 작용이 있다. 또한 quercetin은 우수한 거담제로 알려져 있다. 민간에서는 항암 약재로 사용한다.

5) 칡

과 명 : 콩과(Leguminosae)
학 명 : *Pueraria thunbergiana* (Willd) Ohwi
생약명 : 갈근(葛根)

다년생 덩굴성 목본으로 산기슭의 양지에서 자란다. 줄기는 길게 뻗어가면서 다른 물체를 감아 올라가고 갈색 또는 흰색의 털이 있다. 잎은 호생이고 잎자루가 길며 3출엽의 복엽이다.

꽃은 8월에 붉은빛이 도는 자주색으로 피고 잎겨드랑이에 길이 10~25cm의 총상화서를 이루며 많은 수가 달린다. 열매는 협과이고 길이 4~9cm의 넓은 줄 모양이며 굵은 털이 있고 9~10월에 익는다. 뿌리의 형태에 따라 암칙과 숫칙으로 구분하는데, 암칙은 소엽의 중간이 우묵하고 뿌리는 둥글며 잘룩하여 알칙이라고도 부르며 전분이 많다. 숫칙은 소엽이 매끈하며 뿌리는 길쭉하고 섬유질이 발달하였으며 즙이 많다.

한방에서는 뿌리를 갈근(葛根)이라 하여 약재로 쓰며, 뿌리의 전분은 갈분(葛粉)이라 하며 식용하고, 줄기의 껍질은 갈포(葛布)의 원료로 쓰며, 뿌리를 삶은 물은 음료로 이용한다. 갈근의 주성분은 daidxin, diadzin-4, 7-diglucoside, puerarin 및 xylopurarin이다. 갈근은 관상동맥의 혈류를 증가시키고 심근의 산소 소비량을 감소시킨다. 또한 뇌혈관의 저항을 감소시켜 뇌혈류를 증가시키며 특히 신성고혈압에서의 혈압 강하 효과가 있어서 협심증이나 고혈압의 치료에도 사용되고 구갈에 효과가 있다.

6) 하늘타리

과 명 : 박과(Cucurbitaceae)
학 명 : *Trichosanthes kirilowii* Waxia
생약명 : 과루인(瓜蔞仁)

우리나라 및 일본·타이완·중국·몽골에 분포하는 다년생 덩굴성 초본으로 하늘타리·과루등·하늘수박·천선지루라고도 한다. 뿌리가 고구마 같이 굵어지고 줄기는 덩굴손으로 다른 물체를 감으면서 올라간다. 잎은 단풍잎 같은 5~7개의 장상복엽이다. 꽃은 7~8월에 피고 2가화이며 노란색이다. 수꽃은 수상화서로 달리고 암꽃은 1개씩 달린다. 열매는 둥글고 지름 7cm 정도이며 오렌지색으로 익고 종자는 다갈색을 띤다.

뿌리를 왕과근(王瓜根), 열매를 토과실(土瓜實), 종자를 토과인(土瓜仁)이라고 하여 약용한다. 말린 열매인 과루인은 관상동맥을 확장시키고 심근의 산소결핍에 대한 내성을 증가시키며, 또한 거담과 강력한 완하작용이 있다. 주로 협심증의 치료에 사용되며 진해제 및 거담제 또는 급성 유선염의 치료에도 사용된다. 뿌리는 통경·이뇨·배농에 쓰고 과육은 민간에서 화상과 동상에 사용하며, 종자는 거담·진해·진통에 쓰거나 소염제로 쓴다. 뿌리에서 전분을 뽑아 식용하거나 약용한다.

7) 겨우살이

과 명 : 겨우살이과(Laranthaceae)
학 명 : *Viscum coloratum* N.

생약명 : 곡기생(槲寄生)

우리나라 및 타이완·중국·유럽·아프리카에 분포하며, 참나무·물오리나무·밤나무·팽나무 등에 기생한다. 둥지같이 둥글게 자라 지름이 1m에 달하는 것도 있다. 잎은 다육질의 파침형으로 잎자루가 없다. 가지는 둥글고 황록색으로 털이 없으며 마디 사이가 3~6cm이다. 꽃은 3월에 황색으로 가지 끝에 피고 꽃대는 없으며, 작은 포(苞)는 접시 모양이고 자웅이주이다. 화피는 종 모양이고 4갈래이며, 열매는 둥글고 10월에 연노란색으로 익는다. 과육이 잘 발달되어 산새들의 먹이가 되며 이 새들에 의해 나무로 옮겨져 퍼진다. 열매가 적색으로 익는 것을 붉은겨우살이(for. *rubroaurantiacum*)라고 하며, 제주도에서 자란다.

주로 잎과 줄기를 이용하는데 loeanolic acid, β-amyrin 및 mesoinositol을 함유하고 있다. 잎에는 flavoyadorinin A(alboside), flavoyadorin B, homoflavoyadorinin B, lupeol 및 myristic acid가 함유되어 있다. 씨에는 응집소, 알칼로이드, querrcitol, querbrachitol과 비타민 E와 C가 함유되어 있다. 겨우살이는 관상동맥 혈류를 증가시키고 심박동수를 감소시켜 항고혈압제로 사용되는데, 이러한 효과는 아트로핀으로 차단되나 아트로핀은 항고혈압 작용을 차단하지는 못한다. 민간에서 위암 등의 사용하며 근래에는 항암 주사약 제조에도 사용된다.

8) 감탕나무

과 명 : 감탕나무과(Aquifoliaceae)
학 명 : *Ilex chinensis* Sims
생약명 : 사계청(四季靑)

우리나라 및 일본, 타이완, 중국 등의 바닷가의 산기슭에서 자란다. 가지는 긴 가지와 짧은 가지가 있고 털이 없으며 갈색이다. 높이는 10m에 달한다. 잎은 가죽질이며 타원형이고 끝이 뾰족하다.

자웅이주로 4~5월에 꽃이 피며 암꽃은 잎겨드랑이에 1~3개, 수꽃은 여러 개가 모여 붙는다. 꽃은 황록색으로 지름이 8mm 정도이고, 열매는 1cm 정도의 둥근 핵과로 8~9월에 붉게 익는다. 어린 잎은 나물로 먹고 재목은 기구재, 도장 재료, 세공재로 쓰인다. 껍질은 찧으면 진득진득하여 끈끈이용 및 반창고, 페인트의 재료로 이용된다.

사계청은 잎을 주로 약재로 사용하는데 protocatechuic acid, protocatechuic aldehyde, ursolic acid 및 다량의 탄닌산을 함유하고 있다. 사계청은 관상 동맥에서의 혈관저항을 감소시켜 혈류량을 증가시킨다. 심근에서의 산소 소비량을 감소시켜 심근허혈에 대한 방어 작용도 한다. 주로 협심증과 혈전성 정맥염의 치료에 사용한다. 내복 또는 외용으로 화상 치료에 사용하며 사지의 궤양 치료에 사용하기도 한다. 또한 상처의 치료를 빨리 낫게 하며 항균 효과가 있어서 급만성 기관지염, 폐렴, 이질, 급성췌장염, 담낭염, 신염, 골반염, 요도염 및 자궁경부염 등과 같은 감염질환의 치료에 효과가 있다.

9) 국화

과 명 : 국화과(Compositae)
학 명 : *Chrysanthemum morifolium* Ramat.
생약명 : 국화(菊花)

우리나라 원산의 다년생 숙근초로 잎은 우상으로 중앙부까지 갈라지고 열편은 불규칙한 결각과 톱니가 있다. 꽃은 가을철에 원줄기 윗부분의 가지 끝에 두화(頭花)가 달리고 두화 주변에 자성(雌性)의 설상화(舌狀花)가 달리며 중앙부에 양성의 관상화가 있어 열매를 맺는다. 많은 변종이 있으며 꽃의 지름에 따라서 대륜(大輪), 중륜(中輪), 소륜(小輪)으로 구별하고, 또 꽃잎의 형태에 따라서 후물(厚物), 관물(管物) 및 광물(廣物)로 나누기도 한다.

건조된 꽃을 사용하며 다양한 물질이 꽃에서 추출되었다. bornol, chrysanthenone, camphor 와 알칼로이드인 stachydrine과 acacetin-7-rhamnogluco side, cosmosiin, acacetin-7-glucoside, diosmetin-7-glucoside 등의 배당체를 함유하고 있으며, adenin, cholin, 비타민 B와 A도 함유되어 있다. 뿌리에는 chrysartemin A와 B, chrysandiol 및 chlorochrymorin 등이 함유되어 있다. 국화는 관상동맥을 확장시키고 혈류량을 증가시키지만 심근수축이나 산소 소비에는 영향을 미치지 않는다. 또한 히스타민에 의한 모세혈관의 투과성을 감소시키고 항균 및 해열 작용을 한다. 민간에서 감기, 두통, 현훈, 안구충혈, 부종 및 고혈압의 치료에 이용한다.

⑤ 항콜레스테롤 혈증제

동맥벽에 축적된 콜레스테롤과 중성지방들을 감소시키고 동맥경화에 의한 혈관벽의 신축성 저하를 개선하여 동맥경화를 완화시키는 약제이다.

1) 영지

과 명 : 구멍장이버섯과
학 명 : *Ganoderma lucidum* Karsten
영 명 : Lingshi mushroom
생약명 : 영지(靈芝)

전세계에 분포하며 우리나라에서는 적색을 띤 자루가 달린 적지(赤芝)를 말하며, 중국에서는 자지(紫芝)를 일컫는다. 적지는 1년생이나 기온이 따듯한 곳에서는 다년생으로 적지는 영지버섯 종류 가운데 외모가 가장 아름답고 효과도 높다. 적지 외에 흑지, 자지, 청지, 황지, 백지, 편목영지, 녹각영지 및 스가영지가 있다.

적지의 버섯갓은 코르크질이고 반원형 내지 신장형으로 드물게는 원형에 가까우며 높이와 너비는 각각 5~20cm이다. 자루는 측생하고 길다. 갓 및 자루는 검은 피각(皮殼)을 가지고 있고 옻칠한 것과 같은 광택이 있으며, 표면에 고리 모양의 줄무늬와 방사상의 주름 무늬가 있다. 자실층 안쪽은 연노란색으로 갓위쪽 표면에 갈색의 포자가 많이 붙어 있어 손으로 만지면 묻어 난다. 갈색의 포자는 보통 비가 오면서 씻기기 때문에 갓의 위쪽은 광택이 난다. 버섯갓 표면은 처음에 누런빛을 띠는 흰색이다가 누런 갈색 또는 붉은 갈색으로 변하고 늙으면 밤갈색으로 변 한다. 갓의 아랫면은 누런 흰색이며 육질은 코르크질이다. 보통 활엽수의 썩은 나무의 뿌리에서 난다. 주로 참나무 종류의 썩은 그루터기에 잘 자라며, 살구나무, 복숭아나무와 같은 유실수 등 에도 자란다.

영지는 ergosterol, fungal lysozyme, protinase 및 몇 종의 아미노산과 유기산을 함유하고 있 다. 최근에는 여러 종류의 다당류도 추출되었다. 영지는 혈장 콜레스테롤과 인지질 수치를 저하 시켜 동맥벽에서의 동맥경화증을 방지하는 것으로 알려져 있다. 또한 심근 수축력과 수축기 용 량을 증가시키고 심기능을 개선시키며 산소 소비를 감소시킨다. 영지는 중추신경계에 항경련, 진정, 진통 및 진해제로 작용한다. 또한 장과 자궁의 평활근을 이완시키고 히스타민이나 pitressin으로 유발된 경련성 수축에 길항작용을 한다.

영지를 오래 복용하면 몸을 가볍게 하고 수명을 연장한다고 하며, 일반적으로는 고지혈증, 협심증, 만성기관지염, 간염 및 백혈구 감소증의 치료에 사용한다. 또한 항종양 억제 작용이 있 으며 최근에 에이즈 바이러스 억제작용을 한다고 알려져 있다.

2) 산사나무

과 명 : 장미과(Rosaceae)
학 명 : *Crataegus pinnatifida* Bge.
생약명 : 산사(山楂)

우리나라 및 중국·시베리아 등지에 분포한다. 아가위나무라고도 하며 산지에서 자란다. 높 이 3 ~ 6m로 가지에 가시가 있다. 잎은 호생으로 가장자리가 깃처럼 갈라지고 밑부분은 더욱 깊게 갈라진다. 꽃은 5월에 흰색으로 피고 산방화서에 달리며, 열매는 이과로서 둥글며 붉은 색 에 흰 반점이 있다. 민간에서는 고기를 많이 먹은 다음 소화제로 쓴다. 유럽에서는 유럽산사나 무의 열매를 crataegus라고 하는데, 강심제로 쓰고 5월에 꽃이 피므로 메이플라워(may flower) 라고도 한다.

건조된 열매를 사용하는데 주성분은 chlorogenic acid, caffeic acid, aitic acid, crataegolic acid, maslinic acid, rusolic acid 및 약간의 사포닌이 있다. 산사는 콜레스테롤 대사를 높여 혈 중 콜레스테롤을 저하시켜 동맥벽의 동맥경화 부분이 줄어들고 부드러워지도록 한다. 관상동맥 의 순환도 개선하며 혈류량 증가로 인한 심근의 ginsenosides-Rb 흡수도 증가시킨다. 이것은 산 소 소비량을 감소시키고 심근허혈에 대한 방어 작용도 하게 된다. 또한 심근수축력을 증가시키 고 혈압을 강하시킨다. 항균 작용도 가지고 있다. 일반적으로는 고콜레스테롤혈증, 협심증 및 고 혈압에 사용되며 대체로 독성은 없다.

3) 하수오

과 명 : 마디풀과(Polygonaceae)
학 명 : *Fallopia multiflora* (Thunb. ex Murray) Haraldson var. *multiflora*
생약명 : 하수오(何首烏)

중국 원산으로 근경이 땅 속으로 뻗으면서 군데군데 고구마 같은 굵은 괴근이 생긴다. 원줄기는 가지가 갈라지면서 길게 뻗어가고 털이 없다. 잎은 박주가리와 달리 호생으로 심장형이며 끝이 뾰족하다. 잎 가장자리는 밋밋하고 탁엽은 원통 모양으로 짧다. 잎자루 밑 부분에는 짧은 엽초가 있다. 꽃은 8~9월에 흰색으로 2가화이다. 꽃잎은 없고 열매는 수과로서 3개의 날개가 있다. 백하수오와 줄기가 붉은 적하수오가 있다.

건조된 괴근을 사용하는데 주성분은 chrysopheno, emodin, emodin methyl ester, rhein 및 glycoside rhaphantin과 다량의 레시틴과 기타 배당체들이 함유되어 있다. 하수오는 식이 콜레스테롤의 장내흡수를 감소시켜 혈장 콜레스테롤을 감소시킨다. 또한 레시틴은 혈장에서 간으로의 콜레스테롤 흡수를 차단하여 동맥벽에 콜레스테롤이 침착되는 것을 방지한다. 또한 심박동수를 저하시키고 관상동맥 혈류량을 약간 증가시키며 항균 작용도 있다. 특히 emodin 유도체는 대장의 연동운동을 촉진하여 완하제로서 작용한다. 일반적으로 고콜레스테롤혈증의 치료에 널리 이용되고 있으며 신경증, 신경쇠약 및 불면에 이용된다. 비교적 독성이 없으며 민간에서는 성기능 강화 및 백발 방지에 효과가 있다고 알려져 있다.

4) 호장근

과 명 : 마디풀과(Polygonaceae)
학 명 : *Polygonum cuspidatum* Sieb. et Zucc
생약명 : 호장근(虎杖根)

우리나라 및 일본·타이완·중국 산지에서 자라는 다년생 초본으로 근경이 옆으로 자라면서 새싹이 돋아 포기를 형성하며 높이 1m 내외로 자란다. 잎은 호생하고 난형이다. 잎 끝이 짧고 뾰족하며 턱잎은 막질이다.

꽃은 백색이며 2가화로 6~8월에 핀다. 암꽃의 바깥쪽 3개는 꽃이 진 다음 자라서 열매를 둘러싸며 뒷면에 날개가 생긴다. 수술은 8개, 암술머리는 3개이다. 열매는 세모진 난상 타원형이고 흑갈색이다.

건조된 뿌리와 줄기를 사용하는데 polygonin, glucofragulin, emodin, polydatin 및 flavonoid 등의 배당체가 함유되어 있다. Poydatin은 혈장 콜레스테롤을 저하시키고 심근 수축력과 관상동맥 혈류량을 증가시킨다.

5) 벽오동

과 명 : 현삼과(Scrophulariaceae)

학 명 : *Firmiana simplex* (L.) W. F. Wright

생약명 : 오동(梧桐), 오동자(梧桐子)

우리나라 특산종으로 평남, 경기 이남에 분포한다. 낙엽 활엽수로 높이 15m에 달한다. 잎은 호생으로 오각형에 가깝고 꽃은 5~6월에 피며 가지 끝의 원추화서에 달린다. 열매는 삭과(殼果)로 달걀 모양이고 끝이 뾰족하며 털이 없고 길이 3cm로서 10월에 익는다. 목재는 부드럽고 가벼워 장롱·상자·악기 등을 만든다. 울릉도 참오동나무(*P. tomentosa* Steud)는 꽃잎에 자주색 줄이 길이 방향으로 있는 것이 오동나무와의 차이점이다

건조된 잎, 씨, 꽃, 껍질 및 뿌리를 이용하는데 betaine, cholin, β-amyrin acetate, lupenone, rutin, octacosanol 및 β-sitisterol을 함유하고 있다. 오동에는 소량의 카페인, 지방산, sterculic acid 및 lupenone이 함유되어 있다. 오동의 알코올 추출액은 혈장 콜레스테롤을 저하시키나 트리글리세라이드 수치에는 영향을 미치지 않는다. 혈관확장작용도 있어 관상동맥혈류량을 증가시키며 말초 혈관 저항을 감소시킨다. 일반적으로 고콜레스테롤혈증과 고혈압에 사용한다. 청열, 해독, 윤폐 및 식욕 증가 등의 효과가 있다고 하며 머리를 검게 한다고도 한다. 외용으로 화상을 치료하기도 한다. 독성은 매우 적다.

6) 결명

과 명 : 콩과(Leguminosae)

학 명 : *Cassia obtusifolia* L.

생약명 : 결명자(決明子)

원산지는 미국으로 우리나라 각지에서 재배하고 있다. 1년생 초본으로 키는 1m까지 자란다. 씨를 결명자라고 하는데 결명이라는 이름은 눈을 자게 해준다는 뜻에서 유래되어 시력 보호에 효과가 있다 한다. 잎은 복엽으로 소엽은 결명(*Cassia obtusifolia*)이 2~4쌍, 긴강남차(*Cassia tora*)는 3쌍, 석결명(石決明)은 3~6쌍이다. 꽃은 모두 6~8월에 노랗게 무리 져 핀다. 꼬투리는 활처럼 약간 구부러졌으며 길이는 10~15cm 정도이다. 꼬투리 속에 윤기가 나는 종자가 한 줄로 들어 있는데 이것을 결명자(決明子)라고 한다. 종자는 길이 3~6mm, 지름 2~3.5mm의 기둥모양이고, 모가 나 있으며 양 측면에는 엷은 황갈색의 세로줄과 띠가 있다. 종자에는 구부러진 어두운 색깔의 떡잎이 있다. 건조된 씨 속에 chrysophenol, emodin, aloeemodin, rhein, physcion, obtusin, aurantio-obtusin, chrysobtusin, rubrofusarin, norrubrofusarin 및 toralactone을 함유하고 있는데 emodin은 완하효과의 주성분이다.

결명자는 혈장 콜레스테롤를 저하시키고 동맥벽에서 동맥경화증이 진행되는 것을 방지한다. 또한 항고혈압, 항균 및 완하효과가 있으며 질염의 치료에 이용되기도 한다. 또한 이뇨, 변비 등에도 효능이 있어서 습관성 변비 치료제로 알려져 있다. 저혈압 환자는 이용을 금하며, 삼씨와 함께 사용하는 것을 금한다. 볶아서 차로 마시면 혈압이 내려간다고 한다.

⑥ 진정 및 진경제

대뇌 피질의 정신적 작용을 안정시켜 불안과 초조를 경감시키고 자율신경의 조화를 이루게 하여 내장기관의 기능을 안정화시켜 건강에 도움을 주는 항정신적 약재이다.

1) 마타리

과　명 : 마타리과(Valerianceae)
학　명 : *Patrinia scabiosaefolia* Fisch.
생약명 : 야황화(野黃花)

우리나라 및 일본·타이완·중국·시베리아 동부에 분포하며 다년생 초본으로 산이나 들에서 자란다. 높이 60~150cm 내외이고 뿌리줄기는 굵으며 옆으로 뻗고 원줄기는 곧추 자란다. 잎은 대생으로 우상으로 깊게 갈라지며 꽃은 여름부터 가을에 걸쳐서 노란색의 산방화서를 이룬다.

뿌리에서 장 썩은 냄새가 난다하여 패장초(腐醬草)라고도 한다. 연한 순을 나물로 식용한다. 건조된 줄기나 전초를 사용하는데 정유나 글리코사이드인 patrinoside를 함유한다. 간을 보호하며 진정작용이 있어서 신경쇠약증이나 급성간염으로 인한 불면증 치료에 효과적이며 항균작용도 있다고 한다. 부작용으로는 약간의 호흡 억제와 장운동 저하가 나타난다.

2) 작두콩

과　명 : 콩과(Leguminosae)
학　명 : *Canavalia gladiata* (Jacq.)
생약명 : 도두(刀豆)

열대 아시아 원산으로 덩굴성 1년생 식물로서 추위에 약하며 콩꼬투리의 모양이 작두와 같다하여 작두콩(도두)라고 한다. 줄기에는 털이 없으며, 잎은 8~12cm의 긴 잎자루로된 3출엽으로 되어 있다. 잎의 길이는 8~20cm, 너비는 5~16cm나 되는 크고 길쭉한 타원형이다. 꽃은 엽액에서 긴 꽃대가 자라서 총상화서로 달리며 6~8월에 연한 붉은색, 또는 보라색 꽃이 나비 모양으로 펴서 8~10월에 열매를 맺어 10~11월에 완전히 익는다.

콩알은 품종에 따라 붉은색·분홍색·흰색·진한 흑색 등 다양한 색깔인데, 흰색이 약효가 높은 것으로 알려져 있으며, 붉은색 계통은 주로 꼬투리를 이용한다.

약용으로 건조된 종자를 사용하는데 20%는 canacalin, canavanine과 urease가 차지한다. 그 밖에 givverelin A21, A22, canavalia gibberellin과 canavalia, gibberellin 등이 포함되어 있다.

몸을 따뜻하게 하면서 기를 내려 준다고 하며 허혈성 각종 염증, 치루, 치질, 천식, 구취, 요통 및 항암에 효과가 있다고 한다.

3) 천마

과　명 : 난과(Orchdaceae)
학　명 : *Gastrodia elata* Blumme
생약명 : 천마(天麻)

우리나라 및 일본 · 중국 · 타이완에 분포한다. 속명 *Gastrodia*는 그리스어 gaster(위)에서 유래된 것으로 꽃 모양이 위처럼 부푸는 모양에서 붙여졌다. 숲 속 나무 아래 음지에서 자라는 부생란이다. 근경은 감자 모양의 타원형으로 길이가 30cm 정도이다. 엷은 노란색 또는 황갈색의 꽃은 7~8월경 총상화서를 이루며 피는데 꽃대의 길이는 1m 정도이다. 열매는 타원형의 삭과로 9월에 익는다.

지하경을 진경 · 강장 및 현기증 · 두통 · 신경쇠약 및 감기의 열, 손발이 저린 데 하루 3~5g씩 복용한다. 특히 중풍과 반신불수에 특효가 있는 것으로 전해진다. 천마에 천궁(川芎)을 첨가하여 달여 먹으면 더욱 효과가 있다고 한다.

건조된 괴근을 약용하는데 주요 성분은 vanillyl alcohol, vanillin, 비타민 A와 소량의 glycoside인 gastrodin이다. 천마는 항경련, 진정 및 진통작용과 함께 관상동맥과 뇌혈류량을 증가시키며 말초 혈압을 강하시켜 뇌혈관 질환에 사용된다. 또한 다리의 경련이나 무감각의 치료에 사용되는데, 특히 안면 근육의 경련이나 삼차신경통의 경감에 효과적이다.

4) 멧대추나무

과　명 : 갈매나무과(Rhamnaceae)
학　명 : *Zizyphus jujuba* Miller
생약명 : 산조인(酸棗仁)

유럽 동남부와 아시아 동남부가 원산지이다. 줄기의 마디 위에 작은 가시가 다발로 난다. 잎은 호생으로 달걀 모양 또는 긴 달걀 모양이며 3개의 잎맥이 뚜렷이 보인다. 잎의 윗면은 연한 초록색으로 약간 광택이 나며 잎 가장자리에 잔 톱니들이 있다. 잎자루에 가시로 된 턱잎이 있다. 6월에 연한 황록색 꽃이 피며 잎겨드랑이에 짧은 취산화서가 달린다. 열매는 타원형 핵과로 9월에 빨갛게 익는다.

씨를 산조인이라고 하는데 betulin, betulic acid와 글리코사이드인 jujuboside A와 B를 함유하며 이 물질이 가수분해되면 jujubogenin을 생성한다. 약간의 비타민과 유기산도 함유하고 있다. 산조인은 안신(安神), 익기(益氣), 양근(養筋) 효과와 함께 골수를 채우며 진통, 항경련 작용을 가지고 있다. 또한 신경 쇠약, 초조 및 불면증의 치료에 사용된다.

5) 미모사

과　명 : 콩과(Leguminosae)

학 명 : *Mimosa pudica* L.

생약명 : 함수초(含羞草), 신경초(神經草)

원산지가 브라질인 1년초로 잎을 건드리거나 자극을 주면 움츠러들고 아래로 늘어진다. 키가 30cm 정도로 자라고 가시가 나는 자귀나무와 유사하며, 잎이 고사리 잎처럼 생겼다. 꽃은 붉은색의 작고 공 모양으로 수술이 변형된 꽃술이 달려 있다. 열매는 협과로 마디가 있으며 겉에 털이 있고 3개의 종자가 들어 있다. 조금만 건드려도 재빠르게 반응하는 것은 잔잎과 잎자루의 밑부분에 있는 엽침 부위의 세포에서 수분이 빠르게 방출되기 때문이다. 열대지역에 널리 퍼져 있는 잡초이지만 온대지역에서도 귀화식물로 자라고 있으며 관상용으로 키운다.

건조된 줄기를 약으로 사용하는데 배당체인 minoside를 함유한다. 진정효과가 있어서 신경증을 치료하는 데 사용되며, 타박상과 객혈의 치료에도 사용되며 임산부에는 금기이다. 탕약을 졸인 전탕액(煎湯液)은 외상 부위에 외용약으로 사용한다.

⑦ 진통제

기혈의 정체(停滯)를 완화시키고 소통시킴으로써 각종 통증과 장기의 경련을 완화시키는 약제이다. 신경계에 작용하므로 대부분 독성이 강하다.

1) 현호색

과 명 : 양귀비과(Papaveraceae)

학 명 : *Corydalis turtschninovii* Bess for. yanhusu

생약명 : 현호색(玄胡索)

우리나라 및 중국 동북부를 거쳐 시베리아 산록의 습기가 있는 곳에서 자란다. 근경은 지름 1 cm 정도이고 여기서 나온 줄기는 20 cm 정도 자란다. 잎은 호생으로 잎자루가 길며, 1~2회 3개씩 갈라진 복엽이다. 꽃은 4월에 총상화서로 5~10개가 연한 홍자색으로 핀다.

건조된 줄기를 약용으로 사용하는데 진통작용을 가진 *d*-corydalin과 corydalis H·I·J·K·L와 *dl*-tetrahydropalmatine 등의 알칼로이드들을 함유하는데, *dl*-tetrahydropalmatine이 가장 진통작용이 강하며 모르핀과 같이 뇌간에 작용하여 진통효과를 나타낸다. 모르핀보다는 효과가 약하나 내성이 있다. 심근 수축을 방해하며 심박동을 낮추고 관상혈류를 증가시킨다. 일반적으로는 신경통·월경곤란증·위장관 경련 등에 사용된다. 과량복용으로 인한 중독은 중추신경 억제와 근육 이완을 일으킨다.

2) 애기똥풀

과 명 : 양귀비과(Papaveraceae)

학 명 : *Chelidonium majus* var. *asiaticum* (Hara) Ohwi

생약명 : 백굴채(白屈菜)

우리나라 및 일본·중국 동북부·사할린·몽골·시베리아·캄차카반도에 분포하는 1년생 초본으로 까치다리라고도 한다. 뿌리는 곧고 땅 속 깊이 들어가며 귤색이다. 줄기는 가지가 많이 갈라지고 속이 비어 있으며 높이가 30~80cm 정도이다. 잎이나 줄기에 상처를 내면 애기똥 같은 색의 액즙이 나온다. 잎은 복엽이며 길이가 7~15cm이고 가장자리에 둔한 톱니와 함께 깊이 패어 들어간 모양이 있다. 잎 뒷면은 흰색이고 표면은 녹색이다.

꽃은 5~8월에 노란색 꽃이 줄기 윗부분의 잎겨드랑이에서 나온 가지 끝에 산형화서를 이루며 몇 개가 달린다. 열매는 삭과이고 좁은 원기둥 모양이며 길이가 3~4cm이다.

식물체 전치를 약용으로 사용하는데, chelidonine, protopine, stylopine, allocryptopine, chelerythrine, spartenine 및 coptisine 등, 여러 가지 알칼로이드를 함유하고 있다. 이들 알칼로이드는 모르핀과 유사한 진통작용을 가지며 감각신경 말단을 마비시킨다. 또한 진해작용과 위장관 근육의 이완 및 항균작용을 가진다.

일반적으로는 진통·진해·이뇨·해독에 사용되며 복통, 소화성 궤양, 만성 기관지염 및 백일해 등에도 사용된다.

3) 방기

과 명 : 방기과(Menispermaceae)

학 명 : *Sinomenium acutum* (Thunb.) Rehder & E.H.Wilson

생약명 : 청풍등(青風藤)

우리나라 및 일본·중국에 분포하는 낙엽 덩굴성 목본으로 양지 바른 산기슭에서 자란다. 길이 약 7m이다. 가지에 털이 없으며 세로 줄이 있다. 잎은 호생으로 원형 또는 넓은 계란형이다. 자웅이주로서 6월에 연한 녹색 꽃이 잎겨드랑이에서 나온 원추화서에 달린다.

건조시킨 줄기를 사용하며 sinomenine가 진통작용을 한다. 화학 구조상 sinomenine는 모르핀과 유사하나 진통작용은 모르핀보다 약하며 작용 시간도 짧으며 내성이 있다. 대체로 교감신경절과 혈관 운동 중추에 작용하여 평활근을 이완시키고 항히스타민 작용을 나타내는 것으로 보인다. 일반적으로는 류마티스성 관절염의 통증 완화에 사용된다.

⑧ 해열제

혈관 확장과 발한을 도와 열을 내리게 하는 약제이다. 해열제는 청열약(淸熱藥)과 해열약(解熱藥)이 있는데, 해열약은 실제로 열을 떨어뜨리며 청열약은 한냉감을 느끼게 하는 약으로 체온은 정상이지만 열감을 느끼는 경우에 사용한다.

1) 시호

과　명 : 미나리과(Umbelliferae)
학　명 : *Bupleurum falcatum* L.
생약명 : 시호(柴胡)

　우리나라 및 중국·시베리아 등지에 분포하는 다년생 초본으로 북시호·죽엽시호·뫼미나리 등의 속명이 있다. 줄기는 40～70cm 정도로 곧게 서고 윗부분에 많은 가지가 갈라진다. 잎은 호생으로 갸름하며 끝이 뾰족한데, 엽맥이 세로로 나 있고 마치 대나무 잎과 비슷하다. 꽃은 노란색으로 8～9월에 원줄기 끝과 가지 끝에 피며, 열매는 타원형으로 9～10월에 익는다.
　건조된 뿌리를 약용으로 사용하는데 daikiside Ia Ib 및 II와 사포닌을 함유하고 있다. 또한 bupleurumol, 정유와 지방을 함유하고 있다. 주로 체온 중추 억제 작용이 있어서 해열제로 사용되며 진통 및 진해작용을 한다. 항균이나 항말라리아 제제로도 사용된다. 또한 급성췌장염, 흉막염과 신경염 및 위염, 급성담낭염에도 사용되며, 간기능 보호 및 이담작용도 있다.

2) 방풍

과　명 : 미나리과(Umbelliferae)
학　명 : *Ledebouriella divaricata* Hiroe
생약명 : 방풍(防風)

　중국 북동부·화베이·내몽골이 원산지로 우리나라 및 중국·우수리강·몽골·시베리아 등지에 분포한다. 건조한 모래흙으로 된 풀밭에서 자라는 다년생초본으로 높이 약 1m이다. 가지가 많이 갈라지며 잎은 호생으로 우상복엽이다. 꽃은 7～8월에 흰색으로 피고 줄기와 가지 끝에 복산형화서로 달린다. 종자에서 싹이 난 지 3년 만에 꽃이 핀다.
　건조된 뿌리를 약용으로 사용하는데 정유와 알코올 유도체 및 유기산이 주성분이다. 주로 해열·진통·항균작용이 있으며, 편두통·감기·류마티스성 관절염 치료에 사용된다.

3) 승마

과　명 : 미나리아재비과(Ranunculaceae)
학　명 : *Cimicufuga heracleifolia* Kom. var. *heracleifolia*
생약명 : 승마(升麻)

　다년생 초본으로 높이 약 1m이다. 잎은 1～2회 갈라지며, 흰색 꽃이 8～9월에 복총상화로 원줄기 끝에 핀다. 한방에서는 승마·눈빛승마·황새승마·촛대승마의 뿌리를 말린 것을 승마라고 하여 약재로 쓴다.
　건조된 근경을 사용하는데 ferulic acid, isoferulic acid, cimigenol, khellol, aminol, cimifugenol, cimifugenol, cimitin 등과 sterol 유도체를 함유하고 있다.

어린 아이의 홍역 발병 초기에 특히 피부 발진이 심할 때 사용하며, 여성의 갱년기 장애에 천연 식물성 여성호르몬 작용이 있다.

4) 연꽃

과　명 : 수련과(Nymphaeaceae)
학　명 : *Nelumbo nucifera* Gaer
생약명 : 연자심(蓮子心), 연엽(蓮葉)

원산지는 인도나 이집트로 추정되며 우리나라 및 인도·중국·일본·시베리아에 분포한다. 다년생 수초로 높이 1m 정도까지 자란다. 열매는 검으며 타원형 수과로 길이 20mm정도이며 연실(蓮實)이라고 한다. 뿌리가 옆으로 길게 뻗으며, 원주형이고 마디가 많고 가을철에 끝부분이 특히 굵어진다. 봄에 어린 연잎, 7월 중순경 연꽃잎, 10～11월에 나오는 연씨, 보통 12월～이듬해 3월까지 수확되는 연근이 모두 한방 약재로 쓰인다. 뿌리·잎·꽃·열매 등, 식용과 약용으로 주로 쓰이는 것은 백련으로 홍련보다 잎이 크고(지름 약 60cm) 부드럽다. 홍련은 주로 연근만 식용으로 쓴다.

연씨는 씨방에서 점차 검정색을 띠면서 성장하고 10월 경에 완숙되면 밖으로 나오는데 2cm 정도의 타원형이다. 연씨는 단백질이 우수한 식품으로 liensinine, isoliesinine, neferine, loutisine, methylcorypaline과 demethylcoclaurine 등의 알칼로이드를 함유하고 있다. 한방에서는 콩팥 기능을 보하고 불면증과 자양강장·신체허약·설사병 등의 약재로 쓰인다. 식용으로 가장 널리 사용하는 연근은 어혈을 풀어 주고 신선한 피를 생기게 한다. 주성분은 전분이며 비타민 C·칼륨·식이섬유 등이 상당량 포함되어 있으며, 아스파라긴과 아르기닌레시틴 같은 아미노산도 포함되어 있다. 연근은 맛이 달면서도 타닌 때문에 떫은데, 소염·지혈 작용이 있어서 점막 부위의 염증을 가라 앉히며, 또한 피를 멎게 하는 작용이 있어서 위염·위궤양·십이지장궤양 등, 소화기성염증이 있거나 코피가 잦은 사람에게 좋다.

연잎은 해열·지열·지사·피로회복 등에 효과가 있는데, 혈중 콜레스테롤 수치를 낮추고 지방 분해를 도우며, 연잎 삶은 물은 피부를 부드럽게 하고 연꽃차는 피부 미용에 효과가 있다. 또한 술독을 풀어주며, 신경과민·스트레스 등으로 인한 불면증·우울증에 효과가 있다.

⑨ 건위제 및 소화촉진제

위를 강화하고 기타 소화에 관련한 내장기관의 작용을 조절하여 연동운동과 소화액 분비를 원활하게 하여 소화 작용을 향상시키는 약제이다.

1) 용담

과　명 : 용담과(Gentianaceae)

학 명 : *Genitiana scabra* for. scabra Bunge

생약명 : 용담(龍膽)

키 30 ~ 50cm로 줄기에 가는 줄이 있으며, 굵은 뿌리를 가진다. 잎은 호생으로 잎자루가 없고 종처럼 생긴 꽃이 8 ~ 10월에 푸른빛이 도는 자색으로 피며, 열매는 삭과이다. 용(龍)의 쓸개처럼 맛이 쓰다고 하여 용담이라고 한다.

건조된 뿌리 및 근경을 약용으로 사용하는데, saponin, gentiopicrin, sugar gentianose 및 수종의 알칼로이드를 함유하고 있다.

용담은 쓴 맛이 나는데 위액 분비를 증가시켜 식욕을 자극한다. 일반적으로 건위제로 사용되며, 급성 황달성 간염의 치료에 사용한다. 항염, 이담, 진정 작용이 있으며 심박동수를 낮추고 혈압을 강하시킨다. 항균 작용도 있어 요로 감염의 치료에도 쓴다.

2) 후박나무

과 명 : 녹나무과(Lauraceae)

학 명 : *Machilus thunbergii* Siebold &Zucc.

생약명 : 후박(厚朴)

상록 활엽교목으로서 높이 20m, 지름 1m이며, 나무 껍질은 회색빛을 띤 노란색으로 비늘처럼 떨어진다. 잎은 호생으로 가지 끝에 모여 나는 것처럼 보이며, 달걀 모양으로 매우 두꺼우며 털이 없다. 잎 가장자리가 밋밋하고 뒷면은 회색빛을 띤 녹색이다. 5 ~ 6월경 황록색의 양성화가 원추화서로 달리며, 이듬해 7월에 흑자색으로 익는다.

잎에 독성이 있어 곤충이 모여 들지 않는다. 나무 껍질은 염료로도 이용하고 목재는 가구와 선박을 만드는 데 사용한다. 바닷바람에 강해 풍치수·방풍림으로 심었으며, 울릉도·제주에 분포하는데, 잎 윗부분이 좀 더 큰 것을 왕후박나무(var. *obovata*)라고 한다.

건조된 수피를 약재로 사용하며, machiolol, magnolol, tetrahydromagnolo, isomagnolo 및 konokiol 등과 같은 정유와 magnocurarine와 tubocurarine와 같은 알칼로이드를 함유한다.

수피의 쓴맛은 타액분비, 위액분비와 장관의 반사성 연동운동을 촉진하며 후박의 전탕액은 자궁을 수축시킨다. 또한 혈압을 낮추며 약간의 항균작용도 가지고 있다. 과량 투여시 호흡마비를 일으킨다.

3) 박하

과 명 : 꿀풀과(Laviatae)

학 명 : *Mentha piperascens* (Malinv.) Holmes

생약명 : 박하(薄荷)

중국이 원산지로 채유(採油)를 목적으로 재배가 시작된 것은 1750년경이다. 우리나라에는 개

박하라는 재래종이 있었으며 채유 목적으로 재배가 시작된 것은 1910년경이라 한다.

높이 60~100cm로 줄기의 단면은 사각형으로 표면에 털이 있으며, 잎은 자루가 있는 단엽으로 가장자리는 톱니 모양이다. 잎 표면에는 기름샘에 정유(精油)가 저장된다. 여름부터 가을까지 줄기의 위쪽 잎겨드랑이에 엷은 보라색의 작은 꽃이 이삭 모양으로 달린다.

동양종과 서양종으로 크게 나누는데 서양종은 정유의 성질에 따라 페퍼민트(pepermint)·스피어민트(spearmint)·페니로열민트(pennyroyalmint)로 구분된다. 동양종은 일본 박하라고도 하는데 줄기가 붉은 색인 적경종(赤莖種)과 녹색인 청경종(靑莖種)으로 나눈다.

줄기와 잎을 약재로 사용하는데 menthol(70~90%)이 주성분으로 위장관 운동을 촉진하고 장내 가스를 배출시킨다. 또한 중추신경계를 자극하고 말초혈관을 확장시키며 땀샘 분비를 증가시킨다. 국소적으로 점막이나 피부에 사용하면 한냉감을 일으키는 청열작용이 있으며 국소 부위의 혈액 순환을 촉진한다.

4) 맥아

과　명 : 벼과(Poaceae)
학　명 : *Hordeum vulgare* L.
생약명 : 맥아(麥芽)

보리를 발아시킨 맥아는 invertasse, amylase와 proteinase를 포함한 여러 가지의 소화효소를 함유하고 있기 때문에 탄수화물이나 단백질의 소화를 증진시킬 수 있어서 소화불량이나 식욕감퇴 등에 사용되며, 유아의 토유를 멈추는 데에도 사용된다. 또한 수유기 임산부의 유즙 분비를 멈추게 하는 데 사용하기도 한다.

⑩ 완화제

대장에서의 수분 흡수를 조절하여 대변을 소통시켜 변비를 완화시키는 약재이다. 흔히 설사약 또는 사하제(瀉下劑)라고 한다. 대부분의 완화제는 장관 점막을 자극하여 연동운동을 증가시지만 복부에서의 혈액 울혈이 증가되는 부작용이 있다.

1) 대황

과　명 : 마디풀과(Polygonaceac)
학　명 : *Rheum rhabarbarum* L.
생약명 : 대황(大黃)

시베리아 원산으로 온대지역의 추운 곳에서 가장 잘 자란다. 잎자루는 다육질이고 신맛이 강하다. 잎자루의 지름이 25mm 이상, 길이 60cm에 이르며 지하경에서 나온다. 이른 봄에 매우 큰 잎이 나온 뒤 중앙의 커다란 꽃대에 녹색을 띤 흰색의 수많은 작은 꽃이 달리며, 씨방에는 날개가 달린 씨 1개가 들어 있다.

건조된 뿌리나 근경을 약재로 사용하는데 rhein-8-monoglucoside, physcion monoglucoside, aloeemodin monoglucoside, emodin monoglucoside, chrysophenol monoglucoside와 sennodise A, B 및 C 등의 배당체를 함유한다.

대황은 준하제로서 glucoside emodin과 sennidin의 가수분해 산물이 주요 활성성분이며, 이들 물질들은 대장을 자극하고 연동운동을 증가시켜 배변을 일으킨다. 또한 진경효과가 있으며 이는 양귀비과에서 추출한 알칼로이드인 papaverine보다 약 4배 더 작용이 강하다.

이뇨제로서 작용하며 혈압을 저하시키고 혈중 콜레스테롤을 낮추며, 건위제로 식욕을 촉진시킨다. 또한 항균, 구충 및 항암효과를 나타내기도 하며, 각혈·궤양성 토혈·구강점막궤양·궤양성창상 등에 지혈제로서 활용되고 있다. 흔한 부작용으로는 구토·오심·설사·복통이 나타난다.

2) 나팔꽃

과 명 : 메꽃과(Convolvulaceae)
학 명 : *Pharbitis nil* (L.) Choisy
생약명 : 견우자(牽牛子)

아시아 원산으로 나팔꽃 씨를 견우자라고 한다. 1년생 덩굴성 초본으로 잎은 호생한다. 엽병이 길고 심장형이며 보통 3개로 갈라진다. 원줄기는 덩굴성으로서 왼쪽으로 감아 올라가면서 길이 3m정도 자라고 전체에 밑을 향한 털이 있다. 꽃은 남자색, 백색, 적색 등 여러 색이 있고 7~8월에 피며 엽액에 1~3송이 달린다. 열매는 삭과로 구형이며 3실이고 종자는 견우자(牽牛子)라고 하며 하제(下劑)로 사용한다. 붉은 나팔꽃 씨를 흑축(黑丑)이라 하고 흰색 나팔꽃 씨를 백축(白丑)이라고 하는데, 흑축이 더 효과가 빠르다. 대소변을 통하게 하고 고질화 된 체증과 요통에 효과가 있다. 민간에서는 뿌리에서 20cm 정도의 줄기를 말린 것을 동상에 걸렸을 때 이것을 달인 물로 찜질을 하면 효과가 있다고 한다.

견우자에는 배당체인 pharbitin(약 2%)를 함유하고 있으며, pharbitin은 준하제로 소량은 변비를 일으키지만 대량은 수양성 설사를 일으킨다. 세뇨관의 재흡수를 억제하여 이뇨작용을 나타낸다. 허약한 사람이나 임산부가 과량 복용하면 혈뇨·복통·오심·구토·혈변을 일으키므로 피하도록 한다.

3) 삼(대마)

과 명 : 뽕나무과(Moraceae)
학 명 : *Cannabis sativa* L.
생약명 : 화마인(火麻仁)

대마는 중앙아시아가 원산으로서 세계적으로 아열대인 태국, 필리핀에서 아한대인 핀란드, 시베리아까지 재배되고 있다. 자웅이주 식물로 줄기의 길이는 보통 3m 내외이지만 환경 조건이나 품종에 따라서 6m까지 자랄 정도로 곧게 자란다. 꽃은 가지 끝의 잎겨드랑이에서 나온 꽃대에 달린다. 종실은 난형 또는 구형이며 광택이 있는 회백색 또는 회갈색을 띠고 세로 2줄의 능각이 있다.

대마의 씨를 약용하는데 지방·비타민 B_1·B_2·muscarine·cholin과 함께 trigonelin·l(d)-isoleucine betaine·cannabinol·tetrahydrocannbinol·cannabidiol과 같은 주요 활성 성분을 함유하고 있다. 허약자나 노인의 변비를 치료하는 데 사용되며, muscarine 성분 때문에 화마인의 대량 투여는 오심·구토·설사·경련·혼수 등을 일으키는 콜린성 중독을 나타날 수 있다.

4) 아주까리

과　명 : 대극과(Euphorbiaceae)
학　명 : *Ricinus communis* L.
생약명 : 피마자(皮麻子)

아주까리는 1년생 초본식물으로 잎은 호생한다. 장상엽으로 7 ~ 11쪽으로 갈라지며 가장자리는 톱니 모양이다. 수꽃은 암꽃보다 먼저 피는데, 수꽃은 아래부터 피고 암꽃은 위부터 피기 시작한다.

아주까리의 씨를 피마자라 하는데, 주요 성분은 ricinin과 ricinolein이 약 80 ~ 85%이며, ilein과 stearin 등도 있다. 또한 소량의 isoricinoleic acid도 함유하고 있으며 피마자 잎에는 corilagin이 함유되어 있다.

피바자유는 사하제로 흔히 사용되는데 아주까리 씨에서 추출한다. 피마자유는 triglyceride인 ricinoleic acid이며, 이 성분은 복용 후 위장관의 장관 내에서 가수분해하여 ricinoleic acid가 되어 장벽을 자극하여 사하작용을 나타낸다.

⑪ 지사제

음식물이나 대장의 이상으로 수분 흡수 저해로 나타나는 설사를 멎게 하는 약제로 대개 수렴작용(收斂作用)이 있는 약재로 처방된다.

1) 붉나무

과　명 : 옻나무과(Anacardiaceae)
학　명 : *Rhus javanica* L.
생약명 : 오배자(五倍子)

우리나라 원산의 관목으로 오배자나무라고도 한다. 잎은 호생하고 7 ~ 13개의 소엽으로 된 우상복엽이며 엽축에 날개가 있다. 과실은 핵과로 편구형이고 자황색 또는 백록색으로 짧은 털이 밀생하며 10월에 성숙하고 껍질은 산염미가 있다. 가을에 잎이 붉게 물들어서 붉나무라고 한다. 붉나무 잎에 기생하는 벌레에 의하여 만들어지는 벌레집을 오배자라 하여 약으로 쓴다. 오배자 성분의 50 ~ 90%는 gallotannin 또는 gallotannic acid이다. 또한 약간의 gallic acid와 수지, 밀납과 polysaccharide도 함유되어 있다.

오배자는 다량의 탄닌산을 함유하여 단백질을 응고시켜 장점막에 불용성 보호막을 형성하는 단백질에 대한 수렴작용을 하며, 탄닌 단백은 손상된 혈관을 보호하고 출혈을 멈추게 한다. 또한 탄닌산은 장관 내의 독성물질을 침전시키고 불용성 물질로 변환시켜 무독화시키지만 과량 섭취하면 간 손상을 일으킬 수 있다.

일반적으로 만성 장관감염·혈변·탈항·피부감염과 출혈성 창상 등의 치료에 이용된다. 또한 외용으로 출혈을 멈추거나 독을 없애고 습을 제거하는 데도 사용된다.

2) 오이풀

과 명 : 장미과(Rosaceae)
학 명 : *Sanguisorba officinalis* L.
생약명 : 지유(地楡)

우리나라 원산의 다년생 초본으로 전국의 산야나 평지에서 자라는데, 특히 산비탈의 습기 있는 토양에서 잘 자란다. 근경이 길게 옆으로 자라며, 줄기는 곧추 자라 키가 1.5m에 이르는 것도 있다. 잎은 우상복엽으로서 타원형의 소엽으로 이루어져 있다. 붉은색 꽃이 7 ~ 9월경 수상화서로 피며, 열매는 날개가 달린 수과로 10월에 익는다.

건조된 뿌리를 약용으로 사용하는데 2종의 배당체와 많은 양의 탄닌산을 함유하고 있다. 지유 글리코사이드 I과 II는 가수분해하여 genin인 10-α-hydroxyursolic acid와 promolic acid를 형성한다. 또한 지유는 sanguisorbin A·B와 C를 함유하고 있는데, 이들의 아글리콘은 ursolic acid이다.

지유는 강한 수렴효과가 있어서 외용으로 화상에 사용하면 조직액의 삼출을 막고 계속적인 세균 감염을 방지하며, 습진에 외용으로 사용하기도 한다. 수렴효과 때문에 지유를 경구 투여하면 설사를 멈추며, 만성 장관감염이나 궤양과 출혈 치료에 효과가 있다. 월경과다로 인한 자궁 출혈을 멈추고 혈변과 각혈 치료에도 활용된다.

3) 가죽나무

과 명 : 옻나무과(Anacardiaceae)
학 명 : *Ailanthus altissima* (Mill.) Swingle
생약명 : 춘피(椿皮)

중국 원산의 낙엽활엽교목으로 높이가 20m에 달하고 수간이 통직하며 수피는 회갈색이고 오랫동안 갈라지지 않고 소지는 황갈색 또는 적갈색이다. 잎은 우상복엽으로 길이 60~80cm 정도이며, 날개가 달린 연한 적갈색 시과로서 3~5개씩 달린다. 가(假)죽나무(tree of heaven), 가중나무 또는 중국 슈막(옻나무나 붉나무 무리)이라고도 한다. 1751년에 영국에 전해졌으며 1800년에 미국으로 전하여졌다.

건조된 근피를 약재로 사용하는데 춘피라고도 한다. Amarolide, ailanthone과 afzelin을 함유하는데, 지사효과를 가지며 수지 성분과 휘발성 정유에 의한 사하작용을 나타내기도 한다. 지혈제·최토제·항균제이기도 하며, 근이완제이기도 한데 일반적으로는 설사·이질·십이지장궤양 치료에 사용되고 지혈제로도 사용되며, 임질과 백대하에도 사용된다.

4) 무궁화

과　명 : 아욱과(Malvaceae)
학　명 : *Hibiscus syriacus* L.
생약명 : 천근피(川槿皮)

중국과 인도가 원산인 2~4m의 낙엽활엽수이다. 나무 전체에 털이 거의 없고 많은 가지를 치며 나무껍질은 회색이다. 잎은 마름모꼴의 계란형으로 호생하며 얕게 3갈래로 갈라진다. 잎자루가 짧고 잎 가장자리에는 불규칙한 작은 톱니가 있다. 꽃은 종 모양으로 열매는 긴 타원형의 씨는 10월에 익고 모양은 편평하며 털이 있다.

무궁화의 껍질인 천근피는 saponarin을 함유하고 있는데 청열사습(淸熱瀉濕) 효능이 있고 이질·설사·황달·습진·백선·개선 등을 치료하는 데 사용되며, 살충제로 활용되어 소양증을 감소시키는 데도 사용된다.

⑫ 이담제 및 항간염제

황달과 복수 등과 같은 간 기능 이상에 처방된다. 간기(肝氣)의 울체(鬱滯)를 회복시켜 담즙을 생성하게 하고 간염을 완화시켜 간의 기능을 정상화에 도움을 주는 약제이다.

1) 사철쑥

과　명 : 국화과(Compositae)
학　명 : *Artemisia capillaris* Thunb.
생약명 : 인진(茵蔯)

한국 원산인 다년생초본으로 목질화된 줄기 아래쪽에 많은 가지들이 나와 반관목으로 보이기도 한다. 잎은 실처럼 잘게 갈라져 마치 줄기를 빙 둘러 감싸는 것처럼 보이며, 근생엽은 로제트형으로 무리져 나지만 줄기에 달리는 잎은 호생한다. 8~9월에 노란색 꽃이 줄기 끝에 두상화서를 이루며, 꽃은 지름이 2mm 정도이고 아래로 늘어져 핀다. 어린순은 나물로 먹는다.

　건조된 어린 싹을 액재로 사용하며 scoparon, cholrogenic acid, β-pinene, capillin, capillon, caillene, capillarin과 4-OH-acetophenone 등을 함유하고 있다. 주로 이담제로 사용되며 황달을 치료하는 데도 사용되는 주요한 약제이다. 특히 scoparon, chlorogenic acid와 caffeic acid는 담즙 분비를 자극하고 사염화탄소 중독에 대한 간 보호 작용이 있다. 임상에서 인진은 황달을 개선시키고 급성 전염성 간염을 치료하며 담석과 관련된 질환을 치료하는 데 효과적인 것으로 나타났다. 인진은 항균과 항바이러스 작용을 하며, 혈압을 낮추고 혈중 콜레스테롤을 저하시키며 항천식 작용도 가지고 있다. 부작용으로는 오심과 복부팽만감 및 현훈 등이 나타난다. 정유는 해열효과가 있다.

　일반적인 쑥은 한약명으로 '애엽(艾葉)'이라 하여 해열, 진통, 소염, 항균 작용이 뛰어나 쑥차나 쑥즙은 마시며 미용에 사용한다. 너무 진하면 설사를 할 수 있다.

2) 치자나무

과　명 : 꼭두서니과(*Rubiaceae*)
학　명 : *Gardenia jasminoides* Ellis var. *jasminoides*
영　명 : Cape jasmine
생약명 : 치자(梔子)

　중국 원산으로 우리나라 남부·일본·대만·중국에 분포한다. 치자나무는 지자(枝子)라고도 불리우는 열대 및 아열대성 상록 활엽 관목으로 키는 1.5~2m 정도 자란다. 잎은 대생으로 다소 두껍고 광택이 있는 장타원형 또는 넓은 도피침형으로 밑이 좁고 끝이 급하게 뾰족하며, 길이 3~15cm로서 가장자리에 톱니가 없다. 여름에 향기가 좋은 흰 꽃이 피며 시간이 지나면 노랗게 변한다.

　성숙한 열매를 건조시켜 약재로 사용하며 효과적인 이담제로서 작용한다. Gardenin, gardenoside·schanzhiside·usolic acid·crocin·crocetin 등을 함유하는데, Gardenoside와 gardenin은 각각 담즙 분비를 자극하고 혈장 빌리루빈 치를 감소시킨다. 주로 급성 황달성 간염의 치료에 이용하며, 진정·최면·항경련·항균·구충작용을 하기도 한다. 또한 체온과 혈압을 저하시키며 위액분비와 위 운동을 억제하기도 한다. 외용으로 외상에 사용되어 진통 및 항균과 지혈작용을 나타낸다.

3) 돌나물

과　명 : 돌나물과(Cracculaceae)
학　명 : *Sedum sarmentosum* Bunge
생약명 : 수분초(垂盆草)

잎은 긴 타원형으로 한 마디에 3장씩 나며, 잎의 길이는 2 ~ 3cm, 폭은 5mm, 두께는 1 ~ 2mm 정도된다. 꽃은 5 ~ 6월 경에 줄기 끝에 별 모양의 연한 노랑색을 띤 바늘 모양의 꽃이 핀다. 비타민 C는 물론 인산과 칼슘 등 각종 영양소가 풍부하며, 특히 뼈에 좋은 칼슘은 우유의 두 배나 된다.

건조된 전초를 약재로 사용하며 여러 종류의 배당체를 함유하는데 급성 황달성간염의 치료에 유효하나 만성 비황달성 간염에는 덜 효과적이다. N-methylisopelletierine과 dihydro-N-methylisopelletierine와 같은 알칼로이드를 함유하고 있다. 해열·해독·이뇨 및 콜레스테롤을 억제 작용이 있으며, 외용으로 유선염과 부스럼에 사용되어 배농을 촉진시키는 작용을 한다.

4) 자주쓴풀

과 명 : 용담과(Gentianaceae)
학 명 : *Wertia pseudochinensis* Hara
생약명 : 당약(當藥)

우리나라 및 일본·중국·헤이룽강에 분포하며 쓴풀·어담초·장아채·수황연·당약이라고도 한다. 산지의 양지쪽에서 자란다. 줄기는 높이 15 ~ 30cm로 곧추서고 다소 네모지며 검은 자주색이 돈다. 뿌리는 노란색이고 매우 쓰며, 잎은 피침형으로 호생하고 양 끝이 날카로우며 좁다. 잎 가장자리가 약간 뒤로 말리며 잎자루는 없다.

자주색 꽃이 9 ~ 10월에 피고 꽃잎은 짙은 자주색 줄이 있고 5개이며 밑부분에 털로 덮인 2개의 선체(腺體)가 있다. 열매는 삭과로서 넓은 피침형이며 화관 길이와 비슷하다.

건조된 전초를 약재로 사용하며 swertiamarin · swertisin · homoorentin · isovitexin · bellifolin · methylbellidifolin · methylswertianin · decussatin 등의 배당체를 함유하고 있다.

간 보호작용이 있으며, 사염화탄소로 인한 간 손상에 효과적이다. 또한 이담 및 간기능을 개선시키는 작용도 가진다. 일반적으로 여성이 남성보다 이 약에 더 잘 반응한다. 부작용으로 설사와 현기증을 일으키기도 하는데 투여량을 줄이면 부작용은 사라진다.

⑬ 보양강장제

자양강장작용(滋養强壯作用)을 나타내는 약제로 대체로 소화기계에 영향을 미치거나 혈행을 원활히 하여 양기(陽氣)를 강화시키고 음기(陰氣)를 보충하여 몸의 활력을 회복시키는 약제이다.

1) 백작약

과 명 : 미나리아재비과(Ranunculaceae)
학 명 : *Paeonia lactiflora* Pall.
생약명 : 백작(白芍)

우리나라 및 몽골·동시베리아 등지에 분포하는 다년생 초본으로 산지에서 자란다. 잎은 호생으로 밑부분의 것은 피침형의 복엽이다. 엽맥 부분과 잎자루는 붉은색을 띤다. 잎 표면은 광택이 있고 뒷면은 연한 녹색이며 가장자리는 밋밋하다. 꽃은 5~6월에 줄기 끝에 1개가 피며 열매는 달걀 모양으로 끝이 갈고리 모양으로 굽으며 내봉선을 따라 갈라지고 종자는 구형이다.

건조된 근피를 약재로 사용하며 paeoniflorin·oxypaeoniflorin·benzoylpaeoniflorin·albiflorin 등의 배당체와 약간의 정유를 함유하고 있다.

림프구를 포함한 백혈구 수를 증가시키며 진경, 진정, 진통, 해열 작용이 있다. 또한 관상혈관과 말초혈관을 확장시키며 혈소판 응집을 억제한다. 또한 여성 질환을 치료하는 데 다른 약과 혼합해서 흔히 사용되며, 월경과다를 멈추게 하고 복통을 완화시키는 등의 세균성이질균과 포도상구균의 성장을 억제한다.

2) 새삼

과　명 : 메꽃과(Convolvulaceae)
학　명 : *Cuscuta australis* R.Br.
생약명 : 토사자(菟絲子)

우리나라 및 일본·동남아시아·오스트레일리아에 분포한다. 밭둑이나 풀밭의 식물에 기생하여 자란다. 콩과식물에 주로 기생하여 실 같은 덩굴로 자란다. 잎은 호생하며 퇴화하여 비늘같이 작으며 노란빛이다. 길이 약 50cm로 식물체 전체에 털이 없고 왼쪽으로 뻗는다.

꽃은 7~8월에 흰색으로 가지의 각 부분에 총상화서로 달린다. 열매는 삭과로 9월에 익는데 씨는 넓은 달걀 모양이다. 꽃받침이 열매보다 긴 것을 갯실새삼(*C. chinensis*)이라 하고 줄기가 굵은 것을 새삼(*C. japonica*)이라고 한다.

건조된 성숙 종자를 산조인이라고 하는데, 림프조직을 활성화시키며 면역기능을 개선시키고 혈당대사를 증가시킨다. 간과 신장을 보호하며 눈을 밝게 하며 태반을 안정시킨다.

3) 구기자

과　명 : 가지과(Solanaceae)
학　명 : *Lycium chinense* Mill
생약명 : 구기자(拘杞子)

우리나라와 중국, 일본에 분포하는 덩굴성 낙엽관목으로 마을 근처 둑이나 냇가에서 자란다. 줄기가 옆으로 비스듬히 누워 자라고 줄기 끝은 아래로 약간 처진다. 잎은 호생이며 엽연은 밋밋하다. 6~9월에 종처럼 생긴 자주색의 꽃이 무리지어 펴 8~10월에 고추처럼 생긴 장과가 붉게 익는다. 가을에 열매와 뿌리껍질을 채취하여 햇볕에 말린 것을 각각 구기자와 지골피(地骨皮)라고 하여 약재로 사용한다.

단백질·지방·당질·칼슘·인·철분·베타인·루틴·비타민(A·B₁·B₂·C) 등이 들어 있으며, 림프구를 포함한 백혈구 수의 증가, 비특이성 면역의 증가와 조직발달을 자극하여 면역성을 높여 준다. 또한 동맥경화를 막아 주고 혈압을 낮추며, 심장을 튼튼하게 한다.

한방에서는 강장제·해열제로 쓰이며, 간 기능 보호 작용이 뛰어나 부작용이 별로 없는데, 시력을 좋게 하고 당뇨병 등의 성인병을 예방하며 폐와 신장의 기능을 좋게 하고, 들기름과 섞어 숙성해 두었다가 머리에 바르면 흰 머리가 생기는 것을 막아 주고 화상에 효과가 있다.

4) 백합

과 명 : 백합과(Liliaceae)
학 명 : *Lilium lancifolium* Thunb.
생약명 : 백합(百合)

류큐 원산지인 인경이 있는 숙근초화이다. 주로 햇볕이 직접 쬐지 않는 숲이나 수목의 그늘 또는 북향의 서늘한 곳에서 자란다. 가을에 심는 구근초로 북반구의 온대에 70~100종이 있다. 특히 동아시아에는 종류가 풍부하며 아름다운 꽃이 피는 것이 많다. 잎은 호생하며 피침형인데 때로 윤생한다. 꽃은 크고 삭과는 납작한 종자이며, 종자의 수명은 보통 3년이다.

건조된 인경을 약재로 사용하는데, 폐기능을 원활하게 하며 기침을 멈추게 하고 신경을 안정시킨다. 또한 건위작용을 하며 백혈구 수를 증가시킨다.

⑭ 진해제

기관지나 기관지 점막의 자극과 흥분에 의하여 유발되는 반사성 기침을 억제하는 약제로서 대부분 연수의 호흡중추를 억제하는 약재들이나 일부분은 직접적으로 호흡기 점막의 자극을 감소시켜 기침을 완화시키는 약제도 포함된다.

1) 살구나무

과 명 : 장미과(Rosaceae)
학 명 : *Prunus armeniaca* L. var. *ansa* Maxim.,
생약명 : 행인(杏仁)

우리나라 원산의 낙엽활엽수로 중국·일본·유럽 등지에 널리 분포되어 있다. 가지가 많고 수피에 코르크질이 발달하지 않았다. 잎은 넓은 타원형 또는 넓은 난형으로 잎이 얇다. 꽃은 4월에 잎보다 먼저 피며 연한 홍색이고 화경이 거의 없이 단립 또는 쌍생한다. 열매는 핵과로서 구형이며 털이 나 있고 지름 3cm정도로서 7월에 황색 또는 황적색으로 익으며 종자를 행인(杏仁)이라고 한다.

건조된 행인을 약재로 사용하는데, 이 속에는 amygdalin이라는 glucoside와 amygdalase라는 효소를 함유하고 있다. Amygdalase와 위액의 pepsin이 amygdalin을 가수분해하여 소량의 cycanic acid와 HCN 등을 만들어 반사적으로 호흡중추를 흥분시키며 진정 작용을 나타내 진해와 항천식 효과를 나타낸다. 또한 다량의 지방이 장에 작용하여 완화 효과를 일으킨다. 과량은 특히 어린이에 있어서 청산염 중독을 일으킬 수 있다. 독성증후군은 흔히 섭취후 0.5 ~ 5시간 사이에 발생하는데, 현기증·오심·구토 등을 일으키며, 극단적인 경우 혼수상태에 빠질 수 있고 조직의 무산소증으로 사망할 수도 있다.

2) 호두나무

과 명 : 호두과(Juglandaceae)
학 명 : *Juglans regia* L.
생약명 : 호도인(胡挑仁), 핵도(核挑)

중국 원산의 낙엽활엽교목으로 높이 20m 내외로 잎은 기수우상복엽이고 잎자루는 길이 25cm로서 털이 거의 없거나 선모가 있다. 소엽은 5 ~ 7개이며 타원형으로 길이 7 ~ 20cm, 넓이 5 ~ 10cm 정도이다. 꽃은 일가화이며 웅화수는 길이 15cm이고 자화수는 1 ~ 3개의 암꽃으로 구성되며 4 ~ 5월에 핀다. 열매는 둥글고 털이 없고 핵은 도란형으로서 연한 갈색이고 봉선을 따라 주름살로 된 굴곡이 있으며 껍질 안의 공간은 연속되어 있고 핵 내부는 4실이다. 9 ~ 10월에 익는다. 꽃은 일가화이며 웅화수는 길이 15cm이고 수술은 6 ~ 30개이며 자화수는 1 ~ 3개의 암꽃으로 구성되며 4 ~ 5월에 핀다.

호두 열매의 속을 호두인이라 하며 α-hygrojuglone-4-β-D-glucoside, jugone와 juglanin을 함유하고 있다. 폐와 신장을 보하는 작용을 하며, 기침과 기관지염의 치료 보조제로 흔히 사용한다.

3) 여우구슬

과 명 : 대극과(Euphorbiaceae)
학 명 : *Phyllanthus urinaria* L.
생약명 : 엽하주(葉下珠)

우리나라 원산으로 우리나라 남부·일본 및 열대·아열대 지방의 밭이나 풀밭에서 자라는 1년생 초본이다. 높이 15 ~ 40cm이고 붉은빛이 돌며 가지가 퍼진다. 가지에 좁은 날개가 있고, 잎은 호생하며, 도란형의 삼각형의 잎이 몇 개가 있다. 잎은 타원형이고 끝이 둥글며 가장자리가 밋밋하다. 잎 뒷면은 흰빛이 나며 잎자루는 짧다.

꽃은 1가화이로 7 ~ 8월에 피며 적갈색이다. 붉은 열매는 삭과로 편구형으로 자루가 없고 적갈색이며 옆으로 달린 주름살이 있다. 잎 뒷면에 달리며 여우주머니와 비슷하지만 열매에 자루가 없다.

건조시킨 전초를 약재로 쓰는데 엽하주에는 알칼로이드인 phyllanthine과 phyllantidine을 함유하고 있다. 잎은 phyyllanthin, hypophyllanthin, nirtetralin과 phylteralin을 함유하고 있으며, 이들 성분의 작용으로 기침을 멈추게 하고, 소화작용을 촉진시킨다

4) 전호

과 명 : 미나리과(Umbelliferae)
학 명 : *Anthriscus sylvestris* (L.) Hoffm.
생약명 : 전호(前胡)

우리나라 및 일본·캄차카반도·시베리아·유럽에 분포하며, 주로 숲 가장자리의 약간 습기가 있는 곳에서 잘 자란다. 높이는 1m 내외이고 굵은 뿌리에서 줄기가 나와서 가지를 친다. 잎은 잎자루가 길고 3개씩 2 ~ 3회 갈라지는 우상복엽이다. 5 ~ 6월에 흰색 꽃이 산형화서로 피며 5 ~ 12개의 꽃이삭 가지가 있다. 작은 총포는 5 ~ 12개로 털이 없으며 뒤로 젖혀지고 가장자리에 털이 있다. 열매는 분과로서 바소꼴이고 녹색이 도는 검은색이며 밋밋하거나 돌기가 약간 있다.

건조된 뿌리를 약용으로 사용하며 정유인 modakenetin과 배당체인 nodakenin, decursidin, umbelliferone 및 pencordin을 함유하고 있다. 주로 진해, 거담제로서 유행성 독감 바이러스에 대한 항바이러스 작용이 있으며, 항균작용과 관상 혈관을 확장시키는 작용이 있다.

⑮ 거담제

호흡기관 내 점막을 자극하여 반사적으로 기관지 내 분비물 증가시켜서 객담을 배출하게 하는 약제로 일부 진해와 항천식 효과가 있는 약제도 포함된다.

1) 도라지

과 명 : 초롱꽃과(Campanulaceae)
학 명 : *Platycodon grandiflorum* (Jacq.) A.DC.
생약명 : 길경(桔梗)

우리나라 원산의 다년생 초본으로 풍선처럼 생긴 꽃눈이 자라 종모양의 5갈래로 갈라진 통꽃이 된다. 열매는 다 익으면 5조각으로 갈라지는 씨꼬투리로 맺으며 끝이 터진다. 잎은 계란모양으로 끝이 뾰족하며 잎자루는 없다. 길이 30 ~ 70cm 정도 자라는 줄기의 끝으로 갈수록 잎의 너비가 점점 좁아진다. 꽃은 연보랏빛이 도는 파란색 또는 흰색을 띠며, 갈라진 끝은 뾰족하고 지름 5 ~ 7cm 정도이다.

건조된 뿌리를 약재로 사용하며 saponon인 platycodin을 함유하고 있다. Platycodin이 가수분해되면 platycodigenin과 polygalacid acid를 만든다. Platycodin이 위점막을 자극하고 기관지 분비를 증가시켜서 거담작용을 한다. 간과 담낭의 콜레스테롤과 담즙산의 분비를 자극하며 혈중

콜레스테롤을 감소시킨다. 또한 혈당을 강하시키고 진정과 해열 효과도 있다. 또한 항균작용이 있어서 폐렴에 효과적이며, 인후통을 완화시키고 객담 배출을 용이하게 한다. 그러나 platycodin 가 강한 용혈제여서 주사제로 사용해서는 안 된다.

2) 밀감나무

과 명 : 운향과(Rutaceae)
학 명 : *Citrus unshiu* S. Marcov
생약명 : 귤홍(橘紅)

일본 원산의 상록관목 또는 소교목으로 가지에 가시가 있다. 5m 가량의 크기로 줄기는 곧추 서지만 가지가 많으며 수피는 갈색이고 잘게 갈라진다. 탱자나무와 달리 가지에 가시가 없으며, 5 ~ 6월에 향기가 있는 꽃이 피는데 꽃받침과 꽃잎은 각각 다섯장이다.

과피의 붉은 외층을 귤홍이라 하며 citral, geraniol, linalool, methylanthranilate, stachy dryne, putrescine, hesperidine, neohesperidin과 nobiletin 등의 glucoside들이 함유되어 있다.

3) 잔대

과 명 : 초롱꽃과(Campanulaceae)
학 명 : *Adenophora triphylla* var. *japonica* Hara.
생약명 : 사삼(沙蔘)

우리나라 및 일본·중국·타이완 등지에 분포하며, 뿌리가 도라지 뿌리처럼 희고 굵으며 원 줄기는 높이 40 ~ 120cm로서 전체적으로 잔털이 있다. 산삼처럼 뇌두가 발달하며 줄기에서 나 온 잎은 3 ~ 5개가 윤생하고 꽃줄기에 따라 잎의 모양과 크기가 다르며 가장자리에 톱니가 있 다. 꽃은 7 ~ 9월에 피는데 작은 도라지 모양의 하늘색 꽃이 원줄기 끝에 원추화서로 달리며 열 매는 삭과이다. 연한 줄기 부분과 뿌리를 식용한다.

인삼, 현삼, 단삼, 고삼과 함께 다섯 가지 삼으로 민간 보약으로 취급하며 우리나라에만 40여 종류가 있다. 뿌리를 약재로 사용하는데 4시간 이상 지속되는 거담효과를 나타내는 사포닌을 함 유하고 있어서 만성기관지염과 백일해의 치료에 거담제로 사용한다. 매우 용혈성이 높으며 심근 수축을 자극하고 항균 효과도 있다.

4) 원지

과 명 : 원지과(Polygalaceae)
학 명 : *Polygala tenuifolia* Wild
생약명 : 원지(遠志)

우리나라(중부 이북) 및 중국 북부에 분포하며 높이 약 30cm이다. 뿌리는 굵고 길며 끝에서 몇 개의 원줄기가 무더기로 나오고 거의 털이 없다. 잎은 호생하며 길이 1.5 ~ 3cm이고 잎자루가 없다. 꽃은 7 ~ 8월에 자줏빛으로 피고 총상화서에 드문드문 달린다.

건조된 뿌리나 껍질을 약용으로 사용하는데, 주요 성분은 사포닌으로 뿌리의 약 0.7%를 차지한다. 사포닌의 가수분해산물은 tenuigenin A1과 B1이며, tenuifolin와 prosenegenin 등이 있는데 가수분해되면 genin인 presenegenin이 생성된다. 원지는 알칼로이드인 tenuidine과 polygalitol도 함유하고 있다.

거담 및 자궁 수축 자극 작용과 함께 진정·안정 효과가 있으며, 약간의 항균 효과도 있다.

5) 마황

과　명 : 마황과
학　명 : *Ephedra sinica* Staph.
생약명 : 마황(麻黃)

중국 북부와 몽골에 분포하며 건조한 높은 지대나 모래땅에서 자란다. 높이 30 ~ 70cm이다. 줄기는 곧게 서며 속새 같은 가지가 많이 갈라진다. 마디가 많고 마디에 비늘 같은 막질의 잎이 1쌍씩 달리며 밑은 합쳐져서 원줄기를 둘러싼다. 뿌리는 나무처럼 단단하며 붉은빛을 띤 갈색이다.

자웅이주로 여름에 2개의 꽃으로 된 단성화서가 포에 싸여서 달린다. 암꽃이삭은 가지 끝에 단생하며, 포 조각은 자라서 육질로 된다. 열매는 분홍색 장과로서 2개의 종자가 들어 있다.

건조된 줄기를 사용하는데 ephedrine이 80 ~ 90%를 차지하며 주요 활성 성분인 마황 알칼로이드가 약 1.32%를 차지한다. Ephedrine은 장에서 흡수되어 연수의 호흡중추와 혈관운동중추를 자극하여 진해 작용을 한다. 그러나 과량 투여하면 종종 신경질과 불면이 나타나며, 중추자극 및 혈압상승과 심계항진을 일으키므로 고혈압·동맥경화·갑상선 기능항진증·당뇨 등이 있는 환자에게는 사용을 금한다.

마황은 항알러지약으로 널리 사용되었으며, 최근에는 감기 처방에서 두통과 사지통, 기침 등의 완화에 사용한다.

⑯ 조혈제

빈혈, 출혈, 조혈 기능 약화 등에 의한 혈허(血虛)를 치료하는 약제로 허혈의 원인을 치료하며 조혈작용을 촉진한다.

1) 밀화두

과　명 : 콩과(Leguminosae)
학　명 : *Spatholobus suberectus* Dunn
생약명 : 계혈등(鷄血藤)

중국 원산으로 우리나라에는 나지 않는다. 밀화두의 작은 줄기를 잘라 햇볕에 말린 것을 계혈등이라고 하는데, 줄기의 즙액이 닭의 피처럼 붉다는 데서 유래되었다.

건조된 줄기를 약재로 사용하는데 주요 성분은 friedelin, taraxerone 및 alcohol 유도체이다. 계혈등은 심장박동을 완화하며 혈압을 하강시킨다. 또한 계혈등 전탕액은 자궁의 규칙적인 수축을 항진시킨다. 그러나 다량 투여하면 경련성 수축을 야기할 수 있다.

계혈등은 항균 작용이 있으며 특히 포도상 구균에 효과적이다. 이밖에 백혈구감소증, 영양불량성 또는 출혈성 빈혈의 치료에 사용된다. 코피나 토혈 등의 증상이 있는 사람은 복용하지 않는 것이 좋다.

2) 물푸레나무

과　명 : 물푸레나무과(Oleaceae)
학　명 : *Ligustrum lucidum* Ait
생약명 : 여정자(女貞子)

우리나라 원산으로 낮은 산기슭에서 자란다. 껍질을 물에 담그면 푸른색으로 물든다 하여 물푸레라고 한다. 상록활엽 관목으로 높이가 10m에 달하는 교목이지만 보통 관목상이다. 소지는 회갈색이고 털이 없으며 동아에 털이 있거나 없다. 대체로 직립하고 껍질은 세로로 갈라지는데 흰색의 가로 무늬가 있다. 잎은 우상복엽으로 표면은 녹색이며 털이 없고 뒷면은 회록색이다. 대부분 자웅이가화이나 때로는 양성화도 섞여 있으며 5월에 핀다. 열매는 길이 2∼4cm 되는 시과로 9월에 익는다. 관상용으로도 심는다.

한방에서 열매를 말린 것을 여정자라 하여 강장약으로 쓰는데, 여정자의 성분은 nuzhenide, oleanolic acid, ursorlic acid이다. 여정자는 백혈구 증가·강심·이뇨·항균작용도 있어서 백혈구 감소증·만성기관지염·급성 이질의 치료에 사용된다. 물푸레나무 껍질을 진백목(秦白木)이라고 하는데, 건위제·소염제·수렴제로 사용하며, 눈 충혈·결막염·트라코마·백내장·녹내장 등 일체의 눈병에 효과가 있다고 한다. 또한 나뭇가지를 달인 물은 장염과 설사에 효과가 있으며, 기관지염이나 천식에도 상당한 효과가 있다고 한다.

⑰ 지혈제

출혈에 처방되는 약제로 혈액응고와 간 기능이 밀접한 관련이 있으므로 대부분 간 기능 강화와 혈액 응고를 촉진시키는 수렴제로 처방된다.

1) 측백

과　명 : 측백나무과(Cupressaceae)

학　명 : *Biota orientalis* (L.) Endl
생약명 : 측백엽(側柏葉)

　우리나라 원산의 상록침엽수로서 중국에도 분포한다. 높이 25m, 지름 1m에 달하지만 관목 상으로 식재하며 작은 가지가 수직으로 벌어진다. 잎은 비늘같이 생기고 마주나며 좌우의 잎과 가운데 달린 잎의 크기가 비슷하게 생겼기 때문에 세 잎이 W자를 이룬다. 꽃은 4월에 피고 1가 화이며 수꽃은 전년 가지의 끝에 1개씩 달린다.

　건조한 잎이 많은 잔가지를 사용하며 주요 성분은 배당체인 quercitrin과 pinipicrin, thuzone 및 약간의 정유를 함유하고 있다. 측백엽은 혈액 응고 시간을 단축시켜서 지혈작용을 한다. 또 진해 및 거담 작용이 있으며, 항콜린성 작용에 의한 기관지 확장 작용이 있다. 또한 항균 작용이 있는데, quercitrin은 소염작용이 있어서 단백질 주사로 유발한 사지부종을 억제한다. 경우에 따라 오심·구토·현훈·식욕감퇴 등의 부작용이 나타날 수 있다.

2) 한련초

과　명 : 국화과(Compositae)
학　명 : *Eclipta prostrata* L.
생약명 : 한련초(旱蓮草)

　한국 원산으로 높이 10～60cm 정도로 곧게 자라는 1년생 초본으로 전체에 강모가 있다. 잎은 대생하며 잎자루가 없거나 극히 짧고 피침형으로 길이 3～10cm, 폭 5～25mm로서 양면에 굳센 털이 있으며 기부 가까이에 굵은 3맥이 있고 가장자리에 잔톱니가 있다.

　건조시킨 지상부를 사용하며 정유·tannic acid·saponin wedolactone·demthil wedolactone·α-tertiary methanol·nicotine·ediptine 등을 함유하고 있다. 혈뇨·각혈·십이지장 출혈·자궁 출혈 등에 사용하며, 습진이나 피부 출혈에 외용으로도 사용한다.

3) 회화나무

과　명 : 콩과(Leguminosae)
학　명 : *Sophora japonica* L.
생약명 : 괴화(槐花)

　우리나라와 중국 원산의 낙엽활엽의 교목이다. 줄기는 바로서서 굵은 가지를 내고 큰 수관을 만들며, 수피는 회암갈색이고 세로로 갈라진다. 담황백색의 접형화가 7～8월에 피고 열매는 콩과식물의 전형적인 협과이다.

　건조시킨 꽃과 꽃봉오리를 약재로 사용한다. 중량의 10～28%가 글리코사이드인 rutin으로 가수분해 되어 genin인 quercetin이 된다. 괴화에는 사포닌을 함유하고 있는데 가수분해 되어 betulin, sophoradiol, sophoriin A, sophoriin B, sophoriin C 등으로 된다.

Rutin과 quercetin은 혈관 저항성은 증가시키는 반면에 혈관투과성을 감소시키고 혈관이 쉽게 파열되지 않도록 하는 작용이 있다. 특히 quercetin은 심박동수 감소·관상동맥 확장·수축기 혈류량 증가 등의 작용이 있으며, rutin은 평활근 이완과 항경련 작용이 있다. 배당체인 maackiain은 소염·지혈·항방사선 효과가 있다.

이러한 약리작용으로 해서 괴화는 모든 종류의 출혈에 사용되며, 외용으로는 종창에 효과가 있다.

4) 소철

과 명 : 소철과(Cycaceae)
학 명 : *Cycas revoluta* Thunb.
생약명 : 철수(鐵樹)

중국 동남부와 일본 남부지방이 원산지인 귀화식물이다. 제주에서는 뜰에서 자라지만 기타 지역에서는 온실이나 집안에서 가꾸는 관상수이다. 자웅이주로 1속 1과의 관엽식물로 살아 있는 화석식물이다. 화분 대신 정충을 만들며 바람에 의하여 가루받이를 하여 가을에 빨간 열매를 맺는다. 철분을 좋아하며 쇠약할 때 철분을 주면 회복된다 하여 소철이라는 이름이 붙었다. 철수(鐵樹)·피화초(避火蕉)·풍미초(風尾蕉)라고도 한다.

높이는 1~4m로 원줄기는 잎자루로 덮이고 가지가 없으며, 끝에서 많은 잎이 사방으로 젖혀진다. 잎은 빗살 모양의 복엽이고 꽃은 단성화이며, 노란빛을 띤 갈색으로 8월에 핀다. 수꽃이삭은 원줄기 끝에 달리고 길이 50~60cm, 너비 10~13cm로서 많은 열매 조각으로 된 구과형이며 비늘조각 뒤쪽에 꽃밥이 달린다. 암꽃은 원줄기 끝에 둥글게 모여 달리며 원줄기 양쪽에 3~5개의 밑씨가 달린다. 종자는 길이 4cm 정도이고 편평하며 식용한다. 원줄기에서 녹말을 채취하지만 독성이 있으므로 물에 우려내 사용한다.

건조한 잎을 약재로 사용하며 sotetsuflavone과 hinokiflavone을 함유한다. 주로 지혈제로 사용되고 있지만, 설사와 요통의 치료에도 효과가 있다.

⑱ 이뇨제

소변 형성 및 배뇨를 용이하게 하여 부종액이나 독성물질을 제거시키고 습을 완화시키는 데 사용되는 약제로 주로 간장·심장·신장 질환 등의 치료에 함께 사용된다.

1) 으름덩굴

과 명 : 으름덩굴과(Lardizabalacee)
학 명 : *Akebia quinata* (Thunb.) Dcne.
생약명 : 목통(木通)

우리나라(황해도 이남) 및 일본·중국에 분포한다. 덩굴성 관목으로 길이 약 5m이다. 가지는 털이 없고 갈색이다. 잎은 묵은 가지에서 무리지어 나며, 장상복엽으로 소엽은 5개씩이다.

자웅동주로서 4～5월에 자줏빛을 띤 갈색 꽃이 잎겨드랑이에 총상화서로 달린다. 꽃잎은 없고 3개의 꽃받침조각이 꽃잎같이 보인다. 암꽃보다 수꽃이 작으며, 꽃받침은 3장, 열매는 장과로서 긴 타원형이고 10월에 자줏빛을 띤 갈색으로 익는다. 열매 길이 6～10cm이고 익으면 복봉선을 따라 벌어진다. 번식은 종자나 포기나누기·꺾꽂이 등으로 한다. 관상용으로 심으며 과육을 식용한다.

건조된 줄기를 목통이라 하여 약재로 사용한다. 4종의 목통이 있지만 그 화학적 활성 성분은 같다. 목통은 aristolochic acid와 saponin akebin을 함유하고 있는데 가수분해하면 akebigin, hederagonin과 oleanolic acid를 만든다.

목통은 이뇨작용 및 심근 자극 효과와 항균작용이 있으며, 또한 급성 요도염·신증후군성 부종·유선폐색을 치료하는 데도 사용된다.

2) 마디풀

과　명 : 마디풀과(Polygonaceae)
학　명 : *polygonum aviculare* L.
생약명 : 편축(萹蓄)

북반구 온대지방의 길가에서 자라는 1년생 초본이다. 높이는 10～40cm 정도이다. 전체에 털이 없고 말라도 빛깔이 변하지 않으며, 밑에서 가지가 갈라져서 옆으로 자라거나 곧게 서며 딱딱한 느낌을 준다. 잎은 타원형 또는 줄 모양의 타원형이며 굵은 마디가 있다. 엽초 모양의 탁엽은 막질로 되어 있다. 꽃은 양성화로 6～7월에 피고 잎겨드랑이에 1개 또는 여러 개가 달리며 꽃잎은 없다. 열매는 세모지며 화피보다 짧고 광택이 없으며 잔 점이 있다.

어린 순은 식용하며, 건조된 지상부를 약용으로 사용한다. 주요 성분은 glycoside avicularin, caffeic acid, chlorogenic acid 및 비타민 E 등으로 이뇨, 항균 및 구충효과가 있어서 요도염·결석·유미뇨 등을 치료하는 데 사용된다. 또한 이질과 이하선염에 효과적이며, 도한 및 회충의 구충약으로도 사용된다.

3) 패랭이

과　명 : 석죽과(Cryohpyllacee)
학　명 : *Dianthus sinensis* L.
생약명 : 구맥(瞿麥)

우리나라 원산으로 들녘에 나는 다년생 초본이다. 잎과 꽃의 모양이 카네이션과 비슷하다. 잎은 엽병이 없고 길이 3～4cm, 폭 7～9mm로서 선형 내지는 피침형이며 끝이 뾰족하고 밑부분이 서로 합쳐져서 짧게 통처럼 되며 가장자리가 밋밋하여 거치는 없다. 꽃은 6～8월에 피며 줄기 끝부분에서 약간의 가지가 갈라져 그 끝에서 한 개씩 핀다. 열매는 삭과로 원통형이다. 9월에 익어 끝이 4개로 갈라지고 꽃받침으로 둘러싸인다. 종자를 구맥자(瞿麥子)라 한다.

건조된 지상부와 열매를 사용하며 dianthus-saponin을 함유한다. 꽃은 약간의 정유를 함유하는데 정유의 주성분은 eugenol이다. 정유는 해열과 이뇨작용이 있다. 요로 감염을 치료하고 배뇨 곤란을 경감시키는 데 사용하며, 항균과 항암효과도 나타낸다. 탄산칼슘과 함께 전탕하면 식도암과 직장암의 치료에 효과가 있다고 한다.

4) 산수유

과 명 : 층층나무과(Cornaceae)
학 명 : *Cornus officinalis* Sieb. et. Zucc.
생약명 : 산수유(山茱萸)

우리나라 원산의 낙엽교목으로 높이 4 ~ 7m이다. 나무 껍질은 불규칙하게 벗겨지며 연한 갈색이다. 잎은 호생이고 달걀 모양의 피침형이며 길이 4 ~ 12cm, 너비 2.5 ~ 6cm이다. 가장자리가 밋밋하고 끝이 뾰족하며 밑은 둥글다. 꽃은 양성화로서 3 ~ 4월에 잎보다 먼저 노란색으로 핀다. 20 ~ 30개의 꽃이 산형화서에 달리며 꽃 지름 4 ~ 7mm이다. 열매는 핵과로서 타원형이며 윤이 나고 8 ~ 10월에 붉게 익는다. 종자는 긴 타원형이며 능선이 있다.

건조된 과육을 사용하며 주요 성분은 cornin · morroniside · loganin · tannin · saponin 등의 배당체와 사과산(malic acid) · 주석산(포도주산; tartaric acid) 등의 유기산이 함유되어 있고, 그밖에 비타민 A와 다량의 당(糖)도 포함되어 있다. 요량을 증가시키며, 혈압도 강하시켜 이뇨제로 사용되며, 월경 곤란증을 치료하거나 유정과 발한 치료에 사용된다. 코르닌은 부교감신경의 흥분작용이 있는 것으로 알려져 있다. 잎은 longiceroside를 함유한다. 한방에서 자양강장, 강정, 수렴 등의 약재로 사용하며, 차나 술로도 장복하면 지한(止汗) · 보음(補陰) 등의 효과가 있다. 특히 성신경의 기능허약이나 조루 등에 장복하면 크게 효과가 있다고 한다. 신장기능과 생식기능의 감퇴로 소변을 자주 보거나 허리와 무릎이 시릴 때에 효과가 있는데, 부종이 있고 소변을 잘 보지 못하는 사람에게 사용하지 않는다.

⑲ 자궁작용제

생리 주기를 조절하고 자궁으로의 혈액순환을 원활하게 하며, 임신을 유지시켜 주고 출산후 자궁을 이완시켜 정상화시키는 제제이다.

1) 당귀

과 명 : 산형과(Umbelliferae)
학 명 : *Angelica gigas* N.

생약명 : 당귀(當歸)

우리나라 원산으로 산골짜기 냇가 주변에서 자라는 2년생 또는 3년생 초본으로 식물 전체에 보랏빛이 돌며 두툼한 뿌리에서는 강한 냄새가 난다. 줄기는 곧게 서서 1 ~ 1.5m까지 자란다. 잎은 복엽이며 꽃은 보라색으로 8 ~ 9월에 여러 개의 산형화서가 모여 있는 복산형화서를 이루어 무리져서 핀다. 열매는 타원형으로 넓은 날개가 달려 있다.

꽃이 피기 전인 7 ~ 8월이나 가을에 서리가 내린 후부터 겨울에 눈이 내리기 전까지 뿌리를 캐서 줄기와 잔뿌리를 잘라 버리고 햇볕에 말려 쓰며 잎을 쌈채로도 쓴다. 특이한 향기가 있으며 조금 맵지만 단맛이 난다. 뿌리가 굵고 길며 냄새가 강한 것이 약재로서 좋다.

우리나라에는 당귀 이외에도 기름당귀(*Ligusticum hultenii*) · 왜당귀(*Ligusticum acutilobum*) · 사당귀(*Angelica decursiva* : 바디나물) 등이 있기 때문에 당귀를 참당귀 또는 조선당귀라고도 하며 옛날에는 승엄초 · 승검초 · 승암초라고도 불렀다. 일본에서는 왜당귀를 당귀로, 중국에서는 중국당귀(*Angelica sinensis*)를 당귀로 한문 표기를 하는데, 이들은 당귀와 약효가 비슷하다.

건조된 뿌리를 약용으로 사용한다. Ferulic acid, succinic acid, nicotinic acid, adeninem butylidenephalide ligustilide, folinic acid와 biotin을 함유하며, 많은 양의 vitamin B_{12}와 vitamin E를 함유하고 있다.

당귀는 여성질환의 치료시 아주 흔히 사용되는 한약이다. 월경불순에 사용되며 월경을 조절하고 통증을 완화시키며 자궁을 이완시킨다. 또한 조혈작용이 있어서 월경에 따른 빈혈 치료에 사용되며, 혈전성 정맥염 · 신경통 · 관절염 등의 치료에 사용된다. 이질과 간염을 포함한 감염성 질환의 치료에도 사용된다.

2) 익모초

과 명 : 꿀풀과(Laviatae)
학 명 : *Leonurus sibiricus* L.
생약명 : 익모초(益母草)

우리나라 및 일본 · 중국에 분포하는 다년생 초본으로 육모초라고도 한다. 높이 약 1m로 가지가 갈라지고 줄기 단면은 둔한 사각형이며 흰 털이 나서 흰빛을 띤 녹색으로 보인다. 잎은 대생인데, 뿌리에 달린 잎은 달걀 모양 원형이며 둔하게 패어 들어간 흔적이 있고, 줄기에 달린 잎은 3개로 갈라진다. 갈래조각은 우상으로서 다시 2 ~ 3개로 갈라지고 톱니가 있다. 꽃은 7 ~ 8월에 연한 붉은 자주색으로 피는데, 길이 6 ~ 7mm이며 마디에 층층으로 달린다. 화관은 입술 모양이고 2갈래로 갈라지며 아랫입술은 다시 3개로 갈라진다. 열매는 작은 견과로서 넓은 계란 모양이고 9 ~ 10월에 익으며 꽃받침 속에 들어 있다. 종자는 3개의 능선이 있고 길이 2 ~ 2.5mm이다.

건조된 지상부를 사용하며 주용 성분으로 leunurine, stachydrine, leonaridine, leonurinine 및 vitamin A와 지방유를 함유하고 있다.

익모초는 혈관확장제이며 혈압을 저하시킨다. 또한 월경불순과 산후출혈을 치료하고, 출산 후 자궁 수축제로 사용하며 또한 급성신염이나 이뇨와 부종 치료에 사용한다. 자궁 수축작용은 oxytocin과 유사하나 효과는 약하다. 과도하게 사용하면 심장 박동을 억제하나 소량은 촉진시킨다.

3) 잇꽃

과 명 : 국화과(Compositae)
학 명 : *Carthamus tinctorius* L.
생약명 : 홍화(紅花)

이집트 원산으로 국내에는 중국을 통하여 들어왔다. 1년생 초본으로 길이는 60 ~ 90cm이며 줄기는 담록색이고 잎은 농록색이다. 꽃은 두상화서에 약 10 ~ 100의 양성 관상화인데 수술의 약은 담황홍색이며 암술은 하나로 주두는 황색이다. 꽃봉오리의 포엽은 외측일수록 잘 발달되어 가시가 많다.

건조된 꽃을 약재로 사용한다. 필수지방산인 리놀레산이 60% 이상, 올레산이 30% 이상 함유되어 있으며, 카르타미딘(carthamidin)과 카르타민(carthamin)을 함유한다. 홍화는 월경곤란증과 폐경의 치료에 쓰이며, 협심증 치료시 관상동맥의 혈액순환을 증가시키는 데 사용된다. 또한 신경피부염이나 혈종으로 인한 통증을 완화시키는 데도 사용한다. 소량은 자궁의 규칙적인 수축을 일으키나 용량이 증가하면 경련 상태에까지 이르게 되며, 소량은 심장 박동을 촉진하나 증가하면 억제한다. 또한 혈압은 저하시키고 혈액응고를 억제하며 혈소판 응집을 저해하기도 한다. 혈장 콜레스테롤과 중성지방을 감소시킨다.

4) 하늘타리

과 명 : 박과(Cucurbitaceae)
학 명 : *Trichosanthes kirilowii* Maxim.
생약명 : 천화분(天花粉)

우리나라 원산의 다년생 덩굴성 초본이다. 잎은 단풍잎처럼 5 ~ 7개로 갈라진 장상복엽이고 흰색 꽃은 이가화로서 7 ~ 8월에 핀다. 수꽃은 15cm, 암꽃은 3cm 정도로 황색이며, 열매는 둥글며 지름 7cm 정도이고 오렌지색으로 익으며 많은 종자가 들어 있다. 뿌리는 고구마와 같은 큰 괴근으로 되어 있다.

건조된 뿌리를 천화분이라 하여 약재로 사용하며 단백질인 trichosanthin과 약간의 다당류, 아미노산과 사포닌 등을 함유하고 있다. 천화분은 soxytocin과 유사한 자궁 자극효과가 있어서 융모막종, 자궁외 임신 등에 효과가 있으며, 강력한 태아의 유산 작용이 있다. 이러한 작용은 trichosanthin이 양막 조직에 구조적인 손상을 일으켜 태반의 기능을 손상시키기 때문에 발생한다. 또한 천화분은 강력한 면역억제제로 과량 투여하면 체온 상승·권태·인후통·두통 등을 일으킬 수 있으며, 신장과 간장에 손상을 일으킬 수 있다.

5) 향부

과 명 : 사초과(Cyperaceae)
학 명 : *Cyperus rotundus* L.
생약명 : 향부자(香附子)

중국과 우리나라 중남부 지방, 제주도에 분포하며 주로 해변·모래땅·개울가·습지에 자생을 한다. 뇌공두(雷公頭), 작두향(雀頭香), 사초근(莎草根), 향부(香附)라고도 한다. 다년생 초본으로 줄기는 3각형으로 잎은 좁으며 엽저가 줄기를 감고 잎 가장자리에 거치가 없다. 열매는 견과로 3각형이다. 근경이 옆으로 길게 뻗으며 끝 부분에 괴경이 생기고 수염뿌리가 내린다. 괴경 속은 희고 향기가 난다. 관상용, 약용으로 재배한다.

건조된 괴경을 향부자라 하여 약재로 사용한다. 향부자에 약 1%의 정유를 포함하는데, 정유의 주요 성분은 cyperene(30~40%)·cyperol·cyperoone(0.3%)이다. 향부자는 여성의 생리조절에 적용하는 중요한 약으로써, 주된 기능은 기의 순환이 원활하지 못해 생기는 여러 증상에 사용된다. 기가 위로 올라가 뭉친 것을 풀어주며, 기를 아래로 내리고 가슴 속의 열을 없앤다. 오랫동안 복용하면 기를 보하고 속이 답답한 것을 풀어주며, 여성의 월경이 고르게 한다.

⑳ 항당뇨제

소갈병(消渴病)이라고 부르는 당뇨병에 사용하는 약제로서 당뇨병의 원인이 되는 신양허(腎陽虛)나 위열(胃熱) 및 비기(脾氣)를 다스리는 데 사용한다.

1) 구기자나무

과 명 : 가지과(Solanaceae)
학 명 : *Lycium chinenise* Mill
생약명 : 지골피(地骨皮)

중국 원산으로 한국·중국·일본 등지에 분포한다. 덩굴성 목본으로 잎은 달걀 모양 또는 긴 타원 모양이고 길이 1.5~2.5cm이다. 열매는 장과로 7월부터 붉게 익어 7~11월 하순에 수확한다.

근피에는 cinnamic acid, betaine 및 다른 유기산들을 함유한다. 혈당을 강하시킨다. 또한 혈압 혈중 콜레스테롤을 강하시키며, 이밖에 해열·자궁 수축·항균·과민증 등의 작용이 있다. 또한 정기와 운기를 성하게 하여 열을 내리고 장과 위를 튼튼하게 하고 다리와 허리가 아픈 데도 효과가 있으며, 피부를 윤택하게 하고 여드름·종기 등의 피부 미용 효과가 탁월하다.

구기자 열매에는 단백질·지방·당질·칼슘·인·철분 및 비타민(A·B$_1$·B$_2$·C) 등이 들어 있다. 주요 유효성분은 베타인(bataine), 루틴(rutin), β-시토스토렐(β-sitosterol)이 함유하고 있는데, 베타인은 간장과 위장의 기능촉진, 동맥경화와 고혈압 예방, 근골강화와 빈혈 예방 효과가 있고, 루틴은 혈당과 혈청 콜레스테롤 저하 효과가 탁월하며, β-시토스토렐은 콜레스테롤의 흡수억제 효과가 뛰어나다. 이러한 작용으로 콜레스테롤의 장내 흡수를 억제하고 혈중 콜레스테롤을 강화하여 고혈압을 예방하고 혈액순환을 촉진시켜 준다. 또한 근육과 뼈의 발달을 튼튼히 하고 정력을 증진시켜 주며, 눈을 밝게 하고 정신적·육체적 피로회복은 물론 위장·간·심장·신장 등의 질환에 치유효과가 있다.

한방에서는 강장제·해열제로 쓴다. 간기능 보호 작용이 뛰어나며 부작용이 별로 없다. 또한 시력을 좋게 하고 당뇨병 등의 성인병을 예방하며, 폐와 신장의 기능을 좋게 한다. 들기름과 섞어 숙성해 두었다가 머리에 바르면 흰 머리가 생기는 것을 막아 주고 화상에도 효과가 있다고 한다.

2) 지모

과　명 : 지모과(Haempdoraceae)
학　명 : *Anemarrhena asphodeloids* Bunge
생약명 : 지모(知母)

우리나라 원산으로 중국·몽골에 분포하며 산과 들에서 자란다. 단자엽 다년생 숙근초로 근경은 굵고 옆으로 뻗으며 끝에서 잎이 뭉쳐난다. 잎은 선형의 줄 모양이고 길이가 20~70cm로 끝이 실처럼 가늘고 밑 부분이 줄기를 감싸며 가장자리가 밋밋하다. 꽃은 6~7월에 연한 자주색으로 피고 잎 사이에서 나온 꽃줄기에 2~3개씩 모여 수상화서로 달린다. 열매는 긴 타원형의 삭과로 길이가 12mm 정도이다.

건조한 근경을 약재로 사용하는데 여러 가지의 사포닌과 아스포닌 및 살사포케닌 등을 함유하며, 지상부는 클루코사이드인 magniferin과 isomegniferin을 함유한다. 당 대사를 증가시키고, 간에서의 글리코겐의 합성을 증가시켜서 혈당을 떨어뜨리는 효과가 있어서 당뇨병 치료에 사용한다. 또한 항균 작용이 있으며 만성기관지염, 급성 감염성 질환이나 해열제로 사용한다.

3) 지황

과　명 : 현삼과(Scrophulariaceae)
학　명 : *Rehmannia glutinosa* (Gaertn.) Libosch. ex Steud.
생약명 : 지황(地黃)

중국 원산의 다년초로 뿌리는 굵고 육질이며 붉은빛이 도는 갈색으로 옆으로 뻗는다. 줄기는 곧게 서고 높이가 20~30cm이며 선모가 있다. 뿌리에서 나온 잎은 뭉쳐나고 긴 타원 모양으로 끝이 둔하고 밑 부분이 뾰족하며, 가장자리에 물결 모양의 톱니가 있다. 잎 표면은 주름이 있으며, 뒷면은 맥이 튀어나와 그물처럼 된다. 줄기에 달린 잎은 호생이다. 꽃은 6~7월에 붉은빛이 강한 연한 자주색으로 피고 줄기 끝에 총상화서를 이루며 잎 모양의 포가 있다.

뿌리를 약재로 사용하며 주요 성분은 sterol, campesterol, catalpol, rehmannin, mannitol·maninotriose·catalpol·verbascose·vitamin A 및 약간의 알칼로이드이다. 혈당을 강하시켜 당뇨병을 치료하는 데 사용하는 주요한 약재이다. 지황은 혈액 응고를 촉진하기 때문에 지혈제로 사용한다. 또 신장 혈관을 확장시켜 강심이뇨의 효과가 있으며, 항균·항염 작용이 있어서 피부염·류마티스 관절염·급성 편도선염의 치료에 사용한다.

4) 현삼

과　명 : 현삼과(Scrophulariaceae)
학　명 : *Scrophularia buergeriana* Miq.
생약명 : 현삼(玄蔘)

우리나라 원산으로 중국·일본 등지에 분포한다. 중대(重臺)·현대(玄臺)·귀장(鬼藏)·축마(逐馬)라고도 한다. 다년생 초본으로 높이 80 ~ 150cm로 줄기는 사각형이며 잎은 난형이다. 꽃은 8 ~ 9월에 피고 황록색이며 열매는 삭과로 난형이다.

뿌리를 약재로 사용하는데, 감자 모양으로 백색이나 자르면 곧 바로 검게 변한다. Scrophularin과 iridoid glycoside를 함유한다. Iridoid glycoside가 유효성분으로 20 ~ 30%는 8-(O-methyl-p-coumaroyl)-harpagide, 70 ~ 80%는 harpagoside이며 이 외에도 barbiturate, flavonoid, p-methoxycinnamic acid와 정유 등이 포함되어 있다.

혈당 강하작용은 지황보다는 약하나 작용 시간은 길다. Barbiturate는 진정과 항경련 효능이 있다. 또한 항균 및 해독 효능이 있으며, 이 외에도 담즙 분비를 촉진하며 모세혈관 투과성을 감소시킨다. 영양제나 보양제로도 작용되며, 항균 작용이 있어서 인후염·종기·림프선염에 사용한다.

5) 삽주

과　명 : 국화과(Compositae)
학　명 : *Atractylodes japonica* Koidzumi
생약명 : 창출(蒼朮)

우리나라 원산으로 중국 동북부·일본 등지에 분포하는 다년생 초본이며 산지의 건조한 곳에서 자란다. 뿌리줄기는 굵고 길며 마디가 있고 향기가 있다. 줄기는 곧게 서고 윗부분에서 가지가 몇 개 갈라지며 높이가 30 ~ 100cm이다. 잎은 근생엽과 밑부분의 잎은 꽃이 필 때 없어지고 경생엽은 긴 타원형, 도란상 긴 타원형 또는 타원형으로 길이 8 ~ 11cm로서 표면에 윤기가 있고 뒷면에는 흰빛이 돌며 가장자리에 짧은 바늘같은 가시가 있다. 3 ~ 5개로 갈라지며 윗부분의 잎은 갈라지지 않는다. 자웅이주로 7 ~ 10월에 흰색 꽃이 핀다. 어린 순을 나물로 먹는다.

건조한 뿌리를 사용하며 주요 성분은 약 1.5%가 정유이며, 정유의 20%는 독특한 향기가 있는 atractylone이다. 정유의 다른 구성 성분으로는 atractylol이 있다. 발한·이뇨·진통·건위 등에 효능이 있어 식욕부진·소화불량·위장염·감기 등에 사용하며, 진정 작용이 있으나 과량 투여는 호흡을 마비시켜 사망할 수도 있다.

6) 택사

과 명 : 택사과(Alismataceae)
학 명 : *Alisma canaliculatum* A. Br. & Bouche
생약명 : 택사(澤瀉)

우리나라 원산으로 일본·중국·타이완에도 분포한다. 논이나 도랑의 습지에서 자라는 1년 생 초본으로 쇠태나물이라고도 한다. 근경은 짧고 수염뿌리가 돋는다. 잎은 뿌리에서 모여 나며 잎자루가 서로 감싸면서 비스듬히 퍼진다. 잎은 넓은 피침형으로 7~9월에 흰색 꽃이 피며 열매는 수과로서 납작하고 뒷면에 1개의 골이 있으며 바퀴 모양으로 늘어 선다.

작은 근경을 약재로 사용한다.

혈당 강하 효능이 있으며, 근경은 이뇨제·수종·임질에 사용한다. 특히 칼륨이 많이 함유되어 있어 이뇨작용을 하며 혈중 콜레스테롤을 감소시키고, 혈압을 낮춘다. 이밖에 어지럼증·고혈압·급성장염·세균성 적리·황달 등에 쓰이며, 방광염·요도염·전립선염 등에 다른 항염제와 함께 쓰인다. 또한 성욕 항진(亢進) 억제에 사용하기도 하는데 독성이 있어 주의를 요한다.

제4장 허브

허 브

Applied Plant Science

허브(herb)는 풀이라는 라틴어 헤르바(herba)에서 유래되었으나 냄새가 나는 초본식물이라는 의미가 강하다. 기원전 4세기경 그리스의 아리스토텔레스의 식물원 원장이던 식물학자 Theophrastos가 식물지(植物誌)에서 식물을 교목(tree)·관목(shrub)·초본(herb)으로 나누면서 처음 문헌상 허브가 등장하였다. 이후 허브는 고대국가에서 향이 있는 약초라는 의미였으나 현대에는 줄기·잎·뿌리·꽃·종자가 약·요리·향료·살균·살충 등에 유용하게 이용되는 식물들을 모두 광범위하게 허브라고 한다.

제1절 허브의 용도

허브(herb)는 주로 꿀풀과·지치과·국화과·미나리과·백합과 식물들로 지구상에 약 2천 5백여 종으로 1,500종 정도가 실제 이용되고 있다. 대부분 지중해 지역을 중심으로 한 외국산이지만 창포·마늘·파·고추·쑥·익모초·향유·방아풀과 같은 우리나라 각종 토종 산야초들도 새로운 관심이 되고 있다.

현대에 있어서 허브(HERBS)는 Health(건강), Eating(식용), Refresh(신선한), Beautiful(아름다움) Spice(향신료)로 흔히 설명하기도 하는데, 일반적으로는 식용, 약용, 화장품용 및 공예용 및 허브가든의 용도로 이용된다.

① 식용허브

허브는 일반 야채와 마찬가지로 영양적 가치가 있지만 특히 향신채로서의 그 가치가 높다. 그러므로 향신료, 요리허브, 식용화, 음료허브 및 허브차 등의 다양한 용도로 식용되고 있다.

1) 향신료 허브

향신료는 스파이스(spice)라고 하는데 식품의 변질 방지 및 보존과 함께 육류와 생선의 누린내, 비린내를 제거하는 데 사용하였다. 식물성 향신료로는 식물의 꽃·열매·씨·잎·수피·뿌리 등에서 얻어지며 대표적인 것이 후추이다. 향신료는 방향 자극과 풍미에 의하여 식욕을 촉진한다. 향이 잘 없어지지 않아 고온이나 오랜 시간의 조리를 요하는 요리에는 타임·파슬리·월계수·히솝·휀넬·로즈메리·세이보리·오레가노·세이지·샐러리 등을 사용하며, 향이 오래 가지 않아 요리가 끝날 때 쯤 첨가하거나 열을 가하지 않는 요리에는 딜·민트·코리안더·타라곤·차빌·차이브·레몬 버베나 등을 사용한다(표 4-1, 4-2).

| 표 4-1 | 향신료 허브의 용도와 종류

용 도	허브 종류
기초양념, 후추대용	썸머세이보리 · 바질 · 나스터튬
설탕대용, 단맛	스테비아 · 안젤리카 · 레몬밤 · 레몬타임
소금대용	마조람
비린내 제거	로즈메리
요리 장식용	나스타튬 · 보리지 · 애플민트 · 차이브 · 딜 · 파슬리 · 타임 · 로즈메리

| 표 4-2 | 요리 종류와 향신료 허브

쇠고기 요리	세이지 · 타임 · 파슬리 · 민트 · 로즈메리 · 로럴 · 세이지 · 타임 · 파슬리 · 민트 · 로즈메리 · 차이브 · 월계수 · 히숍
돼지고기 요리	오레가노 · 세이지 · 타임 · 바질 · 로즈메리 · 차이브 · 월계수
양고기 요리	코리안더 · 타임 · 바질 · 로즈메리
닭고기 요리	타임 · 타라곤 · 파슬리 · 로즈메리 · 로럴 · 타임 · 타라곤 · 파슬리 · 로즈메리 · 월계수
내장류 요리	윈터세이보리 · 오레가노 · 세이지 · 세로리 · 파슬리 · 로럴
생선 요리	스위트마조람 · 샐러리 · 타임 · 타라곤 · 딜 · 휀넬 · 파슬리 · 차이브
계란 요리	코리안더 · 타라곤 · 차빌 · 이브 · 딜 · 바질 · 파슬리
야채 요리	세이보리 · 샐러리 · 타임 · 차이브 · 딜 · 바질 · 파슬리 · 민트 · 로즈메리 · 오레가노 · 세이지 · 나스타튬
쌈	워터 크레스
감자 요리	딜 · 로즈메리
샐러드	바질 · 민트 · 보리지 · 파슬리 · 샐러리 · 로케트 · 러비지 샐러드소스(휀넬 · 딜)
쿠 키	라벤더 · 사프란 · 캐모마일 · 로주마리 · 민트 · 타임
피 자	바질 · 오레가노
피 클	월계수 · 딜
수프/스튜	고기 스프(휀넬 · 딜) · 야채 스프(파슬리) · 토마토 스프(바질)

2) 요리허브

식용으로 잎 · 줄기 · 뿌리 · 꽃 · 열매를 얻기 위하여 재배하는 초본이 채소이므로 허브는 채소의 일부라고 할 수 있다. 허브는 비타민과 무기질을 비롯한 다양한 2차대사산물을 풍부하게 가지고 있어서 적당히 사용하면 영양은 물론 향과 맛을 더하는 독특한 채소이다. 샐러드로 이용될 수 있는 진한 녹색 잎의 비타민, 치커리, 민들레, 뿌리를 요리해서 먹을 수 있는 것으로는 휀넬,

냉이와 질경이, 양파도 대표적인 채소 허브들이다(표 4-3, 4-4).

그러나 허브는 일반 채소와는 달리 다양한 2차대사산물들이 포함되어 있어서 임산부가 주의해야 할 것들로 있다. 휀넬·레이디스 맨틀·로만 캐모마일·야로·루바버·페퍼민트·피버퓨·유칼리 등이 있는데 많이 먹지 않는다면 문제가 되지 않지만 주의하는 것이 좋다. 그러나류·패션프루트의 잎, 허니서클의 열매, 컴프리의 뿌리 등은 적은 양이라도 피하는 것이 좋다.

| 표 4-3 | 허브와 요리 종류

요리 허브	요리 종류
바질	계란·쇠고기·토마토
케러웨이	당근·양배추·돼지고기·샐러드
쳐빌	닭요리·생선요리
차이브	계란·치즈·토마토·샐러드
딜	생선요리·계란·피클
휀넬	생선요리·샐러드·스프
히숍	돼지고기·샐러드
레몬밤	생선요리·닭요리
러비지	샐러드·스튜·스프
마조람	생선요리·쇠고기·토마토·감자·피자
민트	양고기 요리·닭고기 요리
파슬리	생선요리·닭요리·감자·스프
로즈메리	양고기·닭고기 요리
세이지	돼지고기 요리·오리고기 요리·양파
세이버리	콩요리
소렐	샐러드·스프
타라건	생선·닭요리·토마토·채소
타임	쇠고기·생선·닭요리·채소
커리웨이	커리 원료
오레가노	피자

| 표 4-4 | 요리허브의 용도와 특징 (다음 페이지에 계속)

허브명	용 도	특 징
나스터튬	식용, 음용	샐러드에 뿌리거나 어린잎을 샌드위치에 넣기도 함. 건조잎의 허브차는 비타민 C가 풍부하고 혈액정화, 소화촉진의 효과가 있음.
딜	식용, 음용, 꽃꽂이	종자에서 추출한 기름을 식욕 촉진제로 이용 요리의 마무리나 풍미에 이용

| 표 4-4 | 요리허브의 용도와 특징 (다음 페이지에 계속)

허브명	용도	특징
라벤더	음용, 식용, 향료, 목욕제, 포푸리, 드라이플라워	에센셜 오일은 항균, 살균, 진정, 방충, 경련진정, 소염작용 등에 효과. 화상이나 벌레 물린 데에 효과. 아로마테라피나 향수 원료 꽃은 과자, 허브차, 목욕제, 비누, 포푸리, 드라이 플라워 및 여러 가지 공예품에 이용.
레몬그라스	식용, 음용, 약용, 포푸리	레몬처럼 구연산 함량이 많음. 잎에서 추출한 정유는 화장품, 비누, 향수의 원료, 건조잎의 허브차는 레몬향이 나며, 건위작용, 피로 회복, 빈혈개선에 효과.
레몬버베나	식용, 음용, 포푸리, 목욕제	레몬그라스와 동일한 레몬향이 남. 허브차는 진정 및 소화촉진 작용.
레몬밤	식용, 음용, 포푸리, 목욕제	장수의 허브라고 함. 허브차는 기억력을 높여주고, 피로방지 효과. 레몬향이 있으나 신맛은 없다
로즈메리	식용, 음용, 포푸리, 목욕제	젊음의 허브라고 함. 기억력, 피부 윤활 잘용. 육류의 냄새제거, 향료, 식초 오일에 침적하여 조미료로 사용. 허브차는 소화불량, 감기, 두통에 효과.
마조람	식용, 약용, 포푸리, 목욕제	소화촉진작용. 고기요리에 이용. 허브차는 진정작용 및 안면작용
말로우	음용	허브차는 선명한 청자색에서 적자색으로 변해 '여명의 허브차'로 불림. 레몬을 넣으면 핑크로 변함.
매리골드	식용, 음용, 약용, 입욕제, 미용, 염료, 꽃꽂이, 포푸리	꽃잎은 사프란의 대용으로 요리 장식 및 식용. 허브차는 발한, 해열작용이 있어 감기에 효과.
민트	식용, 음용, 약용, 목욕제, 포푸리	박하향이 있어 피로시 처브차로 이용.
바실	식용, 음용	모든 요리에 사용할수 있는 용도가 넓은 허브. 토마토 요리에 좋음. 바실 오일이나 바실 식초를 만들어 조미료로 이용. 강장작용, 살균작용 및 위장장애나 멀미에 효과. 허브차는 신경피로나 불면, 차멀미 완화.
벨가모트	식용, 음용, 포푸리, 드라이플라워	허브차는 진정작용과 최면작용이 있음. 홍차와 혼합시 맛이 좋음.

| 표 4-4 | 요리허브의 용도와 특징

허브명	용 도	특 징
세이지	식용, 음용, 약용, 향료, 포푸리	독일, 이탈리아 요리에 필수. 허브차는 진정작용, 강장, 소화촉진, 해열, 살균, 방부작용이 있음.
스테비아	식용, 음용	천연감미료로 설탕의 50 ~ 300배나 되는 감미. 저카칼로리 다이어트 식품이나 당뇨병에 활용.
야로우	식용, 음용, 약용, 염료, 드라이플라워	어린 잎은 비타민, 미네랄이 풍부. 샐러드 채소로 데쳐서 먹는다. 허브차는 강장, 발한, 식욕증진, 감기에 유효.
오레가노	식용, 음용, 포푸리	생선류나 조개류의 비린내 제거. 허브차는 식후의 소화를 돕고 신경과민이나 월경통, 신경성 두통에 효과.
쟈스민	향수, 음용, 정유	향수로 사용. 정유는 피부의 탄력을 증가.
제라늄	식용, 향료, 포푸리	대표적인 것은 '로즈 제라늄(구문초)'
차빌	식용, 음용	샐러드, 드레싱, 수프에 이용.
차이브	식용	샐러드로 이용.
캐모마일	음용, 약용, 목욕제, 화장수, 포푸리,	사과향의 감미로운 방향성. 저먼종은 항염성이 우수하여 의약품으로 사용. 허브차는 기분전환, 소화촉진에 효과. 입욕제로 피부미용, 근육통, 피로회복에 효과.
타임	식용, 음용, 약용, 향료, 포푸리	강장효과, 두통, 우울증, 빈혈, 피로에 효과. 식욕 증진, 위장기능 강화. 감기, 기침에 효과 및 살균, 방부력. 채소, 육류, 어패류, 계란 등의 부향제로 이용.
파셀리	식용, 음용	비타민 C 나 철분 등이 풍부. 소화 촉진, 빈혈, 월경통에 효과. 타박상, 염좌, 벌레 물린 데 효과. 건조잎이 류마티스 통증완화에 효과.
휀넬	식용, 음용	허브차는 소화불량, 기침, 감기, 월경불순, 월경통 완화에 효과적. 생선요리의 냄새제거

2) 식용화(食用花)

식용화는 구미 선진국과 일본에선 보편화되어 있으며, 우리나라에서도 웰빙 바람을 타고 관심이 고조되고 있다. 일반적으로 에더블 플라워(edible flower)라고 부르는 식용화는 미국 동부 쉐커 교도(shaker)의 요리책을 기원으로 하는 꽃들을 가리키는 경우가 많다.

(1) 식용화의 특징

식용화는 음식의 맛, 모양, 빛과 향기를 돋우기 위해 사용되는 초본에서 목본에 이르기까지 꽃 중에서 식용 가능한 모든 꽃들을 말한다.

식용화는 요리에 향기를 더해 주기 때문에 요리의 풍미를 더해 준다. 또 아름다운 꽃을 이용하기 때문의 요리의 미적인 가치를 더욱 향상시켜 식욕을 북돋우는 장점이 있다. 꽃은 영양소도 함유하고 있는데, 특히 꽃가루 속에는 35%의 단백질, 22종의 필수 아미노산, 12종의 비타민, 16종의 미네랄을 함유하고 있다. 그러나 꽃가루 단백질은 알레르기원으로 작용하는 것이 많으므로 제거하는 것이 안전하다. 꽃잎 자체에도 여러 가지 영양소가 들어 있는 금잔화의 경우 100g당 칼륨 410mg, 카로틴 1,900mg 정도 들어 있으며, 히비스커스나 국화 등의 경우에는 식물성 섬유질이 다량함유 되어 있어 변비 방지나 개선에 효과가 있다.

(2) 식용화의 종류

일반적으로 맛과 향에 거부감이 없는 것이 식용화로 이용되고 있다. 그러나 실제 이용할 때는 검증된 꽃만 쓰는 것이 좋으며, 꼭 새로운 것을 이용하고 싶으면 패치테스트를 이용하여 확인한 후 소량 섭취하면서 반응을 보아 실제로 사용하도록 한다. 나물처럼 우려내어 사용하는 것이 아니므로 식용화의 범위는 좁다.

일반적인 식용화에는 신맛이 나는 것이 많은데, 톡 쏘는 매운맛이 있는 한련화 꽃은 가장 많이 사용되는 식용화로 비빔밥이나 샐러드, 또는 샌드위치에 사용하며, 색과 맛, 모양이 좋고 잎도 이용이 가능하다. 황색의 금잔화 꽃은 요리를 해도 변색이 적고 맛이 좋다. 거친 피부를 부드럽게 하고, 발한, 정화 작용이 있다. 금어초 꽃은 모양이 특이하고 색이 다양하여 요리를 장식하기에 좋다. 또한 맛과 향기가 담백하여 용도가 다양하며 계절에 따라 약간 쓴맛이 나기기도 한다. 데이지 꽃은 단맛이 나고 씹는 맛이 있으며 베고니아는 빨강이나 흰색, 분홍색의 꽃으로 강한 신맛이 있어서 샐러드·마요네즈·소스·잼 등에 사용하면 좋다. 수량은 적지만 매운맛이 나는 할미꽃의 붉은 꽃잎도 색다른 풍미를 낸다(표 4-5).

| 표 4-5 | 식용화의 종류와 특징   (다음 페이지에 계속)

종 류	특 징	용 도
한련화	꽃의 색과 맛·모양·잎 이용	비빔밥·샐러드·샌드위치
금잔화	황색·변색 적음·맛	피부 미용·발한·정화 작용
금어초	금붕어 모양·꽃색 다양,	요리 장식·
데이지	단맛	비빔밥·샐러드
베고니아	다양한 꽃색·신맛	샐러드·소스·잼·마요네즈
보리지	푸른색 꽃	샐러드·과자·음료·인후염증,기침·강장

| 표 4-5 | 식용화의 종류와 특징

종 류	특 징	용 도
바올렛	향제비꽃	다양한 허브 요리
히비스커스	색 · 맛	비빔밥 · 허브차 · 요리 장식
앵초	보라색 · 분홍색	다양한 허브 요리
임파텐츠	아프리카 봉선화	과자 · 샐러드
장미	긴 역사 · 색 · 맛 · 향기	잼 · 허브차 · 젤리 · 술
제라늄	독특한 향기	과자 · 음료수 · 빵
쥬리안	풍부한 색 · 향기 · 맛	다양한 요리
콘프라워	가열 탈색 · 생 꽃잎	기관지 질환
팬지	삼색제비꽃 · 향기 · 꽃색 불변	다양한 요리
금송화	매리골드 · 독특한 향	샐러드
할미꽃	매운맛	샐러드 장식
옥잠화	독특한 향	물에 우리거나 튀김
모란꽃	독특한 색	물에 우리거나 튀김
국화	독특한 향	소국 이용

3) 음료허브

음료에 사용되는 허브는 와인을 비롯한 많은 알코올 음료와 펀치 등의 청량음료에 이용되고 있으며, 특히 보리지는 음료 허브의 여왕으로 알려져 있다. 마리골드의 꽃은 여러 가지 재미있는 음료를 만들 수 있으며, 이밖에 파슬리 · 클라리 세이지 · 안젤리카 · 레몬밤 · 레몬 바베나 · 민트 · 로즈메리 등은 와인의 향을 내는 데 사용된다. 펀치를 만드는 데는 민트 · 레몬바베나 · 레몬밤 등이 애용된다.

② 허브차

허브차는 식용허브를 응용한 것으로 주로 허브의 잎이나 꽃으로 만들며 식물에 포함되어 있는 유효 성분을 따뜻한 물에 녹여 낸 자연 건강음료이다.

1) 만드는 방법

허브차를 위한 물은 철분이 없는 유리나 도자기 또는 법랑으로 만든 포트를 이용하여 끓여 그 속에 허브를 넣고 뚜껑을 덮어 향기와 성분이 날아가지 않도록 하여 우려내도록 한다. 허브차는 블랜딩하면 시너지효과를 얻을 수 있으며, 민트류·로즈힙·신맛이 강한 히비스커스·레몬류와 같이 맛이 좋아지는 허브를 조합하여 기능과 맛의 조화시킨 다음, 개인의 취향에 따라 꿀·설탕·스테비아 등을 첨가하여도 좋으며 커피·홍차·주스 등도 이용 가능하다.

2) 허브차의 효과

허브차는 다양한 이온 성분과 카페인, 디오필린, 디오브로민 같은 생리활성물질들이 들어 있는 양질의 알카리성 음료로 체내에 신속히 흡수되어 산성체질을 개선에 도움을 준다. 허브차 가운데는 인체에 유익한 아연과 같은 미량원소가 적지 않게 포함되어 있고 항산화물질이 풍부하여 항암작용과 노화 억제 작용이 탁월하다. 또한 미용에도 효과가 있으며 여름철에는 체온을 낮추어 더위를 이겨내게 한다.

일반적으로 허브차는 정신적 활력을 주어 피로회복·정신 안정·기억력 강화에 도움을 주며, 신진대사를 촉진시켜 심장, 혈관, 위장 등의 기능을 정상화한다. 또한 컴퓨터나 텔레비전에서 나오는 유해파 복사를 막는 성분이 있어서 시력을 보호해 주며 백내장 예방에도 도움을 준다.

3) 허브차 음용 요령

허브차는 아침 일찍 공복에 마시고 저녁 때 잠자기 전에 한 잔 정도 마시는 것이 알맞으며, 필요하다면 점심을 먹고 몇 시간이 지나 마시면 좋다. 허브차는 한여름에 꼭 필요할 때가 아니고서는 따뜻하게 마시는 것이 흡수나 신진대사에 좋으며, 약용으로 마시는 차는 조금씩 한 모금씩 천천히 마시도록 한다.

필요하면 기호에 맞게 2~3종류의 허브를 블랜딩하면 상승효과가 있지만 처음 마실 때는 한 종류씩 마셔서 자기 몸에 맞는 차를 찾도록 하여야 한다. 허브차는 재탕이 가능하며 찌꺼기는 건조시켜 포푸리용으로 사용하면 좋다.

4) 허브차의 주요 물질과 작용

허브차 속에는 에너지원이 되는 영양 성분보다는 생체 내 기능을 조절하는 비타민과 미네랄 같은 영양소가 함유되어 있다. 이들 물질들은 신진대사를 활발히 하며 면역체계 강화에 도움을 준다. 일반적인 허브 기호품에는 알카로이드·고미질·배당체·플라빈류·사포닌·쿠마린·점액질·솔라닌·규산 등의 물질이 들어 있어 일정한 약리작용이 있으며, 특히 식물성 동물호르몬이 함유되어 있어 인체에 작용하는데, 에페드린(ephedrin)은 아드레날린과 유사하게 작용하여 혈압을 상승시키며, 승마나 석류에는 여성호르몬인 에스트로겐과 유사한 작용을 하는 물질이 있어서 여성의 노화 억제에 도움을 준다.

5) 허브차 종류

향기가 나는 허브차가 마음을 안정시키고 장기적으로 건강에도 도움이 될 뿐만 아니라 피부 건강에도 좋은 경우도 많다. 활기를 주거나 마음을 안정시켜 정서적 도움을 주는 허브차가 있으며, 건강이나 미용에 효과가 있는 허브차도 있다(표 4-6, 4-7, 4-8).

| 표 4-6 | 감성 및 정신 안정에 좋은 허브차

증 상	허 브
초조할 때	저먼캐모마일 · 레몬밤 · 라벤더
잠이 안 올 때	라벤더 · 캐모마일 · 세인트존스어트
집중력이 요구될 때	로즈메리 · 페퍼민트
긴장했을 때	라벤더 · 페퍼민트
무기력할 때	세이지 · 오렌지플라워 · 페퍼민트

| 표 4-7 | 건강에 좋은 허브차

증 상	허 브
두통	라벤더 · 페퍼민트 · 레몬글래스
기침 · 코막힘	마로우 · 타임 · 민트
소화기 장애 · 설사	에키나세아 · 저먼캐모마일 · 페퍼민트 · 타임
변비	다마스커스로즈 · 로즈힙
냉한 체질	터메릭
꽃가루 알레르기	엘더플라워 · 네틀 · 스위트마조람 · 캐모마일
아토피성 피부염	저먼캐모마일 · 네틀
갱년기 장애	세인트존스워트 · 네틀 · 라즈베리 · 펜넬시드 · 로즈
방광염 · 요도염	에키나세아 · 히스 · 쇠뜨기 · 마로우
고혈압	린덴 · 야로우(꽃) · 라벤더 · 은행잎 · 뽕잎
위궤양	저먼캐모마일 · 네틀
졸음이 올 때	로즈메리 · 페퍼민트 · 스피아민트 · 레몬글래스
식욕이 없을 때	저먼캐모마일 · 페퍼민트 · 히비스커스
숙취로 괴로울 때	페퍼민트 · 린덴 · 레몬밤
더위로 잠을 못 이룰 때	히비스커스 · 로즈힙

| 표 4-8 | 미용에 좋은 허브차

증 상	허 브
여드름	에키나세아 · 단델리온 · 히비스커스 · 네틀
비만	주니퍼베리 · 레몬글레스 · 로즈힙 · 린덴 · 캐모마일 · 엘더플라워
거친 머리카락	레틀 · 로즈메리 · 쇠뜨기

③ 약용허브

1) 약용허브

허브를 약용으로 이용한 역사는 매우 깊다. 고대 이집트에서는 B.C. 2,800년경에 파피루스에 약초의 사용법을 기록하였으며 중국에서도 B.C. 2,700년경에 신농본초경에 식물의 치료 효과를 기록으로 남긴 것으로 미루어 약용식물로서의 허브의 역사는 인류와 함께 시작되었다고 할 수 있다.

각종 질환에 치료 효과를 발휘하는 약효 성분을 지니고 있는 약초나 허브는 탕제, 차, 술 등으로 그 성분을 우려 내 건강을 지키는 데 이용하여 왔다. 최근에는 약용허브의 정유를 추출하여 향기요법이라는 자연의학에 의하여 증상에 따른 치료에 이용하고 있다(표 4-9).

| 표 4-9 | 증상에 따른 약용 허브

증 상	약용 허브
심장병	디지탈리스
목 통증	타임 · 세이지
타박상(부운 곳)	컴프리 · 히섭
근육통	페퍼민트
관절통	라벤더
상처	마리골드(꽃잎)
곤충에 쏘인 데	컴프리
감기기침	안젤리카
소화 불량	아니스 · 캐러웨이 · 딜 · 민트
두통	케모마일 · 휘버휴 · 로즈메리
멀미	민트
불면	민트 · 마조람 · 호프 · 아나스

2) 방충 허브

허브 중에 사람에게는 거부감과 건강상 해가 없는 방향성 물질을 분비하여 해충을 침범하지 못하게 하거나 죽게 하는 것들이 있다. 월계수 잎은 곤충을 퇴치하며 페니로열은 벼룩을 침범하지 못하게 한다. 나방은 라벤더 · 커스트마리 · 탄지 · 서던우드 · 웜우드 · 머그우드 등에게 죽음을 당하기까지 한다. 또한 민트는 파리를 퇴치해 준다.

특히 라벤더 꽃은 모기를 쫓는 데 효과적이다. 독특한 향으로 모기의 접근을 차단하기 때문에 이 꽃을 증유해서 만든 라벤더 오일을 바르면 물리는 것을 예방할 수도 있다. 그리고 라벤더 꽃과 소금을 섞어 만든 가루를 목욕물에 풀어 사용하면 향이 몸에 배어 야외에서의 모기 접근을 막을 수도 있다. 강한 향기가 있는 제라늄도 모기 퇴치에 큰 역할을 하는 식물이다. 탄지의 진녹색 잎에는 강렬하면서도 산뜻한 방향 물질이 있어 파리 · 모기의 접근을 막는 데 효과가 있다. 그리고 말린 타임 꽃은 향기가 옷장 안에 스며들어 좀약과 같은 효과를 볼 수 있다.

④ 허브 화장품

허브에는 미용에 유용한 성분이 많이 들어 있어서 화장수나 팩을 만들면 효과가 있다. 근래에는 천연화장품이 관심의 대상이 되면서 개인은 물론 상업적으로도 허브가 많이 이용되고 있다.

1) 피부 유형에 따른 허브 선택

허브는 잘 이용하면 젊음을 유지시켜 주며 노화방지에도 효과가 있지만 잘못 사용하면 독이 될 수도 있다. 또한 피부 타입에 따라 문제가 되는 경우도 있으므로 사용하기 전에 패치테스트를 하여 이상 유무를 확인한 후 사용하도록 하는 것이 좋다(표 4-10).

| 표 4-10 | 피부 유형에 따른 정유의 선택   (다음 페이지에 계속)

피부유형	정 유
정상피부	
베이스 오일	호호바 · 스윗아몬드 · 윗점 · 마카다미나너트
에센셜 오일	라벤더 · 로즈 · 로즈우드 · 제라늄
플로럴 워터	라벤더 · 로즈
건성피부	
베이스 오일	호호바 · 스윗아몬드 · 아보카도 · 달맞이꽃씨 · 살구씨 · 올리브 · 마카다 · 미아너트 · 캐롯 · 시어버터
에센셜 오일	라벤더 · 로즈 · 로즈우드 · 로즈제라늄 · 케모마일 로먼 · 샌달우드 · 재스민

| 표 4-10 | 피부 유형에 따른 정유의 선택

피부유형	정 유
플로럴 워터	라벤더 · 로즈 · 네롤리 · 캐모마일
지성피부	
베이스 오일	호호바 · 살구씨 · 포도씨 · 홍화씨 · 헤이즐넛
에센셜 오일	일랑일랑 · 버가못 · 싸이프러스 · 레몬 · 제라늄 · 주니퍼베리
플로럴 워터	라벤더 · 헤이즐넛 · 콘플라워
민감성피부	
베이스 오일	호호바 · 로즈힙 · 아보카도 · 달맞이씨 · 스윗아몬드 · 햄프씨 · 카렌듈라
에센셜 오일	케모마일 로먼 · 라벤더 · 네롤리
플로럴 워터	라벤더 · 캐모마일
노화피부	
베이스 오일	보리지 · 스윗아몬드 · 아보카도 · 달맞이씨 · 로즈힙 · 아르간
에센셜 오일	오렌지 · 휀넬 · 로즈우드 · 프랑키센스 · 네롤리
플로럴 워터	네롤리 · 로즈메리
여드름 피부	
베이스 오일	호호바 · 포도씨 · 살구씨 · 차나무씨 · 헤이즐넛 · 님
에센셜 오일	라벤더 · 트리티 · 버가못 · 로즈 · 시더우드 · 제라늄 · 레몬그라스
플로럴 워터	라벤더 · 트리티
아토피 피부	
베이스 오일	호호바 · 모리지 · 동백씨 · 살구씨 · 달맞이씨 · 스윗아몬드 · 캐롯씨
에센셜 오일	라벤더 · 케모마일 · 로즈메리 · 로즈우드 · 티트리 · 프랑킨센스 · 샌달우드 · 팔마로사
플로럴 워터	라벤더 · 캐모마일

2) 허브 화장품

근래에 화학적 첨가물이 없는 천연화장품이 각광을 받으면서 허브를 이용한 화장품에 관심이 커지고 있다. 허브팩, 허브화장수, 허브크림, 샴푸(shampoo), 린스(rinse) 등, 허브는 모든 화장품 분야에 이용이 가능하다(표 4-11, 4-12, 4-13, 4-14, 4-15).

허브에 함유되어 있는 화장품으로서의 가능성 물질의 기능성이 모색되고 있으며, 이를 응용한 많은 허브 화장품이 연구 개발되고 있다.

| 표 4-11 | 허브 팩의 종류와 특징

팩의 종류	특징
지성피부	
구기자 팩	붉은 피부에 효과적(플라보노이드)
오렌지 팩	탄 피부와 기미에 효과적, 보습 작용(플라보노이드)
건성피부	
모과 팩	건성 및 지성 피부에 효과적
딸기 팩	여드름기미에 효과적
밀가루 팩	각질피지 제거에 효과적
당근 팩	여드름에 효과적
양배추 팩	피지 흡수(비타민 C, 지성피부에도 효과적)
오이 팩	미백 및 진정 효과
녹말 팩	지성피부에 효과적
중성피부	
장미 팩	노란 장미 꽃잎을 이용한 자연향
청포도 팩	피부 탄력과 미백(기미에도 효과적)
오트밀 팩	영양보급과 세정효과
살구 팩	피부 탄력
민감 피부	
시금치 팩	피부 보호와 회복
감자 팩	자외선 노출 피부 회복 및 미백 효과
꿀사과 팩	약한 피부에 효과적
노쇠 피부	
두유 팩	피부회복에 효과적(비타민 E 및 레시틴 함유)
율무 팩	노화 피부에 효과적
기미 피부	
오렌지 팩	미백·기미·보습(플라보노이드 및 비타민 C 풍부)
감자 팩	소염 진정(비타민 C, 칼륨)
녹차 팩	미백 및 피지제거

| 표 4-12 | 천연 식물성 화장수의 종류와 특징

화장수 종류	특 징
장미꽃 화장수	보습 효과 · 미백효과 · 염증 진정 작용
로즈메리 화장수	노화방지에 효과적(헝가리 워터).
캐모마일 화장수	피부 세정 효과
라벤더 화장수	부드러운 피부
오이 화장수	미백 · 피부 청량감(건성 피부에 부적합)
키위 화장수	피부 탄력 · 미백 · 보습 효과(당분 · 미네랄 · 비타민 C 풍부)
알로에 화장수	피부 수렴효과(근육세포 수축)
사과 화장수	부드러운 피부 및 보습 작용
포도 화장수	미백과 보습 및 각질제거 효과
양파 화장수	자외선에 의한 기미주근깨에 효과
레몬 화장수	미백효과(유기산 · 비타민 C · P 성분), 살균 · 피부 유연
청주 화장수	피로회복 · 기미 · 주름살에 효과
매실절임 화장수	모공수축, 여드름에 효과, 각질 제거
참깨 화장수	노인성 반점 축소(피부 신진대사 원활)
앵두 화장수	보습, 미백 효과
면포 화장수	각질 분해 효과
율무 화장수	여드름, 건성, 지성 피부 등, 모든 피부 유형에 적합
인삼 화장수	보습 · 기미 · 주름 제거(파나긴산)
녹차 화장수	진정 효과(비타민 · 칼슘 · 마그네슘 · 불소)

| 표 4-13 | 천연 식물성 크림의 종류와 특징

크림 종류	특 징
현미 크림	미백 효과
연근 크림	연화, 보호, 균형의 효과, 아기피부, 민감성 피부, 건성 피부
스위트오렌지 에센셜 오일 크림	독소 제거 기능 복합성 피부에 적합(비타민 E · 로즈 워터 포함)

| 표 4-14 | 천연 식물성 스크럽의 종류와 특징

화장수 종류	특 징
살구씨 스크럽	묵은 각질·피지 제거
감초 스크럽	투명하고 유연한 피부
콩가루 스크럽	각질제거·신진대사 촉진
파인애플 스크럽	각질제거(브로멜린 효소), 부드러운 피부
아몬드 스크럽	각질 제거·세정력(건성용과 지성피부용 구분 제작 가능)

| 표 4-15 | 허브의 모발 효과

효 과	허브의 종류
탈모방지	웜워드, 파슬리
모발 생장 촉진	웜워드, 파슬리
가려움증	야로, 컴프리, 쇠뜨기, 자작나뭇잎
비듬	우엉 뿌리
모발 윤기	파슬리, 훼넬, 로즈메리, 엘더, 타임

⑤ 허브 공예

1) 허브 비누

허브 비누는 제조 방법에 따라 HP, MP, CP, 리베칭(rebatching)으로 나누는데, HP 비누(hot process soap)는 비누 제작과정에서 고온을 가하여 완전히 비누화한 후 알코올과 글리세린, 설탕을 추가하여 만드는 비누로 글리세린비누, 또는 투명비누라 불리기도 한다. MP 비누(melt & pour soap)는 이미 만들어진 비누 베이스를 이용하는 방법으로 우리말로 녹여 붓기 비누라고 한다. CP 비누(cold process soap)는 가열하지 않고 주로 상온에서 만들며, 리베칭 비누(rebatched soap)는 기존에 만들어진 CP 비누 등을 다시 녹여 새로운 비누를 만드는 방법으로 비누소지를 사용하여 만드는 MP비누와는 차이가 있다.

비누 배합에 적합한 허브에는 캐모마일·로즈메리·라벤더·민트·세이지·로즈 등이 있다.

2) 허브 양초

장식용 양초를 만들 때에는 양초에 압화를 붙여 코팅하는 방법과 양초를 중탕할 때 허브를 넣어 장식하는 방법이 있다. 주로 라벤더·로즈·보리지·캐모마일·말로우·로즈제라늄·훼넬·타라곤·타임 등의 꽃이나 꽃봉오리를 사용하며, 야로우·레몬밤·훼넬·탄지·히솝 등은 잎을 이용한다.

3) 드라이 허브

향기가 제일 풍부한 개화 직전의 허브를 오전에 베어서 여러 줄기를 한 다발로 묶어 그늘지고 통풍이 잘 되는 벽면이나 천장에 뿌리 쪽을 위로 하여 매달아 말린다. 온도와 습도에 따라 완성된 색깔이 달라진다. 인테리어 리스(Interior wreath) · 허브 포푸리(potpourri) · 허브 포맨더(Herb pomander) 등이 드라이 허브를 이용한 것이며, 허브 액자와 허브 압화 또한 일종의 응용 드라이 허브 공예품이다.

4) 염료 허브

허브의 잎 · 줄기 · 뿌리 등은 대부분 염색 재료로 이용된다. 일반적으로 쉽게 염색되는 소재는 비단 등의 동물성 섬유이며, 목면 등의 식물성 섬유나 화학섬유는 물들이기 어렵다.

염색에 사용하기 적합한 허브에는 야로우(노랑) · 매리골드(노랑) · 워드(하늘색) · 매더(붉은색) · 탄지(노랑 · 오렌지) 등이 사용되며 이밖에 타임 · 레몬밤 · 캐모마일 · 보리지 · 오레가노 · 바질 · 민트 · 세이지 등이 사용된다.

⑥ 허브가든

허브가든은 유럽 중세의 수도원에서는 정원에 약용식물, 과수류와 함께 허브를 재배하였는데 이것이 시초라고 할 수 있다. 허브가든은 처음에는 단순히 실용적 목적이었으나 점차 정원의 형태인 플라워가든(flower garden)이나 식용을 목적으로 한 키친가든(kichen garden)으로 세분화되었고 뒤에는 식물원(botanical garden)으로 발전하였다. 허브가든은 이처럼 관상, 실용 및 보존 목적으로 나누지만 근래에는 규모에 관계 없이 테마 별로 운영하면서 종합적으로 관리한다. 용도별 및 규모 별로 나눌 수 있다.

1) 용도별 허브가든

(1) 관상용 허브가든

관상을 위한 허브가든은 꽃이나 형태가 아름다워 재배하기 쉽고, 정원으로서 조화가 갖춰져 허브와 함께 다른 식물을 심어 미적 조화를 이루게 하는 것이 좋다. 꽃이나 잎의 색깔이 조화를 이루도록 배치한다. 넓은 면적을 단일 종류의 허브만으로 심는 것도 하나의 개성이 될 수 있다.

(2) 실용 허브가든

실용적 목적에 위한 허브가든으로 요리용 · 허브차용 · 정유 추출용 · 포푸리용 등, 실용적 목적에 의한 허브가든이다. 가공 및 수확을 목적으로 하는 경우는 실용 목적과 관리를 위하여 체계 있는 허브의 선정과 관리 및 규모 선정이 필요하다.

(3) 테마 허브가든

허브가든은 그 자체가 허브를 주제로 한 일종의 테마 가든이라고 할 수 있지만 근래에는 규모에 관계 없이 실용·예술·치료·학술 등의 다양한 테마에 의한 복합적인 허브가든이 출현하고 있다. 테마 허브가든은 대규모는 물론 가정에서도 소규모로 특정 테마에 의한 개성 있는 허브가든이 가능하다. 오히려 가정용 테마 허브가든의 경우는 요리용 허브(타임·차빌·타라곤·오레가노), 허브차용 허브(캐모마일·민트) 등의 실용적 허브를 목적에 맞춰 구성한 다음, 이들과 조화 되도록 꽃과 잎의 색, 향기가 있는 관상용 허브(라벤더·보리지·너스터츔·샌트리너)를 배치하고, 벽면에는 넝쿨 같은 식물류(쟈스민·허니 서클)나 핸깅 바스캣(레몬밤·파세리)으로 꾸며 전체적으로 조화를 이루도록 하면서 실용과 관상을 함께 조화시켜 개성 있는 아름답고 의미 있는 공간을 만들 수 있다. 가정용 허브가든의 경우는 공간이 제한되므로 오히려 여백의 공간을 적절히 두어 너무 갑갑하지 않도록 한다. 그러므로 너무 커지는 허브는 일반적으로 피하는 것이 좋다.

(4) 전시 및 보존을 위한 테마 가든

허브 종류의 전시나 보존을 위한 테마 가든은 일종의 작은 식물원이라 볼 수 있는데 허브를 용도별, 또는 학문적으로 분류하여 전시 공간이나 보존 시설을 조성한다. 경우에 따라 환경적 차이에 의하여 재배가 곤란한 종류는 보호 시설을 만들어 관리한다.

2) 규모별 허브가든

(1) 베란다 미니가든

베란다를 이용한 소규모의 이동식 허브가든이다. 베란다의 볕이 잘 드는 곳에 설치하는데, 소재는 경질 발포 스티롤수지 통을 이용하는 것이 편리하다. 바닥에 적옥토를 넣고 그 위에 배양토 4에 발효가 끝난 퇴비 1의 비율로 섞어 넣는다. 기온이 10℃ 이하일 때에는 보온하거나 실내에 두며 한 여름에는 발을 이용하여 채광을 조절하며, 환기가 잘 되도록 한다.

(2) 모뉴멘트 미니가든

가든 중앙에는 해시계나 미니 분수를 이용한 모뉴멘트(monument) 가든이다. 설치 폭 50cm, 높이 16cm 정도로 하며, 길이는 여건에 따라 조절한다. 위스키·술통·고목·경석 등을 이용하여 다양한 조화를 연출할 수 있다. 포복성 타입의 크리핑 로즈메리·타임·민트·윈터 세이보리 등, 주로 바닥으로 기는 듯한 허브 모종을 심으면 보기에 좋다. 가든 중앙에는 해시계나 미니 분수를 만들어 두면 보기에도 좋을 뿐 아니라 관수 관리에도 편리하다. 웃자란 허브는 항상 잘라 주며, 분수 주변에는 과습에 강한 허브를 심는다.

(3) 소형 가든

1.5 ~ 10m² 정도 규모의 소형으로 요리용 키친 가든은 요리의 향취를 내는 정도이면 잎이나 꽃을 대량으로 필요로 하지 않으므로 한정된 공간이라도 충분하다. 요리용의 허브로는 민트 · 차이브 · 차빌 · 타임 · 타라곤 · 마조람 · 민트 · 바질 · 로즈메리 · 레몬밤 등이 좋다. 반면 실용적 허브를 이용할 여유가 없는 경우에는 향만 즐길 수 있는 프라그란트 가든(fragrant garden)으로 조성하여 잎이나 꽃에서 발산하는 향기를 주제로 허브를 기르는 것도 심신에 좋은 영향을 준다. 향이 좋은 허브로는 라벤더 · 제라늄류 · 민트류 · 캐모마일 · 로즈메리 · 헬리오트로프 등이 있다.

(4) 베란다 가든

베란다 전부 또는 일부에 설치하는 일종의 미니 실내 정원이다. 도시 생활자나 정원이 협소한 사람들이 베란다에 허브를 길러 향기를 맡고, 요리에도 이용하고자 하는 사람에게 알맞은 가든이다. 한여름의 베란다는 콘크리트의 반사에 의해 고온과 건조가 심하고 밤에 온도가 내려가기 때문에 노지에서 기르는 것과 달리 관수나 시비 등에 어려움이 있다.

한여름의 낮이나 밤에는 온도가 높아져 뿌리가 무르게 되어 썩기 쉬우므로 주의를 요한다. 또한 베란다의 흙은 한정되어 있어 1년에 한 번 봄이나 가을에 옮겨 심는 것이 좋으며, 노화된 포기는 교체하고 추위에 약한 허브는 집안으로 들여 놓거나 비닐로 씌워 동해를 방지하여야 한다.

(5) 스페이스 가든

볕이 드는 자투리 땅, 일반주택의 작은 마당 등의 좁은 땅에 만드는 허브가든이다. 꽃 사이로 나비나 벌들이 날아 다니는 자연 친화적인 미니 허브정원을 만들 수 있다. 또한 가정에서 많이 이용하는 요리허브를 적절히 심어 실용성도 얻을 수 있다. 가족이 원하는 주제 허브로 정원의 중심을 설정하는 것도 좋다. 일반적인 허브 배치는 일 년 내내 즐길 수 있도록 화기가 길고 색과 향이 좋은 탄지 · 라벤더 · 타임 · 세이지 · 샌트리너 등이 좋으며 벽돌의 가장자리를 따라서는 포복성 허브로 조화를 이루도록 한다.

(6) 리빙 가든

거실 등, 실내의 일상 생활 공간에 두는 허브 가든으로 몸 가까이 두고 허브의 자라는 과정을 관찰하고, 채취하여 요리나 차에 넣어 사용하는 것이 주목적이다. 허브에 있어 이상적인 환경을 조성해 주는 것이 어렵지만 웃자란다든가 연약하게 되면 밖에 내놓아 충분히 햇볕을 쪼이고 원기를 회복시켜 다시 실내에 두도록 한다. 자라나는 허브를 관찰하면서 허브차나 요리의 재료가 되는 허브가 적당하다.

(7) 테이블 가든

테이블 위에 놓을 수 있어서 이동이 용이하며 실내에서 허브의 꽃과 향기를 즐길 수 있고 요리에도 손쉽게 이용할 수 있다. 그러나 허브가 연약해지기 쉬우므로 햇볕을 자주 쪼이도록 한다. 차이브·차빌·콘플리·콜리안더·민트류·파세리·너스터춈·타임·딜·휀넬·소렐 등과 같이 상대적으로 햇볕이 적은 실내에서도 기르기 쉬운 허브를 선택하도록 한다.

제 2 절 향기요법(Aromatherapy)

아로마테라피란 aroma(향)와 therapy(치료)의 합성어로 향기치료라고 한다. 식물에서 추출한 방향성 오일인 정유의 향을 이용하여 질병을 예방하고 개선시키며, 건강 유지 및 증진을 도모하는 자연의학의 한 형태이다. 수술과 화학적 약물 요법과 같은 공격적인 치료에 대한 부작용과 화학 약성분에 대한 중독 등으로 자연 치유를 선호하는 경향이 늘어나면서 아로마테라피가 주목 받고 있다.

① 향기요법

향기요법(aromatherapy)이란 aroma(향)과 therapy(치료)의 합성어로 향기요법이라고 한다. 향기요법은 허브에서 추출한 아로마 오일, 즉 정유를 이용하여 질병을 예방, 치료하여 건강한 삶을 얻고자 하는 자연요법으로 정유를 이용하여 심리적 안정과 함께 정신과 신체의 질병을 치료한다.

1) 향기요법의 특징

향기요법은 사람들의 정서에 부담감이 없는 향기를 이용하므로 부담감이 없으며 부작용이 거의 없고 사용 방법이 간편하다. 향기요법은 주사나 침과 같이 시술시 통증이 없으며, 면역력을 증가시켜 치료하는 근원적인 치료 방법으로 향기 즉 아로마(aroma)를 이용하여 마음과 몸의 치료를 함께 하는 전인적 치료법이다.

2) 향기요법의 원리

향기요법의 원리는 향기가 다른 감각보다 더 빠르게 뇌로 전달되는 후각신경을 자극하는 데 있다. 호흡기나 피부를 통해 흡수된 향기 분자는 후각신경을 통해 대뇌 구피질인 변연계에 직접 작용하여 성기능, 감정, 장기 기억, 내장기능 등을 자극하여 신체적, 정신적으로 영향을 주면서 치료효과를 낸다.

3) 아로마의 흡수 경로

아로마는 대부분 코의 후각상피세포의 흥분에 의하여 뇌에 전달되나 피부의 모공이나 호흡을 통하여 흡수되어 혈액을 통해 온몸을 순환하면서 면역 기능을 높여 알레르겐이나 병원체에 대한 저항력을 가지게 한다.

코를 통한 흡입은 가장 빠른 정유의 인체 흡수 방법이다. 각각의 향기 입자들은 다른 모양으로 그 모양에 따라 각기 다른 자극을 뇌에 전달한다. 코로 들어온 향기 물질의 기체 분자는 코 점막의 후세포를 흥분시켜 후신경에 전기 자극을 전하게 된다. 이 전기적 신호는 후각뇌라고도 부르는 대뇌변연계에 전해져 향기 입자는 분석이 이루어진 후, 감성과 생리적 기능을 조절하는 신경화학물질(neurochemical)을 생성한다. 이렇게 생성된 신경화학물질이 시상하부에 전달되어 뇌하수체에서 각종 호르몬이 분비되고 이 호르몬들이 자율신경계를 조절하여 각종 내장기관과 생식계에 영향을 미치며 감정적 행동을 조절하기도 한다.

이밖에 기도나 피부 및 구강을 통하여 정유를 직접 섭취도 하는데, 섭취법은 가장 빠른 정유 흡수법이나 복용시 의사의 직접적인 감독이 있어야 안전하다. 액상의 정유를 먹으면 대부분 입 조직에서 흡수되므로 캡슐 형태로 복용하도록 한다. 정유를 규칙적으로 복용하는 것은 간에 손상을 줄 수 있어서 위험하나 신속히 전신에 흡수된다.

코를 통한 아로마의 흡입 경로

정유 ⇒ 흡입 ⇒ 섬모(Cilia) ⇒ 후각구 ⇒ 후각신경 ⇒ 뇌의 변연계에 전달
⇒ 뇌피질 ⇒ 시상하부 ⇒ 뇌하수체 ⇒ 호르몬 ⇒ 자율신경계의 작용 ⇒ 전신

3) 아로마의 작용

동물의 뇌라고 불리는 대뇌 변연계는 본능의 뇌 또는 감성의 뇌라고도 불린다. 하등 포유류의 뇌 부분에서 가장 오래된 부위이자 핵심 부위로 이성적 의지가 아닌 본능과 감성의 뇌로 자율신경을 지배한다. 정유의 향기는 감성적으로, 또는 분자 구조에 의하여 이 과정에 작용하여 건강에 크게 도움을 준다. 향기가 영향을 미치는 대뇌 변연계는 본능적이고 동물적인 원초적 생명력을 관장하기 때문이다.

아로마는 식욕을 일으키는가 하면 불쾌한 냄새는 식욕을 떨어뜨리고 소화도 잘 되지 않게 한다. 또한 따뜻함, 차가움, 밝음, 어두움 등의 느낌을 가지게 하여 심리적으로 변화를 야기한다. 라벤더 향기는 수면제와 유사한 효과를 나타내는데, 아로마는 생체리듬을 조절하여 생리적 항상성 유지, 노화방지 및 면역력을 유지하는 등, 화학재제의 의약품과 다른 복합적 상승작용을 한다.

식물의 향기 중에는 살균, 살충 작용을 하는 성분도 있다. 이들 향기 물질을 피톤치드라고 하며 주변의 다른 식물의 생장을 억제하는 물질인 살초성 물질은 파이토알렉신이라고 하는데, 피

톤치드는 건강에 좋은 환경을 만들 뿐만 아니라 면역력을 증가시킨다.

5) 향기요법의 효과

향기요법은 각 정유의 치료적 성질에 따라 거의 모든 병, 모든 증세에 높은 치료 효과를 나타낸다. 특히 감기·기관지염·천식 등의 호흡기계통 질환과 여드름·습진·무좀 및 피부 질환과 알레르기에 효과가 있으며 비만·고혈압과 같은 성인병과 불면증·긴장·불안과 같은 심인성 질환에도 좋은 효과를 나타낸다.

② 정유(Essential oil)

1) 정유의 특징

정유(精油)는 에센셜 오일 또는 아로마 오일이라고도 하는데, 대체로 식물의 2차대사산물로 향기가 강한 휘발성 액체로서 피톤치드(phytoncide)도 이들 정유에 속한다. 대체로 테르펜 및 이들의 알코올 알데히드·케톤·에스테르 화합물로서 대부분 물보다 가벼우며, 소독 및 방부 효과가 있다. 정유는 많은 식물의 조직이나 기관에서 만들어지는데 약 1,500종 이상이나 되며 그 중 100여 종이 천연향료 및 합성향료로 원료로 사용한다.

2) 정유의 성분

정유를 구성하고 있는 성분들은 2차대사산물로서 그 성분에 따라 기능과 효과가 달라진다. 정유 성분은 크게 테르펜(terpine)과 페닐프로판(phenylprophane)으로 구분된다.

(1) 테르펜

테르펜은 정유 성분 중에서 가장 많은 물질이다. 정유 구성 물질 중 90%가 모노테르펜과 세스큐테르펜이다. 모노테르펜은 작용하는 방식에 따라서 테르펜(mono-terpene)·페놀(phenol)·알코올(alcohol)·에스테르(ester)·알데히드(aldehyde)·케톤(ketone)·옥사이드(oxide) 등으로 세분된다.

모노테르핀은 레몬이나 오렌지 등의 과피와 소나무나 잣나무 같은 침엽수의 잎, 그리고 허브에서 채취되는 거의 모든 정유의 성분이다. 색깔이 비교적 투명하고 점도가 낮으며 휘발성이 강하고 비중이 낮다. 모노테르펜은 정신을 맑게 하고 집중력을 높여 주며 흥분작용과 강장작용도 한다. 또한 강력한 방부작용과 함께 종류에 따라서는 항균 및 항바이러스 작용을 하기도 하는 피톤치드의 주성분이다. 대표적인 물질로는 리모넨(limonene)·피넨(pinen)·캄펜(camphen)·카르벤(carven)·키멘(cymen)·미크렌(mycrene)·테르피넨(terpinen) 등이 있다.

식물성 페놀은 암을 유발하는 독성 페놀과는 달리 인체에 유용한 작용을 하는 것이 많다. 페놀은 강한 항균·항바이러스·방부 작용을 하며, 또한 혈액순환을 촉진하고 혈압을 상승시키는 작용을 하기도 한다. 대표적인 페놀성 정유에는 티몰(thymol)과 카르바크롤(carvacrol)이 있다. 페놀이 함유되어 있는 오일을 장기간 또는 용량을 과다하게 이용하면 간에 손상을 줄 수 있다. 또한 피부와 점막을 자극할 수 있으므로 피부에는 희석하여 사용하여야 한다. 어린이와 임신 여성은 페놀이 함유되어 있는 오일을 이용하지 말아야 한다.

알코올성 정유는 부드럽게 작용하기 때문에 인체에 가장 안전하고 유용한 오일이다. 알코올이 함유되어 있는 정유는 강력한 살균작용을 하나 인체에는 무해하여 특히 피부 관리나 몸을 청결하게 하는 데 좋다. 또한 대개가 매우 좋은 향기가 있어서 신경 강화와 기분 전환 작용을 한다. 대표적 물질로는 멘톨(methol)·α-테르피네올(α-terpineol)·리날올(linalol)·시트롤넬올(citronellol)·테르피네올-4(terpineol-4) 등이 있다.

에스테르 정유는 과일향이 강하게 나는 것이 특징으로 식료품에 과일향을 추가하는 데 사용한다. 에스테르 정유는 신경을 안정시키고 긴장을 완화시키기 때문에 마사지 오일로 애용된다. 에스테르 정유는 독성이 없고 피부에도 무해하다. 대표적인 물질로는 벤질아세타트(benzylacetat)·리날릴아세타트(lynalylacetat)·게라닐아세타트(geranylacetat) 등이 있다.

알데히드 정유는 레몬밤과 같이 레몬 향 같은 냄새가 나는 것이 특징이다. 알데히드 정유는 신경 안정 작용과 염증 완화작용이 있는데, 특히 농도가 낮으면 효과가 큰 반면 농도가 높으면 오히려 효과가 없다. 알데히드는 항바이러스 작용과 혈압을 낮추는 작용을 하며 벌레 퇴치에 이용되기도 한다. 알데히드 정유는 독성이 없지만 경우에 따라서 피부를 자극할 수도 있으며, 안압을 높이므로 레몬그라스와 레몬밤은 사용을 금해야 한다. 대표적인 물질에는 시트랄(citral)과 시트로넬랄(citronellal)이 있다.

케톤은 여러 종류의 오일에 함유되어 있으나 그 양은 극히 미미한 편이다. 알데히드와 마찬가지로 케톤은 산화된 알코올에서 생성된다. 케톤은 용량을 과다하게 하거나 장기적으로 사용하면 신경체계에 해로운 작용을 하며 유산과 간질을 유발할 수 있다. 그러므로 특히 어린이와 임신 여성은 케톤이 함유되어 있는 아로마 오일의 사용을 금해야 한다. 반면에 용량을 적게 하여 사용하면 세포의 생성이나 재생에 대단히 좋은 효과를 가지고 있다. 또한 가래를 녹이고 가래를 없애는 데에도 뛰어난 효과가 있다. 케톤의 양이 극히 미미한 유칼립투스와 로즈메리는 사용을 해도 큰 문제가 되지 않는다. 케톤에 속하는 것으로 피노캄폰(pinocamphon)·피노카르본(pinocarvon)·캄퍼(kamphor)·버베논(verbenon)·피페리톤(piperiton)·카르본(carvon)·투존(thujon) 등이 있다.

옥사이드에 속하는 대표적인 정유는 유칼립톨(eucalyptol)이라고도 불리는 시네올(cineol)은 거담 및 항바이러스 작용이 뛰어나다.

세스큐테르펜은 여러 종류의 식물에 함유되어 있으며 함유량은 미량이지만 염증완화와 알레르기에 대한 효과가 뛰어나다. 대표적인 물질은 카마줄렌(chamazulen)과 β-카리오필렌(β-caryophyllen)이 있다. 세스큐테르펜알코올(sesquiterpenealcohol)은 역시 세스큐테르펜처럼 양은 적지만 여러 종류의 식물에 함유되어 있다. 일반적으로 세스큐테르핀알코올은 간을 활성화하고 염증을 억제하며, 알레르기에 효과가 좋으며 근육과 신경계에 강화작용을 한다. 대표적인 물질은 α-비사볼올(α-bisabolol) · α-산탈올(α-santanol) · 징기베르올(zingiberol) · 파초울리알코올(patchouli-alcohol) 비리디플로올(viridiflorol) 등이 있다.

(2) 페닐프로판

페닐프로판은 단백질 분해를 위해서 중요한 아미노산 대사산물이다. 방향성 아미노산인 페닐알라닌(phenylalanine)이 분해될 때 계피산이 생성되고 이 계피산(cinnamic acid)으로부터 페닐프로판이 생성된다. 가령 정향나무(clove tree) 오일의 주요작용 물질인 유게놀(eugenol)과 계피오일의 주요작용 물질인 시나몬알데히드(cinamonaldehde)는 자극적이고 흥분을 유발시키는 작용을 한다. 에스트라골(estragol)과 아네톨(anethol)은 자율신경계가 균형을 이루도록 도와주는 작용과 소화기관의 경련을 해소하는 작용을 한다.

3) 추출 부위

정유를 추출하는 부위는 허브의 종류에 따라 다르다. 장미는 꽃에서만 정유를 추출하며, 로즈메리는 꽃과 잎에서 추출한다. 샌달우드는 줄기와 껍질에서 추출하며, 향나무와 오렌지는 열매에서 정유를 추출한다(표 4-16).

| 표 4-16 | 허브의 추출 부위와 허브의 종류

추출 부위	허브 종류
꽃	네롤리 · 자스민 · 오렌지 블로솜 · 장미 · 일랑일랑
꽃 · 잎	로즈메리 · 라벤더 · 민트 · 멜리사 · 바질
줄기 · 껍질	마늘 · 시다우드 · 샌달우두
열매	향나무 · 딜
과일	베르가모트 · 넛트맥 · 오렌지 · 레몬

4) 추출법

정유 축출하는 방법은 여러 가지가 있으나 가장 대표적인 것은 무거운 것을 올려 놓아 정유를 짜내는 압착법, 뜨거운 수증기를 이용하는 수증기 증류법 및 화학 용매를 이용한 용매 축출법 등이 있다.

(1) 압착법(Pressing)

가장 오래되고 간단한 방법으로 껍질이나 과일에서 정유를 추출할 때 보통 이 방법을 사용한다. 단순히 눌러서 짜 내는 방법이다. 레몬 · 오렌지 · 베르가못 등과 같은 감귤류 껍질에서 추출하는데 정유가 열에 매우 약하기 때문에 열을 가하지 않고 직접 압착하여 축출한다. 과실의 껍질을 잘게 썰어서 약간의 물과 함께 섞은 후 기계로 즙을 짜서 원심분리기를 이용하여 정유를 분리한다.

(2) 수증기 증류법(Steam distillation)

정유를 얻는 가장 일반적인 방법으로 압착식과는 달리 열을 이용한다. 스팀이 통과할 수 있도록 고안된 용기에 시료를 넣고 높은 압력을 가해 스팀이 식물을 통과하도록 하고 식물 내에 있는 정유 성분이 스팀에 용해되어 관을 통하여 냉각기를 통과하면, 두 물질의 밀도 차이로 물과 정유가 분리 추출된다.

(3) 용매 추출법(Solvent extraction)

용매 추출법은 열에 의해서 영향을 받는 정유를 추출할 때 이용되는 방법이다. 헥산(hexane)이나 에탄올 등의 용매와 시료를 혼합하여 서서히 열을 가하여 정유가 용매와 섞이게 한다. 정유와 용매의 혼합액을 증류하면 크림과 같은 콩크레(concrte)가 생긴다. 콩크레에는 약 50%의 식물성 왁스와 50%의 아로마 오일이 함유되어 있다. 콩크레를 알코올로 다시 처리하면 왁스가 거의 제거된 압솔루(absolue)를 얻어낼 수 있다. 압솔루는 대개의 경우 여러 차례 알코올을 용매로 처리하지만 용매 찌꺼기가 섞여 있기 때문에 향기요법 용으로 사용되지는 않는다.

(4) 흡수법(Enfleurage)

커다란 유리판에 지방을 얇게 깔고 그 위에 꽃잎을 얇게 깐 다음 다시 지방이 깔린 유리판에 한 층의 꽃잎을 까는 식으로 층층이 놓는다. 꽃잎의 정유 성분이 지방으로 녹아 나올 때까지 수회 반복한 후, 정유 성분을 알코올을 이용하여 지방으로부터 분리하여 정제한다. 이러한 방법으로 추출되는 정유들은 가격이 비싸고 질이 좋다.

5) 정유의 특수성

(1) 공동상승작용(Synergy)

두 세 종류의 정유를 혼합해서 사용할 때 각각의 오일만 따로따로 사용하는 것보다 더욱 효과가 커진다. 단, 네 종류 이상을 혼합하면 오히려 효과가 떨어진다.

(2) 적응성(Adaptation)

자연적으로 신체의 밸런스를 찾아 준다. 한 가지 오일이 경우에 따라서는 상반되는 작용을 하기도 한다. 신체 리듬에 따라 때로는 이완제로 때로는 자극제로 작용하기도 한다.

(3) 화학적 유형(Chemotype)

같은 종류의 식물일지라도 생육 조건이나 환경에 따라 정유의 성분이나 효능이 다를 수 있게 된다. 그러므로 허브는 적절한 생장 조건을 유지시켜 줘야만 최상의 효능을 가진 정유를 추출할 수 있다. 그래서 국가나 지역에 따라서 최적의 허브 재배 여건에 따라 최상의 품질을 자랑하는 명품 정유가 생산된다.

6) 정유의 휘발도

정유의 휘발도를 노트(note)라고 하는데 정유의 향은 휘발성과 성질에 따라서 탑노트(상향), 미들노트(중향), 베이스노트(하향)로 분류한다. 가장 좋은 향을 만들고 향기를 오래 지속하기 위해서는 이 세 가지 향을 적절히 혼합하는 것이 중요하다. 또한 방향법을 사용하거나 향수를 만들 때에도 휘발도를 알아야 한다.

(1) 상향

상향은 휘발도가 높아서 3시간 이내에 증발한다. 처음 맡게 되는 향으로 오래 가지는 못하지만 배합에 매우 중요하여 블렌딩된 배합 향의 성격을 결정 짓는 역할을 한다. 탑 노트인 상향은 통찰력이 있고 극단적이며 차갑거나 혹은 뜨겁다. 여기에 속하는 정유는 대개 꽃, 잎사귀, 과일 등의 식물에서 추출되며 20~40% 정도만 사용한다.

  감귤계, 민트계가 주종으로 페퍼민트·타임·바질·레몬·라임·오렌지·레몬그라스·베르가못·페티그렌·네롤리·시트러스·시나몬·유칼립투스 등의 정유가 상향에 속한다.

(2) 중향

중향은 정유의 주요 부분을 차지하는 향으로 대개의 정유가 여기에 속한다. 중향은 미들노트라고 하며 상향과 하향의 중간으로 6시간~3일 정도 그 향이 유지된다. 중향은 따뜻하고 부드러우며 둥글고 매끄럽게 향을 다듬어주므로 "혼합 강화제"라고 불리운다. 가장 많이 배합하여 50~80%를 차지한다.

  꽃과 허브계가 주종으로 라벤더·캐모마일·마조람·로즈우드·제라늄·파인·팔마로사·히솝·진저·카르다몸 등의 정유가 중향에 속한다.

(3) 하향

하향은 휘발도가 낮아서 2일~7일까지 향을 유지한다. 베이스 노트인 하향은 정유의 전체 배합을 안정되고 지속적으로 유지시켜 주는 역할을 한다. 피부에 고정이 잘 되고 인간의 영적이고 정신적인 부분에까지 작용한다. 향이 약하나 오래가며 심오하다. 보통 하향을 감지하기 쉽진 않지만 예민한 사람은 희미하게 하향을 느낀다. 하향은 가장 소량 배합하여 전체의 10~20% 정도 이내에서 배합한다.

  수목(樹木), 수지(樹脂), 스파이스계가 주종으로 벤조인·파추울리·시더우드·샌달우드·클라리세이지·프랑킨센스 등의 정유가 하향에 속한다.

(4) 고정액

하향보다 향이 짙고 강하며 따로 분류된다. 향을 피부에 흡수, 정착시켜 오랫동안 남도록 하여 준다. 고급 향수 제조시 사용하며 5% 정도 사용한다. 몰약·파추울리·베티버 등이 이에 속 한다.

(5) 복합향

복합향은 탑에서 베이스에 이르기까지 여러 휘발도를 함께 가져 균형이 잡혀 있는 최상급의 정 유이다. 자연이 만들어 놓은 탑~미들~베이스 노트로 화학 구성도 복잡하다. 휘발도가 균형이 있으며 고급 향수 제조시에 사용한다. 재스민·일랑일랑·네롤리·장미 등이 이에 속하며 최고 가의 정유들이다.

7) 정유의 혼합과 사용 방법

사용 목적에 따라 정유를 혼합하는 것을 블렌딩이라고 한다. 블렌딩은 향기요법에서 가장 중요 한 향기요법의 꽃이라고 할 수 있다. 물론 블렌딩은 전문가의 식견도 중요하지만 일반인은 개인 적으로 좋아하는 향을 선택하는 것도 좋다. 자신의 성격, 증상에 따라 적절한 정유를 배합하여 사용하면 된다. 단, 전문가의 조언과 도움을 받아야 부작용 등의 문제를 사전에 예방할 수 있다.

(1) 정유 혼합의 기본 원리

블렌딩은 각 정유를 목적에 맞게 적절히 혼합하는 것이지만, 블렌딩은 단순히 정유를 혼합하는 것만을 의미하지 않는다. 커피 블렌딩을 과학적으로 설명할 수 없는 것과 마찬가지로 정유의 블 렌딩도 명확한 공식이 없다.

정유 블렌딩의 가장 중요한 의미 중의 하나는 시너지 효과이다. 각각의 오일들을 적절하게 혼합하면 그 효과가 증폭되어 엄청난 시너지 효과가 생긴다. 블렌딩의 원칙은 적용 증세에 대한 음양, 한열을 고려하여 블렌딩하여야 한다는 것이다. 그러기 위해서는 블렌딩 비율을 정확하게 지키는 것은 물론 각각의 오일에 대한 깊은 지식과 이해, 그리고 경험과 감각이 어우러져야 비 로소 원하는 블렌딩이 이루어진다. 블렌딩은 하나의 창조 과정으로 향기요법의 가장 매력적인 부분이다.

(2) 치료를 위한 정유의 혼합 방법

정유 블렌딩의 기본 원칙은 처음부터 3~4개 이상 혼합하지 않으며 자극적이고 서로 상반되는 정유는 피하도록 하고, 대상자의 증상에 맞는 정유를 선택하여 적절한 비율로 블렌딩하는 일이 다. 이를 위하여 먼저 대상자의 증상을 파악하여 관리의 우선 순위와 관리 방향을 설정한다. 그 리고 증상에 맞는 정유의 화학적 성분·휘발도·향의 특성 등을 고려하여 적절한 정유를 선택 하고 처치 방법을 선정한다. 그리고 이렇게 선택한 정유가 대상자의 치료 용도로 맞는지 기본적인 감성적, 생리적 테스트하여 적용할 정유를 확정한다.

적용할 정유는 단방 또는 혼합하여 사용하는데 블렌딩 시에는 하향·중향·상향 순으로 혼합한다. 치료를 위한 블렌딩은 치료 목적을 이룰 수 있는 향의 종류·양·대상자의 연령, 성별, 성격 등을 고려하여야 한다. 또한 적용시의 기분, 향에 대한 선입관과 특정 향에 대한 후각 상실이나 후각 장애 여부도 조사하여야 한다. 이러한 과정을 통하여 블렌딩이 완성되면 역시 대상자에게 테스트해 본 후 사용한다.

(3) 패치테스트(Patch test)

희석하지 않은 새로운 오일들을 피부에 적용하기 전에 개인의 적정성을 검정하기 위하여 항상 패치테스트를 하여야 한다. 방법은 손목 안쪽에 오일 몇 방울을 떨어뜨리고, 반창고 등을 붙인 후 한 시간 이상 지나서 적정성 여부를 확인한다. 피부가 가렵거나 붉어지는 등의 피부 반응에 따라 농도를 반으로 희석하여 사용하거나 다시 브렌딩하여야 한다.

8) 사용 방법

(1) 흡입법(Sniffing)

흡입법은 단순흡입법, 증기흡입법, 확산법 및 포푸리를 이용하는 방법이 있다. 단순흡입법은 1~2방울 손수건이나 베개 위에 떨어뜨려 흡입하는 가장 단순한 방법이며, 증기흡입법은 대야에 뜨거운 물을 담아 오일을 2~3방울 떨어뜨린 후 머리를 타올로 덮어 증기가 새어 나가지 않게 하여 흡입하거나 가습기에 적당량 오일을 떨어뜨려 가습기 작동과 함께 흡입하도록 한다.

확산법은 대표적 아로마 흡입 방법으로 아로마 램프를 켜 2~3방울 오일을 떨어뜨려 실내에 향이 퍼지도록 하는 방법이며, 이밖에 포푸리를 이용하여 필요할 때 수시로 향을 흡입할 수 있다.

(2) 목욕법(Bathing)

욕조에 오일을 떨어뜨려 코와 피부로 흡수되게 하는 방법으로 꾸준히 실천하면 탁월한 스트레스 해소·미용효과·노폐물 제거·혈액 순환·피로해소에 도움을 준다. 6~12 방울 오일을 떨어뜨린 욕조 물 속에 15~30분 정도 시행하며 목욕이나 좌욕도 같은 요령이다. 수욕(hand bath)·족욕(foot bath)도 같은 요령이며, 목이나 입 안을 세척하는 가글링법도 있는데 가글링시 삼키지 않도록 한다.

(3) 마사지법(Massage)

식물성 오일·로션·크림 마사지·화장품·향수를 이용하며 정유를 호호바유(jojoba oil)이나 올리브유에 적당량 희석하여 사용한다. 반드시 2~3방울을 희석 오일과 2% 농도로 혼합하여 패치테스트(patch test)한 후 사용하여야 한다. 주로 미용에 많이 이용되는데 피부의 노폐물을 빠르게 배출하여 혈액 순환과 피부 재생 효가 있으며, 조직 세포에 산소와 영양분을 공급함으로서 면역 기능을 향상시켜 준다. 마사지 시간은 20분 정도로 하며, 마사지 후에는 휴식을 취한다. 1회 사용량은 얼굴 5ml, 유방 8ml, 전신은 25ml 정도가 적당하다.

③ 응용 향기요법

향기요법은 의학적 치료 방법이라기보다는 민간요법의 일종으로 각종 증상들에 대한 개선효과와 완화효과가 나타나는데 적절하게 사용하면 질환 예방과 건강 유지에 도움이 된다.

1) 생활 속의 향기요법

(1) 직장인 향기요법(표 4-17)

| 표 4-17 | 직장인을 위한 정유의 종류

적 용	적용 정유명	사용 방법
피로 회복/ 스트레스	페퍼민트 · 유칼립투스 · 로즈메리 · 제라늄 · 라벤더 · 캐모마일 · 네로리 · 로즈	마사지 · 목욕 · 확산
맑은 머리로 작업능률 향상	레몬 · 유칼립투스 · 로즈메리 · 파인	흡입 · 확산
컴퓨터 작업	레몬 · 로즈메리	흡입 · 확산

(2) 운전자 향기요법(표 4-18)

| 표 4-18 | 운전자를 위한 정유의 종류

적용 정유명	사용 방법
페퍼민트 · 유칼립투스 · 파인 · 페츄리 · 제라늄 · 레몬 · 로즈메리	흡입 · 확산

(3) 건강 향기요법(표 4-19)

| 표 4-19 | 건강을 위한 정유의 종류 (다음 페이지에 계속)

적 용	적용 정유명	사용방법
여드름	캐모마일 · 베르가모트 · 파인 · 티트리 · 쥬니퍼 · 네로리 · 캐러웨이	마사지 · 증기흡입
습진 · 건선	캐모마일 · 샌달우드 · 라벤더	마사지 · 목욕 · 흡입

| 표 4-19 | 건강을 위한 정유의 종류

적용	적용 정유명	사용방법
가려움증	벤조인 · 캐모마일 · 라벤더 · 제라늄 · 베르가못 · 싸이프러스 · 스피아민트 · 마조람 · 히솝 · 타임	마사지 · 목욕
피부 노화	후랑킨센스 · 재스민 · 만다린 · 라벤더 · 네로리	마사지 · 목욕
주름살 제거	네로리 · 캐롯 · 로즈 · 재스민 · 후랑킨센스 ·	마사지 · 목욕
무좀	라벤더 · 티트리 · 타게트	마사지 · 족욕
건조한 손	로즈 · 샌달우드 · 제라늄	마사지 · 수욕
튼손	벤조인 · 몰약 · 후랑킨센스	마사지 · 수욕
손에 땀날 때	싸이프러스 · 티트리	마사지 · 수욕
모발성장촉진	로즈메리 · 베이 · 시다우드 · 라벤더 · 야로우	두피 마사지
탈모 방지	로즈메리 · 라벤더 · 캐롯 · 메릿사 · 차빌 · 타임	두피 마사지
비듬	로즈메리 · 시다우드 · 싸이프러스 · 티트리	두피 마사지
방광이 나쁠 때	바질 · 라벤더 · 파인 · 유칼립투스 · 시나몬	마사지 · 좌욕
변비	로즈메리 · 레몬 · 페퍼민트	마사지 · 좌욕
고혈압	클라리세이지 · 라벤더 · 베르가모트	목욕 · 흡입 · 확산
저혈압	싸이프러스 · 로즈메리 · 레몬	목욕 · 흡입 · 확산
치질	제라늄 · 싸이프러스 · 라벤더	목욕 · 좌욕
관절 통증	샌달우드 · 진저 · 넛트맥 · 라벤더 · 로즈메리 · 후랑킨센스 · 마조람 · 휀넬 · 싸이프러스	마사지 · 목욕 · 흡입
신경통	제라늄 · 페퍼민트 · 라벤더 · 유칼립투스	마사지 · 목욕 · 흡입
근육통	로즈메리 · 마조람 · 라벤더 · 레몬 · 캐모마일 · 쥬니퍼베리	마사지 · 목욕 · 흡입

(4) 미용 향기요법(표 4-20)

| 표 4-20 | 미용 및 여성을 위한 정유의 종류 (다음 페이지에 계속)

적용	적용 정유명	사용방법
빈혈	캐모마일 · 라벤더 · 제라늄 · 레몬 · 싸이프레스 · 로즈메리	마사지 · 목욕 · 확산
변비	로즈메리 · 레몬 · 페퍼민트	좌욕
생리통	로즈메리 · 쥬니퍼 · 제라늄 · 라벤더 · 캐모마일 · 마조람	마사지 · 목욕
여드름	티트리 · 라벤더 · 베르가못 · 레몬 · 호호바	마사지 · 증기흡입
기미 · 주근깨	네로리 · 레몬 · 캐모마일	마사지 · 증기흡입

| 표 4-20 | 미용 및 여성을 위한 정유의 종류

적 용	적용 정유명	사용방법
민감성 피부	캐모마일 · 로즈 · 라벤더	마사지 · 목욕 · 확산
지성 피부	베르가못 · 시다우드 · 제라늄	마사지 · 목욕 · 확산
건성 피부	샌달우드 · 로즈 · 제라늄	마사지 · 목욕 · 확산
염증성 피부	후랑킨센스 · 로즈 · 캐롯시드	마사지 · 목욕 · 확산
피부/가슴 탄력 증가	라벤더 · 로즈 · 네로리 · 일랑일랑 · 재스민 · 제라늄 · 샌달 우드 · 로즈메리	마사지 · 목욕
비만	라벤더 · 그레이프후르츠 · 바질 · 싸이프레스 · 쥬니퍼베리 · 쥬니퍼 · 페츄리	마사지 · 목욕 · 흡입
생리 늦어질 때	체리세이지 · 마조람 · 페퍼민트 · 로즈 · 라리 세이지	골반욕 · 질 세척
생리가 길 때	싸이프러스 · 후랑킨센스 · 로즈	골반욕 · 질 세척
일반적 질염	티트리 · 라벤더	목욕 · 좌욕
냉증	클라리세이지 · 쥬니퍼 베리 · 타임 레드	마사지 · 좌욕

(5) 수험생 향기요법(표 4-21)

| 표 4-21 | 수험생을 위한 정유의 종류

적 용	적용 정유명	사용 방법
우울할 때	라벤더 · 캐모마일 · 제라늄 · 재스민 · 베르가모트 · 클라리세이지 · 바질 · 로즈우드	목욕 · 확산
초조할 때	라벤더 · 캐모마일 · 제라늄 · 샌달우드 · 레몬	목욕 · 확산
산만할 때	바질 · 베르가모트 · 라벤더 · 유칼립투스 · 레몬 · 페퍼민트 · 로즈메리	목욕 · 확산
기억력 · 집중력 향상	로즈메리 · 유칼립투스 · 페퍼민트	목욕 · 확산

(6) 어린이 향기요법(표 4-22)

| 표 4-22 | 어린이를 위한 정유의 종류 (다음 페이지에 계속)

적 용	적용 정유명	사용 방법
신생아방	라벤더 · 캐모마일	확산
잠을 자지 않을 때	라벤더 · 캐모마일	확산

| 표 4-22 | 어린이를 위한 정유의 종류

적 용	적용 정유명	사용 방법
신생아방	라벤더 · 캐모마일	확산
잠을 자지 않을 때	라벤더 · 캐모마일	확산
피부보호	캐모마일	목욕
감기	유칼립투스	확산
습진	라벤더 · 캐모마일	마사지 · 확산

(7) 사랑 향기요법(표 4-23)

| 표 4-23 | 사랑 위한 정유의 종류

적 용	적용 정유명	사용 방법
행복한 감정	로즈 · 제라늄 · 버가못 · 로즈우드	확산 · 흡입 · 목욕
사랑의 감정	재스민 · 이랑이랑 · 그레이프후르츠 · 샌달우드	확산 · 흡입 · 목욕
성기능 장애 (임포텐트 · 불임냉감증)	이랑이랑 · 샌달우드 · 재스민 · 베르가 모트 · 로즈 · 네로리	목욕 · 마사지

(8) 감정 향기요법(표 4-24)

| 표 4-24 | 감정조절을 위한 정유의 종류

적 용	적용 정유명	사용 방법
활력의 감정	로즈메리 · 레몬 · 타임 · 클로브	흡입 · 확산
행복의 감정	로즈 · 제라늄 · 버가못 · 로즈우드	흡입 · 확산
위로의 감정	라벤더 · 오렌지 · 시나몬 · 클로브 · 넛트맥	흡입 · 확산

(9) 응급 향기요법(표 4-25)

| 표 4-25 | 응급 상황시 정유의 종류 (다음 페이지에 계속)

적 용	적용 정유명	사용 방법
타박상	히솝 · 네로리 · 캐러웨이	마사지 · 목욕 · 습포
화상	라벤더 · 캐모마일 · 제라늄	마사지 · 습포
헛배	페퍼민트	흡입 · 확산

| 표 4-25 | 응급 상황시 정유의 종류

적용	적용 정유명	사용 방법
설사	타임·라벤더·티트리·캐모마일·유칼립투스	마사지·흡입·확산
메스꺼움	페퍼민트·블랙페퍼·로즈메리·라벤더	마사지·흡입·확산
속쓰림	레몬·페퍼민트·샌달우드	마사지·흡입·확산
감기	라벤더·로즈메리·메릿사·타임·페퍼민트·유칼립투스·레몬그라스·히솝	목욕·흡입·확산
축농증	유칼립투스·페퍼민트·라벤더	마사지·흡입
우울증	제라늄·네로리·넛트멕	마사지·목욕·확산
불면증	클라리세이지·라벤더·제라늄·레몬·오레가노·캐모마일·베르가못·쟈스민·로즈메리	마사지·목욕·확산
편두통	제라늄 레몬·라벤더·캐모마일·로즈메리	목욕·흡입·확산
불안	라벤더·제라늄·샌달우드·이랑이랑	목욕·확산·흡입
빈혈	싸이프러스·로즈메리·레몬·캐모마일·제라늄·라벤더	마사지·목욕·흡입
벌레물린 데	라벤더·티트리·페츄리	마사지
발열	페퍼민트·유칼립투스·블랙페퍼	목욕
소화 불량	클라리세이지·캐모마일·바질·로즈메리·휀넬·페퍼민트	마사지·흡입·확산
멍든 데	제라늄·로즈메리·라벤더	마사지·습포
삔 데	로즈메리·유칼립투스·페퍼민트	마사지·습포
코피 날 때	레몬	찬 습포
종기	라벤더·티트리·캐모마일	찬습포
식욕부진	코리안더·라벤더·캐모마일·딜·휀넬·진저·페퍼민트·스위트바질	목욕·확산·흡입
발 냄새	세이지·티트리	족욕
쥐가 날 때	스위트마조람·만다린·캐모마일	마사지
전신 피로	로즈메리·마조람·라벤더·캐모마일·페퍼민트·샌달우드·메릿사·유칼립투스	마사지·목욕
숙취 제거	쥬니퍼·로즈메리·로즈	목욕

2) 특정 증상에 대한 금기

일반적으로 아로마 마사지는 매우 부드럽기 때문에 안전하다. 그러나 진행된 심장 질환, 진행된 천식, 급성의 질환이 있을 때에는 피하는 것이 좋으며 진행성 암에도 의사의 허락 없이 사용해서는 안 된다. 특히 암의 경우 임파선을 통해 전이될 가능성이 있기 때문이다.

정맥류가 돌출되어 있다면, 그 부위는 피하여야 하며 피부 질환 처치 이외에는 상처를 건드리지 말아야 한다(표 4-26).

| 표 4-26 | 특정 증상에 대한 금기 정유

특정 증상	금기 정유
임신부	넛트멕 · 딜 · 로즈메리 · 마조람 · 미르라 · 바실 · 버베나 · 세이지 · 셀러리 · 시더 · 싸이프러스 · 아니스 · 야로우 · 오레가노 · 주니퍼 · 캐러웨이 · 코리안더 · 타임 · 파셀리 · 프렌치라벤더 · 히솝
어린이	넛트멕 · 로즈메리 · 바실 · 서던우드 · 세이지 · 시더 · 쑥 · 웜우드 · 유칼립투스 · 장뇌 · 캣트민트 · 파슬리 · 휀넬 · 프렌치라벤더
알레르기	넛트멕 · 레몬그래스 · 로즈메리 · 바실 · 버베나 · 세이보리 · 스피아민트 · 아니스 · 아르니카 · 오레가노 · 정향 · 타임 · 티트리 · 페퍼민트 · 휀넬 · 기타 레몬향 오일
감광성 오일	버베나 · 베르가모트 · 쁘띠그랭 · 세이지 · 안젤리카 · 야로우 · 파슬리 · 휀넬 · 기타 레몬향 오일
복통	클로브
천식	야로우 · 마조람 · 오레가노 · 로즈메리
녹내장	타임 · 히 · 싸이프러스 · 타라곤
출혈	라벤더(항응고제와 병행 금지)
종양	휀넬 · 아니스 · 캐러웨이
비뇨기 감염	쥬니퍼 · 유칼립투스
피부 질환	클로브 · 립 · 펀넬 비터 · 오레가노 · 파인
간질 환자	넛트멕 · 로즈메리 · 세이지 · 시더 · 장뇌 · 휀넬 · 히솝
고혈압 환자	레몬 · 로즈메리 · 세이지 · 타임 · 히솝
저혈압 환자	일랑일랑
안압 환자	레몬그래스 · 레몬밤
천식 환자	로즈메리 · 마조람 · 야로우 · 오레가노
불면증 환자	스톤파인 · 페퍼민트 · 파인
신장병 환자	쥬니퍼
종양 환자	아니스 · 캐러웨이 · 휀넬
월경 장애	세이지 · 싸이프러스 · 아니스 · 안젤리카 · 캐러웨이
갑상선 환자	휀넬
암 유발	자작나무 · 창포
전립선 암 환자	싸이프러스 · 안젤리카 · 타임 · 히솝
유방암 환자	세이지 · 싸이프러스 · 아니스 · 앤젤리카 · 캐러웨이 · 클라리세이지 · 휀넬

3) 정유 사용시 유의점

(1) 제독반응

향기요법은 몸의 독성 성분을 제거하는 기능이 있다. 심한 독성 상태에 있을 때 정유는 제독하여 몸을 정상 상태로 회복시킨다. 이때 독성 성분은 소화기와 비뇨기관, 혹은 피부를 통해 배설된다. 이 과정에서 부작용이 생길 수 있는데 두통·오심·현기증·오한·심한 발한·설사·경한 발진·점액분비·구강의 이상 감각·심한 피로감 등이 생기며 어떤 사람들은 흥몽의 경험도 하나 향기요법 수칙에 따른 경우라면 부작용은 아니고 일종의 명현현상이나 오랜 기간 계속되면 전문가와 상담하도록 한다.

(2) 정유의 독성

정유 중 독성이 있어서 사용시 조정하거나 희석하여 사용하며 2주 이내 사용해야 하는 정유도 있다.

테라곤·화이트 타임·투베로스 투메릭·스떼니시 세이지·타게티스·아요완·아나이스 스타·아나이시드·엑조틱 바질·칼라민타·화이트 캄포어·카스카릴라 바크·카시에·버지니안 시더우드·시나몬 리프·클로브 버드·코리엔더·유칼립투스·스위트 훼넬·홉스·히솝·주니퍼·넛트멕·파슬리·블랙 페퍼·터펜틴·베이 로렐·웨스트 인디언 베이·발레리안 등이 여기에 속한다.

(3) 과민반응

극도로 민감한 피부나 알레르기가 있는 사람들에게 일부 정유들은 피부 자극을 유발한다. 재스민과 같이 평범한 오일도 사람에 따라서는 과민반응을 일으킬 수 있다. 그러므로 민감성 피부인 경우 새로운 정유를 사용하기 전에 항상 먼저 패치테스트 한다. 민트·오렌지·페루 발삼·파인·스티렉스·티트리·화이트 타임·리트시아 쿠베바·러베지·메스틱·톨루 발삼·투메릭·터펜타인·발레리안·바닐라·버베나·바이올렛·야로우·프렌치 바질·베이 로렐·벤조인·케이드·카난가·버지니아 시더우드·캐모마일·시트로넬라·갈릭·제라늄·진저·홉스·재스민·레몬·일랑일랑·그래스·레몬밤 등은 과민반응을 일으킬 수 있어서 주의를 요한다.

(4) 광독성

정유들 중에는 광독성이 있어 정유 마사지 후 직사광선에 노출하면 피부에 색소 침착이 생길 수 있다. 진저·레몬·라임·안젤리카 루트·버가못(버갑텐이 없는 형태는 제외하고)·쿠민·러베지·만다린·오렌지·버베나 등은 특히 광독성이 심하므로 햇빛에 노출될 가능성이 있을 때에는 사용하지 않도록 한다.

4) 허브의 학명과 케모타입

(1) 학명의 중요성

식물의 학명은 표기하고 기억하기 힘들지만 만국 공통의 식물 이름이므로 외래 식물이 많은 허브와 정유의 품질 관리를 위하여 학명의 이용이 필요하다. 학명은 속명·종소명·명명자 순으로 표기하지만 허브나 원예 식물의 경우는 변종이나 품종에 따라 품질이 현격히 다를 수 있기 때문에 허브로부터 추출하는 정유는 품종에 따른 엄격한 관리를 하여야 한다.

(2) 케모타입(Chemotype)

같은 품종의 허브라도 생육 환경에 따라 정유의 화학 조성에 따라 효능이 다를 수 있다. 이러한 종류의 정유를 구분하여 화학형 즉 케모타입(chemotype)이라고 하여 CT1, CT2 등으로 표현하여 구분한다.

(3) 정유의 품질

정유는 허브의 품종이나 추출 방법, 재배 방법 및 생산국에 따라 화학 조성이나 효능이 다른 경우들이 있다. 먼저 식물학적으로 품종이 다른 경우가 있는데, 같은 캐모마일이더라도 저먼캐모마일(german chamomile), 로만캐모마일(Roman chamomile), 보데골드캐모마일(Bodegold chamomile), 다이어스(Dyer's chamomile) 등이 그것이다. 저먼캐모마일과 로만캐모마일이 가장 대표적이며, 이 중에서 쓴맛이 가장 덜한 저먼캐모마일이 허브차의 원료로 주로 사용된다. 또한 추출 방법에 따라 다를 수 있는데 특히 이산화탄소 추출법으로 정유의 임의의 부분만을 추출한 "엑스트라(extra)"와 "셀렉트(select)"는 일반적인 증류법으로 추출된 오일과는 다른 특성을 나타낸다.

이밖에 유기재배 등의 재배 방법에 따라 품질이 다르며 생산지의 토양과 기후에 따라 다르다. 우리나라는 대규모 재배가 어려워 대부분 수입에 의존하고 있는데 생산국에 따라 품질이 차이가 있는 경우가 있다.

제3절 허브의 종류

① 감초

과　명 : 콩과(Leguminosae)
학　명 : *Glycyrrhiza uralensis* Fisch.
한자명 : 감초(甘草)

　　시베리아·몽골·중국 동부와 북부 등에서 자라는 다년생 초본으로 줄기는 곧추서고 털이 덮여 있다. 잎은 7 ~ 17장의 잔잎으로 이루어진 복엽이다. 연한 보라색 꽃은 7 ~ 8월에 잎겨드랑이에서 핀다. 열매는 협과로 열리며 활처럼 구부러지고 밤색 털로 덮여 있다. 뿌리를 햇볕에 말린 것을 감초라고 하는데 맛이 달고 특이한 냄새가 나 한약의 독한 냄새와 맛을 없애는 데 쓴다. 가을 또는 이른 봄에 길게 뻗은 뿌리줄기와 땅 속 깊이 들어 간 뿌리를 캔 다음, 잔뿌리와 줄기는 다듬어 버리고 물로 씻은 뒤 말린다. 한방에서는 해열에 날것을 그대로 쓰며, 비장과 위장을 덥게 해주고 보신할 때는 누렇게 볶아서 쓴다. 주로 뿌리를 나누어 심는다.

② 구절초

과　명 : 국화과(Compositae)
학　명 : *Chrysanthemum zawadskii* subsp. *latilobum* (Maxim.) Kitag.
영　명 : Siberian chrysanthemum
한자명 : 구절초(九折草)

　　우리나라 및 일본·만주·중국·시베리아에 분포하는 높이 50cm 정도의 다년생 초본으로 전체에 털이 있거나 없으며 줄기는 곧게 나고, 단일하거나 가지가 갈라진다. 뿌리잎과 밑동잎은 우상으로 깊게 갈라진다. 두화는 가지 끝에 하나 나고 지름 약 8cm 내외로 총포 조각은 긴 타원형이고 갈색이며 가장자리가 건피질이다. 열매는 수과이며 꽃은 엷은 홍색 혹은 흰색으로 7 ~ 9월에 핀다. 줄기와 잎은 약용으로 쓰며 관상용으로도 재배한다. 부인병에 보온용으로 탁월한 효과가 있다 하여 선모초(仙母草)라고도 한다. 부인냉증·위장병·치풍·기관지염·인후·염만성 기침 등에 사용한다.

　　이밖에 정혈작용이 있으며, 지방질 분해작용이 강해 다이어트에 좋다. 호르몬 작용으로 강력한 정력제이며, 진통소염작용이 강하나 내성은 없고, 꽃은 정신적 안정과 두통·탈모 예방에 좋다.

③ 금어초

과　명 : 현삼과(Scrophular iaceae)
학　명 : *Antirrhinum majus* L.
영　명 : Commen snapdragon
한자명 : 금어초(金魚草)

　　원산지가 남유럽, 북아프리카인 1년생 또는 다년생 초화인데 원예종은 1년생 또는 2년생이다. 높이 20 ~ 80cm로 가을에 파종한 것은 4 ~ 5월에, 봄에 파종한 것은 5 ~ 7월에 꽃이 피며, 품종에 따라서 적색·백색·황색·주황색 등, 여러 색깔이 있다. 추위에 강하며 꽃은 총상화서로 원줄기 끝에 달리고 하나의 꽃은 용머리 모양으로 생겼다고 해서 snapdragon이라고 불린다. 화관은 밑부분이 입술 모양이고 꽃 모양이 헤엄치는 금붕어를 닮았다. 열매는 삭과이다.

④ 금잔화

과 명 : 국화과(Compositae)
학 명 : *Calendula arvensis* L.
한자명 : 금잔화(金盞花)

원산지 지중해연안과 유럽 남부지방 원산으로 원산지에서는 2년생 초본이다. 높이 10 ~ 20cm, 재배종의 경우 높이 30cm이며 잎은 호생하고 긴 타원형으로서 부드러우며 가장자리에 톱니가 있다. 꽃은 7 ~ 8월에 피고 붉은빛이 도는 황색으로서 원줄기와 가지 끝에 두상화가 1개씩 달리며 가장자리의 것은 설상화이고 안쪽 것은 통상화로서 지름 1.5 ~ 2cm이다. 열매는 수과로 겉에 가시 모양의 돌기가 있다.

관상용으로 재배하며 약용으로 이용한다. 금잔초(金盞草)라고도 하며 이뇨·발한·홍분·완하·통경 작용에 쓴다. 또한 장·치질 출혈이 멈추지 않을 때 쓰며 혈압 강하 작용이 있다.

⑤ 넛트멕

과 명 : 육두구과(Myristicaceae)
학 명 : *Myristica fragrans*
영 명 : Nutmeg
한자명 : 육두구(肉荳蔲)

원산지가 모루카제도로 *Mmyristica*는 그리스말로 발삼(유향)을 뜻하며 씨에 향기 있는 정유가 함유되어 있어서 붙여진 이름이다. 넛트멕을 머스캇트라고도 하는데 사향의 뜻이 와전된 것이다.

상록교목의 자웅이주로 높이 10 ~ 20m이며, 가죽질 잎은 긴 탄원형이고 앞면은 진한 녹색이고 뒷면은 회색이다. 육질의 꽃은 잎겨드랑이에 달리며 종 모양으로 황백색이다. 열매는 4 ~ 6cm의 동그란 핵과로 오렌지 색이다. 익으면 갈라지며 자주색 씨가 새빨간 가종피에 싸여 있다.

후추·클로브·시나몬과 함께 동서무역의 중요 상품이었다. 씨와 가종피를 스파이스로 사용한다. 씨 속을 말린 것을 넛트멕이라고 하고 씨를 싸고 있는 그물같은 빨간 가종피를 말린 것을 메이스라 하여 두 가지 모두 스파이스로 쓰는데, 메이스가 더 향이 강하고 값도 훨씬 고가이다. 흔히 케이크나 비스킷, 도넛의 향으로 쓰인다. 5 ~ 15%의 정유와 25 ~ 40%의 불휘발성유를 함유하고 있다. 유게놀·미리스틴산·리놀산·팔미틴산·올레인산 같은 여러 가지 성분이 함유되어 있어서 자극성 연고나 마사지 등의 외용약으로 쓰이며 비누의 향료로도 쓰인다. 불휘발성

기름을 마스캇트버터라 하여 상온에서는 녹지 않고 고형이다.

넛트멕은 주로 소화·식욕증진·구풍제로 사용하며, 가스가 찰 때·메스꺼울 때·구통 등의 완화제로 쓴다. 가루로 빻아서 흥분제·강장제·마약 등으로 쓰는데, 감각장해·복시·환각·경련 등의 부작용을 일으킬 수 있으므로 과용해서는 안 된다.

넛트멕은 유럽에서 주로 조리용으로 쓰이며 육류나 생선의 냄새를 없애는 데 긴히 쓰이고, 햄·치즈·과자·푸딩·릭큘(liqueur)·화장품 등의 부향제로 쓰인다. 조리용은 넛트멕보다 메이스쪽이 더 향미가 좋아서 잘게 썰어 스파이스로 쓴다. 과육은 신맛과 탄닌 성분이 함유되어 있어서 1주일 간 소금물로 삶은 뒤 쨈이나 젤리를 만든다. 포푸리의 부재료로도 많이 쓴다.

⑥ 네롤리

과 명 : 운향과(Rutaceae)
학 명 : *Citrus Aurantium* var. *amara*
영 명 : Neroli

키 10m 정도의 상록교목으로 잎은 긴 난형이고 앞면은 진한 녹색이나 뒷면은 엷은 색이다. 줄기에는 날카로운 가시가 있으면 꽃은 백색이고 열매는 스윗오렌지보다 작고 색은 더 진하다. 방부·탈취·살균 작용이 있으며, 항경련·구풍·강심·소화·강장 효과가 있다.

⑦ 네틀

과 명 : 쐐기풀과(Urticaceae)
학 명 : *Urtica dioica*
한글명 : 서양쐐기풀
영 명 : Nettle

온대와 열대 원산으로 황무지에 자라는 다년생 숙근초로 속명인 '*Urtica*'는 '불타는'이라는 뜻을 가진 라틴어 'urere'에서 비롯되었다. 높이 2 ~ 4m이고 잎은 길이 10cm 정도로 거친 심장모양이며 한쪽 끝은 둥글고 다른쪽 끝은 길고 날카롭다. 잎 가장자리에는 큰 톱니가 있으며 잎과 줄기는 털로 덮여 있다. 이가화로 새순 윗부분에서 꽃자루가 나와 6 ~ 10월이 되면 그 끝에 원추꽃차례로 꽃이 달린다. 수꽃은 주로 위쪽에 모여 있고 암꽃은 아래쪽에 모여 있으며 수분(가루받이)은 바람에 의해 이루어진다. 줄기에 섬유질이 발달되어 있어 16세기까지는 옷감·돛·밧줄 등을 만드는 섬유로 사용하였다. 피부를 따갑게 하는 털에는 히스타민·개미산(포름산)·콜린·세로토닌 등이 들어 있고 잎에는 플라보노이드·카로티노이드·비타민 A·C·타닌 및 풍부한 무기질 등이 함유되어 있다. 어릴 때 데쳐 먹으면 영향과 맛이 좋다. 이뇨 작용이 있어 요도 질환에 효과가 있다.

⑧ 니겔라

과 명 : 미나리아재비과(Ranunculaceae)
학 명 : *Nigella sativa* L.
영 명 : Black cumin, Small fennel
한자명 : 흑종초(黑種草)

원산지가 아시아 남서부 및 지중해 연안이다. 내한성이 있는 1년초 또는 연령초로 높이 50cm 정도이며 잎은 실처럼 잘게 갈라진다. 여름에 가지 끝에서 레스와 같은 흰색의 작은 꽃이 핀다. *N. sativa*는 주로 드라이플라워나 씨에서 추출한 정유를 향수나 립스틱에 쓴다.

유사한 종이 14가지 있는데, 향신료로 주로 쓰이는 것은 *N. damascena*로, 열매의 검은 씨 부분을 건조 후 분쇄하여 향신료로 이용한다. *N. damascena*는 영명을 love-in-a-mitis, devil-in-a-bush라 하며, 상대적으로 꽃이 크고 청색·백색·분홍 등의 크고 화려한 꽃이 피며, 열매도 크다. 씨에는 니개라유와 알칼로이드인 damascenine을 함유한다.

넛트멕 플라워, 블랙 커민, 로만 코리앤더, 휀넬 플라워 등 다양한 이름으로 알려져 있으며, 터키·튀니지·그리스·이집트·인도에서 널리 쓰이고 있다. 인도에서는 카레요리, 뱅갈인에서는 생선요리·고기요리·야채요리·피클·소스·빵 등에 쓰인다. 자극적인 성분을 함유하고 있기 때문에 소량으로 사용하는 것이 좋다. 딸기향과 비슷한 향이 있는 씨를 향신료로 사용하는데, 육류요리·생선요리·카레·차쯔네·피클·야채·소스·빵 등에 사용한다.

예전에는 수유기 여성들에게 모유 분비와 자궁의 빠른 회복을 돕는 약으로 쓰였으며, 소화 촉진 및 위벽 염증이나 이상 증상 완화에 사용하였다.

⑨ 단델리온

과 명 : 국화과(Compositae)
학 명 : *Taraxacum officinale* L.
영 명 : Dandelion
한국명 : 서양민들레

유럽이 원산지로 민들레와는 잎의 거치만 다소 다른 다년생 초본이다. 잎은 뿌리에서 나오고 흰색 또는 노란색의 두상화가 핀다. 단백질·지방·탄수화물·철분·회분·칼슘·칼륨·인산·비타민 A·B·C·섬유질 등이 풍부하다. 이눌린·팔미틴·세르친 등의 특수 성분이 함유되어 있어서 건위·강장·이뇨 해열·이담·완하 작용 등과, 간장병·황달·담석증·변비·류마티스·노이로제·야맹증·천식·거담·오한·열병·종기·배뇨 곤란에도 잘 듣는다. 꽃으로 술을 빚어 정혈제로 쓰며 차로 달여서 우울증, 수종 등에 쓰고 볶은 것은 카페인이 없는 커피 대용으로 이용하면 간장, 신장 등에 좋다. 1년 내내 꽃이 피는 밀원 식물이기도 하다.

⑩ 달맞이꽃

과　명 : 바늘꽃과(Onagraceae)
학　명 : *Oenothera odorata* Jacq.
영　명 : Evening primrose
한자명 : 월견초(月見草)

　원산지가 칠레인 귀화식물로 전국 각지 물가나 길가나 빈터에 나는 2년초이다. 높이 50～
90cm로 굵고 곧은 뿌리에서 1개 또는 여러 개의 줄기가 나와 곧게 서며 전체에 짧은 털이 난
다. 잎은 줄 모양의 바소꼴이며 끝이 뾰족하고 가장자리에 얕은 톱니가 있다. 꽃은 7월에 노란
색 꽃이 잎겨드랑이에 1개씩 달리며 저녁에 피었다가 아침에 시든다. 열매는 삭과로 긴 타원 모
양이고 길이가 2.5cm이며 4개로 갈라지면서 종자가 나온다. 어린 잎은 소가 먹지만 다 자란 잎
은 먹지 않는다. 한방에서 뿌리를 월견초(月見草)라는 약재로 쓰는데, 감기로 열이 높고 인후염
이 있을 때 물에 넣고 달여서 복용하고, 종자를 월견자(月見子)라고 하여 고지혈증에 사용한다.

⑪ 데이지

과　명 : 국화과(Compositae)
학　명 : *Bellis perennis* L.
영　명 : Daisy

　유럽이 원산지인 다년생 초본으로 잎은 뿌리에서 나오고 도란형으로 가장자리가 밋밋하거나
약간 톱니가 있다. 뿌리에서 꽃대가 나오는데, 길이 6～9cm이고 그 끝에 1개의 두화가 달리며
밤에는 오므라든다. 두화는 설상화가 1줄인 것부터 전체가 설상화로 된 것 등, 변종에 따라 다
양하다. 꽃은 봄부터 가을까지 피며 흰색·연한 홍색·홍자색이다.

　유럽에서는 잎을 식용한다. 종자로 번식시키고 가을이나 봄에 관상화로 널리 심는다. 우리나
라의 주문진·속초·강릉 일대의 동해안에서도 볼 수 있다.

　데이지는 보통 *Chrysanthemum leucanthemum*과 *Bellis perennis*를 가리킨다. 이 2종과 데이
지라 부르는 그밖의 다른 식물들은 15～30개 가량의 흰 설상화가 밝은 노란색 통상화를 둘러
싸고 있다. shasta daisy(*C. leucanthemum*)는 유럽과 아시아가 원산지이지만 미국에서도 흔히
볼 수 있는 야생화이다. 이 종은 다년생 식물로 키가 60cm 정도까지 자란다. 잎은 긴 타원형이
며 가장자리가 갈라져 있고 잎자루가 길다. 꽃은 가지 끝에서 1송이씩 피는데 지름이 2.5～5cm
이고 설상화는 흰색이다.

　*Bellis*에 속하는 종들은 다년생으로 긴 꽃대 끝에 꽃이 1송이씩 피는데 통상화는 노란색이고
설상화는 흰색 또는 자주색이다. 관상용으로 화단에 많이 심는다. 잎은 숟가락 모양으로 털이
약간 나 있고 줄기 아래쪽에 로제트를 이룬다. 꽃대에는 잎이 나지 않고 두상화 아래에 털이 많
은 잎처럼 생긴 포가 달려 있다. 데이지의 변종 가운데는 겹꽃인 것도 있고, 분홍색 또는 붉은

색 설상화가 밝은 노란색 통상화를 둘러 싼 것도 있다.

⑫ 딜

과　명 : 미나리과(Umbelliferae)
학　명 : *Anethum graveolens* L.
영　명 : Dill

　지중해 연안·인도·아프리카북부가 원산지인 1년생 초본으로 1m 이상 자란다. 개화기는 5
~ 7월이며 노란색 꽃이 핀다. 엣센셜 오일은 비누 향료로, 잎·줄기는 잘게 썰어서 생선 요리에
쓴다. 씨는 소화·구풍·진정·최면에 효과가 뛰어나며 구취 제거·동맥경화의 예방에 좋고
당뇨병 환자나 고혈압인 사람에게는 소금기 적은 감염식의 풍미를 내는데 긴히 쓰인다. 불면증
에는 취침 전에 차로 마셔도 되고 잎이나 씨를 말려서 속을 넣어 베개를 만들어 베고 자면 잠이
잘 온다. 어린이 소화·위 장애·장 가스 해소·변비 해소에 좋다.

⑬ 라벤더

과　명 : 꿀풀과(Laviatae)
학　명 : *Lavendula angustifoia* L.
영　명 : Lavender
한국명 : 훈의초(薰衣草)

　지중해 연안, 프랑스남부가 원산지로 높이는 30 ~ 60cm이고 정원에서 잘 가꾸면 90cm까지
자란다. 잎은 돌려나거나 마주나고 바소 모양이며 길이 4cm, 폭 4 ~ 6mm이다. 개화기는 6 ~ 8
월로 짙은 보라색 또는 흰색꽃이 피며, 핑크향의 여왕 또는 성처녀 마리아의 식물로 불리는 인
기 있는 허브이다. 라벤더 엣센셜 오일에는 심신을 안정시키고 스트레스 해소와 피로를 회복시
켜 준다. 또한 높은 혈압을 낮추고 심장의 박동을 늦추며 불면증에 특히 효과가 좋다. 피곤하고
과로한 근육·요통·근육 경직을 풀어 주며 일광욕으로 인한 화상 치유·감기·두통·생리통
해소 등에 좋다. 라벤더는 그리스·로마시대부터 입욕제로 쓰였으며, 중세에는 세탁물의 향을
내는 데도 사용되었다. 임신 초기에는 사용을 금한다.

⑭ 라즈베리

과　명 : 장미과(Rosaeae)
학　명 : *Rubus idaeus*
영　명 : Raspberry

낙엽관목으로 잔가시가 있으며 줄기는 대개 곧게 선다. 잎은 어긋나고, 꽃은 봄에 흰색으로 피며, 열매는 집합과로 여름에 익는다. 유럽산과 북아메리카산 등 여러 종이 있으며 열매를 먹기 위하여 재배한다.

유럽은 불가투스(*Rubus idaeus* var. *vulgatus*)를, 미국은 스트리고수스(*R. i.* var. *strigosus*)와 옥시덴탈리스(*R. i.* var. *occidentalis*)를 주로 재배한다. 열매의 빛깔에 따라 레드라즈베리, 블랙라즈베리, 퍼플라즈베리의 3종류로 나누는데, 대부분 붉은색 열매가 달리는 레드라즈베리를 재배한다. 우리나라 멍덕딸기는 유럽산 라즈베리와 같은 종에 속하고, 붉은색 열매가 달린다.

⑮ 레몬 그라스

과　명 : 벼과(Poaceae)
학　명 : *Cymbopogon Citratus*
영　명 : Lemon grass

인도·스리랑카·아프리카 중남미가 원산지인 상록다년생 초본으로 키 90cm에 달하는 억새풀 모양의 허브로 개화기는 8~9월이다. 말려서 포푸리·목욕제로 쓰며 파리·모기·벼룩·진드기 퇴치용으로도 쓰이고 개집 주위에 흔히 심거나 정원용으로 쓰인다. 잎·뿌리·줄기와 근경을 약으로 쓰는데, 살균작용이 있어 설사·두통·복통·무좀에 좋으며, 인도에서는 감염증과 열병 치료제로 수 천년의 역사가 있는 약초이다. 엣센셜 오일에는 강한 소독작용과 치유작용이 있어서 특히 스트레스와 연관되는 지성피부 증상에 좋고, 습진·마른버짐·여드름에도 효과가 있다. 피부에 탄력을 주며 무좀을 포함한 기타 진균 감염증에도 좋은 반응을 보인다.

⑯ 레몬 밤

과　명 : 꿀풀과(Laviatae)
학　명 : *Melissa officinalis* L.
영　명 : Lemon balm

지중해 연안과 남부 유럽이 원산지이며 메릿사라고도 한다. 다년초로서 키 40~70cm, 개화기는 6~8월로 유백색~엷은 청색으로 변하는 꽃이 핀다. 레몬향이 나는 밀원 식물로 역사가 오래된 약초이다. 잎·꽃·줄기를 이용하는데, 차는 뇌 활동 강화와 기억력 증진에 효과가 있어 공부하는 수험생에게 좋다. 또한 우울증을 해소시키며 해열·발한작용이 있어 감기 초기에 조석으로 마시면 효과적이며, 체력 소모가 많은 여름철의 청량음료로도 좋다. 엣센셜 오일에는 우울증·신경성 두통·신경통·소화불량·피부의 노화방지·특히 감기와 피로 회복에 탁효가 있다. 상처를 빨리 낫게 하고 습진·알레르기성 체질에도 좋고 신경계통·호흡기계통·심장 순환기계통의 약으로 쓰인다.

⑰ 레몬 버베나

과　명 : 마편초과(Verbenaceae)
학　명 : *Aloysia citrodora* Paláu, *Verbena triphylla* L'Hér.
영　명 : Lemon verbena

　레몬 버베나는 남미의 칠레 · 알젠틴이 원산지로 향수목이라고도 한다. 4 ~ 8m로 자라는 낙엽성 관목으로 7 ~ 9월에 흰 ~ 연분홍색 꽃이 피며, 레몬향이 있어 분화초로 심어 실내에 두면 상쾌한 향기와 함께 공기를 정화한다. 레몬 버베나의 허브티는 소화촉진 · 진정 · 진경 · 이뇨작용 등이 있고 감기의 발열 · 기관지염 · 코의 충혈을 진정시키며 가슴의 두근거림이나 메스꺼움을 완화시켜준다. 잎의 침출액은 눈의 부기를 가라 앉혀 주고, 잎을 다린 물이나 꽃의 비네거는 피부를 매끄럽게 해주는 효과가 있다. 그 외에 향수 · 비누 · 바디 로션 등에 사용한다. 엣센셜 오일로 목욕을 하면 피부의 매끄럽고 윤기 나는 피부를 유지할 수 있다.

⑱ 레이디스 맨틀

과　명 : 장미과(Rosaceae)
학　명 : *Alchemilla vulgaris*
영　명 : Lady's mantle

　유럽 및 서부 아시아가 원산지인 다년생 초본으로 6 ~ 8월에 황록색의 꽃이 피고 30 ~ 60cm로 자란다. 부인병에 잘 듣는 약초 허브이다. 잎과 뿌리를 이용하며, 식용은 어린 잎이 약간 쌉쌀하지만 강한 향이 있어 샐러드에 넣어 먹는다. 허브티는 수렴 화장수로 부스럼 · 여드름 · 피부염증에 효과가 있으며, 산후회복촉진 · 생리불순회복 · 갱년기장애 · 폐경기의 월경과다 개선과 임신 중의 입덧 경감 등에도 효과가 있다. 생잎의 추출액은 주근깨, 거친 살결에 효과가 있으며, 말린 잎 침출액은 여성 음부의 가려움증 제거, 찰과상과 발치 후 지혈 및 종기나 환부의 소염치료제로 외용한다.

⑲ 로케트 샐러드

과　명 : 십자화과(Brassicaceae)
학　명 : *Eruca sativa*
영　명 : Rocket salad

　지중해 연안이 원산지인 1년초로 키는 80cm까지 자라며 8 ~ 9월에 자색꽃이 핀다. 샐러드용으로 도톰한 잎을 씹으면 참깨 같은 향기와 톡 쏘는 겨자 같은 매운 맛이 나는 향미 채소로서 비타민 C · E가 많은 미용용 채소다. 씨는 지방유가 함유되어 있어서 기름을 짜서 식용하며, 이집트에서는 지금도 티히나라 하여 버터처럼 빵에 발라 먹는다. 기름은 겨자유를 만들기도 하며, 등유로도 사용한다. 약용으로도 쓰이는데 이뇨작용과 위통을 진정시키는 효과가 있다. 그러나 주된 용도는 샐러드용으로 다른 채소와 섞어서 이용한다.

⑳ 로즈메리

과　명 : 꿀풀과(Laviatae)
학　명 : *Rosmarinus officinals* L
영　명 : Rosemary
중국명 : 미질향(迷迭香)

　　지중해 연안이 원산지인 다년생 상록저목으로 키가 1 ~ 2m까지 자란다. 좁고 가는 솔잎 모양의 잎이 가죽처럼 질기고 윤이 나며 특유의 강한 방향이 있는 서양의 약초로 4 ~ 6월에 연보라 · 청자색 · 연분홍 · 흰색 꽃이 핀다. 잎 · 꽃 · 줄기 등을 이용한다.

　　엣센셜 오일이 피부 노화방지 · 신경통 · 우울증 · 피로회복 · 비만 등에 그 효과가 있으며, 머리를 맑게 하고 기억력과 집중력을 향상시켜 수험생들이 늦게까지 공부할 때 잠을 쫓는 효과가 있다. 또한 두피의 비듬을 억제하고 모발을 성장시키는 효과도 있다. 또한 뇌 신경자극 · 혈행촉진 · 치매방지 · 스트레스 해소에 좋으며, 술이나 차 · 입욕제 · 화장수 · 향수 원료로 사용하기도 한다. 엣센셜 오일은 노화가 시작되는 피부나 주름이 생기는 피부에 목욕재로 효과적이다.

㉑ 류

과　명 : 운향과(Rutaceae)
학　명 : *Ruta graveolens* L.
영　명 : Rue

　　지중해 연안이 원산인 다년초로서 운향이라고도 한다. 키는 50 ~ 90cm로 줄기가 곧게 자라며 밑쪽은 목질화하며, 8 ~ 9월에 자색꽃이 핀다. 고대 로마에서는 은총의 풀이라 불려 사제가 류의 줄기로 성수를 뿌리는 관습이 있었다. 류에는 루틴이 함유되어 있어 고혈압 치료제로 썼으며, 히스테리 같은 신경질환 · 복통 · 기침 · 류마티스 등에 달여서 먹었다. 다량의 섭취는 유해하므로 남용하면 안된다. 류는 꽃다발로 묶어 두면 파리를 막을 수 있고 책갈피에 넣으면 좀이 슬지 않는다.

㉒ 린덴

과　명 : 피나무과(Tiliaceae)

학 명 : *Tilia europace* L.
영 명 : Linden, Lime
한글명 : 유럽피나무

원산지가 유럽으로 높이 약 40m의 닉엽교목이다. 슈베르트의 가곡 보리수 나무로 서양보리수나무라고도 한다. 잎은 둥근 달걀 모양으로서 뒷면에는 잎맥겨드랑이 외에는 털이 없고 가장자리에 톱니가 있으며 가을에 노란색으로 변한다. 꽃은 6 ~ 7월에 피고, 열매는 둥글고 붉게 익는다.

큰잎유럽피나무(*T. platyphyllos*)와 좀유럽피나무(*T. cordata*)의 교잡종이다. 유럽에서는 가로수나 공원수로 흔히 심는다. 밀원식물이며 향기가 있어서 어린 꽃이삭은 차로 만든다. 민간에서는 발한 · 진통 · 진경제(鎮痙劑) 등으로 약용한다. 열매는 지혈에, 잎은 궤양 및 종기 치료에 사용한다. 나무껍질은 섬유자원으로 이용하고 목재는 다양하게 쓰인다.

㉓ 마로우

과 명 : 아욱과(Malvaceae)
학 명 : *Malva sylvestris* L.
영 명 : Mallow
한글명 : 당아욱

유럽 동부가 원산지인 다년생 초본으로 키 60 ~ 100cm 정도이며 5 ~ 8월에 진분홍색의 꽃이 핀다. 꽃이 아름답고 뿌리 · 잎 · 꽃 · 전체를 사용한다. 채소로서 요리에 사용하는데 어린 잎과 싹은 샐러드와 스프에, 다육질 뿌리와 비타민이 풍부한 잎은 데쳐서 볶음도 하고 나물로도 쓰인다. 꽃은 샐러드나 포푸리(꽃 · 잎)로 사용한다. 잎과 뿌리는 통증을 완화시키는 진정작용이 있어 위장 장애, 변비에 효과가 있으며, 염증에 효과가 있어 기관지염, 인후통 등의 호흡기 계통과 소화기 계통의 염증에 사용한다. 마로우 차는 기침 · 감기에 좋으며 신경을 진정시키는 효과가 있다. 벌레에 물렸을 때 통증을 완화시킨다.

㉔ 마조람

과 명 : 꿀풀과(Laviatae)
학 명 : *Origanum majoram* L.
영 명 : Marjoram

지중해 동부 연안 · 인도 및 아프리카북부가 원산지인 다년생 초본으로 30 ~ 40cm의 비교적 키가 작은 허브로서 5 ~ 7월에 노랑색 꽃이 핀다. 잎 · 꽃 · 줄기 · 열매를 이용하는데, 엣센셜 오일에는 항바이러스 작용과 피부의 산화방지 효과가 있어 피부 노화방지 · 화장품 · 향수 등에 쓰이고 필로(향베개)는 최면 효과가 있어 불면증에 좋다. 오일로 목욕을 하면 경직된 몸을 풀어주며 격한 운동으로 인한 근육통을 진정시키고 혈관을 확장시켜주므로 어깨의 통증 해소에 좋다. 또한 하부요통·관절·류마티스에 효험이 있고, 피부에 탄력을 주어 피부 노화방지에 좋다.

㉕ 만다린

과　명 : 운향과(Rutaceae)
학　명 : *Citrus reticulata* Blanco
영　명 : Mandarin orange

　　인도 북동부 원산으로 만다린오렌지라고도 한다. 소교목 또는 관목으로 가지가 많고 잎과 꽃이 작다. 열매의 껍질이 잘 벗겨지고 과육은 연하며 당도도 높다. 우리나라, 일본, 유럽 남부와 미국 남부에 분포한다.

　　감기를 예방하는 데 도움이 되며 비타민 P(헤스페레딘)가 들어 있어 모세혈관을 보호하고 고혈압을 예방하는 데도 효과가 있다. 그밖에 백내장과 심장질환을 예방하는 아스코르빈산과 암을 예방하고 면역력을 좋게 하는 카로티노이드, 암을 억제하는 리모노이드와 플라보노이드, 항균작용과 혈압조절 효과가 있는 쿠마린 등이 들어 있다.

㉖ 머쉬말로우

과　명 : 아욱과(Malvaceae)
학　명 : *Althea officinalis* L.
영　명 : Marsh mallow

　　유럽·서아시아가 원산지인 다년생 초본으로 키 1 ~ 2m 정도이며, 7 ~ 8월에 연분홍 꽃이 피는 관상용 화초로서 포기 전체에 향긋하고 연한 향기가 난다. 끈적이는 점액이 20 ~ 30% 함유되어 있으나 독은 없고 약으로 쓰인다. 잎·꽃·뿌리·씨 등을 사용하며, 점액 물질은 약용 외에 거칠어진 피부의 화장품으로 쓰이며 차로도 이용한다. 잎에는 모든 아픔을 완화시켜 주는 효능이 있다. 잎은 소염·완화작용이 있어 기관지염이나 호흡기 계통의 소염제로 쓰이며 기침·폐에서 생기는 염증이나 방광염·요로결석 같은 비뇨기 계통에 잘 듣는다. 또한 상처, 화상, 벌레 물린 데에 도포제로 약용한다. 뿌리로 만든 차는 소화기 계통에 좋다. 위궤양·십이지장궤양·위염·장염뿐 아니라, 구내염·비염·기침·삔 데·인후염·불면증 등에 효과가 있다.

㉗ 멀레인

과　명 : 현삼과(Scrophulariaceae)

학 명 : *Verbascum thapsus* L.
영 명 : Mullein

지중해 연안·북아메리카가 원산지인 내한성이 강한 2년초로서 키 1~2m 정도이며, 7~8월에 노란색 꽃이 핀다. 부드러운 잎과 굵고 긴 꽃대가 인상적이다. 큰 키에 잎과 줄기에 솜털이 두툼하게 밀생하여 회록색으로 흡사 융이나 벨벳 같은 부드러운 촉감이 있다. 그러나 이 솜털에 접촉하면 매우 가렵다. 멀레인에는 사포닌·점액·고무질·아구우빈·정유 등이 함유되어 있으며, 거담·진해 작용이 있어서 기침·기관지염·천식·백일해·쉰 소리 등에 매우 유용한 약초이다. 꽃을 이용한 허브차는 진정효과·이뇨작용이 있고 잎은 종기나 진무르는 데 도포제로 쓴다. 노란 잔 꽃이 많이 피므로 생울타리용으로 좋으며 꽃은 드라이 플라워로 사용하면 좋다.

㉘ 메리골드

과 명 : 국화과(Compositae)
학 명 : *Tagetes erecta*
영 명 : African marigold
한글명 : 천수국(千壽菊), 금송화

멕시코 원산으로 1년생 초본이다. 식물체 전체의 독특한 냄새가 해충의 접근을 막는다. 줄기는 높이 70~100cm이고 가지가 많이 갈라지며 털이 없다. 잎은 우상복엽이며 13~15개의 작은잎으로 되어 있다. 꽃은 여름에 피지만 온상에서 기른 것은 5월에 피며 가지 끝에서 굵은 줄기가 나와 지름 5cm 내외의 두화가 달린다. 설상화(舌狀花)는 노란색, 적황색, 담황색 등으로 열매는 수과이다. 식용화이다.

㉙ 바실

과 명 : 꿀풀과(Laviatae)
학 명 : *Ocimum basilicum* L.
영 명 : Basil

열대 아시아·인도·아프리카가 원산지이며 힌두교의 가장 신성시하는 허브이다. 1년생 초본으로 키 60cm 정도로 7~9월에 흰색 꽃이 핀다. 잎과 꽃을 사용하며, 잎에서 정유를 채취하여 향수·약용·실내 공기 정화에 쓰이고 잎과 꽃은 차·향낭·포푸리·꽃다발·요리(향신료)에 사용한다. 토마토·마늘과 잘 어울려서 이탈리아에서는 없어서는 안되는 허브이다. 고기·생선·조개·샐러드·스프·비네거·오일·허브티 등에도 사용한다. 두통·신경과민·구내염·강장·건위·진정·살균·불면증과 젖을 잘 나오게 하는 효능이 있으며, 졸림을 방지하여 수험생이 이용하면 좋다. 또한 신장의 활동을 촉진시키며 벌레 물린 데 효과가 있다.

㉚ 바이올렛

과 명 : 제비꽃과(Violaceae)
학 명 : *Viola odorata* L.
영 명 : Violet
한글명 : 제비꽃

유럽 남부·서아시아·북아메리카가 원산지인 다년생 초본으로 키 10~25cm로 3~4월에 보라색 꽃이 핀다. 잎과 꽃을 이용하며 유럽에서는 장미·라벤더와 함께 대표적인 향수 원료 식물로 쓰이는 허브이다. 잎과 꽃에 비타민 C가 많고 거담작용을 하는 사포닌이 함유되어 있어 기관지염·후두염·구내염·거담제·이뇨작용·정혈작용·완화작용·신경 피로 흥분의 진정작용에 좋고 잎으로 만든 차는 불면증 치료에 효과가 있으며 폐나 소화기 계통의 항암제로도 쓰인다. 바이올렛은 향수·화장품의 부향제·차(잎)요리·고기 요리·릭큘의 풍미 조미료·샐러드·과자·허브 오일·비네거·약용·포푸리·염색·설탕 절임 등에도 쓰인다.

㉛ 베르가모트

과 명 : 현삼과(Scrophulariaceae)
학 명 : *Monarda didyma, Monarda fistulosa,*
영 명 : Bee balm, Oswego tea, Scarlet monarda

북민 원산의 민트와 유사한 내한성 숙근초이다. 베르가모트 오렌지와 같은 향이 있다고 하여 베르가모트라고 부른다. 20종 내외가 알려져 있는데, 오스워고 티와 와일드 bergamot를 주로 화단에 심는다.

오스워고 티(Oswego tea/bee balm/M. didyma)는 북미 Oswego 강의 인디안들이 이미 건강차로 마시고 있었기 때문에 Oswego tea라고 부르며, Scarlet monarda라도 부른다. 높이 60~90cm이고 줄기가 사각형이고 직립한다. 잎은 끝이 뾰족한 난형으로 길이 약 15cm이다. 8~9월에 줄기 끝 부위에 두상화서의 진홍색 꽃이 방사상으로 핀다. 와일드버거모트(wild bergamot/*M. fistulosa*)는 높이 1m 내외이고 줄기는 둔각형이다. 잎은 길이 10~12cm이다. 7~8월에 수레국화를 닮은 자주색 입술모양의 꽃이 핀다. 줄기와 잎에서 향기가 강하여 향료식물로도 이용된다.

잎은 약용·허브차·향료로 쓴다. 또한 부향제로 와인·칵테일·음료 샐러드·순대 등에 사용하며, 기름에 담궈 헤어 오일로도 쓴다. 꽃은 샐러드·목욕제·포푸리·드라이플라워·절화·화단초화로 쓰이며 약효로는 방향성 건위약·구풍제·진정제·피로회복 등에 좋고, 차는 매스꺼움과 피로 회복에 좋다. 감기에 증기흡입제로도 쓰이며, 두통·고열에도 쓴다. 잎에는 살균성 티몰(thymol)이 함유되어 있어서 부스럼·여드름 치료와 방부 작용도 한다.

또한 운향과의 Bergamot orange(*Citrus bergamia* Risso)가 있는데, 베르가모트는 쓴 오렌지와 오리지널 라임의 잡종이다. 이탈리아에서 몇백년 전부터 재배하고 있는 상록활엽수로 향료와 정유를 채취한다. 4월경에 꽃이 피며, 11월과 3월 사이에 열매를 수확한다. 열매는 지름 7.5 ~ 10cm로서 납작한 공 모양이나 달걀을 거꾸로 세운 모양 또는 서양배 모양이고 신맛이 강하여 그대로 먹을 수 없다.

과피에서 베르가모트유를 추출한다. 건조한 잎은 차로 이용하고, 화장실 비누 등 목욕제로 사용한다.

㉜ 버베인

과　명 : 마편초과(Verbenaceae)
학　명 : *Verbena officinalis* L.
영　명 : Vervain, Verbena. Holy herb

아시아·유럽·아프리카 북부가 원산지인 다년생 초본으로 키 30 ~ 80cm로 6 ~ 9월에 연보라색 꽃이 핀다. 속명 *Verbena*는 켈트어로는 "마녀의 약초"라는 뜻을 가지고 있으며 로마 시대에는 주피터의 제단을 깨끗이 하는 데 이용되었고, 페르시아에서는 태양을 숭배하는 의식에서 무당이 손에 들었던 식물이다. 기독교에서는 모든 재난을 물리치고 몸을 정결케 해주는 약초로 믿었다. 일반적인 상처는 물론 개나 뱀에 물린 데에 소독용으로 사용하였다.

밀월식물로 myrcene, verbenone, caffeic acid 등이 함유되어 있으며, 일반적으로 소염·지혈·진정 작용을 하는 것으로 알려져 있고 스트레스나 우울증, 긴장감을 풀어줘 진정시킬 뿐 아니라 경련을 진정시키는 효과도 있다. 발한·강장·이뇨·최유 작용이 있으며, 생잎은 상처나 피부병에도 소독제로 쓰인다. 신경을 안정시키는 목욕재로 좋다.

㉝ 베고니아

과　명 : 베고니아과(Begoniaceae)
학　명 : *Begonia rex*(*B*. spp.)
영　명 : Begonia

아메리카 원산으로 800종 내외가 열대와 아열대에 널리 퍼져 있는 상록 다년생 초본이다. 예로부터 관엽식물로 애용되어 왔으며 많은 개량 품종이 있다. 높이 15 ~ 30cm 정도로 줄기는 곧게 자라는 것과 덩굴성이 있다. 잎은 어긋나고 잎 밑의 좌우가 같지 않으며 대개 턱잎이 없다. 꽃은 단성화로 취산화서를 이루며 많은 종자가 생긴다. 구근종(球根種), 근경종(根莖種) 및 섬근종(纖根種) 3가지가 있으며, 잎을 관상용으로 하는 것으로는 베고니아 렉스(*B. rex*)가 대표적이고, 그 외에 관엽 베고니아라고 불리는 것이 있는데, 잎이 크고 모양이나 색채도 다양하다. 목베고니아(tree begonia)는 잎이 연두색을 띠고 있어 아름답다. 크리스마스 경 꽃집 앞을 장식하는 크리스마스 베고니아(*B. chelmantha*)는 꽃집에서는 케이만타라고 부른다.

㉞ 범부채

과　명 : 붓꽃과(Iridaceae)
학　명 : *Belamcanda chinensis* (L.) DC.
영　명 : Blackberry-lily
한자명 : 사간(射干)

　　우리나라가 원산지이며 우리나라 및 중국·일본·소련·인도 등지에 분포한다. 근경을 가진 다년생 숙근초로 높이 50~100cm 정도로 잎은 호생하고 좌우로 납작하며 2줄로 부채살 모양으로 퍼져서 자라고 녹색 바탕에 약간 분백색이 돌며 길이 30~50cm, 나비 2~4cm로서 끝이 뾰족하고 밑부분이 서로 감싸고 있다. 꽃은 7~8월에 황적색 바탕에 짙은 반점이 있으며 원줄기 끝과 가지 끝이 1~2회 갈라져서 한 군데에 몇 개의 꽃이 달리고 밑 부분에 4~5개의 포가 있다. 열매는 삭과로 도란상 타원형이다.
　　근경에는 belamcandin·iridin·tectoridin·tectorigenin이 함유되어 있고 꽃과 잎에는 mangifrein이 함유되어 있다. 해독 및 소염작용이 있으며 구취에 효과가 있다고 한다.

㉟ 베이

과　명 : 녹나무과(Lauraceae)
학　명 : *Laurus nobilis*
영　명 : Bay, Lauel
한자명 : 월계수(月桂樹)

　　지중해 연안 남유럽이 원산지인 키 10m 정도의 상록 소교목으로 자웅이주이다. 5~6월에 청색이나 백색의 꽃이 핀다. 요리의 부황제로 불릴 만큼 드레싱·소스·소시지·스프·생선요리·육류 요리·특히 양고기 요리·조류 요리 등에 많이 쓴다. 또한 차·비네거·포푸리·약용·부케·리스에도 사용하며, 엣센셜 오일은 향수·로숀·토닉 등 화장품에 쓴다. 잎에 스치거나 찢으면 달콤하고 고상한 향기가 나며 꽃도 향기롭다. 또 방충 효과가 있어 쌀독에 말린 잎을 3장 정도 넣어 두면 벌레가 안 생긴다. 불면증에 좋으며 열매에 지방유와 정유가 함유되어 있어 차나 베이 오일은 신경통 류마티스의 맛사지나 도포제로 진통효과가 뛰어나며 방부제로도 쓴다.

㊱ 보리지

과　명 : 지치과(Boraginaceae)
학　명 : *Borage officinalis* L.
보리지 : Borage

　지중해 연안이 원산지인 1년생 초본으로 키 50 ~ 90cm 정도이며 5 ~ 8월에 청색과 백색의 꽃이 핀다. 별 모양을 한 다섯개의 꽃잎은 약간 고개를 숙인 듯이 청초하게 핀다. 와인이나 맥주에 잎을 썰어 넣어 풍미를 즐기는데 오이 같은 향이 있어 샌드위치에 넣으며 청량음료로도 만든다. 칼슘·칼륨·마그네슘 같은 미네랄이 풍부하게 함유되어 있어 혈액정화·만성 신장염·류마티스에 효과가 있으며, 건조한 피부의 연화작용이 있어서 피부를 부드럽게 해 준다. 차는 감기나 유행성 독감등 호흡기 질환에 효과가 있다. 보리지의 씨는 월경 전의 조급증과 습진·피부병 등에 효과가 있다.

㊲ 산토리나

과　명 : 국화과(Compositae)
학　명 : *Santolina chamacyparissun* L.
영　명 : Lavender cotten. Cotton lavender

　유럽 남부가 원산지인 상록다년초 또는 소관목으로 잎·꽃·줄기를 쓴다. 키 40 ~ 60cm 정도로 7 ~ 8월에 노란색 꽃이 핀다. 상록 다년초로 가지를 잘 치기 때문에 옛날부터 유럽에서는 궁전이나 귀족들의 정원의 기하학 무늬를 만드는 낮은 생울타리의 경계용 식물로 사용하였다. 향기로운 잎과 꽃에 구충 효과가 있어서 촌충의 구충제로 쓰였다. 또한 방충 효과가 뛰어나서 옷장의 방충제로 이용하며 향수의 원료로도 쓰인다. 아랍인들은 잎 추출액을 세안 재료로 썼으며, 해독제로서 뱀에 물린 데도 쓰였다. 향기와 색조가 뛰어나 관상용 분화나 조경용 식물로 인기가 있다.

㊳ 샐러드 버넷

과　명 : 장미과(Rosaceae)
학　명 : *Poterium sangnisorba*
영　명 : Salad burnet

　원산지가 유럽인 다년생 초본으로 내한성이 강하고 키 30 ~ 60cm 정도로 5 ~ 6월에 빨간색 꽃이 핀다. 옛날 사람들에게는 귀한 약초 중의 하나였는데 강장 효과가 있으며, 우울증에 사용하였다. 탄닌이 함유 되어 있어서 지혈제·수렴제로 사용하기도 한다. 또한 잎이 오이 같은 상쾌한 냄새가 나 샐러드에 이용하는 향채로서 특히 뛰어나 샐러드 버넷이란 영명이 붙여졌다. 샐러드 버넷으로 버넷 비네갈이나 버넷 와인을 만들기도 하고 잎을 썰어서 버터 · 치즈 등에 섞어서 쓰기도 하며 후르츠 펀치나 요리의 장식용으로도 쓰는데 찬 음식에 잘 어울린다.

㊴ 세이보리

과 명 : 꿀풀과(Laviatae)
학 명 : *Saturejas hortensis*
영 명 : Savore

남부 프랑스가 원산지로 pepper herb라고도 한다. 1년생 초본으로 키 30 ~ 50cm 정도로 6 ~ 8월에 연분홍색 작은 별모양의 꽃이 핀다. 벌에 쏘여 부은 데 효과가 있고, 욕조에 넣어 목욕을 하면 정신이 맑아지고 피로 회복에도 도움이 되며, 흥분 작용이 있어 미약으로도 사용되었다. 줄기나 잎에는 방향 성분이 있어 식욕을 증진시키고 침출액은 가래를 없애 주는 거담제로도 쓰인다. 또한 중풍 · 이뇨 · 구충에도 효과가 있고 방부 작용이 있어 방부성의 입가심약으로 사용한다. 차는 거담작용과 함께 피로한 몸에 원기를 불어 넣으며 여성의 냉증을 비롯하여 갱년기 장애에도 효과가 있다.

㊵ 세이지

과 명 : 꿀풀과(Laviatae)
학 명 : *Salvia officinalis* L
한국명 : 약용 살비아

지중해 연안 · 남유럽이 원산지인 상록 소관목으로 키 50 ~ 70cm 정도로 5 ~ 8월에 자주색 꽃이 핀다. 밀원식물로 많이 심는다. 로마시대부터 많은 사람들에게 만병 통치약으로 이용되었다. 차 · 향수 원료 · 약용 · 목욕제 · 화장품(린스, 로숀) · 포푸리 · 염색 · 비네거에 사용했으며, 육류 가공 부황제로 맛을 좋게 하는 데에도 쓰인다. 강장효과 · 방부 · 항균 · 소화기 계통에 뛰어난 효과가 있다. 정유는 강한 이완작용으로 특히 스트레스로 인한 근육 긴장과 통증을 완화시키며 피부를 진정시키고 염증을 가라앉히는 작용을 한다. 또한 피부를 촉촉이 유지시키는데, 어떤 피부에도 잘 맞으나 특히 건성 피부나 노화 피부에 좋다. 모발의 성장을 촉진하므로 두피의 여러 가지 장애를 호전시키며 기름기가 많은 모발에 좋다.

㊶ 센티드 제라늄

과 명 : 쥐손이풀과(Geraniaceae)

학 명 : *Pelargonium graveolens*

영 명 : Scented geranium

한글명 : 향제라늄

남아프리카가 원산지인 다년초 또는 반소관목으로 키 30 ~ 100cm 정도로 4 ~ 7월과 9 ~ 10월에 분홍색 · 흰색 · 빨강 꽃이 핀다. 주로 잎과 줄기에서 장미 꽃과 같은 향기가 난다. 수용성 향료(화장수 · 크린싱 크림)나 향수로 쓰이며 차 · 소스류 · 목욕제 · 포푸리 · 베개 속 · 약용으로 쓰인다. 수렴성이 있어 이질 · 궤양에 효과가 좋고 소화 촉진 · 기관지염 · 피부염증 · 습진 · 포진 · 건조한 피부에 좋다. 정유를 이용한 목욕은 건조한 피부에 효과가 있다.

㊷ 세인트 존즈 워트

과 명 : 물레나물과(Hypericaceae)

학 명 : *Hypericium pertoratum*

영 명 : St. Jogn's wort

유럽 서아시아 원산의 다년초로 세례 요한에게 이름이 봉헌된 허브로서 '귀신 쫓는 풀(fuge daemonum)'이라는 이름으로 창가나 대문에 이 꽃을 걸어 놓았다고 한다. 속명의 어원은 Hypo (사이)와 erice(수풀)의 뜻으로 야생의 삼림 속 그늘에서 볼 수 있다. 수많은 변종이 있으나 허브 가든에서 재배되어 온 품종은 *H. pertoratum*이다. 1m 정도로 자라며, 성 요한의 날(St. John's dat, 6월 24일) 무렵에 별 모양의 노란 꽃이 핀다.

탄닌과 수지 및 정유들이 함유되어 있어 상처에 특효가 있다고 한다. 씨 달인 물은 히스테리 · 우울증 · 신경통 · 생리통 · 위장염 · 불면증 · 두통에 효과가 있으며, 이뇨제와 야뇨증에도 사용한다. 꽃은 차로 감기 · 기침 · 폐렴에 유효하며 강장효과도 크다. 또한 꽃을 올리브유 같은 식물유에 담가 추출한 정유는 외용약으로 신경통, 타박상에 특효가 있다고 한다. 꽃은 적색염료로서 크롬을 매염제로 하면 오렌지색 염색이 된다. 우리나라 물레나물과 고추나물 등과 유사한 효과가 있다.

㊸ 셀필룸

과 명 : 꿀풀과(Laviatae)

학 명 : *Thymus serpyllnm*

영 명 : Wils thyme, Creeping thyme, Serpyllum

유럽 · 북아프리카 · 아시아가 원산지인 다년생 초본으로 키 10cm 정도로 6 ~ 8월에 분홍색 또는 연보라색 꽃을 피우는 타임의 일종으로서 밟을 때 잎에서 향기가 나므로 잔디처럼 지피식물로 심는다. 정유 성분 속에 티몰 · 칼피쿠롤 · 페놀 · 리나놀 · 타닌 · 사포닌 · 플라보노이드 등이 함유되어 있어서 고대 그리스시대부터 공기 정화제로 이용하였다. 또한 살균력·구충작용 등이 있어서 소독 및 보존제로도 쓰였으며, 발한 구풍 및 진해제로 약용하였다. 목욕재로 이용하고 자궁 기능 장애 치료제로도 쓰였으므로 머더 타임(mother time)이라는 별명도 있다. 요리의 부향제로 쓰며 소화 불량에도 좋고 식욕을 증진시킨다. 향료의 원료로도 쓰이며 건조시킨 잎은 허브차로 강장효과가 뛰어나 피로 회복에도 좋다. 장시간 끓여도 향이 그대로 있으므로 육류요리의 스프·스튜·소스 등에 쓰인다.

㈐ 소렐

과 명 : 마디풀과(Polygonaceae)
학 명 : *Rumex acetosa*
영 명 : Sorrel
한글명 : 수영
한자명 : 산모(酸模)

유럽과 아시아 원산으로 속명 *Rumex*는 창 모양의 잎에서 유래되었다. 북반구의 온대지방에 널리 분포한다. 줄기는 높이 30～80cm이고 능선이 있으며, 홍색빛이 도는 자주색이다. 잎은 넓은 바소꼴이며 가장자리가 밋밋하고 위로 올라가면서 잎자루가 없어진다. 꽃은 5～6월에 피고 2가화로 암꽃은 붉은색으로 꽃잎이 없다. 열매의 가장자리는 붉은빛이고 안쪽은 녹색인 둥글하면서도 납작한 열매가 가득 달린다.

비타민 C가 풍부하며 신맛이 강해 레몬 대신 사용하며 육류의 향미료로 사용한다. 또한 줄기와 잎은 신맛이 강하여 식용으로 하고 뿌리를 위장병이나 옴약으로 사용하며, 변비, 장출혈 등에 효과가 있다. 잎은 이뇨, 담석증에 효과가 있으며 혈액을 맑게 하고 해열효과가 있다.

㈑ 소프워트

과 명 : 석죽과(Cryohpyllaceae)
학 명 : *Saponaria officnalis*
영 명 : Soapwort

유럽·서아시아가 원산지로 거품장구채 또는 비누풀이라고도 한다. 연보라색 꽃이 피는 다년초로 60～90cm이다. 유럽에서는 소프워트의 줄기나 잎을 물에 넣고 30분 이상 끓이면 거품이 일면서 비누액처럼 되므로 이것을 걸러서 받은 액을 물비누처럼 사용했다. 지금도 섬세한 고대의 직물인 태피스트리의 세탁용으로 화학 세제보다 실을 손상시키지 않으므로 즐겨 이용한다고 한다. 중세에는 세탁소 풀이라는 애칭으로도 불리었다. 소프워트의 비눗물은 양털 뿐 아니라 사람의 머리를 씻는 순한 샴푸로도 쓰인다. 최근에는 고미술품의 세척에 사용한다.

과거에는 뿌리의 살균작용으로 매독과 피부병 · 상처 등의 외용약으로 썼다고 한다.

㊻ 쇠뜨기

과 명 : 속새과(Equisetaceae)
학 명 : *Equisetum arvense*
영 명 : Horsetail

우리나라 원산 북반구의 난대 이북, 한대에 분포한다. 뱀밥, 필두채(筆頭採)라고도 한다. 쇠뜨기란 소가 뜯는다는 뜻으로 소가 잘 먹는다. 생식경은 이른 봄에 나와서 끝에 뱀 머리와 같은 포자낭수(胞子囊穗)가 달리는데, 가지가 없고 마디에 비늘 같은 연한 갈색 잎이 돌려난다. 영양줄기는 높이 30 ~ 40cm로 녹색이고 생식줄기가 스러질 무렵에 돋아나는데, 가지가 갈라지며 마디가 쏙쏙 빠지는 비늘 같은 잎이 윤생한다.

생식줄기는 식용, 영양줄기는 이뇨제로 사용한다. 비만이거나 당뇨가 있는 사람에게는 해롭다고 한다.

㊼ 수국

과 명 : 범의귀과(Saxifragaceae)
학 명 : *Hydrangea macrophylla* for. otaksa (S. et Z.) Wils.
영 명 : Japanese Hydrangea, Hortinsia
한자명 : 자양화(紫陽花), 수구화(繡毬花), 수국화(繡菊花)

일본 원산으로 우리나라 중부 이남 지역에서 널리 식재한다. 낙엽 활엽 관목으로 높이 1m 정도에 달한다. 잎은 대생하며 난형 또는 넓은 난형이다. 꽃은 6 ~ 7월에 줄기 끝에서 피고 커다란 두상화로서 구형이며 지름 10 ~ 15cm이다. 중성 토양에서 잘 자라며 강한 산성토양에서는 푸른 꽃을 알카리성 토양에서는 붉은 꽃을 피운다. 반음지 식물로서 습기가 많고 비옥한 곳을 좋아하며 공해에 강하고 병충해가 없어 관리하기가 쉽다.

항 malaria alkaloid가 함유되어 있고 꽃에는 rutin이 함유되어 있으며, 뿌리에는 daphnetin methyl ether와 umbelliferone이 함유되어 있다. 또한 hydrangenol · hydrangea산 · lunula산이 함유되어 있으며 잎에는 skimmin 등이 함유되어 있다. Malaria아와 심장병에도 이용되었다.

㊽ 스테비아

과 명 : 국화과(Compositae)
학 명 : *Stevia rebaudiana*

영 명 : Stevia

남미 파라과이 원산의 다년생 초본으로 키 60cm 정도로 8 ~ 9월에 백색의 꽃이 핀다.

설탕의 300배에 달하는 상쾌한 단맛을 가진 저칼로리의 천연감미료이다. 잎에서 추출 정제한 스테비오사이드(stevioside)라는 감미 성분은 무색무취의 결정체로 1g의 열량이 4칼로리로 매우 낮다. 스테비아는 당뇨병 환자나 다이어트 식품의 감미료로 널리 쓰인다. 물이나 알콜에 잘 녹으며 내열성이 있고 독성이 없으므로 각종 음료와 식품 및 약품의 설탕 대신 감미료로 쓴다. 당뇨병 외에 심장병·비만의 저혈당제 감미료로 쓰며 충치 예방에도 도움이 된다.

㊾ 스위트 시슬리

과 명 : 미나리과(Umbelliferae)
학 명 : *Myrrhis odorata* L.
영 명 : Sweet cicely

유럽·러시아가 원산지인 다년생 초본으로 키 80 ~ 150cm이고 5 ~ 6월에 흰색의 꽃이 핀다. 잎·뿌리·씨 모두 이용하며 아니스(anise)와 같은 향기와 강한 감미가 있어, 약용 및 식용으로 쓰인다.

녹색 미숙과는 생식 외에 후르츠 샐러드·애플파이·아이스크림에 넣으며 릭큐르의 부향제로 쓴다. 생잎은 오믈렛·스프·스튜 등 요리에 쓰고 뿌리는 껍질을 벗겨 샐러드·피클·설탕 절임 등을 만든다. 설탕 절임은 전염병 예방의 강장제가 되며 기름이나 식초와 함께 먹으면 기력이 쇠퇴한 노인의 원기를 회복하는 강장식품이다.

잎의 침출액은 노인성 빈혈에 좋으며 신맛 나는 과일로 쨈·파이 등을 만들 때 함께 넣으면 신맛이 감소되고 설탕을 적게 넣어도 되므로 당뇨병 환자나 다이어트용으로도 적합하다. 약효로는 건위·식욕증진·건담·진해·이뇨·강장·방부 작용이 있다. 뿌리는 방부력이 뛰어나 다린 물로 뱀이나 미친 개에 물린 상처의 치료에 쓴다.

㊿ 스피아민트

과 명 : 꿀풀과(Laviatae)
학 명 : *Mentha* spp.
영 명 : Spiamint

유라시아 대륙이 원산지인 다년생 초본으로 키 20 ~ 100cm로 6 ~ 11월에 흰색·연분홍·연보라 꽃이 핀다. 크게 서양종과 동양종으로 나뉘는데 허브로 쓰이는 것은 서양종이다. 생육이 좋은 허브의 하나로 잎을 스치기만 해도 상쾌함과 청량감이 느껴지는 향기가 난다. 스피아민트는 유럽 원산의 서양 박하 중의 하나로 페파민트와 함께 수요가 가장 많다. 동양의 박하나 페파민트와는 전혀 다른 달콤하고 상쾌한 향기가 난다. 정유는 신경근육의 이완작용 · 진정진통 효과가 크고 딸국질을 멎게 하며, 소화불량 · 배멀미의 진정효과가 있다. 방충 · 살균 효과가 뛰어나 실내방향제 · 옷장방충제 및 쥐 퇴치용으로도 쓰인다.

(51) 시다우드

과 명 : 소나무과(Pinaceae)
학 명 : *Cedrus deodara*
영 명 : Himalayan cedar, Cedarwood
국 명 : 개잎갈나무, 히말라야삼목

소나무과의 상록 교목으로서, 잎갈나무(*Larix olgensis*)와 모양이 비슷하여 개잎갈나무라고 하며, 히말라야 삼목이라고도 부른다. 서부 히말라야 원산으로 힌디어로 deodar라고 한다. 원산지에서는 키가 85 미터에 이르고 나뭇가지는 수평으로 뻗으며 끝은 아래로 처져 아래가지가 거의 땅에 닿을 듯한 원추형의 수형을 이루어 장대하고 아름다운 수종이다. 우리나라에 들여온 것은 1930년대로 알려져 있다. 독특한 풍취를 이루는데, 가로수로 심으면 뿌리가 얕아 태풍에 쉽게 넘어지고 아래가지가 넓게 뻗어 그늘을 드리우기 때문에 도로의 눈이 녹지 않는 등의 단점이 있다.

잎은 은빛을 띤 진녹색으로 바늘모양이며 길이 2 ~ 4cm이고 모여 달린다. 늦가을에서 초겨울에 걸쳐 꽃이 피며, 솔방울은 달걀 모양으로 길이 12cm, 폭10cm 크기(우리나라에서는 길이 7 ~ 10cm 폭 6cm)이다. 수피는 회갈색으로 두껍고 세로로 균열이 있다. 심재는 연한 갈색으로 햇볕에 노출되면 색이 진해지며 냄새가 좋다.

심재, 수피 및 잎에서 추출한 오일을 의학적, 수의학적 목적에 이용하며, 잎과 오일은 살균력이 있어서 피부병, 상처나 궤양 치료에 사용한다. 수렴성이 있는 수피는 열병 · 설사 · 이질에 사용한다. 그리고 나무 조각을 다린 물은 이뇨 · 해열 · 구풍 및 폐와 비뇨기 질환치료나 뱀에 물렸을 때 해독제로서 쓴다. 시다우드 오일은 점액 제거 효과가 있으며, 만성 기관지염에 좋다.

심재에는 약 2.1%의 휘발성 오일을 얻는데, 오일에 들어 있는 주요한 화학적 성분은 세스퀴터펜인 himachalene)이 97 ~ 98%이며, 항경련작용이 있는 himachalo와 기타 cetophenone와 atlantone이 함유되어 있다. 수피에는 quercetin · deodarin · taxifolin 등이 함유되어 있다.

시다우드 오일은 고대 이집트에서 미라의 부패 방지를 위해 사용했다. 장롱이나 절의 사찰지을 때 시다우드나무로 만들면 방부작용이 뛰어나며, 벌레, 좀 등의 퇴치 기능이 있다. 지성 모발이나 건성 모발이면서 비듬, 습진에 효과가 있어서 호호바 오일과 섞어 두피마사지에 쓰거나 샴푸에 섞어 사용한다. 임신 중에는 사용하지 말아야 한다.

(52) 싸이프러스

과 명 : 측백나무과(Cuprssaceae)

학　명 : *Cupressus sempervirens* L.
영　명 : Cypress, Evergreen cypress
한자명 : 방백목(方柏木)

유럽 지중해의 사이프러스섬 원산으로 cyprus라는 이름은 이 나무를 숭배했던 cyprus 섬의 명칭에서 유래되었다. 온화한 기후의 아열대 아시아 · 유럽 · 북미에 약 20여 종이 분포한다. 상록침엽교목으로 높이가 25m에 달한다. 가지의 단면은 둥글거나 다소 네모지기 때문에 모가 난 백목이라는 뜻에서 방백목이라고 한다. 잎은 둔한 4각형이고 짙은 녹색이며 구과는 구형내지 타원형으로서 지름이 2~3cm이고 다음해에 성숙한다. 관상용 · 목재용으로 쓰인다. 같은 과의 다른 속에 속하는 식물 중 특히 편백류와 사이프러스 파인같이 수지(樹脂)가 분비되고 향기가 나는 상록교목을 보통 사이프러스라고도 한다.

잔가지와 잎에서 단맛이 나고 끈끈한 정유에는 pinene · terpinene · borneol · cedrol · limenene 등이 함유되어 있다. 사이프러스 정유는 수렴작용이 있어서 이뇨 · 발한 · 정맥류 · 농루 · 치질 · 잇몸 출혈 · 편도선염 · 기침 · 천식 · 기관지염 · 근육 경련 · 부종 · 순환기 장애 · 류머치즘에 효과가 있다. 또한 체내의 노폐물과 필요 이상의 땀, 지방을 제거시키는 효과가 있어서 군살제거에 좋으며, 여드름 · 지성피부 등의 스킨케어에 좋으며, 지성피부에도 효과적이다. 특히, 알파피넨은 목욕 · 마사지 · 확산흡입 등으로 발향시키면 무기력한 상태의 기분을 상승시키고 불안증을 치료하는 데 효과가 있다. 밤에 사용하면 심한 기침을 멈추게 하고 심신을 이완시켜 불면증에 효과가 있다. 또한 효과적인 방충, 방부작용을 한다.

사이프러스 정유를 이용한 목욕이나 마사지는 근육통 · 복통 · 생리통 · 관절염에 좋은 효과를 기대할 수 있다. 사이프러스 정유를 케리어 오일에 5%로 희석하여 피부에 도포하면 대부분 부작용이 없지만 사람에 따라서는 알파피넨이 알레르기 항원(allergen)으로 작용하는 경우도 있다. 어린이에게 좋으며 갱년기의 발한 이상과 생리를 호전시키는 작용이 있어서 여성에게도 좋으나 임신 중에는 사용을 금해야 한다.

(53) 아니스

과　명 : 산형과(Umbelliferae)
학　명 : *Pimpinella anisum*
영　명 : Anise

이집트 원산으로 유럽 · 터키 · 인도 · 멕시코를 비롯한 남미에 분포한다. 높이 30~50cm 정도로 근생엽은 둥그런 삼각 모양이고 줄기에 달린 잎은 우상엽이나 3장의 작은잎이 나온다. 꽃은 8~9월에 노란색이 도는 흰색으로 피고 열매는 분열과로서 달걀 모양이고 약간 납작하며 길이 5mm 정도로서 처음에는 짧은 털이 난다.

종자를 아니시드(aniseed)라고 하는데, 독특한 향과 단맛을 내는 아네톨(anethole)이 들어 있다. 과자 · 카레 · 빵 · 알콜음료 등의 향료로 쓰고, 증류하여 얻은 아니스유는 약용 · 향료 · 조미료 등으로 사용한다. 히브리·그리스·로마 사람들은 이 종자를 지니면 미치지 않으며, 베개에 넣고 자면 악마가 침범할 수 없다고 믿었다.

54 아르니카

과　명 : 국화과(Compositae)
학　명 : *Arnica montana*
영　명 : Arnica

유럽 원산의 다년생 숙근초로 알프스 고원, 독일 북서부, 북극 고원의 풀밭에 자란다. 높이 20～30cm 정도로 잎은 뿌리에서 나와 사방으로 퍼지고 줄기에서는 마주 달린다. 끝에서 가지가 갈라져서 두화가 1～3개 달린다. 꽃은 6～7월에 노란색으로 피며 지름 6～8cm이고 전체적으로 선모와 털이 빽빽이 난다. 꽃과 뿌리줄기는 쓴맛이 있으며 정유와 수지를 가지고 있다. 유럽의 민간에서는 옛날부터 꽃과 뿌리줄기를 만능약으로 사용하였다.

한방에서 신경통을 비롯하여 협심증·혈관확장·혈관경련 완화 등의 순환기 증세와 자상·치질 등의 지혈제로 사용한다.

55 아티쵸크

과　명 : 국화과(Compositae)
학　명 : *Cynana Scolymus* L.
영　명 : Artichoke

지중해 연안이 원산지인 다년생 초본으로 키 1.5～2m 정도이고 7～8월에 진분홍색의 꽃이 핀다. 꽃봉오리는 육질이 연하고 맛이 담백할 뿐 아니라 영양가도 많아서 단백질, 비타민 A·C, 칼슘, 철, 인, 당규, 이눌린 등이 함유되어 있고, 특히 당뇨병 환자에 인슐린 같은 작용을 하는 당류가 있어서 약용으로도 중요하다. 잎이나 뿌리 등에 있는 시나린 성분이 담즙 분비를 촉진하며 기능이 저하된 간장이나 쇠약해진 소화기의 치료에 쓰일 뿐 아니라 혈액중의 콜레스테롤을 내리는 것이 증명되고 있어서 유럽에서는 동맥경화의 치료제로 널리 쓰이고 있다. 또 이뇨작용과 정혈작용이 있어서 간장병·신장병·요단백에 사용한다. 쌉쌀한 맛을 우려내고 끓는 소금물에 살짝 삶아서 요리하며 생선·육류·채소 등과도 조화 잘 이룬다.

56 안젤리카

과　명 : 산형과(Umbelliferae)
학　명 : *Angelica archangelica* L.

영　명 : Angelica
한글명 : 서양 당귀

알프스지방 원산의 이년생 초본으로 유럽에서는 성령의 뿌리라고도 한다. 속명 *Angelica*는 "전달자"를 뜻하는 그리스어 angelos에서 유래되었다. 품종에는 안젤리카, 미국 안젤리카, 한국 안젤리카(참당귀), 중국 안젤리카(당귀) 등이 있다. 키 1~2m로 6~7월에 황록색 꽃이 핀다. 천사의 음식(angel's food)라고도 불리는데 강장·소화 촉진에 탁월한 효과가 있다. 빈혈증·이뇨·발한·구풍에도 사용하며 구강 청결제로 쓰인다. 뿌리와 씨에서 정유를 추출한 정유는 릭큐르주·브랜디 등의 부향제로 쓰인다. 줄기는 진경·진정·불면증이나 히스테리에 쓰이며 즙이 많기 때문에 설탕절임·잼·마멀레이드로 만들고 생선 요리의 부향제로도 쓰인다. 잎은 향기가 좋아 포푸리에 사용하고 향수를 추출하기도 하며, 레몬과 꿀을 섞어서 감기에 걸렸을 때 허브차로 마신다.

의약용이나 화장품의 용도로 상업적으로 재배한다. 뿌리는 여성들의 진정제, 강장제로 사용하고 술의 향료로도 쓰인다. 연한 줄기와 잎자루는 잘라서 케이크를 장식하는 데 사용하는데, 일본에서는 이것의 대용품으로 설탕에 절인 머위의 잎자루를 사용한다.

㉝ 야로우

과　명 : 국화과(Compositae)
학　명 : *Achillea millifolium*
영　명 : Yarrow
한글명 : 서양톱풀

유럽이 원산지인 다년생 초본으로 키 60~90cm이고, 6~10월에 흰색·핑크색·빨간색·노랑색의 꽃이 피며, 잎이 톱 모양이어서 서양톱풀이라고 불리운다. 약용이나 차·요리는 비타민과 미네랄이 풍부하여 어린 잎을 썰어서 샐러드에 넣고 나물로도 먹으며 꽃과 함께 릭큐르주의 부향제로 쓴다. 목욕제·포푸리·로숀 등에도 쓰이며 달인 물로 머리를 감으면 대머리 예방 효과가 있다고 한다. 꽃은 강장작용과 고혈압에 효과가 있으며 알레르기성 습진과 카타르에도 효과가 있다. 꽃에서 추출한 정유는 감기·관절염에 효과가 있고 뿌리는 다려서 근육강화제로 사용하나 과용은 위험하며 특히 임신 중에는 사용하지 말아야 한다.

㉞ 앵초

과　명 : 앵초과(Primulaceae)
학　명 : *Primula veris*
영　명 : Cowslip, Primula

한국명 : 취란화

우리나라 원산으로 일본·중국 동북부·시베리아 동부에 분포하는 다년생 초본이다. 높이 15~40cm로 6~7월에 맑은 보라색 꽃이 핀다. 학명 *Purimula veris*는 '첫째'를 의미하는 primus와 '봄'을 뜻하는 veris에서 유래하는 것으로 앵초가 봄에 가장 일찍 나오고 꽃을 피우는 식물에 속하는 것과 관련이 있다.

뿌리에 5~10%의 사포닌이 들어 있어 유럽에서는 뿌리를 감기·기관지염·백일해 등에 거담제로 사용하여 왔으며, 신경통·류머티즘·요산성 관절염에도 사용한다.

쥬리안은 같은 속의 서양종으로 영명을 primrose라고 하며 영국해안, 태평양 연안의 다습지역 및 중국 대륙에 이르기 까지 세계적으로 400종 이상이 자생하며 우리나라에도 10여종이 분포한다.

㉟ 에키나세아

과 명 : 국화과(Asteraceae)
학 명 : *Echinacea purpurea* (L.) Moench
영 명 : Purple coneflower

북미 원산의 숙근초이다. 방울뱀에 물리거나 독충에 쏘였을 때 해독제로 쓰였으며, 목안 염증 치료에도 사용되어 '인디언 허브'라고 불렸다. 줄기는 60~100cm 높이로 자란다. 지름 10cm 정도의 홍자색 두화가 7~10월까지 피며, 가운데 관상화는 적갈색이다. 꽃 수명이 길어 꽃꽂이 소재로 쓰이며, 포푸리로도 이용한다. 국내에는 1998년에 종자가 보급되었다.

에케나세아의 뿌리나 줄기는 항아레르기, 임파계 강화 등에 뛰어난 작용이 있다고 하여 천연의 항생물질로 주목 받고 있다. 에케나세아 추출물은 부작용이 거의 없이 병원균과 바이러스로부터 인체를 보호한다고 알려져 있다. 즉 종양 확대를 억제하여 암 환자의 면역기능 회복에 효과가 있으며, 헤르페스·인플루엔자의 감염 억제와 회복을 촉진하고, 피부병·습진·건선 및 백혈병·에이즈·결핵 등과 알레르기에도 도움을 준다.

이러한 에키나시아의 항병균이 숙주세포의 세포막을 파괴하여 숙주 세포 내로 침투하기 위하여 홀루로니다제(hyaluronidase)라는 효소를 생산해 내는데, 에키나시아의 특정 polysaccharide가 이 효소를 억제하여 병균의 침투를 막으며, 또한 에키나시아 추출물은 T-cell 등의 면역 기능을 증가시켜 바이러스와 암세포로부터 인체를 보호해 준다고 한다. 그러나 계속해서 8주 이상의 사용은 오히려 면역력 저하를 가져온다는 것이 밝혀져 2~6주간 복용 후 얼마 간 중단하였다가 다시 복용해야 한다고 한다.

㊿ 엘더

과 명 : 인동과(Caprifoliaceae)

학　명 : *Sambucus nigra* L.

영　명 : Elder, European elder

한글명 : 서양접골목, 서양딱총나무

　　유럽·아시아·북아프리카 원산의 낙엽활엽 관목이다. 높이 2 ~ 9m까지 자라는 허브이다. 여러 나라에서 신성한 나무로 여겨서 함부로 다루지 않는다. '엘더'란 이름은 '불꽃'이란 뜻을 가진 'oelder'라는 이름에서 비롯되는데, 어린 가지의 속을 빼내 불을 피웠다고 해서 붙여진 이름이다. 잎은 우상복엽으로 소엽은 타원형인데, 비비면 불쾌한 냄새가 난다. 꽃은 6 ~ 7월에 가지 끝에서 크림색 꽃이 촘촘히 모여 우산 모양을 이루며 좋은 향기가 난다. 열매는 검은색으로 즙이 많고 씨앗은 갈색의 타원형이다.

　　뿌리에서부터 열매까지 식물체 전부를 약용한다. 라임과 카모마일을 함께 말린 꽃으로 만든 허브차는 감기나 기침에 효과가 있다. 꽃의 증류액은 피부를 탄력 있게 해주는 엘더플라워 워터라 하여 화장수로 사용한다. 열매는 잼·젤리·시럽·식초·와인 등을 만들 때 넣는데, 특히 엘더를 넣은 와인은 감기·천식·류머티즘 등에 효과가 있다.

　　엘더의 약효는 특히 꽃과 열매에 많은데, 발한작용이 강해 아스피린 대용으로도 쓰이며, 최면효과도 있다. 꽃은 미용효과가 좋아 팩으로 이용하면 주름에 효과가 탁월하며, 열매를 장복하면 장수한다고 알려져 있다.

㉖ 엘레캠패인

과　명 : 국화과(Compositae)

학　명 : *Inula helenium* L.

영　명 : Elecampane, Scabwort, Yellow-starwort

　　유럽·북아시아가 원산지인 다년생 초본으로 키 2m 정도이고 5 ~ 9월에 노랑색 꽃이 핀다. 월경불순, 빈혈증 치료에 사용하였으나, 지금은 주로 건위 및 호흡기계통 질환의 치료제로 쓰인다. 몸을 따뜻하게 해주고 거담작용이 있어서 천식·기관지염과 폐의 감염증 치료제로도 쓰인다. 항균·항진균 작용도 중요한 작용 중의 하나이며, 담즙 분비도 촉진한다. 뿌리에서 뽑은 정유는 방부 및 살균작용이 있어서 외과용 치료제로도 쓰이는데, 옴 뿐만 아니라 헤르퍼스, 여드름 치료에도 효과가 있다. 뿌리에 함유된 이눌린은 단맛이 있으며, 익은 바나나 같은 향기가 있어서 설탕절임을 만들고, 캔디·릭큐·베르가모트 등의 부향제로 쓴다.

㉗ 오레가노

과　명 : 꿀풀과(Laviatae)

학　명 : *Oreganum Vulgare* L.

영 명 : Oregano, Wild marjoram
한국명 : 꽃박하

남유럽과 서아시아가 원산지인 다년생 초본으로 키 60cm 정도이고 5~7월에 보라에서 홍색의 꽃이 피고 생명력이 강한 품종으로 향과 맛이 뛰어나다. 고대부터 관상용 허브로 이용 되었는데 줄기와 잎, 꽃은 요리나 목욕재・포푸리・염색・장식품 등에 다양하게 쓰인다. 고대 그리스에서부터 약초로 이용된 오레가노의 침출액은 강장・이뇨・건위・식욕 증진・진정・살균작용이 있어 차를 끓여 마시거나 목욕제 등으로 사용한다. 살균과 해독작용이 있어 뱀이나 전갈 등에 물렸을 때 해독제로도 탁월하며, 집안에 개미가 침입하는 것도 방지할 수 있다. 배 멀미에도 효과가 있다.

정유는 거친 피부나 염증을 정화시켜 주고 재생 효과가 있으며, 수건에 묻혀 흡입하면 신경성 두통이나 불면증 치료에 도움이 된다.

(63) 오데코롱민트

과 명 : 꿀풀과(Laviatae)
학 명 : *Mentha piperita* var. *citrata* L.
영 명 : Orangemint, Eau De Cologne

내한성이 강한 다년초로서 30~50cm 내외 크기로 자란다. 들이나 습지에서 널리 자생하고, 교잡이 쉽게 되어 변종이 많은 편이다. 잎은 자주빛을 띤 진한 녹색으로 민트 중에서 가장 향이 진하다. 잎자루가 없고 줄기에 직접 잎새가 붙어 있다. 달걀 모양으로 둥글고 털이 없다. 7~10월에 수상화서에 백색 내지 연한자색으로 핀다.

오데코롱민트는 페퍼민트의 원예종(Mentha × piperita f. Citrata 'Eau De Cologne Mint')으로 줄기는 짙은 자주색이며, 잎은 녹색이면서 털이 없는 것이 특징이다. 식용이나 약용으로는 거의 사용하지 않으며, 화장품・목욕재・포푸리 등에도 쓰이나 주로 향수로 이용된다.

오데코롱 향수는 '콜로뉴의 물'이라고 하는 의미로서, 정식으로는 「오 드 콜로뉴」라고 한다. 1907년 'Johann Maria Farina'가 만든 방향성화장품의 일종으로 향기 지속시간이 짧고 가볍기 때문에 다량으로 사용되며, 스포츠나 입욕 후에 전신에 듬뿍 뿌린다든지, 실내용 향수로서 간편하게 이용된다.

(64) 오리스

과 명 : 붓꽃과(Iridaceae)
학 명 : *Iris florentina* L.
영 명 : Orris

한글명 : 향붓꽃

남유럽·스페인·아라비아·서아시아가 원산지인 다년생 초본으로 키가 40~60cm로 자라며 잎은 칼처럼 날렵하고 5~6월에 흰색 꽃이 핀다. 오리스는 마른 뿌리가 강한 바이올렛같은 달콤한 향을 지닌다.

뿌리에 철분·전분·수지·탄닌·당류 등이 함유되어 있는데, 뿌리를 말려 가루로 만든 것은 지금도 병으로 아파서 머리를 감을 수 없을 때나 머리 감을 시간이 없을 때, 이 가루를 드라이 샴푸로 사용한다. 휘발성인 향기를 고정시키는 작용이 있어서 포푸리나 포맨더의 보유재로 중요하게 쓰이는데 다른 향기와도 잘 어울린다.

⑥⑤ 워터크레스

과　명 : 미나리과(Umbelliferae)
학　명 : *Nasturtium officenale*
영　명 : Watercress
한글명 : 서양물냉이

유럽에서는 다년생 수생식물로 키는 30~50cm 정도이며, 잎은 진한 녹색이다. 흰색의 작은 꽃이 피며, 열매는 삭과이다. 추위에는 강하나 더위에는 약하다. 줄기를 잘라 물에 던지면 뿌리가 내려 자란다.

칼슘, 철, 인 등의 무기질이 많으며, 비타민 A·C도 매우 많이 함유되어 있다. 요오드가 많이 함유되어 있어 갑상선에 좋다. 유럽에서는 고기요리의 중요한 향신료로 사용된다. 혈액의 노화 방지와 강장작용·소화작용·해열작용이 뛰어난데, 특히 빈혈이나 임산부에 좋다.

⑥⑥ 유칼립투스

과　명 : 도금양과(Myrtaceae)
학　명 : *Eucalyptus globulus* Labill
영　명 : Blue gum tree, Silver-dollar tree, Eucalyptus

오스트레일리아가 원산지인 상록교목으로 코알라의 먹이이다. 수고 60~100m로 삼림상을 특징 짓는 세계에서 가장 키가 큰 나무 중의 하나이다. 오스트레일리아의 원주민인 미보리족은 이 식물을 모든 병의 만능약으로 쓰고 있다.

소염·청량·방부 등의 작용이 있어서 신경통·류마티스·화상·피부병 등에 도포하거나 맛사지용으로 쓰며, 거담작용도 있어서 기침·기관지염 등에 증기흡입요법으로 효과가 있다. 목욕제로 감기나 편두통·신경통에 효과가 있으나, 고혈압·간질 환자는 사용하지 말아야 한다. 벼룩·이 등에 대한 살충효과도 있으며, 잎에는 유카리유, 수피에는 탄닌, 수액에서 기노(kino)

가 얻어지며 목재는 우수한 건축재 · 펄프재이다. 최근에는 석유 식물로서 주목 받고 있다.

67 임파첸스

과　명 : 봉선화과(Balsaminaceae)
학　명 : *Impatiens walleriana* Hook
영　명 : Busy lizzy, Patience plant, Zanzibar balsam, Impatiens
한국명 : 아프리카 봉선화

　열대 아프리카가 원산으로 1년생 초본으로 5월 ~ 11월에 다양한 색깔의 꽃이 핀다. 반음지에서도 꽃이 잘 펴서 화단용과 분화용으로 이용한다. 속명은 라틴어의 impatience(참을 수 없는)에서 유래하였다. 이는 열매가 참을 수 없을 만큼 빨리 터져 종자를 내는 것에서 붙여졌다고 한다. 꽃요리의 재료로 쓰인다.

68 일랑일랑

과　명 : 아노나과(Anonaceae)
학　명 : *Cananga odorata*
영　명 : Ylang Ylang, Ilang Ilang

　열대 아시아 원산의 상록교목으로 높이 20m 정도 자란다. 가지는 버드나무처럼 늘어지며, 잎은 둥글게 구부러지면서 자란다. 반야생나무로 목질이 약하며, 모리셔스 · 타히티섬 · 마다가스카르 · 필리핀 · 코모로 등지에서 자란다. Ylang ylang은 말레이어로 '꽃 중의 꽃'이라는 뜻으로 모두 3종류이다. 꽃은 분홍색 · 연한 자주색 · 노란색이 있는데, 노란색 꽃의 경우는 처음에는 녹색이던 꽃이 변한 것이며 1년 내내 피었다가 진다. 라벤더에 필적하는 최고급 향료로 쓰인다. 싱가포르 가로수로 유명하다. 정유는 소독 · 진정 · 최음 · 항우울 · 혈압강하 · 혈액순환에 효과가 있으며 호르몬 분비의 평형을 유지시켜 주고, 생식기관의 장애에도 도움을 준다.

69 재스민

과　명 : 물푸레나무과(Oleaceae)
학　명 : *Jasminum* spp.
영　명 : Jasmine

　열대와 아열대에서 자라는 약 300종의 향기가 나는 상록 관목으로 북아메리카를 제외한 모든 대륙이 원산지이다. 대부분 덩굴손이 없이 기는 가지를 갖는다. 꽃은 흰색 · 노란색 또는 드물게 분홍색이며 나팔꽃 모양의 통꽃이지만 위쪽이 갈라져 바람개비처럼 생겼다. 열매는 대개

2갈래로 갈라진 검은 장과이다.

재스민(*J. officinale*)은 이란이 원산지이며 향기가 나는 흰색 꽃에서 향유를 얻어 향수를 만드는 데 쓰인다. 이 식물은 반짝거리는 잎과 여름에 무리지어 피는 꽃을 보기 위해 널리 재배된다. 소형화(*J. officinale* var. *grandiflorum*)는 히말라야 원산이며 흰색 꽃이 피고 향료를 채취한다. 청향등(*J. paniculatum*)으로 재스민차를 만들며, 만리화(*J. sambac*)의 향기가 나는 말린 꽃은 재스민차를 만드는 데 쓰인다.

우리나라에는 자생종은 없으나 중국 원산지인 영춘화(*J. nudiflorum*)가 서울 근처에서 월동하는데, 노란색의 꽃이 1송이씩 피며 언덕배기에 지피식물로 심고 있다.

⑦⓪ 제라늄

과　명 : 쥐손이풀과(Geraniaceae)
학　명 : *Pelargonium inquinans*
영　명 : Geranium

남아프리카 원산지의 다년생 초본으로 줄기는 높이 30 ~ 50cm이고 육질이다. 잎은 자루가 길고 심장 모양 원형이다. 꽃은 여름에 피고 긴 꽃줄기 끝에 자루가 있으며 산형화서로 달린다. 꽃이 피기 전에는 꽃봉오리가 밑으로 처졌다가 위로 향하여 피며 꽃의 색깔은 품종에 따라 다르다. 흔히 무늬제라늄을 말하며, 잎에 말굽 같은 검은 무늬가 있는 것을 무늬제라늄(*P. zonale*)이라고 하는데, 꽃잎이 보다 좁고 무늬가 있어서 구별이 되며 많이 가꾼다.

유럽에서는 관상용 화분 재배로 흔히 쓰인다. 재배가 쉬우며 관상용 외에도 꽃이나 잎을 채취하여 그대로 샐러드·아이스크림·케이크·젤리·과자의 향이나 장식으로 쓴다. 포푸리·차·목욕제·꽃다발·압화 등에 쓰며, 향수·비누·화장품 등에도 쓰인다.

⑦① 주니퍼베리

과　명 : 측백나무과(Cupressaceae)
학　명 : *Juniperus communis*
영　명 : Juniper berry
한글명 : 서양노간주나무

원산지는 유럽으로 전세계에서 재배되고 있다. 상록관목으로 크게 자라기도 하지만 보통 관목의 크기로 자란다. 자웅이주이며 소나무처럼 잎이 뾰족하고 짙은 녹색인 상록침엽수이다. 녹갈색의 꽃은 작은 녹색 열매를 맺는데 익으면 검은 자주색으로 변한다. 이를 말린 것이 흔히 주니퍼 베리라 부르는데, 진한 송진 냄새가 나며 달고 신맛이 난다.

열매는 이뇨작용을 하며, 열매에 함유되어 있는 정유에는 α-pinene, sabinene, myrcene 등이 함유되어 있는데, 예로부터 티베트에서는 역병 치료로, 고대 그리스·로마와 중동에서는 소독약으로, 몽골에서는 출산 여성에게, 프랑스와 스위스에서는 병원의 공기 정화에 사용되었으며, 유고슬라비아에서는 만병통치약으로 쓰여 왔다. 몸 안의 독소를 몸 밖으로 배출시키며 수분대사를 촉진한다. 림프순환을 촉진하여 독소를 제거하는 효능이 있어서 비만 등에 사용되며, 제독작용과 수렴작용이 있어서 여드름, 습진 등에도 이용한다. 신장 질환에 효과가 있으나 오랫동안 과다하게 복용하면 신장에 손상을 줄 수가 있으므로 이뇨제보다는 위와 장의 가벼운 경련이나 복부 팽만감 등의 소화기관 질환에만 사용하는 것이 좋다. 그러나 임산부나 신장이 안 좋은 사람은 사용하지 말아야 한다.

노간주나무 열매는 통째로 또는 굵게 부수어 사용하는데 북유럽 지역에서는 대중적인 향신료이다. 돼지, 닭, 토끼 등의 요리를 비롯해서 양배추를 기본으로 하는 요리에 잘 어울린다. 특히 진을 만드는데 필수적이며 마티니와 몇몇의 독일 맥주나 스칸디나비아 맥주의 향료로도 사용된다.

㉒ 진저

과　명 : 생강과(Zingiberaceae)
학　명 : *Hedychium coronarium*
영　명 : Ginger
한글명 : 꽃생강

동남아 원산의 단자엽 숙근초로 높이 90cm 정도이다. 보통은 생강속(Zingiber) 식생강꽃류(ginger lily)를 뜻하며, 현재 '진저(Ginger)'로 유통되고 있는 것은 *Hedychium coronarium*을 가리킨다. 꽃줄기 끝에 흰색·오렌지색 꽃이 꽃이삭을 이루며 향기가 진한 꽃이 여름에서 가을까지 핀다. 꽃은 식용화로 사용한다.

㉓ 차이브스

과　명 : 백합과(Liliaceae)
학　명 : *Allium schoenoprasum* L.
영　명 : Chives

유럽·시베리아가 원산지인 다년생 구근초화로 키 20～30cm이고 6～7월에 분홍색에 가까운 작고 귀여운 꽃이 반원형으로 피어난다. 작은 파 같이 생겼는데 요리의 향신료(치즈·오므렛·드레싱·샐러드·허브믹스·비네거·스프)나 염색·드라이플라워·화단의 액센트·사과과수원의 부패병 예방의 용도로 즐겨 쓰인다.

소화촉진·강장작용·혈압강하·방부작용·빈혈예방·정혈작용이 있으며 칼슘성분이 많아 손톱 및 치아 성장에 효과가 있다. 꽃과 뿌리는 건조시켜 보존하며 잎은 잘게 썰어서 냉동 보관하여 사용한다.

⑭ 창포

과 명 : 천남성과(Araceae)

학 명 : *Acorus calamus* var. *angustatus* Bess.

영 명 : Sweet flag

우리나라 원산으로 일본 · 중국 · 동부아시아 · 시베리아에 분포한다. 다년생 초본으로 잎의 길이가 70cm 정도이다. 잎은 근경 끝에서 총생하며 길이 70cm, 나비 1 ~ 2cm로서 선형이고 평행맥으로 중앙 엽맥이 뚜렷하다. 대검 같은 밑부분이 서로 꺼서 2줄로 나열된다. 꽃잎이 없는 수상화서가 6 ~ 7월경에 비스듬히 옆으로 달린다.

햇볕이 잘 드는 30cm 미만의 얕은 물속이나 물가 · 습지 등에서 자란다. 종자 번식은 거의 불가능하다. 좋은 환경에서 분주에 의한 증식율이 좋은 식물이므로 겨울철을 제외하고는 언제나 분주가 가능하다. 잎이 시원스럽고 특이한 녹색으로 관상가치가 높다.

연못 주변에 식재하여 조경용 식물로 이용하는데, 잎에는 특이한 향기가 있어 욕실용 향수나 입욕제 · 화장품 · 비누 등에 이용한다.

근경을 백창(白菖)이라 하며 약용한다. 연중 채취 가능하나 8 ~ 10월에 채취한 것이 좋다. 근경에는 정유 · tannin · 비타민 C · 녹말 · palmitin산 등이 함유되어 있다.

⑮ 챠빌

과 명 : 산형과(Umbelliferae)

학 명 : *Anthriscus cerefolium*

영 명 : Chervil

유럽 중동부와 서아시아가 원산지인 1년생 초본으로 키 30 ~ 60cm로 자라며, 5 ~ 6월에 흰색 꽃이 핀다. 그늘진 곳에서도 잘 자란다.

잎에서 짠 즙은 진통 완화와 소염작용이 있어 목욕제나 습포제로 이용하면 상처나 염증을 치료하는 데 도움이 된다. 벌레 물린 데 바르기도 하고 특히 피부를 청결하게 해주므로 거친 피부에 세정 효과를 볼 수 있다. 또한 탈모 방지나 주름살 방지에도 유용하다. 정혈 · 이뇨작용 · 흥분작용이 있어 저혈압에 좋다. 또한 줄기에서 나오는 침출액은 수렴작용이 있어 피부미용에 쓰며 관절염의 찜질약으로도 쓴다.

⑯ 캐러웨이

과 명 : 산형과(Umbelliferae)

학 명 : *Carum carvi* L.

영　명 : Caraway

　서아시아·유럽·북아프리카가 원산지인 2년생 초본으로 키 60~70cm로 5~6월에 백색 꽃이 핀다. 여름의 무더위에는 약한 편이며 이식을 싫어한다. 캐러웨이 씨는 아니스의 씨처럼 조미료 및 소화를 돕기 위해 빵·케이크·비스켓·쿠키 등을 구울 때 함께 넣었다. 영국에서는 캐러웨이 씨 케이크가 애플파이와 맞먹는 전통적 과자라 한다.

　캐러웨이 씨에는 소화 촉진 작용이 있으며, 잎과 뿌리에는 내분비선·신장 기능을 강화하는 성분이 있다. 빵이나 과자 외에 양배추의 소금 저림에도 넣고 감자·호박·시금치·당근·콩·양파 등에 부향제로 즐겨 쓰며, 시럽·조림·스프·화이트 소스 등, 용도가 다양하다.

⑦⑦ 캐모마일

과　명 : 국화과(Compositae)
학　명 : *Matricaria recutita* (chamomilla) L.
영　명 : Chamomile

　인도와 유럽이 원산지인 1년생 초본으로 키 50~80cm 정도이고 5월 경에 흰색 꽃이 핀다. 꽃은 달콤한 사과향이 나는데, 노지나 정원에 심으면 바람에 흔들릴 때마다 그 향기가 그윽하게 퍼져 나간다. 주로 꽃을 이용하는데 꽃꽂이·포푸리·목욕제로 다양하게 쓰인다.

　목욕재로 쓰면 심신의 긴장을 푸는 데, 좋으며 전신 미용 효과도 크다. 차로 마시면 불면증과 미용에도 좋으며, 감기·신경통·류마티스·여성의 냉증에도 좋다.

⑦⑧ 컴프리

과　명 : 지치과(Boraginaceae)
학　명 : *Symphytum officinale* L.
영　명 : Comfrey

　유럽 원산의 다년생 숙근초로 높이 60~90cm 정도로 자란다. 가지가 갈라지며 전체에 거친 흰색 털이 빽빽이 있다. 잎은 난형으로 뾰족하다. 꽃은 6~7월에 자주색·분홍색·흰색으로 피고, 끝이 꼬리처럼 말린 꽃대 위에 달린다. 열매는 소견과이고 분과는 달걀 모양이다. 뿌리에 녹말이 있으므로 먹을 수 있고, 식물체는 사료로 사용한다.

　비타민과 미네랄을 다양하게 함유하고 있고 비타민 B_1·B_2·B_{12}·C·E·칼슘·철분·유기 게르마늄 등이 함유되어 있으며, 특히 B_{12}와 유기 게르마늄을 다량 함유하고 있는 것이 큰 특징이 있다. 비타민 B_{12}는 다른 채소류에서는 거의 보이지 않는 성분으로 악성빈혈의 치료 및 예방에 좋다.

　컴프리는 고대 그리스 시대부터 사용하여 온 치료 허브로 골절에 탁월한 치료 작용을 가지고

있으며, 설사·대장염·이질·기관지염·위궤양·월경불순 등, 많은 종류의 병증(病症)에 적용
된다. 그러나 근래에 컴프리에 있는 알칼로이드(pyrrolizidine alkaloids)가 간질환 및 암의 원인
이 되는 것이 알려진 이후로 내복으로는 금하고 있다.

⑦⑨ **케러웨이**

과　명 : 산형과(Umbelliferae)
학　명 : *Carum carvi* L.
영　명 : Caraway

　원산지가 서부아시아, 유럽, 북아프리카인 2년생 초본으로 내한성이 강하다. 고대 로마인들이
뿌리를 우유와 섞어 찐 것을 "카라(chara)"라 부른 데서 이름이 유래되었다. 키는 60 ~ 70cm로
자라며 당근 잎처럼 잘게 찢어지는 우상복엽으로 실처럼 가늘게 찢어지고 향이 있다. 6월에 꽃
대 끝에 작은 흰색 꽃이 산형화서로 핀다. 꽃 핀 뒤 녹색의 쌀알 같은 열매가 많이 달리는데,
익으면 갈색이 되며 건조하면 분리되어 반달모양의 씨가 된다. 뿌리는 당근처럼 비대해진다.

　고대 이집트에서 이미 향미식물로 사용하였으며, 그것이 고대 그리스와 로마로 이어졌다. 캐
러웨이의 씨는 "아니스의 씨"처럼 조미료로서 빵·케이크·비스켓·쿠키 등을 구울 때 함께
넣으면 소화작용을 촉진시켜 주며, 뿌리는 내분비선과 신장 기능을 강화한다.

　캐러웨이는 빵이나 과자 외에 양배추 소금 저림에도 넣으며, 채소요리(감자·호박·시금
치·당근·콩·양파 등)의 부향제와 시럽·스프·화이트소스 등으로 다양하게 이용된다.

⑧⓪ **커리플랜트**

과　명 : 국화과(Compositeae)
학　명 : *Helichrysum angustifolium*
영　명 : Curry plant, Everlasting

　유럽 남서부 원산으로 전세계에 분포한다. 높이 60 ~ 100cm로 속명인 *Helichrysum*은 그리스
어로 태양과 황금이라는 의미에서 유래되다. 잎은 솔잎처럼 생겼고 은록색을 띠며, 꽃은 황금색
이다. 열매는 광택이 있는 원통형으로 흰색이다. 잎과 꽃에서 카레의 향기가 난다고 해서 커리
플랜트라는 이름이 붙었지만 카레에 사용되지 않으며, 주로 향신료나 오일로 사용된다.

　잎은 소화·식욕증진·구풍제·구토증에 쓰며, 육류나 생선 요리의 냄새 제거에 쓴다. 각종
요리에 카레향을 내기 위한 용도로 자주 이용되나 향이 진하여 오래 끓이면 쓴맛이 짙어지므로
요리 끝 무렵에 잠깐 넣고 끓인 후 건져내어야 한다. 잎을 먹으면 위장에 이상을 일으킨다. 씨
의 정유는 소염제·권태·우울증에 효과가 있으며, 기관지나 폐의 기능을 활성화시켜 주기도
한다. 포푸리·드라이플라워로 집안에 걸어두면 방충효과도 있다.

⑧ 캣트니프

과 명 : 꿀풀과(Laviatae)
학 명 : *Nepeta cataria* L
영 명 : Catnip

고양이가 좋아하는 식물이라 하여 캐트니프(catnip)라고 한다. 유럽·북미·서아시아·중국이 원산지인 다년생 초본으로 키는 50~100cm로 6~7월에 노랑색 꽃이 핀다. 개박하라고도 하며 중국이나 인도에서 홍차가 전해지기 전까지는 유럽에서 허브차로서 즐겨 마셨다.

특히 꽃봉오리에 약효가 풍부하여 최면작용·발한작용·해열작용 등이 뛰어나고, 정신 불안정·신경 쇠약 등에 좋으며, 위장장해 특히 어린이의 설사에 잘 듣는 지사제로 알려져 있다. 어린 싹으로 만든 잼은 악몽을 막아준다고도 전해오며 불임과 진통에도 효과가 있다고 한다. 또한 캣트닛프 술은 우울한 기분을 전환시켜 주며, 뿌리를 씹으면 순한 사람도 거친 성격으로 바뀐다고 하여 옛날 유럽 사형 집행인은 이것을 먹고 형을 집행하였다고 한다.

⑧ 코리안더

과 명 : 미나리과(Umbelliferae)
학 명 : *Coriandrum sativum*
영 명 : Coriander

차이니스 파슬리라는 별명이 있는 허브로 고수라고도 한다. 지중해 연안, 이탈리아가 원산지이다. 1년생 초본으로 키 40~60cm로 봄에 흰색 또는 분홍색 꽃이 핀다.

씨가 탄수화물의 소화 작용이 뛰어나 고대 로마 때부터 빵이나 케이크를 구울 때 함께 넣고 구웠으며, 복통 치료제로도 썼다. 또한 강장효과가 뛰어나 유럽에서는 차나 스프로 만들어 병후의 환자에게 마시게 한다. 씨에서 뽑은 정유는 향수·캔디·빵 제품·소시지·비스켓·쿠키·수프 및 릭큘·진 같은 주류의 부향제로 쓰며, 오이 피클에도 뺄 수 없는 부향제이다. 중세에는 미약이나 최음제로도 사용하였다.

한방에서는 호유실이라 하여 건위소화·구풍·진해 등의 약효가 있으며, 중국에서는 씨를 먹으면 불로불사한다는 전설이 있다.

⑧ 콘프라워

과 명 : 국화과(Compositeae)
학 명 : *Centaurea cyanus* L.
영 명 : Cornflower, Centaurea

한글명 : 수레국화, 팔랑개비국화, 선옹초

  유럽 동부와 남부 원산의 1~2년생 초본이다. 사랑과 희망을 상징하는 콘플라워는 1925년 투탕가멘의 미라를 발굴할 당시 회색으로 변색되었지만 형태는 그대로였다고 하는 오래된 허브이다. 약 500여종이 있으나 그 중 원예용으로 많이 쓰이는 것은 시아누스종(*C. cyanus*)으로 추파일년초이다. 높이 30~90cm이고 가지가 다소 갈라지며 흰 솜털로 덮여 있다. 잎은 거꾸로 세운 듯한 바소꼴이며, 깃처럼 깊게 갈라지지만 윗부분의 것은 줄 모양이고 가장자리가 밋밋하다. 꽃은 여름에서 가을까지 피지만 온실에서 가꾼 것은 봄에도 핀다. 꽃색은 주로 자색이며, 이외에도 백색·분홍·자주색·복합색 등으로 다양하다. 두화(頭花)는 가지와 원줄기 끝에 1개씩 달리고 많은 품종이 있으며 색깔이 다양하다. 모두 관상화이지만 가장자리의 것은 크기 때문에 설상화같이 보인다.

  꽃, 잎, 줄기로는 포푸리·요리·미용·차등에 쓰인다. 꽃잎은 샐러드나 차를 만드는 데 이용한다. 꽃의 침출액을 수렴성이 있는 산성 화장수로 쓰고, 눈이 피로하거나 염증이 있을 때에는 잎의 침출액을 안약으로도 쓴다. 기관지염이나 기침에도 효과가 있다. 허브 가든에서 관상용으로 기르는 것 외에 꽃이나 줄기를 말려 드라이플라워나 포푸리에 이용한다.

⑭ 클로브

과 명 : 도금양과(Myrtaceae)
학 명 : *Syzygium aromaticum* (L.) Merrill & Perry syn.
영 명 : Clove
한자명 : 정향(丁香)

  인도네시아 몰루카제도와 뉴기니아가 원산인 열대산 상록교목으로 손톱이라는 의미를 가지고 있다. 고대 이집트의 미라에 사용한 향과 방부작용이 탁월한 허브로 칼더먼(cardamon)과 함께 사프란에 버금가는 값비싼 향료식물로 개화하면 향이 약해지므로 불그레한 갈색 꽃봉오리를 사용한다.

  키가 8~19m까지 자라는 상록수이다. 선점(腺點)이 있는 잎은 작은 잎을 사용한다. 탄자니아의 일부인 잔지바르 제도가 세계의 최대생산지이며, 마다가스카르와 인도네시아에서도 생산한다. 향기가 강하고 매우며 톡 쏘는 맛이 난다. 많은 음식 중 특히 육류와 제과류의 맛을 내는 데 쓰이며, 유럽과 미국에서는 크리스마스 고기 음식에 독특한 맛을 내는 향신료로 쓴다.

  꽃봉오리에 14~20％의 정유를 함유하는데, 주요성분은 방향성 기름인 유게놀(eugenol)이다. 유게놀은 톡 쏘는 맛이 강한데, 살균제·향수·구취 제거제를 만들거나 바닐린 합성에 이용하며 감미제 또는 강화제로 쓴다. 또한 치통을 치료하기 위한 국부 마취용으로도 쓰이며, 현미경 관찰 때 슬라이드를 닦는 데도 사용한다.

⑧⑤ 타임

과　명 : 꿀풀과(Laviatae)
학　명 : *Thymus vulgaris* L.
한국명 : 사향초(麝香草), 백리향(百里香)
영　명 : Thyme

　지중해 연안과 유럽이 원산지이다. 상록성 저목으로 줄기는 15～30cm까지 자라며 5～7월에 연분홍 꽃이 핀다. 풀 전체에서 향이 나는데 잎과 잎 달린 가지를 이용한다.

　타임의 정유는 살균·방부 강장·소화촉진·항균작용이 있으며, 차는 수면·두통·우울증·빈혈·피로·진해에 효과가 있다. 또한 방부작용과 항균작용이 있어서 고대부터 시체를 보관하거나 항생제 또는 외과 소독약으로도 사용하였고, 양치질용 함수제(含漱劑)로도 이용되며, 잠이 오지 않을 때는 정유 한두 방울을 베개에 뿌리고 자면 잠이 잘 온다고 한다.

⑧⑥ 타라곤

과　명 : 국화과(Compositae)
학　명 : *Artemisia dracunculus* L.
영　명 : Tarragon

　남유럽이 원산지인 다년생 초본으로 키 50～60cm 정도이고 7～8월에 노랑색 꽃이 핀다. 타라곤 잎은 향이 강하여 소량을 사용하며 후추와 비슷한 향이 있어 버터·비네거·오일·피클 등에 다채롭게 이용된다. 잎은 소스나 샐러드·스프·생선 요리 등에도 사용하며, 올리브유나 비네거에 넣어 요리의 향을 내기도 한다. 타라곤 차는 식욕증진·건위·소화불량 또는 체한 데나 복부팽만에 효과가 있다. 잎의 침출액은 통풍·류머티즘·관절염 등에 좋고 목욕재로도 효과가 있다. 또한 산화방지와 살균작용이 있고 불면증에도 좋으며 목욕재로 쓰면 혈행을 좋게 한다.

⑧⑦ 탄지

과　명 : 국화과(Compositae)
학　명 : *Tanacetum vulgare* L.
영　명 : Tansy

　영국과 북유럽이 원산지인 다년생 초본으로 키 60～90cm 정도이며 6～7월에 노란색 꽃이 핀다. 잎과 꽃을 사용하며, 이 식물에 불로장수의 효험이 있다고 하여 관 속에 함께 넣었다고 한다. 또한 잎을 주머니에 담아 옷장 서랍에 넣어 방충제로 썼으며, 식품 창고와 부엌의 창이나 문 위에 매달아 놓아 파리의 접근을 막았다. 침대 속에 넣어 두면 벼룩을 퇴치하며, 또한 잎을 육류의 표면에 문질러 두면 파리가 꼬이는 것을 막을 수 있다.

음용하면 히스테리·신경쇠약·피부병에 효능이 있으며, 외용하면 미용 효과가 있어서 주근깨·기미·여드름 및 햇볕에 그을린 데에 좋으며 잎에서 추출한 정유는 향수나 목욕재로 쓴다.

⑧⑧ 티트리

과　명 : 도금양과(Myrtaceae)
학　명 : *Melaleuca alternifolia*
영　명 : Tea tree, Medical tea tree

호주 원산의 상록교목으로 호주 뉴사우스웨일스주가 자생지이다. 속명인 *Melaleuca*는 mela (흑)와 leuca(백)의 합성어인데, 나무의 겉껍질과 속의 색 대비를 나타낸 것이라 한다. 높이 약 7m까지 자라는 상록소교목으로 잎은 녹색 침상이고, 4~8월에 크림색 꽃이 피며 열매는 잘고 목질이다. 늪지대에서 자라며 생명력이 강해서 줄기를 잘라내도 잘 자란다.

1770년 호주에 상륙한 영국의 제임스 쿡 선장이 이 과에 속하는 나무 잎으로 차를 만들어 마신 것이 유래되어 tea tree라고 불리우나 150여 종이나 되는 *Melaleuca*속은 정유용으로 이용할 뿐 차로 이용하지 않으며, 같은 과의 마누카(*Leptosperumum scoparium*)와 레몬티트리(*L. petersonii*)의 잎을 차로 이용한다.

*Melaleuca alternifolia*는 공기를 상쾌하게 정화하는 작용이 있다. 호주 원주민들은 이미 오래 전부터 티트리 나무의 잎으로 상처 감염 치료에 사용하였으며, 제2차 세계대전 중에는 열대지방 군인의 피부창상의 치료제로 사용되었다. 근래에는 외과와 치과에서 사용되며, 살균소독제·탈취제·비누·공기정화제에 넣어 사용한다. 정유는 각종 감염증·구취·무좀·비듬·백선·여드름 등의 살균과 스킨케어에 효과가 있는데, 자극성이 강하기 때문에 원액을 희석시켜 사용하는 것이 좋다.

⑧⑨ 팬지

과　명 : 제비꽃과(Violaceae)
학　명 : *Viola wittrockiana*
영　명 : Pansy, Heartsease

유럽 원산인 야생 팬지(*Viola tricolor*)가 그 조상으로 가장 오래된 화훼식물 중 하나이다. 1년 생 또는 다년생으로 키가 15~30cm 자란다. 벨벳 같은 꽃은 대개 푸른색·노란색·흰색이 서로 섞여 있으며 지름이 2.5~5cm이고 5장의 꽃잎으로 되어 있다. 우리나라에는 1912~1926년 경에 들어온 것으로 알려져 있는데, 봄에 화단이나 길가에 널리 심고 있다.

식물체 전체를 삼색근이라 하여 약용하는데 기침에 효과가 있다. 잎과 줄기에 violutoside가 함유되어 있으며, 꽃에는 정유 외에 rutin · saponin · 비타민 A · C 및 다량의 tocopherol이 함유되어 있다. 또한 카로테노이드 성분의 lycopen · lutein · phytofluene이 함유되어 있어 꽃잎을 샐러드로 쓴다. 추출물의 우쿠아-포린이라는 단백질이 세포에 보습작용을 한다.

⑨⓪ 페튜니아

과　명 : 가지과(Solanaceae)
학　명 : *Petunia hybrida* hort. Vilm-Andr.
영　명 : Petunia

남아메리카 원산의 초본으로 본래는 다년생 성질을 가지고 있으나, 우리나라에서는 노지에서 월동이 불가능하여 춘파 일년초로 취급하고 있다. 페튜니아는 팬지와 더불어 우리나라에서 화단이나 가로변 등을 장식하는 대표적인 초화이다. 페튜니아는 브라질의 원주민들이 담배꽃과 닮았다 하여 피튠(담배라는 뜻)이라고 부른 데서 그 이름이 생겼다고 한다.

꽃은 나팔꽃을 연상시키고 초장 30cm 미만으로 홑겹 · 반겹꽃 · 완전 겹꽃이 있고 꽃색 흰색 붉은색 등, 다양한 색상을 지니며 화단이나 행잉 바스켓으로 이용하기 알맞다.

1930년 우장춘 박사가 겹꽃 페튜니아 꽃의 육종합성 성공과 '유채에 있어서의 종의 합성 (1936)'으로 세계적으로 인정받는 육종학자가 되는 계기가 되었다

⑨① 페퍼민트

과　명 : 꿀풀과(Lamiaceae)
학　명 : *Mentha piperita*
영　명 : Peppermint

원산지가 유럽인 다년생 숙근초이다. 워터민트(*Mentha aguatica*)와 스피어민트(*Mentha spicata*)의 교잡종으로, 냄새가 후추(pepper)와 같다고 하여 페퍼민트라는 이름이 붙여졌다.

높이 90cm 정도이며, 잎은 계란형으로 잔털이 있으며, 꽃은 6~7월에 보라색 꽃이 잎겨드랑이에서 핀다.

정유는 잎에 많이 함유되어 있고, 꽃이 피는 오전이나 아침 이슬이 마를 무렵에 함량이 가장 높다. 정유의 주요 성분인 멘톨은 피부와 점막을 시원하게 해주고, 항균과 통증 완화에 효과적이어서 고대 이집트에서는 식용과 약용 및 방향제로, 고대 그리스와 로마에서는 향수 외에에 원기 강화제와 목욕 첨가제로 사용하였다.

정신적 피로 · 우울증, 신경성 발작 등에 효과가 있으며, 해열과 발한을 돕는다. 감기 · 천식 · 기관지염 · 폐렴 · 폐결핵 · 식중독 · 신경통 등에 효과가 있다.

㉜ 한련화

과 명 : 한련화과(Tropaeolaceae)
학 명 : *Tropaeolum majus* L.
영 명 : Nastertium

중남미·페루·콜롬비아가 원산으로 원산지에서는 다년생이지만 우리나라에서는 1년생 초본으로 취급한다. 유럽에서는 승전화라고 하며 화분과 화단에 심는다. 잎이 연잎을 닮았다 하여 한련이라고 한다. 꽃잎은 나팔 모양으로 겹꽃도 있으며, 꽃은 온도가 적당하면 주황·노랑·빨강색 꽃이 연중 피므로 허브 가든을 꾸미는 데 좋다. 종자로 번식하지만 덩굴을 잘라서 꺾꽂이를 해도 뿌리가 잘 내린다.

잎에 비타민 C와 철분이 다량 함유되어 있어서 크래손처럼 괴혈병 예방에 효과가 있으며 감기에 걸렸을 때 차로 마시면 좋다. 살균 효과가 있어서 즙을 내어 바르기도 하고 병충해 예방 효과가 있어서 유럽에는 흔히 감자나 래디쉬 곁에 심는다. 꽃은 독특한 향기가 있고 열매는 매운 맛이 있어서 덜 여문 녹색일 때 따서 피클로 만들고, 고운 강판에 갈아서 향신료로 쓴다. 씨도 후추처럼 갈아서 향신료로 이용한다.

관상용·식용(요리·차)·약용으로 사용되는데, 강장제·소화촉진·살균·항균·감기에 사용하며, 모발과 두피 보호 작용도 있다. 잎·꽃·미숙과는 그대로 먹을 수 있어서 대표적인 식용화로 샐러드나 샌드위치 등에 이용한다. 차로서 단독으로 음용하지 않고 주로 기관지염이나 요도염을 치료하는 허브와 블렌딩한다. 자극성이 있어서 위와 장에 궤양이 있는 사람은 피해야 한다.

이름이 비슷한 식물 중에 한련초(*Eclipta prostrata*)가 있는데, 국화과의 약용식물로 nastertium이라고 불리는 활련화와는 생김새부터 다르다.

㉝ 헤이즐넛

과 명 : 자작나무과(Betulaceae)
학 명 : *Corylus maxima*
영 명 : Hazelnut, Filbert, Cobnut

자작나무에 속하는 낙엽활엽의 관목으로 잎은 난형이고 약간 씩 잎이 갈라지며 잔 톱니가 있다. 자웅동주로 3월 경 암수 단성화가 함께 피며, 열매는 작은 밤과 같이 생겼다. 커피향의 첨가제로 잘 알려져 있다. 헤이즐넛향 커피는 커피 원두에 헤이즐넛 추출물 약간을 섞거나, 인공으로 만든 향을 넣어서 만든다.

오븐이나 프라이팬에 구워서도 많이 먹는데, 구우면 껍질이 쉽게 벗겨져 그대로 식용할 수 있다. 우리나라 개암 열매와 성분이 달라서 탄수화물이 9.3%, 단백질이 14.9%, 지방 65.6%로

지방과 단백질이 많아 영양적 가치가 높다. 헤이즐넛의 지방은 단순불포화 지방으로 항암물질인 택솔(taxol)이 함유되어 있다.

헤이즐넛의 주생산지는 터키로 흑해 주변 지역에서 전세계의 70%가 생산된다. 헤이즐넛이 가장 많이 사용되는 곳은 커피 외에 제과, 제빵에 쓰이며, 얇게 잘라서 디저트의 토핑으로 사용하기도 한다. 또한 잘게 부셔서 쿠키에 섞거나, 가루 상태로 된 것은 케이크 만들 때 밀가루와 섞어서 사용하기도 한다. 헤이즐넛에서 짜낸 기름은 자외선을 차단해주는 효과가 있어서 화장품이나 샴푸, 비누에도 사용된다.

⑨④ 헬리오드롭

과　명 : 지치과(Boraginaceae)
학　명 : *Heliotropium arborescens* L
영　명 : Heliotrope

남미가 원산지인 1년생 또는 다년생 초본으로 키 30～50cm 정도로 5월 경에 짙은 보라색 또는 흰색의 꽃에서 바닐라 같은 달콤한 향기가 나는 식물이다. 학명은 그리스어의 태양과 회전하다의 합성어로서 꽃이 태양을 따라 회전한다는 뜻으로 그리스 신화에서 비롯된 이름이다. 헬리오드롭은 독특하고 달콤한 향기로 영국의 빅토리아 시대에는 향수의 원료식물로서 다량 재배하였으며, 지금도 고급 향수로 귀히 여긴다. 건조시킨 포푸리나 꽃다발에 자주 이용되는 향료식물이다.

⑨⑤ 호호바

과　명 : 호호바과(Simmondsiaceae)
학　명 : *Simmondsia chinensis* (Link) C. K. Schneid.
영　명 : Jojoba

아리조나・캘리포니아・멕시코 등이 원산지이다. 호호바과의 단일종 관목으로 키는 1～2cm 정도이다. 'Jojoba'로 표기되나 원주민의 표현대로 '호호바'로 발음한다. 아직 분류체계가 명확치 않으나 석죽목의 호호바과로 분류되고 있다. 잎은 난형으로 넓고 두터우며, 표면에 wax 층이 발달되어 있다. 꽃은 작고 노란빛이 도는 녹색이다. 자웅이주이나 드물게 자웅동주도 있다. 열매는 난형의 견과로 1～2cm이며, 씨는 진한 밤색으로 단단한 난형으로 약 54%의 액상 wax(hohoba oil)를 함유하고 있는데, 드물게는 사람에 따라서 알레르기를 유발하기도 한다.

호호바 오일은 C36～C46의 긴 탄소 사슬로 이루어져 있으며, 식물성 오일보다는 사람이나 고래의 피지와 유사하여 정유의 캐리어오일로 사용되며 바이오디젤의 원료로도 쓰인다.

⑯ 후랑킨센스

과 명 : 감람나무과(Burseraceae)
학 명 : *Boswellia sacra* Flueck
영 명 : Frankincense tree

원산지는 중동의 오만과 예멘으로 에티오피아, 이란·레바논·중국 등의 건조 지역에 분포한다. 키 2 ~ 8m 정도의 낙엽 활엽수로서 잎은 우상복엽으로 소엽은 대생이다. 꽃은 담황색의 작은 꽃으로 열매는 유백색으로 발삼의 레몬 냄새가 난다. 껍질이 종이처럼 쉽게 벗겨지는데, 나무껍질에 상처를 내어 기름 형태의 수지를 채취한다. 우유빛 수지는 황색에서 오렌지 및 갈색의 결정체가 된다.

오일 중에는 octyl acetone·pinene·inalool insencyl acetate·insensole·damphene·bornyl acetate이 함유되어 있는데, octyl acetone이 52%로 대부분을 차지한다.
오일에는 진정·강장 효과와 함께 상처치유·세포생장·피지·노화피부에 좋으며, 그밖에 방부·수렴·구풍·이뇨·통경 작용이 있다.

⑰ 휀넬

과 명 : 미나리과(Umbelliferae)
학 명 : *Foeniculum Vulgare*
영 명 : Fennel

지중해 연안이 원산지이며 중국명이 회향(茴香)이다. 다년생 초본으로 키 1.5 ~ 2m 정도로 6 ~ 8월에 노랑색 꽃이 핀다. 역사가 오랜 재배 식물로서 약초인 동시에 향신료로 쓰였다. 생약의 방향성 건위제·구충제로 위통·위확장·복통 등의 치료제로 쓰며, 젖이 부족할 때 최유제로도 이용된다. 또한 이뇨작용이 있어서 체중 감량·비만 방지에 사용한다. 특히 과식의 소화 촉진과 어린이의 복통약으로 쓰며 진해 거담과 감기에 쓴다.

휀넬유는 어린이의 기관지염·백일해의 거담제제로 쓰이며 소스·빵·카레·피클·릭큘·진·도주 등의 부향제로 큰 비중을 차지하고 있으며, 생선 비린내·육류의 느끼함과 누린내를 없애는 데 쓴다.

⑱ 휘버휴

과 명 : 국화과(Compositae)
학 명 : *Tanacetum parthenium*
영 명 : Feverfew

서아시아·발칸반도·남유럽이 원산지로 다년생 초본으로 국화를 닮아서 화란 국화라고도 한다. 키 45 ~ 60cm로 5 ~ 8월에 노랑색 꽃이 핀다. 그리스어로 불꽃이라는 어원을 가지고 있는데 뿌리가 매운 때문이라고 한다. 몇 천 년 전부터 약초로 쓰였으며 아스피린처럼 두통에 효과가 있어 가정 상비약으로 쓰인다. 살균제 · 강장제 · 진정제 · 소화제 · 하제 등으로도 이용되며 열병 · 두통 · 편두통 · 월경이상 · 임신통 · 유산 · 치통 · 위통 · 벌레 쏘인 데에 쓰이고 고질화된 편두통이나 관절염에 효과가 있다.

강한 약 냄새 같은 향기와 쓴 맛이 있어 살충제 및 구충제로 주머니에 넣어 옷장 서랍에 넣어두기도 한다. 목욕재로 피로 회복 · 진통 작용이 있다.

㉙ 히비스커스

과 명 : 아욱과(Malvaceae)
학 명 : *Hibiscus rosa-sinensis* L.
영 명 : Hawaiian Hibiscus, China Rose, Chinese-Hibiscus, Shoe-flower, Blacking Plant
한글명 : 하와이무궁화, 불상화

원산지가 동인도, 중국으로 높이 2 ~ 5m 정도의 상록관목으로 가지가 많이 갈라진다. 잎은 길이 9cm 내외로 잎넓은 달걀 모양이고 끝이 뾰족하며 불규칙한 톱니가 있다. 잎 표면은 광택이 있으며 진녹색이다. 꽃은 넓은 깔때기형이고 새가지 윗부분의 겨드랑이에 1개씩 달린다. 꽃잎은 붉고 5개이며 수술은 통처럼 합쳐져서 끝에 많은 꽃밥이 달린다. 암술은 수술보다 길고 끝이 5개로 갈라진다. 여름부터 가을에 걸쳐 꽃이 피지만 적당한 온도가 유지될 때는 연중 꽃이 핀다. 미국 하와이주에서 3,000종 이상이 개발되었고 주화(州花)로 되어 있다.

꽃을 허브차로 마시며 신맛이 난다.

㉑ 히솝

과 명 : 꿀풀과(Laviatae)
학 명 : *Hyssous officinalis* L.
영 명 : Hyssop

지중해 연안과 남유럽 및 중앙 아시아가 원산지이며, 다년생 상록 초본으로 키 40 ~ 60cm 정도로 7 ~ 9월에 청자 · 핑크 · 백색 꽃이 핀다. 버드나무 잎과 닮았고 향은 박하향처럼 강하다. 약용 및 차로 쓰며, 지방질이 많은 육류 요리에 향신료로 쓰인다.

강장 · 건위 · 거담 · 구풍 · 진정 · 발한 · 이뇨 · 수렴 · 진경 · 진해작용이 있다. 침출액은 호흡기계통의 질환인 기관지염 · 감기 · 인후통 등의 진정 진해 거담제로 쓰인다. 차는 소화불량 · 천식 · 감기에 잘 들고, 히스테리 · 류마티스에 효과가 있다. 정유에는 살균작용 · 항바이러스 작용이 있으며, 염증 · 위통증 · 혈액정화 · 감기 · 기침 · 목염증 · 식욕 억제 · 집중력 향상에 좋다. 고혈압이나 임산부는 주의를 요한다.

제5장 식물 자원의 개발

Applied Plant Science

지구상에 현존하는 식물은 미발견종을 포함하면 약 50만 종으로 추산된다. 그러나 현재 사람들이 이용하고 있는 식물들은 전체 식물 중 약 0.3%인 1,600여 종에 불과하다. 이처럼 대부분의 식물들은 아직 그 용도를 정확히 모르거나 전혀 알 수 없는 식물들이 대부분이므로 체계적인 연구가 필요하다.

제1절 공업용식물

천연자원으로서의 식물을 이용하여 섬유·공예·제지·도료·염료 등, 산업용으로 이용하는 식물을 공업용식물이라고 한다.

① 섬유식물

식물들 중에서 수피·목부·엽신 등에 섬유세포가 발달되어 의류나 공업용으로 이용되는 식물을 섬유식물이라고 한다. 이러한 섬유식물은 옷감을 만드는 재료로서만 이용되는 것이 아니라 종이·그물·로프·공예품 등, 다른 용도에도 매우 광범위하게 이용되고 있다. 근래에는 각종 식품과 환경 공해에 의한 아토피 피부염 등이 문제되면서 천연 섬유로서의 섬유식물들이 특히 각광을 받고 있다.

1) 목화

과　명 : 아욱과(Mavaceae)
학　명 : *Gossypium* spp.
영　명 : Cotton
한자명 : 목화(木花), 면화(棉花)

　목화는 크게 아시아면과 육지면으로 크게 나누는데, 아시아면의 원산지는 인도로 추측되며, 육지면은 1607년 멕시코에서 미국으로 들어가 버지니아에서 처음 재배되었고, 그 후 1년생 조생종으로 교체되어 현재 세계 재배목화의 대부분을 차지하고 있다. 중국에서는 11세기 이후 주요 밭작물로 등장하였고, 우리나라에 처음 목화가 전래된 것은 1364년 원나라에 사신으로 갔던 고려의 문익점에 의한 것으로 알려져 있으나 869년 신라의 기록과 564년 백제 능산리 절터의 면직물 유물이 출토된 것으로 미루어 문익점보다 800년 전으로 소추될 가능성이 있다. 이때 전래된 것이 재래면(아시아면)인데 그 후 급속히 번져 이조 말에는 함경도와 강원도 일부를 제외하고 적국 각지에서 재배되었다. 육지면은 1905년에 처음 재배가 시작되었다.

　목화는 열대성 1년생 초본으로 잎은 장상엽으로 결각이 발달한다. 아시아면은 5~7엽편 육지면는 3 ~ 5엽편이다. 꽃색은 지역종에 따라 달라 아시아면은 황색, 육지면은 유백색이다. 목화 열매를 다래라 하는데 품종에 따라 구형에서 장란형에 이르기까지 다양한 모양이다.

종자에 붙어 있는 긴 섬유를 면모라고 하는데, 면모가 성숙되고 수분이 건조해짐에 따라 섬유가 꼬아지는 연곡이 형성되어 방적을 용이하게 하고 실의 강도를 크게 한다. 종실에 면모가 붙어 있는 종자를 실면이라고 하고 실면에서 분리한 면모를 조사라고 하며, 조면을 제거하고 남은 짧은 면모를 지모라고 한다. 육지면이나 아시아면 중에는 지모가 없는 종자도 있다.

목화의 종실에는 단백질 15 ~ 21%, 지질 17 ~ 23%가 함유되어 있으며, 지질은 반건성유이다. 기름(면실유)은 식용유 · 버터 · 마아가린 등에 이용되며, 면실박은 사료나 비료로 이용되며 줄기는 제지용으로 이용되기도 한다. 종자에 들어 있는 gossipol은 페놀화합물로 유독하므로 면실박은 그대로는 사료로 이용할 수 없다. 목면은 지혈 효과가 있으며, 면화근은 기침을 멈추고 가래를 삭이며, 항균작용이 있다. 면화자는 온신 · 보허 · 지혈 효능이 있다고 한다.

2) 삼(대마)

과　명 : 뽕나무과(Moraceae)
학　명 : *Cannabis sativa* L.
영　명 : Hemp
한자명 : 마(麻)

삼은 중앙아시아가 원산으로서 아열대인 태국 · 필리핀에서 아한대인 핀란드 · 시베리아까지 재배되고 있어 재배 범위가 넓은 작물이다. 또한 우리나라에서 가장 오래된 섬유작물로서 중국으로부터 목화가 전래되기 전까지는 서민들이 얻을 수 있는 가장 값싼 섬유였다.

삼은 자웅이주의 1년생 초본으로 줄기의 길이는 보통 3m 내외이지만 환경 조건이나 품종에 따라서 6m까지 자랄 정도로 높이 곧게 자란다. 줄기의 겉면에는 세로의 골이 있으며, 단층의 표피세포 안쪽에 여러 층의 엽록소를 가진 하피가 있고, 그 밑에 유조직이 있으며 이 유조직 안에 인피섬유를 형성한다. 인피섬유는 세포벽이 두꺼우며 길이는 3 ~ 10cm 가량이다. 줄기의 중심에는 수가 있고, 그 주위에는 목질부가 있는데 성숙함에 따라서 목질화한다. 영양생장기를 지나면서 암그루는 신장이 정지되지만 숫그루는 계속 자라 개화 후 화분의 비산을 용이하게 한다.

삼의 잎은 긴 잎자루 끝에 3 ~ 11매의 소엽으로 되어 있는 장상복엽인데, 소엽의 너비가 좁고 끝이 뾰족하며 잎 가장자리는 톱니 모양을 이룬다. 꽃은 가지 끝의 엽액에서 나온 꽃대에 달린다. 삼의 성 결정은 XY 형태의 성염색체에 의하여 결정되며 유전적 성의 결정은 식물 호르몬 처리로 인한 생리적 자극이나 일장 등의 환경 변화로 달라질 수 있다.

현재 우리나라의 삼 이용은 주로 섬유만 이용하며 장례용 수의와 상복으로 쓰이고 있지만 유럽에서는 식물체 전 부위를 이용하여 각종 상품을 만들어 내고 있다. 섬유는 각종 의류 · 침구용품 · 자동차 내장재 등, 산업용품과 밧줄 등으로 이용된다. 삼 직물은 면직물보다 덜 부드럽지만 강도와 내구성은 2배 이상이며, 다른 인피섬유와 마찬가지로 수분의 흡수 및 발산 속도가 빠르다(표 5-8). 또한 삼섬유는 부직포로 제조되어 자동차 필터와 토목자재와 펄프로 이용된다. 중국 후한시대에 채륜이 만든 인류 최초의 종이는 삼으로 만든 것이다. 삼의 속대로 만든 펄프 종이는 섬유 종이만큼 강하지 않지만 만들기 쉽고 부드럽고 얇아 거의 모든 목적으로 이용될 수 있다. 또한 화공 약품을 적게 사용하여 만들 수 있으므로 펄프 제조로 인한 환경 오염을 크게 경감시킬 수 있고, 산을 사용하지 않기 때문에 수세기 동안 보존할 수 있다.

종자는 환각 성분인 THC가 거의 함유되어 있지 않고(표 5-9) 필수지방산과 아미노산의 함량이 많아 껍질을 벗겨 식용하는데, 대마 요구르트·수프 등, 요리 재료로 이용하거나 착유하여 식용유와 화장품, 샴푸 원료로 쓰인다. 대마유에는 품종에 따라 다소 차이가 있지만 리놀레산 55%·리놀렌산이 20% 함유되어 있으며, 신경성 피부염·심장혈관계 질병·월경불순·류마티스성 관절염 등 여러 질병의 치료 및 예방효과가 있다. 뿌리는 지금까지 이용하지 않았으나 최근 약리 작용이 있는 알칼로이드가 발견되어 새로운 생약 원료로의 이용이 기대된다.

| 표 5-8 | 천연섬유의 장력 비교(%)

모 시	대 마	아 마	실 크	목 화
100	36	25	13	12

| 표 5-9 | 대마 엽위별 THC함량(%)

미전개엽	자 화	웅 화	종 피	종 자	줄 기
5.5	3.7	1.7	2.6	–	–

* 호남시험장, 1997

3) 모시풀(모시)

과 명 : 쐐기풀과(Utrceae)
학 명 : *Boehmeria nivea* (L.) Gaudich. var. *tenacisima* (Gaud.) Miq.
영 명 : Ramie, China grass
한자명 : 저마(苧麻)

모시풀은 동아시아 원산의 다년생 숙근초로서 줄기의 길이는 1.5 ~ 3m에 달하고 지름은 1.2 ~ 1.5mm 가량이다. 어릴 때에는 녹색을 띠나 성숙하면 다갈색으로 변하여 목질화되며 잔털이 많이 있다. 잎은 잎자루가 긴 심장형이며 꽃은 자웅이화의 단성화로 번식은 땅 속에서 흡지 (sucker)라고 하는 포복경(rhizome)을 형성하여 매년 이 흡지에서 여러 개의 줄기가 발생된다.

중국에서는 주나라 시대부터 재배하였고 제마·제지 등으로 이용되었다. 유럽에 알려진 것은 1810년 영국에 모시섬유가 수입된 것이 처음이나 1872년 중국으로부터 영국에 모시섬유가 수입되면서부터 방적기계와 박피기 등의 발명과 더불어 유럽 각국에서 재배하게 되었다. 우리나라에는 서기 538년(백제 성왕 16년) 중국 남조에서 부여로 처음 도입되었다.

모시 섬유는 명주실과 같이 광택을 가지며 펙틴에 의하여 4~8개가 서로 밀착되어 있다. 섬유세포의 단면은 원통형과 다각형으로 되어 있으며, 표면은 매끄럽고 연곡이 없다. 섬유 길이는 20~200mm로서 마류 중 가장 길다. 내열성은 삼보다 약하고 흡수력은 목화보다 약하나 흡수 후 복원 시간은 짧다. 모기장실·자리실·어망사·구두 봉합사를 만들며, 방직품으로는 범포·천막·양복지·와이샤스지·커튼지·수건 등이 있다.

뿌리에는 안트라키논 유도체인 에모딘을 비롯하여 피스찌온과 우르솔산 및 스테로이드 물질이 있으며, 잎은 클로겐산·로이플린·아피게닌·프로토카테킨 등이 함유되어 있다.

모시풀은 임신중 태를 안정시키는 약으로 태아의 태동 불안과 하혈에 효과가 있으며, 여러 가지 출혈(장출혈·잇몸출혈·자궁출혈 등)에 치료 효과가 있어 동의학에서는 청열약·해독제·이뇨제 또는 임질·단독·감기로 열이 있을 때 쓴다. 민간에서도 이뇨제·통경약으로 쓰며, 잎은 수렴작용이 있어 벤 상처나 멍울에 붙인다.

4) 아마

과 명 : 아마과(Linaceae)
학 명 : *Linum usitatissimum* L.
영 명 : Flax. Linseed
한자명 : 아마(亞麻)

인도 원산의 1년생 초본으로 높이 70~110cm에 달하며, 줄기의 굵기는 1~2mm 내외이다. 줄기의 횡단면은 외부로부터 표피·엽록조직·내피·인피섬유·형성층·목질부·수(髓)로 되어 있다.

영국에서는 12세기부터 아마 재배가 시작되었으며 17세기에 신대륙으로 전해졌고 그 후 200년 동안 서쪽으로 재배가 옮겨가면서 주요작물로 정착하였다. 우리나라에는 1922년에 함남 고지대에서 재배되기 시작하였고, 1964년부터 충남 논산을 중심으로 재배되었다.

아마는 섬유용과 종실용으로 재배된다. 섬유가 부드러우며 가늘고 길어 고급 직물로 쓰인다. 섬유는 장력과 마찰 저항성이 강하며 목화보다 내구성이 우수하고, 수분 흡수는 목화보다 적으나 발산이 빠르고 수분이 흡수되면 팽창하여 장력이 증가하여 내수성이 더 커진다. 열전도성이 높고 광택이 좋다. 종실에서 짠 아마인유는 건성유로 인쇄 잉크, 페인트의 원료로 쓰이고, 깻묵은 사료 또는 비료로 이용한다.

아마의 종실에는 단백질 20~25%, 지질이 35~45% 함유되어 있다. 지질은 불포화 지방산이 많은 건성유로서 공업용으로 주로 이용된다. 최근 호주에서는 리놀렌산(linolenic acid) 함량이 월등히 낮은 아마 품종을 개발하여 리놀라(Linola)라는 상표로 등록하였다(표 5-10). 리놀라는 기름의 안정성이 높아 식용유, 마아가린 같은 식용으로 이용할 수 있다. 그밖에 항암작용이 있는 것으로 알려진 lignan 및 3-demethylpodophyllotoxin, podophyllo toxin, β-sitosterol이 함유되어 있다(표 5-10).

한방에서는 종실(아마인)을 거담제 · 이뇨촉진제 · 완화제 · 정제 및 상처 · 기관지염 · 화상 · 기침 · 설사 치료에 처방한다. 최근에는 항암효과가 있는 특수 물질이 밝혀지고 있어 관심이 높다.

| 표 5-10 | 아마와 리놀라의 지방산 함량(%)

종 명	팔미트산	스테아르산	올레산	리놀레산	리놀렌산
아마	4 ~ 9	2 ~ 4	14 ~ 39	7 ~ 19	35 ~ 66
리놀라	6	4	16	72	2

5) 어저귀

과 명 : 아욱과(Malvaceae)
학 명 : *Abutilon avicennae* Gaertner
한자명 : 경마(冏麻)
생약명 : 경마자(冏麻子)

인도 원산으로, 우리나라 각처에 나는 귀화 식물인 1년생 초본이다. 키 1.5m 정도이고 전체에 잔털이 밀생되어 있다. 줄기는 원주형으로 곧게 서며 가지가 갈라진다. 잎은 호생으로 잎자루가 길고, 둥근 심장형으로 끝이 아주 뾰족하며, 가장자리에 둔한 톱니가 있다. 7 ~ 9월에 노란색 꽃이 피며, 열매는 삭과이다. 줄기의 섬유로 밧줄을 만드는 데 쓴다.

함유 성분은 정유 및 리놀레산으로 눈을 맑게 하고 지사작용과 살균작용이 있다. 약용으로도 사용되는데 약성은 평하고 맛은 쓰다.

6) 양마(洋麻)

과 명 : 아욱과(Malvaceae)
학 명 : *Hibiscus cannabinus*
영 명 : Kenaf
한자명 : 양마(洋麻)

아프리카와 인도가 원산지인 1년생 초본이다. 줄기는 곧게 서고 높이가 3 ~ 5m이며 잔털이 있고 마디 사이에 갈고리 같은 돌기가 있다. 잎은 장상복엽으로 긴 잎자루가 있다. 여름에 노란 빛이 도는 흰색 꽃이 잎겨드랑이에 2 ~ 3개씩 모여 달린다. 꽃의 지름은 10cm 정도이다. 열매는 협과이며 긴 달걀 모양으로 종자는 잿빛이 도는 갈색이고 20%의 지방이 들어 있다. 이 지방을 정제하여 식용이나 공업용 유지로 사용한다.

양마를 수확한 후 발효시켜 얻은 섬유는 삼이나 황마의 대용품으로 사용하는데, 이 섬유는 황마 섬유보다 질기나 다소 거칠며 유연성이 떨어진다. 섬유의 길이는 22cm 정도이고 마대·어망·밧줄·제지 원료 등으로 사용된다.

7) 황마(黃麻)

과　명 : 피나무과(Tiliaceae)
학　명 : *Corchorus capsularis*
영　명 : Jute

인도 원산인 1년생 초본으로 3 ~ 3.6m로 열대 각처에서 섬유작물로 재배하고 있으나 인도의 뱅골지방이 전세계 생산 면적의 90% 이상을 차지하고 있다. 높이 2 ~ 4m이며 가지가 많이 갈라진다. 잎은 호생으로 피침형이며 거치가 있다. 잎 끝이 뾰족하고 탁엽은 바늘 모양이다. 꽃은 여름부터 가을까지 황색으로 피고 열매는 원통상 타원형의 삭과이다.

꽃이 핀 다음 10 ~ 14일 후 전초를 베어서 섬유를 채취하여 이것으로 짠 푸대를 거니백 (gunny bag)이라고 하며, 쌀·보리·솜·커피·칠레 초석을 넣는 자루로 쓴다. 일본에서는 다다미를 엮는 실로 사용한다.

② 공예식물 및 제지식물

식물의 줄기나 잎을 이용하여 생활용품이나 예술품을 만드는 데 사용하는 식물을 공예식물이라 한다. 공예식물은 서민생활과 밀접한 식물로 자급적 생활용품은 물론 지역 특산물로서 서민 경제에 도움을 주었다. 또한 식물의 섬유를 이용하여 종이를 만들거나 제책하는 데 사용되는 식물을 제지식물이라고 할 수 있는데, 종이는 보통 펄프를 사용해 만들지만 우리나라에서는 한지가 유명하며 이를 이용하여 공예품이나 의복을 만들기도 한다. 이러한 공예식물과 제지식물들은 한 나라의 문화를 창출하는 도구이기도 하다.

1) 왕골

과　명 : 사초과(Cyperaceae)
학　명 : *Cyperus iwasaki* Makino
한자명 : 완초(莞草)

우리나라 원산의 1년생 초본이다. 잎은 줄기 밑부분에 나며 길이는 줄기의 길이 정도로 1.2 ~ 1.5m 정도 곧게 자란다. 둔한 삼각형이며 표피는 매끄럽고 광택이 있다. 기부는 잎집으로 줄기를 싸며 가장자리가 깔깔하고 잎 뒷면의 중앙맥이 뚜렷하다. 줄기는 성숙하면 황갈색을 띠고 표피 안쪽에 엽록소를 포함하고 있는 후벽조직이 있고 안쪽 수 부분에 무색의 세포인 유조직이 있으며, 밑부분의 줄기 마디에 긴 잎이 6 ~ 8개 생긴다. 꽃은 줄기 선단에서 총상화서를 형성한다.

줄기의 피층 부분과 수를 분리하여 납 성분에 의하여 광택이 있는 피층 부분은 돗자리 등을 만들고 속 부분(완심)도 건조시켜 덧신·바구니·여름 가방·문발 제작용으로 만든다. 줄기를 속과 분리하지 않고 그대로 3~4쪽으로 찢어 건조시킨 후 화문석을 만들며, 잎(완엽)은 건조시켜 성글게 직조하여 종이에 붙여 고급 벽지를 만든다.

2) 골풀

과　명 : 골풀과(Juncaceae)
학　명 : *Juncus effusus* L. var. *decipiens* Buchenau
영　명 : Mat rush, Common rush
한자명 : 인초(藺草)

우리나라 원산의 습지에 자생하는 숙근초로서 중국·러시아·일본·북미에 분포한다. 포복경이 옆으로 뻗으며 10~15개의 짧은 마디가 있고, 각 마디에서 줄기와 뿌리가 생긴다. 줄기는 직립하며 높이 1.2~1.5m이고 직경이 2.5mm 내외인데, 선단에서 약 30cm되는 지점에서부터 점차 가늘어진다. 줄기는 표피 밑에 엽록소를 가지고 있는 동화조직이 있고 이 조직 속에 후벽세포 다발이 있는데, 이것이 골풀 줄기를 질기고 튼튼하게 한다. 잎은 퇴화하여 엽초의 형태로 남아 있고, 줄기 밑에 몇 개가 호생한다. 꽃은 줄기 선단 15~25cm되는 지점에 20송이 내외의 작은 꽃이 착생하며, 과실은 난형 또는 도란형의 삭과이다.

우리나라 및 중국·일본 등지에서 재배되며 질기고 윤택하여 골풀자리를 짜서 이용한다.

3) 대나무

과　명 : 벼과
영　명 : Bamboo
한자명 : 죽(竹)

대나무는 중국 원산으로 전세계적으로 분포하나 주로 열대 지방에서 자라며, 특히 아시아의 계절풍 지대에서 자란다. 목본의 상록 단자엽식물로 우리나라에서는 중부 이남과 제주도에 많이 분포하고 있다. 키가 큰 왕대속의 경우에는 높이 30m, 지름 30cm까지 자라기도 한다. 잎은 좁고 길며 줄기가 꼿꼿하고 둥글며 속이 비어 있다. 땅 속 줄기는 옆으로 뻗어 마디에서 뿌리와 순이 나온다. 습기가 많은 땅을 좋아하고 생장이 빠르다. 드물게 대나무 속의 종이 같은 흰색 꽃이 일제히 피게 되면 꽃이 지고 난 후 집단 전체가 사멸한다.

대나무는 건축재·가구재·낚싯대·바구니 등의 죽세공품을 만들며 죽염이나 대나무 숯을 만들기도 한다.

어린 순은 나물로 요리하여 먹는데 단백질 함량이 많고 섬유질이 많이 함유되어 있는 저 칼로리 식품이다. 특히, 죽순의 섬유질은 원활한 장의 운동으로 변비를 방지하고, 치질 및 대장암 등의 방지 효과와 콜레스테롤의 흡수를 저하시켜 당뇨병·심장질환 등의 성인병 예방과 치료에도 도움을 준다.

　대나무 수액을 한방에서 죽정 혹은 생죽력이라 부르며 5 ~ 6월 경에 채취한다. 수액 속에는 칼슘・칼륨・마그네슘 등의 무지질이 풍부하며, 필수 아미노산 10개중 9가지가 함유되어 있다. 또한 대나무숯은 냄새 제거, 전자파 차폐・수질정화・항균・원적외선 방출 등의 효과가 있다고 한다.

왕대(*Phyllostachys bambusoides* Siebold & Zucc.) : 고죽이라고도 하며 중국 원산이다. 줄기는 청록색으로 죽순이 나는 시기는 보통 5월 중순에서 6월 중순까지이다. 죽순 껍질에는 흑갈색의 반점이 있고 쓴맛이 있다.

솜대[*Phyllostachys nigra* var. *henonis* (Bean) Stapf ex Rendle] : 분죽, 담죽, 분검정대라고도 하며, 중국 원산이다. 줄기는 담록색으로 표면에 흰색 가루가 있어 왕대와 쉽게 구별된다. 가지가 왕대보다 밀생하고 잎의 크기는 왕대보다 훨씬 작다. 죽순이 나는 시기는 왕대보다 약 20일 빠른 4월 하순부터 5월 하순까지이다. 죽순은 단맛이 있다.

죽순대(V*Phyllostachys pubescens* Mazel ex Lehaie) : 귀갑죽, 맹종죽, 죽신대이라고도 하며 중국 원산이다. 줄기는 청록색으로 표면에 흰색 가루가 부착되어 있다. 죽순이 나는 시기는 왕대, 솜대보다 훨씬 빠른 4월 상순에서 5월 하순까지이다. 죽순은 단맛이 있으며 식용으로 많이 이용된다. 줄기의 마디가 일륜장이기 때문에 왕대나 솜대와의 구별된다.

오죽[*Phyllostachys nigra* (Lodd.) Munro] : 검정대, 흑죽, 분죽라고도 하며 우리나라 및 중국, 일본 원산이다. 줄기의 색은 처음에는 녹색이지만 가을 무렵부터 멜라닌 색소가 증가하여 건조하고 양지 바른 곳에서는 선명한 검정색을 띤다.

조릿대[*Sasa borealis* (Hack.) Makino] : 기주조릿대, 산대, 산죽, 신우대라고도 하며 우리나라 원산이다. 중부 이하 산에 나는 작은 대나무 수종으로 높이 1 ~ 2m 정도로 키가 작고 줄기가 곧다. 잎은 약용・관상용・조리 등, 다양한 용도로 사용된다.

---

4) 닥나무

과　명 : 뽕나무과(Moraceae)
학　명 : *Broussunetia kazlnoki* Siebold
영　명 : Paper mulberry
한자명 : 저수(楮樹), 저상(楮桑)

　아시아 원산으로 우리나라에는 주로 남부지방인 전북・경남・전남 등지에 많이 분포되어 있다. 다년생 목본으로서 줄기는 3 ~ 9m에 달하지만 매년 베어내므로 2m 내외가 보통이다. 가지는 줄기의 밑동에서 많이 나오며, 어린 줄기에는 연한 털이 나 있다. 열매는 오디와 비슷하고 익으면 농홍색이 된다.

　닥나무 가지의 껍질에 함유되어 있는 박피섬유는 매우 부드럽고 광택이 좋다. 줄기 껍질에 있는 섬유소가 전섬유의 56%를 차지하고 있으며, 목질소는 22.41% 가량이다. 닥나무 박피섬유는 주로 창호지・장판지・타이프 원지 등을 만드는 데 많이 쓰이며, 그 밖에 미술 용지・벽지 등의 종이를 만드는 데도 사용된다.

한방에서는 닥나무 지엽・근피・즙을 거풍・뇨・마티스・타박상・부종・피부염 치료에 처방하고, 과실・뿌리・수피・줄기・잎 및 경피의 유액을 타박상・해수・부인병 등에 쓴다.

5) 댕댕이덩굴

과 명 : 방기과(Menispermaceae)
학 명 : *Cocculus trilobus* (Thunb.) DC
영 명 : Japanese snailseed
한자명 : 목방기(木防己)

우리나라 원산으로 댕강넝쿨이라고도 한다. 들판이나 숲가에서 자란다. 줄기는 3m 정도이고 잎은 난형 또는 난상 원형이지만 윗부분이 3개로 갈라지기도 한다. 꽃은 양성화로 6월에 황백색으로 원추화서에 피며 열매는 핵과로 지름 5 ~ 8mm의 공 모양이고 10월에 검게 익으며 흰 가루가 덮여 있다. 줄기는 바구니 같은 생활용품을 만든다. 유독성이지만 줄기와 뿌리를 말린 것을 목방기(木防己)라 하는데, 한방에선 해열・신경통・류머티즘・이뇨 등에 약재로 사용한다. 주요성분인 트릴로빈은 온혈동물의 호흡중추와 심장을 마비시킨다. 또한 이뇨・해열・혈압강하 작용이 있다.

6) 닥풀

과 명 : 아욱과(Malvaceae)
학 명 : *Hibiscus manihot* L. (*Abelmoschus manihot* (L.) Medik.)
영 명 : Sunset hibiscus
한자명 : 황촉규(黃蜀葵)

닥풀은 아욱과에 속하는 중국 원산의 다년생 초본이나 개량된 품종은 1년생 초본이다. 줄기는 1.5m 가량이고 직립이다. 잎은 잎자루가 길고, 장상복엽으로 5 ~ 9갈래로 깊게 갈라져 있으며 호생이다. 꽃은 여름부터 가을까지 담황색의 큰 꽃이 피며, 열매는 삭과로 거친 털로 덮혀 있다.

닥풀의 뿌리에는 galctose・arabinose・rhamnose・xylose・glucose・galactronic acid・ionic acid・rhamgalactronic 등이 함유되어 있으며, rhamnose와 galactronic acid로 이루어진 polyuronide로 된 점성이 강한 점액질이 약 16% 함유되어 있어 제지용 풀로 사용된다. 약리작용도 있어서 한방에서는 꽃・뿌리・줄기・잎 및 종자를 약재로 쓴다. 뿌리는 이뇨작용이 있으며, 어혈을 풀고 고름을 뽑아낼 뿐만 아니라 해독 작용을 하므로 부종・최유・이하선염・종창 등의 치료에 처방한다. 꽃은 화상에, 잎은 산욕열에, 종자는 타박상에 쓴다. 근래에는 관상용으로 재배하며 품종 육성도 이루어지고 있다.

7) 수세미오이

과　명 : 박과(Cucurbitaceae)
학　명 : *Luffa cylindrica* Roem.
한자명 : 천락사(天絡絲)・천라(天羅)

　　열대 아시아 원산으로 한국에는 일본이나 중국에서 도입되었다. 줄기는 덩굴성으로 녹색을 띠고 가지를 치며 덩굴손이 나와서 다른 물체를 감고 올라 간다. 잎은 장상으로 5～7개로 갈라 졌다. 꽃은 단성화로 5개로 갈라지는 노란색의 통꽃으로 8～9월에 핀다. 수꽃에는 5개의 수술이 있고 암꽃에는 1개의 암술이 있으며 암술대는 3개로 갈라진다. 열매는 10월에 익는데, 길이 30～60cm이며 때로는 1～2m인 품종도 있다. 과육의 내부에는 그물 모양으로 된 섬유가 발달 되어 있고 그 내부에는 검게 익은 종자가 들어 있다.

　　성숙한 열매를 물에 담가 두면 먼저 표면의 과피가 과육에서 쉽게 떨어지며 과육을 씻어내면 그물 모양으로 된 섬유만이 남게 된다. 어린 열매는 식용으로도 하며 성숙한 섬유는 주로 세척용・신발 깔개・슬리퍼・바구니・여성용 모자의 속 등을 만드는 데 쓰인다.

　　한방에서는 열병신열・유즙불통・장염・정창 등의 치료에 이용한다. 살아 있는 덩굴에서 추출되는 수액은 화장품용이나 약용에도 쓰인다. 종자는 40% 내외의 기름을 함유하므로 기름을 짜고 깻묵은 비료 또는 사료로 쓰인다.

③ 염료 및 도료식물

염료를 얻을 수 있는 식물을 염료식물이라고 하며 이러한 식물에서 얻어지는 천연염료는 약 2,000종이 있으나 상업적 가치가 있는 것은 약 130종이 알려져 있다. 식물색소는 옛날부터 의류나 식품의 염색에 이용되어 왔으나 공정이 까다롭고 노동력이 많이 들어 19세기 이후 화학염료가 발달되면서 사양화되어 왔다. 그러나 환경오염과 아토피 등, 건강 면에 관심이 높아지면서 환경 친화적인 식물염료에 대한 관심이 높아지고 있다.

　　또한 전통적인 도료식물인 옻나무와 황칠나무는 목가구의 칠 재료로 이용되지만 현대에는 첨단산업의 도료는 물론 의약용으로도 사용 된다.

1) 식물 천연색소의 특징

식물을 이용한 천염염색은 인체에 무해하며 환경오염을 거의 유발하지 않는다. 또한 염료 식물의 성질에 따라 색상이 다양할 뿐만 아니라 자연스럽고 우아하며, 변색되거나 퇴색되어도 안정된 색상을 나타낸다.

　　반면 천연식물 염색은 비용이 많이 들고 시간이 오래 걸리며 빛에 대한 견뢰도가 낮다. 또한 염료식물의 확보가 어려울 뿐만 아니라 염색 공정이 복잡하고 염색 재료의 성질에 따라 색의 변화가 커서 동일 한 색상의 상품을 대량 생산할 수 없다. 그러나 재현성이 낮은 단점은 획일화되지 않은 개성을 연출할 수 있는 장점이 될 수도 있다.

2) 염료식물의 사용 부위

염료식물은 그 이용되는 부분에 따라서 식물의 목재부·잎·뿌리·근경·나무껍질·꽃·과실·종자·지의류 등, 8종류로 분류한다.

(1) 목재부

록우드 등의 각종 나무의 목재부 색소 주성분으로 붉은색 계통의 염료인 헤마테인이나 헤마톡실린이 있다. 이밖에 소방나무(적색염료)·자단(紫檀; 적색염료)·올드푸스틱(old fustic; 황색염료)·커치(cutch; 갈색염료)·오세이지 오렌지(osage orange; 황색염료)·갠보즈(ganboge; 황색염료) 등이 있다.

(2) 잎

잎에서 채취되는 염료는 인디고속(*Indigofera*)의 쪽이 있는데 인디고(Indigo; 청색염료)는 이집트의 미라 직물에 이용되었다. 이밖에 등색염료인 지갑화(指甲花), 녹색염료인 엽록소 는 차나무, 로즈메리 등의 잎에서 추출한다.

(3) 뿌리 및 근경

뿌리와 뿌리 줄기를 이용하는 염료에는 꼭두서니(적색염료), 자초(자색염료), 매더(madder: 홍색염료), 알카나(alkanna: 적색염료), 울금(황색염료), 황련(황색염료) 등이 있다.

(4) 수피

나무껍질을 이용하는 식물에는 팥배나무(적색염료), 참나무속 식물(황색염료)과 녹수(녹색염료)가 있다.

(5) 꽃

꽃에서 채취하는 홍화는 연지를 만들거나 옷감에 홍색을 물들이는 데 널리 쓰인다. 황색염료로 쓰이는 사프란(saffron)은 황색염료로 옷감과 카레와 같은 음식물의 착색에 사용하였으며, 회화나무는 황색 또는 남색 착색에 이용한다.

(6) 열매 및 종자

과실에서 채취하는 염료로는 오미자(적색염료), 치자(황색염료), 감(황색연료), 페르시안 딸기(Persian berry: 황색염료)는 크산토람닌 색소가 들어 있으며, 또한 종자를 이용하는 경우는 열대지방에서 재배되고 있는 빅사과(Bixaceae) 상록관목의 종자에서 등적색 염료를 채취한다.

(7) 기타

바위옷을 이루는 지의류로부터 채취하는 염료가 있는데, 여러 종의 지의류로부터 농자색의 염료를 채취하여 산과 알칼리의 지시약으로 쓰이는 리트머스 원료로도 많이 사용된다.

3) 식물염료의 착색성

전통적으로 우리나라에서 염색재로 사용할 수 있는 식물의 종류는 약 50여종에 달하며, 매염제와 염색법에 따라 100여 가지의 색채를 낼 수 있다.

식물염료는 식물의 잎과 꽃·열매·수피·심재와 뿌리 등이 이용되는데, 한 종류의 염료로 한 가지 색만이 염색되는 단색성 염료와 한 종류의 염료가 각종 매염제와의 결합을 통해 다양한 색을 만들어내는 다색성 염료로 나누어진다. 단색성 염료는 그 성질에 따라 다시 직접 염료·건염 염료·염기성 염료·화염계 염료 등으로 나누어진다.

(1) 직접염료

수용성 추출액으로 직접 염색하는 염료로 치자·황백·사프란·울금 등이 해당된다. 이 염료의 염색은 대부분 염료식물의 꽃·잎·뿌리·수피·수목 심재·열매 등을 가늘게 부숴 물에 달여서 염료를 추출하여 염색한다.

(2) 건염염료

불용성 색소를 알카리로 환원시켜 염색한 후, 공기 중에서 산화 발색시켜 본래의 불용성 색소로 돌아가게 하는 견뢰도가 높은 염색방법이다. 대표적인 건염 염료로는 남(쪽)염이 있으며 견뢰도가 매우 높은 염료이다. 하이드로설파이트(hydrosulfite)로 환원하여 염색한 후 공기 중에서 다시 산화시켜 불용성으로 착색시킨다.

(3) 염기성염료

다른 염료와 혼합하면 침전을 일으키고 동물성 섬유에는 염색이 잘 이루어지는 반면 식물성 섬유에는 탄닌산 선매염 과정을 거쳐야만 염색이 잘 이루어진다. 황벽이나 황련을 이용한 염색 방법으로 주성분은 거의 베르베린이다.

(4) 화염계염료

꽃잎을 염색 재료로하는 염료를 화염계(花染系) 염료라고 한다. 압척초·봉선화·산남·딸기·홍화 등의 꽃을 이용한다. 색소의 주성분은 주로 수용성 안토시안류로 홍화의 카르타민이 대표적이며, 반드시 탄닌이나 크롬염·철염의 매염제에 의해서만 착색이 이루어진다.

4) 식물 천연색소의 종류

식물에 가장 널리 분포하는 색소는 엽록소·카로티노이드·플라보노이드·퀴논 및 알칼로이드 화합물 등으로 주로 페놀류들이다.

(1) 엽록소(Chlorophyll)

광합성 색소인 엽록소는 식물계에서 가장 보편적인 녹색 색소로 엽록체의 주색소이다. 수용성이어서 쉽게 빠지므로 매염제를 이용한다.

(2) 카로티노이드(Carotenoid)

동식물에 널리 분포하는 황색 ~ 적색 범위의 색소로 주로 식물의 색소체의 막계구조에 포함되어 있는 광합성 보조색소로서 비극성 유기용매에 용해되는 불용성 색소이므로 알카리로 환원시켜 착색한다. 카로틴(carotene)과 크산토필(xanthophyll)이 있다.

당근·토마토·호박·황매 꽃·은행나무의 노랑 잎 등의 색소로서 널리 볼 수 있다. 카로티노이드는 염료로 그다지 사용되지 않으나 특별한 천연염색에 사용되는 사프란·울금·치자의 크로신(crocin)은 디케톤(diketone)계 색소로 중요한 황색 염료이다.

(3) 플라보노이드(Flavonoid)

주로 수용성으로 액포에 후형질로 함유되어 있는 식물 특유의 색소로서, 꽃·잎·줄기·나무껍질·목재·종자 등, 식물체 각부에서 볼 수 있는 페놀화합물로 플라본·플라보놀·플라보논·플라보노놀·칼콘·안토시아닌이 있다.

플라보논(flavonon)과 플라보놀(flavonol)계는 담황색의 수용성 색소이며, 알칼리성에서 황 ~ 갈색 범위의 색을 나타낸다. 소귀나무 나무나 양파 껍질의 미리세틴, 회화나무 꽃봉오리의 쿼르세틴, 새풀에 함유된 알트라키싱 등이 염료로 이용된다. 억세의 플라본류도 염료로 이용된다.

안토시아닌(anthocyanin)계 색소는 붉은 잎이나 꽃의 색소로 적-청색 범위의 색깔을 내는데다 불안정하여 쉽게 퇴색된다. 선인장과·명아주과·분꽃과·비름과 등의 식물군으로 빨강·노랑의 베타레인 색소가 대표적이다.

퀴논(quinone)계 색소는 세균류에서 고등식물에까지 널리 분포하는 노랑색 또는 등적색 색소이다. 나프토퀴논계 색소에는 보라색의 원료가 되는 색소 시코닌(shikonin), 안트라퀴논(anthraquinone)계 색소에는 꼭두서니과·여뀌과·콩과 외에 지의류와 균류에 들어 있는데, 대황 뿌리의 에모딘·크리소판산·레인, 꼭두서니 뿌리의 알리자린은 분홍색 염료이며, 코키닐(cokinil)은 적색이다. 또한 인디고(indigo)로 유명한 쪽과 패자(貝子)의 청 ~ 자색 범위의 색소는 인돌(indole)계 색소이며, 소방나무의 등 ~ 자색 범위의 색소인 브라질린(brazilin)은 벤조피렌(benzopyrene)이다.

칼콘은 홍화의 카르타민(carthamin)이 대표적으로 적 ~ 자색 범위의 색소이며, 올론은 다알리아의 황색 ~ 등색 범위 색소이다.

(4) 기타

황벽나무와 황련의 베르베린(berberine)은 황 ~ 갈색 범위의 알칼로이드 색소이다. 덜 익은 감에 많이 포함되어 있는 타닌은 갈색색소로서 무두질 · 어망 염색에 이용되며, 명주 · 비단의 갈색 염료로서도 중요하다.

5) 색소의 계열과 식물

천연에 존재하는 식물성 색소를 이용하면 자연스러운 색깔을 표현할 수 있다. 이러한 색소는 크게 적색계 · 청색계 · 황색계로 나눌 수 있는데, 이러한 색깔들을 알맞게 조화시켜 다양한 색깔을 표현할 수 있다.

(1) 적색계(red)

적색계열의 색소는 적색(red) · 분홍색(pink) 및 자색(pupple)로 나눌 수 있는데, 적색계열 식물에는 홍화 · 꼭두서니 · 소방목 · 지치 · 대황 · 비트 · 코치닐(cochineal) · 락(lac) · 카렌둘라(calendula) · 로지우드(logwood) · 하비스커스(hibiscus) · 알카넷(alkanet root) 등이 있다. 분홍색계 식물에는 파프리카(paprika) · 수맥(sumac), 자색계열 식물에는 지치 · 로지우드(logwood) · 알카넷 · 락 등이 있다.

(2) 청색계(blue)

청색계열 식물에는 쪽 · 지치 · 알카넷 등이 있으며, 녹색계열(green) 식물에는 로즈메리 · 컴푸리 · 딜 · 녹차 · 흑축 · 헤나(Henna) 등이 있다.

(3) 황색계(yellow)

황색계열(yellow) 식물에는 치자 · 울금 · 자스민 · 아나토씨(anaato seed) · 당근 · 감 · 대황 등이 있으며, 브라운 계열(brown) 식물에는 카모마일 · 정향 · 코코아 · 커피 · 호도 껍질 · 헤나 · 팔각(anise star)이 있다. 베이지 계열(beige) 식물에는 오렌지 · 레몬 · 당귀 등이 있다.

6) 염료 및 도료식물

(1) 홍화(잇꽃)

과 명 : 국화과(Compositae)
학 명 : *Carthamus tinctorius* L.
영 명 : Safflower

한자명 : 홍화(紅花)

이집트 원산으로 중국을 통하여 삼국시대 이전에 전래된 것으로 추측된다. 홍화는 1년생 초본으로 길이는 60 ~ 90cm이며 줄기는 담록색이고 잎은 농록색이다. 꽃은 황적색 두상화로 꽃봉오리의 포엽이 가시처럼 생겼다.

꽃은 노란색과 붉은 색의 물감재료로 이용하는데, 노란색인 카르타미딘(carthamidin)과 붉은색인 카르타민(carthamin)이 함유되어 있다. 카르타미딘은 물에 잘 녹으며 카르타민은 알칼리에 녹는다.

홍화를 이용한 홍화염은 꽃잎을 그대로 또는 삭혀서 체로 거른 용액에 끓는 물을 부어 황즙을 제거한 다음, 알칼리성인 잿물을 넣어 첫물을 제거하고 다시 끓는 물을 부어 우러난 물을 받아 이 용액이 홍색이 되면 산성의 오미자즙을 넣어서 염욕(鹽浴)을 만들고, 여기에 천을 담가 50 ~ 60℃ 온도에서 원하는 농도가 될 때까지 염색을 행한다. 더욱 진한 붉은 색을 염색하고자 할 때에는 홍화와 오미자액의 침전물을 가라 앉혀 말려 가루로 만든 연지로 농도를 조철하여 목적에 맞도록 염색한다.

전통적인 색소 추출 방법은 꽃을 물에 담가 노란 색소를 우려내고 물로 잘 씻은 다음, 콩깍지 잿물에 담그면 붉은 색소가 나오는데, 여기에 식초를 부어 붉은 색소가 침전되면 창호지에 걸러 연지를 얻는다.

(2) 꼭두서니

과 명 : 꼭두서니과(Rubiaceae)
학 명 : *Rubia akane* N.
한자명 : 천초(茜草), 홍천(紅茜)

덩굴성 다년생 초본으로 우리나라 및 일본・중국・타이완 등지에 분포한다. 산지 숲 가장자리에서 자라는 길이 2m 정도의 1년생 덩굴성 초본으로 가삼사리 또는 갈퀴잎이라고도 한다. 뿌리는 노란빛이 도는 붉은색이며, 줄기는 네모지고 밑을 향한 짧은 가시가 촘촘히 난다. 잎은 심장형이나 긴 난형으로 4개가 운생하는데, 2개는 정상엽이고 2개는 탁엽이다. 7 ~ 8월에 연한 노란색 꽃이 잎겨드랑이와 원줄기 끝에 원추화서로 핀다. 꽃은 지름 3.5 ~ 4mm로 화관은 심장 모양이며, 열매는 둥근 모양의 장과로 9월에 검게 익는다.

꼭두서니를 이용한 염색을 천염(茜染) 또는 가삼사리 염색이라고도 하는데, 알리자린(분홍색)과 코키닐(적색)이 주색소이다. 천염은 견뢰도는 좋으나 염색법이 까다로운 대표적인 매염염료이다. 매염제로는 명반을 사용하며 붉은 색을 만들어야 한다. 무명 염색 시에는 잿물로 매염을 한 후 명반으로 처리한다. 잿물 매염 대신 철매염으로 하면 갈색이 된다.

꼭두서니 어린 잎은 나물로 먹으며 뿌리는 염색 재료로 쓴다. 어린 싹에는 배당체인 아스페룰로시드가 많이 함유되어 있으며, 뿌리에는 oxyanthraquinone계 색소인 purpurin과 루베이트린산이 있어 신장과 방광의 결석을 녹이는 데 탁월한 효과가 있다. 한방에서는 뿌리를 말린 것을 천근이라 하여 정혈·통경·해열·강장에 처방한다. 또한 생리불순·자궁출혈·백대하·자궁내막염 등에 효과가 있으며, 염증에 효력이 있어서 황달·부종·타박상·만성기관지염 등에도 쓰인다. 이밖에 관절염에도 효과가 있고 이뇨작용이 있어 소변이 잘 안 나오는 데에도 쓰이며, 기침을 멎게 하는 데에도 일정한 효과가 있다. 민간에서는 식도암·자궁암·백혈병·임파선암·위암 등에 쓰기도 하는데, 장복하면 신장암을 유발한다는 보고가 있다.

(3) 소방나무

과　명 : 콩과(Leguminosae)
학　명 : *Caesalpinia sappan*
한자명 : 소방목(蘇芳木), 소목(蘇木), 단목(丹木), 목홍(木紅)

인도·말레이반도 원산지인 높이 약 5m의 소교목으로 줄기나 가지에 가시가 있다. 잎은 2회 우상복엽으로 혁질이고 광택이 있는데, 소엽은 긴 타원형으로 좌우대칭이 아니다. 꽃은 아름다운 노랑으로 원추화서로 핀다. 소방나무의 심재를 소방이라 하여 적색 염료로 옛날부터 이용하여 왔다. 색소 성분은 브라질린(brazilin)으로 심재에 2% 정도 함유되어 있다.

소방목을 이용한 소방염은 적염(赤染)·자염(紫染)으로 소방나무의 심재의 붉은 살을 깎아 달인 액으로 염색한다. 진분홍색을 원할 때는 명반으로 매염하고, 감청색을 원할 때는 초산철로 매염한다.

(4) 자초

과　명 : 지치과(Boraginaceae)
학　명 : *Lithospermum erythrorhizon* S. et Z.
한자명 : 자근(紫根)

우리나라 및 일본·중국·아무르 원산의 산과 들의 풀밭에서 자라는 다년생 초본이다. 뿌리는 굵고 자주색이며 땅속으로 깊이 들어간다. 줄기는 곧게 서고 가지가 갈라지며 높이가 30～70cm이고 식물체 전체에 위로 향한 잔털이 많다. 잎은 어긋나고 길이 3～7cm의 피침형 또는 긴 타원 모양의 피침형으로 끝이 뾰족하며 거친 털이 빽빽이 나 있다. 꽃은 5～6월에 흰색으로 수상화서로 피며 포는 잎 모양이다.

자초의 주색소 성분은 시코닌(shikonin)으로 도쿄 바이올렛(Tokyo violet)으로 알려져 있다. 자색 색소인 리토스페르몸로트·아세틸시코닌·시코닌·이소부틸시코닌·디메틸이크릴시코닌·보르네시톨 등이 함유되어 있어 자색의 염료로 사용한다. 전라도 진도지방의 홍주는 소주를 내릴 때 자초를 통과시켜서 만든다.

자초를 이용한 자초염은 지치 뿌리의 겉껍질을 벗긴 후 속 뿌리를 말려 가루로 만든 다음, 그 가루를 체로 곱게 쳐서 물을 부어 반죽해 놓은 것을 물에 풀어 염색한다. 잿물로 매염하면 자색 등의 푸른색이 짙어지며, 염액에 백반을 넣어 다시 염색하면 견뢰도가 높아진다. 자초의 보라색 색소는 안정성이 약하여 좋은 품종이나 적합한 염색 조건에서만 선명한 색상을 얻을 수 있다.

어린순은 나물로 식용하며 천연 착색료나 술을 만드는 데 이용되기도 한다. 민간요법으로 혈액순환 촉진·변비예방·홍역예방·화상치료·해열제 및 식물성 항생제 등으로 사용되어 왔으며, 백혈병을 비롯한 각종 암에 사용되었다. 또한 홍역·피부병·비만증·신장염·심장병·양기 부족 등에 사용하는데, 특히 여자들에게 효과가 있다고 한다.

(5) 오미자나무

과　명 : 오미자과(Schizandraceae)
학　명 : *Schizandra chinensis* Baill(북오미자)
　　　　　Kadsura japonica (L.) Dunal(남오미자)
　　　　　Schizandra nigra Max.(흑오미자)
한자명 : 오미자(五味子)

다년생 덩굴성 목본으로 우리나라를 비롯하여 일본·사할린섬·중국 등지에서 자생하는데, 오미자의 모양에 따라 오미자(북오미자)·남오미자·흑오미자 등으로 나눈다. 북오미자는 주로 태백산 일대에 자생하고, 남오미자는 남부 섬지방에, 흑오미자는 제주도에서 자란다. 열매에 단맛(甘)·신맛(酸)·쓴맛(苦)·매운맛(辛)·짠맛(鹹)의 다섯 가지 맛이 있다고 해서 오미자라고 한다. 요즘은 그 씨도 약으로 쓰이는데 그 이용 가치가 열매보다 많다고 한다.

오미자 열매를 이용한 적색계의 오미자염은 먼저 오미자를 삶아서 우려낸 추출액을 물로 적당한 농도로 희석하여 염액을 만든 다음 이 염액에 천을 넣고 끓여서 염색하고, 다시 고착제 용액에 끓여서 마무리한다.

우리나라 오미자 과육에는 안토시안 계통의 색소들이 함유되어 있으며, 또한 schizandrin·gomisin A-Q·citral. α-ylangene·능금산(matic acid)·구연산(citric acid) 등의 성분이 들어 있어 심장을 강하게 하고 혈압을 내리며 면역력을 높여 주어 강장제로 쓴다. 폐 기능을 강하게 하고 진해·거담 작용이 있어서 기침이나 갈증 등을 치료하는 데 도움이 된다.

오미자는 호흡중추를 자극하여 중추신경계통의 반응성증가, 신장 혈관계통의 생리적 기능 조절 및 피의 순환 장애를 개선한다. 또한 오미자는 육체적 및 정신적 피로시 중추신경계통을 자극하여 긴장성을 높이며, 시력을 좋게 하여 신경 및 정신병 환자의 무력감과 우울증에 효과가 있다. 오미자는 강심·기침가래·심근쇠약·신경쇠약·고혈압·폐결핵·기관지염·기관지·천식·유정·야뇨증·설사·식은땀·당뇨병 및 불임증 등에 쓴다. 또한 기를 보하고 강장작용이 있으며, 새살이 잘 나오게 하는 작용도 있다. 그러나 운동과민증·간질 발작 때, 뇌압이 높을 때, 동맥압이 몹시 올랐거나 빨리 변동하는 경향이 있는 고혈압 등에는 피하여야 한다.

실생활에서는 말린 열매를 찬물에 담가 붉게 우러난 물에 꿀, 설탕을 넣어 음료로 마시거나 화채나 녹말편을 만들어 먹는다. 또한 밤·대추·미삼을 함께 넣고 끓여 차를 만들거나 술을 담그기도 한다.

(6) 쪽

과 명 : 마디풀과(Polygonaceae)

학 명 : *Persicaria tincroria* H. Gross

영 명 : Indigo

한자명 : 남초(藍草), 대청(大靑)

아시아 온대지방이 원산지인 마디풀과(여귀과)에 속하는 1년생 초본으로서 60~150cm 정도 곧게 자라며, 줄기는 원주형이고 마디가 뚜렷하다. 잎은 호생하고 난원형 또는 장타원형이며 거치가 없고 엽초가 발달되어 있다. 꽃은 수상화서로 윗부분의 엽맥과 원줄기 끝에서 꽃대가 나와 옅은 분홍색의 꽃이 군생하여 핀다. 결실기는 9~10월로 과실은 남실이라 하고 엽가공품은 청대라고 한다.

쪽은 고구려 벽화의 적색, 청색 색소로 쓰였으며, 식품·화장품·의류 염색용으로도 쓰인다. 쪽을 이용한 천연염을 남염(藍染) 또는 쪽염이라고 하는데, 식물 전체 특히 잎에 있는 indican이 산화하여 indigo(청남색)와 indirubin(분홍색)을 생성한다. 쪽염은 지방과 시대 등에 따라 약간의 차이가 있다. 쪽염은 알칼리에 의해 환원되는 염료이기 때문에 변색되지 않고 일광에도 강하여 세계 어느 곳에서도 흔히 사용하여 왔다.

쪽은 방충·방균·방염 효과도 있으며, 민간에서는 각종 염증 및 살균·해독 및 지혈 등에 사용한다.

(7) 치자나무

과 명 : 꼭두서니과(Rubiaceae)

학 명 : *Gardenia jasminoides* var. *jasminoides* Ellis

영 명 : Cape jasmine

한자명 : 치자목(梔子木)

열대 및 아열대 상록 활엽 관목으로 높아 1.5~2m 정도이다. 잎은 대생으로 다소 억세며 광택이 있는 장타원형 또는 넓은 도피침형이다. 여름에 흰 꽃이 피며 좋은 향기가 있다. 열매는 타원형으로 그 모양이 옛날 술 단지와 비슷하다고 하여 치자라는 이름이 생겼다. 우리나라에는 1500년 경 중국에서 도입되어 주로 남부지방에서 많이 재배한다.

열매에는 genipin이 있고 잎에는 gardenoside가 있다. 치자 열매의 성분은 크로신(crocin)·노나코산·만니톨 등이 보고되어 있는데, 이 중 주색소 성분은 크로신으로 사프란의 황색색소이다. 그러나 치자열매에서 색소를 추출하는 경우 크로신만 추출되는 것은 아니고, 추출액의 산성도 때문에 자연 가수분해에 의한 크로세틴이 함께 생성된다.

치자 열매에는 물에 쉽게 녹는 황색 색소인 크로신이 있는데, 내광성·내열성·내약품성이어서 식품의 색소로서 가치가 높다. 특히 염착성이 좋아 옷감이나 종이 등의 염색과 식품의 천연색소로 이용하는데, 드롭프스를 만들 때 첨가하면 일 년 이상 상온에 보존하여도 색소의 변화

가 전혀 없다. 또한 치자 색소는 중성 내지 약 산성에서 상당히 내열성이어서 단시간의 고온 살
균하여도 파괴되지 않아 크림이나 통조림용 밤의 착색제로 사용한다. 더욱이 밀가루에 쉽게 착
색되고 색도 안정하므로 과자·쿠키 등, 그 이용 범위가 매우 넓다. 그 밖에 꽃은 분화·코사
지·화전이나 생식도 하고 끓는 물에 살짝 데쳐서 샐러드에도 쓰기도 한다.

　치자 열매를 이용한 치자염은 매염제 없이도 염색되는데, 치자 열매를 말려서 물에 담가 우
려낸 후, 이 용액을 달여서 산을 첨가하여 염색하며 특히 수의 염색에 사용한다.

　주로 열매를 이용하나 잎과 뿌리도 이용한다. 치자 열매는 한약재로 사용하는데, 크로신·사
포닌 등이, 꽃에는 다량의 정유가 함유되어 있어서 피로회복·최면·건위·이뇨·정장·해
열·식욕증진에 효과가 있다. 또한 이담작용·해열·진정·혈압강화 작용이 있으며, 암세포를
억제하기도 한다고 한다.

(8) 황벽나무

과　명 : 운향과(Rutaceae)
학　명 : *Phellodendron amurense* Ruprecht
한자명 : 황백(黃栢)

　우리나라 원산의 키 10m 정도의 낙엽 소교목이다. 우리나라 각처의 깊은 산의 비옥한 땅에
자생한다. 수피는 연한 회색이며, 코르크층이 발달되어 있다. 잎은 대생으로 1회 우상복엽으로
소엽은 5~13장이고 난형 또는 피침상 난형이다. 끝이 뾰족하며, 길이 5~10cm로 광택이 나고,
뒷면은 흰색이다. 자웅이주로 노란색 꽃이 줄기 끝에 원추화서로 달린다.

　황벽나무 껍질을 이용한 황백염은 잿물을 이용하는데. 쪽염을 한 후에 황백염을 행하면 녹색
의 염색물을 얻을 수 있다.

　함유 성분은 베르베린(berberine)·obakulactone·obakunone·dictamnolactone으로 건위·
이뇨·염증 및 항진균 및 세균 감염에 사용한다.

(9) 울금

과　명 : 생강과(Zingiberaceae)
학　명 : *Curcuma longa* L.
영　명 : Trumeric, Curcumae Longae Rhizoma
한자명 : 울금(鬱金), 심황(沈黃), 을금(乙金), 걸금(乞金), 옥금(玉金), 왕금(王金)

　열대 아시아가 원산지인 다년생 숙근초로 인도·중국·동남아시아에서 재배한다. 대체로 파
초와 유사하게 생겼는데, 초장이 약 1.5m 정도이다. 큰 생강과 같은 모양의 근경에는 황색 색소
인 berberine이 함유되어 있다.

　울금은 직접염료로서 울금의 근경을 짓이거나 물에 우려낸 황색 용액으로 직접 염색한다.

(10) 황련(깽깽이풀)

과　명 : 매자나무과(Berberidaceae)
학　명 : *Jeffersonia dubia* (Maxim.) Benth. &Hook.f. ex Baker &S.Moore
한자명 : 왕련(王連), 수련(水連), 지련(支連), 천련(川連), 정황련(淨黃連)

　　우리나라 원산의 다년생 초본으로 높이 약 25cm이다. 뿌리가 노란색이어서 황련·조선황련
이라고도 한다. 작은 연꽃잎 모양의 잎 여러 개가 밑동에서 모여 나며 잎자루 길이는 20cm 정
도이다. 잎의 끝은 오목하게 들어가고 가장자리가 물결 모양이며 지름과 길이 모두 9cm 정도이
다. 4～5월에 밑동에서 잎보다 먼저 1～2개의 꽃줄기가 나오고 그 끝에 자줏빛을 띤 붉은 꽃이
1송이씩 핀다. 꽃잎은 6～8개이고 달걀을 거꾸로 세운 모양이며 열매는 골돌로 8월에 익는다.
　　뿌리에 베르베린(berberine)과 알칼로이드가 포함되어 있어서 황색 특히 황금색 염색에 사용
한다. 황련의 뿌리를 사용하는 황련염은 황련 뿌리의 즙에 물을 넣고 산을 첨가하여 염색한다.
염기성 염료로서 탈색이 잘 되지 않는다.
　　관상용으로 심으며, 한방에서는 9～10월에 뿌리줄기를 캐서 말린 것을 모황련(毛黃蓮)이라
하여 소화불량·식욕부진·오심(惡心)·장염·설사·구내염·안질 등에 처방한다.

(11) 회화나무

과　명 : 콩과(Leguminosae)
학　명 : *Sophora japonica* L.
영　명 : Chinese scholar tree, Japanese pagoda tree
한자명 : 괴목(槐木), 괴화(槐花)

　　우리나라를 비롯한 동부 아시아가 원산지인 낙엽 활엽 교목으로 높이가 10～30m, 지름 1～
2m에 이르는 거목으로 자란다. 수피는 회암갈색이고 세로로 갈라진다. 어린 가지는 녹색을 띠
며 겨울 눈은 대단히 작고 청자색의 밀모가 나 있다. 잎은 호생하고 기수우상복엽으로 잎 표면
은 짙은 녹색이고 뒷면은 녹백색으로 짧은 흰털이 있나 있다. 꽃은 7～8월에 피고 길이 20～
30cm의 정생하는 복총상화서로 많이 붙는다. 꽃은 담황백색의 접형화로 길이 1～1.5cm이다.
열매는 협과로 길이 5～8mm로서 칸칸이 씨가 들어 있어 잘룩잘룩한 원통상의 염주 모양을 이
룬다.
　　꽃을 이용하는 괴화염은 5～6월경 꽃이 다 피기 전에 따서 잘 말려 쇠붙이가 닿지 않게 하
여 볶은 다음, 누런 잿물을 섞어서 황색 염색을 한다. 녹색을 물들일 때는 남색을 들인 후 다시
황염을 한다.
　　Rutin·sophoradiol·soporin 등을 함유하며 각 부분을 약으로 쓴다. 꽃(槐花)·뿌리(槐
根)·가지(若枝; 槐枝)·근피(根皮)·수피(槐白皮)·잎(槐葉)·열매(槐角) 및 나무진(槐膠)을
약용으로 쓰는데, 각 부위의 사용 용도가 다르나 대체로 대장 출혈, 지혈, 혈관 파열 방지, 해독
및 소염작용을 한다.

목재는 괴목이라 하여 전통적인 가구재, 건축재로 쓰였으며 백괴(白槐)·두청괴(豆靑槐)·흑괴(黑槐)로 나누어 사용하였다.

(12) 조개풀(신초)

과　명 : 벼과(Poaceae)
학　명 : *Arthraxon hispidus* (Thumb.) Makino
영　명 : Hispid Arthraxon
한자명 : 신초(藎草)

잎에 조개 껍질처럼 가로로 물결 모양의 주름이 여러 개 나 있어 조개풀이라고 한다. 우리나라 원산으로 일본·만주·중국·몽고·시베리아·인도·말레이시아·아무르·우수리 등지에 분포한다. 도랑이나 길가에서 흔히 자라는 잡초로서 줄기는 밑에서 옆으로 자라고 마디에서 뿌리가 내리며 윗부분이 곧게 선다. 줄기는 높이 20~50cm이며 마디에 털이 있다. 잎은 작은 대나무 잎 모양으로 끝이 뾰족하며 밑부분이 심장 모양으로 줄기를 둘러 싼다. 꽃은 9월에 피고 이삭은 2~5cm로 3~20개의 가지가 손바닥 모양으로 갈라진다.

조개풀은 잎과 줄기는 물감용, 전초는 사료로 이용되며, 잎과 줄기에 aconitic acid, luteolin, luteolin-7-glucoside, anthraxin 등의 성분이 함유되어 있다. 한방에서 조개풀을 해수(咳嗽) 천식(喘息) 악창(惡瘡), 개선(疥癬)에 사용했으며 외용제로는 전액으로 세척하거나 짓찧어 환부에 붙인다.

조개풀은 신초라고도 하는데 풀잎 전체가 황색염료이며 신초를 이용한 염색을 신초염이라고 한다. 신초염은 신초 풀잎에서 즙을 내어 이것으로 염색하면 초록색이 되고, 녹색으로 염색하려면 먼저 신초염색을 한 후 다시 쪽물염색을 한다.

(13) 팥배나무

과　명 : 장미과(Rosaceae)
학　명 : *Sorbus alnifolia* (Siebold &Zucc.) K. Koch
한자명 : 두(杜), 감당(甘棠), 당리(棠梨), 두리(豆梨)

우리나라 원산의 온대성 낙엽 교목으로 척박한 땅에서도 잘 자란다. 지방에 따라 팥배나무 이름은 매우 다양하여 강원도에서는 벌배나무·산매자나무, 전라도에서는 물앵도나무, 북한에서는 운향나무라고 한다.

키는 15m에 이르며 어린가지에는 조그만 피목이 많이 나 있다. 잎은 난형으로 호생이며, 늦은 봄에 벚꽃 모양의 흰 꽃이 핀다. 열매는 팥알만 한데 앵두나 찔레 열매같이 생겼다. 산새들의 먹이가 되기도 하고, 위장병에 달여 먹기도 하며 과실주를 담근다. 잎은 다소 쓴맛이 있지만 어린잎을 나물로 먹거나 말렸다가 차를 끓여 먹기도 한다.

수피를 이용하는 두리염은 껍질을 벗겨 삶아 다려낸 물에 백반을 넣어 적색염을 한다. 주로 종이 염색에 많이 사용하는데, 잎에서도 붉은색의 천연염료를 얻을 수 있어 천연염료로서의 개발 가치가 크다.

팥배나무는 군집성이 강하여 집단으로 모여 사는 것을 좋아하고 그늘에서도 잘 자라 숲속의 건조한 땅에서도 잘 적응한다. 목재는 비교적 무겁고 단단해서 잘 갈라지지 않아 각종 기구나 마루재로 좋고 숯을 만들기도 한다. 공해에 약해 대기 오염 측정을 위한 지표식물이다. 팥배나무 종자는 이중 휴면을 하기 때문에 두 해 동안 노천 매장했다가 파종해야 발아된다.

(14) 옻나무

과　명 : 옻나무과(Anacrdiaceae)
학　명 : *Rhus verniflua* Stokes
영　명 : Laquer tree, Vanish tree
한자명 : 칠목(漆木)

아시아 원산의 낙엽 교목으로 높이 7 ~ 10m 가량 되는데, 지상 1 ~ 2m 부위에서 분지하며, 가지 끝에 3 ~ 7쌍의 소엽으로 된 복엽이 호생한다. 자웅이주이며 잎겨드랑이에서 꽃대를 내어 황록색의 작은 꽃이 핀다. 열매는 작은 삼각형의 핵과이다.

전국에서 재배되며 신라시대 이전부터 재배되었다. 현재 원주·횡성·남원·함양·옥천이 주재배지이다. 옻나무의 줄기에 상처를 입혀 흘러 나온 수액을 옻 또는 칠(漆)이라고 한다. 옻의 성상은 크기가 고르지 않은 덩어리이며, 겉은 흑갈색이고 부서진 면은 진한 갈색으로 광택이 있다. 특이한 냄새가 있으며 맛은 맵다.

생옻은 회백색의 유상액으로 단맛과 떫은맛이 나며 공기와 접촉하면 갈색으로 변색된다. 생옻의 주요 성분은 옻산(66 ~ 72%)이며 그밖에 고무질(4 ~ 8%), 함질소 물질(2 ~ 3%), 수분(11 ~ 16%) 등이 함유되어 있다. 옻은 전통 및 산업 공예·약용·식용·특수 접착제 등에 쓰이는데, 주로 칠기의 도료로 사용하며 특수접착제·비행기·선박 도료 등에 쓰인다.

옻닭처럼 식용으로 사용하는 경우 냉성인 사람에게 효과적이다. 민간에서는 통경·구충·진해에 쓰인다.

(15) 황칠나무

과　명 : 두릅나무과(Araliceae)
학　명 : *Dendropanax morbifera* Lea
한자명 : 황칠목(黃漆木)

우리나라가 원산인 난대 상록활엽수로 키가 7 ~ 15m 정도 자라는 교목이다. 줄기는 곧고 흑갈색이며 가지는 굵고 녹색이다. 잎은 호생하고 난형 또는 타원형으로 가죽질이다. 잎은 3 ~ 5 갈래로 갈라져 있으나 성장하면 난상 심장형으로 된다. 꽃은 양성화로 6월에 연한 황록색 꽃이 핀다.

　우리나라에는 제주도·완도·보길도·해남·거문도 등, 남서해안 도서지역에 분포하며, 해발 30~280m의 산록의 동남향의 사면에 자생지를 이룬다.

　황칠나무 수액을 황칠이라고 하는데, 일종의 정유 성분으로서 주성분은 sesquiterpene계의 dendropanoxide이며, 그 외에 알코올 및 에테르 등이 함유되어 있다. 노랑칠이라고도 하며 수지성 도료로 황금색의 광택이 뛰어나게 아름다워 옻칠과 쌍벽을 이룬다.

　뿌리와 가지는 약용으로 이용하는데 거풍습·활혈 효능이 있으며, 황칠차에는 안신향산이 함유되어 있어 진정작용이 있다. 또한 수형이 수려하여 정원수와 관상용 관엽 분화로 재배하며, 나무의 결과 질이 좋아 여러 가지 목재로 이용하는 외에 금속·옷감·가죽가공에 이용하기도 한다. 전자파 차단기능과 방부 및 방음 물질로 연구되고 있다.

제2절　오염 정화식물

① 수질오염 정화식물

생활하수·공장폐기물·축산폐기물 등에 의하여 오염된 하천·호소의 물에서 유기물·무기물·중금속 등을 흡수하여 생장에 사용하거나 무독화시키는 식물이다.

1) 수생식물

수생식물(hydrophyte)이란 물에서 잘 자라는 식물로서 물가 또는 물에서 생장하기 때문에 산소를 비롯하여 이산화탄소와 같은 기체 교환을 용이하게 하는 체계가 발달되어 있다. 특히 뿌리로 공기를 공급하는 통기조직이 발달되어 있다.

　이들 수생식물들은 물속의 영양 물질을 흡수해 수질을 정화하고 어류와 동물성 플랑크톤 등, 각종 수생생물의 산란 및 서식공간을 제공한다. 이러한 수생식물들은 뿌리를 땅속에 내리는 고착성 수생식물과 뿌리가 물에 떠있는 부생성 수생식물로 나눈다. 고착성 수생식물에는 정수식물·침수식물·부엽식물이 있으며, 부생성 수생식물은 부생식물이라고도 한다.

　국내에 자생하는 수생식물은 180여 종에 이르지만 이 가운데, 수질정화 능력이 탁월하며 겨울철에도 죽지 않아 사철 활용이 가능한 수생식물은 10여종에 불과하다(표 5-11).

| 표 5-11 | 수생식물　　　　　　　　　　　　　　　　　　　　　　　　(다음 페이지에 계속)

구 분	종 류
정수식물(60여종)	미나리·꽃창포·창포·갈대·물억새·물속새·달뿌리풀·석창포·줄·보풀·부들·애기부들·흑삼릉·물잔디·돌피·물고랭이

| 표 5-11 | 수생식물

구 분	종 류
침수식물(40여종)	말·통발·물수세미·매화마름·나사말·검정말·물질경이·나자스말·물부추·말즘·물고사리
부엽식물(30여종)	연꽃·가시연꽃·어리연꽃·수련·마름·순채·가래·네가래·자라풀
부유식물(6종)	개구리밥·물개구리밥·옥잠부레·생이가래

(1) 정수식물

추수식물(抽水植物)이라고도 한다. 물 밑 흙 속에 뿌리를 내려 고정되어 있고 줄기·잎의 일부 또는 모두가 물 위에 나와 있는 식물로 수중 또는 물가에 서식한다. 잎의 구조는 일반 육상식물과 같으며, 땅 속 줄기가 통기성이 좋게 발달되어 뿌리의 호흡을 돕는다.

정수식물은 조경적 가치가 높으며 수생곤충의 서식처를 제공하는 등, 생태계 유지에 중요한 역할을 한다. 갈대·줄·달뿌리풀·물억새 등의 벼과식물들이 주종을 이룬다. 미나리·노랑꽃 창포·꽃창포·원추리·삼백초·보풀·부들·갈대·올챙이고랭이 등은 수질 정화작용에 좋으며, 애기부들 종류는 열대성이어서 기온이 조금만 떨어져도 살지 못해 오히려 수질을 악화시킨다.

(2) 침수식물

뿌리가 수중 땅 속에 있고 몸체 전체가 물속에 잠겨 있는 식물이다. 침수식물에는 붕어마름·말즘·물수세미·나자스말 등이 있으며, 수중 생태계를 유지하고 물을 깨끗하게 하는 데 필수적인 기능을 담당한다. 물속에 뻗은 가느다란 잎은 어류의 번식처로 활용된다.

(3) 부엽식물

뿌리는 수중 토양에 있으면서 잎은 수면에 떠 있는 식물로서 조경 가치가 높다. 연·수련·가시연꽃·순채·어리연꽃·마름류가 있다. 대부분의 부엽식물은 생태적으로 변화된 두 종류의 잎이 있는데, 물 위에 뜨는 부엽과 물속에 잠겨 있는 수중엽이 있다. 부엽은 잎 표면에만 기공이 있고 잎 표면은 왁스층이 발달하여 물에 젖지 않는다. 부엽의 잎자루는 가늘고 길어 수심에 따라 매우 길게 뻗을 수 있다. 수중엽은 얇으며 대부분 가늘게 갈라져 있다.

(4) 부유식물

식물의 뿌리가 땅에 부착하지 않고 있어 식물체가 물에 떠다니는 식물이다. 생이가래·부레옥잠·개구리밥류 등이 있다. 부유식물은 물속의 뿌리로 유기물 등 영양분을 흡수하고 잎은 수중

산소를 만드는 역할을 한다. 부레옥잠은 열대성 수초여서 겨울에 기온이 떨어지면 살지 못하게 되어 오히려 수질을 악화시킨다.

2) 수생식물의 특징

부영양화된 하천이나 호소 정화에는 수생식물을 이용하는 것이 효과적이다. 수질오염 정화식물을 이용하면 물리·화학적 처리에 비해 경비가 매우 저렴하며, 미생물적 처리에 비해 가시적이며, 오수 처리시 문제되는 오니(汚泥)가 응집력이 약화되어 침강되지 않는 팽화(bulking) 현상이 나타나지 않는 장점이 있다.

(1) 수생식물의 형태적 특징

수생식물의 가장 큰 특징은 침수식물에서 볼 수 있다. 다른 육상식물과는 다르게 표피층이 매우 얇고, 또한 기공이 발달해 있지 않으며, 육상식물의 기공이 주로 잎의 뒷면에 있는 반면, 부엽식물의 기공은 잎의 앞면에 있다. 또한 물속에서 자라기 때문에 강렬한 햇빛을 피할 수 있고 환경의 영향을 크게 받지 않기 때문에 잎 표피의 큐티클 층이 없는 경우도 있으며, 표피조직은 단층으로 이루어져 있어서 육상식물들보다 부드러워 수압과 유속에 잘 적응할 수 있다.

수생식물은 온 몸으로 수분을 흡수하므로 수생식물의 뿌리는 물 흡수보다는 식물체 지지와 무기물 흡수 기능이 주역할이다. 수생식물은 해부학적으로 통기조직(aerenchyma)이 발달하여 뿌리에 까지 산소를 공급하여 뿌리가 썩지 않도록 되어 있으며, 부력에 의하여 물속에서 몸체를 세울 수도 있게 해준다.

(2) 수생식물의 일반적 역할

수생식물들은 오염물질을 흡수하여 물을 깨끗하게 만들어주기도 하고, 강이나 연못 가장자리의 흙이 물에 쓸려 무너지는 것을 방지하기도 하다. 또 곤충들의 수생 유생들의 서식처 이기도 하며, 새들의 서식처가 되는 등, 여러 생물들이 함께 살아갈 수 있는 장소를 제공해 준다.

3) 수질오염원과 정화식물

(1) 수질오염의 종류

수질오염원은 점오염원과 비점오염원으로 구분되는데, 점오염원은 일정한 배출 경로가 있는 생활하수·산업폐수·축산폐수 등이다. 점오염원의 경우는 일정한 배출 통로가 있어서 관리가 용이하며, 식물에 의한 정화는 물론 물리·화학적 정화가 손쉽다. 이에 비하여 비점오염원은 불특정 배출경로를 갖는 오염원으로 양식장·야적장·농경지배수·도시노면배수 등으로 오염지역이 광범위하여 오염 제거가 어려워 특히 이 경우 식물을 이용한 정화가 효율적이다(표 5-12).

| 표 5-12 | 수질오염원과 정화식물

오염원		수질정화 식물
축산폐수		부레옥잠, 부들, 줄, 꽃창포, 토란
생활하수		애기부들, 미나리, 꽃창포, 갈대, 고마리
염류	카드뮴·납	미나리
	질소·인	꽃창포, 이삭물수세미, 부들, 노랑어리연꽃, 생이가래
기타	*COD	꽃창포
	**BOD	꽃창포

*COD: Chemical Oxygen Demand; **BOD: Biological Oxygen Demand.

(2) 수질 정화식물의 조건

수질 정화식물은 수질정화 능력이 탁월하며 겨울철에도 죽지 않고 견디며, 높은 생장력과 활용도를 갖춘 식물이어야 한다. 겨울철에 죽는 부레옥잠·애기부들 같은 경우는 그 자체가 2차오염원이 되므로 특별한 관리가 필요하다. 이러한 측면에서 우리나라에 자생하는 수질 정화식물은 10여종에 불과한데, 그중에서 가장 경제적인 수질정화식물은 갈대·줄·달뿌리풀·물억새 등과 같은 벼과 식물이며, 그밖에 붓꽃과의 노랑꽃창포·꽃창포·제비붓꽃 등과 천남성과의 창포·부들이 있다.

일반적으로 수생식물은 대부분 수심 1~1.5m이내의 얕은 물에서 서식하기 때문에 물이 깊은 호소나 하천에서는 효과를 발휘하기는 힘들므로 근래에는 친환경적인 인공수초섬을 설치하여 수질오염 정화와 동물의 서식지를 조성하고자 하는 시도가 모색되고 있다.

(3) 식물의 수질 정화작용의 원리

수생식물은 수중에서 생활하는 식물로서 물속의 유기물과 무기영양소 및 중금속과 독성물질을 흡수하여 생리물질로 이용하거나 축적하여 수질을 정화하며, 광합성으로 수중에 산소를 공급하여 호기성균과 동물을 증가시켜 수중 유기물을 제거한다.

부레옥잠·갈대·부들 같은 수생식물들은 뿌리에 공생하는 근균에 의하여 악취의 근본이 되는 단백질과 같은 함질소 물질들을 화학적으로 분해하여 정화하며, 부분적으로는 식물의 영양물질로 공급한다. 또한 수생식물은 오염물질들의 통과 유속을 감소시켜 침전시키며, 근균 이외의 다양한 수계 미생물을 증식시켜 미생물적 정화능을 배가한다.

(3) 수생식물의 수질개선 지표

일반적인 수질 지표에는 BOD·COD가 있는데, BOD는 생물학적 산소요구량(Biological Oxygen Demand)으로서 호기성균이 물속의 유기물을 분해할 때 소모하는 산소의 양으로 유기물이 많을수록 BOD가 증가한다. COD는 화학적 산소요구량(Chemical Oxygen Demand)으로 오염물질을 과망간산칼륨($KMnO_4$)이나 중크롬산칼륨($K_2Cr_2O_7$)과 같은 산화제로 산화시켜 정화하는 데 소비되는 산소량으로 유기물과 함께 아질산염·제1철염·황화물 등이 함께 측정되므로 이러한 물질이 함께 함유되어 있는 폐수의 경우는 BOD보다는 COD가 폐수의 오염의 내용까지도 측정할 수 있는 장점이 있다. 수질 환경 기준에서는 상수원수 1급수는 1ppm 이하, 상수원수 2급수는 3ppm 이하의 COD를 유지하도록 규정하고 있다.

이밖에 전산소요구량(TOD; Total Oxygen Demand)과 전유기성탄소량(TOC: Total Organic Carbon) 등도 있는데, TOD는 백금촉매를 이용하여 측정 시료를 연소시킬 때 필요한 산소량을 직접 측정하는 것으로 산화제를 사용하는 것보다 완전한 산화가 이루어져 COD보다 높은 값을 나타낸다. TOC는 물속에 있는 유기물의 탄소총량을 말한다. BOD·COD, TOD는 공통적으로 산소량으로 표시되므로 값의 대소를 직접 비교할 수 있고 유기물의 성질도 알 수 있다.

(4) 수질 정화식물의 정화능

수질정화 식물은 수중의 무기염류(질소·인)를 흡수하여 부영양화를 막아서 조류(藻類)의 번식을 억제하고, 광합성에 의하여 산소를 수중에 제공함으로서 호기성균의 증식을 도와 유기물을 무해한 물질로 분해한다. 또한 유기용제나 중금속들을 흡수하여 무해한 물질로 만들거나 축적하여 수질을 정화한다.

한국수생식물연구회에서 수생식물을 대상으로 실험한 결과에 따르면 수생식물의 부유물질과 총질소 등에 대한 정화력이 매우 높았다. 꽃창포·이삭물수세미·큰피막이·부들·노랑어리연꽃·생이가래 등, 6종의 수생식물을 조사한 결과 총질소와 총인의 경우 생이가래를 제외한 5종의 수생식물은 25.642ppm의 총질소 농도를 20일만에 1.11 ~ 2.88ppm으로 감소시켰으며, 2.352ppm의 총인 농도를 0.09 ~ 0.36ppm까지 감소시켰다(표 5-13).

수질의 등급을 나타내는 COD과 생물화학적 BOD 역시 수생식물 모두가 감소시키는 효과를 보였는데, 꽃창포가 가장 효율이 높아서 배양한지 20일 만에 COD 39.52PPM을 10.75ppm으로 감소시켰으며, BOD 100.12ppm을 4.83ppm으로 각각 낮춰 놀라운 정화능을 발휘하였다.

연꽃은 대표적인 부엽식물인데 질소와 인 성분의 90%를 제거하여 부레옥잠에 비하여 2 ~ 3배의 정화능을 나타냈다.

| 표 5-13 | 수생식물과 무기염류 흡수능 (다음 페이지에 계속)

식물명	흡수 무기염류의 종류				
	N	P	K	Ca	Mg
갈대	2,796	0.0425	1,6982	0.1127	0.14430
줄	1,9011	0.0384	1,1455	0.0935	0.08340
애기부들	1,4230	0.0248	1,3255	0.3157	0.23034

| 표 5-13 | 수생식물과 무기염류 흡수능

식물명	흡수 무기염류의 종류				
	N	P	K	Ca	Mg
부레옥잠	1,3557	0.2860			
좀개구리밥	0.243	0.0627			
미나리	0.734	0.0925			

(5) 해수 수질오염의 식물정화

하천에 의하여 오염물질을 포함한 부유물이 바다의 갯벌에 유입될 때에는 갯벌의 가장자리에서 자라고 있는 수생식물들이 유속을 떨어뜨려 부유물질과 그 밖의 여러 물질이 이곳에 퇴적된다. 갯벌의 염생식물(칠면초·갈대 등)과 저서규조류, 미생물에 의한 흡수와 분해가 일차적으로 활발히 진행 되면서 오염물질이 정화된다. 이중 수생식물은 수중의 영양염류를 제거해 수질을 정화하고, 어류와 동물성 플랑크톤 등 각종 수생생물의 산란 및 서식공간을 제공한다.

갯벌 $1km^2$의 미생물에 의한 흡수와 분해 능력은 하루 BOD(생물학적 산소요구량) 기준 2.17t의 오염물을 정화 할 수 있어서 도시 하수처리장 1개소의 유기물 처리 능력과 맞먹는다. 또한 500 마리의 갯지렁이는 하루에 1인 1일 배설물량인 2kg를 정화시키며, 개불은 이 갯지렁이의 15배의 정화능을 가지고 있다고 한다. 이처럼 갯벌의 오염은 수생식물·미생물·동물들이 함께 생물학적 정화 시스템을 이루고 있다.

3) 음용수 정화식물

보리·옥수수·결명자 등을 넣고 끓이면 구리·수은·카드뮴 등의 중금속 농도를 낮추는 데 탁월한 효과가 있다. 중금속에 오염된 물 0.5L에 보리 1.65g을 넣고 20분간 끓였을 때 구리 0.106ppm, 카드뮴 0.007ppm이 검출된 반면, 그냥 끓인 맹물은 구리 0.178ppm, 카드뮴 0.013ppm이어서 특히 카드뮴 정화 효과가 탁월하였다. 또한 결명자 1g을 넣고 끓이면 구리 0.935ppm, 카드뮴 0.064ppm, 납 0.105ppm이 검출되었지만 그냥 물에서는 구리 2.027ppm, 카드뮴 0.083ppm, 납 0.198ppm으로 구리 정화 효과가 탁월하였다. 옥수수 역시 중금속 정화가 큰 것으로 나타났다.

4) 수질오염 정화식물

(1) 생이가래

과 명 : 생이가래과(Salviniaceae)
학 명 : *Salvinia natans* (L.) Allioni

전세계에 12종인 부유성 양치식물 초본으로 한대지방을 제외한 전세계에 분포한다. 1년생 수생식물로 줄기는 분지하며, 높이 5～10cm로 잎 표면은 부드럽고 규칙적인 간격으로 비늘모양의 인모가 나 있다. 부수엽(浮水葉)은 잎 끝이 둥글며 거치가 없다. 잎 뒷면에는 털이 나 있으며, 잎자루는 짧고 역시 인모가 있다. 침수엽(浸水葉)은 침상으로 잘게 갈라져 뿌리처럼 보인다. 화서는 마디에서 수중으로 나며, 뿌리는 없고 물에 잠긴 침상의 엽이 잘게 갈라져서 뿌리처럼 보인다. 우리나라의 중부 이남의 논을 비롯해 물이 고인 곳에서는 흔히 볼 수 있다. 하수내 질소와 인 제거 능력이 탁월하다.

(2) 부레옥잠

과　명 : 물옥잠과(Pontederiacea)
학　명 : *Salvinia natans* (L.) Allioni
영　명 : Water hyacinth

남미 원산의 다년생 초본성 부유식물로서 세계 10대 문제 잡초 중의 하나이었으나 근래에 수질 정화식물로 각광 받고 있다. 부레옥잠과 같은 속에 5종이 있지만 부레옥잠만이 북위 40°에서 남위 45°까지의 열대·아열대·온대지방에 걸쳐 널리 분포하고 있다.

둥근 부유 줄기가 발달하여 있으며 둥근 창꼴 모양의 잎 사이에 작은 보라색 꽃이 층상으로 핀다. 기부에서 나온 포복지(stolon)에 눈이 생기고 뿌리가 나와 영양번식하게 된다. 이렇게 해서 계속 번식하면서 수면에 넓게 퍼져 부유형의 특징을 발휘한다. 특별한 경우에만 종자번식을 하는데, 수위가 떨어져 흙이 드러나기 쉬운 곳이나 물깊이가 얕은 장소 또는 식물체가 부패하여 퇴적된 곳에서만 종자 번식을 한다.

부레옥잠은 부영양화를 일으키는 질소와 인을 제거한다. 1헥타아르(hr)의 부레옥잠은 1년에 1,700kg의 질소와 300kg의 인을 빨아 들여 500여 명의 사람들이 버리는 폐수를 정화시키며, 각종 유독성분·농약성분·중금속 등도 흡수한다. 그러나 우리나라 중부지방에서는 월동이 불가능한 약점이 있다.

(3) 부들

과　명 : 부들과(Typhaceae)
학　명 : *Typha orientalis* C. Presl
영　명 : Oriental Cattail

원산지가 우리나라이며 일본·중국·우수리·필리핀 등지에 분포하는 다년생 초본이다. 잎이 부드럽기 때문에 부들부들하다는 뜻에서 부들이라고 하며, 꽃가루받이가 일어날 때 부들부들 떨기 때문에 부들이라는 이름이 붙었다고도 한다.

개울가나 연못의 습지에서 자라는 정수식물이다. 뿌리줄기가 옆으로 뻗으며 키가 2m에 이른다. 잎은 선형으로 줄기를 완전히 감싸며, 길이는 1.3m에 이르나 너비는 1cm가 채 되지 않는다. 7월에 노란 꽃이 줄기 끝에 무리져 피는데 수꽃은 위쪽에, 암꽃은 그 아래 쪽에 핀다. 열매 이삭은 길이 7~10cm이고 긴 타원형이며 적갈색이다.

부들은 환경 조건만 적합하면 잘 자라고 특히 키가 크기 때문에 돗자리, 방석, 물건 덮개, 햇빛 가리개, 도롱이, 짚신 및 부채 등을 만드는 데 사용한다. 수질 정화 능력이 뛰어나 근래에 수질 정화 식물로 주목받고 있다.

부들의 화분인 포황(蒲黃)에는 탄수화물 17.8%, 리포이드 12%, 시토스테롤 13%, 기름 10% 및 이소람네틴과 그 배당체인 루틴·펜타코잔 등이 함유되어 있다. 각혈·코피·소변 출혈·자궁 출혈 등에 지혈 작용을 하며, 혈액 순환을 개선시켜 산후 어혈로 인한 동통과 생리통에 효과가 있다. 또한 잎의 즙이나 달인 물은 지혈, 방부약, 소염약으로 상처와 곪은 데 바르며, 대장염과 적리에도 사용한다. 뿌리에는 상당량의 전분이 포함되어 있다.

(4) 애기부들

과 명 : 부들과(Typhaceae)
학 명 : *Typha angustata* L.

원산지가 우리나라이며 전세계 온대와 열대지역에 분포하는 정수성 다년생 초본으로 연못가나 강가의 얕은 물 속에서 자란다. 근경은 옆으로 뻗는데, 줄기는 곧게 서고 높이가 1.5~2m이고, 잎은 길이 80~130cm의 선형으로 털이 없다. 두텁고 가장자리가 밋밋하며 밑 부분이 엽초가 되어 줄기를 감싼다. 꽃은 꽃잎이 없고 밑 부분에 흰색 털이 있으며, 6~7월에 피고 줄기 윗부분에 원기둥 모양의 육수화서가 달린다. 열매로 된 이삭은 원기둥 모양으로 붉은빛이 도는 갈색이다. 잎은 부드럽기 때문에 방석을 만드는 재료로 쓰인다. 부들과 마찬가지로 화분인 포황을 약재로 쓴다. 수질 오염정화 능력은 있으나 열대성 수초여서 기온이 조금만 떨어져도 동해를 입어 오히려 수질을 악화시킬 수 있다.

(5) 꽃창포

과 명 : 붓꽃과(Iridaceae)
학 명 : *Iris ensata* Thunb. var. *spontanea* (Makino) N.
영 명 : Japanese Iris, Sword-leaved Iris

남아프리카가 원산지이며 우리나라 전역에 걸쳐 산야 및 초원습지에서 널리 자생하는 정수성 다년생 초본으로 키는 약 60~120cm이다. 잎 크기가 대형이며 창포와 비슷하게 생겼으므로 "꽃이 피는 창포"라는 의미에서 이와 같은 이름이 붙여졌으나 꽃잎이 없는 창포와는 전혀 다른 천남성과 식물이다. 잎은 청록색으로 편평하며 2줄로 곧게 선다.

꽃창포는 수질정화 효과 뿐만 아니라 꽃이 아름답고 번식력이 강하면서 뿌리를 깊이 내리기 때문에 흙이 무너지거나 파이는 것을 막아 줘 홍수 방지에도 효과가 좋다. 꽃창포와 붓꽃은 생김새나 생활환경이 비슷하나 붓꽃이 약간 작고 가는 반면 꽃창포는 약간 큰 편에 속한다. 붓꽃은 잎의 중앙맥이 뚜렷하지 않은 데 비하여 꽃창포는 뚜렷하게 융기한다. 화서는 붓꽃이 포의 겨드랑이에 2 ~ 3개씩 달리는데 비해 꽃창포는 1개씩 달린다. 꽃은 붓꽃이 푸른 자주색이며, 꽃부리는 노란 바탕에 보라색의 그물맥 무늬가 있는 데 비하여, 꽃창포는 진한 적자색이며, 꽃부리 중앙부에 노란 점이 있다. 보통은 붓꽃보다 먼저 꽃이 피며 붓꽃과는 달리 물기가 많은 저지대에서 잘 자란다.

한방과 민간에서는 근경을 인후염 · 편도선염 · 주독 해소 등에 약재로 사용한다.

(6) 노랑꽃창포

과　명 : 붓꽃과(Iridaceae)
학　명 : *Iris pseudoacorus* L.

유럽 원산으로 1912 ~ 1926년 사이에 우리나라에 도입된 것으로 보인다. 정수성 다년생 초본으로 연못가에 심으며 전체가 튼튼하고 큰 포기를 이룬다. 잎은 길이가 1m에 달하는 칼 모양으로 끝이 뾰족하며 녹색으로 다소 광택이 있다. 근경은 옆으로 뻗지 않으며 내부의 육질은 담홍색이다. 5 ~ 6월에 노란색 꽃을 피우는 사철 조경 식물로 이용된다.

노랑꽃창포를 식재하면 80°의 비탈도 무너지지 않으며 큰 홍수에도 토양 보존 능력이 뛰어나다. 또한 자연석 틈새에 식재하면 깊고 강한 뿌리 조직으로 바위를 감싸주어 자연석을 고정시키고 토양 유실을 방지하며 수중 및 수위에 물고기 등의 서식처를 형성해 준다. 특히 수질 정화와 악취제거기능이 뛰어나 부들이나 줄보다도 5 ~ 6배 정도 빠르다. 또 부들이나 줄, 부래옥잠 등은 초겨울 서리에 고사되지만 노랑꽃창포는 새싹이 돋아나 10 ~ 30cm 새싹으로 자라면서 겨울에도 수질 정화 효과가 있다.

(7) 미나리

과　명 : 미나리과(Umbelliferae)
학　명 : *Oenanthe javanica* (BL.) DC.

우리나라 원산으로 일본 · 중국 · 타이완 · 말레이시아 · 인도 등지에 분포한다. 습지에서 자라고 흔히 논에 재배한다. 줄기 밑 부분에서 가지가 갈라져 옆으로 퍼지고 가을에 포복경 마디에서 뿌리가 내려 번식한다. 줄기는 높이가 20 ~ 50cm로 털이 없고 향기가 있다. 잎은 길이가 7 ~ 15cm이며 1 ~ 2회 우상복엽으로 잎자루는 위로 올라갈수록 짧아진다. 꽃은 7 ~ 9월에 흰색으로 줄기 끝에 산형화서로 핀다.

근래에는 해독 및 카드뮴 등의 중금속 정화작용이 있기 때문에 하수처리장, 축산 폐수장의 오 · 폐수의 수질정화식물로 각광을 받고 있으며 먼지가 많이 발생하는 곳에서 일하는 사람은 미나리가 좋고 한다. 오염원에 노출되어 있는 것은 먹지 않도록 한다.

독특한 풍미가 있는 알칼리성 식품으로 비타민 A · B_1 · B_2 · C 등이 다량으로 함유되어 있다. 단백질은 물론 철분 · 칼슘 · 인 등의 무기질과 함께 섬유질이 풍부하다. 한방에서는 잎과 줄기를 수근(水芹)이라 하여 약재로 쓰는데, 이뇨 작용·강장 및 해독 효과가 있다. 또한 콜레스테롤 수치 경감효과가 있어 심혈관 질환과 고혈압에 효과적이며, 월경과다와 냉증에 효과가 있다고 한다. 그러나 비위가 약하거나 몸이 냉하고 기력이 없는 경우에는 많이 먹지 않도록 하며 특히 한 여름철에는 약간의 독성이 있어 먹지 않는 것이 좋다.

(8) 갈대

과　명 : 벼과(Poaceae)
학　명 : *Phragmites communis* Trin.
영　명 : Reed
한자명 : 노(蘆), 위(葦)

우리나라 원산으로 세계의 온대와 한대에 걸쳐 분포한다. 줄여서 갈이라고도 하며, 습지나 갯가·호수 주변의 모래땅에 군락을 이루고 자란다. 뿌리줄기의 마디에서 많은 황색의 수염뿌리가 난다. 줄기는 마디가 있고 속이 비었으며, 높이는 3m 정도이다. 잎은 가늘고 긴 피침형으로 끝이 뾰족하다. 엽초가 줄기를 둘러싸며 털이 있다. 꽃은 8 ~ 9월에 피고, 수많은 작은 꽃이삭이 줄기 끝에 원추화서로 달리며, 처음에는 자주색이나 담백색으로 변한다. 이삭은 빗자루를 만들었고 이삭의 털은 솜 대용으로 사용하였다. 성숙한 줄기는 갈대발·갈삿갓·삿자리 등을 엮는 데 쓰이고 펄프 원료로도 이용한다. 근래에는 하천 수질 정화 식물로 이용되고 있다.

갈대의 땅 속 어린 줄기를 노순(蘆筍), 또는 위아(葦芽)라 하여 죽순처럼 요리를 해서 먹는데 연하고 맛이 달다. 갈대 뿌리는 돼지고기나 닭고기 등 고기를 먹고 체하거나 각종 중독에 효과가 탁월하여 방사능·농약·알코올·중금속 중독 및 식중독에도 효과가 있으며, 당뇨병·황달·각종 암·구토·만성복막염·해소·부종·관절염·방광염·소변불통 등에 효과가 있다.

(9) 달뿌리풀

과　명 : 벼과(Poaceae)
학　명 : *Phragmites japonica* Steud.
한자명 : 용상초(龍常草)

우리나라 원산으로 일본·중국(만주)·우수리강(江) 유역·몽골에 분포하며, 냇가의 모래땅에서 자란다. 용수염풀이라고도 한다. 속인 빈 줄기는 높이가 2m에 달하며 마디에 털이 빽빽이 있다. 잎은 어긋나고 길이가 10 ~ 30cm, 폭이 2 ~ 3cm이며, 끝이 뾰족하고 밑 부분이 엽초로 되어 줄기를 둘러싼다. 꽃은 8 ~ 9월에 피고 길이 25 ~ 35cm의 자주빛 원추화서를 이룬다.

달뿌리풀은 뿌리 줄기가 지상으로 나와 옆으로 뻗으며 새로운 싹을 내는 번식 특성 때문에 "덩굴달"이라고도 부른다. 뿌리가 지상으로 노출되어 벋으면서 번식하며, 잎은 한 방향으로 달리는 경향이 있는 것이 특징이다. 갈대는 줄기가 곧게 서서 자라지만 달뿌리풀은 옆으로 기면서 자라는 것이 많고 또 마디가 땅에 닿은 부분에서 뿌리가 난다는 점이 다르다. 또한 갈대에 비해 개체가 조금 더 작고 가느다란 소형잎을 가지고 있으며 갈대보다는 맑은 물가에서 자란다. 갈대는 꽃대가 굵고 꽃도 크고 대형으로 줄기가 백색을 띠는 푸른색인데 비하여 달뿌리풀은 꽃대가 연약하고 꽃도 작으며 갈색을 띤다. 서식지에서는 강의 중앙부는 대체로 달뿌리풀이 서식하고 강둑이나 그 주변에는 주로 갈대가 서식한다.

달뿌리풀은 하천의 수질정화와 경관 조성을 위한 관상용·약용 및 공예용으로 사용한다. 달뿌리풀은 갈대와 같이 하천의 수질정화에 큰 효과가 있는 것으로 알려지면서 최근에 도시 하천의 수질 정화와 경관 조성을 위해 많이 활용되고 있다.

달뿌리풀의 근경에는 당분·고무질·단백질·무기염류 등이 들어 있으며, 이뇨·지혈·발한·소염·지갈·해독·진토 등의 다양한 약리 효과가 있다. 달뿌리풀의 근경은 돼지고기나 닭고기 등 고기를 먹고 체하거나 각종 중독에 효과가 탁월하다. 이 밖에도 당뇨병·황달·각종 암·구토·만성복막염·해소·부종·관절염·방광염·소변불통 등의 치료에 흔히 쓰는데, 갈대보다 효과가 탁월하다고 한다.

(10) 물억새

과　명 : 벼과(Poaceae)
학　명 : *Miscanthus sacchariflorus* (Maxim.) Benth.

우리나라 원산으로 일본·중국 북부·아무르·시베리아 동부 등에 분포하며, 물가의 습지에서 무리 지어 자란다. 굵은 뿌리줄기가 옆으로 뻗으면서 군데군데 줄기가 나온다. 줄기는 높이가 1~2.5cm이고, 밑 부분의 지름이 1~1.5cm이다. 잎은 길이 40~80cm의 줄 모양이고 윗부분 가장자리에 잔 톱니가 있으며 뒷면은 분 같은 흰색을 띠고 밑 부분은 잎집 모양으로 줄기를 감싼다. 억새가 마르고 척박한 땅에서 자라는 것에 비하여 물억새는 정수식물로 수변에 자라며 잎 뒷면에 긴 털이 있다.

한방에서 뿌리줄기를 파모근(巴茅根)이라는 약재로 쓰는데, 부인과에서 미열과 빈혈에 효과가 있으며 치통에도 쓰인다.

(11) 줄(줄풀)

과　명 : 벼과(Poaceae)
학　명 : *Ziania caduciflora* (Turszaninow) N.
영　명 : Wild lice
생약명 : 고장초(菰蔣草), 고미(苽米)

강 옆이나 연못, 방죽 같은 데에 무리를 지어 자라는 정수식물로 잎은 갈대와 비슷하나 훨씬 넓고 키도 갈대보다 크다. 다년생 초본으로 키는 1~2m터쯤 자라고 진흙 속에 굵고 짧은 뿌리가 옆으로 뻗으면서 자란다. 잎은 길이 50cm~1m, 넓이는 2~3cm 쯤이며 아래쪽이 둥글고 끝은 뾰족하다.

줄풀의 길고 넓적한 잎을 따서 떡이나 과자를 싸는데 쓰기도 하고 잎이나 줄기를 말려서 방석이나 거적·도롱이·부채 같은 것을 만들기도 하였다. 또한 깜부기병이 든 이삭의 까만 가루를 모아 먹을 만들어 쓰기도 했으며 흑갈색 염료를 만들기도 했다.

줄풀 열매인 줄쌀은 옛날에는 구황식품이었는데, 탄수화물·단백질·섬유질·지방질 그리고 비타민 B_1·B_{16}·칼슘·인·철분 등, 갖가지 미량 원소들이 많이 들어 있어 영양이 풍부하며, 특히 게르마늄이 많이 들어 있는 것으로 알려져 있다.

줄풀에는 게르마늄 성분이 있는데 끓인 물은 각종 피부병에 효과가 있고 뿌리 즙은 각종 중독에 효과가 있으며, 당뇨병·고혈압·중풍·심장병·변비·비만·동맥경화 등, 각종 질병에 효과가 있으나 성질이 몹시 차서 과용은 삼가야 한다.

② 토양오염 정화식물

토양은 다른 환경오염에 비하여 일단 오염이 되면 복원이 매우 어렵다. 현재 미생물을 이용하여 복원하는 방법 등, 많은 기술이 개발되고 있지만, 비용과 시간이 많이 소요되어 극히 제한된 지역에서만 적용될 수밖에 없다.

우리나라는 강우량이 많아 토양 속의 석회·마그네슘·칼륨 등의 염기 성분이 쉽게 용출되어 산성화되기 쉽고, 또한 수분과 양분의 보유력과 자정력을 갖게 하는 유기물도 쉽게 빠져나가서 토양의 자정능력이 매우 낮다. 더욱이 산업화와 도시화가 토양오염을 가중시키므로 토양오염 방지와 복원을 위한 노력이 필요한데, 토양오염 정화식물을 이용하면 화학적·미생물적 공정보다 경제적이고 지속적일 것이다.

1) 식물의 토양오염 정화

토양으로부터 유해한 오염물질을 제거하고 안정화·무독화시키는데 식물을 이용하는 방법은 기존의 처리 기술보다 1/5 이하의 저렴한 처리 비용으로 가능하므로 국내의 사정을 고려할 때 매우 필요한 기술이다. 그리고 식물을 이용하므로 정화과정에서의 환경 교란을 최소화 할 수 있다는 이점도 있다(표 5-14).

| 표 5-14 | 식물의 토양 정화

구 분	오염물질	대표적 식물
식물에 의한 추출	중9금속(Pb·Cd·Zn·Ni·Cu·Se), 방사성 물질	해바라기·보리·민들레·쐐기풀
식물에 의한 분해	방향족 탄화수소 할로겐화 방향족 탄화수소 유기인 비방향족 탄화수소	포플러·버드나무·사시나무 콩과식물·벼과식물
식물에 의한 안전화	중금속·방향족 탄화수소 할로겐화 방향족 탄화수소	포플러·버드나무·사시나무 뿌리가 발달된 초본류

2) 식물 토양정화 기작

토양오염 정화식물은 오염물질의 독성에 저항력이 강하며 상대적으로 다른 식물에 비하여 높은
농도의 오염물질을 흡수·분해·안정화시키는 식물을 말한다.

(1) 흡수 및 변형

식물 중에는 오염물질을 직접 식물체 내로 흡수하거나 또는 식물체 내의 효소에 의해 덜 유해한
물질로 변형시키는 식물들이 있다. 고사리과 식물들은 카드뮴(Cd)과 비소(As), 속새과 식물은
구리(Cu), 마디풀과 식물은 아연(Zn), 그리고 옥수수와 겨자는 납(Pb)을 흡수하는 능력이 있다.

(2) 식물에 의한 분해 및 안전화

포플러는 아트라진과 같은 잔류 살충제나 염화솔벤트(TCE) 같은 유해 유기물질을 다량 흡수하
여 분해하거나 안전화시켜 배출한다.

(3) 오염물질 이동방지

일반적으로 식물은 뿌리를 통해 토양 및 지하수의 물을 흡수한 후 잎의 기공을 통해 증산시킴
으로 토양으로 유출된 오염물질의 지하 이동을 억제한다.

(4) 토양미생물 활성화

식물의 뿌리에서 삼출물(exudates)이나 효소를 방출하여 뿌리 근처에 서식하는 토양미생물을 활
성화하여 식물 자신의 생장이나 유기물질의 생화학적인 분해를 촉진시킨다.

3) 토양오염 정화식물

(1) 포플러나무

과 명 : 버드나무과(Salicaceae)
학 명 : *Populus* spp.
영 명 : Poplar trees(포플러나무), Cotton wood(미루나무)

버드나무과에 속하는 낙엽성 활엽 교목을 총칭하나 일반적으로 포플러는 흑양(black
poplar/*P. nigra*)에 속하는 나무를 통칭한다. 가지가 둔한 각도로 벌어져서 원뿔형 수관을 이루
며 어린 가지와 잎에 털이 없다. 잎은 넓은 삼각형으로 가장자리에 둔한 톱니가 있으며 엽맥,
잎자루 및 어린 가지는 붉은빛이 돈다. 잎자루는 길고 수직으로 편평하기 때문에 약간의 바람이
불어도 잎이 흔들린다. 꽃은 2가화이며 잎이 피기 전에 피고 열매는 삭과로 솜 같은 긴 털이 달
린 종자가 바람에 날리는데 알레르기의 원인이 된다.

양버들(lombardy poplar/*P. nigra* var. *italica*)은 가지가 곧게 서서 빗자루 같은 수형이며, 흔
히 우리나라 시골길에서 볼 수 있었다. 미루나무(cottonwood/*P. deltoides*)는 북미 원산의 미국

산 포플러로 가지가 옆으로 퍼지고 잎의 길이가 폭보다 길다. 이밖에 유사종에 이태리 포플러(*P. euramericana*)·은사시나무(*P. tomentiglandulosa*)가 있다.

포플러는 목재 및 종이 산업에서 유용하게 사용되고 있는 나무로서, 커다란 뿌리를 통해 질소 비료 등과 같은 폐기물을 토양으로부터 흡수해 내고 또한 토양의 유실을 막아 주는 역할을 한다. 또한 토양으로부터의 유해 물질 제거능이 탁월한데, 수경 배양조에서 TCE 50ppm의 농도에서도 생존할 수 있으며, 높은 증산량(5년생 나무의 경우 100l/day)을 나타내 TCE는 물론 상당량의 중금속도 빠른 시간 내에 정화시킨다. 또한 성장이 빠른 속성수로서 오염된 토양에 쉽게 식재하여 상대적으로 빠른 시일 내에 효과를 볼 수 있다. 또한 가뭄에도 강하고, 25~30년 간의 수명을 지니고 있어서 중·단기간의 토양 정화에 이상적인 식물이라고 할 수 있다.

(2) 버드나무

과 명 : 버드나무과(Salicaceae)
학 명 : *Salix koreansis* Anderss.

우리나라 원산의 낙엽성 활엽 교목으로 일본·중국 북동부 등지에 분포한다. 속명 *Salix*는 라틴어로 '가깝다'는 뜻의 살(sal)과 '물'이라는 뜻의 리스(lis)의 합성어이다. 버드나무라고 부르는 종류는 여러 가지로 약 300종이 있으며, 주로 북반구의 난대에서 한대와 남반구에도 몇 종이 분포한다.

들이나 냇가의 수분이 많은 데에서 흔히 자란다. 높이 약 20m, 지름 약 80cm이다. 나무껍질은 검은 갈색이고 얕게 갈라지며 작은 가지는 노란빛을 띤 녹색으로 밑으로 처지고 털이 나지만 없어진다. 잎은 호생으로 피침형이거나 긴 타원형이며, 끝이 뾰족하고 가장자리에 안으로 굽은 톱니가 있다. 잎자루는 길이 2~10mm이고 털이 없거나 약간 난다.

꽃은 4월에 유이화서로 피는데 자웅이주이다. 열매는 삭과로서 5월에 익으며 털이 달린 종자가 들어 있다. 갯버들은 가지가 늘어지지 않으나 가지수양버들과 능수버들은 가지 전체가 늘어지며, 수양버들은 새로 난 가지의 빛깔이 적갈색이고 구불구불하다.

버드나무는 약용 식물로도 유용해 한방에서는 잎과 가지를 이뇨·진통·해열제로 썼으며, 아스피린의 원료가 되는 물질도 버드나무류의 수피에서 추출한 것이다. 과거 버드나무는 연못이나 우물가에 심어 물을 정화시키는 데도 사용하였다.

(3) 사시나무

과 명 : 버드나무과(Salicaceae)
학 명 : *Populus davidiana* Dode

우리나라 원산으로 중국·시베리아 동부에 분포한다. 높이 약 10m, 지름 약 30cm이다. 잎은 뒷면이 은록색이어서 백양나무라고도 한다. 특히 잎 뒷면이 흰 분을 바른 것처럼 흰 것을 백양(*P. alba* L.)이라고 한다. 사사나무의 잎은 원형 또는 계란형으로 길이 2~6로 가장자리에 얕은 톱니가 있다. 잎보다 가늘고 납작한 잎자루로 되어 있어 약간의 바람에도 잎이 흔들린다. 나무껍질은 검은빛을 띤 갈색으로 오랫동안 갈라지지 않으며, 소지의 겨울눈에 털이 없다. 자웅이주로서 4월에 미상화서로 꽃이 핀다. 열매는 삭과로 긴 타원형이며 5월에 익는다.

추위에 강하고 맹아력이 뛰어나며, 적당한 습도의 사질토양에서 잘 자란다. 해변에서의 적응성이 양호하여 도심지 공해에 대한 저항성도 강하며 토양 정화능력이 좋다.

조림수로 심으며 재질이 뛰어나 상자나 성냥·건축재·기구재·조각재·화약원료·펄프재 등으로 사용되며, 나무껍질은 약용으로 쓰인다. 수피를 각기·구내염·신경통·해열·중풍·어혈을 푸는 데 사용하며, 골절 치료에도 사용한다.

(4) 해바라기

과　명 : 국화과(Compositae)
학　명 : *Helianthus annus* L.
영　명 : Common sunflower, Mirasol, Common garden sunflower
한자명 : 향일화(向日花)·조일화(朝日花)

중앙아메리카 원산으로 콜럼버스가 아메리카 대륙을 발견한 다음 유럽에 알려졌으며, '태양의 꽃(Helianthus)' 또는 '황금꽃'이라고 부른다. 희랍신화에 의하면 물의 요정인 크리티에(Clytie)가 태양의 신인 아폴로를 연모하다 해바라기 꽃이 되었다고 한다. 높이 2m 내외로 자라고 굳은 털이 있다. 잎은 잎자루가 긴 심장형의 난형으로 가장자리에 톱니 모양의 거치가 있다. 꽃은 8~9월에 피고 원줄기가 가지 끝에 1개씩 달려서 옆으로 처지며, 지름 8~60cm이다. 설상화는 노란색이고 중성이며, 관상화는 갈색 또는 노란색이고 양성이다.

해바라기는 수질과 대기·토양오염 정화에도 탁월한 효과가 있으며, 특히 우라늄을 흡수능이 탁월하다.

관상용으로 심으며, 줄기 속을 약재로 이용하는데 이뇨·진해·지혈에 사용하며, 종자는 20~30%의 기름을 포함하는데, 불포화자방산과 무기질이 풍부하다. 고혈압과 동맥경화에 효과가 있고 혈액순환과 질병에 대한 저항력을 높여주며, 간 기능에도 도움을 주는 것으로 알려져 있다. 관상용과 채종용이 있는데, 채종용은 특히 러시아에서 많이 심고 있으며, 유럽의 중부와 동부·인도·페루·중국 북부에서도 많이 심는다.

(5) 민들레

과　명 : 국화과(Compositae)
학　명 : *Taraxacum platycarpum* Dahlst.
영　명 : Mongolian dandelion

우리나라 원산으로 중국·일본에 분포한다. 잎이나 꽃줄기 및 뿌리를 자르면 우유 같은 흰 즙액이 나온다. 높이는 10~25cm이고 뿌리는 깊게 길게 자라며, 잎은 뿌리에서 나서 둥그런 방석 모양의 로제트형으로 퍼진다. 기다란 잎은 가장자리가 무 잎처럼 갈라지며 크고 작은 분열된 톱니 모양의 삼각형으로 갈라져 일정 크기의 닻 모양의 삼각형으로 갈라진 서양민들레와 구분된다. 민들레는 4 ~ 5월에 근엽 사이에서 꽃줄기가 나와서 그 끝에 노란색 또는 흰색의 꽃송이가 하늘을 향해 핀다. 둥근 꽃대는 속이 비어 있으며 처음에는 잎보다 약간 짧으나 꽃이 핀 다음 길게 자란다. 토양 정화 능력이 있다.

전초에 플라보노이드인 코스모시인 · 루테올린 · 배당체 · 타라사스테롤 · 콜린 · 이눌린 및 펙틴 등이 들어 있다. 뿌리에는 타라솔 · 타라세롤 · 타라세스테롤 · 아미린 · 스티크마스테롤 · 시토스테롤 · 콜린 · 유기산 · 과당 · 자당 · 글루코세 · 배당체 · 수지 · 고무 등이 들어 있고, 잎에는 루테인 · 카로틴 · 아스코르브산 · 비오라산딘 · 프라스토쿠이오네 · 비타민 B_1 · B_2 · C · D 등이 들어 있다. 이밖에 꽃에는 아르니디올 · 프라보산딘 및 루테인, 화분에는 시토스테롤 · 스티크마스트 · 엽산 및 비타민 C가 풍부하여 식용화로 이용되는 등, 식용 또는 약용으로 쓰나 자동차길에 있는 것은 중금속 등에 오염되어 있어 식용하지 않은 것이 좋다.

민들레는 맛은 달고 쓰며 성질은 평하거나 약간 차며 독이 없다. 간경 · 비경 · 위경 · 신경에 들어간다. 열을 내리고 해독하며 이뇨하고 울결을 풀어주는 효능이 있고, 급성 유선염 · 림프절염 · 급성 결막염 · 감기 · 급성 편도선염 · 급성 기관지염 · 위염 · 간염 · 담낭염 · 요로 감염 등을 치료하며 머리를 검게 한다고 한다.

(6) 쐐기풀

과 명 : 쐐기풀과(Urticaceae)
학 명 : *Urtica thunbergiana* Siebold & Zucc.

우리나라 원산으로 중부 이남과 일본에 분포하며 높이 약 1m이다. 포기 전체에 가시털이 나고 줄기에 세로 능선이 있다. 잎은 계란 모양의 원형으로 길이 5 ~ 12cm, 너비 4 ~ 10cm이다. 끝이 뾰족하고 가장자리가 깊이 파여져 있으며, 톱니가 있다. 잎자루는 길이 3 ~ 10cm로서 길고 탁엽은 반 이상 합쳐지며 넓은 달걀 모양이다. 7 ~ 8월에 녹색을 띤 흰색 꽃이 피는데, 수꽃과 암꽃은 각각 다른 꽃이삭에 달리지만, 수꽃 이삭 밑 부분에 암꽃이 달리는 경우도 있다. 열매는 녹색의 수과로서 납작한 달걀 모양이며 9 ~ 10월에 익는다. 토양 정화 작용이 있다.

껍질은 섬유자원으로 쓴다. 가시에는 포름산(개미산)이 들어 있어 찔리면 쐐기한테 쏘인 것처럼 아프다. 어린 순을 나물로 먹기도 하며 쐐기국수나 쐐기떡을 만들어 먹는다. 한방에서 포기 전체를 뱀독의 해독제, 이뇨제로 이용되며 민간에서는 당뇨병 치료에도 사용한다.

③ 대기오염 정화식물

도시화가 진행되면서 대기뿐만 아니라 실내 공기도 건축자재와 생활 용품에서 발생하는 각종 유해 대기 오염원이 새로운 질병의 원인이 되고 있다. 식물은 광합성에 의하여 산소를 공급하고 또 공기 내 이산화탄소나 그 밖의 기체성 유해 물질을 흡수하여 저장하거나 무독화한다. 이렇게 식물 중 공기 정화기능이 탁월한 식물을 대기오염 정화식물이라고 한다.

1) 대기오염 식물지표법

식물을 이용하여 대기오염의 정도를 측정하는 방법을 대기오염 식물지표법이라고 한다. 대기오염 식물지표법은 신속하고 정확한 것은 아니지만 지표식물의 상태를 육안으로 쉽게 관찰할 수 있어서 대기오염의 가시적 지표로 흔히 이용된다.

(1) 지표식물의 조건

활용 방법이 편리하고 지표식물의 확보, 관리가 경제적이어야 한다. 특별한 생장 환경을 요구하지 않아야 하고, 특정 오염물질에 민감하게 특정한 반응을 보이며, 구입과 재배가 용이한 식물이어야 한다.

(2) 식물지표법의 장단점

대기오염의 식물지표법은 대기 오염에 의하여 지표식물의 잎에 나타나는 피해 반점의 종류와 면적을 조사하거나 잎 속에 있는 수용성 공해 지표 물질의 함량을 측정하여 대기 오염 정도를 판정할 수 있다. 이 방법은 환경 요인을 복합적으로 파악하여 광범위한 지역에서 장기간의 대기 오염 인자들이 축적되는 것을 육안으로 확인할 수 있는 장점이 있다. 또한 특정한 오염의 요인 파악이 가능하고 동시에 주변 환경의 개선에도 도움이 되며, 경제적이고 간단하여 쉽게 활용할 수 있다. 그러나 측정 결과에 대한 계량화가 어렵고 편차가 심하며 오염 물질 이외의 다른 영향에 의한 가능성을 배제할 수 없다. 또한 지표생물 자체에 대한 특별한 관리가 필요하며, 대기 오염 농도가 지표식물의 내성 농도를 초과하면 지표생물이 소멸하여 그 이상의 측정이 불가능하다는 단점이 있다.

(3) 식물지표법의 적용 단계

식물지표법의 적용은 시간적 조사 단계에 따라서 이용하는 지표식물의 종류와 조사 항목이 달라진다. 단기 식물지표법은 현단계에서의 대기 오염 상황을 파악하고자 하는 것으로 들깨·사루비아·알팔파·나팔꽃 등, 생육이 왕성한 초본식물을 이용하여 환경 오염 정도에 따라 잎에 나타나는 피해 반응을 눈으로 보아 점수화하는 방법과, 잎에 농축되어 있는 수용성 황과 같은 공해물질의 종류와 함량을 지표로 사용하는 방법이다. 중기 식물지표법은 곰솔, 배나무 등과 같은 목본을 이용하여 잎의 변색·낙엽 발생·수관 감소 등의 몇 가지 알기 쉬운 항목에 기준을 정하여 어느 정도 축적된 환경 오염자료로 이용한다. 그리고 장기 식물지표법은 장기간에 걸친 피해를 조사하는 식물 군집의 종다양도·우점도·천이 동향 등의 기준 마련에 이용한다.

　미국자리공은 공단 등과 같은 오염 지역에 출현하는 표징종으로 이용되는데, 이러한 표징종은 식물뿐만 아니라 곤충 및 기타 동물들도 활용된다.

(4) 대기오염 지표식물의 표징

대기오염에 의하여 지표식물은 특정 부위에 특징적 반응이 나타난다. 단기 식물지표인 들깨와 사루비아는 이산화황(SO_2)에 의하여 잎 전체에 반점이 나타나며, 알팔파는 SO_2에 의하여 엽맥 사이에 황화현상이 나타난다. 포아과 식물인 california smog는 잎이 탈색되거나 심하면 괴사한다. 나팔꽃은 산화제(oxidant)에 의하여 잎에 회갈색의 작은 반점이 나타나며 글라디올러스는 불화수소(HF)에 의하여 잎 끝이나 엽맥 사이에 황화현상이 나타난다. 중기 지표식물인 곰솔은 복합인 오염 물질에 대하여 전반적인 활력도가 감소된다(표 5-15). 또한 빛에 포함된 자외선 등에 반응하여 만들어지는 광화학 오염물질에 대하여서도 감수성이 민감한 지표식물들이 있다(표 5-15). 들깨와 알팔파는 태양 빛 속의 UV, 오존(O_3), peroxyacyl nitrate(PANs) 및 peroxybenzoyl nitrate(PBN)에 의해서는 잎 전체에 극히 작은 반점이 나타난다.

| 표 5-15 | 유해 대기가스에 대한 주요 작(식)물의 감수성

구분	아황산가스	불화수소가스	염소가스	황화수소가스
감수성	보리 · 양상추 · 메밀 · 고구마 · 시금치 · 무 · 호박 · 귀리 · 콩 · 알팔파	복숭아 · 포도 · 살구 · 글라디올러스 · 감자 · 옥수수 · 딸기	알팔파 · 코스모스 · 사과 · 장미 · 밤나무 · 메밀 · 무 · 양파 · 갓 · 해바라기	클로버 · 코스모스 · 메밀 · 토마토 · 콩 · 담배
보통	사탕무 · 토마토 · 배 · 사과 · 포도 · 복숭아 · 살구 · 수박	완두콩 · 시금치 · 상추 · 고구마 · 사탕무 · 사과 · 보리 · 강남콩 · 클로버	강낭콩 · 호박 · 토마토 · 포도 · 복숭아 · 진달래 · 소나무	후추나무 · 민들레 · 해바라기
저항성	감자 · 옥수수 · 부추 · 참외 · 장미 · 라일락 · 단풍나무	토마토 · 호박 · 오이 · 담배 · 감귤 · 셀러리 · 고추 · 가지 · 콩	가지 · 콩 · 명아주	명아주 · 카네이션 · 딸기 · 갓 · 복숭아 · 벗나무 · 사과

| 표 5-16 | 주요 작(식)물의 광화학 오염물질에 대한 감수성

구분	오 존	PANs	자외선(UV–B)
감수성	들깨 · 사루비아 · 시금치 · 옥수수 · 보리 · 토마토 · 담배 · 파 · 무 · 알팔파 · 밀 · 귀리 · 콩	시금치 · 알팔파 · 상추 · 꽃상추 · 셀러리 · 고추 · 귀리 · 콩 · 옥수수 · 담배	보리 · 귀리 · 대두 · 사탕무 · 양배추 · 오이 · 호박 · 시금치 · 나무딸기 · 대황 · 사탕수수 · 완두 · 당근 · 토마토 · 멜론 · 브록콜리 · 근대 · 겨자 · 자작나무
보통	순무 · 당근 · 꽃상추 · 병풍나물 · 페튜니아	–	벼 · 호밀 · 수수 · 강남콩 · 완두 · 고추 · 감자 · 상추 · 페튜니아 · 너도밤나무
저항성	사탕무 · 양아욱 · 오이 · 목화 · 상추	양배추 · 당근 · 호박 · 양파 · 오이 · 딸기	목화 · 밀 · 해바라기 · 옥수수 · 양배추 · 오렌지 · 가지 · 셀러리 · 아스파라거스 · 무 · 양파 · 기장 · 레드클로버 · 알팔파 · 메리골드 · 포인세티아 · 대부분의 침엽수

2) 대기오염 지표식물

(1) 들깨

과　명 : 꿀풀과(Laviatae)

학　명 : *Perilla frutescens* (L.) Britt.

영　명 : Perilla

한자명 : 백소(白蘇), 임(荏)

　들깨는 1년생 초본으로 대기공해 지표식물로 각광을 받고 있는데, 이산화황(SO_2)과 오존(O_3)에 의하여 잎에 반점들이 나타나 이것의 분포수와 크기 및 색깔에 의하여 자동차나 공장 매연의 가장 예민한 식물 지표로 사용된다.

　종실은 강정·차·건강식·제과용 등으로 기름은 조미유로 주로 많이 이용되며, 공업적으로는 기름종이·페인트·인쇄용 잉크·칠감·가루비누·방수용구 등에 활용된다. 또한 잎은 신선채소와 염장으로 이용되며, 기름을 짜고 난 깻묵은 단백질이 풍부하여 가축사료와 유기질 비료로 쓰인다.

(2) 사루비아(깨꽃)

과　명 : 꿀풀과(Laviatae)

학　명 : *Salvia splendens* KerGawl.

한자명 : 서미초(鼠尾草)

　대기공해 지표식물로 이용되는데 이산화황(SO_2)에 의하여 잎에 반점들이 나타난다. 브라질 원산의 귀화식물이며 원산지에서는 다년생 초본이다. 겉모양이 깨와 비슷하여 깨꽃이라 하며 여러 가지 변종이 있다. 관상용으로 많이 심는다. 원줄기는 사각형이며 곧게 서며 가지를 친다. 잎은 대생으로 긴 난형으로 길이는 5~9cm이다. 끝이 뾰족하고 밑부분이 넓으며 뭉툭하고 낮은 톱니가 있고 흰 털이 난다. 잎자루가 길다. 5~10월에 원줄기와 가지 끝에 총상화서로 꽃이 피는데, 포·꽃받침·화관이 환한 붉은색이다.

(3) 알팔파(Alpalfa)

과　명 : 콩과(Leguminosae)

학　명 : *Medicago sativa*

　대기 오염 지표식물로 이용되는데 이산화황(SO_2)에 의하여 엽맥 사이가 노랗게 변하는 황화 현상이 나타난다.

　서남아시아 원산의 다년생 초본이다. 유럽에서는 루선(lucern)이라고 불렀으나, 미국에서는 아랍어 어원의 '가장 좋은 사료'라는 뜻으로 알팔파라 하여 일반적으로 통용되게 되었다. 우리나라에는 해방 후 도입된 귀화식물로 한반도 북부와 중부 지방에 산발적으로 분포한다. 원줄기는 곧게 30~90cm까지 자라서 가지가 갈라진다. 잎은 호생으로 3출엽의 복엽이다. 소엽은 긴 타원형 또는 피침형으로 끝이 뭉툭하거나 움푹하게 들어가 있으며 가장자리에 톱니가 있다. 7 ~8월에 자주색 꽃이 총상화서로 달린다. 꼬투리는 2~3회 나선 모양으로 말리며 털이 있고, 종자는 신장 모양이다.

알팔파는 사람에게도 식용으로 좋은데, 콜레스테롤을 낮추는 작용이 있어 특히 육류와 함께 먹으면 좋으며 식이섬유가 많아 변비에도 효과가 있다. 푸른 잎의 알팔파 건초는 양분이 매우 많고 맛도 좋은데, 단백질이 약 16%, 무기물이 약 8%가 들어 있으며, 이밖에도 비타민 A · E · D · K 등이 풍부한 알칼리성 식품으로 이상적인 건강식품이라 할 수 있다. 특히 당뇨병에 좋다고 하여 녹즙으로 많이 이용된다.

(4) 나팔꽃

과　명 : 메꽃과(Convolvulaceae)
학　명 : *Pharbitis nil* (L.) Choisy
영　명 : Morning glory
한자명 : 견우화(牽牛花)

대기공해 지표식물로 이용한다. 인도가 원산지인 덩굴성 1년생 초화이다. 식물체 전체에 밑으로 향한 털이 나 있다. 잎은 호생으로 심장형이며 보통 3개로 갈라지고 잎자루가 길다. 잎의 가장자리가 밋밋하며 표면에 털이 있다. 꽃은 아침 일찍 펴 오후에 지는데, 7~8월에 청자색 · 흰색 · 분홍색 등 여러 가지 색깔로 피며 열매는 둥근 삭과로 익는다. 씨는 견우자(牽牛子)라고 하는데 독성이 강하며 하제로 사용한다.

(5) 곰솔

과　명 : 소나무과(Pinaceae)
학　명 : *Pinus thunbergii* Parl.
영　명 : Black Pine
한자명 : 해송(海松), 흑송(黑松)

중기 대기오염 지표식물로 우리나라 원산으로 일본에도 분포한다. 상록 침엽교목으로서 해송 · 흑송(黑松) · 검솔 · 숫솔 · 완솔이라고도 하며, 주로 중부 이남의 바닷가에서 자란다. 키는 약 30m 이상으로 직경 1m까지 크며 수피는 어두운 갈색이다. 잎은 2개씩 달리며 진한 녹색을 띤다. 솔방울은 길이 4~6cm, 너비 3~4cm 정도로 보통 소나무류보다 작다. 꽃은 5월에 피고 수꽃은 새가지 밑부분에 달리며 암꽃은 달걀 모양으로 새가지 끝에 달린다. 열매는 구과로 달걀 모양 긴 타원형이며 다음해 9월에 익는다.

소나무에 비하여 겨울눈이 잿빛을 띤 흰색이고 나무껍질이 검은 것이 다르며 소나무와의 사이에 잡종이 생긴다. 밑동에서 여러 줄기가 한 포기로 자라는 것을 곰반송(for. *multicaulis*

Uyeki)이라고 한다.

생장이 우수하고 군집성이 높으며 내염성·내조성이 있고 해풍에 강하여 방조림·해안 사방의 주수종으로 이용되고 있다. 건축·토목의 목재나 펄프재로 쓰이며, 수피·화분·수지 잎 등은 식용·약용의 재료로 이용된다.

(6) 배나무

과 명 : 장미과(*Rosaceae*)
학 명 : *Pyrus pyrifolia* var. *culta* (Makino) Nakai
영 명 : Pear
한자명 : 이(梨)

아황산가스 같은 대기 오염 물질에 의하여 잎에 공해 반점이 나타나므로 대기오염 지표식물로 이용된다.

우리나라 배는 돌배(*Pyrus pyrifolia* Burn.)를 기본종으로 하여 개량한 일본계 품종군이다. 주로 생식하고, 통조림·과즙·넥타 등으로도 가공된다.

3) 대기오염 정화수의 분류

도시 도로변의 나무는 더운 여름철에 그늘을 만들어 줄 뿐만 아니라 대기 오염을 정화하는 기능도 한다. 대기오염을 정화시키기 위한 나무를 대기오염 정화수라고 하는데 이러한 수목은 대기오염 물질의 흡수 능력이 커야하고 대기 공해에 강해야 한다. 또한 식물의 생장이나 물질 생산력이 크고 기후 풍토에 적합하여야 한다.

(1) 일반적인 환경 정화수

특정 대기공해 물질에 관계 없이 비교적 대기공해에 강하고 대기 정화 기능이 있는 수종에는 은행나무·양버즘나무·가죽나무·자작나무·느티나무·팽나무·목련나무·백합나무·벚나무·배롱나무·무궁화 및 개나리 등이 있다.

(2) 아황산가스 정화수

공장의 연료나 난방 및 자동차 배기 가스에 포함되어 있는 황산화물인 아황산가스(SO_2)는 대기오염 피해의 주물질로서 호흡기 질환 및 산성비의 원인 물질이다. 이러한 아황산가스 정화능이 높은 나무에는 수수꽃다리·백목련·산유수·자두나무 등이 있다.

(3) 오존 정화수

대류권의 오존(O_3)은 대기 오염물질의 광화학 반응을 통해 생성된다. 오존은 광화학 스모그의 지표로 활용되며 호흡기관에 손상을 준다. 오존 정화능이 높은 나무에는 수수꽃다리·금강소나무·감나무·주목·측백나무 등인데, 수수꽃다리는 아황산가스와 오존 모두에 대해 내성이 강한 수종이다.

4) 대기오염 정화수

일반적으로는 대기오염 정화수는 대기 오염원에 대하여 내성이 있기 때문에 웬만한 대기 오염에도 저항력이 강하므로 대기 오염을 실체보다 덜 심각한 것으로 생각하게 될 수도 있다. 그러므로 대기오염 지표식물이나 계기적 측정을 통하여 대기 오염 개선이 선행되어야 한다.

(1) 수수꽃다리

과 명 : 물푸레나무과(Oleaceae)
학 명 : *Syringa oblata* var. *dilatata* (Nakai) Rehder
　　　　Syringa vulgaris L.(서양수수꽃다리)
영 명 : Dilatata Lilac
한자명 : 정향(丁香)

대기공해 물질인 아황산가스와 오존 정화 기능이 있다. 우리나라 특산식물로서 원산지는 코카서스(Caucasus) 및 아프카니스탄이다. 조선정향·개똥나무·해이라크라고도 한다.

라일락의 원조로서 1917년 미국인 윌슨이 금강산에서 수집한 수수꽃다리를 개량하여 라일락이라는 이름을 붙였다. 석회암 지대에서 잘 자라는 높이 2~3m의 낙엽 관목으로 수피는 회색이고 어린 가지는 갈색 또는 붉은빛을 띤 회색이다. 잎은 대생이며 넓은 계란형으로 잎 가장자리에 거치가 없다. 꽃은 4~5월에 피고 연한 자주색이며 묵은 가지에서 자란 원추화서에 달린다. 꽃받침은 4개로 갈라지고 열매는 삭과로서 타원형이며 9월에 익는다.

관상용으로 흔히 심는다. 북한 황해도 지방에서 흔히 볼 수 있었던 꽃으로 남한에서는 북한 산이나 서울 근교에서 볼 수 있었으나 지금은 거의 볼 수 없다. 수수꽃다리꽃이 다발을 이루고 피므로 마치 수수처럼 생겼다는 뜻으로 이름이 붙혀졌다. 특히 이 꽃은 향기가 너무 진하고 오래 가기 때문에 양반들은 이 꽃을 따서 말린 후에 문갑 속이나 화장대 속에 보관하였다고 한다. 서양수수꽃다리는 수수꽃다리와 유사하며 유럽 원산이다.

(2) 산유수

과 명 : 층층나무과(Cornaceae)
학 명 : *Cornus officinalis* Siebold & Zucc.
영 명 : Japanese cornelian cherry, Japanese cornel
한자명 : 산수유(山茱萸)

대기공해 물질인 아황산가스 정화 기능이 있다. 우리나라와 중국이 원산지이다.

낙엽 교목으로 10~15m 높이까지 자란다. 타원형의 핵과로서 처음에는 녹색이었다가 8~10

월에 붉게 익는다. 종자는 긴 타원형이며 약간의 단맛과 함께 떫고 강한 신맛이 난다. 10월 중순의 상강 이후에 수확하는데, 씨앗에는 독성이 있어서 제거한 다음, 육질은 술과 차 및 한약의 재료로 사용한다.

과육에는 코르닌(cornin)·모로니사이드(Morroniside)·로가닌(Loganin)·사포닌·탄닌 등과 포도산·사과산·주석산 등의 유기산이 함유되어 있고, 비타민 A와 다량의 당도 포함되어 있다. 종자에는 팔미틴산·올레인산·리놀산 등이 함유되어 있다.

강음(强陰)·신정(腎精)·신기(腎氣) 보강 및 보음 효과가 있고, 수렴·지한 작용도 한다.

(3) 백목련

과　명 : 목련과(Magnoliaceae)
학　명 : *Magnolia denudata* Desr.
　　　　 Magnolia kobus A.P. DC(목련)
한자명 : 옥수(玉樹), 옥란(玉蘭), 목필(木筆), 북향화(北向花)

중국 원산의 낙엽성 교목을 백목련이라고 하며, 제주도에 자생하고 있는 것은 목련이라고 한다. 그러나 현재 전국적으로 식재하는 것은 중국 원산의 백목련이다. 4월에 유백색 꽃이 피고 가을에 적색 열매(골돌)가 익는다. 정원수·약용·고급목재로 사용한다. 한방에서는 신(薪)이라고 부르며 꽃봉오리를 이용하는데 콧병에 유효하다고 한다. 목련과 백목련은 서로 다른 종으로 목련은 꽃잎이 좀 더 가늘고 꽃은 좀 더 일찍 피며, 꽃잎 안쪽에 붉은 선이 있고 꽃받침이 뚜렷하게 구분되는 반면, 백목련은 꽃받침이 꽃잎처럼 변하여서 구분하기 어렵고 다 피어도 꽃잎이 완전히 벌어지지 않는다. 대기오염에 강하고 대기오염 정화능도 매우 좋다.

(4) 금강소나무

과　명 : 소나무과(Pinaceae)
학　명 : *Pinus densiflora* for. erecta Uyeki
영　명 : Pine
한자명 : 미인송(美人松)

오존 정화능이 매우 좋은 우리나라 원산의 상록 침엽수이다.

1,000m 이하의 전국에 분포하며, 직경 1.6m 정도에 10~30m 높이로 잔가지 없이 곧게 자란다. 줄기가 살색으로 붉으며 적심 부분이 금빛이어서 금강소나무 또는 금강송이라고 불리운다. 일반 소나무(*P. densiflora* Siebold & Zucc.)를 적송 또는 육송이라고 하는 것에 비하여 줄기가 곧은 금강소나무를 춘양목이라고도 하는데, 일본이 금강소나무를 반출할 때 춘양역에서 실어 날랐다고 해서 붙은 이름이다. 잔가지가 없이 몸체가 미끈한 백두산의 미인송(*Pinus sylvestri* var. *sylvestriformis*)과 유사하다.

금강소나무는 높은 관상가치가 있을 뿐만 아니라 경제적 실용 가치도 매우 크다. 목재 자체가 습기를 흡수하지 않고 잘 부식되지 않으며 알칼리성에 견디는 능력이 강하여 고건축과 교량 및 배 만드는 목재로 사용되는 국가일급보호자원 수종이다.

(5) 주목

과　명 : 주목과(Taxaceae)

학　명 : *Taxus cuspidata* Siebold & Zucc.

영　명 : Japanese yew

한자명 : 주목(朱木)

대기공해에 강한 오존 정화능력이 뛰어난 수종으로 우리나라 원산으로 일본・중국 동북부・시베리아 고산 지대에서 자라는 상록교목이다.

높이 20m, 지름 2m에 달한다. 가지가 사방으로 퍼지고 큰 가지와 원대는 홍갈색으로 껍질이 얕게 띠 모양으로 벗겨진다. 잎은 줄 모양으로 나선상으로 달리지만 옆으로 벋은 가지에서는 깃처럼 2줄로 배열하며, 길이 1.5~2.5mm, 너비는 2~3mm로 표면은 짙은 녹색이고 뒷면에 황록색 줄이 있다. 엽맥은 양면으로 도드라지고 뒷면에는 가장자리와 중륵 사이에 연한 황색의 기공조선이 있다. 열매는 핵과로 과육은 종자의 일부만 둘러싸며, 9~10월에 붉게 익는다. 육질의 열매 껍질을 식용한다. 관상용으로 심으며, 목재는 가구재로 이용한다.

주목은 약용으로도 사용하는데 원래 아메리카 인디언들이 그 약성을 처음 발견해서 염증치료약으로 널리 써왔다고 한다. 수피에서 추출한 탁솔(taxol)은 여성 암치료 효과를 인정 받고 있으며, 한국산 주목 씨눈에서 항암 물질이 다량 함유되어 있다고 한다. 주목은 우리나라에서도 전통적으로 신장염・부종・당뇨병 등에 민간약으로 써온 나무이다. 그러나 주목에는 독이 있으므로 많이 먹으면 목숨을 잃을 수도 있으므로 반드시 법제를 해서 독을 제거해서 써야 한다.

(7) 백합나무(목백합)

과　명 : 목련과(Magnoliaceae)

학　명 : *Liriodendron tulipifera* L.

영　명 : Tulip tree

북아메리카 원산의 높이 약 13m의 낙엽성 교목이다. 잎은 호생이고 넓고 튜립꽃 모양이어서 튜립나무라고도 한다. 꽃은 5~6월에 녹색을 띤 노란색으로 피고, 가지 끝에 지름 약 6cm의 튤립 같은 꽃이 1개씩 달린다. 열매는 폐과로서 10~11월에 익으며, 날개가 있고 종자가 1~2개씩 들어 있다. 생장이 빠르므로 미국에서는 중요한 용재수로 쓰이나 우리나라에서는 주로 관상용으로 심는다.

백합나무는 나무들 중에서 이산화탄소 흡수능이 커서 소나무의 3.3배 정도라고 하며, 대기공해에도 강하고 오존을 처리 능력이 커서 도시 조경에 많이 사용한다.

(8) 양버즘나무(플라타너스)

과　명 : 버즘나무과(Platanaceae)

학 명 : *Platanus occidentalis*

영 명 : American planetree

　미국이 원산지인 낙엽 활엽 교목으로 생장이 빠르며 높이는 40 ~ 50m에 달한다. 나무껍질이 갈라져 조각으로 떨어져 나간다. 잎은 장상복엽으로 매우 크며, 3 ~ 5개로 얕게 갈라지며 많은 털이나 있다. 잎자루 밑 부분이 눈을 완전히 감싼다. 4 ~ 5월에 두상화서로 꽃이 피는데, 수꽃은 붉은색, 암꽃은 연한 녹색이다. 열매는 수과로 모양이 둥글고 1개씩 달리며, 종자는 긴 털들이 나 있다. 주로 가로수와 기구재로 사용한다.

　플라타너스는 각종 대기오염에 강하고 공기 정화능력이 커서 도심의 가로수·공원수·녹음수로 식재한다. 잎이 크고 털이 많아서 미세 먼지 흡착량이 매우 많다. 또한 산소 배출량이 많고 대기정화 능력은 느티나무나 은행나무의 3 ~ 5배에 이르며, 하루에 0.6kg의 수분을 증산작용을 통해 대량 방출하여 주변을 시원하게 만든다. 그러나 오존 오염원인 이소프렌을 많이 방출하므로 도심의 가로수로서는 고려가 필요한 수종이다.

(9) 자작나무

과 명 : 자작나무과(Betulaceae)

학 명 : *Betula platyphylla* var. *japonica*

영 명 : Japanese white birch

　스웨덴, 핀란드, 러시아 등, 유럽 북부지방이 원산이며 산악지역에 자라는 낙엽 교목으로 우리나라를 비롯하여 스웨덴·핀란드·소련 등에 분포한다. 키는 약 20m에 달하며 흰색의 수피가 수평으로 벗겨지며, 어린 가지는 점이 있는 붉은 갈색이다. 잎은 길이가 5 ~ 7cm인 3각형의 난형으로 끝은 뾰족하고 가장자리에는 톱니가 있다. 꽃은 4, 5월경에 잎보다 먼저 피며, 열매는 9월에 익는데 좌우로 넓은 날개가 달려 있다. 수피는 지붕을 덮는 데 사용하며, 목재는 재질이 단단하고 치밀하여 농기구 및 조각을 만드는 데 사용한다. 해인사의 팔만대장경은 자작나무와 박달나무로 만들어졌다.

　비교적 대기오염에 강하고 은백색의 수피가 아름다워 근래에는 아파트 주변 조경수로 쓰인다. 수액은 자양강장과 피부병에 효과가 있으며, 수액으로 술을 만들어 마시면 장수한다고 알려져 있다. 껍질은 백화피, 화피라고 하여 약재로 쓰는데 맛이 쓰고 성질이 차다. 열을 내리고 습을 없애며 기침을 멈추고 담을 삭이는 작용이 있다. 해독작용도 탁월하고 염증을 없애는 효과가 크며 이뇨작용이 있어서 신장염이나 부종에도 사용한다.

(10) 향나무

과 명 : 측백나무과(Cupressaceae)

학 명 : *Juniperus chinensis* L.

　햇빛을 매우 좋아하는 극양수이나 건조한 곳이나 습한 곳 또는 추위에서도 적응력이 아주 강한 나무이다. 또한 맹아력이 좋고 대기오염 등의 각종 공해에도 견디는 힘이 강하여 도심지의 식재에 적합하다.

우리나라 원산으로 중국·일본 등지에도 분포하는 상록침엽수이다. 높이 10 ~ 23m, 지름 1m에 달하며 위·아래로 향하는 가지가 빽빽이 나서 원추형을 이루며, 때로는 줄기가 심하게 꼬이기도 한다. 나무껍질은 적갈색이며 세로로 얇게 벗겨진다. 1 ~ 2년생의 가지는 녹색이나 3년생의 가지는 암갈색이며, 7 ~ 8년생부터는 대부분이 비늘잎이지만 침상엽도 있다. 자웅이주이나 자웅동주인 것도 있다. 4월경 짧은 가지 끝에 꽃이 피는데, 수꽃은 타원형에 노란색이고 암꽃은 둥글다. 이른 가을에 자갈색 띠를 두른 둥근 구과 열매가 맺힌다. 심재는 적갈색이고 향내가 난다. 정원수·산울타리·분재로 심으며, 목재는 가구·조각재 등으로 이용된다. 향나무류는 배·사과의 치명적 병해충인 적성병균의 중간숙주이므로 배나 사과의 재배지에서 1km 이내에는 심지 않는 것이 좋다.

(11) 측백나무

과　명 : 측백나무과(Cupressaceae)
학　명 : *Thuja orientalis* L.

향나무와 마찬가지로 공해에 강하다. 우리나라 원산의 상록침엽수로서 중국·일본에도 분포한다. 높이 25m, 지름 1m에 달하는데, 잎은 비늘같이 생기고 마주나며 좌우의 잎과 가운데 달린 잎의 크기가 비슷하게 생겼기 때문에 세 잎이 W자를 이룬다. 꽃은 4월경에 피며 열매는 구과이다.

가지가 많이 갈라져서 반송같이 되는 것을 천지백(for. *sieboldii*)이라고 하며 관상용으로 심는다. 설악산과 오대산 등, 높은 산에서 자라는 눈측백(*T. koraiensis*)은 한국 특산종으로 서양측백처럼 수평으로 퍼지고 향기가 있으며 지빵(찝빵)나무라고도 한다. 미국에서 들어온 서양측백은 가지가 사방으로 퍼지며 향기가 있고 잎이 넓다. 수형(樹形)이 아름답기 때문에 생울타리나 관상용으로 심는다.

구증구포한 측백 잎을 늘 복용하면 고혈압과 중풍을 예방할 수 있고 몸이 튼튼해지며 불면증·신경쇠약 등이 없어진고 한다. 측백나무 씨앗은 백자인이라 하여 자양강장제로 쓴다. 백자인은 측백의 씨로 심장을 튼튼하게 하고 정신을 안정시키며 신장과 방광의 기능을 좋게 하며 대변을 잘 보게 하는 작용이 있다. 측백나무 잎이나 열매를 상복하면 장수한다고 한다.

(12) 화백나무

과　명 : 측백나무과(Cupressaceae)
학　명 : *Chamaecyparis pisifera* (Siebold &Zucc.) Endl.

공해에 강하며 정원수로 많이 식재한다. 원산지가 일본인 상록침엽수로서 높이 50m에 달하고 나무껍질은 홍갈색이며 세로로 얇게 벗겨진다. 가지는 어긋나게 달려서 우상으로 된다. 잎은 긴 계란형이며 끝이 뾰족하며 표면에 선점(腺點)이 있고 뒷면에 W자형 흰색 기공선이 있다. 꽃은 1가화로 열매는 구과이고 종자는 황갈색이다. 편백과 비슷하지만 목재는 재질이 떨어지나 생장이 빠르다.

많은 원예 품종이 있다. 가지가 밑으로 처진 것이 처진화백(var. *filifera*)이며 비단편백(var. *squarrosa*)은 질이 다소 부드럽고 흰빛이 돈다. 플루모사(var. *plumosa*)는 비단편백과 화백의 중간형이다.

(13) 쥐똥나무

과　명 : 물푸레나무과(Oleaceae)
학　명 : *Ligustrum obtusifolium* Siebold & Zucc.

우리나라와 일본 등지의 산기슭이나 계곡에서 자라는 낙엽활엽수로 높이는 2 ~ 4m의 관목으로 가지가 많이 갈라진다. 가지는 가늘고 잿빛이 도는 흰색이며 어린 가지에는 잔털이 있으나 2년생 가지에는 없다. 잎은 마주나고 길이 2 ~ 7cm의 긴 타원 모양이며 끝이 둔하고 밑 부분이 넓게 뾰족하다. 잎 가장자리는 밋밋하고, 잎 뒷면 맥 위에 털이 있다.

꽃은 5 ~ 6월에 흰색이 가지 끝에 총상화서를 이루며 달린다. 화서는 길이가 2 ~ 3cm이고 잔털이 많다. 화관은 길이 7 ~ 10mm의 통 모양이고 끝이 4개로 갈라지며, 갈라진 조각은 삼각형이고 끝이 뾰족하다. 열매는 장과이고 길이 6 ~ 7mm의 둥근 달걀 모양이며 10월에 검은 색으로 익는다. 다 익은 열매가 쥐똥같이 생겼기 때문에 쥐똥나무라는 이름이 붙었다.

도시 공해에 강하여 흔히 생울타리용으로 심고 한방에서는 열매를 수랍과(水蠟果)라 하여 허약 체질 · 식은땀 · 토혈 · 혈변 등에 사용한다.

(14) 팽나무

과　명 : 느릅나무과(Ulmaceae)
학　명 : *Celtis sinensis* Pers.
영　명 : Japanese hackberry

우리나라 원산으로 중국 · 일본 · 대만 · 베트남 · 라오스 · 태국 등에 분포한다. 우리나라는 함북 이외의 전국적으로 분포하지만 주로 경상도와 전라도의 표고 50 ~ 1,100m지역에 분포한다.

달주나무 · 매태나무 · 평나무라고도 한다. 낙엽활엽교목으로 수고 20m, 직경 1m에 이른다. 양지와 음지를 가리지 않고 잘 자란다. 내한성 · 내공해성 · 내염성 등이 강하고 적응능력이 뛰어나며, 뿌리가 튼튼하여 강한 바람에도 잘 견뎌 방풍림이나 풍치림에 어울린다.

줄기가 곧으며 가지가 넓게 퍼진다. 수피는 흑갈색이며 잎은 4 ~ 11cm의 긴 타원형이다. 꽃은 잡성화로 5월에 노란색으로 피며, 열매는 지름 7 ~ 8mm인 원형의 핵과로서 10월에 적갈색으로 익고 단맛이 있어 생식한다. 가지를 박유지(樸楡枝)라 하여 열매와 함께 심혈관계, 근육계 질환 · 관절염 등에 효과가 있다. 어린잎을 생식하거나 나물로 쓴다.

④ 실내오염 정화식물

주거환경이 서구화되면서 실내 내장재 및 가구에서 각종 휘발성 유기 용제가 실내 공기를 오염시키고, 화장실·주방 등이 모두 주거 공간으로 들어오면서 각종 유무해 공해 물질이 실내를 오염시키게 된 반면, 집의 공간은 밀폐되어 통기가 잘 되지 않아 건강을 심각하게 위협하고 있다. 식물들은 이러한 실내 공해 물질들을 흡수하여 무화시키는 기능이 있는데, 특히 그 능력이 뛰어난 식물들을 실내오염 정화식물이라고 한다. 실내오염 정화식물들은 실내 오염물질들을 흡수하여 무화시키며, 이산화탄소를 흡수하고 산소를 공급할 뿐만 아니라 증산작용에 의하여 실내 습도를 높여 주는 가습기 역할도 한다.

1) 실내공기 오염물질

실내공기를 오염시키는 물질들에는 포름알데하이드·유기용제와 질소·황 등의 산화물, 일산화탄소·이산화탄소·암모니아·염소·염화수소 및 미세먼지 등이 있으며, 이들 물질들은 호흡기질환·아토피·천식·암 유발 등의 원인이 되기도 한다.

(1) 포름알데히드(Formaldehyde)

상온에서 강한 자극적인 냄새의 기체로서 물에 잘 녹는다. 보통 35 ~ 38% 농도의 수용액은 포르말린이라 하여 의약에 쓰이는데, 시체 방부용도로 많이 사용된다. 사람이 병째 직접 마시면 매우 위험하며, 공기흡입·피부접촉·음식섭취의 형태로도 인체에 영향을 미치는데, 30ppm에선 병증이 나타나며, 100ppm 이상에서 1분 이상 노출되면 심각한 영향을 받게 된다.

공업적으로 베이클라이트·요소수지·멜라민수지·비닐론 등의 합성원료로 사용되며, 도료와 접착제, 섬유제품 공정에 사용되어 옷·침대·가구·페인트 벽·자동차 배기가스에 의하여 실내오염의 원인 물질이 된다. 실내오염원으로서의 프롬알데히드는 정서적 불안·기억력 상실·정신집중 곤란·위의 손상·암 유발 등의 원안이 된다. 프롬알데히드는 쉽게 생성되고 확산되기도 하지만 분해도 활발히 일어나 특히 햇볕을 받으면 훨씬 잘 없어진다.

(2) 톨루엔(Toluene)

방향족탄화수소로서 비중이 0.8716이고 밀도는 3.14로 벤젠보다 무겁다. 벤젠의 수소 하나가 메틸기로 치환된 구조를 가진 가연성 액체인 메틸벤젠(methylbenzene)의 일반명으로 주로 원유 정제 과정 중에 생산된다. 무색투명한 가연성 액체로 방향성 벤젠과 유사한 냄새가 난다.

오일·합성수지·페인트 등의 용제로 이용될 뿐만 아니라 염료·약품·사카린과 같은 화합물 제조에 사용 되어 페인트·잉크·락카·코팅·염료·페인트 제거제·살충제 등이나, 신나·접착제·인조 고무제조·직물/종이 코팅·자동차·항공기 연료 제조 등에 사용된다.

톨루엔의 주 인체 노출 경로는 대기이며, 실외 노출보다 산업장 실내에서의 노출 가능성이 높고 톨루엔을 원료로 하는 작업장의 경우는 고농도로 노출될 수 있다. 흡연 등을 통해서도 흡입되나, 음식이나 음용수에 의해서는 가능성이 매우 낮다.

톨루엔은 호흡이나 섭취를 통해 인체에 들어오게 되는데, 호흡 노출 시에는 노출량의 약 40
~ 60%가 체내 잔류되며, 경구 흡수는 호흡보다 느리다. 피부로는 거의 체내 축적이 일어나지
않는 것으로 알려져 있다. 톨루엔을 흡입하면 심한 흥분·강한 피로감·구토·두통·복시·환
각·말더듬·보행실조·경련과 혼수상태 등 중추신경계의 영향을 주며, 과량 흡입될 경우 복
통·구토와 같은 위장관계의 기능장애를 초래할 뿐만 아니라 두통·어지럼증·환각증세와 같
은 신경장애를 일으킨다고 알려져 있다.

(3) 자일렌(Xylene)

'휘발성 유기화합물(Volatile Organic Compound, VOCs)'로 벤젠고리에 메틸기가 2개가 결합
해 있는 구조의 방향족탄화수소이다. 다이메틸벤젠·자일롤(xylol)이라고도 한다. 달콤한 냄새
가 나고 매우 가연성이 높은 무색의 액체로 분자량 106.17이다. 에테르·벤젠 등의 유기용매와
는 잘 섞이나 물에 녹지 않는다.

경유 속에 1% 정도 함유되어 있으며, 나프타의 접촉 개질(改質)에 의해 대규모로 생산된다.
옥탄가가 높아서 가솔린에 배합하여 연료로 사용한다. 주로 인쇄·고무·가죽 산업에서 용매로
서 사용된다.

자일렌에 노출되면 피부 눈·간·신장·혈액·호흡에 이상을 초래한다.

(4) 시너(Thinner)

페인트나 에나멜을 칠할 때 도료의 점성도를 낮추기 위해 사용하는 혼합용제로 일반적으로 래
커용 시너를 가리킨다. 시너는 여러 가지 유기 용제의 혼합물로 아세톤, 테르펜틴(turpentine),
나프타(naphtha), 톨루엔, 자일렌, methyl ethyl ketone(MEK), dimethylformamide(DMF) 등의
혼합물로 페인트나 래커의 점성도를 낮추어 칠을 용이하게 하기 위하여 사용한다. 시너는 환각
성이 있어 시너가 포함되어 있는 본드를 흡입함으로써 환각상태에 빠지게 되며, 반복될 경우 뇌
세포를 용해하여 지능저하 및 화학적 치매를 일으키게 된다.

(5) 암모니아(Ammonia)

역한 냄새가 나고 약염기성을 띠는 질소와 수소의 화합물로서 물에 잘 녹는다. NH_3의 화학식을
갖는 암모니아는 청소가 잘 되어 있지 않은 화장실에서 고약한 냄새가 나는 경우가 있는데, 이
는 체내에서 미처 요소로 전환되지 못한 암모니아가 소변에 함께 섞여 몸 바깥으로 배출되기
때문이다. 포유동물은 질소화합물인 암모니아를 간에서 요소로 전환하여 배출한다. 암모니아를
그대로 흡입하면 상부 기도조직이 손상되어 기침·기관지부종을 일으키게 되고, 심하면 폐렴이
나 폐수종이 발생하여 목숨을 잃을 수도 있다. 피부에 닿으면 염증을 일으키거나 화상을 입히
며, 눈에 들어가면 실명할 수도 있다.

(6) 분진([粉塵, Dust)

분진 즉, 미세먼지(particulate matter, PM)는 공기 속에 입자상 물질이 부유하고 있는 상태를 통상적으로 먼지라고 하는데, 통상 입경 10μm 이하의 미세한 먼지는 PM10이라 하고, 입자가 2.5μm 이하인 경우는 '극미세먼지'(PM 2.5)라고 하며, 0.1μm 이하의 먼지 입경을 초범위(ultra range)라고 한다. 대부분의 먼지는 0.1 ~ 10μm 사이에 분포하게 되는데, 0.1 ~ 1μm 범위의 입자는 입경분포의 특성상 침강이나 응집이 쉽지 않기 때문에 대기 중에 체류시간이 길고 폐포(肺胞)에 침투가 용이하여 각종 호흡기 질환의 직접 원인이 되며, 몸의 면역 기능을 떨어뜨려 천식과 호흡곤란을 일으키며 폐암의 원인이 되기도 한다. 또한 대기 중에 부유하면서 빛을 흡수, 산란시키기 때문에 시야를 악화시키기도 하고, 식물의 탄소동화작용·호흡작용·증산작용 등을 저해하여 식물 생장에도 나쁜 영향을 미친다.

2) 실내공기 오염

실내공기를 오염시키는 유해 물질은 새집증후군의 원인이 되는 실내 건축 자재와 가구 및 벽지 등에서 방출되는 포름알데히드를 비롯한 각종 유기용제가 주범이다. 그러나 흡연·화장실 악취·난방·조리용 연료사용 등과 같은 생활 공해와 실외에서 유입되는 자동차 배기가스·공장 매연 등의 복합적인 원인에 의하여 실내공기가 오염되어 있다.

(1) 새집증후군

새집에 입주하여 두통과 천식·만성피로·아토피성 피부염 등이 나타나는 증상을 새집증후군이라고 하는데, 새집을 지은 지 6개월까지 가장 많이 발생하며 최대 10년간 지속적으로 발생하는 것으로 알려져 있다.

새집증후군의 주범은 포름알데히드이며 벤젠·톨루엔·자일렌 등이 들어 있는 마감재나 벽지에서도 발생한다. 새집증후군의 가장 문제가 되는 포름알데히드는 네프로네피스·국화·산세베리아·야자류·관음죽·팔손이나무 등에 의하여 흡수, 정화되며, 이밖의 벤젠·톨루엔 등의 휘발성 유기용매는 벤자민 고무나무·심비디움·팔손이나무·관음죽이, 자일렌은 호접란·피닉스야자·벤자민 고무나무 등이, 그리고 신나가 주성분인 페인트 냄새는 클로로피툼이 탁월한 정화 기능이 있다.

(2) 실외 공기 오염

집 밖에서 실내로 유입되는 자동차나 공장 등에서 배출되는 이산화탄소·오존·이산화황·질소산화물 등의 정화는 스파티필럼·벤자민 고무나무·선인장 및 야자류가 탁월하며, 분진은 스킨답서스가 월등한 정화기능을 가지고 있다. 또한 주거에 따른 실내의 온도 및 습도 조절에는 잎이 넓거나 많은 종려나무·아디안툼·종려죽·벤자민 고무나무, 그리고 집안 습도의 척도가 되는 네프로네피스가 적당하다.

(3) 생활 오염

주방에서 나오는 일산화탄소와 담배 연기는 덩굴성 스킨답서스가 최적이며, 또한 여러 가지 전자기기에서 방출되는 전자파 역시 스킨답서스가 잘 흡수한다. 스킨답서스를 전자 기기 근처에 두거나 그 화분의 흙에 접지시키면 전자파 제거 기능이 더욱 향상되어 60 ~ 78% 효과가 있다고 한다. 이밖에 선인장를 비롯한 알로에 · 산세베리아와 같은 다육식물도 전자파 흡수 능력이 높으며, 상록활엽수인 팔손이나무는 산세베리아의 2배의 흡수 능력을 가지고 있다. 또한 심비디움과 필로덴드론 셀로움 · 몬스테라 · 페페로미아 · 마란타 등과 같은 관엽식물들도 흡수능이 뛰어난 것으로 알려져 있다. 이밖에 양란 · 필로덴드론 · 스킨답서스 등도 효과가 있다.

　　화장실에는 특히 암모니아가 많이 배출되는데, 암모니아 흡수에는 국화가 탁월하며, 제라늄 · 호말로메 · 스킨답서스 · 맥문동 · 스파티필럼 등도 흡수효과가 크다. 원인 불명의 악취 제거에는 월계수나 풍란이 적합하다.

3) 식물의 실내오염 정화

(1) 프름알데히드 제거능

프름알데히드는 메틸알콜이 산화하여 생기는 자극성 냄새가 나는 무색 기체로 인체에 흡수되면 점막 자극 · 피부 알레르기 등을 일으키는 새집증후군의 주원인 물질이다. 프름알데히드 제거 능력은 인도고무나무 · 보스톤 고사리 · 포트맘 · 거베라 · 피닉스 야자 · 드라세나 · 테레멘시스 · 대나무야자 · 네프롤레피스 · 오블리테라타 · 헤데라(아이비) · 벤자민 고무나무 · 스파티필럼 · 아레카 야자 · 행운목 · 관음죽 순이다.

(2) 톨루엔 제거능

톨루엔은 유기합성에 원료로 사용되는 강한 독성이 있는 물질이다. 페인트에서 나오는 유해물질인 자일렌과 함께 점막을 자극하여 알레르기, 비염 등을 일으킨다. 톨루엔 제거 능력은 아레카야자 · 피닉스 야자 · 호접란 · 카밀라 · 드라세나 · 덴드로비움 · 호말로메 · 네프롤레피스 순이다.

(3) 암모니아 제거능

암모니아는 주로 화장실에서 사람의 소변에 의한 악취의 원인물질이다. 암모니아 제거 능력은 관음죽 · 호말로메 · 맥문동 · 안시리움 · 포트맘 · 칼라테아 · 덴드로비움 · 튤립 · 테이블야자 · 싱고니움 · 스파티필럼 · 행운목 · 벤자민 고무나무 · 아젤리아 순이다.

(4) 이산화탄소 제거능

환기가 잘 되지 않는 주방의 조리, 난방 및 사람과 애완 동물들의 호흡에 의하여 이산화탄소가 증가하고 산소가 부족할 수가 있다. 식물은 빛이 있을 때 탄소동화작용을 하여 이산화탄소를 흡수하여 탄수화물을 합성하고 산소를 방출하지만 빛이 없을 때는 호흡만 하기 때문에 산소를 흡수하고 이산화탄소를 배출한다. 그러므로 일반적인 식물의 경우 낮에는 집안의 이산화탄소를 흡수하고 산소를 방출하지만 밤에는 산소를 소모하고 이산화탄소를 배출하여 오히려 실내 공기를 오염시키는 결과를 낳는다. 특히 취침 시의 침실의 공기를 더욱 혼탁하게 할 수 있다.

선인장, 파인애플, 열대 원산 난과식물(*Phalenopsis, Dendribium, Cattleya* 등) 등은 수분 방출을 우려해 밤에 이산화탄소를 흡수하여 탄소동화작용을 하고 산소를 방출하여 집안의 공기를 정화에 매우 효과적인데 이러한 식물을 CAM(crassulacean acid methabolism) 식물이라고 한다.

CAM 식물에는 돌나물·꿩의비름·기린초·바위솔 등의 돌나물과와 선인장과·용설란과·알로에속과 파인애플을 비롯한 아나나스류가 있는데 이들 식물들은 물을 자주 주지 않아도 되는 건생식물로서 관리가 편하다.

4) 음이온 식물

(1) 음이온 식물

대부분의 실내식물은 200 ~ 900개/cm^3 정도의 음이온을 발생하지만 특별히 공기음이온을 많이 방출하는 식물을 음이온 식물이라고 한다. 식물의 음이온 발생은 주로 증산작용을 하는 과정에서 물 분자가 쪼개지면서 음이온이 발생하기 때문에 잎이 크고 증산작용이 활발한 식물체에서 많이 발생한다. 사람에게 필요한 음이온양은 약 700개/cm^3 정도이나 도시의 실내는 30 ~ 70개/cm^{3}로 매우 낮아 실내식물을 재배하는 것이 매우 효과적이다. 식물의 음이온은 신체의 이온 균형을 유지하여 건강에 이로울 뿐만 아니라 양이온으로 작용하는 미세먼지를 제거하는 데에도 효과적이다.

(2) 식물의 음이온 발생량

일반적으로 증산작용이 활발한 식물이 음이온 발생량이 많은데 CAM 식물인 양란계 심비디움 (950 ~ 1030개/cm^3)이 공기음이온 방출량이 가장 많고, 우리나라 자생식물인 팔손이나무(910 ~ 1020)가 두 번째다. 그리고 그 다음이 스파티필럼(750 ~ 880), 관음죽(670 ~ 930), 산세베리아 (670 ~ 790) 순이며 소철(400 ~ 420)은 매우 낮았다. 이 중에서 심비디움과 산세베리아는 CAM 식물이어서 음이온 방출과 함께 밤에 이산화탄소를 정화하고 산소를 방출하는 두 가지 역할을 동시에 하는 침실용 식물이다.

5) 실내 공기 정화식물

1990년, NASA 출신의 월버튼(B.C Wolverton) 박사가 공기정화식물 50가지를 대상으로 휘발성 유해 물질 제거 능력·증산작용률(습도 조절 능력)·재배 용이성·해충 적응력 등의 4개 부문을 종합평가하여 종합점수 > 휘발성 화학물질 제거율 > 기타 항목별로 실내에서 관엽식물 및 화훼류를 순위를 발표하였다. 모두 다년생 상록식물이었으며, 잎이 넓은 식물이 상위를 차지하였다(표 5-16).

| 표 5-17 | 월버튼의 실내 공기정화식물 50선

순위 (종합순위)	식물명	점수 (종합점수)	순위 (종합순위)	식물명	점수 (종합점수)
1 (1)	아래카야자	9.0 (8.5)	26 (18)	필로덴드론 에루베스센스	5.5 (7.0)
2 (3)	대나무야자	9.0 (8.4)	27 (19)	싱고니움	5.5 (7.0)
3 (9)	보스톤 고사리	9.0 (7.5)	28 (21)	테이블 야자	5.5 (6.6)
4 (13)	네프롤레피스 오블리테라타	9.0 (7.4)	29 (24)	꽃베고니아	5.5 (6.3)
5 (14)	포트맘	8.5 (7.4)	30 (38)	클로로피튬	5.5 (5.4)
6 (15)	거베라	8.5 (7.3)	31 (43)	아잘레아	5.5 (5.1)
7 (4)	인도 고무나무	8.0 (8.0)	32 (44)	칼라테아 마코야나	5.5 (5.0)
8 (6)	잉글리쉬 아이비	8.0 (7.8)	33 (32)	마란타	5.0 (6.0)
9 (7)	피닉스 야자	8.0 (7.8)	34 (39)	아글라오네마 실버퀸	5.0 (5.3)
10 (10)	스파티필럼	8.0 (7.5)	35 (40)	안스리움	5.0 (5.3)
11 (2)	관음죽	7.5 (8.5)	36 (48)	튤립	5.0 (4.7)
12 (5)	드라세나 데레멘시스 자넷크레이그	7.5 (7.8)	37 (25)	필로덴드론 셀로움	4.5 (6.3)
13 (8)	피쿠스 알리	7.5 (7.7)	38 (29)	필로덴드론 도메스티쿰	4.5 (6.2)
14 (11)	행운목	7.5 (7.5)	39 (35)	그레이프 아이비	4.5 (5.7)
15 (23)	쉐플레라	7.5 (6.5)	40 (42)	포인세티아	4.5 (5.1)
16 (16)	드라세나 데레멘시스 와네키	7.0 (7.3)	41 (26)	필로덴드론 옥시카르디움	4.0 (6.3)
17 (20)	디펜바키아 콤팩타	7.0 (6.8)	42 (30)	아라우카리아	4.0 (6.2)
18 (22)	벤자민 고무나무	7.0 (6.5)	43 (41)	크로톤	4.0 (5.3)
19 (31)	호말로메나 발리시	7.0 (6.0)	44 (46)	시클라멘	4.0 (4.8)
20 (17)	드라세나 마지나타	6.5 (7.0)	45 (34)	게발선인장	3.0 (5.8)
21 (33)	왜성 바나나	6.5 (5.8)	46 (49)	팔레높시스	3.0 (4.5)
22 (12)	스킨답서스	6.0 (7.5)	47 (27)	산세베리아	2.5 (6.3)
23 (28)	디펜바키아 카밀라	6.0 (6.2)	48 (47)	아나나스	2.5 (4.8)
24 (36)	맥문동	6.0 (5.5)	49 (45)	알로에 베라	2.0 (5.0)
25 (37)	덴드로비움	6.0 (5.5)	50 (50)	칼란코에	2.0 (4.5)

1) 심비디움

과 명 : 난과(Orchdaceae)

학 명 : *Cymbidium* spp.

심비디움은 동양계 양란으로 태국·라오스·인도 등에 자생하고 있는 것을 개량해서 화분용이나 생화로 이용하고 있다. 심비디움은 상록성 다년초로 대부분은 지생란이며 물이 잘 빠지는 땅에 난 것도 있다. 한국의 춘란·한란, 중국의 금릉변란·보세란 등은 모두 심비디움속이다.

주로 화분과 절화를 겸한 대륜계가 재배되고 있는데, 꽃 색깔이 아름다워서 꽃꽂이용이나 꽃다발용으로 많이 쓰인다. 또한 개화기간이 매우 길어 2개월에서 3개월 가까이 수명을 갖는 품종도 있기 때문에 절화용으로 대단히 인기가 있다. 근래에는 온대계와 아열대계의 잡종도 많이 육종되고 있다. 음이온을 다량 방출하여 실내 공기 정화식물로 각광을 받는다.

2) 팔손이나무

과 명 : 두릅나무과(Araliaceae)

학 명 : *Fatsia japonica*

영 명 : Fatsia

일본이 원산지인 상록관목 또는 소교목으로 야생 상태에서는 키가 6m까지 자라는데, 잎이 보통 8갈래로 갈라지기 때문에 팔손이나무라고 부른다. 흔히 화분에 심으며, 겨울에는 집 안으로 들여놓아 기르는데, 그늘 또는 반그늘지고 물기가 조금 있으며 기름진 땅에서 잘 자란다.

유기 휘발성 물질을 잘 제거하고 기억력 향상에 도움이 된다고 하며, 음이온 발생량은 산세베리아보다 2배나 많다고 한다.

3) 산세베리아

과 명 : 용설란과(Agacaceae)

학 명 : *Sansevieria trifasciata*

영 명 : Snake plant, Mother-in-law tongue

열대 서부아프리카·남아프리카·인도가 원산지인 다육식물로 밝은 빛을 좋아하며 뱀 같은 무늬가 있어 'snake plant'라고도 불린다. CAM 식물에 속하여 다른 식물과는 달리 밤에 산소를 발생하고, 반대로 이산화탄소를 제거하여 공기 청정 효과가 탁월한 식물이다. 특히 음이온 발생이 다른 식물에 비해 30배 이상어서 음이온 식물로도 불린다. 새집 증후군의 원인이 되는 발암물질들을 흡수하는 기능이 있다.

4) 스파티필럼

과 명 : 천남성과(Araceae)

학 명 : *Spathiphyllum* spp.

영 명 : White anthurium, Peace lily

열대 아시아·뉴기니아에 약 20종이 분포하고 있다. 여러 가지 대기오염물질을 정화하는 기능이 있다. 질소화합물·벤젠·알코올·아세톤·이산화탄소·포름알데히드·오존·이산화황 등을 정화하며, 특히 부엌에서 요리할 때 발생하는 음식 냄새를 제거해 주는 효과가 있다. 베란다에 개별 보일러가 있는 경우 스파디필럼을 보일러실 앞에 놓으면 불완전 연소로 인한 일산화탄소 흡수능이 높아 공기가 쾌적해진다. 또한 크기에 비해 증산작용이 뛰어나 건조한 실내의 습도를 높이는 데 도움을 주며, 수경식물로 키우면 훌륭한 가습기 역할을 한다.

5) 스킨답서스

과 명 : 천남성과(Araceae)

학 명 : *Epipremnum Scott*

영 명 : Scindapsus, Satin pothos

열대 아시아, 뉴기니아에 약 20종이 분포하고 있다. 자생지에서의 스킨답서스는 그늘진 곳의 나무에 붙어서 자라거나 나무에 매달려 덩굴을 늘어뜨리고 자란다. 덩굴은 40~50m나 자라지만 실내에서는 10m 정도까지 자라므로 지주를 이용하여 세로로 길러진 것은 잎이 넓고 코너장식이나 벽면장식에 알맞으며, 행잉 화분에 심어진 것은 입체적인 화분배치에 사용하거나 장식장 위에 놓아 덩굴이 아래로 늘어지도록 가꾼다. 음지에 매우 강하여 실내 어느 곳이나 배치 가능하며 특히 주방의 장식에 알맞다. 물속에서도 뿌리가 잘 내려 수경재배용으로도 이용된다.

자생종은 10여 종 되지만 주요 재배종은 아우레움(*Aureum*) 한 가지뿐이다. 잎과 무늬가 아름다워 픽터스 종도 일부 재배하고 있다.

담배연기나 일산화탄소 및 실내 분진을 제거하며 암모니아를 흡수한다. 또한 전자파나 양이온을 흡수하고 음이온을 방출하여 실내를 쾌적하게 한다.

6) 싱고니움

과 명 : 천남성과(Araceae)

학 명 : *Syngonium* spp.

영 명 : Arrowhead vine

멕시코에서 파나마에 걸쳐 자생한다. 덩굴성으로 잎은 얇고 길이 15cm, 폭 10cm 정도이다. 원산지가 중앙아메리카로 약 30여 가지의 품종이 있는데, 그 품종들은 각각 다양한 이름으로 불린다. 천남성과의 필로덴드론과 비슷해 혼동되는 경우가 있는데 싱고니움은 잎에 흰색 또는 은색 무늬가 있어 구별된다. 싱고니움은 가늘고 긴 화살촉 모양의 어린잎이 성장하면서 잎 가장자리가 3~5갈래로 갈라져 창·별·화살촉 모양의 잎들을 만드는데, 이것은 싱고니움만의 큰 특징이다. 특히 암모니아 흡수능이 뛰어나다.

7) 벤자민고무나무

과 명 : 뽕나무과(*Moraceae*)
학 명 : *Ficus Benjamina*
영 명 : Weeping fig

인도 · 미얀마 · 북오스트렐리아 및 열대아프리카 원산으로 높이가 20cm까지 되는 교목으로 가지는 많이 분지하여 밑으로 늘어진다. 잎은 작고 담록색이며 길이는 5 ~ 12cm 정도이다. 줄기의 색은 회백색으로 아름답다. 잎이 많고 모양이 수려하여 거실에서 기르기 적합한 식물이다. 잎이 많은 만큼 낮 동안 광합성을 통하여 많은 양의 이산화탄소를 제거하여 실내 공기를 정화하는 데 효과가 크며 특히 휘발성 유기물질 중 포름알데히드 · 자일렌 · 벤젠 · 질소화합물 · 오존 등을 제거하는 데도 효과적이다. 난방기나 주방 조리 중 불완전 연소된 이산화황과 이산화질소도 잘 흡수한다. 직사광선을 좋아하고 13 ~ 15℃에서 가장 잘 자란다.

저온 · 저광 · 과습 조건에 계속 두면, 짧은 기간 내에 낙엽이 되어 떨어진다. 밝은 실내에 있으면 건조에도 강하고 저온에도 잘 견딘다.

8) 인도고무나무

과 명 : 뽕나무과(Moraceae)
학 명 : *Ficus elastica*
영 명 : Rubber plant

원산지가 인도 · 미얀마 · 열대아프리카 등지인 상록교목으로 높이는 약 30m에 다란다. 털이 없고 기근을 내린다. 잎과 줄기를 자르면 흰 즙이 나온다. 잎은 어긋나고 타원형이거나 긴 타원형이며 길이 20 ~ 30cm이다. 잎은 두껍고 윤이 나며 가장자리가 밋밋하고 측맥은 주맥과 직각이다. 무늬가 있는 품종도 있으며 번식은 삽목이나 취목으로 한다. 옛날에는 탄성고무 자원으로 심었으나, 1876년 남아메리카산 파라고무나무가 발견되자 공업적 가치를 잃어버리고 관상용이 되었다.

카펫이나 벽지 등에서 나오는 유독 가스를 흡수하는데, 특히 포름알데히드 제거 효과를 비롯한 여타 유해 물질 제거효과가 우수한 식물이다. 잎이 넓어 공기 정화 작용이 뛰어나고 광합성도 매우 활발하여 머리를 맑게 하는 식물이다.

한여름을 제외한 나머지 계절에는 직사광선 하에 두어도 무방하며 음지에도 강한 편이다. 건조에 강한 편이므로 화분 표면의 흙이 말라 보일 때 충분히 물을 주도록 한다. 튼튼하고 1년에 1m 가량 자라며 월동 온도는 3 ~ 5℃면 충분하다. 생육적온은 20 ~ 25℃이다. 잎을 아름답게 하려면 이따금씩 묽은 우유를 탄 물로 씻어 주는 것이 좋다. 나무 도마의 재질이 대부분 이 고무나무이다.

9) 파키라

과　명 : 물밤나무과(Bombacaceae)
학　명 : *Pachira aquatica*

　　남아메리카가 원산지의 높이 30 ~ 200cm의 상록 교목으로 두꺼운 줄기와 거기서 뻗은 가느다란 가지가 특징적이다. 줄기는 벽오동처럼 생겼으나 밑부분은 갈색의 곤봉처럼 생겼다. 가지끝에는 손바닥 모양으로 된 복엽이 달리고 작은잎은 긴 타원형이다. 꽃은 크고 매우 아름다워 감상하기에 좋다. 열매는 식용이 가능하다. 반그늘을 좋아하고 배수가 잘 되는 땅에서 잘 자란다. 건조하지 않도록 주의해야 한다.
　　팔손이와 비슷하나 이국적인 정취를 자아내며 실내원예의 중요한 위치를 차지하는 식물로 원산지인 남미지역에서는 과수로 기른다. 이산화탄소를 없애는 능력이 뛰어나 아파트의 베란다 또는 거실에서 키우면 좋다.

10) 행운목

과　명 : 용설란과(*Agavaceae*)
학　명 : *Dracaena fragrans*
영　명 : Lucky Tree, Corn plant

　　에티오피아·가니아·나이제리아가 원산지로 가장 대중적인 관엽식물 가운데 하나이다. 원래는 밝은 곳을 좋아하지만 음지에서도 잘 견딘다. 공기정화 능력이 탁월하여 사무기기와 실내장식 등에서 나오는 유해 물질을 흡수하는 등, 공기 정화작용이 크다. 특히 포름알데히드를 제거하는 효과가 뛰어나다. 향기가 좋은 백색의 작은 꽃이 피어 관상용으로도 좋다. 모래흙에서 잘 자라고 수분을 많이 흡수하므로 화분 표면에 흙이 마르지 않도록 물을 자주 준다.

11) 종려나무

과　명 : 야자과(Palmae)
학　명 : *Trachycarpus excelsa*

　　일본 규슈 원산이다. 중국산 종려에 대하여 일본산 종려라는 뜻으로 왜종려라고도 하고, 중국산은 당종려라고 한다. 당종려는 키가 작고 잎이 딱딱하여 밑으로 처지지 않는다. 가지가 없고 높이 3 ~ 7m로 자라며 흑갈색 섬유상상의 엽초로 싸여 있다. 잎은 원줄기 끝에 달리고 둥글며 지름 50 ~ 80cm로서 부채살 모양으로 갈라지고, 갈래조각은 맥을 중심으로 접힌다.
　　우리나라에서는 제주에서 관상용으로 심고 있으나 원산지에서는 섬유의 용도가 다양하고, 1년에 8 ~ 10장이 나오는 잎은 농가 소득원이 된다.

13) 종려죽

과　명 : 야자과(Palmae)
학　명 : *Rhapis humilis*
영　명 : Low ground rattan, Lady palm
한자명 : 종려죽(棕櫚竹)

중국과 일본이 원산지이며 베트남 북부와 인도차이나·수마트라·자바 등지에 20여종이 난다. 속명의 *Rapis*는 그리스어의 Rapis '침'이라는 뜻에서 유래되었다. 높이 3m 정도이고 지름 2cm 내외로서 갈색의 엽초로 싸여 있다.

잎은 종려나무같이 생기고 원줄기는 대처럼 생겼다고 하여 종려죽이라 부르며, 우리나라에서는 열매를 맺지 못하고 간혹 결실한 것도 제대로 성숙하지 못한다.

14) 황야자(아레카야자)

과　명 : 야자과(Palmae)
학　명 : *Chrysalidocarpus lutescens*
영　명 : Yellow palm, Areca palm, Butterfly palm
한자명 : 황야자(黃椰子)

마다가스카르·열대·아열대 원산으로 나비야자라고도 부른다. 야자류 중에서 비교적 생육이 빠른 편이며 회초리 다발처럼 보이는 줄기들과 줄기에서 뻗어나간 깃털 같은 황록색 잎들이 특징적이다. 18~24℃에서 잘 자란다. 실내가 건조하면 많은 양의 수분을 공급해 습도를 조절하는 능력이 뛰어나다.

공기정화식물 중 가장 인기가 좋은 아레카야자는 실내 환경에 대한 적응력이 매우 높고 증산작용율 1위, 톨루엔과 키실렌 제거율 1위이다. 엄청나게 많은 양의 수분을 내뿜으며 공기 중의 화학적인 독소를 없애기 때문에 새집증후군 예방에 효과기 크다. 높이 1.8m의 황야자는 증산작용을 통해 하루 동안 약 1리터의 수분을 방출하며, 일부 가지에만 염분을 축적하는 독특한 성질을 가지고 있는데 축적된 염분이 포화상태에 이르면 그 가지가 말라죽게 되므로 이때는 가지를 빨리 잘라줘야 한다.

거실에 어울리는 이 식물은 실내가 너무 건조하면 응애가 생길 수 있으므로 화분 안의 용토가 촉촉하도록 유지시키는 것이 중요하며, 겨울철을 제외하고는 정기적으로 희석하지 않은 비료를 주는 것이 좋다. 또한 분무기 등을 통해 수분을 정기적으로 공급해 주면 생육환경이 좋아지고 윤기 있는 잎을 유지할 수 있으며, 해충 발생 억제에도 도움이 된다.

15) 대나무야자

과　명 : 야자과(Palmae)

학 명 : *Chamaedora erumens (seifrizii)*

영 명 : Bamboo palm, Reed palm

멕시코, 중앙아메리카 원산으로 가느다란 줄기가 다발지어 나오며 짙은 녹색을 띤 깃털형태의 잎은 뛰어난 아름다움과 함께 바람이 잘 통하는 시원한 열대 분위기를 자아낸다. 성숙하면 1.8m까지 자란다. 아레카야자보다 해충에 강하기 때문에 실내조경에 수요가 많다. 증산작용이 매우 우수하여 겨울철 건조해진 실내에 충분하게 수분을 방출하며, 벤젠·트리클로로에틸렌·포르알데히드 제거능력이 매우 우수하다.

16) 대추야자(피닉스)

과 명 : 야자과(Palmae)

학 명 : *Phoenix canariensis*, *Phoenix roebelenii*

영 명 : Dwarf date palm

아프리카의 카나리제도가 원산지이며 아프리카와 동남아의 열대(아열대)지역에 분포한다. 묵직한 줄기에서 활처럼 젖혀져 나오는 부채 형태의 잎이 우아하다. 잎의 길이는 약 90cm로 수평에 가깝게 휘어진다. 높이가 최대 2m 정도까지 자라며 관상적으로 아름답기 때문에 실내 원예식물로 각광을 받는다.

생육은 매우 느린 편이나 1.5 ~ 2m까지 자라므로 단독으로 배치하는 것이 좋으며, 몇 십 년도 키울 수 있다. 반양지성 식물로 강한 광선이 필요치 않으며 스포트라이트를 비추어도 좋다. 16 ~ 24℃(겨울철 10℃ 이상 유지) 온도면 잘 자란다. 건조하면 응애가 발생하며 습기가 너무 많거나, 경수일 경우 잎이 갈색으로 변한다. 뿌리 부근이 항상 촉촉한 상태를 유지할 정도로 준다.

실내 공기 중의 유독물질 중 자일렌 제거능력이 탁월하다. 왜성 대추야자는(Dwarf date palm)는 학명이 *P. roebenii*로서 원산지가 아프리카, 아시아의 열대 및 아열대 지역으로 실내 공기 정화능력은 *P. canariensis*와 유사하다.

17) 테이블 야자

과 명 : 야자과(Palmae)

학 명 : *Chamaedorea Elegans*

책상 위에 올려 놓고 많이 키웠다 하여 '테이블 야자'라고 한다. 페인트·니스·본드 등에서 나오는 화학적 유독 가스를 빨아들인다. 리모델링하거나 새로 지은 집에 두면 효과가 탁월하다. 성장이 매우 느린 편이다.

18) 필로덴드론 셀로움

과 명 : 천남성과(Araceae)

학　명 : *Philodendron selloum* C. Koch

영　명 : Lacy tree philodendron

　남아메리카·브라질·서인도제도 원산으로 열대아메리카에 200종 내외가 자란다. 거의 덩굴성이며 관엽식물로 재배되고 있다.

　공기가 건조하고 빛이 부족한 환경에 비교적 강한 편이다. 식물체가 생장함에 따라 많은 공간을 차지하게 되므로 배치할 장소를 잘 고려해야 한다. 깊이 베어 들어간 듯한 잎이 특징인데 생육함에 따라 잎의 베어 들어간 정도가 더 깊어지고 잎 가장자리가 마치 파도를 치는 것처럼 된다.

　셀로움은 증산률이 높고 음이온 방출능이 뛰어나므로 거실이나 공부방에 접합하며, 특이한 점은 식물체 스스로 열을 발생한다.

19) 아펠란드라

과　명 : 쥐꼬리망초과(Geraniaceae)

학　명 : *Aphelandra squarrosa* cv Dania R.BR.

영　명 : Zebra plant

　브라질 원산으로 선명하고 하얀 잎맥의 모양이 특징이다. 속명 Aphelandra는 그리스어 간단하다와 수컷의 합성어로 하나의 세포로 된 수술을 의미한다. 줄기의 정단부에 화려한 노란색의 포엽을 가진 화서가 개화하여 6주 동안이나 유지된다. 진짜 꽃은 그 노란 포엽 사이에 노란색으로 피지만 오래 가지는 못한다.

　남미에 대부분의 종류가 있지만 우리나라에서 재배하고 있는 종류는 아직 몇 종 되지 않는다. 잎과 꽃이 모두 아름다운 'Dania' 품종이 가장 많이 보급되어 있다.

20) 선인장

과　명 : 선인장과(*Cactaceae*)

속　명 : *Carnegia, Gymnocalycium, Crassula spp.*

영　명 : Cactus

한자명 : 백년초(百年草), 패왕수(覇王樹)

　대부분 아메리카 대륙이 원산지로 200속 이상이 있다. 대개는 잎이 퇴화된 다육식물로 건조한 환경에 잘 적응하여 자란다. 땅 위에서 자라는 선인장들은 유기물이 포함되지 않고 적당히 물이 빠지는 토양을 가장 좋아하지만 다른 상태의 토양에서도 자랄 수 있다.

　우리나라에는 제주도 남쪽에 선인장(*Opuntia ficusindica* var. *saboten*)이 자라고 있는데, 옛날부터 자라던 것인지 해류를 통해 최근에 들어온 것인지 확실하지 않다. 이밖에 외국에서 들여온 수십 가지의 선인장들을 집안의 화분이나 온실에 심고 있다.

선인장은 백년초(百年草) 또는 패왕수(覇王樹)라고 하지만 영어로는 모자라는 뜻의 cactus라고 한다. 선인장류는 CAM 식물로서 야간에 산소를 방출하며 전자파를 흡수한다.

21) 알로에

과　명 : 백합과(Liliaceae)
학　명 : *Aloe* spp.
영　명 : Aloe
한자명 : 노회(蘆薈)

백합과에 속하는 다년생 초본성 또는 목본성 다육식물로 CAM식물이다. 잎은 다육질의 칼 모양으로 끝이 뾰쪽하며 줄기 밑 부분에서 밀집해서 다발 모양으로 생장하므로 뿌리에서 군생하는 것 같이 보인다.

원산지가 아프리카·인도·아라비아 등으로 추정되며, 주로 멕시코·베네주엘라·자메이카·미국 남부·인도·말레지아·일본의 남부 등지에 전파되어 야생화되어 재배되고 있다. 알로에는 살균작용과 소염작용이 뛰어나 생잎의 액즙을 위장병에는 마시고 외상·화상에 등에는 바르면 효과가 있다. 건성이나 지수성 피부를 중성화하고 피부 보습 작용도 있어 화장품 성분으로도 쓰인다. 특히 기미나 주근깨에 효과가 있다.

22) 아이비

과　명 : 두릅나무과(Araliaceae)
학　명 : *Hedera helix*
영　명 : English ivy

아시아·유럽·북아프리카 원산의 송악속(*Hedera*)의 식물들로 특히 아이비라는 이름은 잉글리시아이비(*H. helix*)만을 가리키기도 한다. 다양한 실내 환경에도 잘 적응하지만 고온에는 약하다. 포름알데히드 제거 능력이 매우 뛰어나다.

일반적으로 헤데라는 아이비보다 잎이 더 크고 두터우며 생육도 빠르다. 줄기에서 공기뿌리가 나와 다른 물체에 달라붙어 올라간다. 잉글리시아이비는 벽돌로 쌓은 벽을 덮기 위해 심기도 한다. 줄기에는 3~5갈래로 갈라진 잎이 달린다. 이밖에 알제리아 아이비·콜치카 아이비·잉글리시 아이비 및 그 변종들을 있다. 우리나라에는 송악(*Hedera rhombea*) 1종이 주로 남쪽지방에서 자라고 있지만 인천 앞바다와 울릉도까지 올라와 자라고 있다.

23) 국화

과　명 : 국화과(Compositae)
학　명 : *Chrysanthemum morifolium* Ramat.

영　명 : Chrysanthemum
한자명 : 국화(菊花)

　2,000여 종류가 넘는 품종들이 알려져 있지만, 계속 새로운 품종들이 육종되고 있다. 국화는 관상용으로 널리 재배하며, 많은 원예 품종이 있다. 국화는 반그늘지고 서늘하면서 물이 잘 빠지는 흙에서 잘 자라며, 가뭄에도 잘 견디나 흙에 물기가 많으면 뿌리가 썩으므로 조심해야 한다.

　국화는 화분에 심어서 포트멈으로 실내에 배치해 실내 공기정화에 이용한다. 국화는 공기 중의 암모니아를 흡수 제거하는 능력이 뛰어나다. 국화는 본래 질소나 암모니아를 적정량 흡수하여야 꽃과 잎의 색이 선명해진다. 화장실 입구에 두면 생리적으로도 제격으로 악취 제거 효과가 있지만 밝은 빛을 좋아하므로 2~3일에 한 번씩 창가로 옮겨 주도록 한다.

　국화꽃 말린 것을 베개 속에 넣어 베고 자면 머리가 맑아지고 단잠을 잘 수 있어 피로회복에 좋다. 그러나 국화차는 잠자기 전에 먹는 건 조금 피해야 한다. 그렇지 않으면 정신이 너무 맑아져서 잠을 못 잔다고 한다.

24) 거베라

과　명 : 국화과(Compositae)
학　명 : *Gerbera jamesonii*
영　명 : Gerbera daisy

　남아프리카 원산으로 '거베라'라는 이름은 18세기 독일의 내과 의사이자 자연주의자였던 트라우고트 게르버(Traugott Gerber)의 이름에서 따온 것이다.

　거베라는 밝은 빛을 필요로 해 양지나 반양지에서 잘 자라지만 햇빛이 너무 강한 한낮에는 차광을 해줘야 꽃이 성숙하기 전에 노화되는 것을 막을 수 있다. 토양은 전체적으로 축축한 상태를 유지해줘야 하지만 물을 너무 자주 주면 뿌리가 썩을 우려가 있다. 생육기에는 정기적으로 비료를 준다.

　거베라는 공기 중의 유해한 화학물질을 제거하는 데 아주 효과적인 식물로 증산율도 높고 유독성 가스 제거 능력도 뛰어나다.

25) 제라늄

과　명 : 쥐손이풀과(Geraniaceae)
학　명 : *Pelargonium inquinans*
영　명 : Geranium

　남아프리카 원산의 다년생 초본으로 우리나라에서는 실내에서 재배한다. 줄기는 높이 30~

50cm이고 육질이며, 잎에서 독특한 냄새가 난다. 제라늄은 보통 무늬제라늄을 지칭하며, 속명인 펠라르고늄으로 불리는 것과는 구별한다. 잎에 말굽 같은 검은 무늬가 있는 것을 무늬제라늄 (*P. zonale*)이라고 하는데, 꽃잎이 좁고 무늬가 있어서 구별된다.

유럽에서는 관상용 화분 재배로 흔히 쓰인다. 재배가 쉬우며 관상용 외에도 꽃이나 잎을 채취하여 그대로 샐러드·아이스크림·케이크·젤리·과자의 향이나 장식으로 쓴다. 잎에서 나는 방향유를 이용하여 포푸리·꽃다발·차·목욕제·압화 등에 쓴다. 이 밖에 향수·비누·화장품 등에도 쓰인다.

26) 몬스테라

과　명 : 천남성과(Araceae)
학　명 : *Monstera deliciosa*
영　명 : Monstera
한자명 : 봉래초(蓬萊草)

멕시코 원산이며 온실에서 재배한다. 몬스테라속에는 30종 내외가 있으나 이 *Monstera deliciosa* 종이 가장 널리 알려져 있다. 잎은 어긋나고 성숙한 것은 둥글며 지름 1m 정도이다. 잎 모양은 깃처럼 갈라지고, 군데군데 구멍이 파여 있어 폭우와 강한 바람에 견딜 수 있는 구조로 발달하였으며, 밑에 달린 잎에 광선이 통할 수 있도록 되어 있다. 원줄기는 굵고 초록색이며 마디에서 기근이 내리고 다른 물체에 붙어 올라간다.

육수화서가 황백색 포로 싸이고 길이 25cm 내외이며, 번식은 포기나누기 또는 꺾꽂이에 의한다. 성숙한 것은 옥수수의 이삭같이 생겼고 바나나와 같은 향기가 있어서 생으로 먹는다. 소형종으로 프리드리히스탈리(friedrichstalii)가 있는데 잎이 파여 있지 않으나 많은 구멍이 뚫려 있다.

27) 페페로미아

과　명 : 후추과(Piperaceae)
학　명 : *Peperomia* spp.

브라질 원산으로 상록성 초본으로 온대에서 열대에 걸쳐 50종 내외가 알려져 있다. 뿌리는 굵고 육질이다. 잎은 어긋나거나 간혹 돌려나고 대개 육질이며 광채가 있다. 잎의 형태는 종에 따라 변화가 심하다.

다른 식물과는 달리 밤에 이산화탄소를 흡수하고 산소를 내기 때문에 침실에 두면 좋다. 또, 어두운 곳에서도 비교적 잘 자란다.

28) 마란타

과 명 : 마란타과

학 명 : *Maranta* spp.

열대 아메리카 원산의 작은 상록 다년생 초본으로 15~20여 종이 있다. 이 속 중에서 잎이 아름다운 종류가 관엽식물로 재배되며 마란타(*M. bicolor*)가 대표적이다. 잎은 타원형이며 갈색 무늬가 있다. 체내의 습도를 유지하기 위해 낮에는 옆으로 퍼져 있다가 밤이 되면 위로 오므라드는 특징이 있다. 잎 끝이 잘 마르기 때문에 분무기로 물을 자주 뿌려주는 것이 좋다. 뿌리에서 녹말을 채취하는 애로루트(arrowroot/*M. arundinacea*)도 이에 속한다. 해충을 막아 주고 내한성 및 내구성이 뛰어나 현관 앞에 두면 좋다.

29) 클로로피툼

과 명 : 백합과(Liliaceae)

학 명 : *Chlorophytum* spp.

영 명 : Spider plant

한자명 : 접란(蝶蘭)

열대아프리카·인도남부·중국남부등이 자생지인 다년생 초본으로 속명 Chlorophytum은 그리스어로 녹색식물이라는 뜻이다. 잎 길이 20~40cm이고, 잎 폭은 2cm 내외이며, 봄부터 주기적으로 꽃줄기가 나와 조그만 흰 꽃이 달린다. 생육이 왕성하여 포복지가 나와 새끼(런너)를 만든다. 런너에 의하여 계속 증식하여 덤불난초라고도 하며, 런너의 새끼 묘가 마치 종이로 접은 학과 같다 하여 접란이라고도 불린다. 우리나라에는 1912~1945년경에 들어온 것으로 알려져 있으며, 공기정화 능력이 좋은데, 특히 포름알데히드 제거능이 뛰어나다.

30) 호접란

과 명 : 난과(Orchdaceae)

학 명 : *Phalenopsis* spp.

영 명 : Moth orchid

한자명 : 호접란(胡蝶蘭)

인도 동부·동남아시아·인도네시아·필리핀·오스트레일리아 북부·뉴기니아가 원산지이다. 속명은 phalaina(나비)와 opsis(같다)의 의미이다. Moth orchid라는 영어 명칭은 꽃의 모습이 마치 나방을 연상시키기 때문에 붙여진 이름이다. 호접란은 반음지성 식물로서 잎은 두껍고 폭이 넓으며 가죽질감을 느끼게 한다.

팔레놉시스는 공기 중의 자일렌을 제거하는 능력이 뛰어다.

31) 풍란

과 명 : 난과(Orchdaceae)
학 명 : *Neofinetia falcata*
한자명 : 풍란(風蘭)

　우리나라 원산으로 남부 해안가 섬의 바위에 부착하여 서식하는 착생란으로 일본에도 분포한다. 소엽풍란 또는 조란(弔蘭)이라고도 하며, 잎이 넓은 것을 나도풍란이라고 한다.

　열매는 삭과로서 10월에 익는다. 많은 개량품종이 있다. 꽃은 흰색 또는 연분홍색이 있고 겹꽃도 있다. 잎은 좁은 것·넓은 것·흰색과 노란색 등의 무늬가 있는 것 등이 있다.

32) 네피로레피스

과 명 : 고사리과(Polypodiaceae)
학 명 : *Nephrolepis exaltata* 'Bostoniensis'
영 명 : Boston fern, Sword fern

　아열대 및 타이완이 원산지로서 습도가 높은 반양지 또는 약간 시원한 곳에서 잘 자라는 상록성 양치식물이다. 추위에 약한 점을 제외하면 번식력이 강하여 기르기 쉽다. 겨울철 상대습도를 측정하는 지표식물로서 식물체가 마르지 않고 건강하게 유지된다면 그곳의 실내 습도는 사람이 살기에 적당하다는 뜻이 된다. 새집증후군에 적합한 식물로 여러 가지 유기 용매 제거능이 탁월하다. 실내 휘발성 유기물질 중 포름알데히드를 매우 효과적으로 정화한다.

33) 아디안툼(공작고사리)

과 명 : 고사리과(Polypodiaceae)
학 명 : *Adiantum* spp.

　공작고사리속(*Adiantum*)의 총칭으로 80종 내외가 열대지방에서 자라지만 관엽식물로는 남아메리카산이 많이 재배된다. 아디안툼은 '물에 젖지 않는다'는 뜻이다. 한국에는 공작고사리·섬공작고사리·암공작고사리가 있다. 원예용으로는 외국에서 들어온 봉작고사리(*A. capillus-veneris*)와 삼각공작고사리(*A. cuneatum*)가 온실에서 자란다.

　공작고사리는 비너스 헤어(Venus hair)라고도 하며, 열대와 난대에 널리 퍼져 있고 온실에서는 잡초처럼 퍼진다. 삼각공작고사리는 브라질산으로 온실에서 가장 많이 가꾸는 관엽식물이며 변종이 많은데, 관상용으로는 특히 잎이 잘게 갈라진 것을 선호한다. 유기용제 제거능이 뛰어난 식물이다.

자원식물

인간 생활에 유익하게 이용될 수 있는 식용·약용·목초·목재·장식·공업·섬유 등의 식물을 자원식물이라고 하며, 넓은 의미에서는 이용목적이 뚜렷하여 다소의 노력에 의하여 탐색·선발·순화하여 재배하거나 야생상태로 간단히 이용할 수 있는 식물, 즉 현재 개발되어 이용하고 있는 재배작물이나, 재배작물을 생겨나게 한 야생종 및 근연식물은 물론 앞으로 이용 가능성이 있는 식물군 모두를 자원식물이라고 할 수 있다.

① 자원식물 현황

1) 자원식물의 현황

전세계에 분포하는 식물은 310,000에서 422,000여 종으로 추측된다. 이들 식물들은 조류 23,050여 종, 선태류 22,500여 종, 양치식물 10,795여 종, 겉씨식물 680여 종 그리고 속씨식물 260,000여 종이다. 이들 식물 중에서 동물 사육에 이용되는 목초가 24%로 가장 많이 있으며, 그 다음이 약초와 식용식물이 각각 21.7%, 18.3%이다(표 5-18).

| 표 5-18 | 식물자원의 종수와 이용 비율

구 분	용도별							
	식 용	약 용	목 초	목 재	장 식	공 업	섬 유	기 타
종의 수	839	996	1,101	423	761	15	30	1,637
비율(%)	18.3	21.7	24.0	9.2구	16.6	0.3	0.7	35.6

2) 자원식물의 분류

(1) 개발 정도에 따른 분류

현재 인류가 개발한 식물 또는 개발하고 있는 정도에 따른 분류로 재배식물의 원종, 재배식물의 근연식물 및 경제적 자원식물(미개발·개발중·개발된 자원식물) 등으로 구분된다.

(2) 용도에 따른 분류

자원식물은 그 용도에 따라 전통적으로 식용식물·섬유식물·약용식물·관상식물·유지식물·기호식물·당료식물·향신료식물·염료식물·밀원식물 및 수지·탄닌 식물 등으로 나눈다. 근래에는 에너지원식물·바이오자원식물과 같은 식물군을 따로 설정하기도 하는 등, 자원식물의 분류는 이용 목적에 따라 가변성을 보인다.

② 우리나라 자원식물

우리나라는 세계적인 자생식물의 보고이다. 우리나라 자생식물 중에는 산업적으로 이용 가능성이 높은 식물들이 많이 있다. 특히 이 중에서 산채와 약용식물 및 야생화가 세계적인 자원식물로서의 가능성이 높다.

1) 자생식물

넓은 의미로 식물이 어떤 지역에서 인공적인 보호를 받지 않고 원래부터 자연 상태대로 존재하는 토착식물들을 자생식물이라고 한다. 또한 광의로는 외래식물이라 하더라도 귀화되어 토착화된 귀화식물도 자생식물 속에 포함시키기도 한다.

2) 우리나라 자생식물

우리나라의 식물 연구는 1854년에 본격적으로 시작되긴 했지만 식물 분포가 비교적 자세히 파악된 것은 1970년대 말이다. 우리나라에는 약 8,200여 종의 자생식물과 외래식물이 400종류가 분포하고 있다. 이들 식물은 유관속식물 약 4,500여 종, 해조류 700여 종, 담수조류 1,400여 종, 해수조류 500여 종 및 균류 820여 종이다.

3) 우리나라 특산식물

세계적으로 다른 나라에는 자생하지 않고, 해당 국가의 특정지역에만 자생하며, 시간의 흐름에 따라 새로운 곳으로 옮겨가 그곳의 환경에 적응하면서 다른 곳에서는 볼 수 없는 독특한 특징을 지니는 새로운 식물을 고유종 또는 특산식물(endermic plant)이라고 하며. 분류계급이 속(屬) 수준일 때는 특산속, 종(種) 수준일 때는 특산종이라고 한다.

특산식물은 과거에는 광범위하게 분포하던 종이 여러 환경요인에 의해 분포역이 좁아지게 된 잔존고유종(relic endemics)이거나, 새로운 국지적 종분화에 의해 형성된 신고유종(neo-endemics)이기 때문에, 개체군의 크기는 매우 작은 소집단 상태이고 미세한 환경요인의 변화에도 민감하게 반응하기 때문에 우선적으로 관리, 보전되어야 할 대상이다.

(1) 특산속

우리나라는 좁은 면적에 비하여 다수의 특산속이 있다. 우리나라 특산속은 5속으로 6종의 식물종이 있다(표 5-19).

| 표 5-19 | 우리나라 특산속 식물

속 명	한국명	과 명	학 명
금강초록꽃속	금강초롱	초롱꽃과	*Hanabusaya asiatica* (Nakai) Nakai
	검산초롱	초롱꽃과	*Hanabusaya latisepala* Nakai
개느삼속	개느삼	콩과	*Echinosophora koreensis* (Nakai) Nakai
미선나무속	미선나무	물푸레나무과	*Abeliophyllum distichum* Nakai
금강인가목속	금강인가목	장미과	*na rupicola* Nakai
모데미풀속	모데미풀	미나리아재비과	*Megaleranthis saniculifolia* Ohwi

(2) 특산종

우리나라 특산식물은 학자들에 따라 다르나 약 8,200여 종 중에서 관속식물은 총 407종류이다. 61과, 172속, 339종, 46변종, 22품종으로 종과 변종을 합한 385종 중, 양치식물 11종, 나자식물 9종, 쌍자엽식물 313종, 단자엽식물 52종으로 224종은 남한에, 107종은 북한, 그리고 76종은 남북에 걸쳐 분포되어 있다. 특산식물은 한라산(75종), 지리산(46종), 백두산(42종), 울릉도(36종), 금강산(34종), 설악산(23종), 서울(22종), 백양산(16종), 광릉(16종), 낭림산(16종), 군자산(14종), 속리산(14종), 부전고원(12종), 관모봉(12종), 백운산(12종) 등에 분포되어 있다(표 5-20, 5-21, 5-22).

① 초본

| 표 5-20 | 우리나라 초본 특산종 (다음 페이지에 계속)

	한국명	과 명	학 명
단자엽 식물	노랑붓꽃	붓꽃과	*Iris koreana* Nakai
	늦둥굴레	백합과	*Polygonum infundiflorum* Y. S. Kim, B. U. Oh & C. G. Jang
	백양꽃	수선화과	*Lycoris sanguinea* var. *koreana* (Nakai) Koyama
	붉노랑상사화	수선화과	*Lycoris flavescens* M. Kim et S. Lee.
	노랑무늬붓꽃	붓꽃과	*Iris odaesanensis* Y. Lee
	장억새	벼과	*Miscanthus changii* Y. Lee
	지리대사초	사초과	*Carex okamotoi* Ohwi
	섬남성	천남성과	*Arisaema takesimense* Nakai
	점박이구름병아리난초	난초과	*Gymadenia cucullata* (L.) Rich. var. *variegata* Y. Lee

| 표 5-20 | 우리나라 초본 특산종 (다음 페이지에 계속)

	한국명	과 명	학 명
단자엽 식물	진노랑상사화	수선화과	*Lycoris chinensis* var. *sinuolata* K. Tae et S. Ko
	위도상사화	수선화과	*Lycoris flavescens* M. Kim et S. Lee. var. uydoensis M. Kim
	제주상사화	수선화과	*Lycoris chejuensis* K. Tae et S. Ko
	털중나리	백합과	*Lilium amabile* Palibin
	자주솜대	백합과	*Smilacina bicolor* Nakai
	제주조릿대	벼과	*Sasa quelpaertensis* Nakai
쌍자엽 식물	가는갈퀴나물	콩과	*Vicia anguste-pinnata* Nakai
	개족도리풀	쥐방울덩굴과	*Asarum maculatum* Nakai
	광능골무꽃	꿀풀과	*Scutellaria insignis* Nakai
	금마타리	마타리과	*Patrinia saniculaefolia* Hemsley
	두메대극	대극과	*Euphorbia fauriei* H.Lev. & Vaniot ex H.Lev.
	바위미나리아재비	미나리아재비과	*Ranunculus crucilobus* Leveille *Ranunculus borealis* Nakai
	산오이풀	장미과	*Sanguisorba hakusanensis* Makino
	가야산은분취	국화과	*Saussurea gracilis* Maxim
	갯취	국화과	*Ligularia taquetii* (H.Lev. & Vaniot) Nakai
	금강봄맞이	앵초과	*Androsace cortusaefolia* Nakai
	나도승마	범의귀과	*Kirengeshoma palmata* var. *koreana* (Nakai) M. Kim
	둥근잎꿩의비름	돌나물과	*Hylotelephium ussuriense* (Kom.) H.Ohba
	벌개미취	국화과	*Aster koraiensis* Nakai
	새끼노루귀	미나리아재비과	*Hepatica insularis* Nakai
	각시서덜취	국화과	*Saussurea macrolepis* (Nakai) Kitamura
	고려엉겅퀴	국화과	*Cirsium setidens* (Dunn) Nakai
	금강제비꽃	제비꽃과	*Viola diamantiaca* Nakai
	넓은잎쥐오줌풀	마타리과	*Valeriana dageletiana* Nakai
	매미꽃	양귀비과	*Coreanomecon hylomecoides* Nakai
	벌깨냉이	십자화과	*Cardamine violifolia* O. E. Schulz
	서울제비꽃	제비꽃과	*Viola seoulensis* Nakai
	갈퀴현호색	현호색과	*Corydalis grandicalyx* B. Oh et Y. Kim
	고산구슬붕이	용담과	*Gentiana wootchuliana* W. Paik
	금강초롱	초롱꽃과	*Hanabusaya asiatica* Nakai
	노랑갈퀴	콩과	*Vicia venosissima* Nakai

| 표 5-20 | 우리나라 초본 특산종 (다음 페이지에 계속)

	한국명	과 명	학 명
쌍자엽 식물	바늘엉겅퀴	국화과	*Cirsium rhinoceros* (Levl. et Vant.) Nakai
	변산바람꽃	미나리아재비과	*Eranthis byunsanensis* B. Sun
	섬개야광나무	장미과	*Cotoneaster wilsonii* Nakai
	섬기린초	돌나물과	*Sedum takesimense* Nakai
	섬시호	산형과	*Bupleurum latissimum* Nakai
	섬초롱꽃	초롱꽃과	*Campanula punctata* Lamark var. *takesimana* (Nakai) Kitamura
	솜다리	국화과	*Leontopodium coreanum* Nakai
	외대잔대	초롱꽃과	*Adenophora racemosa* J. Lee et S. Lee
	점현호색	현호색과	*Corydalis maculata* B. Oh et Y. Kim
	제주황기	콩과	*Astragalus membranaceus* var. *alpinus* Nakai
	진범	미나리아재비과	*Aconitum pseudo-laeve* Nakai
	태백기린초	돌나물과	*Sedum latiovalifolium* Y. Lee
	홀아비바람꽃	미나리아재비과	*Anemone koraiensis* Nakai
	섬꼬리풀	현삼과	*Veronica insularis* Nakai
	섬자리공	자리공과	*Phytolacca insularis* Nakai
	섬현삼	현삼과	*Scrophularia takesimensis* Nakai
	애기솔나물	꼭두서니과	*Galium pusillum* Nakai
	울릉장구채	석죽과	*Silene takesimensis* Uyeki et Sakata
	정영엉겅퀴	국화과	*Cirsium chanroenicum* Nakai
	좀민들레	국화과	*Taraxacum hallaisanensis* Nakai
	참고추냉이	십자화과	*Cardamine koreana* Nakai
	한라고들빼기	국화과	*Lactuca hallaisanensis* H.Lev.
	홍도서덜취	국화과	*Saussurea polylepis* Nakai
	섬노루귀	미나리아재비과	*Hepatica maxima* Nakai
	섬장대	십자화과	*Arabis takesimana* Nakai
	섬현호색	현호색과	*Corydalis filistipes* Nakai
	어리병풍	국화과	*Cacalia pseudo-taimingasa* Nakai
	자란초	꿀풀과	*Ajuga spectabilis* Nakai
	제주달구지풀	콩과	*Trifolium lupinaster* L. var.*alpinum* Nakai
	지리고들빼기	국화과	*Crepidiastrum koidzumianum* (Kitam.) Pak & Kawano
	참배암차즈기	꿀풀과	*Salvia chanroenica* Nakai
	한라장구채	석죽과	*Silene fasciculata* Nakai

| 표 5-20 | 우리나라 초본 특산종

	한국명	과 명	학 명
쌍자엽 식물	섬바디	산형과	*Dystaenia takeshimana* (Nakai) Kitagawa
	섬제비꽃	제비꽃과	*Viola takeshimana* Nakai
	세뿔투구꽃	미나리아재비과	*Aconitum austrokoreense* Koidz.

③ 목본

| 표 5-21 | 우리나라 목본 특산종   (다음 페이지에 계속)

	한국명	과 명	학 명
관목류	개나리	물푸레나무과	*Forsythia koreana* Nakai
	꼬리말발도리	범의귀과	*Deutzia paniculata* Nakai
	매자나무	매자나무과	*Berberis koreana* Palibin
	산개나리	물푸레나무과	*Forsythia saxatilis* Nakai
	섬나무딸기	장미과	*Rubus takesimensis* Nakai
	장수만리화	물푸레나무과	*Forsythia densiflora* Nakai
	해변싸리	콩과	*Lespedeza maritima* Nakai
	개느삼	콩과	*Echinosophora koreensis* Nakai
	눈주목	주목과	*Taxus caespitosa* Nakai
	섬개야광나무	장미과	*Cotoneaster wilsonii* Nakai
	섬댕강나무	인동과	*Abelia coreana* Nakai var. *insu* (Nakai) Lee & Paik laris
	줄댕강나무	인동과	*Abelia tyaihyoni* Nakai
	히어리	조록나무과	*Corylopsis coreana* Uyeki
	개시닥나무	단풍나무과	*Acer barbinervae* for. *glabrescens* (Nakai) W.T.Leei
	떡버들	버드나무과	*Salix hallaisanensis* Leveille
	미선나무	물푸레나무과	*Abeliophyllum distichum* Nakai
	섬고광나무	범의귀과	*Philadelphus scaber* Nakai
	섬버들	버드나무과	*Salix ishidoyana* Nakai
	지리산오갈피나무	두릅나무과	*Acanthopanax chiisanensis* Nakai
	금강인가목	장미과	*Pentactina rupicola* Nakai
	만리화	물푸레나무과	*Forsythia ovata* Nakai
	병꽃나무	인동과	*Weigela subsessilis* L. H. Bailey
	섬국수나무	장미과	*Physocarpus insularis* Nakai
	섬오갈피나무	두릅나무과	*Acanthopanax koreanum* Nakai
	키버들	버드나무과	*Salix koriyanagi* Kimura

| 표 5-21 | 우리나라 목본 특산종

	한국명	과 명	학 명
교목류	검팽나무	느릅나무과	*Celtis choseniana* Nakai
	버들회나무	노박덩굴과	*Euonymus trapococcus* Nakai
	소사나무	자작나무과	*Carpinus coreana* Nakai
	황칠나무	두릅나무과	*Dendropanax morbiferus* H.Lev.
	섬단풍나무	단풍나무과	*Acer takesimense* Nakai
	왕벚나무	장미과	*Prunus yedoensis* Matsumura
	너도밤나무	참나무과	*Fagus japonica* var. *multinervis* (Nakai) Y. Lee
	섬벚나무	장미과	*Prunus takesimensis* Nakai
	우산고로쇠	단풍나무과	*Acer okamotoanum* Nakai
	노각나무	차나무과	*Stewartia koreana* Nakai
	섬피나무	피나무과	*Tilia insularis* Nakai
	지리들메나무	물푸레나무과	*Fraxinus chiisanensis* Nakai
나자식물	구상나무	소나무과	*Abies koreana* Wilson
	눈주목	주목과	*Taxus caespitosa* Nakai

| 표 5-22 | 우리나라 특산식물 (다음 페이지에 계속)

과 명	특산 식물종
갈매나무과	좀갈매나무
거머리말과	좀마디거머리말
고사리삼과	제주고사리삼
곡정초과	제주검정곡정초, 넓은꽃잎개수염, 애기곡정초
골풀과	두메꿩의밥
국화과	제주국화, 지리고들빼기, 갯취, 한대리곰취, 금강솜방망이, 좀께묵, 좀민들레, 참나래박쥐, 어리병풍, 한라구절초, 신창구절초, 함흥씀바귀, 한라솜다리, 산솜다리, 솜다리, 섬쑥, 바늘엉경퀴, 고려엉경퀴, 단양쑥부쟁이, 눈개쑥부쟁이, 벌개미취, 그늘취, 분취, 털분취, 백설취, 홍도서덜취, 묘향분취, 각시서덜취, 비단분취, 경성서덜취, 한라분취, 가야산은분취, 솜분취, 금강분취, 담배취, 자병취, 사창분취, 붉은톱풀
꼬리고사리과	섬고사리, 강원고사리, 바위좀고사리
꼭두선이과	털긴잎갈퀴, 참갈퀴덩굴, 갈퀴아재비, 우단꼭두서니
꿀풀과	광릉골무꽃, 다발골무꽃, 섬광대수염, 털박하, 참배암차즈기, 자란초
난초과	두잎감자난초, 참나리난초, 섬새우난초, 개잠자리난초
넉줄고사리과	메가물고사리, 좁쌀우드풀
노박덩굴과	삼방회잎나무
녹나무과	둥근잎녹나무
대극과	목포대극, 제주대극, 두메대극

| 표 5-22 | 우리나라 특산식물 (다음 페이지에 계속)

과 명	특산 식물종
돌나물과	섬꿩의비름, 속리기린초, 태백기린초, 모란바위솔
두릅나무과	지리산오갈피
마디풀과	삼도하수오, 장군풀, 둥근범꼬리, 참개싱아, 털싱아, 얇은개싱아
마름과	유전마름
매자나무과	매자나무, 섬매발톱나무, 좁은잎매자, 연밥매자나무
면마과	금강고사리
명아주과	털나도댑싸리
물부추과	참물부추
물푸레나무과	개나리, 만리화, 산개나리, 장수만리화, 물들메나무, 미선나무, 섬개회나무, 버들개회나무, 섬쥐똥나무
미나리아재비과	자주꿩의다리, 참꿩의다리, 그늘꿩의다리, 금꿩의다리, 변산바람꽃, 새끼노루귀, 섬노루귀, 매화바람꽃, 모데미풀, 바위미나리아재비, 홀아비바람꽃, 세잎승마, 숙은촛대승마, 요강나물, 할미밀망, 외대으아리, 세뿔투구꽃, 선둥글레, 둥근산부추, 세모산부추, 돌부추, 선부추, 세모부추, 한라부추, 한라비비추, 흑산도비비추, 다도해비비추, 좀비비추, 자주솜대, 태안원추리, 처녀치마, 숙은처녀치마 · 버드나무과: 큰산버들, 능수버들, 제주산버들, 키버들, 쌍실버들, 백산버들, 개수양버들, 섬버들, 수원사시나무, 은사시나무
범의귀과	섬고광나무, 양덕고광나무, 서울고광나무, 고광나무, 제주괭이눈, 흰괭이눈, 누른괭이눈, 나도승마, 진퍼리노루오줌, 한라노루오줌, 꼬리말발도리, 구실바위취, 범의귀, 털바위떡풀신이대 제주조릿대, 관모포아풀, 좀새포아풀, 섬포아풀, 금강포아풀, 울릉포아풀, 문수조릿대
벽오동과	암까치깨
봉선화과	처진물봉선, 가야물봉선
붓꽃과	노랑붓꽃, 넓은잎각시붓꽃, 진보라붓꽃
비고사리과	고려공작고사리
사초과	무등풀, 애기이삭사초, 지리실청사초, 그늘실사초, 구름사초, 한라사초, 지리대사초, 햇사초, 조이삭사초, 잡골사초, 큰뚝사초, 꽃파대가리
산형과	덕우기름나물, 두메기름나물, 흰바디나물, 섬바디, 섬시호, 그늘참나물, 한라참나물, 속리참나물
석죽과	덩이뿌리개별꽃, 참개별꽃, 산개별꽃, 지리산개별꽃, 숲개별꽃, 한라장구채, 울릉장구채, 명천장구채
소나무과	풍산가문비, 털가문비나무, 구상나무
수련과	각시수련
수선화과	위도상사화, 붉노랑상사화, 제주상사화, 진노랑상사화
십자화과	참장대나물, 주걱장대, 섬장대, 참고추냉이, 벌깨냉이
쐐기풀과	섬거북꼬리, 제주긴잎모시풀, 털긴잎모시풀, 제주모시풀, 제주큰물통이, 강계큰물통이, 섬쐐기풀
앵초과	참좁쌀풀, 금강봄맞이, 설앵초

| 표 5-22 | 우리나라 특산식물

과 명	특산 식물종
양귀비과	매미꽃
용담과	흰그늘용담, 백두산구슬붕이, 고산구슬붕이
인동과	줄댕강나무, 병꽃나무, 흰등괴불나무, 청괴불나무
자리공과	섬자리공
자작나무과	병개암나무, 서어나무, 긴서어나무, 사스래나무
장미과	금강인가목, 긴잎산조팝나무, 떡조팝나무, 한라개승마, 잔털마가목, 차빛당마가목, 섬벚나무, 산이스라지, 섬국수나무, 거제딸기, 가시복분자딸기, 섬나무딸기, 섬양지꽃, 참양지꽃, 떡윤노리나무, 털용가시, 흑산가시, 지리터리풀
제비꽃과	섬제비꽃, 서울제비꽃, 갑산제비꽃
쥐방울덩굴과	개족도리풀, 자주족도리풀, 금오족도리풀, 각시족도리풀, 무늬족도리풀 • 쥐손이풀과: 큰세잎쥐손이, 태백이질풀, 갈미쥐손이
진달래과	한라산참꽃나무
차나무과	노각나무
참나무과	너도밤나무, 청떡갈나무, 민종가시나무
천남성과	섬남성
초롱꽃과	금강초롱꽃, 검산초롱꽃, 애기더덕, 좀층층잔대, 꽃잔대, 선모시대, 가야산잔대, 인천잔대, 외대잔대, 섬초롱꽃
콩과	개느삼, 나래완두, 노랑갈퀴, 솔비나무, 시루산돔부, 민땅비싸리, 큰꽃땅비싸리, 해변싸리, 정선황기
피나무과	섬피나무, 개염주나무
현삼과	래꼬리풀, 섬꼬리풀, 큰구와꼬리풀, 한라송이풀, 칼송이풀, 바위송이풀, 애기•송이풀, 그늘송이풀, 오동나무, 애기좁쌀풀, 갈끔좁쌀풀, 산좁쌀풀, 털좁쌀풀, 섬현삼, 몽울토현삼, 제주현삼, 좀현삼
현호색과	갈퀴현호색, 탐라현호색, 난쟁이현호색, 점현호색, 털현호색, 남도현호색, 섬현호색, 흰현호색

3) 우리나라 희귀식물

환경부의 새로운 야생동식물보호법 시행(2005. 2. 10)에 따라 기존 자연환경보전법에 의해 지정·관리되었던 멸종위기 야생식물 6종 및 보호식물 52종은 폐지되고, 멸종위기 야생식물 1급 8종과 멸종위기 야생식물 2급 56종으로 나누어 지정, 관리되고 있다.

"멸종위기 야생식물"이라 함은 자연적 또는 인위적 위협 요인으로 인한 주된 서식지·도래지의 감소 및 서식환경의 악화 등에 따라 개체수가 현저하게 감소되고 있어, 현재의 위협 요인이 제거되거나 완화되지 아니할 경우 멸종 위기에 처할 우려가 있는 야생식물을 말한다. 국립수목원은 2009년 현재, 『한국 희귀식물 목록집』에 우리나라 희귀식물을 총 571분류군으로 보고하였다. 희귀식물을 멸종·야생멸종·멸종위기종·위기종·취약종·약관심종·자료부족종

(Data Deficient/DD)으로 나누었다.

(1) 우리나라 희귀식물

① 멸종(Extinct/EX) : 과거에 우리나라에 분포한 것(적)이 확인되고 있으나 사육·재배를 포함해 우리나라에서는 이미 멸종했다고 판단되는 종.

② 야생멸종(Extinct in the Wild/EW) : 과거에 우리나라에 분포했던 역사가 있으며, 재배종으로 존속하고 있지만 우리나라의 야생에서는 멸종되었다고 판단되는 종으로 다시마고리삼·무등풀·벌레먹이말·파초일엽 등 4분류군.

③ 멸종위기종(Critically Endangered/CR) : 긴박한 미래에 자생지에서 극도로 높은 절멸 위험에 직면해 있는 144분류군으로 각시수련·산작약·광릉요강꽃·단양쑥부쟁이·청사조·해오라비난초·물부추·닻꽃·제주고사리삼·나도승마·대청부채·나도풍란·섬시호·풍란·미선나무·두잎약난초·백운란·복주머니란·석곡·참나무겨우살이 등.

④ 위기종(Endangered Speices/EN) : 위급하지는 않지만 가까운 미래에 자생지에서 매우 심각한 멸종위기에 직면한 위기 식물은 122분류군으로 위도상사화·진노랑상사화·끈끈이귀개·한라개승마·기생꽃·난장이붓꽃·섬남성·솔잎란·한라꽃장포·금강봄맞이·두메닥나무·설앵초·개느삼·여름새우난초·갯대추·제주달구지풀·문주란·무엽란·께묵·좁은잎덩굴용담·꼬리말발도리·왕자귀나무·백양꽃 등.

⑤ 취약종(Vulnerable/VU) : 멸종위기종이나 위기종은 아니지만 멀지 않은 미래에 자생지에서 심각한 멸종위기에 직면할 취약한 식물은 119분류군으로 가시연꽃·가시오갈피·댕댕이나무·모감주나무·어리병풍·매화마름·새우난초·백작약·끈끈이주걱·꼬리진달래·등대시호·왕씀배·천마·주목·흑삼릉·홍도까치수염·노랑무늬붓꽃·통발·애기등·갯취 등.

⑥ 약관심종(Near Threatened/NT) : 현시점에서 멸종의 위험도는 작지만, 분포조건의 변화에 따라서 「멸종위기」로 이행하는 요소를 가지는 70분류군으로 개연꽃·개족도리풀·고란초·과남풀·구상나무·금강애기나리·금강제비꽃·낙지다리·꽃창포·너도밤나무·늦고사리삼·만병초·두메부추·물질경이·모새달·뻐꾹나리·섬초롱꽃·측백나무·홀아비바람꽃·히어리 등.

⑦ 자료부족종(Data Deficient/DD) : 환경조건의 변화에 의해, 용이하게 멸종위기를 맞게 될 속성을 가지고 있으나 분포상황 등, 순위를 판정하는 데 충분한 정보를 얻을 수 없는 112분류군으로 개감채·거제딸기·개대황·구슬개고사리·금억새·긴흑삼릉·깃고사리·낭독·노랑팽나무·늦싸리·대구사초·떡조팝나무·도라지모시대·물석송·바이칼꿩의다리·버들잎엉겅퀴·부산꼬리풀·섬천남성·섬회나무·토현삼 등.

(2) 멸종위기 야생식물 1급

주로 난초과식물로 멸종위기식물로 분류되던 광릉요강꽃·한란·풍란·나도풍란·섬개야광나무·암매(돌매화나무) 6종에 만년콩과 죽백란이 추가되어 총 8종이다(표 5-23).

| 표 5-23 | 우리나라 멸종위기식물 1급

번 호	한국명	과 명	학 명
1	광릉요강꽃	난초과	*Cypripedium japonicum Thunb*.ex Murray
2	나도풍란	난초과	*Aerides japonicum* Rchb.f.
3	만년콩	콩과	*Euchresta japonica* Benth.
4	섬개야광나무	장미과	*Cotoneaster wilsonii* Makino
5	암매	암매과	*Diapensia lapponica* var. *obovata* F.Schmidt
6	죽백란	난초과	*Cymbidium lancifolium* Hook.
7	풍란	난초과	Neofinetia falcata (Thunb. ex Murray) Hu
8	한란	난초과	*Cypripedium kanran* Makino

(3) 멸종위기 야생식물 2급

기존의 보호대상식물 53종에서 보호가 시급한 죽백란과 만년콩을 1급 멸종위기 야생식물로 하고 고란초·섬천남성·털개불알꽃·천마·풍란·고추냉이 등, 6종을 빼고 제주고사리삼·가시연꽃·백부자·매화마름·선제비꽃·독미나리·조름나물·자주땅귀개·단양쑥부쟁이·층층둥글레·노랑붓꽃·털복주머니란 등, 11종을 추가하여 총 56종이다(표 5-24).

| 표 5-24 | 우리나라 멸종위기식물 2급 (다음 페이지에 계속)

번 호	한국명	과 명	학 명
1	가시연꽃	수련과	*Euryale ferox* Salisb.
2	가시오갈피나무	두릅나무과	*Acanthopanax senticosus* (Rupr. et Maxim.) Harms
3	개가시나무	참나무과	*Quercus gilva* Blume
4	개느삼	콩과	*Echinosophora koreensis* (Nakai) Nakai
5	개병풍	범위귀과	*Astilboides tabularis* (Hemsl.) Engl.
6	갯대추	갈매나무과	*Paliurus ramosissimus* (Lour.) Poir.
7	기생꽃	앵초과	*Trientalis europaea* L.
8	깽깽이풀	매자나무과	*Jeffersonia dubia* (Maxim.) Benth. et Hook. fil. ex Baker et S. Moore
9	끈끈이귀개	끈끈이귀개과	*Drosera peltata* Smith var. *nipponica* (Masam.) Ohwi
10	나도승마	범의귀과	*Kirengeshoma koreana* Nakai
11	노랑만병초	진달래과	*Rhododendron aureum* Georgi
12	노랑무늬붓꽃	붓꽃과	*Iris odaesanensis* Y.N. Lee
13	노랑붓꽃	붓꽃과	*Iris koreana* Nakai
14	단양쑥부쟁이	국화과	*Aster altaicus* Willd. var. *uchiyamai* (Nakai) Kitam.

| 표 5-24 | 우리나라 멸종위기식물 2급 (다음 페이지에 계속)

번 호	한국명	과 명	학 명
15	대청부채	붓꽃과	*Iris dichotoma* Pall.
16	대흥란	난초과	*Cymbidium nipponicum* (Franch. et Sav.) Makino
17	독미나리	미나리아재비과	*Cicuta virosa* L.
18	둥근잎꿩의비름	돌나물과	*Sedum duckbongii* Y.H. Chung et J.H. Kim
19	망개나무	갈매나무과	*Berchemia berchemiaefolia* (Makino) Koidz.
20	매화마름	미나리아재비과	*Ranunculus kazusensis* Makino
21	무주나무	꼭두서니과	*Lasianthus japonicus* Miq.
22	물부추	물부추과	*Isoetes japonica* A. Braun
23	미선나무	물푸레나무과	*Abeliophyllum distichum* Nakai
24	박달목서	물푸레나무과	*Osmanthus insularis* Koidz.
25	백부자	미나리아재비과	*Aconitum koreanum* (H. Lev.) Rapaics
26	백운란	난초과	*Vexillabium yakushimense* (Yamamoto) F. Maek.
27	산작약	산작약	*Paeonia obovata* Maxim.
28	삼백초	삼백초과	*Saururus chinensis* (Lour.) Baill.
29	선제비꽃	제비꽃과	*Viola raddeana* Regel
30	섬시호	산형과	*Bupleurum latissimum* Nakai
31	섬현삼	현삼과	*Scrophularia takesimensis* Nakai
32	세뿔투구꽃	미나리아재비과	*Aconitum austro-koraiense* Koidz.
33	솔나리	백합과	*Lilium cernum* Kom.
34	솔잎란	솔잎란과	*Psilotum nudum* (L.) Griseb.
35	솜다리	국화과	*Leontopodium coreanum* Nakai
36	순채	수련과	*Brasenia schreberi* J.F. Gmel.
37	애기등	콩과	*Millettia japonica* (Siebold et Zucc.) A. Gray
38	연잎꿩의다리	미나리아재비과	*Thalictrum coreanum* H. Lev.
39	왕제비꽃	제비꽃과	*Viola websteri* Forb. et Hemsl.
40	으름난초	난과	*Galeola septentrionalis* Rchb. f.
41	자주땅귀개	끈끈이귀개과	*Utricularia yakusimensis* Masam.
42	자주솜대	백합과	*Smilacina bicolor* Nakai
43	제주고사리삼	고사리삼과	*Mankyua chejuense* B.Y. Sun, M.H. Kim & C.H. Kim
44	조름나물	조름나물과	*Menyanthes trifoliata* L.
45	죽절초	홀아비꽃대과	*Chloranthus glaber* (Thunb.) Makino
46	지네발란	난초과	*Sarcanthus scolopendrifolius* Makino
47	진노랑상사화	백합과	*Lycoris chinensis* Traub var. *sinuolata* K.H. Tae et S.C. Ko
48	층층둥굴레	백합과	*Polygonatum stenophyllum* Maxim.
49	큰연령초	백합과	*Trillium tschonoskii* Maxim.
50	털복주머니란	난초과	*Cypripedium guttatum* Sw. var. *koreanum* Nakai

| 표 5-24 | 우리나라 멸종위기식물 2급

번 호	한국명	과 명	학 명
51	파초일엽	꼬리고사리과	*Asplenium antiquum* Makino
52	한계령풀	매자나무과	*Leontice microrhyncha* S. Moore
53	홍월귤	진달래과	*Arctous ruber* (Rehder et E.H. Wilson) Nakai
54	황근	아욱과	*Hibiscus gamabo* Siebold et Zucc.
55	황기	콩과	*Astragalus membranaceus* (Fisch.) Bunge
56	히어리	조록나무과	*Corylopsis coreana* Uyeki

4) 외래식물과 귀화식물

외래식물이란 외국에서 유입된 식물을 말하며 이들 식물 중 토착화된 것을 귀화식물이라고 한다. 우리나라에 들어온 야생 귀화식물은 주로 공장·하천·고속도로 주변에 많이 서식하고 있다. 이들 우리나라 귀화식물은 모두 2백 25종 정도로 이들 귀화식물들이 토종식물보다 불리한 환경에 빠르게 적응하여 토종식물이 없는 지역부터 잠식하여 그 영역을 넓혀 가고 있다.

(1) 외래식물

외래식물이란 원래 국내에 자생하지 않던 외국식물을 인간이 경제 활동을 위해 도입하여 식재하였거나 또는 사람이나 가축 및 화물 등에 묻어 국내에 들어와 자연 상태로 살아나가는 식물들이다.

(2) 귀화식물

외래식물 중에서 우리나라의 자연 환경에 적응하여 자연 상태에서 스스로 번식해 살아가고 있는 식물을 귀화식물이라고 한다. 그러나 원예용으로 들어온 식물은 야생에 스스로 살아가지 못하기 때문에 귀화식물이라고 하지 않는다. 현재 우리나라의 귀화식물은 대략 240여종으로 이는 우리나라 식물의 5% 정도로서, 비록 적은 비율이지만 이들 식물들은 개체수가 놀라울 정도로 많다.

(3) 귀화식물의 특징

우리나라에 귀화하여 토착화된 식물들은 우리나라 환경에 나름대로 적응하였을 뿐만 아니라 경우에 따라서는 경쟁에서 이겨 우리나라 식물보다 우점하는 식물들도 있다.

이들 귀화식물들은 대부분 1년생 초본으로 건조한 곳, 척박한 곳, 햇볕이 많이 비치는 곳에서도 잘 자라는 벼과와 국화과 식물들이 대부분으로 유성생식 또는 영양생식을 병행하여 번식력이 탁월하다. 그러나 이들 야생 상태의 식물 중에는 금계국·삼엽국화 등의 소수 식물을 제외하면 관상 가치가 떨어지는 것이 대부분이다.

(4) 귀화식물의 토착 원인

토목 공사와 사방 공사 후의 절개지나, 황폐지 등에 외래 식물인 능수참새그령·김의털·아카시나무·산오리나무 등 외래식물들을 식재하거나 나대지를 그대로 방치함으로써 외래식물들에 유리한 환경을 조성한 경우도 있으며, 기후 온난화에 의하여 분꽃·꽃댑싸리·봉숭아 등처럼 귀화식물이 된 경우도 있다. 또한, 원예용으로 도입된 것이 자연으로 이탈하여 야생에서 번식하게 된 것도 있다. 한편, 가죽나무·참죽나무·쪽제비싸리 등의 목본식물을 귀화식물로 취급한 것도 귀화식물의 수효를 증가시키는 원인이 되었다.

귀화식물들 중에서 우리나라 사람에게 좋지 않은 영향을 주는 식물도 있다. 돼지풀·능수참새그령·만수국아재비 등은 화분병을 일으키는 원인 식물이다. 이들 귀화식물들은 주변 환경에 따라 일시적으로 많은 종이 나타났다가 또 사라지기도 하는데, 식생이 파괴된 현재의 공터가 없어지고 절개지에 식생이 복원되면 이들 귀화식물들은 갑자기 사라질 수 있다.

5) 민속식물의 이용

우리나라에는 총 8천2백71종의 식물이 있는데, 이중에서 자원식물은 4,200여 종류이다. 이중 대부분은 식용식물 478종류(10.4%)와 약용식물 640종류(13.9%)이다. 유럽의 경우 현화식물은 모두 2,000여종에 지나지 않지 않는데 비하여 우리나라는 특산식물을 포함하여 자생 현화식물만 4,000여 종이 넘는다. 그러므로 연구에 따라서는 이러한 자생식물 중에는 자원식물로 개발될 여지가 있는 식물들이 많이 있을 것이다.

(1) 민속식물(Folk plant)

각 나라 각 민족에게는 다양하게 이용하여 온 식물들이 있다. 먹거리로, 혹은 약용으로 또는 민속에 이용하는 식물들이 있는데, 이렇게 전통적으로 각 나라, 민족들이 타민족, 타국가 와는 차별화되어 이용하여 온 식물을 민속식물이라고 한다. 최근 생물다양성협약(CBD)에서는 유전자원과 전통지식에 대한 이익 배분(ABS)에 대하여 법적 구속력을 갖는 국제레짐(International Regime) 제정 논의가 진행 중에 있으며, 세계지식재산권기구(WIPO), 유엔식량농업기구(FAO) 등의 국제기구에서도 민속식물과 전통지식의 보호에 대한 논의가 활발하게 진행되고 있다.

식물들은 각 민족과 동고동락하면서 의복·음식·주택 등의 소재는 물론 민속과 정서에 많은 영향을 끼쳐 왔다. 또한 이러한 의미에서 한 나라의 식물 이름은 그 나라의 역사와 지혜가 함께 스며 있는 일종의 문화 유산이라고 할 수 있다. 뿐만 아니라 근래에는 민속식물에 대한 전통적인 지식과 보존을 넘어 거대한 보존 자원으로 유전자원의 확보에 관심을 기울이고 있다. 이미 일부 국가와 다국적 제약회사들은 오래 전부터 신약, 신물질 등을 개발하기 위하여 민속식물과 그 정보를 확보하는 데 막대한 연구비를 지출하고 있다. 이에 우리나라도 민속식물을 수집·발굴하고 전승되어 오는 정보를 수집하여 그 가치를 재조명하고 부가가치를 높일 수 있도록 하는 노력이 필요하다.

(2) 식물자원의 활용

우리나라 자원식물 중 특히 식용식물은 최근 건강상으로 다양한 먹거리로 보급되고 있으며, 약용식물은 기존 한약용이나 민간약의 약리작용이 점차 밝혀지면서 신약 또는 부작용 없는 약용자원으로 크게 각광 받고 있으며, 관상용 자생식물은 외래 관상식물의 대안이 되고 있다.

관상용 자생식물에는 초본류와 목본류 및 덩굴식물이 있는데 이용되는 목적에 따라 화단용 · 절단용 · 분화용 · 정원 · 조경용으로 나눌 수 있다. 우리나라 자생식물 중 특히 야생화는 세계적으로 획일화된 외래 화훼식물에 식상하여 우리 고유의 것이 바로 세계화란 관점에서 일부는 이미 경제작물로 부각되고 있으며, 특용작물은 우리 전래의 식물섬유 · 식물염료 · 식물향료 등이 새롭게 각광 받고 있다. 그러므로 이러한 우리 자원식물의 보존과 부가가치 창출을 위한 노력이 필요하며, 자생식물에서의 식물자원 발굴과 식물유전자원의 보호는 물론 국적 있는 식물의 세계화가 시급하다.

자원식물의 품질관리

Applied Plant Science

자원식물의 품질 평가방법

일반적으로 약재나 허브의 품질 평가와 관리가 필요한데, 식용식물·염료식물·목재 등도 이에 포함될 수 있다. 이들 식물들은 각각의 특징적인 방법에 의하여 관리되고 품질이 평가되나 일반 적인 것은 약재의 기준에 따른다.

① 자원식물의 품질

자원식물의 품질은 목적을 충족시키는 정도에 의하여 결정된다. 그러므로 자원식물은 그이용 목 적에 따라 품질이 결정되기 때문에 식물의 종류·용도·기호·가공 특성에 따라 품질 기준이 다를 수 있다.

1) 자원식물의 품질평가

자원식물의 품질을 평가하는 방법은 종래에는 외관·향기·맛 등의 오감에 의한 것뿐이었으나, 근래에는 과학적 방법의 발달에 따라 외관적 형태는 물론 화학적·물리학적·생물학적 특징에 따라 구분하게 된다.

(1) 관능적 품질평가

자원식물의 품질평가의 가장 기본적인 방법으로 계량적인 방법이 아닌 가공 원료의 맛·냄새· 조직 및 색깔 등의 오감에 의한 주관적 방법이어서 장기간에 걸친 고도의 숙련을 필요로 한다.

(2) 화학적 품질평가

자원식물이 함유하고 있는 탄수화물·지방·단백질·2차대사산물과 같은 화학적 지표성분의 조성과 함량 등의 기준에 의한 객관적 품질평가로 식용식물, 약용식물 및 공업용식물의 품질 평 가의 중요한 기준이 된다.

(3) 물리적 품질평가

섬유식물과 같이 화학적 성분보다는 섬유의 길이·강도·무게 등과 같은 물리적 특성에 대한 품질평가로 섬유식물이나 목재 등의 특정 용도에 대한 기계적 특성에 대한 평가 방법에 의한다.

(4) 생물학적 품질평가

식용식물, 사료식물 및 약용식물과 같은 자원식물 생물학적 효용 가치에 의하여 평가하는 방법 으로 공여한 생물에 대한 효용 가치로 평가하는 것으로 성장량, 대사량 및 적응증에 대한 생물학적 효과로 품질을 확인한다.

2) 생산 조건과 품질

자원식물은 특정 기후와 토양의 조건 및 비료 등의 생산 조건에 따라 외관적 특징은 물론 물리·화학적 품질에 크게 영향을 받는다. 이러한 풍토에 따른 자원식물의 품질과 그것을 이용하는 사람들과의 유대성에 의하여 품질이 평가되기도 한다. 이를테면 신토불이의 기초로 자원식물은 기후·토양 외에도 농약·유기질비료 등과 같은 생산 조건에 따라 상대적 품질과 가격이 좌우된다.

(1) 기후 조건과 품질

기온·습도·강우량·일조량 등의 기후 조건이 품질에 영향을 미치므로 생산 지역에 따라 자원식물의 특성과 내용 성분에 차이가 생겨서 산지에 따라 품질이 다르다. 적정 기후가 생산량과 품질에 영향을 미쳐 각 자원식물의 주산지가 형성된다. 기후 조건은 식물의 오감적 특징과 성분 함량에 크게 영향을 미친다.

(2) 토양 조건과 품질

토양의 모재·토성·유기물 함량·토양수분·배수 정도 등의 토양 조건이 외관적 품질이나 맛뿐만 아니라 화학적 성분에도 크게 영향을 미친다. 특히 근채류나 뿌리 부분을 약으로 쓰는 약용식물의 경우, 토양의 토성에 따라 품질이 현격히 차이가 나타난다. 특히 형태적으로 사질 양토에서는 잔뿌리만 생겨 뿌리 비대가 안 되며, 점질 양토에서는 지상부만 무성하고 뿌리 생육은 저해되나 식양토에서는 뿌리의 비대생장은 물론 모양도 좋아진다.

(3) 비료 성분과 품질

식용식물에 질소 비료를 많이 시용하면 종실의 외관과 식미가 나빠진다. 특히 쌀이나 보리의 경우 미립 내 단백질 함량을 증가시켜 전분의 점성이나 조직감을 저하시킨다. 일반적으로 질소와 칼륨의 과용은 품질에 부정적 영향을 미치나 인산과 마그네슘은 긍정적 영향을 미친다.

3) 품질 개량

자원식물의 품질은 생산 조건에 의하여 영향을 받으므로 풍토와 생산 방법에 따라 품질을 향상시키지만 이러한 재배 방법의 개선만으로는 궁극적인 품질 개선을 이룰 수 없다. 자원식물의 품질을 개량하기 위해서는 생산 여건의 개선과 함께 일반 육종이나 성분 육종을 통하여 근본적으로 품질을 개량하여야 한다.

(1) 외관 품질의 개량

자원식물의 외관적 특성은 품질을 쉽게 선별하는 1차적 방법이어서 시장성에 미치는 영향이 가장 크다고 할 수 있다. 자원식물의 모양·크기·색깔 등은 물론 정립 비율·피해립 비율·이종곡립·이물혼입 비율 등의 외관적 품질은 재배나 관리 측면에서 어느 정도 개선이 가능 하지만, 궁극적으로는 일반 형태 육종에 의하여 1차적 개량이 이루어져야 한다.

(2) 화학적 성분개량

식물의 화학적 성분은 생육 조건이나 유전적 형질에 따라 달라진다. 육종학의 발달은 자원식물의 외관적 형질과 재배성 뿐만 아니라 성분육종까지 가능하게 되었다. 그러나 약용식물의 경우처럼 화학적 성분개량은 매우 어렵다. 약용식물은 특정 약용성분의 지표성분과 유효성분이 뚜렷이 검증된 것이 적고, 그 성분비가 약효를 좌우하기 때문에 특정 성분의 존재만으로는 약리적 의미가 있는 육종을 했다고 단정하기 어렵기 때문이다.

② 평가대상

1) 1차대사산물

동화작용에 의하여 생물체의 기본적 생명을 유지하고 생활하는 데 필수 불가결한 물질들을 1차대사산물(primary metabolite)이라고 한다. 이들 물질들은 기본적인 분자적 구성 물질인 탄수화물·단백질·지방 및 비타민 등으로서 합성과 변형에서 약간의 차이를 제외하고는 모든 세포들을 구성하는 공통적이며 기본적 물질이지만 생육 환경에 따라서 크게 함량이 달라지며, 2차대사산물의 종류와 함량에도 크게 영향을 미친다.

2) 2차대사산물

식물은 1차대사산물을 이용하여 특정 시기에 특정 조직이나 기관에서 다양한 물질을 생성하는데, 이러한 식물의 세포, 조직 및 기관에 따른 종특이적 물질을 2차대사산물(secondary metabolite)이라고 한다. 이러한 물질들에는 알칼로이드, 테르펜, 플라보노이드 등이 있는데, 근래에 이들 물질들이 식물에서의 다양한 기능이 점차 밝혀지고 있으며, 인간과 생물환경에 유용하고 다양한 기능의 생리활성물질들이 알려지고 있다. 그러나 이들 2차대사산물들은 종특이성과 함께 생육 환경과 유전적 형질 차이에 따라서도 함량이 달라지므로 중요한 자원식물의 평가대상 물질이다.

③ 성분 분석방법

자원식물의 품질을 검증하기 위해서는 1차대사산물이나 2차대사산물의 중요 성분에 대한 이화학적 정성 및 정량 분석이 필수적이다. 특히 식용식물, 약용식물, 허브 및 공업용 식물들의 품질 검증은 물론, 근래에는 식물조직배양을 이용한 식물공학 산업이 발달하면서 세포주나 배양체 및 배양 방법의 검증에도 이용된다.

1) 추출 및 분리

약재나 식품 등의 화학적 성분 분석을 위해서는 먼저 해당 물질을 추출 및 분리·정제하여야 한다. 그러기 위하여 무엇보다 해당 재료에 이물질이 없어야 하며 가급적 수분이 제거된 것이어야 한다. 이렇게 적절한 시료가 확보되면 적정한 용매계에 의하여 해당 물질들을 분리·정제한 다음, 정성·정량 분석을 시행한다.

(1) 재료(Material)

추출을 위해 사용하는 재료는 그 종류와 특징이 명확하여야 하며, 재료의 상태에 따라 추출 용매 계를 선택하여야 한다. 신선한 재료는 물과 섞이지 않는 비극성 용매인 hexane으로는 추출하지 못하며, 반건조 재료는 극성이 낮은 ethylacetate로는 추출 효율이 저하된다. 그러므로 건조가 잘 되고 세분말로 되어 있는 재료가 추출 효율이 높고 농축 등의 조작이 편리하다. 잘 건조된 재료 의 경우는 일반적으로 극성이 낮은 ethylacetate와 극성이 높은 butanol을 같이 사용한다.

(2) 추출(Extraction) 및 분리(Separation)

재료 물질에 포함되어 있는 물질들을 분리하기 위해서는 비교적 지용성이 높은 물질과 수용성 이 높은 물질에 의한 극성 분획(fractionation)하는데 서로 섞이지 않는 두 용매로 가용부와 비 가용부를 나누어 용매를 변경해 가면서 원하는 물질을 추적한다.

추출 용매는 목적 물질을 잘 용해시키고 조작이 용이하여야 한다. 대체로 극성이 큰 물질은 극성이 높은 용매에 잘 추출되며, 극성이 낮은 물질은 극성이 낮은 용액에 잘 추출된다. 일반적 으로 당, 배당체는 수용성이며 극성이 높고, 관능기가 적은 테르펜·스테로이드·방향성 유기 물은 지용성이며 극성이 낮다.

용매의 극성은 석유 ether, hexane, benzene, chloroform, methylene chloride, ether, ethyl acetate, acetone, butanol, isopropanol, ethanol, methanol, 물 순으로 유기용매가 극성이 낮으 며 물이 가장 높다. 용매의 사용 순서는 저극성 용매에서 시작하여 순차적인 극성 용매를 이용 하여 추출하는 것이 원칙이다. 가온 여부는 추출효과와 화합물의 변화 및 위험성을 고려하여 결 정한다.

수용성 물질의 추출은 보통 겔 여과 크로마토그래피로 분리하는데 Sephadex LH-20은 phenol성 물질과 같이 불안정한 물질 분리에 적합하며, 물로부터 유기용매까지 광범위하게 사 용되나 일반적으로는 methanol-물의 혼합용매계가 자주 사용된다. Sephadex LH-20은 G-10, G-15 및 이온교환 column을 통과한 용액의 탈염(脫鹽)에도 유효하게 사용된다. Sephadex

G-10은 분자량 약 700, Sephadex G-15는 분자량 약 1,500까지의 물질 분리에 효과적이다. 이 경우 유기용매를 사용하지 못하므로 물로 용출한다. 그래서 사용하기에 따라 여러 번 사용이 가능하기 때문에 어느 정도 정제된 시료에 이용하는 것이 좋다.

지용성 물질의 추출은 ethyl acetate, buthyl acetate, butanol, dichloromethane(methylene chloride), chloroform, toluene 등의 유기용매를 사용하며, 안전성과 가격을 고려하여 보통 ethyl acetate를 많이 사용한다.

이러한 각 과정은 TLC나 PPC에서 흡착제나 전개용매 등을 변경해 가면서 추출하고자 하는 물질(들)의 Rf(Rate of flow)값의 변화와 spot 모양의 변화를 조사하여 용매의 선정과 시행에 의하여 최종으로 분획이 결정되면 농축하여 크로마토그래피(chromatography)로 분리·추출·정량한다.

Rf값은 전개 후에 얻어진 각 spot의 이동거리를 비교하는 지표로 용매와 시료의 이동비를 가리킨다. 용매선단(solvent front)과 점적원점으로부터의 시료점적(spot)의 이동거리의 비로서 표준적 조건하에서는 특정물질의 Rf값은 일정한 값을 가지기 때문에 Rf값이 결정되면 전개물질의 성분 동정(同定)이 가능해진다. Rf값은 온도, 용매의 pH 및 용매의 종류에 따라 달라진다. Rf값은 다음 식에 의해 정의된다(그림 6-1).

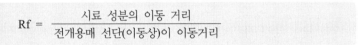

$$Rf = \frac{\text{시료 성분의 이동 거리}}{\text{전개용매 선단(이동상)이 이동거리}}$$

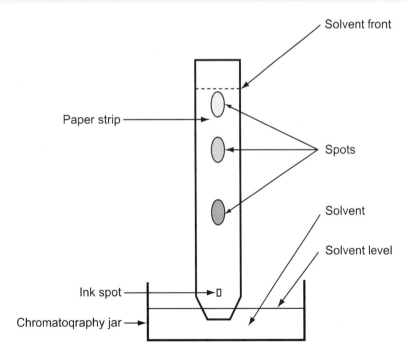

❖ 그림 6-1 Paper chromatography

(3) 추출액의 농축

시료 물질의 추출과 분리가 끝나면 각 분획을 농축하여 실험목적에 맞도록 사용하거나 보관하여야 한다. 일반적으로 각 분획을 농축하기 위하여 rotary evaporator를 사용하는데, 수용성 추출물의 경우 butanol을 첨가하여 농축하면 물과의 공비현상으로 낮은 온도에서 빨리 농축되며, 돌비현상(bumping)을 방지하는 효과도 있다.

2) 크로마토그래피(Chromatography)

적절한 이동상과 고정상(정지상)을 사용하여 시료들이 섞여 있는 혼합액의 이동 속도 차이를 이용하여 분리하는 방법을 크로마토그래피라고 하며 종이 크로마토그래피, 관크로마토그래피, 박편 크로마토그래피, 기체 크로마토그래피 및 액체 크로마토그래피가 있다.

크로마토그래피는 주로 주입상과 이동상과 흡착충진제인 고정상에 따라 분류하고, 이동상을 보통 먼저 표시하는데, 일반적으로 이동상만 표시하여 LC, GC라고 하며, 고정상이 고체인 경우에는 흡착형 크로마토그래피를 시행하고, 액체인 경우에는 분배형 크로마토그래피를 시행한다. 극성이 큰 고정상에서 극성이 작은 물질부터 용출시키는 것을 순상 크로마토그래피라고 하고 반대로 극성이 큰 물질부터 용출시키는 것을 역상 크로마토그래피라고 한다.

(1) TLC(Thin layer chromatography)

Silica gel을 얇게 입힌 유리판을 이용한 크로마토그래피를 TLC라 한다. 고정상인 silica gel의 표면이 극성을 띠고 있어 극성 물질이 결합하게 되는데, 극성이 큰 용매계 또는 산과 염기가 함유된 용매를 전개액으로 사용하여 전개한 후 발색시키는 정색 시약으로 확인한 후 정량한다.

(2) 기체 크로마토그래피(GC: Gas chromatography)

GC는 이동상으로 기체를 사용하는데, 고정상으로 고체흡착제만 사용하는 흡착형 기체-고체 크로마토그래피(GSC)와 흡착제에 액체 고정상을 흡착시켜 사용하는 분배형 기체-액체 크로마토그래피(GLC)가 있다. 일반적인 GC는 GLC를 말한다. GC는 정유를 비롯한 휘발성 물질의 분석에 이용되며, 비휘발성 물질의 경우는 휘발성 물질로 바꾸어 사용한다.

(3) 액체 크로마토그래피(LC: Liquid chromatography)

LC는 이동상을 액체로 사용하는 크로마토그래피이다. 일반적으로는 검체에 고압을 걸어 강제로 고정상에 통과시키므로 보통 HPLC(high performance liquid chromatography)라고 하며, 특히 높은 유량과 큰 column을 이용하여 1회에 다량의 시료 처리 능력을 갖는 HPLC를 preparative HPLC(분취-HPLC, prep-HPLC)라고 한다. HPLC는 보통 column chromatography용보다 미세하고 입자가 고른 충진제를 사용하므로 분석 시간이 단축된다. 근래에는 충전제가 발달되어 흡착·분배·이온교환 등, 기능이 다양해져서 미량 분석, 분리 동정, 순도 결정 및 분리 정량에 이용된다. HPLC를 이용한 분석은 일반적으로 가장 많이 사용하는 분석 방법으로 이동상 용매에 녹는 모든 비휘발성 물질을 분석하는 데 사용할 수 있다. 미량의 불순물에도 예민하므로 HPLC 전용 용매를 사용하여야 한다.

3) 시료의 분석

(1) 정성 분석(Quantitative analysis)

GC나 LC를 이용한 정성 분석은 기본적으로 목표 물질이 column 내 체류 시간(retention time)의 일치에 의하여 결정된다. 그러나 크로마토그램 결과의 한 peak가 반드시 특정의 한 물질이라고는 말할 수 없으며, 같은 체류 시간을 갖는 물질이라고 해서 반드시 동일 물질이라 할 수도 없다. 그러므로 분리 조건을 변경이나 특이적 검출반응 이용 및 유도체로의 변환하거나 분취하는 등, 다른 분석법을 이용하여 세밀하게 동정하여야 한다.

(2) 정량 분석(Qualitative analysis)

GC나 LC를 이용한 정량 분석은 다량의 대상 물질들을 비교적 신속 정확하게 정량할 수 있다. 정량법으로는 내부 표준법 · 절대 검량선법 · 표준 첨가법 등이 있는데, 내부 표준법이 가장 정확하다. 일반적으로는 크로마토그래피를 통하여 확인된 크로마토그램의 peak 면적 또는 peak 높이를 구하여 표준시료에 대한 검량선(檢量線, calibration curve)에 의하여 정량 분석한다.

제2절 약용식물의 품질평가

약용식물이나 허브차와 같은 일부 식용식물의 품질을 관리하기 위해서는 적절한 방법이 필요한데, 그 채취나 저장 · 관리 · 평가 방법은 약용식물의 품질평가에 준한다.

① 약용식물의 규격

약용식물도 하나의 상품이므로 크기 · 무게 · 연생 · 성분 등의 규격이 필요하다. 그러나 아직 이러한 규격화는 잘 이루어져 있지 않으며, 특히 지표성분 등의 약효적 규격화는 거의 되어 있지 않다.

1) 약용식물의 유효성분

동일한 약재일지라도 토질, 기후에 따라 약효가 다를 뿐만 아니라 재배 약초의 경우는 비료나 제초제의 종류 및 사용 횟수 등에 따라 품질과 안전성이 달라진다. 그러므로 지표성분이나 유효성분의 비교 평가가 시급하지만, 자연산은 물론 우리나라 농가에서 재배되는 약용작물도 공정상의 주요 성분이 제시되어 있는 경우는 많지 않다(표 6-1).

2) 약용식물의 주성분 및 약효성분

주요 약용식물의 주성분과 약효성분은 그 약용식물의 약리와 약효에 대한 구체적인 연구의 근거가 되는데, 몇몇 식물을 제외하고는 구체적인 보고가 이루어지고 있다(표 6-2).

3) 생약의 품질규격

대한약전에는 식물 유래의 생약이 418종에 이른다. 이들 중 주요 생약 30종의 품질 규격을 가늠하는 지표성분과 기준 함량은 다음과 같다(표 6-3).

| 표 6-1 | 주요 약용식물의 유효 성분   (다음 페이지에 계속)

생약명	주요 유효성분
강활	Coumarin류의 Oxypeucedanin, imperatorin 등
구기자	Betaine, zeaxanthin
길경	Platycodin류의 saponin
당귀	Pyranocoumarin류의 decursin, decursinol, decursinol angelate 등
두충	Lignan류의 (+)pinoresinol-di-β-D-glucoside 등
맥문동	Ophiopogonin류의 saponin, 단당류, oligo당류
목단피	Paeonol, paeoniflorin
반하	Ephedrine, araban계, homogentisic acid
방풍	Coumarin류의 psoralen, bergapten, omperatorin 등
백지	Coumarin류의 byakangelicin
산수유	Iridoid류의 loganin, morroniside 등
산약	Mucilage, dioscin, batatasin류
시호	Saikosaponin류
오미자	Lignan류의 schizandrin, gomisin 등
작약	Paeoniflorin, oxypaeoniflorin, albiflorin 등
지모	Sarsasapogenin, timosaponin류
지황	Iridoid류의 catalpol, leonuride, aucubin 등과 stachyose
천궁	Phthalide류의 ligustilide, cnidilide, senkyunolide 등

| 표 6-1 | 주요 약용식물의 유효 성분

생약명	주요 유효성분
택사	Triterpenoid류의 alisol, alisol monoacetate 등
패모	Alkaloid류의 fritilline, verticine 등
하수오	Anthraquinone류의 emodin, chrysophanol, rhein, physcion 등
향부자	Terpenoid류의 α-cyperone, cyperol, cyperene 등

| 표 6-2 | 주요 약용식물의 주성분과 약효성분 (다음 페이지에 계속)

구기자	cycloartanol, cycloartenol, 31-norcycloartenol, 31-norlanosterol, [1-O-β-D-glucopyranosyl-(2S,3R,4E,8Z)-2-N-palmitoyloctadecasphinga-4,8-dienine], 56[1-O-β-D-glucopyranosyl-(2S,3R,4E,8Z)-2-N-2'-hydroxy-palmitoyloctadecasphinga-4,8-dienine], zeaxanthine, A(6,7-epoxy-5,20-dihydroxy-1-oxowitha-2,24-dienolide), B(6,7-epoxy-5-hydroxy-1-oxowitha-2,24-dienolide), scopoletin, fagomine, kukoamine A, lyciumamide, diosgenin
길경	platycodin A · C · D · D$_2$ · D$_3$, deapioplatycodin-D$_2$ · D$_3$, polygalacin-D · D$_2$, 2"-O-acetylplatycodin D$_2$, 3"-O-acetylplatycodin D$_2$, 2"-O-acetylpolygalacin-D, 3"-O-acetylpolygalacin-D, platycoside A ~ E
당귀	decursin, decursinol, nodakenin, umbelliferone, imperatorin
더덕	norhaman, N_9-formylhaman, codonoside B
두충	aucubin, harpagide acetate, ajugoside, reptoside, ulmoside, eucommioside Ⅰ, geniposide 등 iridoid계, medioresinol di-O-β-D-glucopyranoside, olivil di-O-β-D-glucopyranoside, pinoresinol di-O-β-D-glucopyranoside, liriodendrin, syringaresinol -O-β-D-glucopyranoside, dehydrodiconiferyl alcohol di-O-β-D-glucopyranoside 등 lignan계
독활	kaempferol, quercetin, astragalin, 6"-acetylastragalin, hyperoside, trifolin, oleanolic acid 28-O-glucosyl ester, salsoloside C, adenosine, (-)-primara-8(14),15-diene-19-oic acid
맥문동	ruscogenin 3-O-α-rhamnoside, fucosyl-3-O-α-rhamnosylruscogenin, ruscogenin 1-O-α-rhamnosyl(1→2)-β-fucoside, dioscin, methyl protodioscin, ophiopogonin A ~ D · B' · C' · D' · Ls-10, cixi-ophiopogonin A · B, [(25S)-1-O-β-fucosyl-3-O-α-rhamnosyl-ruscogenin], borneol-O-β-glycoside, [borneol-O-β-apiofuranosyl(1→6)-β-glucoside], [borneol-7-O-α-L-arabinofuranosyl(1→6)-β-glucoside]
목단	Paeonol, Paeonoside, Paeonolide, apiopaeonolide 등 glycoside계, Paeoniflorin, benzoyl-oxypaeoniflorin, galloylpaeoniflorin 등 monoterpeneglycoside계, pentagalloyl glucose
반하	acetyl-soyacerebroside Ⅰ, soyacerebroside Ⅱ, digalactosyldilinoyl glycerol, 6-α-arabinosyl-8-β-galactosylapigenin, vanillic acid, *p*-hydroxybenzoic acid, *p*-coumaric acid, caffeic acid, ferulic acid, adenosine, thymidine

| 표 6-2 | 주요 약용식물의 주성분과 약효성분

산수유	loganin, sweroside, ursolic acid, sedoheptulose digallate
산 약	dioscin, batatasin Ⅲ · Ⅳ, batatasin Ⅰ 등 saponin류
시 호	saikosaponin A · B₁~B₄ · C · D · E · F, monoacetyl-saikosaponins, malonyl saikosaponin a · d, saikogenin D · F · G, nortrachekogenin, saikochromone A, sterol, linolic acid
오미자	schizandrin A~C, schizandrol A · B, schizantherin A~E, gomisin D~H, J, K₁~K₃, L₁, M₁, M₂, N, O, R, S, T, α-, β-chamigrene, chamigrenal, sesquicarene
작 약	Paeoniflorin, albiflorin, oxypaeoniflorin, benzoylpaeoniflorin, paeonilactone A · B · C, lactiflorin, benzoic acid, gallotannin
지 모	anemarrhenasaponin Ⅰ~Ⅳ, Ⅰa, timosaponin A-Ⅰ~A-Ⅳ, E₁·E₂·F·G, anemarsaponin B·C·E·F·G, mangiferin, isomangiferin, 7-O-glucosylmangiferin
패 모	peimine, peiminine, zhebeinine 등 alkaloid계, *ent*-kauran-16,17-diol,isopimaric acid 등 diterpenoid계, zhebeiresinol, β-chaconine
택 사	alisol A · B, monoacetate, alisol C monoacetate, epi-alisol A 등 triterpenoid계, alismol, alismoxide 등 sesquiterpenoid계
황 기	astragaloside Ⅰ~Ⅷ, astramembrannin Ⅰ·Ⅱ, calycosin, formononetin, astragalan Ⅰ·Ⅱ·Ⅲ, AG-1·2 등 glucan계

| 표 6-3 | 생약의 지표성분과 규격함량   (다음 페이지에 계속)

생약명	지표성분	규격함량	생약명	지표성분	규격함량
감초	glycyrrhizin acid	2.0%이상	갈근	puerarin	2.0% 이상
개자	allyl isothiocyanate	0.6%이상	건강	6-zingerol	0.4% 이상
계피	cinnamic acid	0.03%이상	구기자	betaine	0.5% 이상
다투라	hyoscyamine	0.25% 이상	도인	amygdalin	0.5% 이상
마황	ephedrine, pseudophedrine	0.7% 이상	목단피	paeonol	1.0% 이상
백부자	aconitine	0.3% 이상	백작약	paeoniflorin	2.0% 이상
산수유	loganin	0.5% 이상	석류피	pelletierine, methyl pelletierine	0.4% 이상
숙지항	5-hydroxymethyl -2-furaldehyde	0.1% 이상	시호	saikosaponin	0.3% 이상
아마인	불휘발성 에텔엑스	30.0% 이상	아편가루	morphine	9.5~10.5%
오두	aconitine	0.5% 이상	용뇌	isoborneol	94.1% 이상

| 표 6-3 | 생약의 지표성분과 규격함량

생약명	지표성분	규격함량	생약명	지표성분	규격함량
정제부자	benzoylaconine	0.33% 이상	지실	poncirin	2.0% 이상
진피	hesperidin	4.0% 이상	초오	aconitine	0.5% 이상
토근	emetine, cephaeline	2.0% 이상	행인	amygdalin	3.0% 이상
황금	baicalin	10.0% 이상	황련	berberine	4.2% 이상
황백	berberine	0.6% 이상	후박	magnolol	0.8% 이상

② 약재의 채취와 가공

가장 약효가 좋은 상태의 약초를 얻기 위해서는 약초의 채취 부위, 채취 시기 및 선별이 중요하며, 선별한 약재는 가장 유효한 약효를 얻을 수 있도록 처방 목적에 맞게 가공, 보관하여야한다.

1) 약재의 채취

약재는 원칙적으로 야생에서 채취하는 것이 약성이 좋으나 근래에는 재배하는 약재가 많아지고 있다. 약초는 먼저 형태적으로 크기, 모양 등에 있어서 전형적인 것을 채취하여야 하며 약초에 따라서는 연령 등을 고려하여 약성이 좋은 것을 채취하도록 한다. 약초는 그 약용 부위와 용도가 각기 다르며, 채취하는 시기에 따라 약효와 유효성분 함량에도 차이가 많이 나기 때문에 약초를 채취하는 일은 단순하지가 않다.

(1) 약재의 채취 시기

제대로 약효를 지닌 약초를 얻기 위해서는 그 채집 시기가 중요하다. 약초의 약효는 유전적 소인과 함께 약효 성분의 유전적 발현이 약초의 종류·약초 부위·발달 정도 등에 따라 다르게 나타나기 때문이다.

그러므로 새 순에 유효 성분이 있는 경우는 이른 봄이 적당하지만 일반적으로는 뿌리·줄기·잎 등은 봄에서 여름 사이에는 약성이 부족하다. 꽃은 계절에 관계없이 활짝 피기 전에 채취하는 것이 좋다. 성숙한 잎은 9 ~ 10월 사이로 유효성분이 최고조인 휴면 준비 직전이 좋으며, 가지나 수피 및 뿌리의 경우는 잎의 성분이 분해되어 저장되는 시기가 좋다. 따라서 가지나 수피의 경우는 10 ~ 12월 경이 좋으며, 뿌리는 이보다 조금 늦은 11 ~ 12월 사이가 좋다. 수피의 경우 4 ~ 6월 경 껍질이 잘 벗겨지는 때 채취하며 열매의 경우는 계절에 관계 없이 열매가 완전히 익기 직전이 좋다.

(2) 약재의 선별

자연산을 선택해야 하나 자연산이 없을 경우 유기농법에 의한 무공해로 재배한 환경 친화적인 것이 좋다. 그리고 같은 것이라 하더라도 적절한 시기에 채취한 것이어야 하며, 상하거나 부패한 것은 피하여야 한다. 화학 비료나 농약을 주어 재배한 약재를 엑기스로 만든 경우는 위험한 화학 성분이 농축되어 있기가 쉽다.

까맣게 태우는 민간약류는 자기가 직접 만드는 것이 좋으나 그 방법이 까다로운 것이 많으므로 구매하는 경우 약재의 원형이 남아 있는 것을 택하는 것이 좋다.

2) 약재의 1차가공

산지에서 채취한 약재의 품질을 유지하면서 운반이 편리하고 오랫동안 보관할 수 있도록 산지에서 신속히 처리하는 것을 산지 가공 또는 1차가공이라고 한다.

(1) 1차가공의 단계

① 세척 : 광물성 협잡물을 제거하기 위하여 뿌리나 근경을 물로 세척하면 산불용성 회분이 뚜렷이 감소된다. 그러나 약재를 너무 오래 물에 담가 두면 유효성분이 감소하므로 찬물로 가급적 신속히 세척하도록 한다. 특히 원지와 같이 물에 잘 용해되는 사포닌을 함유하였거나 용담(초룡담)과 같이 고미 성분이 들어 있는 약재는 세척하지 않고 흙만 잘 털어 건조시킨다.

② 제피 및 잔뿌리 다듬기 : 껍질을 제거하고 잔뿌리는 일정 규격으로 자른다. 점액질이나 전분이 많이 함유되어 있는 약재는 세척한 다음 증기로 쪄서 변질과 성분 변화를 막는다. 백지·산약·백삼 등과 같이 껍질에 약성분을 감소시키는 효소 같은 물질이 있는 약재는 채취 즉시 껍질을 벗겨 건조시켜야 한다.

③ 건조 : 약재를 건조하는 방법에는 태양 볕을 직접 이용하는 양건과 그늘에서 말리는 음건이 있다. 양건은 태양빛에 변질되지 않는 뿌리나 근경, 열매의 건조에 사용되며 일반적으로 휘발성 정유나 햇볕에 변질되기 쉬운 특정 성분이 함유된 것 외에는 양건을 사용한다. 음건은 통풍이 잘 되는 서늘한 그늘에서 건조시키는 방법으로 정유나 배당체가 함유된 약재를 건조시킬 때 사용된다. 근래에는 가온하는 건조 장치들을 사용하거나 진공건조 방법도 사용한다 (표 6-4).

(2) 약재의 보관

생물 약재는 기본적으로 미생물과 해충이 범하지 않도록 바람이 잘 통하는 곳에 종이 봉지에 담아 매달아 보관한다. 약초를 말리면 뿌리는 5/7, 껍질은 3/5, 잎은 7/9, 꽃은 4/5 정도 무게가 감소하므로 마르는 정도를 살펴서 건조 보관한다. 잎이나 꽃은 너무 건조하여 바삭바삭하게 되지 않도록 한다.

| 표 6-4 | 약재의 건조 조건

약 재	적정 온도	비 고
휘발성 물질 함유 액재	25 ~ 30°C 이하	음건
정유 함유 약재	30 ~ 40°C	음건
배당체 및 알칼로이드 함유 약재	50 ~ 60°C	양건 또는 음건
비타민류 함유 약재	70 ~ 80°C 이하	양건

3) 약재의 2차가공

산지에서 1차가공한 약재를 정교히 이물질을 제거하고 한약의 조제와 가공 목적에 맞도록 가공하는 것을 2차가공 또는 법제라고 한다.

(1) 법제의 정의

법제(法制)란 약재 효과를 최적화하기 위하여 1차가공한 약재를 적절히 가공하는 것으로 포제(炮制) 또는 수치(修治)라고도 한다. 궁극적으로 법제란 약재의 정선과 보관을 용이하게 하고 용도에 맞도록 약재의 성질을 변화시켜 적절한 약효를 발휘하도록 가공하는 일체의 과정이다.

(2) 법제의 목적

법제의 목적은 무엇보다 1차가공과 유통에서 생기는 약재의 불순물을 제거하고 청결하게 하는 데 있다. 또한 약재의 악취를 제거하고 복용을 편리하게 하며, 약재의 독성·강자극·부작용 등을 없애고 약효를 증강시키며 약성을 변화시키는 데 있다. 또한 법제를 통하여 수분 함량을 줄이고 약성성분의 분해효소를 감소시켜 장기보관이 가능하기 때문이다. 이밖에 약재를 분말화하거나 유효성분을 추출하여 사용 방법을 다양화하는 데 있다.

(3) 법제의 전처리

① 불순물 제거 : 약재를 산지 가공할 때 불순물을 없애기는 하였으나 약을 조제 또는 제제하기 전에 다시 한 번 불순물을 제거한다. 불순물을 제거하기 위하여 풍구·자석 등을 쓰기도 하며, 약재에 붙어 있는 불순물을 없애기 위해서는 물로 깨끗이 씻은 후, 약재에 붙어 있는 동·식물의 다른 기관 또는 조직을 정리한다.
② 절단(자르기) : 산지 가공을 거친 약재를 다시 법제·조제·제제하기 위하여 일정한 규격으로 자르거나 짓찧어 보관이 용이하게 하고, 또 약효가 일정한 약을 제제할 수 있도록 하여야 한다. 약재를 자르는 규격은 약재의 구조 및 유효성분의 물리화학적 성질에 따라 다르다. 약재의 질이 단단한 뿌리·근경·열매와 같은 약재는 1 ~ 2mm 정도의 얇은 절편으로 자르고 유효성분이 잘 추출되거나 얇게 자르면 부서지기 쉬운 약재는 3 ~ 5mm의 두께로 자른다.

수피 약재, 잎 약재는 2 ~ 4mm의 너비로 자르고 옹근풀·가는 가지·가는 뿌리 약재는 5
~ 10mm의 길이로 자른다. 인삼·도라지·감초·만삼·더덕 등, 일부 큰 뿌리의 약재는 습
관상 길이 방향에서 45° 정도 빗겨 자른다.

약재를 자르기 위하여서는 적당히 습기가 있어야 되는데 약재에 습기를 주기 위하여 우선
약재를 물에 30 ~ 60분 담그고 질이 특별히 굳은 약재는 1 ~ 3일간 담근다. 약재를 물에 담
그는 시간은 될수록 짧게 하여 유효성분을 잃지 않도록 한다.

③ **파쇄(짓찧기)** : 광물성 약재, 동물의 뼈, 조개 껍질 등은 질이 굳으므로 자르지 않고 짓찧어,
직경 2 ~ 3mm 정도의 알갱이가 되도록 만든다. 또한 질이 굳고 잘 깨지는 근경·괴경·괴
근·열매·씨 약재는 짓찧어 체로 쳐서 일정한 크기로 만들어야 한다. 씨는 작은 것이라도
찧어서 껍질을 제거해야 유효성분 추출이 잘 된다.

약재를 분말로 만들 때에는 우선 약재를 자르거나 찧어서 작은 조각으로 만든 다음, 절구
나 기계를 이용하여 분쇄한 후 일정한 규격의 채로 내린다. 물에 풀리지 않는 광물 약재를
미세한 분말로 만들 때는 수비법을 쓰기도 한다.

④ **수침(물에 담그기)** : 약재를 보통 온도의 물에 담그는 것은 유독한 성분 또는 필요 없는 성분
을 제거하기 위한 것으로 하루 세 번 정도 물을 갈아 준다. 약재를 끓는 물에 담그는 경우는
살구씨·복숭아씨 등과 같은 씨 약재에서 껍질을 벗길 때 흔히 쓰는데, 씨를 끓는 물에 5분
정도 담갔다가 꺼내어 탈피기로 껍질을 벗긴다. 때로는 약재를 술·식초·쌀뜨물·약즙 등
에 담그는 경우도 있다.

③ **본초의 법제**

약재를 법제하면 불순물이 제거되고 청결하게 되며, 약재를 복용하기 편리하게 할 뿐만 아니라
약재의 불필요한 성질을 제거되고 약효를 증강되는 등, 약성이 목적에 맞도록 변화된다. 약재를
법제하는 방법에는 약재의 성격에 따라 화제(火製)·수제(水製)·수화공제(水火共製)가 있다.

1) 법제시 약재의 성분 변화

약재를 법제할 경유 약성이 변화하는 경우가 있는데, 수제의 경우 수용성 물질들이 추출되어 제
거되기도 한다. 특히 열을 가하는 화제의 경우는 약재의 여러 가지 성분들이 변화되기도 하므로
이러한 수제와 화제를 적절히 응용하면 약재의 성분을 적절히 감소시킬 수도 있고 변화시킬 수
도 있다.

(1) 알칼로이드의 변화

대표적인 알칼로이드인 아코니틴이 들어 있는 약재의 경우 약재를 물에 7 ~ 10일간 담가두면 많
은 아코니틴이 물에 용출되어 약재의 독성이 약해진다. 또한 가열처리하면 아코니틴이 독성이

적은 아코닌으로 분해된다.

약재를 식초로 처리하면 알칼로이드가 염을 형성하여 약리효과가 증가되기도 하며, 때로는 유효성분이 분해되어 약효가 감소되기도 한다.

(2) 배당체의 변화

배당체는 약재를 오랜 기간 법제하면 배당체가 추출되어 제거되거나 효소의 작용에 의하여 배당체가 분해될 수 있다. 반면에 껍질에 유효 배당체 분해 효소가 있는 경우 약재를 가열처리하면 효소가 파괴되어 배당체의 분해를 막을 수 있다.

(3) 소화효소의 변화

일부 약재는 전분·단백질·기름 등을 분해하는 효소가 들어 있어서 이런 약재를 가열처리하면 효소가 파괴되어 소화작용을 잃는다. 엿기름의 경우 누렇게 볶는 정도는 관계 없으나 더 심하게 볶으면 전분 분해효소인 아밀라제가 파괴되어 효소기능을 잃게 된다.

(4) 정유의 변화

정유는 낮은 온도에서도 공기 중에 잘 분산되지만 가열하면 더욱 증가되어 유효 성분이 소실되므로 백지와 같이 정유가 많이 포함되어 있는 약재는 화제로 처리하면 정유 함량이 낮아진다. 또한 물리·화학적 성질도 변화하는데, 일반적으로 정유를 화제 처리하면 정유의 색이 진해지고 굴절율이 커지며, 약리작용도 달라지기도 한다.

(5) 탄닌의 변화

탄닌은 약재의 유효 성분과 결합하여 불용성염을 만들기도 하지만 수렴작용을 하기도 한다. 탄닌은 물에 잘 용해되므로 수제에 의하여 조절할 수 있다. 화제(火製)의 경우 탄닌이 들어 있는 약재를 $180 \sim 200°C$로 가열하면 피로카롤이나 카테콜로 분해되나, 약재를 그보다 낮은 온도로 가열 처리하면 크게 함량 변화가 생기지 않는다.

한편 탄닌은 철과 화학반응을 일으켜 탄닌철을 형성하므로 녹차나 허브차를 마실 때에는 철제 용기를 사용하지 않도록 하여야 한다.

(6) 유기산의 변화

유기산이 들어 있는 약재를 화제 처리하면 휘발성 유기산은 증발되고, 일부 유기산은 파괴된다. 또한 일반적으로 저분자의 유기산은 물에 잘 용해되기 때문에 약재를 물에 오래 담가 두면 함량이 감소된다.

(7) 무기염류

분자 내에 결정수를 가지고 있는 석고·백반·붕사·망초와 같은 무기염류 약재는 화제하면 결정수를 잃어 조해성이나 풍해성을 잃는다. 또한 어떤 무기염류 약재는 가열처리하면 산화되며, 일부 금속산화물은 뻘겋게 달구어 식초에 담그면 식초산염을 만들기도 한다.

2) 법제의 방법

(1) 수제(水製)

수제는 약재를 물을 이용하여 법제하는 것으로 먼저 물로 세척하여 흙이나 모래, 불순물, 염분 및 그 밖의 것들을 제거하고 약재를 유연하게 한다. 수제의 경우에는 광물약재의 약성을 감소시키고, 유효성분이 손실되므로 적절히 조절하여야 한다.

① 씻기(세제: 洗濟)

약재에 붙어 있는 흙이나 불순물을 물로 씻어 내는 것으로 뿌리나 근경 등, 지하부를 사용하는 시호·승마·당귀 등에 필요하나 방향성 뿌리 약재는 주의를 요한다.

② 담그기(침제: 浸濟)

약재를 탕(湯)·수(水)·주(酒)·초(醋)·염수(鹽水)·미감즙(米泔汁)·동뇨(童尿) 등의 즙액에 3~10일간 담가 두어 조열(燥烈)한 성질을 없앤다. 담그기를 하는 약재에는 향부자·천궁·행인·도인·오수유 등이 있다.

③ 데치기(포제: 泡濟)

약재를 데치거나 삶는 것으로 약재의 매운 성질을 제거하는 수제법이다. 데치기를 하는 약재에는 오수유·마황 등이 있다.

(2) 화제(火製)

화제는 약재에 열을 가하여 법제하는 방법으로 약재의 찬 성질이 약해지고 독성·자극·부작용·효소 등의 성분이 파괴되며 수분의 함량이 낮아진다. 또한 뿔·뼈·광물성 등의 약재는 잘 부스러져 분말하기 쉽게 된다. 화제는 화력의 강약·온도의 고저·시간의 장단·적정 보료(輔料)의 첨가 등이 중요하다. 약재의 특정 성분 제거, 방향성 기미 증가(백출·맥아·초황·산사·초흑 등), 유효성분의 전출 및 분해 방지와 저장에 사용한다.

① 볶기(초제: 炒濟)

약을 법제 가마 속에 넣어 황색 내지 흑색이 되도록 적절히 볶는 법제 방법으로 약재를 고르게 썰어야만 볶기에 편하다. 주로 결명자·백작약·건강·치자·백출·지실 등과 같은 방향성 약제에 사용한다. 우리나라 하동의 부초차 제다법의 기본이다.

② 굽기(경제: 炙濟)

약을 불 위에 올려 놓고 화기를 쬐여서 굽는 법제 방법이다. 약의 중화(中和)시키는 방법으로 감초·황기·녹용 등에 적용한다.

③ 달구기(단제: 煆濟)

비교적 높은 온도(200~700℃)로 가열하는 법제 방법이다. 광물성 약재나 조개껍질을 법제하는 방법으로 약재가 벌겋게 될 때까지 가열하여 가루로 빻기 쉽게 하여 유효성분이 잘 추출되도록 한다.

④ 그슬리기(외제: 煨濟)

약재의 조성(燥性)을 제거하기 위하여 약재를 잿속에 넣어 익히는 법제 방법이다. 생강·부자·가자 등에 적용한다.

(3) 수화공제(水火共製)

수제와 화제의 방법을 함께 응용한 방법이다. 증제(蒸製) 단계를 따라 끓이고 달이고 불을 때고 담금질하는 과정에서 적절한 보료의 양과 적절한 처리 시간 조절이 중요하다.

① 찌기(증제: 蒸濟)

약재를 액체 보조 재료인 술·꿀·식초·콩물·약즙·물 등에 담갔다가 시루나 가마에 넣고 찌는 법제 방법이다. 지황·대황·산약·토사자·황정 등에 적용하며 우리나라 보성의 증제차의 기본 제다법이다.

② 삶기(자제: 煮濟)

약재를 물에 식초·생강즙 등의 보조재를 함께 넣고 삶는 법제 방법이다. 약재의 독성을 제거하기 위한 방법으로 천남성·부자·반하·견우자 등의 약재에 적용한다.

③ 쬐기(배제: 焙濟)

불에 쬐어 말리거나 석쇠 위에 종이를 놓고 그 위에서 말리는 법제 방법이다.

④ 싸서 굽기(포제: 炮)

특히 독성이 강한 약재를 비교적 높은 온도로 가열하여 독성분을 분해하여 독성을 약하게 하는 법제 방법으로 습지 또는 습포에 약재를 넣고 뜨거운 잿속에 묻어 굽는다. 부자·천남성 등의 독성 약재에 적용한다.

⑤ 달이기(전제: 煎濟)

약주전자에서 달여서 즙액을 농축시켜 약성에 알맞은 적정한 농도로 만드는 법제 방법으로 일반 탕제에 해당한다.

④ 약물의 제형(濟形)

약물의 사용 목적에 따라 보관이나 섭취를 위하여 여러 형태로 가공하는 것을 제형이라고 한다. 한약의 경우는 보통 탕약·환약·산제·고약이 보편적이다.

1) 약 달이기

(1) 용기

옹기 약탕기가 이상적이나 불가피할 경우는 범랑이나 유리 용기를 사용한다. 쇠·구리 등의 금속 재질은 약 성분과 화학작용을 일으켜 약효에 영향을 미친다.

(2) 물

약을 달이는 데 사용하는 물은 깨끗한 생수가 좋다. 옛날에는 새벽 샘에서 새로 떠 온 정화수나 우물에서 새로 길어 온 한천수(寒泉水)를 으뜸으로 쳤으며, 33가지의 물을 약의 쓰임새에 따라 사용한다고 하였다. 보통은 정수기 물이나 먹는 샘물을 이용하면 무난하다.

(3) 불

사(瀉)하는 약재는 대부분 방향성이기 때문에 적은 물에 강한 불로 신속히 달여서 30~40% 정도 달이며, 보(補)하는 약은 약한 불로 천천히 달이는 것이 원칙이다. 보약의 경우는 약한 불로 여러 시간 다려 1/3~2/5 분량이 되도록 한다.

(4) 달이기

약의 종류에 따라 물의 양과 불의 강도 및 다리는 시간을 조절하여야 한다. 사프란, 복수초, 은방울꽃 등, 침제(沈劑)로 쓰는 방향성 약재는 너무 오래 달여선 안 되므로 처음부터 더운 물에 넣어 약 5분간 끓인 후 식혀서 복용한다.

(5) 복용량

보통 하루 분량을 450ml(3홉 정도)로 하여 1회에 150ml(1홉) 정도 복용하도록 한다. 소화가 힘든 사람이나 부종이 있는 사람은 이보다 양을 적게 하도록 한다. 달인 약은 대부분 따뜻하게 해서 복용하는 것이 원칙이다. 작용이 강하거나 독성이 있는 약재는 먼저 소량을 복용해 본 후에 점차 용량을 늘이며 역효과가 나타나면 바로 중지해야 한다. 어린이 환자는 조금씩 여러 차례 나누어 먹이도록 한다.

(6) 복용 시간

약의 복용시간은 증세나 병 부위에 따라 보통 식전, 식후로 나눈다. 신농본초경은 병이 가슴보다 위에 있으면 식후에, 병이 복부보다 아래에 있으면 식전에 약을 복용하라고 했고, 호가 포박자(抱朴子)인 중국 진(晉)의 갈홍(葛洪)은 병약은 식전에, 보약은 식후에 복용하라고 하였다. 일반적으로는 흡수가 잘 되도록 식전에 복용하되 위에 자극을 줄 수 있는 약은 식후에 복용하는 것이 좋다.

2) 한약의 제제

약물의 형태는 약물의 성질·효과·병증의 부위·병증의 특징에 따라 제형이 결정된다. 물약에는 탕제·약술·증류액이 있으며, 가루약에는 산(散)·회(灰)·분(粉)이, 덩어리로 된 덩이약에는 환(丸)·단(丹)·정(錠)이 있다.

(1) 탕제(湯劑)

물이나 술, 또는 물과 술을 반씩 섞은 용액에 약재를 담근 후, 일정 시간 가열한 액체제형이다. 시간은 30분~60분 정도로 적절한 양의 물과 화력이 요구된다. 유효성분이 잘 추출되며 흡수가 쉬워 급한 병이나 소화력이 약한 환자에 적합하다.

(2) 환제(丸劑)

약재를 분쇄한 분말을 보료에 섞어 만든 구형의 고체 제형이다. 보료는 소화 흡수가 용이한 것이어야 하며, 약재량과 보료량이 적정 비율이어야 한다. 환제를 만드는 기기는 위생적이어야 하며, 기계적으로 중금속이나 마모된 쇳가루가 섞이지 않아야 한다. 환제는 흡수 속도가 비교적 느려서 지효성 처방으로 사용되는데, 탕제시 약효가 감소하는 사향·우황 등은 액제 대신 이 환제가 더 유용하게 사용된다. 그러나 응급으로 복용하는 우황청심환은 속효성 환제이다.

(3) 산제(散劑)

약재를 가루로 빻아서 만드는 가루약으로 내복약과 외용약의 두 종류가 있다. 약재를 분쇄하는 기기가 위생적이어야 하며, 제조 과정 중에서 약효가 손실되지 않도록 하여야 한다. 혼합산제의 경우는 개별 약재를 각각 가루로 만든 다음 처방 비율에 따라 혼합한다.

(4) 고제(膏劑)

내복하는 고제와 외용하는 고제가 있는데, 외용하는 고제를 고약이라고 한다. 약물을 물이나 식물성 기름으로 농축한 다음 설탕이나 꿀을 넣어서 항상 무르고 부드럽도록 만든 반고형성 제형이다.

(5) 엑기스

액상의 추출물을 뭉긋한 불에 오래 달여 조청처럼 만든 제형이다. 엑기스는 오랜 기간이 지나도 쉽게 부패되지 않으므로 주로 식물로 약을 만들어 오래 보관해 두고 복용하고자 할 때 만드는 제형이다. 보관은 유리 제품에 담아 냉암소에 보관하여 사용한다.

(6) 기타

이밖의 제제에는 단제(丹劑)·주제(酒劑)·약로(藥露)·다제(茶劑) 등이 있는데, 모두 적절한 보료와의 적정 비율을 지켜야 한다. 모두 제조시에 중금속 오염과 위생에 유의하여야 한다.

⑤ 약재의 저장과 관리

대부분의 경우 약재는 일정한 기간 동안 보관하였다가 공급된다. 그러므로 잘못 보관되거나 저장되면 질이 저하되거나 변질되므로 약재의 저장과 관리가 매우 중요하다.

1) 약재의 품질 저하 방지

약재는 일반적으로 년 1회 수확하여 필요할 때 사용하게 되므로 약재의 품질을 저하시키지 않고 안정한 상태로 보관할 수 있어야 한다.

(1) 전형 약재의 구입

약재는 가공 전보다 분말이나 잘게 절단한 것은 품질이 변하기 쉽다. 그러므로 약재는 약재의 형태가 그대로 있는 전형(全形)의 것으로 구입하여 보관하고, 필요할 때 필요한 만큼 절단하여 용도에 맞게 사용하도록 한다.

(2) 보관 조건의 유지

약재 보관시 온도·습도·빛 등의 물리적 환경 요소가 품질에 영향을 준다. 그러므로 약재는 저온·저습·암소 조건에서 보관, 관리하여야 한다. 또한 곤충이나 곰팡이에 의해서 질이 더 나빠질 수 있는데, 이것 역시 보관 조건에 따라 방지할 수 있다. 그러므로 약재는 이러한 물리적 요소와 생물학적 요인을 제어할 수 있는 조건을 유지하는 것이 중요하다.

2) 약재의 포장과 저장

약재의 보관 중에 변질되면 안 되므로 약재의 포장은 유통과 관리 및 저장에 매우 중요하다. 특히 장기 보관시에는 무엇보다 약재들이 변질되지 않도록 물리적·생물학적 환경이 갖추어져야 한다.

(1) 약재의 포장

포장(packing)은 현재 시장에서 통용되고 있는 기준에 따라 표준화·규격화·기계화에 노력해야 한다. 또한 약재의 형태와 종류 및 성질에 따라 적절한 포장 재료와 포장 방법을 선택하여야 한다.

① 화·엽초류 약재 : 재질이 얇은 꽃이나 잎 종류의 약재는 부서지지 않도록 하여 통풍이 잘 되도록 하여 압착한 괴(塊), 포대, 상자 등에 각 생약의 특징을 고려하여 포장한다.
② 분말 형태의 약재 : 해금사나 포황 같은 분말 약재는 종이나 통기성 있는 재질로 포장한다.
③ 작은 과립 형태 : 차전자나 청상자 같이 매우 작은 과립 형태의 약재는 아주 세밀하게 직조된 마대나 종이로 포장한다.
④ 흡습성 약재 : 생지황, 망초, 황정 등과 같이 흡습성이 강한 약재는 화학섬유 재질의 포장을 사용하면 흡습하여 용해, 변질되기 쉬우므로 피하도록 한다.
⑤ 액체 약재 : 굴·향유·소합과 같은 액성 약재는 도자기·유리병·금속통 등에 넣고 뚜껑을 하여 흘러나오지 않도록 한다.
⑥ 휘발성 약재 : 정유와 같은 휘발성 약재는 도자기·유리병·금속통 등의 용기로 밀폐하여 휘발성 물질이 휘산되지 않도록 한다.

(2) 약재의 저장

① 방습 및 통풍 : 약재에 습기가 많으면 성분 변화가 일어나고 곰팡이나 부패균이 침범하기 쉽다. 또한 약재가 30% 이상의 수분을 갖게 되면 유효성분을 변질시키는 효소의 활성이 증가하게 되고 곰팡이가 발생하기 쉽다. 특히 홍화·금은화·용담초·형개·소엽·세신 등은 완전 건조시켜야 한다. 생지황·숙지황·대추·구기자·오미자 등은 수분 함량이 많아 발열하여 변질되기 쉽다. 벽이나 바닥으로부터 포장된 약재를 일정 간격으로 띄어 놓은 것도 습기로부터 약재를 보호하는 방법이다.

약재를 보관하는 창고는 방습을 위하여 특히 통풍에 유의하여야 한다. 창고 안의 온도가 낮고 바깥 온도가 높을 때 환기시키면 오히려 상대 습도가 높아질 수 있으므로 창고 안의 습도와 온도가 바깥보다도 높은 경우에만 통풍하는 것이 좋다.

그러므로 장마철에는 맑은 날, 겨울철에는 맑은 날 오전을 택하여 통풍시키는 것이 좋고, 비 오는 날이나 비 개인 다음 날에는 통풍을 하지 말아야 한다. 특히, 봄철에는 겨울 동안 찬 상태의 약재에 이슬 같은 물방울이 맺혀 곰팡이류가 번식하기 쉽다. 필요하면 제습제나 제습기를 사용한다.
② 온도 : 일반적인 약재와는 달리 온도의 직접적인 영향을 받는 목단피·목향과 같은 정유 성분을 함유한 생약이다. 온도 상승은 정유 성분을 변질시키는 효소를 활성화시키며, 보관 용기나 약재 보관 시설 내부의 습도 변화에 영향을 미친다. 곰팡이 포자나 곤충의 알은 일반적으로 10°C 이하에서는 억제되므로 약재는 가급적 저온에 저장하는 것이 좋다.

③ 차광 : 생약류는 일반적으로 차광하여 저장해야 한다. 특히 식물색소를 함유한 거의 모든 생약은 일광에 의해 변색되거나 유효성분이 변화되므로 포장이나 보관 시설의 차광이 필요하다. 특히 홍화, 자초, 디지탈리스 등은 광선에 의하여 변질되기 쉽다.

④ 충해 : 약재를 장기 보관하는 경우 좀벌레나 진드기 같은 해충의 해를 받기 쉽다. 충해를 방지하기 위해서는 저장 창고의 실내를 완전 건조시키고, 통풍이 잘 되게 하며, 일광을 차단하고, 저온이 유지되도록 한다. CS_2, CCl_4, chloroform 등의 살충제가 이용되지만 약재의 안전성이 우선되어야 한다.

⑤ 방매(放霉) : 약재에 곰팡이류나 세균류가 발생하는 것을 방매(放霉)라고 한다. 약재의 수분과 유기물이 이들 곰팡이류나 세균의 번식 조건이 되므로 약재의 청결은 물론 토양·공기·거름·사람의 손 등에서의 오염원을 차단하며 포장용기와 창고 안의 청결이 중요하다.

⑥ 재적재(再積載) : 장기간 약재를 보관할 경우에는 포장하여 쌓아 놓은 약재를 가끔 바꾸어 쌓기를 하여야 한다. 한약재를 장기간 한 곳에 쌓아 두면 그 안에서 자체적으로 열이 발생하여 변질될 수도 있기 때문이다. 위쪽의 것은 아래쪽으로, 안에 있던 것은 겉쪽으로 쌓는다. 특히 밑바닥이 위보다 습기가 더 찰 수가 있기 때문에 유의하여야 한다.

3) 약재의 변질 방지

약재의 변질을 막아 안전하게 보관하는 방법에는 밀봉 건조시키는 전통적인 방법과 유황 훈증이나 가스 충진 등의 방법이 있다.

(1) 건조법(乾燥法)

가장 일반적인 약재 보관 방법으로 약재를 말려서 보관하는 방법이다. 일반적인 약재는 건저한 날 햇볕에 말리는데, 백자인은 강렬한 햇볕 아래 2~3시간 방치하였다가 특수하게 식힌 후 재포장 한다. 범유하기 쉬운 약재는 곤충류를 제외하고는 모두 그늘에서 말린다. 맥문동·회우슬 등은 음건하는데, 얇게 펴서 균등하게 하며 볕에서는 뒤집지 않는 게 좋다. 또한 비교적 물기가 많은 열매나 알뿌리 등은 건조기를 이용하여 건조시키기도 하는데, 수분 함량 13% 이내, 온도 24℃ 이하에서 즉시 포장한다.

건조법은 가장 간편하고 효과적인 저장 방법으로 일단 건조시킨 것은 약재를 비닐 봉지에 넣어 입구를 단단히 묶어 밀폐하여 상자에 재포장하면 좋다.

(2) 밀봉법(密封法)

변색하기 쉬운 화류약재나 홍화·금은화·괴화 외의 일반적 약재는 대부분 밀봉법으로 저장하면 흡습이나 변색을 방지할 수 있다. 필히 밀봉하기 전에 1차 훈증을 실시하며, 특히 범유하기 쉬운 동물류 약재는 모두 밀봉하며, 특수한 기미(氣味)가 있는 마늘·화초·장뇌분 등은 적당량 용기에 함께 저장하면 해충 방지 효과도 있다.

(3) 흡조법(吸潮法)

약재의 수분을 흡입하여 보관하는 방법이다. 밀봉실 내에서 흡습할 때는 흡습기, 염화칼륨, 생석회 등을 이용하며, 화류 약재 중에 국화·장미화·월계화·괴화를 비롯하여 구기자·천문동·맥문동·육두구·회우슬 및 동물류 약재류까지 거의 모든 약재에 적용할 수 있다. 생석회를 사용하는 경우는 생석회 가루가 약재에 달라붙지 않도록 주의한다.

(4) 홍고법(洪烤法)

습해진 약재를 적당한 열로 말리는 것을 홍고법이라고 한다. 변색하기 쉬운 매화·홍차 등이나 백출·천문동·비자·백과 등이 습해지면 모두 홍고법을 이용하여 말려 둔다. 해구신과 수달간 외의 동물류는 홍고법이 적합하다. 열로 말릴 때는 꽃이나 잎을 넓게 골고루 펴서 화력이 세지 않게 하여 단시간에 처리하여야 하며, 불필요한 강한 화력은 약재를 태우기 쉬우므로 적합치 않다.

(5) 열증법(熱蒸法)

시루에 쪄서 보관하는 방법이다. 황정·백과 등은 쪄서 보관하면 살충도 겸해지며, 비교적 변질도 되지 않을 뿐만 아니라 약효를 상승시킨다.

(6) 초구법(炒鉤法)

약재를 약한 불에서 볶는 것을 말한다. 백자인의 경우 소량의 범유의 흔적이 있을 경우 철 냄비에 넣어 열을 가하여 약간 볶거나 밀기울을 적당량 넣어 함께 볶아서 체로 분리하고 냉각하여 저장하면 해충의 작용도 막을 수 있다.

(7) 훈증법(燻蒸法)

약재를 aluminium phosphide, chloropicrin 등의 증기를 이용하여 범유하기 쉬운 약재를 처리하는 방법이다. 창포·백부·천문동·지모, 사삼·천궁·백출·전호·창출·천우슬·당삼·당귀·독활·길경·방풍 등은 유황 훈증도 가능하다. 그리고 도인·행인·호도인·오미자·당삼·회우슬·당귀·백자인·욱이인 등은 aluminium phosphide로 훈증하는 것이 좋다. 화류의 경우는 훈증 기간이 짧아야 한다.

(8) 가스 충진법

진공이나 질소·이산화탄소 등의 가스를 충전하여 범유하기 쉬운 약재에 사용한다. 변색되기 쉬운 약재 중에서 마황·괴화·홍화·통초 등을 제외하면 대체로 무난한 방법이다. 특히 이 방법은 소량의 약재 종류를 저장·보관하는 데 적합하며, 밀폐된 창고를 이용하면 많은 종류의 약재를 보관하는 데 유용하게 이용할 수 있다.

4) 특수 약재의 보관

구하기 어려운 귀한 약재나 독극물은 소량이지만 특별한 보관과 관리가 필요하다. 기본적으로 보관 용기가 중요하며, 표면에 물품명과 용량 등을 명기하고, 수량·보관 위치·존재 여부 등을 파악해 두어야 한다.

(1) 귀한 약재의 저장

고가의 약재에는 인삼·녹용·사향·우황·해마·해룡·동충하초·서각·영양각·후조(원숭이 담석)·웅담·연와(제비집)·삼칠근·합사마유·연와·당삼·진주 등이 있는데, 이중에서 인삼·해마·해룡·사향·연와·당삼·동충하초 등은 습기에 쉽게 벌레가 생기고 곰팡이가 발생하기 쉽다. 웅담은 열을 받으면 쉽게 가벼워지거나 녹는다. 사향의 향기 물질은 용기가 치밀하지 않으면 쉽게 휘발하며, 영양각은 열을 받아 건조해지면 말라서 벌어진다.

　　귀한 약재는 안전하게 창고에 저장하여야 하며, 전문인을 두어 보호·밀봉·보관 등의 철저히 관리하여야 한다.

(2) 독극물 약재의 저장

독극물은 크기도 매우 작고 양이 비교적 적기 때문에 따로 보관·저장하면서도 각별한 주의가 필요하다. 독극약재 중 광물은 비석과 수은이 있는데, 이를 이용한 제품에는 경분·홍분·홍승단·백강단 등의 4종이 있다. 이들 광물성 독극물은 특별한 용기에 넣어 밀봉하여 통풍·흡습을 겸하는 저온 방법으로 보관·관리하여야 한다.

　　동물성이나 식물성의 독극약은 저온 밀봉법으로 저장한다. 일반적으로 소량인 경우는 밀봉한 후 흡습제를 사용하여 보관하며, 양이 많은 경우에는 밀폐된 창고에 넣어 제습기를 사용한다.

5) 이물질의 관리

약재 속에 포함되어 있는 적정 약재가 아닌 물질을 이물질(異物質, adulterant)라고 한다. 일반적으로 약재의 초기 관리에서 이물질이 혼입되나 의도적인 경우도 있다.

(1) 기만 이물질(Sophistication)

고의로 가짜나 품질이 나쁜 것을 속일 목적으로 첨가한 이물질을 말한다, 예를 들면 천화분 가루에 밀가루를 섞거나, 코카인 가루에 황벽 나무 가루를 섞는 것 등이다.

(2) 혼재 이물질(Admixture)

고의성 없이 우연히 혹은 무지나 부주의로 이물질이 유입되어 혼재하는 이물질을 말한다. 우슬과 같은 뿌리 약재에 소량의 흙이 이에 해당한다.

(3) 가짜 이물질(Substitution)

원래 약재와 전혀 다른 물질을 사용하는 경우로서 대부분 고의인 경우가 많다. 도라지를 더덕으로 속이는 경우이다.

(4) 저질품(Deteriotation)

기간이 오래 되었거나 보관 상태가 나빠 유효성분이 현저하게 떨어진 저품질을 약재를 말한다.

(5) 변질물(Spoilage)

보관 상태가 나빠서 약재가 부패되었거나 곰팡이나 미생물 혹은 충해를 심하게 받아서 현저하게 손상된 약재를 말한다.

(6) 열등품(Inferiority)

변질되었거나 유효성분이 현저하게 떨어진 것은 아니지만 약재의 채취 시기나 재배 여건이 좋지 않아 품질이 떨어지는 것을 말한다.

⑥ 약재의 품질 검사

1) 외관·관능검사

각각의 약재는 특유의 외관, 냄새·색·맛이 있어서 오감으로 평가해 보면 품질을 어느 정도 파악할 수 있다. 이러한 방법을 관능검사라고 하는데, 전통적인 검사 방법으로 풍부한 지식과 경험을 가진 검사자의 경우는 비교적 정확하게 밝혀내는 것이 가능하다.

2) 식물형태학적 검사

약재의 식물학적 기원이나 진위를 객관적으로 평가하기 위해서 식물형태학적 검사가 도움이 된다. 광학현미경이나 전자현미경으로 약재의 외부와 내부의 조직 형태를 상세하게 관찰하여 약재의 원래 식물로서의 관련된 정보를 어느 정도 알 수 있다.

3) 이화학 검사

관능적, 형태학적 검사에 첨가해서 약재의 이화학 검사는 약재의 유효성분을 보다 객관적으로 파악할 수 있는 가장 확실한 검사이다. 검사는 약재의 특성에 맞는 다수의 항목에 걸쳐서 상세하게 시험되어진다. 약재의 물성·회분의 비·지표물질의 정성·정량과 생리·생화학적 검사도 포함된다.

　약재의 규격 및 시험 방법은 널리 사용되어지는 약재에 대해서는 대한약전 및 대한약전외 생약규격집에 정해져 있다. 약재 공정서에 정해져 있는 규격은 현재 시장의 실태에 기초해서 널리 일반적으로 사용되는 약재의 품질 범위를 정해 놓은 기준이나 과학기술의 발전에 따라 새로운 평가방법의 개발이 필요하다. 또한 생약 제제의 관리를 위하여 약재의 지표성분의 파악과 공정 확립이 필요하다.

제 7 장

식물조직 배양

Applied Plant Science

식물조직배양법을 이용한 식물의 미세번식·무균식물 생산·인공종자 생산은 물론 종간잡종도 가능하게 되었다. 또한 배양기에서 식물을 이용한 유용물질들의 다량 생산도 가능하게 되었다. 특히 유전공학의 강력한 도구는 형질전환 식물체를 탄생시켜 맞춤 분자육종에 의한 식물분자농업도 가능하게 되었다.

제1절 미세번식과 인공종자

식물은 꽃 속의 배우자(gamete) 즉 생식세포에 의하여 접합자배(zygotic embryo)를 형성하여 유성생식을 하지만 국화처럼 분주(division)에 의하여 영양생식(vegetative reproduction)을 하기도 한다. 이렇게 영양생식에 의하여 형성된 개체는 모본과 똑 같은 유전형질을 지닌 영양계 즉 클론(clone) 식물이다. 이러한 영양계를 배양기에서 인공적으로 증식시키는 것을 미세번식이라 하며, 체세포를 이용하여 체세포배(somatic embryo)를 만들어 인공종자도 만들 수 있게 되었다.

① 미세증식법

자연 상태에서의 영양생식은 일부 식물에 지나지 않지만 식물에 잠재되어 있는 전형성능(totipotency)을 유도하는 식물조직배양 기술의 발달에 의하여 거의 모든 식물에서 클론 증식의 가능성을 열어 놓았다.

식물조직배양 기술을 이용하여 시험관 내에서 식물체의 미세한 일부분을 이용하여 단일 클론 식물체를 복제하는 영양계 번식(clonal propagation)을 미세번식(micropropagation)이라고 한다. 미세번식은 잎·뿌리·줄기·꽃잎 등, 식물의 체세포 부위 어느 부분으로도 가능하나 식물에 따라 재분화 정도가 달라서 각 식물에 따른 적절한 증식 방법을 필요로 한다.

1) 기내번식의 특징

기내번식법은 단일 클론의 식물체를 짧은 시간 내에 다량 생산할 수 있다는 경이적인 번식 방법이다. 그러나 변이의 발생이나 배양한 식물체를 기내 밖 토양으로 효과적으로 이식하여야 하는 등의 문제점도 있다.

(1) 기내번식의 장점

기내번식법을 사용하면 무엇보다 단일 영양계의 식물을 단시간 내에 대량 생산할 수 있는 장점이 있다. 또한 이러한 작업을 좁은 공간에서 수행할 수 있으며, 일반 농작물 재배와는 달리 계절에 관계없이 연중 생산이 가능하다. 또한 육종시 대량의 개체를 확보할 필요가 없고, 육종 세대를 단축시켜 육종 시간을 단축시킬 수 있으며, 분열조직 배양에 의하여 무병식물을 얻을 수 있을 뿐만 아니라, 노화된 조직을 회춘시켜 고목 상태의 목본식물도 다량 번식이 가능하다.

(2) 기내 번식의 단점

기내번식법에도 배양에 따른 몇 가지 문제점이 있다. 제일 큰 문제점은 배양 과정에서 돌연변이가 발생하여 시발 재료의 성질을 잃어버릴 수 있다는 것이다. 또한 배양체가 수풀형(bush)이나 유성기(juvenile phase)로 되기도 하는 문제점이 있으며, 배지 내에서 완전한 개체를 육성하여 흙에 옮겨 심었을 때 여러 가지 문제로 활착에 어려움이 있다는 것이다.

2) 엽아 배양법

식물의 줄기에 있는 경정이나 액아를 기내에서 싹을 틔워 줄기를 생장시킨 다음, 부정근을 발생시켜 완전한 식물체로 증식시키는 방법으로 가장 간편한 증식방법이다.

(1) 경정 배양법

줄기 끝인 경정의 정아는 휴면하지 않으므로 식물호르몬 처리 없이 직접 배양기에서 배양하여 번식시킬 수 있는 가장 간단한 엽아 배양 방법이다.

(2) 액아법

경정의 생장점을 제거하여 정단우성을 약화시키고 정단 밑의 3 ~ 4개 정도의 액아들을 사이토키닌으로 동시에 발달시켜 번식시키는 방법이다. 계대배양하여 단시간 내에 다량의 줄기를 유도하여 번식시키는 방법이다.

(3) 외마디법

엽아가 있는 줄기의 마디 하나씩을 배양하는 방법이다. 줄기 끝의 정아가 없어 정단우성이 소멸된 측아를 사이토키닌 첨가 없이 즉시 측아를 발달시켜 종묘로 사용하는 증식 방법이다.

3) 생장점 배양법

미세증식법을 대표하는 번식 방법으로 경정 끝의 생장점을 적출하여 배양하는 방법으로 1950년 프랑스의 모렐(Morel)이 바이러스에 감염된 다알리아와 양란의 생장점을 배양하여 바이러스가 없는 개체를 대량으로 증식시킨 방법이다. 이 방법은 무균주를 다량 생산할 수 있으며, 증식된 개체변이도 거의 없는 미세증식법이다.

4) 기관발생법

엽아가 없는 식물의 영양기관 조직을 배양하는 방법으로 식물 호르몬을 이용하여 캘러스를 유기하거나 직접적인 방법으로 부정아나 신초를 형성시켜 증식시킨다.

② 인공종자

1958년 미국의 스테워드(Steward) 등에 의해 처음으로 관찰된 체세포배는 식물체를 구성하고 있는 일반 체세포에서 유래하였음에도 불구하고 접합자배와 유사한 배발생 과정을 통하여 배아(plomule)와 유근(radicle)이 있는 어린 식물체를 형성한다. 이러한 체세포배는 휴면 과정이 없으므로 적절한 방법을 이용하면 저장이 가능한 인공종자를 만들 수 있다.

1) 체세포배 세포의 특징

체세포배 형성 세포(embryogenic cell)는 체세포배 형성능이 없는 일반적인 캘러스 세포(non-embryogenic cell)와는 다르다. 이들 체세포배 형성 세포들은 액포가 거의 없는 작은 구형으로 다량의 전분립을 함유하고 있어 일반 체세포보다 색깔이 다르고 무거워서 선별이 가능하다. 체세포배 세포들은 빠른 속도로 증식하며, 일정 기간이 지나면 배 발생능이 소멸된다.

2) 체세포배 발생법

체세포배 발생법은 특정 조직에서 오옥신에 의하여 체세포배 세포를 유도하여 증식시킨 다음 오옥신을 배제하여 체세포배를 유도하는 방법으로 다른 미세번식법보다 단시간 내에 다량의 식물체 생산이 용이한 방법이다. 변이체의 발생 빈도는 대체로 경단배양법과 기관발생법의 중간이다(그림 7-1).

당근 체세포배

당근 체세포배 유식물

❖ 그림 7-1 당근 체세포배와 체세포배 유식물

3) 인공 종자

체세포배를 아르긴산 칼슘과 같은 만든 캡슐에 넣어 일반 종자와 같은 모양을 갖추도록 한 것을 인공종자라고 한다. 이 인공종자는 발아 억제제와 인공배유 같은 특수한 처리에 의하여 건조시켜 냉장처리하면 일 년 정도 일반 종자처럼 저장할 수 있으며 필요할 때 파종할 수 있다. 그러므로 우수한 개체가 확보되면 불임성 여부에 관계 없이 유전적으로 동일한 인공종자를 대량 생산할 수 있다.

제2절 기내 육종과 형질전환

① 기내 육종

식물체의 기내 배양법은 다양한 기내 돌연변이가 나타나기 쉬워서 기내 육종의 방법으로도 이용이 가능하다. 특히 유전자 삽입과 같은 형질전환 세포의 기내 개체 발생은 유전자 형질 확인과 함께 분자육종의 강력한 수단이다.

1) 돌연변이주 선발법

조직배양시 캘러스와 같은 배양체를 고염도나 저온 같은 특정 조건에 두면 그러한 조건에서 생존할 수 있는 돌연변이주를 얻을 수도 있으며, 또한 제초제나 살충제 같은 화학적 물질 처리에 의해서도 이러한 농약에 내성이 있는 식물체 선발이 가능할 수 있다. 그러나 이러한 자연돌연변이와 같은 방법은 많은 시간이 소요되며, 확률도 낮아서 원하는 결과를 얻기가 그리 쉽지 않다. 그러므로 화학적 돌연변이 유발물질이나 γ-선과 같은 돌연변이 유발원을 이용하면 돌연변이 확률을 높일 수도 있다(그림 7-2).

야생 석곡   은설(銀雪)

❖ 그림 7-2 야생 석곡과 γ-선 조사에 의한 신품종 은설

2) 약배양과 반수체 식물

식물체의 염색체수가 정상적인 2배체 식물에 대하여 상동염색체의 반만 가지고 있는 식물을 반수체 식물이라고 한다. 반수체 식물을 얻을 수 있는 가장 일반적인 방법은 약(葯)이나 화분 배양이다. 반수체 식물은 단일 염색체로 되어 있어서 지니고 있는 우성과 열성의 유전자가 그대로 발현된다. 따라서 이러한 식물체로부터 얻어진 캘러스에서 변이주 선발을 하게 되면 우성에 의하여 발현되지 못하던 유용한 열성인자를 가진 식물체를 선발할 수 있게 된다. 반수체 식물은 생식이 불가능하나 콜히친을 처리하여 염색체를 배가시키면 생식 능력이 있는 2배체를 만들 수 있다.

3) 세포잡종

생식세포에 의한 잡종이 아닌 체세포의 원형질체(protoplast)의 세포융합에 의한 잡종을 세포잡종이라고 한다. 실험적으로는 종과 과 범위를 넘어선 세포잡종도 가능하나 염색체 및 유전자 결실 등의 이유로 주로 동일한 과 내에서 시행된다(그림7-3).

(1) 세포융합(Cell fusion)

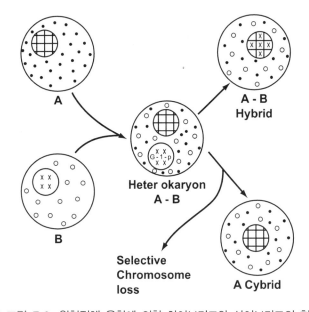

❖ 그림 7-3 원형질체 융합에 의한 하이브리드와 사이브리드의 형성.

세포잡종에는 하이브리드(hybrid)와 사이브리드(cybrid)가 있다. 두 세포의 핵과 세포질이 모두 합쳐진 완전한 세포잡종을 하이브리드(hybrid)라고 하고, 세포질만 합쳐진 세포잡종을 사이브리드(cybrid)라고 한다. 대표적인 하이브리드의 예는 토마토와 감자의 원형질체를 융합시켜 만든 포마토(pomato)가 유명하나 여러 가지 요인에 의하여 실용화되지 못하였다. 그러나 화훼 식물에서는 유용한 식물체 개발 가능성이 높다.

(2) 핵치환

엽록체와 미토콘드리아와 같은 세포내 소기관에 존재하는 핵외 유전자는 유성생식시 모계의 것만이 자손에 전달되는 모성유전(세포질유전)을 하기 때문에 우량한 핵외 유전자를 지닌 체세포에서 핵을 제거하고 다른 특징을 지닌 핵을 마이크로인젝션(Microinjection) 방법으로 치환시키면 우수한 모계 식물을 육종할 수 있다. 이 방법은 미토콘드리아 유전자에 의하여 지배되는 웅성불임 식물을 만들거나 엽록체 유전자에 의하여 잎의 관상 가치가 높아지는 식물의 세포잡종으로 유효하게 이용할 수 있다.

② 형질전환(Transformation)

세포핵이나 염색체 및 재조합 DNA를 세포 내에 주입하여 기존 세포의 유전형질을 전환시키는 것을 형질전환이라고 한다. 조직배양 기술은 형질전환된 세포를 증식 또는 개체 분화시켜 특정 유전자의 규명은 물론 교잡육종에 의한 전통적 육종을 분자육종 수준으로 발전시켰다.

1) 외래 유전자 도입법

형질전환을 위해서는 특정 유전자를 핵 DNA에 삽입시키는 것이 중요하다. 이러한 방법에는 물리적·화학적·기계적·생물학적 방법이 사용되는데 식물형질전환에는 주로 토양 미생물인 *Agrobacterium*을 이용한 방법이 사용된다.

(1) 물리·화학적 방법

① PEG법 : 계면활성제로서 비수용성의 물질을 분리시키는 성질을 가지고 있는 폴리에틸렌글리콜(polyethylene glycol: PEG)을 이용하여 식물 세포막의 물리적 성질을 변화시켜 재조합 DNA가 삽입된 벡터를 원형질체에 도입시키는 방법이다.

② 리포소옴법(Liposome) : 리포소옴은 인위적으로 만든 두 층의 지질층으로 된 작은 포상구조로 약물이나 유전자를 세포 내로 도입시키는 도구로 사용된다. 이러한 리포소옴에 재조합 DNA가 삽입된 벡터를 원형질체에 도입시키는 방법이다.

③ 전기충격요법(Electroporation) : 순간적인 전기 충격을 원형질체에 가해 세포막에 구멍을 만들어 재조합 DNA가 삽입된 벡터를 도입시키는 방법이다.

(2) 기계적 방법

① 미세주사법(Microinjection) : 위상차현미경 아래서 micropipet을 이용하여 직접 원형질체 속으로 재조합 DNA가 삽입된 벡터를 도입시키는 방법이다.

② 유전자총 방법(Particle bombardment) : Particle bombardment 또는 biolistic gun이라고 불리는 유전자총을 이용하여 재조합 DNA로 코팅한 금이나 텅크스텐과 같은 금속입자를 고압

헬륨 가스로 발사하여 직접 식물 세포 내 핵으로 도입시키는 방법이다.

(3) *Agrobacterium*법

근종 유발 토양 미생물인 *Agrobacterium*(*A. tumefacience*)의 Ti-플라스미드를 병원성이 없는 플라스미드(disarmed plasmid)로 만들고 유용한 유전자를 재조합시켜 만든 Ti-plasmid를 주로 이용한다. 대장균 내에서 증식할 수 있도록 한 binary vector를 *Agrobacterium*에 일차 형질전환 시킨 다음, 이 형질전환 *Agrobacterium*을 식물에 감염시켜 형질전환된 식물 개체를 선발하는 방법이다. *Agrobacterium*이 종특이성이 있어 단자엽식물에서는 효율성이 낮은 단점이 있으나 근래에는 이 단점을 보완한 방법들이 개발되고 있다(그림 7-4).

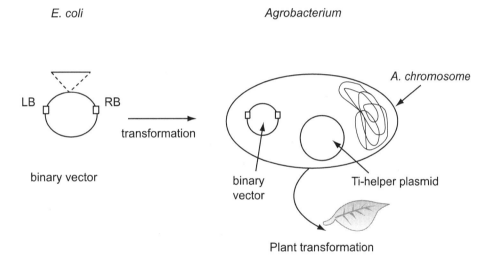

❖ 그림 7-4 Binary vector를 이용한 Agrobaterium의 식물체 형질전환

제3절 유용 물질 생산

특정 식물에서만 소량씩 생산되는 각종 유용 물질은 중요한 자원이다. 이러한 유용물질을 다량 함유하는 유용 형질전환 식물체들이 개발되고 식물세포배양의 자동화나 농지를 통한 다량 생산 체계가 확립되면 인류가 당면하고 있는 여러 가지 문제를 해결하는 데 도움이 될 것이다.

① 기내 유용물질 생산 방법

2차대사산물을 비롯한 식물에서 얻어지는 유용한 물질들은 소수의 특정 식물에서만 생산되며 생합성 경로가 대단히 복잡하여 이를 생산하기 위해서는 유기합성 등의 공업적 방법은 천연물과 기능상의 문제점이 있다고도 한다. 그러므로 유용식물을 재배하거나 식물세포를 배양해서 얻는 생물학적 방법을 쓰는 것이 효율적일 수 있다. 특히 형질전환 방법은 타 생물체 유래의 물질을 대량으로 생산할 수 있는 유용한 방법이 될 것이다. 근래에는 대사공학적인 세포의 대사 특성을 변경시키는 직접회로변경(directed modification) 방법도 활발히 연구되고 있다.

1) 고생산성 세포주 배양

일반적인 캘러스는 단순한 탈분화 세포여서 유용한 물질을 생산할 수 있는 세포 배양계가 되지 못한다. 그러나 대사계를 변형시키는 방법이나, 자연적·인위적 변이에 의한 고생산성 세포 선발 방법 등이 연구되고 있다.

(1) 세포괴 분할법

세포괴를 이루고 있는 세포 중 고생산성을 가진 세포괴를 분할하여 계대배양을 통해 선발하는 방법으로 계대배양에 따른 소요 시간이 많이 걸린다는 단점이 있다.

(2) 단세포 배양법

세포괴 분할법의 단점을 보완하기 위하여 세포괴에서 유래한 현탁배양으로부터 단세포를 분리하여 배양하면 콜로니 수준에서 고생산성 세포주를 선발하면 해결될 수 있다. 그러나 식물의 종류에 따라서는 단세포로부터 콜로니로 배양하는 데 기술적인 어려움이 있는 경우가 많다.

2) 기관배양

기관배양은 배양 세포주에서 목적하는 물질이 급속하게 감소하거나 또는 합성되지 않는 식물에서 유리하다. 대부분의 식물의 경우 온전한 식물체나 기관을 배양하는 경우는 호르몬 요구도가 높고 생장이 느린 단점이 있다

3) 모상근(Hairy root) 배양

형질전환 방법의 한 가지로 뿌리에서 유용 성분이 생성되는 경우 Ri-plasmid(부정근 유도 플라스미드)를 가지고 있는 *Agrobacterium rhizogenes*라는 토양 박테리아를 이용하여 형질이 전환된 모상근(hairy root)으로부터 특정 유용한 2차 대사산물 생산이 가능하다.

4) 식물 형질전환

다양한 방법으로 형질전환 식물체를 개발하여 이용하는 방법이다. 유용한 물질의 유전자가 cloning되면 이 유전자를 식물에 도입하여 특정 물질들을 다량 생산할 수 있게 되었다. 이 방법은 유기합성의 문제점을 극복할 수 있는 대안으로 제시되고 있다.

② 산업적 2차대사산물

2차대사물질들은 거의 모든 식물에서 생합성되는데, 일반적으로 꽃잎에 주로 함유되어 있는 안토시아닌처럼 대부분이 분화된 세포에서 합성되지만 중심자목의 붉은사탕무의 β-시아닌 같이 세포분열하는 뿌리에서 생성되기도 한다. 이들 식물 유래의 물질들은 200여 종이 유기합성되고 있다. 매년 1,500여 종의 물질이 식물체로부터 직접 추출·분리되고 있는데, 이 가운데 300여 종은 생리활성을 가진 유용물질로 평가되고 있다.

1) 알칼로이드(Alkaloid)

식물에서 유래하는 알칼로이드는 약 30여 가지가 상업적으로 이용되고 있는데, tropane alkaloid인 scopolamine과 hyoscyamine은 진통제와 진정제로 사용되는 물질로 의학적으로 중요하다. 이들 물질들은 가지과 식물의 특징적인 2차대사산물로서 복잡한 화학 구조 때문에 경제적인 유기합성이 어려워 오늘날에도 *Atropa*, *Datura*, *Duboisia*, *Hyoscyamus* 및 *Scopolia* 속의 식물체에서 직접 추출하여 상업적으로 이용되고 있다. 이러한 대안으로 가지과식물의 뿌리에서 생합성되는 2차대사산물의 경우에 캘러스나 세포 현탁배양보다는 부정근 배양에 의하여 tropane alkaloid와 같은 2차대사산물이 많이 생합성되며, 모상근의 경우에는 이러한 부정근에 비하여 훨씬 빠른 생장을 보이는 것은 물론, 원래 식물의 뿌리와 비교되는 수준의 알칼로이드를 함유하는 것으로 나타나 새로운 가능성으로 연구되고 있다.

2) 테르펜(Terpene)

테르펜은 식물의 2차대사산물 중 가장 종류가 많다. 테르펜은 천연의 살충제 및 동물 기피제로 이용할 수 있다. 또한 주로 테르펜으로 된 정유는 감미료, 향수 등의 원료가 되는 상업적 가치가 크다. 그러나 테르펜류는 주로 잎에서 생성되고, 추출하기 쉬워서 기내배양을 통한 상업화는 큰 의미가 없다.

3) 항 종양물질

암 등의 종양을 억제하는 항종양물질을 함유하는 대부분의 식물은 분포가 좁고 개체수도 적다. 대부분 목본식물에 주로 포함되어 있어서 번식과 육성에 오랜 세월이 걸리기 때문에 선발한 물질을 의약으로 개발하기 위한 시료 공급조차 어려울 정도여서 유기 합성이나 식물조직배양에 의한 물질 생산 연구가 행하여지고 있다.

현재 식물에 포함되어 있는 항종양물질 중 vinblastine·vincristine·podophyllotoxins 등이 선발되어 임상시험 중에 있으며, taxol·baccharin·bouvardin·bruceantin·ellipticin·homo-harringtonine·indicine-N-oxidemaytansine·thalicarpin·tripdiolide 등도 연구 개발 중에 있다.

4) 스테롤(Sterol)

Triterpene에 속하는 스테롤은 보통 유리형 외에 지방산 ester나 배당체 또는 배당체 지방산 ester로 존재하고 있다. 식물성 스테롤의 식물생리학적 역할에 대하여 종래는 간단한 2차대사산물에 지나지 않은 것으로 생각되었지만 근래에는 동물과 마찬가지로 세포막 구성 성분이나 호르몬 및 스테로이드 생합성 전구체로서도 식물체 내에서 중요한 작용을 하는 물질로 밝혀지고 있다.

동물성 스테롤은 약리학적으로 콜레스테롤의 흡수를 억제하여 혈청 지질을 개선한다. 스테롤 제제는 부작용이 거의 없고 장기간 연용할 수 있어서 고혈압증·고콜레스테롤 혈증에 적용되고 있다. 식물성 스테롤 역시 같은 효과가 있는데, 이미 식물세포를 배양하여 상당히 많은 종류의 식물들에서 스테롤을 생산하고 있다.

5) 시코닌(Shikonin)

시코닌은 옛날부터 고급 염료 및 생약으로 사용되어 온 물질이다. 시코닌은 지치(자초)의 뿌리인 자근에 함유되어 있는 적자색의 색소이다. 시코닌은 강한 항균작용과 함께 창상치료작용, 항궤양작용이 인정되어 현재에도 외상약이나 치질의 치료약으로 널리 사용되고 있다. 또한 선명한 색조 때문에 최근에는 각종 화장품 원료로도 이용되고 있다.

지치는 우리나라 자생 식물이지만 개체수가 적어 산업용으로 사용하는 자근의 많은 양을 수입에 의존하고 있다. 이러한 지치의 경제성에 힘입어 세포배양과 부정근 배양으로 시코닌계 화합물을 생산하는 데 성공하여 대량 생산을 위한 연구가 진행되고 있다.

6) 천연색소

식물성 천연 색소 중에서 식품 첨가 색소는 안정적이고 친환경적이어서 선호도가 높으나 시코닌처럼 고가이고 공급이 불안정하기 때문에 식물의 기내배양에 의하여 안토시아닌·시코닌·베타시아닌 등의 천연색소를 얻고자 하는 연구가 활발히 이루어지고 있다.

카로테노이드계 색소는 담배 등의 몇 종류의 식물 배양세포에서 생산되는 것이 보고되고 있는데, β-carotene이나 lycopene이 당근 배양세포에서 생산되며, 크산토필류가 *Ruta graveolens*에서 생산되고 있다. 퀴논계 색소에는 나프토퀴논류·안트라퀴논류·벤조퀴논류 등이 있는데, 나프토퀴논류 색소는 시코닌 유도체가 지치 배양세포에서 생산되었고, 안트라퀴논류 색소는 *Cassia senna*나 *Digitalis lanata, Gallium mollugo*에서의 생산이 보고되었다. 한편, 플라보노이드계 색소는 안토시아닌류 생산의 보고가 많이 있는데, cyanidin·dephinidin·peonidin·xetunidin·malvidin과 대부분의 안토시아니딘을 아글리콘으로 하는 안토시아닌 생산이 보고되어 있다.

7) 인삼 사포닌(Ginseng saponin)

다양한 식물 사포닌 등 인삼 사포닌은 인삼의 특이한 유효성분으로서 그 효능을 과학적으로 규명하기 위한 연구가 많이 진행되고 있다. 인삼은 다년생식물이기 때문에 재배하는 데 오랜 시일이 소요되고 기후·풍토·병해 등에 의하여 항상 안정된 재배를 할 수 없으므로 일찍이 그 대안으로 조직배양이 시도되었다. 오래 전부터 사포닌의 질과 양이 재배 인삼과 거의 다르지 않은 캘러스 계통을 얻는 데 성공하였으며 현재 배양 기내에서 대량 배양이 이루어지고 있다. 또한 최근에는 모상근을 이용한 사포닌 생산 연구도 진행중이며, 인삼의 수경재배도 이루어지고 있다.

산삼의 부정근 및 체세포배를 배양하여 상품화되고 있으며, 배양물에 사포닌이 다량 함유되어 있음이 확인되었다.

제4절 식물배양기를 이용한 배양체 생산

무균 상태에서 배양체를 외부와 격리된 인공 환경에서 키울 수 있도록 만든 장치를 생물반응기(bioreactor)라고 한다. 일반적으로 균주를 배양할 때는 보통 발효기(fermentor)라고 하며, 식물이나 동물의 세포 및 조직을 배양하는 경우에는 생물반응기라고 한다.

① 식물배양기의 종류와 특성

일반적인 생물반응기를 식물 배양체 배양에 맞도록 개조한 것을 식물배양기(plant bioreactor)라고 한다. 식물배양기는 무균 상태의 공기와 배지가 반응기 내부에 공급되고 배양체의 순환이 원활하게 이루어져야 한다. 식물배양기는 구조에 따라 크게 공기부양식(airlift bioreactor)·교반식(stirred bioreactor)·혼합형(hybrid bioreactor)·세포 고정용(immobilized cell bioreactor) 등으로 나눈다.

1) 공기부양식 식물배양기

외부에서 공급되는 무균 공기로 반응기 내의 배양체를 부양시켜 배양체의 생장과 증식시키는 식물배양기를 공기 부양식 식물배양기라고 한다. 배양체 및 배지의 순환 방식에 따라 내부순환형(internal-loop type)과 외부순환형(external-loop type)으로 구분된다.

공기 부양식 식물배양기는 설치 비용이 비교적 저렴하고, 사용하기에 편리한 장점이 있으며, 배양 과정 중에 오염이 잘 일어나지 않으므로 식물 배양용으로 가장 많이 쓰인다. 외부형태는 주로 풍선형(balloon)과 원통형(column)이 있다. 풍선형은 내부가 구형이어서 골고루 내부 배양체를 순환시켜야 하는 식물세포나 캘러스 배양에 적합하나 가격이 비교적 비싸다. 반면에 원통형은 제작이 용이하여 가격이 저렴한데, 배양기 내의 순환이 과히 중요하지 않은 뿌리 배양에 적합하다.

2) 교반식 식물배양기

교반식 식물배양기는 교반 날개로 배양체와 배양액을 혼입시키는 방식으로 프로펠라형(pro-peller type)·나선 리본형(helical ribbon type)·터빈형(turbine type)·평판 날개형(flat blade type) 등이 있다. 장기간 배양시에는 교반 날개의 외부 연결 부위에 오염이 생길 수 있어서 주의를 요한다.

전기적 자력(electro magnetic field)에 의하여 교반 날개를 이용하는 반응기는 외부적 오염원에 노출되지 않는 장점이 있으나 설계상의 문제점과 가격 때문에 아직은 소형 생물반응기 수준이다.

3) 혼합형 식물반응기

혼합형 식물배양기는 공기와 교반 날개를 동시에 이용하는 반응기로 고농도의 배양체를 배양할 경우에 사용한다. 산업용의 대형 식물배양기에 주로 사용하였으나 최근에는 공기부양식 식물배양기가 많이 사용된다.

② 식물배양기의 구성 및 장치

일반적인 액체배양용 회분식배양기(回分培養器)는 온도 조절과 진탕을 위한 동력 장치만 있으면 되지만 중·대형의 배양기는 비교적 복잡하게 설계되어 있다. 배양기의 기본 구조는 멸균 및 공기 무균 시스템, 그리고 본체인 배양 탱크 등으로 이루어져 있다.

1) 대형 식물배양기의 구성

식물배양기는 크게 기본적인 배양 탱크인 몸체(main body)와 배양 환경을 조절하는 환경 제어 장치(control system)로 구성되어 있다. 여기에 소독에 사용하는 스팀 발생기(steam generator), 무균 공기 펌프(air compressor) 및 배관 구조(pipe line system) 등으로 구성되어 있다.

2) 본체 기기 및 장치

식물배양기의 본체는 배양체를 순환시키는 방식에 따라 여러 형태로 나눈다. 공기 부양식의 경우는 일반적으로 긴 원통형으로 높이와 직경의 비율이 4:1 혹은 8:1 이상으로 되어 있으며, 교반식의 경우는 대체로 높이와 직경의 비율이 1:1 혹은 2:1의 원통형이다.

③ 배양 공정

1) 배양법 선택

배양 방법은 크게 회분식 배양법(batch culture), 반회분식 배양법(half-batch culture) 및 연속식 배양법(continuos culture)이 있다. 반회분식 배양법이나 연속 배양법은 회분식 배양법보다 식물 배양기의 시설비가 많이 들고, 배양 과정 중 오염 가능성이 훨씬 높아서 현재는 주로 회분식 배양법을 사용한다(그림 7-5).

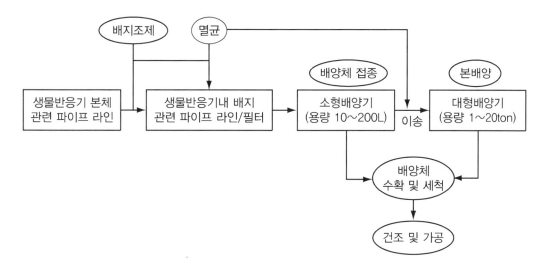

❖ 그림 7-5 대형 식물배양기를 이용한 식물배양체 대량 생산 과정 모식도.

2) 접종 및 초기 배양

식물 배양체의 초기 배양은 배양체를 100 ~ 200L의 소규모 접종용 식물배양기에 접종하는 것으로 시작된다. 초기배양은 배양의 성패를 좌우할 수 있는 중요한 과정이므로 절대 오염이 되지 않도록 주의하여야 한다. 접종용 배양체는 1개의 적정 용량의 소형 식물배양기에서 동조배양한 우수한 배양체를 선발하여 사용한다. 접종 후 항상 생물반응기 내의 온도, 압력(0.4 ~ 0.6 kgf/cm^2) · 공기량 · 배지 상태 · 배양체의 순환 · 생장 상태 등이 적절한지 점검한다.

3) 다량 배양

대량 배양은 접종용 소형 식물배양기에서 적정 기간 동안 증식시킨 배양체를 이송 파이프 라인을 통해 대형 배양기로 옮겨 적정 기간 동안 대량 배양한 후 수확한다. 대형 식물배양기를 사용하면 환기·산소·질소·탄산가스와 같은 기체의 공급 조건과 온도 등의 배양 조건을 조절할 수 있어서, 배양체의 균일한 생장과 2차대사산물의 함량을 높일 수 있다.

④ **식물 배양체 생산**

식물의 유용 성분은 세포·조직·기관의 분화 정도에 따라 다르다. 식물배양기를 이용하면 비교적 단시간 내에 식물 배양체를 대량 배양하여 필요한 특정 유용 물질을 생산해 낼 수 있게 되고 어느 정도 표준화도 가능할 것이다.

1) 식물세포 배양

식물 배양세포는 식물의 조직이나 기관을 식물생장조절물질이 첨가된 한천 배지에서 캘러스를 유도한 후 생장 속도가 빠른 부분을 분리하여 계대배양하면 생장 속도가 빠른 특정 세포주를 선발할 수 있다(그림 7-4). 그러나 이 방법으로 세포주가 잘 선발되지 않을 경우는 1차적으로 유기된 캘러스를 액체배양하여 현탁이 잘 되는 세포들을 모아서 한천 배지에서 배양하여 생장 속도가 빠른 세포나 미세 캘러스(microcalli)를 선발하여 형질이 분명하고 생장 속도가 빠른 우량 세포주를 선발하여 한다.

식물 세포를 식물배양기로 대량 생산에 성공한 것은 1983년 커틴(Curtin)이 지치 세포를 배양한 것이 시초이다. 그 후 인삼·일일초·두릅나무·바닐라 등의 세포가 연구되었고, 일부는 대형 식물배양기로 생산되기도 한다.

2) 줄기 배양

줄기의 신장이 잘 되고 삽목이 가능한 식물은 식물배양기를 이용하여 대량 번식시킬 수 있다. 식물배양기를 이용한 기내 줄기를 대량 생산하기 위해서는 보통 외마디법을 사용하는데, 줄기가 액체 배지 내에 계속해서 잠겨 있지 않도록 하는 장치가 필요하다. 식물배양기에 광원을 설치하여 광합성을 할 수 있도록 하면 더욱 튼튼한 묘를 얻을 수 있다.

감자의 경우 외마디법을 이용하여 증식시킨 후, 발근시켜 짧은 시간 내에 다량의 종묘를 얻을 수 있다.

3) 부정근(배양근) 배양

유용 성분이 뿌리에 있으면서 수요에 비하여 재배가 어려운 식물은 부정근(배양근)을 이용하면 뿌리에 있는 특정 물질을 단시간 내에 대량 생산할 수 있다. 부정근은 다른 배양체에 비해 공기 공급이나 순환에 크게 영향을 받지 않으므로 단순한 생물반응기로 배양이 가능하다.

식물배양기를 이용하여 배양근을 배양하기 위해서는 먼저 뿌리나 줄기 등으로부터 부정근을 유기하거나 캘러스로부터 부정근을 유도한 후 이를 증식시켜 식물배양기에서 대량 배양한다. 배양근은 식물배양기 속에서 계속해서 길이 생장만 하므로 일정한 크기가 되도록 계대배양 중에 가끔씩 절단해 주거나, 배양 밀도를 조절하여 최소한의 물리적 힘에 의하여 배양근이 스스로 절단되도록 관리하여야 한다.

배양근의 초기 접종량은 생장 속도에 영향을 주므로 식물의 종류에 따라 배양기의 용적을 고려하여 초기 접종량과 배양 기간을 조절하여 최고의 생산량을 올리도록 한다. 최근에는 산삼, 시호, 지치 등의 부정근을 배양하여 이들을 건강식품이나 화장품에 이용하고 있다.

4) 유식물체 및 종구 배양

식물배양기를 이용하여 유묘나 종구를 생산하면 인건비 절감은 물론 적기에 다량의 무병주를 생산할 수 있어 산업화가 가능하다.

마늘과 파는 직접 종구를 다량 증식시키며, 백합과 같은 구근 화훼류의 경우는 체세포배를 만들어 종구를 생산한다. 감자는 줄기에 측아를 발달시켜 신장시킨 후 근경 형성 배지에서 씨감자(microtuber)를 만든다. 이러한 방법은 가시오갈피나 토당귀·두릅·칼라 등의 유식물체 대량 생산이 가능하다.

제5절 형질전환 식물체의 이용

1990년대 들어서 본격적으로 이루어지기 시작한 형질전환 작물의 연구는 농약에 대한 저항성에 중심을 두었으나 근래에는 품질 개선과 특정 물질 생산에 대한 연구가 활발히 이루어지고 있다. 이에 따라 이러한 형질전환 식물인 LMO와 GMO에 대한 식품 안정성과 환경에 대한 연구가 시급하다.

① 재배 수월성 작물 개발

작물을 재배하는 데 있어서 조방적 농업을 하는 경우에는 시비·제초·질병 방제가 가장 생산비를 좌우하는 요인들이다. 또한 가뭄·저온·고온·간척지의 염분 역시 생산성을 좌우하는 중요한 환경 요인이다. 형질전환 작물은 주로 초기에는 이러한 인건비 절감과 환경 스트레스 저항성 작물의 분자육종으로 시작되었다.

1) 제초제 내성 작물 개발

형질전환기술을 통해 제초제 내성을 지닌 최초의 작물은 1996년 미국의 몬산토사(Monsanto Inc) 사에서 개발한 'Round Up'이라는 콩으로 국제인증을 통해 수출되고 있다. 이를 시작으로 많은 국가에서 정책적으로 제초제 내성을 지닌 옥수수·벼·면화 등이 개발되고 있다.

2) 해충 저항성 작물 개발

1980년대 초 토양세균인 고초균(*Bacillus thuringienis*)에서 특정 곤충만 살상하는 단백질인 Bt 독소가 발견되었는데, 이를 이용한 최초의 해충 저항성 형질전환 작물이 미국의 몬산토사에서 개발한 'Bollgard'라는 면화로 1996년에 상용화되었다. 이후 담배 해충인 Budworm과 핑크 Bollworm에 대한 저항성을 가지는 담배와 감자벌레(Beetle)에 저항성을 갖는 감자와 유럽 옥수수 좀벌레(borer)에 강한 옥수수 등이 개발되었다.

3) 바이러스 저항성 작물 개발

바이러스 저항성 작물은 1992년 중국이 TMV(tobacco mosaic virus)에 강한 형질전환 담배를 개발하여 최초로 상용화하였다. 이후 바이러스에 저항성이 있는 토마토·호박 등이 개발되었다.

4) 환경 스트레스 저항성 작물 개발

식물은 스트레스에 반응하는 자체 유전자들을 가지고 있어서 환경 스트레스에 대해 대처하는 유전자를 발현시켜 변화된 환경에 적응하며 살아간다. 그러므로 이러한 유전자들을 cloning하여 이 유전자가 증폭하여 발현되는 형질전환 작물을 개발하면 내염성·내건성·내열성·내한성 등의 각종 스트레스에 대한 저항성 작물은 물론 노화 지연 연구도 활발히 진행되고 있다.

② 고부가 가치 작물 개발

식물의 형질전환 연구는 다수확, 고상품성의 작물에 이어 관상 가치가 높은 식물이 개발되고 있다. 그러나 식용 형질전환식물은 식품으로서는 유전자 조작에 대한 선입견과 충분한 안전성 검증이 이루어지지 않아 아직 보편화되고 있지 못하다. 반면, 직간접적으로 영향이 없는 것으로 보이는 화훼식물과 유용 물질 생산 식물 개발이 이루어지고 있다.

1) 고품질 작물의 개발

형질전환 작물을 처음 상품화한 것은 미국 칼진사(Calgene Inc)이다. 칼진사는 에틸렌 형성 유전자의 anti-sesnse RNA를 이용하여 1993년 에틸렌 형성을 전사과정에서 억제한 익지 않는 토마토를 개발하였다. 1993년에 시판 허가를 받아 그 다음해인 1994년에 판매를 시작하였다. 이를 시작으로 많은 고품질 작물이 개발되었는데, 고펙틴 토마토·고점도 토마토 및 전분 함량이 30~60% 가량 증가된 감자가 개발되었으며, 스위스의 Potrykus 박사 연구팀은 일명 황금쌀 (Golden Rice)이라고 불리우는 비타민 A를 보강한 쌀을 개발하였다(2000년), 이후로 바나나·딸기·고추 등에서도 다양하게 품질이 향상된 작물들이 개발되고 있다.

2) 화훼류의 개발

곡류나 채소류의 형질전환식물의 개발은 한 때 급속히 발달되었으나 익지 않는 토마토처럼 식품으로는 기피되지만, 화훼 분야의 형질전환 연구는 꾸준히 지속되고 있다. 화훼식물은 전통적인 육종 기술에 의해 품종이 육성되어 왔으나, 1980년대에서 1990년대를 거치면서 화훼류를 비롯한 원예식물의 분자육종 연구가 활발히 추진되었다. 초기에는 제초제 내성이나 바이러스 저항성 유전자가 삽입된 페튜니아와 같은 생산성 향상이 중심이었으나, 그 이후에는 꽃 색깔 조절과 같은 관상 가치를 높이는 연구가 이루어지고 있으며, 절화 수명 연장, 형태 개량, 향기 개량 등의 연구도 이루어지고 있다.

이러한 분자육종 중에서 특히 꽃 색깔이나 문양을 바꾸는 것을 유전자 채색(gene painting)이라고 하며, 형태를 바꾸는 것을 분자 디자인(molecular biodesign)이라고 한다. 실제로 형질전환 기술을 이용하여 파란 카네이션과 파란 장미가 개발되었다.

③ 식물분자농업 (Plant Molecular Farming)

식물 분자농업(plant molecular farming)이란 유전공학기술을 이용하여 유용식물을 생산하는 농업을 말한다. 넓은 의미에서는 형질전환 농산물을 생산하는 것을 말하나, 일반적으로는 고부가가치의 효소나 백신 및 2차대사산물들을 생산하는 것을 의미하며 biofarming이라고도 한다.

1) GMO와 LMO

1985년 미생물 유래의 유전자를 담배에서 발현시킴으로써 시작된 식물 유전자를 이용한 형질전환 식물체를 GMO 즉 유전자 조작 유기체(Genetically Modified Organism)라고 하였으나 지금은 GMO와 LMO(Living modified organism)로 구분한다. GMO는 유전자가 조작되었으나 삶은 옥수수처럼 생명이 없어서 자연계에 유전자를 퍼뜨릴 염려가 없는 유기체를 말하며, LMO는 생옥수수와 같이 살아 있는 생명체를 말한다. LMO는 1992년 UNEP의 Rio회의 생물다양성협약에서 사용한 용어이다.

제1세대 LMO 작물은 생태 환경과 건강에 영향을 미친다는 우려가 강하게 제기되고 있으며, 제2세대 LMO 작물들도 제1세대 작물에 비해 적기는 하지만 비슷한 문제점이 여전히 남아 있다.

(1) 제1세대 LMO 작물

제1세대 LMO는 주로 식량 확보 차원에서 농업적으로 이용하기 위하여 유전자를 조작한 작물을 말한다. 몬산토·칼진·아그레보·노바티스·신젠타 같은 다국적 농약회사와 종자회사들이 제초제 내성·내병성·내충성 등의 유전자를 도입하여 콩·옥수수·면화·카놀라·감자·호박·파파야 등을 개발하였다. 이들 형질전환작물의 재배면적은 1996년에서 1999년 사이에 12개국에서 20배 이상이 증가하였으나 여러 가지 사항의 안정성 때문에 논란이 계속되고 있다.

(2) 제2세대 LMO 작물

제2세대 LMO 작물은 식물체에 유용한 유전 형질을 도입하여 식량 차원이 아닌 고부가가치의 새로운 물질이나 기능을 가진 작물을 말한다. 이들 제2세대 LMO 작물은 궁극적으로는 형질전환 작물로부터 유용한 물질을 추출하여 고부가 정밀화학 제품 생산을 목적으로 한다. 식물분자농업·식물생체효소생산(biocatalysis)·식물환경복원(phytoremediation) 등에 관련한 작물들이 이에 해당된다.

2) 식물분자농업의 장단점

(1) 식물분자농업의 장점

경제적으로 유용한 특정 유전자로 형질전환한 식물을 재배하거나 식물배양기로 배양하여 대량생산이 가능하게 되어 생산비를 크게 절감할 수 있게 되었다. 또한 이렇게 생산된 단백질을 인체 단백질과 매우 유사한 접힘(folding) 형태로 만들 수 있으며, 반면에 질병의 원인이 되는 바이러스나 프리온 단백질의 감염 위험이 거의 없다. 더욱이 식물을 이용하는 것이어서 이산화탄소와 태양에너지를 사용하기 때문에 무공해, 저에너지의 친환경의 고부가가치의 녹색산업이라고 할 수 있다.

(2) 식물 분자농업의 안정성 및 환경에 미치는 영향

제1세대 LMO 작물(콩, 옥수수, 감자)은 식량자원이므로 LMO 표시제를 통하여 선택할 수 있도록 관리하고 있으나, 제2세대 LMO 작물은 식량이 아니라 의약품 생산 목적이지만 이러한 물질이 부주의나 비의도적으로 식량 속에 잘못 섞여 들어갈 위험성이 있으며, 공정과정에서 잘못 혼입될 수도 있다. 또한 이러한 형질전환식물의 꽃가루가 일반 식물에 수분될 수도 있는데, 이 경우 곤충들이 해당 물질을 섭식하게 되거나 특정 물질들이 토양으로 스며들 가능성이 있어서 예상치 못한 문제가 생겨날 수도 있다.

(3) 식물 분자농업의 해결 방안

LMO 식물의 생태계 교란이나 유전자 전이를 막기 위하여 1차적으로 온실에서만 격리 재배하며, 개화 전에 수확하도록 한다. 또한 화분 비산이나 불임성 화분 연구 등, 불임성 형질전환 식물체로 개발하여 번식은 유성생식이 아닌 미세번식에 의한 영양번식법을 이용하도록 한다. 그리고 수확 후 가공 과정에서 다른 작물과 섞이는 것을 막기 위하여 형질전환 식물의 색깔을 바꾸는 방법도 연구할 필요가 있으며, 혼입된 형질전환 대상물을 검증할 수 있는 LMO 진단시약의 개발도 필요하다. 또한 LMO의 무해성을 증명할 수 있는 객관적 검증이 이루어져 소비자의 신뢰를 얻을 수 있어야 한다.

3) 식물 분자농업의 전망

기존 의료용 단백질은 인슐린처럼 형질전환을 거치지 않고 직접 돼지 췌장에서 추출하는 것이었고 이후 형질전환된 동물이나 미생물을 이용하는 연구가 이루어 졌으나 형질전환 식물체에서 의료용 단백질을 생산하면 미생물에서는 합성되지 않는 복잡한 구조의 단백질 생산이 가능하며, 동물세포 배양에 비해서는 월등히 낮은 비용으로 대량 생산이 가능하다. 또한 식물에는 인체에 유해한 바이러스와 같은 병원체가 극히 적어서 독성 물질 혼입에 대한 우려가 없다는 장점도 있다. 그러나 형질전환 식물체에서의 이러한 물질 합성은 동물에 비하여 어려움이 많으며, 일부 단백질은 식물체에서 발현율이 극히 낮아 경제성이 없는 경우도 있다. 이처럼 몇 가지 문제점이 있지만 극복되어질 것으로 보인다. 아직은 고수익 단백질 제제로서 상용화된 것은 없지만 많은 연구가 진행되고 있으며, 일부 연구는 임상실험 단계까지 와 있다(표 7-1).

식물분자농업은 아직까지 그 시스템이 완전히 확립되어 있지 않지만 인터페론을 비롯하여 인간 성장 호르몬 및 각종 의료용 인체 효소나 '먹는 백신(eatable vaccine)' 등이 곧 상품화될 것으로 보인다. 식물분자농업은 고부가가치는 물론 인류의 건강과 식량 확보에 가장 가능성이 있는 미래 산업인 만큼 이 분야의 연구는 꾸준히 이루어지고 있다(표 7-2).

| 표 7-1 | 형질전환 작물을 이용한 의료용 단백질 생산 현황 (다음 페이지에 계속)

물작명	단백질 종류	개발 내용	개발자
감자	먹는 백신	티푸스·설사 항체 생산 항원 유전자 감자 이식	빌트모아 백신개발센터
	E형 간염 백신	E형 간염 치료제로 사용 중인 VLPs (Virus-like Particles) 합성 감자 개발	미국과 일본 공동 연구
페튜니아	탄저균 백신	비독성 탄저병 백신 생산 페튜니아 개발	US Navy/INB Biotechnology/
시금치	탄저균 백신	탄저균 백신 제조에 시금치 사용	Rutgers Univ.
담배	B형 간염 항체	B형 간염 대항 인간 단일 클론 항체 코딩 유전자 삽입	Japanese N'tnl Institute of Public Health

| 표 7-1 | 형질전환 작물을 이용한 의료용 단백질 생산 현황

물작명	단백질 종류	개발 내용	개발자
담배	인터루킨10	크론병 치료에 사용	Southern Crop Protection and Food Research Center
	당뇨병 백신	DAG 단백질 생산 인슐린 생산(세포 파괴)	Agriculture and AgriFood(Canada), Robarts Research Institute
	탄저균 백신	담배 엽록체 이용한 탄저균 보호 항체 생산	Univ. of Central Florida in Orlando (USA)
	각종 유용물질	형질전환 담배로 치료용 단백질·백신·항체·기타 의료용 물질 생산	Univ.of Kentucky, Large Scale Biology Corp.
	충치 예방 단백질	형질전환 담배로 충치 예방 효과 CaroRx 단백질 생산. 세균 치아 침투 방지	Planet Biotechnology (USA)
상추	치료용 항체	자가수분 품종으로 상추의 상업적 대량 생산	미국
옥수수	콜레라 백신	E. Coli성 콜레라에 면역 효과물질 생산	University of Maryland School of Medicine
벼, 담배	인간 성장인자	재조합 인간 성장인자(rthIGF-1) 생산 (형질전환 벼·담배 생산)	Ottawa University (Canada)
사탕무	각종 유용물질	인간유전자 주입한 사탕무로 치료용 단백질 생산	Texas A&M University
잇꽃	각종 유용물질	심장병·폐 질환에 효과 있는 인간 단백질 생산 형질전환 잇꽃(Safflower) 개발 착수	신젠타
토마토	SARS 백신	SARS 저항성 항체 생산 백신 개발	캐나다 국립 미생물학연구소
상추, 알팔파	돼지 콜레라균 항체	돼지 콜레라균·간충 항체 생산형질전환 식물 개발	폴란드

BIOSAFETY, 한국생명공학연구원 바이오안전성정보센터(2004. 4 ～ 2005. 10)

| 표 7-2 | 2010년 유전자변형생물체 연구/개발 동향 (다음 페이지에 계속)

형 질	대 상	내 용	개발자	출 처
당 함량 증대	사탕수수	식물에서 당 함량 증가에 관여하는 효소를 생산하도록 유전자변형하는 기술을 이용할 수 있게 되었음.	신젠타	Syngenta
분자표지	수박	Zucchini yellow mosaic virus에 저항성을 갖는 분자표지를 개발	미국, ARS	ARS
바이오 에너지	담배	오일함량을 증가시키고 종자생산을 많이 할 수 있도록 담배 개발	미국, 토마스 제퍼슨대학	Scientific American
유전체 연구	해바라기	식품과 바이오연료로 사용될 수 있는 해바라기 품종을 개발	캐나다, 브리티시컬럼비아 대학	University of British Columbia
백신생산	상추	말라리아의 병원성 단백질 생산 상추 개발	미국, 중부 플로리다대학	biotechdaily
향기지속	화훼	향기 물질 도입	말레이시아	newkerala.com
영양성분 강화	옥수수	카로틴 증가 rtRB1 유전자 도입	HarvestPlus	HarvestPlus
영양성분 강화	바나나	비타민 A와 철분 함량을 증가 바나나 개발	우간다, 농업연구원과 호주퀸즐랜드 대학	SciDev
염분내성	벼	염분내성 벼 개발	호주, 식물기능성유전체 학센터	cntv.cn
락토페린 발현	쌀	락토페린(LF) 유전자가 도입	대만, Animal Technology Institute	Agridultural and Food Chemistry
숙성지연	토마토	XTH 단백질이 현저히 과다 발현	Wageningen University	HorticultureWeek
염분 저항성	밀	염분 내성 듀럼(durum)밀을 개발	호주, 연방과학원	CSIRO
콜라겐 생산	담배	프로 콜라겐을 생산하는데 성공	이스라엘, 헤브루대학	Agridultural and Food Chemistry
질병 저항성	바나나	시들음병 저항성 바나나 개발	우간다, International Institute of Tropical Agriculture	allafrica
숙성지연	토마토	열매의 노화 억제	미국, 퍼듀대학	Purdue University
영양성분 강화	카사바	베타카로틴을 함유하는 카사바 개발	독일, Freiberg 대학, 콜롬비아 국제열대 농업센터	Daily News & Analysis

| 표 7-2 | 2010년 유전자변형생물체 연구/개발 동향

형 질	대 상	내 용	개발자	출 처
영양성분 강화	감자	아마란스 유전자 도입으로 단백질 함량 증가 감자 개발	인도	foodchannel.com
환경 스트레스 내성	대두, 면화	환경스트레스 내성 및 성장을 조절할 수 있는 작물 개발	미국, Clemson University	Clemson University

BIOSAFETY, 한국생명공학연구원 바이오안전성정보센터(2010. 1 ~ 2010. 12)

참고문헌
Applied Plant Science

강삼식 외 2, 천연물과학, 서울대학교, 출판부, 1999.

권오호, 우리문화와 음양오행, 교보문고, 1996.

권용욱, 정력 식품과 건강법, Human & Books, 2005.

김경아 외 2, 건강을 살리는 꽃 생활을 바꾸는 식물, 문예마당, 2005.

김무열, 한국의 특산식물, 솔과학, 2004.

김영아, 우리 환경에 맞는 실내 공기정화식물 기르기, 푸른행복, 2007.

김창민 외 9, 韓藥方劑學精要, 정담, 1995.

김태정, 한국의 산야초, 국일미디어, 1996.

김형균 외 4, 한약의 약리, 고려의학, 2000.

로버트 티저랜드, 손숙영 외 역, 향기요법, 글이랑, 1996.

류수노 외 2. 자원식물학, 한국방송통신대학교 출판부, 2002.

맹주선, 식물생리학, 선진문화사, 1985.

문홍 외 1, 식탁 위에 숨겨진 영양소 100가지, 동도원, 2004.

박종철, 기능성식품의 천연물과학, 효일, 2002.

박창호 외 1, 한약재 포제기술, 청문각, 2005.

박해준, 식물조직배양입문, 성안당, 2001.

백기엽 외 19, 신고 식물조직배양·기술, 2003.

변민숙, 천연비누와 화장품 만들기, 니케, 2009.

손기철, 실내 식물이 사람을 살린다, 중앙생활사, 2005.

송호준 외, 한의학의 과학원리, 의성당, 2008.

심웅섭, 식물분자생리학, 월드 사이언스, 1999.

안영희, 한국의 자생식물, 김영사, 2008.

유강목, 아로마테라피 텍스트북, 크라운출판사, 2006.

윤선 외, 기능성 식품학, 라이프사이언스, 2008.

윤평섭, 한국의 원예식물, 교학사, 2004.

이숙영 외, 식품화학, 파워북, 2009.

이우철, 원색한국기준식물도감, 아카데미서적, 1996.

이장순, 외 2, 식품학, 효일, 2003.

이창복, 식물분류학, 향문사, 1892.

이치헌 외, 아로마 테라피, 훈민사, 2009.

임종필, 실용 건강식품, 신일상사, 2004.

임형탁 외 1, 염료식물, 대원사, 2003

장기원, 식충식물 재배, 산보출판사, 2005.

정태현, 한국식물도감(초본부), 창원사, 1955.

정태현, 한국식물도감(상권 목본부), 신지사, 1957.

조만현, 식물조직배양의 신단계, 월드사이언스, 2004.

조무연, 원색한국수목도감, 아카데미서적, 1986.

주태동 외 1, 허브이야기, 살림, 2005.

주태동 외 1, 허브 아로마테라피, 대원사, 2004.

주태동 외, 허브이야기, 살림, 2005.

지형준, 건강식품 생약, 서울대학교 출판부, 1999.

채수규 외 6, 표준 식품화학, 효일, 2005.

천연물 교재출판위원회, 천연물 화학, 영임사, 2004.

최세영 외 4, 식품과 건강, 동명사, 2005.

최상범, 허브정원, 기문당, 2005.

최승완, 에센셜 아로마테라피, 청문각, 2003.

최영전, Herbs 대사전, 예가, 2008.

최용화 외 3, 천연물화학, 동화기술, 2001.

하순혜, 세계 화훼장식 식물도감, 학술편수관, 2006.

한국생약학교수협의회, 本草學, 대한약사회, 2001.

한국식품과학회, 식품과학기술대사전, 2008.

한국조리연구학회, HERB & SALAD (허브&샐러드), 형설출판사, 1997.

한명주 외 3, 먹으면 약이 되는 100가지 허브, 효일, 2004.

한승관 외 1, 천연물 이용학, 월드사이언스, 2002.

홍란희, 클리니컬 아로마테라피와 성분학, 광문각, 2008.

Doods, J.H. and Roberts, L.W., Experiments in Plant Tissue Culture, Cambridge University Press, 1985.

Kaufman, P.B., et al., Natural Products from Plants, CRC Press, 1999.

Kim, J.B Pathogen, Insect and weed Control Effects of Secondary Metabolites from Plants J. Koeran Appl. Biol. Chem, 48(1). 1-15, 2005.

Lea, P.J. and Leegood, R.C., Plant Biochemistry and Molecular Biology 2nd., Wiley Press, 1999.

Nadakavukaren, M. and McCracken, D., Botany, West Publishing company, 1985.

Torres K.C., Tissue Culture Techniques for Horticultural Crops, Van Nostrand Reinhold, 1989.

http://100.naver.com/100.nhn

http://dic.naver.com/

http://en.wikipedia.org/

http://www.aromaherb.co.kr/

http://www.chem.yoonoh.ac.uk/

http://www.chem.yoonoh.ac.uk/

http://www.encyber.com/

http://www.gyoonoh.pe.kr

http://www.herbmart.or.kr/

http://www.nature.go.kr/

http://www.naver.com/

http://www.nhri.go.kr/

찾아보기

Applied Plant Science

M

ㅍ